Heinz Herwig

Strömungsmechanik A–Z

Technische Strömungslehre
von L. Böswirth

Aoerdynamik der stumpfen Körper
von W.-H. Hucho

Übungsbuch Strömungsmechanik
von H. Oertel jr., M. Böhle und U. Dohrmann

Strömungsmechanik
von H. Oertel jr. und M. Böhle

Prandtl – Führer durch die Strömungslehre
herausgegeben von H. Oertel jr.

Numerische Strömungsmechanik
von H. Oertel und E. Laurien

Numerische Simulation in der Strömungslehre
von M. Griebel, Th. Dornseifer und T. Neunhoeffer

Heinz Herwig

Strömungs-
mechanik A–Z

Eine systematische Einordnung von Begriffen und Konzepten der Strömungsmechanik

Vieweg Praxiswissen

Bibliografische Information der Deutschen Bibliothek
Die Deutsche Bibliothek verzeichnet diese Publikation in der Deutschen Nationalbibliographie;
detaillierte bibliografische Daten sind im Internet über <http://dnb.ddb.de> abrufbar.

1. Auflage August 2004

Der Vieweg Verlag ist ein Unternehmen von Springer Science+Business Media.
www.vieweg.de

Umschlaggestaltung: Ulrike Weigel, www.CorporateDesignGroup.de
Gedruckt auf säurefreiem und chlorfrei gebleichtem Papier

ISBN-13: 978-3-322-80252-1   e-ISBN-13: 978-3-322-80251-4
DOI: 10.1007/978-3-322-80251-4

Vorwort

Das vorliegende Buch, dessen Titel bereits den „lexikalischen Charakter" verrät, möchte beides sein: Lexikon und Lehrbuch. Es erlaubt den direkten Einstieg über ein Stichwort, gibt dann aber nicht nur eine knappe Definition bzw. Erklärung, sondern erläutert den Hintergrund und ordnet den jeweiligen Begriff in einen breiteren strömungsmechanischen Zusammenhang ein.

Die ausgewählten Begriffe werden systematisch und in vergleichbarem Umfang behandelt, wobei zwei Kategorien von Stichwörtern vorkommen. Die sog. *Hauptstichwörter* werden nach einem einheitlichen Schema erläutert, *Nebenstichwörter* sind in die alphabetische Reihenfolge aufgenommen worden und verweisen an die Stellen in den zugehörigen Hauptstichwörtern, an denen die gesuchten Erläuterungen zu finden sind. In den Stichwortverzeichnissen am Anfang und am Ende des Buches sind die Hauptstichwörter jeweils durch Fettdruck gekennzeichnet.

Das vorliegende Buch ersetzt keines der Standard-Werke zur Strömungsmechanik, sondern soll eine systematische Ergänzung darstellen. In diesem Sinne wendet es sich vor allem an Leser, die bestimmte Aspekte der Strömungsmechanik vertiefend nachlesen wollen und für eine noch weitergehende Befassung entscheidende Literaturhinweise suchen. Neben dieser Funktion, die das vorliegende Buch für Ingenieure, Wissenschaftler und Praktiker erfüllen kann, hat sich das spezielle Format diese Buches auch für Studenten bewährt: Es eignet sich hervorragend zur Prüfungsvorbereitung!

Die Herstellung der druckfertigen Vorlage wäre ohne den unermüdlichen Einsatz von Frau Dorit Moldenhauer, Herrn Denis Feindt, Herrn Volker Höllrigl und Herrn Thorben Vahlenkamp nicht möglich gewesen. Besonders sei Herrn Feindt gedankt, der in der Endphase die Hauptlast getragen hat und ohne dessen unermüdlichen Einsatz das Buch in dieser Form nicht hätte entstehen können.

Herrn Andreas Moschallski und Herrn Marc Hölling danke ich für die intensive inhaltliche Diskussion und viele Verbesserungsvorschläge.

Hamburg, Frühjahr 2004   Heinz Herwig

Formale Besonderheiten in diesem Buch

Auf folgende Besonderheiten bei der Gestaltung des Buches sollte besonders hingewiesen werden:

- Alle Stichwörter sind nach einem einheitlichen Schema mit den Rubriken

    BEDEUTUNG UND DEFINITION
    PHYSIKALISCHER HINTERGRUND
    ANWENDUNGEN UND BEISPIELE
    BEACHTE
    WEITERFÜHRENDE LITERATUR

    und in etwa vergleichbarem Umfang abgehandelt.

- An Stellen, an denen ein Verweis auf ein anderes Stichwort sinnvoll erscheint, erfolgt dies durch die Großbuchstaben–Schreibweise.

    Beispiel: ... wie die BERNOULLI GLEICHUNG zeigt.

    Dies ist als Hilfe an bestimmten Stellen gedacht, aber keine systematische und vollständige Hervorhebung aller Begriffe, die jeweils als eigene Stichwörter vorkommen.

- Neben den auf jeweils etwa vier bis sechs Seiten abgehandelten Stichwörtern gibt es andere, die nicht selbst beschrieben werden, sondern als Verweis auf ein Stichwort aufgenommen worden sind. Diese Verweise sind in die Übersichten am Anfang und am Ende des Buches aufgenommen.

- Alle dimensionsbehafteten Größen sind konsequent mit einem $*$ versehen worden. Größen ohne $*$ sind dimensionslos.

- Bei der Angabe von Dimensionen bedeutet ein schräger Bruchstrich, dass alle folgenden Größen im Nenner stehen. In diesem Sinne hat also z.B. $[\mathrm{kg/ms}]$ die Bedeutung von $[\mathrm{kg/(m\,s)}]$.

- Für die thermodynamische Temperatur ist einheitlich der Buchstabe T^* verwendet worden. Ob es sich um die thermodynamische Celsius– oder Kelvin– Temperatur handelt, folgt aus der Einheit °C bzw. K.

- Die Literaturangaben unter WEITERFÜHRENDE LITERATUR sind jeweils nach den Erscheinungsjahren geordnet. Die neuesten Literaturstellen sind zuerst genannt.

Notation

a^* : Skalar

$\vec{a}^*$: Vektor ; $\vec{a}^* = (a_1^*,\, a_2^*,\, a_3^*)$

$\vec{\vec{a}}^*$: Tensor ; $\vec{\vec{a}}^* = \begin{bmatrix} a_{11}^* & a_{12}^* & a_{13}^* \\ a_{21}^* & a_{22}^* & a_{23}^* \\ a_{31}^* & a_{32}^* & a_{33}^* \end{bmatrix}$

Vektoroperationen in kartesischen Koordinaten

$$\operatorname{grad} a^* = \left(\frac{\partial a^*}{\partial x^*},\, \frac{\partial a^*}{\partial y^*},\, \frac{\partial a^*}{\partial z^*} \right) \qquad \text{(Gradient)}$$

$$\operatorname{div} \vec{a}^* = \frac{\partial a_1^*}{\partial x^*} + \frac{\partial a_2^*}{\partial y^*} + \frac{\partial a_3^*}{\partial z^*} \qquad \text{(Divergenz)}$$

$$\operatorname{rot} \vec{a}^* = \left(\frac{\partial a_3^*}{\partial y^*} - \frac{\partial a_2^*}{\partial z^*},\, \frac{\partial a_1^*}{\partial z^*} - \frac{\partial a_3^*}{\partial x^*},\, \frac{\partial a_2^*}{\partial x^*} - \frac{\partial a_1^*}{\partial y^*} \right) \qquad \text{(Rotation)}$$

$$\vec{a}^* \cdot \vec{b}^* = |\vec{a}^*||\vec{b}^*| \cos(\vec{a}^*, \vec{b}^*) = a_1^* b_1^* + a_2^* b_2^* + a_3^* b_3^* \qquad \text{(Skalarprodukt)}$$

$$\vec{a}^* \times \vec{b}^* = (a_2^* b_3^* - a_3^* b_2^*,\, a_3^* b_1^* - a_1^* b_3^*,\, a_1^* b_2^* - a_2^* b_1^*) \qquad \text{(Kreuzprodukt)}$$

Stichwörter nach Sachgebieten

(eine alphabetische Übersicht befindet sich am Ende des Buches; Hauptstichwörter erscheinen im Fettdruck, Nebenstichwörter, d.h. Verweise auf die zugehörigen Hauptstichwörter, sind normal gedruckt)

1. Gleichungen

2. Konzepte und Methoden

3. Spezielle Strömungsformen

4. Spezielle Strömungseffekte, - eigenschaften

5. Strömungs-, Fluidgrößen

6. Dimensionslose Kennzahlen

7. Turbulente Strömungen

8. Kompressible Strömungen

9. Numerische Methoden und Aspekte

Ablösung
(separation)

BEDEUTUNG UND DEFINITION

Ablösung tritt auf, wenn an überströmten Wänden lokale Bedingungen vorliegen, die wandnahe Stromlinien nicht mehr der Wand folgen lassen, weil

- Unstetigkeiten in der Wandgeometrie vorliegen (*geometrieinduzierte Ablösung*), oder

- gegenläufige Strömungen dies verhindern (*strömungsinduzierte Ablösung*).

Während geometrieinduzierte Ablösungen in der Regel klare Strömungsstrukturen aufweisen, sind strömungsinduzierte Ablösungen einer eindeutigen Beschreibung und theoretischen Vorhersage sehr viel schwerer zugänglich.

In zweidimensionalen (ebenen) Strömungen tritt eine solche strömungsinduzierte Ablösung auf, wenn ein hinreichend großer Druckanstieg in Richtung der zunächst wandparallelen Strömung vorliegt. Am Ablösepunkt verlässt eine sog. Trennstromlinie die Wand und bildet die Grenzlinie zwischen der ablösenden Vorwärtsströmung und der gegenläufigen Rückströmung. Wenn es sich um ein lokal begrenztes Ablösegebiet handelt, so wird die Trennstromlinie im sog. Wiederanlegepunkt erneut zur Wandstromlinie.

In dreidimensionalen Strömungen sind strömungsinduzierte Ablösungen von sehr viel komplexerer Natur und vielfach nicht so eindeutig definierbar, wie dies für ebene Strömungen gilt.

Definition

Unter dem Begriff (Strömungs-)Ablösung versteht man den komplexen Vorgang in einer Strömung, der zu einem Stromlinienfeld führt, dessen Wandstromlinien nicht alle verzweigungsfrei (also als kontinuierliche Einzellinien entlang der gesamten Wand) verlaufen. Wandstromlinien entstehen dabei in einem Grenzübergang aus dem wandnahen Bereich auf die Wand, wie dies unter dem Stichwort STROMLINIE, dort unter BEACHTE, näher ausgeführt ist.

Infolge dieser Wandstromlinien-Verzweigung treten stets wandnahe Stromlinien auf, die nicht über der gesamten Körperkontur infinitesimal nahe der Wand verlaufen, sondern im Zuge der Strömungsablösung endliche Abstände von der Wand annehmen. Auf diese Weise entstehen (in der Regel endliche) Ablösegebiete in der Strömung.

Zwei grundsätzlich zu unterscheidende Formen der Strömungsablösung sind:

- *Geometrieinduzierte Ablösung*: Strömungsablösung aufgrund von Unstetigkeiten in der Geometrie. Diese Unstetigkeitslinien auf der Kontur stellen Teile der Berandung von Ablösegebieten dar.

- *Strömungsinduzierte Ablösung*: Strömungsablösung aufgrund lokaler spezieller Druckverteilungen. Die Lage des Ablösegebietes ist nicht vorhersagbar, ohne das gesamte Strömungsfeld zu bestimmen.

PHYSIKALISCHER HINTERGRUND

Für die nähere Beschreibung der physikalischen Vorgänge, die zur Strömungsablösung führen, sind folgende generelle Aspekte von Bedeutung, die hier in bezug auf die strömungsinduzierte Ablösung erläutert werden (auf einige Aspekte der geometrieinduzierten Ablösung wird am Ende der Ausführungen eingegangen):

- Strömungsablösung tritt erst auf, wenn eine geometriespezifische Mindest-Reynolds-Zahl vorliegt, die von der Größenordnung $O(1)$ ist. Für sehr kleine Reynolds-Zahlen, bei denen Trägheitskräfte in der Strömung eine vernachlässigbar kleine Rolle spielen (SCHLEICHENDE STRÖMUNGEN), liegt bei nicht extremen Körpergeometrieen hingegen eine vollständig anliegende Strömung vor. Offensichtlich spielt das Wechselspiel zwischen Trägheitskräften einerseits und Druck- und Reibungskräften andererseits eine entscheidende Rolle beim Phänomen der Strömungsablösung.

- Da technisch relevante Strömungen bei großen Reynolds-Zahlen vorliegen und diese Strömungen einen ausgeprägten Grenzschichtcharakter besitzen, kann die Grenzschichttheorie (asymptotische Theorie für Re $\rightarrow \infty$, Näherung für große aber endliche Reynolds-Zahlen) entscheidende Aussagen zur Strömungsablösung liefern. Somit kann die Strömungsablösung berechtigterweise als „Grenzschichtphänomen" bezeichnet werden.

- Strömungsablösung führt häufig zu instationärem Strömungsverhalten. Wenn dabei periodische Strömungen entstehen, können diese durch eine entsprechend definierte STROUHAL-ZAHL charakterisiert werden.

- Strömungsablösung in dreidimensionalen Strömungen weist eine Reihe qualitativer Unterschiede zu zweidimensionalen Strömungen mit Ablösung auf, so dass beide weitgehend getrennt behandelt werden sollten.

Bevor auf beide Strömungen (eben bzw. dreidimensional) näher eingegangen wird, sollen typische Stromlinienbilder für beide Fälle gegenübergestellt werden. Das nachfolgende Bild zeigt jeweils eine typische Form eines Ablösegebietes.

In einer ebenen Strömung entsteht ein solches Ablösegebiet z.B. an der Wand eines Diffusors, weil durch die Diffusorwirkung insgesamt ein Druckanstieg in Strömungsrichtung entsteht, der, wie anschließend erläutert wird, zur Strömungsablösung führen kann. Die gezeigte räumliche Strömung zeigt ein Ablösegebiet, das die Hälfte eines sog. Hufeisenwirbel-Ablösegebietes darstellt. Ein solches Ablösegebiet entsteht z.B. an einer Wand vor einem senkrecht auf der Wand stehenden Zylinder.

Ebene (zweidimensionale) Ablösung

Das Teilbild (a) zeigt, dass in jeder der parallelen Ebenen mit demselben Stromlinienbild ein *Ablösepunkt* liegt, in dem sich die Wandstromlinie teilt. Ein Ast ist die stromabwärtige Wandstromlinie der Rückströmung, der andere Ast wird als Trennstromlinie im Inneren des Strömungsfeldes fortgeführt. Wenn die Trennstromlinie, wie hier gezeigt, im Wiederanlegepunkt auf die Wand trifft, entsteht über der Wand ein geschlossenes Rezirkulationsgebiet mit einem Zentrum, das die Lage des „Wirbelkernes" markiert.

Analysiert man die Umgebung des Ablösepunktes auf der Basis der GRENZSCHICHT-THEORIE, unterstellt also eine (laminare oder turbulente) Strömung für Re $\rightarrow \infty$, und fordert zunächst, dass das Ablösegebiet in der gezeigten Größe auch für Re $\rightarrow \infty$ erhal-

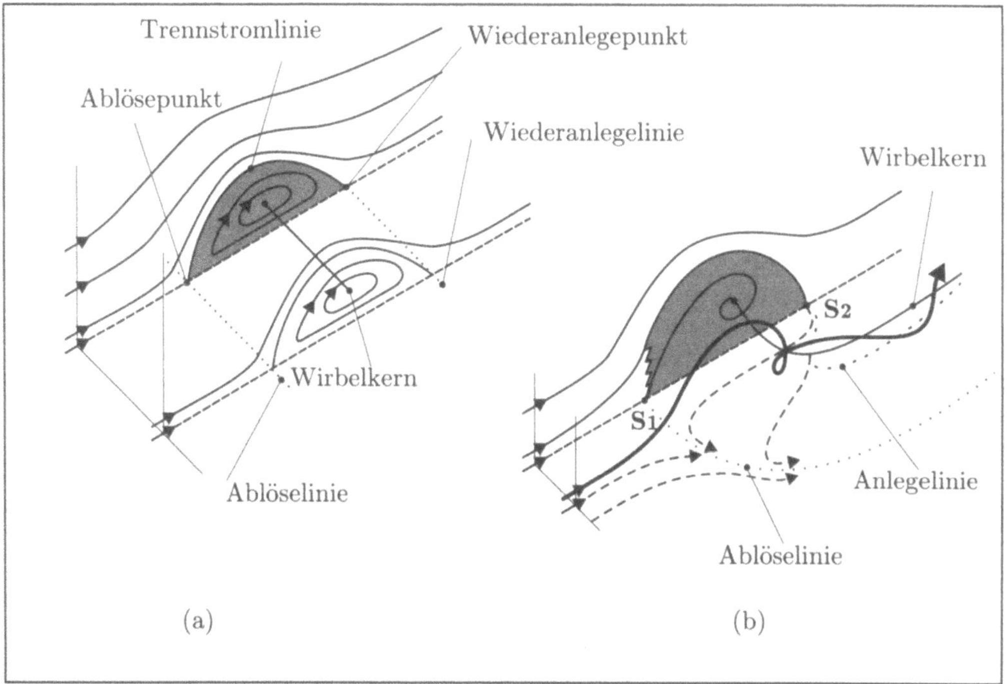

Typische Formen von Ablösegebieten bei ebenen und bei räumlichen Stömungen

(a) ebene Strömung; geschlossenes Ablösegebiet
(b) räumliche Strömung; stromauf- und stromabwarts offenes Ablösegebiet
(Wandstromlinien sind gestrichelt eingezeichnet)

ten bleibt (diesen Fall nennt man *massive Ablösung*), so ergibt sich in der Umgebung des Ablösepunktes folgende Situation:

Da die Geschwindigkeitsgradienten an der Wand am Ablösepunkt das Vorzeichen wechseln, und die Wandschubspannung proportional zu diesen Gradienten ist ($\tau_W^* = \eta^* du^*/dy^*|_W$; NEWTONSCHES FLUID), gilt als Kriterium für den Ablösepunkt x_A^* bei ebenen Strömungen

$$\boxed{\tau_W^* = 0} \quad \text{bei } x^* = x_A^*$$

Bei turbulenten Strömungen ist τ_W^* als zeitlicher Mittelwert der Wandschubspannung anzusehen. Die Grenzschichtgleichungen, die hier nicht explizit aufgeführt werden, ergeben an der Wand (mit x^*, y^* als Grenzschichtkoordinatensystem, x^* entlang der Wand, y^* senkrecht dazu mit $y^* = 0$ an der Wand) den Zusammenhang

$$\frac{dp^*}{dx^*} = \eta^* \frac{\partial^2 u^*}{\partial y^{*2}}\bigg|_W \, ,$$

und zwar unabhängig davon, ob es sich um eine laminare oder eine turbulente Grenzschicht handelt. Bei turbulenten Strömungen ist u^* als zeitlicher Mittelwert der Geschwindigkeit anzusehen. Der qualitative Verlauf des Geschwindigkeitsprofils im Ablösepunkt

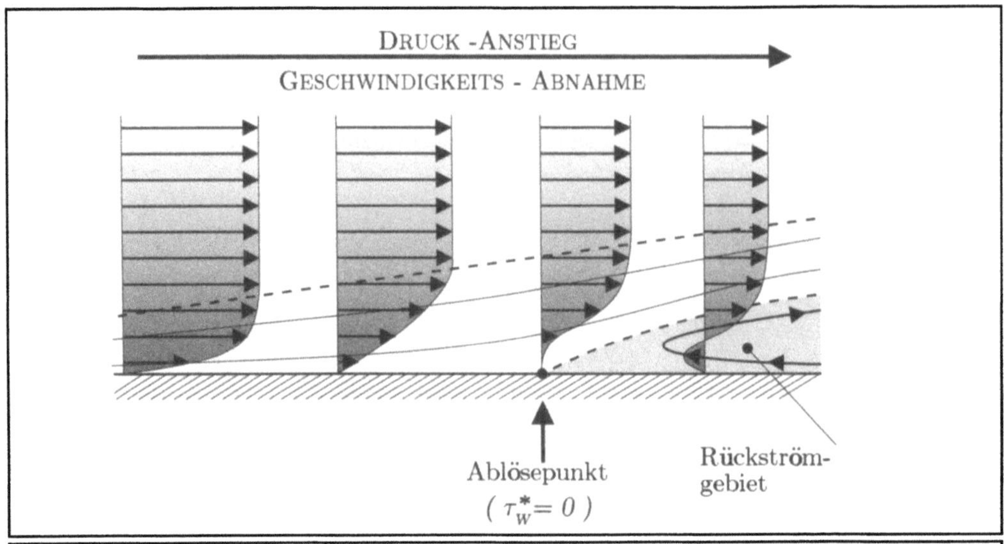

Geschwindigkeitsprofile in der Umgebung des Ablösepunktes
(ebene Strömung)

(siehe obiges Bild) zeigt, dass die zweite Ableitung an der Wand positiv ist (der Gradient $\partial u^*/\partial y^*$ steigt mit größerem Wandabstand), so dass daraus unmittelbar als notwendige Voraussetzung bei ebenen Strömungen folgt (Viskosität $\eta^* > 0$!)

$$\boxed{\frac{dp^*}{dx^*} > 0} \quad \text{bei } x^* = x_A^*$$

Für die weiteren Überlegungen muss aber nach laminaren und turbulenten Strömungen unterschieden werden. Für laminare Grenzschichten kann zusätzlich der Verlauf der Wandschubspannung und der Quergeschwindigkeit v^* bei Annäherung an den Ablösepunkt zu

$$\boxed{\tau_W^* \sim \sqrt{x_A^* - x^*} \; ; \; v^* \sim 1/\sqrt{x_A^* - x^*}} \quad \text{für } x^* \to x_A^*$$

bestimmt werden. Dieses letzte Ergebnis ist von außerordentlicher Bedeutung und stellt leider das größte Problem der (laminaren) Grenzschichttheorie überhaupt dar: Der Verlauf von v^* ist danach bei Annäherung an den Ablösepunkt singulär, da $v^* \to \infty$ für $x^* \to x_A^*$ gilt! Dieses Verhalten, das als *Goldstein-Singularität* bezeichnet wird, widerspricht einer Grundannahme der Grenzschichttheorie (dass die Quergeschwindigkeit eine asymptotisch kleine Größe darstellt) und bedeutet, dass laminare Grenzschichtrechnungen nicht über die Ablösestelle hinweg fortgesetzt werden können. Damit kann das Ablösegebiet prinzipiell nicht auf der Basis der einfachen Grenzschichttheorie berechnet werden. Schlimmer noch: Auch die Grenzschicht bis zur Ablösung kann nicht ohne weiteres bestimmt werden, weil dazu die reibungsfreie sog. Außenströmung bekannt sein müsste, diese aber beim Auftreten eines großen Ablösegebietes nur bestimmt werden kann, wenn die Form des Ablösegebietes bekannt ist. Zwar gibt es heute eine widerspruchsfreie asymptotische Formulierung für diesen Strömungsfall (s. dazu besonders Rothmayer, Smith (1998b)), diese beinhaltet jedoch eine große Anzahl von aneinander anzupassenden Teilgebieten und ist damit so aufwendig, dass sie für praktische Anwendungen keine Alternative mehr zu den heute zugänglichen numerischen Lösungen der vollständigen Navier-Stokes Gleichungen für diese Strömungen darstellt.

Etwas anders stellt sich die Situation dar, wenn es sich nicht wie zuvor um eine sog. massive Ablösung handelt (asymptotisch großes Ablösegebiet), sondern die Quererstreckung des Ablösegebietes nie größer als die Grenzschichtdicke ist. Dann spricht man von einer sog. *grenzschichtinternen Ablösung*. Diese ist einer theoretischen Behandlung auf der Basis der Grenzschichttheorie relativ leicht zugänglich. Entscheidend dabei ist, dass das als Goldstein-Singularität bezeichnete Verhalten jetzt vermieden werden kann. Dieses Verhalten liegt im Sinne einer asymptotischen Aussage streng genommen nur im Grenzfall $Re = \infty$ vor und wird vermieden, wenn die Variablen einschließlich der die Ablösegeometrie beschreibenden geometrischen Variablen so mit der Reynolds-Zahl gekoppelt (skaliert) werden, dass im Grenzfall $Re = \infty$ gerade kein Ablösegebiet endlicher Abmessung mehr vorliegt.

Im Zuge dieser Rechnung werden sog. *inverse Grenzschichtverfahren* eingesetzt, bei denen nicht mehr die jeweilige Außenströmung vorgegeben wird, sondern die (in einem Iterationsverfahren endgültig zu bestimmende) Verdrängungsdicke. Dabei entspricht die notwendige Iteration zwischen Grenzschicht und Außenlösung physikalisch einer Wechselwirkung beider Strömungsbereiche, weshalb hierfür der Begriff der *wechselwirkenden Grenzschichten* eingeführt wird (engl.: viscous/inviscid interaction). Die asymptotisch korrekte Formulierung erfolgt im Rahmen sog. Mehrschichten-Theorien mit der sog. Dreierdeck-Theorie (engl.: triple deck theory) als prominentestem Beispiel. Für weitere Details s. z.B. Rothmayer, Smith (1998a).

Bei turbulenten Grenzschichten ergibt sich eine grundsätzlich andere Situation, weil die asymptotische Struktur (Teilgebiete, die für $Re \rightarrow \infty$ getrennt und in jeweils eigenen, skalierten Variablen behandelt werden müssen) deutlich von derjenigen laminarer Strömungen abweicht. Bei „normalen", nicht-ablösenden Grenzschichten äußert sich dies in der sog. Zweischichtenstruktur turbulenter Grenzschichten (Wand- und Defektschicht). Bei ablösenden Grenzschichten liegt keine Beschränkung aufgrund eines singulären Verhaltens vor, wie dies bei laminaren Grenzschichten gilt, so dass die Grenzschicht auch in der Umgebung der Ablösung wohl definiert ist. Dort ist allerdings die asymptotische Struktur durch das Auftreten einer weiteren Schicht mit eigener Skalierung sehr kompliziert, s. dazu Gersten, Herwig (1992, Kap. 17.4). Insgesamt gilt deshalb auch hier die generelle Aussage: Für praktische Anwendungen stellt die asymptotisch korrekte Formulierung wegen der aufwendigen Mehrschichtenstruktur keine Alternative zu numerischen Lösungen der vollständigen Navier-Stokes Gleichungen bei abgelösten Strömungen dar.

Es ist aber zu beachten, dass auch die numerischen Verfahren häufig das wandnahe Verhalten für sog. Wandfunktionen aus asymptotischen Betrachtungen ableiten, so dass diese weiterhin von Bedeutung sind.

Räumliche (dreidimensionale) Ablösung

Das Teilbild (b) zu Anfang dieses Abschnittes zeigt eine mögliche Struktur eines dreidimensionalen Ablösegebietes („Hufeisenwirbel"), an der deutlich wird, dass die

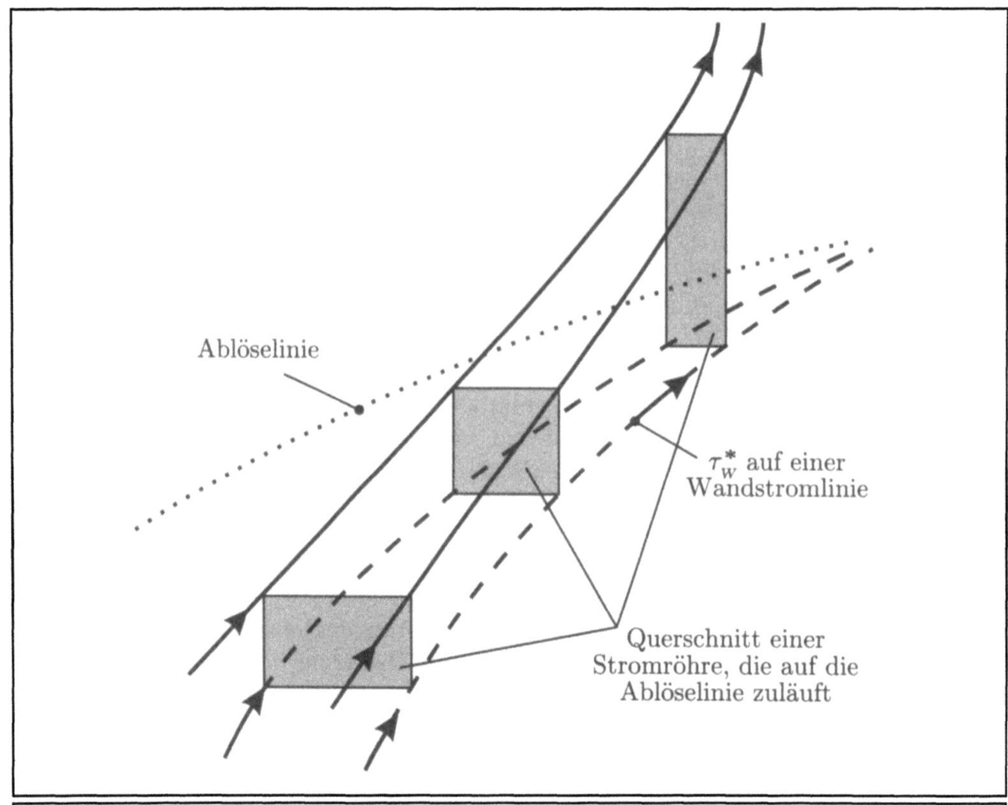

Das Verhalten wandnaher Stromlinien bei Annäherung an die Ablöselinie bei räumlicher Ablösung

(—▶— :wandnahe Stromlinien; - -▶- - :Wandstromlinien)

Überlegungen zu ebenen Ablösegebieten nicht ohne weiteres auf diese Fälle übertragen werden können.

Das gezeigte Ablösegebiet ist stromabwärts nicht begrenzt, sondern geht unter der Wirkung der Viskosität allmählich wieder in eine anliegende Strömung über. Die Trennstromfläche ist stromabwärts nicht geschlossen und deshalb auch stromaufwärts offen. Aus diesem Grund ist die Ablöselinie anders als im ebenen Fall nicht die stromaufwärtige Begrenzung der Trennstromfläche. Auf ihr gilt anders als im ebenen Fall nicht mehr $\tau_W^* = 0$. Sie stellt vielmehr eine Asymptote oder Hüllinie für Wandstromlinien dar, in die diese von beiden Seiten einmünden (obwohl auch andere, mehr oder minder verwandte Definitionen der Ablöselinie existieren). Das obige Bild veranschaulicht, dass wandnahe Stromlinien große Wandabstände einnehmen, wenn benachbarte Wandstromlinien aufgrund einer seitlichen Einschnürung in die einhüllende Ablöselinie münden. Daran ist auch erkennbar, dass der „Wandschubspannungsvektor" (bestehend aus zwei Komponenten der Wandschubspannung in zwei zueinander senkrechten Richtungen) stets parallel zur Ablöselinie verläuft. Nur in sog. singulären Punkten gilt die spezielle Situation verschwindender Wandschubspannung. In dem gezeigten Beispiel (Teilbild (b)) sind dies die Punkte S_1 und S_2 .

Dreidimensionale Strömungsablösung kann zu sehr viel komplexeren Strukturen führen als in dem gezeigten Beispiel vorkommen. Zusätzlich ist zu beachten, dass Strömungen dann häufig instationär werden, was sowohl die theoretische Beschreibung als auch die experimentelle Datenerhebung erheblich erschwert.

Geometrieinduzierte Ablösung

Ablösegebiete, die an scharfen Kanten oder anderen Unstetigkeiten der Wandgeometrie entstehen, sind nur insofern „einfacher" zu behandeln, als die Ablöselinie a priori festliegt. Die sich daran anschließenden Ablösegebiete weisen aber die gleiche Komplexität und damit dieselben Schwierigkeiten bei der Beschreibung des gesamten Strömungsfeldes auf. Im Rahmen der Grenzschichttheorie wird davon ausgegangen, dass sich ausgehend von der Unstetigkeitsstelle zunächst eine freie Scherschicht zwischen der Außenströmung und dem Rückströmgebiet befindet, die im Bereich des Wiederanlegens in zwei gegenläufige Wandgrenzschichten aufgespalten wird.

Die Geometrie einer zurückspringenden Stufe ist ein Standardfall geometrieinduzierter Ablösung, die in der Literatur ausführlich behandelt ist, s. dazu z.B. Eaton, Johnson (1981).

ANWENDUNGEN UND BEISPIELE

Strömungsablösung hinter einem Keil in Wandnähe

Die Anordnung im Bild auf der nächsten Seite zeigt ein doppeltes Ablösegebiet, dessen Zustandekommen verständlich wird, wenn die beiden Grenzfälle der freien Anströmung des Keils und der Strömung an einem Keil auf der Wand zur Interpretation herangezogen werden.

Beide Grenzfälle für sich weisen jeweils ein einzelnes Ablösegebiet auf. Der Keil in Wandnähe zeigt dagegen zwei getrennte Ablösegebiete, die als Kombination aus den beiden Grenzfällen interpretiert werden können.

BEACHTE

❒ **Numerische Lösungen in Ablösenähe:** Die Goldstein-Singularität (singuläres Verhalten der laminaren Grenzschicht am Ablösepunkt), die im Sinne einer asymptotischen Aussage für den Grenzfall $Re = \infty$ zutrifft, äußert sich bei *numerischen Lösungen der Grenzschichtgleichungen* meist durch ein divergentes Verhalten bei den notwendigen Iterationen zur Lösung nichtlinearer Gleichungen. Weil turbulente Grenzschichten numerisch nicht in ihrer asymptotisch korrekten Schichtenstruktur (s. dazu die Ausführungen unter PHYSIKALISCHER HINTERGRUND) gelöst werden, sondern Gleichungen zugrundegelegt werden, die als modifizierte laminare Grenzschichtgleichungen angesehen werden können, treten bei deren Lösung im Prinzip dieselben numerischen Schwierigkeiten auf (obwohl turbulente Grenzschichten nicht dasselbe singuläre Verhalten am Ablösepunkt besitzen wie laminare Grenzschichten).

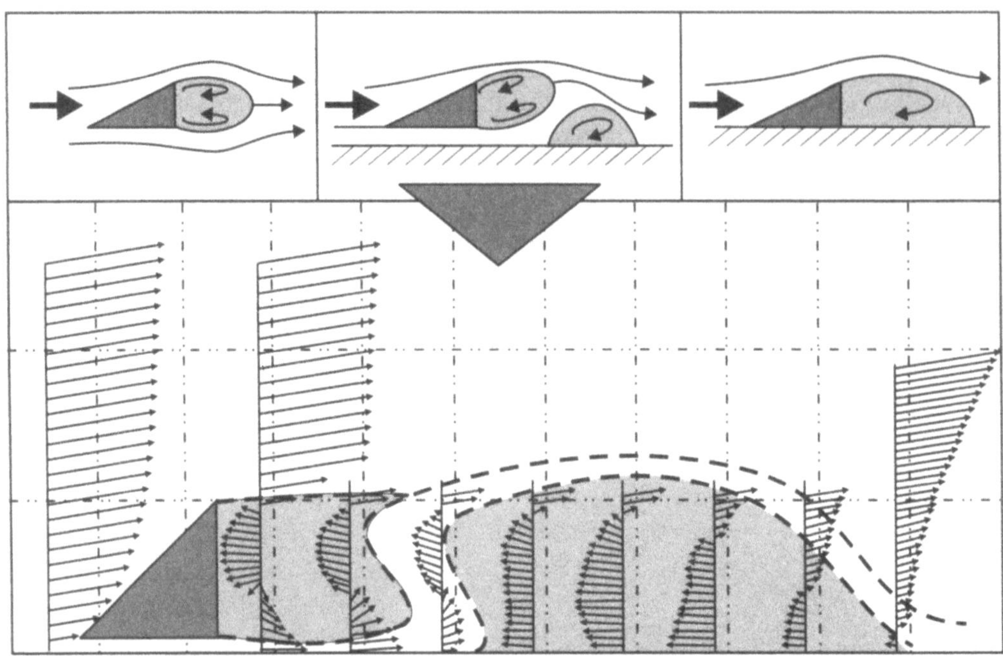

Laser - Doppler Messungen des Geschwindigkeitsfeldes an der ebenen
Strömung über einem Keil in Wandnähe

(Einzelheiten in : Ulrichs, Herwig (2002), beachte: das wandgebundenen Ablösegebiet
ist hier verkürzt dargestellt, es besitzt in der Realitat etwa die dreifache Länge)

Die Tatsache, dass *numerische Lösungen der vollen Navier-Stokes Gleichungen* (die
stets bei endlichen Reynolds-Zahlen ermittelt werden) keinerlei Besonderheiten im
Sinne eines singulären Verhaltens in Ablösenähe aufweisen, unterstreicht, dass es sich
um ein Problem der Grenzlösung bei Re $\to \infty$ handelt.

◻ **Strömungsablösung in der Aerodynamik:** Bei aerodynamischen Strömungen
wie z.B. an Flugzeugen spielt die Strömungsablösung naturgemäß eine große Rolle.
Dabei kann sie entweder ein unerwünschtes, die angestrebte Wirkung begrenzendes
Phänomen sein, oder aber auch gezielt eingesetzt werden. Bei der Erzeugung von
Auftrieb an Tragflächen gibt es Beispiele für beide Fälle:

- An Flugzeugen mit konventionellen Tragflügeln (z.B. Boeing und Airbus-Typen)
  begrenzt einsetzende Strömungsablösung bei steigendem Anstellwinkel den aerodynamischen Auftrieb. Dieser wird im wesentlichen durch den Unterdruck auf der Profiloberseite erzeugt, der bei anliegender Strömung erheblich stärker ist als bei abgelöster Strömung. Da mit steigendem Anstellwinkel „plötzlich" auftretende massive Ablösung den Auftrieb drastisch verringert und dieser nicht durch eine leichte
  Reduzierung des Anstellwinkels wieder in seiner ursprünglichen Stärke hergestellt
  werden kann (sog. Hystereseverhalten bei massiver Ablösung), muss ein solcher
  Flugzustand (engl.: *stall*) unter allen Umständen vermieden werden. Dies begrenzt
  die effektiv möglichen Anstellwinkel auf Werte, die häufig unter 10° liegen, wenn
  keine besonderen Maßnahmen ergriffen werden, s. dazu das Stichwort AUFTRIEB,

AERODYNAMISCHER.

- An Flugzeugen mit sog. Delta-Flügeln (z.B. an der bis 2003 betriebenen Concorde) wird Ablösung hingegen kontrolliert eingesetzt und trägt entscheidend zur Auftriebserzeugung bei. An den Flügelvorderkanten ablösende Wirbelschichten rollen sich auf der Flügeloberseite zu sog. „Tütenwirbeln" auf und sorgen für einen niedrigen Druck auf der Flügeloberseite. In der Start- und Landephase werden dabei hohe Anstellwinkel von durchaus 25° erreicht, die einen hohen Auftrieb (Kraft senkrecht zur Anströmung = Flugrichtung), aber auch einen hohen Widerstand (Kraft in Richtung der Anströmung) erzeugen. Die ungleiche Druckverteilung auf der Ober- und der Unterseite führt zunächst zu einer großen Kraft senkrecht zum Tragflügel, der bei hohen Anstellwinkeln zu nennenswertem Auftrieb, aber auch Widerstand führt. Dabei ist zu beachten, dass bei gleichem Winkel relativ zum Boden der Anstellwinkel (gegenüber der Anströmung = Flugrichtung) in der Landephase erheblich höher als in der Startphase ist und damit der relativ große Widerstand in der Landephase sinnvoll genutzt werden kann, um die Fluggeschwindigkeit zu reduzieren.

◘ **Mehrstufige Strömungsmaschinen:** Die Druckänderung in Verdichtern bzw. in Turbinen wird erreicht, indem die Lauf- und Leiträder dieser Strömungsmaschinen in einer axialen oder einer radialen Anordnung durchströmt werden. Im Detail handelt es sich dabei stets um die Umströmung entsprechender Profile auf den Lauf- und Leiträdern. Deren Anstellwinkel und damit auch die erreichbare Druckdifferenz über eine Profilreihe hinweg sind begrenzt, weil massive Ablösung vermieden werden muss. Damit können größere Druckdifferenzen nur durch das Hintereinanderschalten mehrerer Stufen erreicht werden, was technisch einen erheblichen Aufwand bedeutet.

WEITERFÜHRENDE LITERATUR

Rothmayer, A.P.; Smith, F.T. (1998a): *Incompressible Triple-Deck Theory*, in: The Handbook of Fluid Dynamics (ed.: R.W. Johnson), 23-1 ÷ 23-24, CRC Press, Boca Raton

Rothmayer, A.P.; Smith, F.T. (1998b): *Free Interactions and Breakaway Separation*, in: The Handbook of Fluid Dynamics (ed.: R.W. Johnson), 24-1 ÷ 24-24, CRC Press, Boca Raton

Coroton, K.; Horwig, H. (1992): *Strömungsmechanik*, Vieweg Verlag, Braunschweig/Wiesbaden

Smith F.T. (1986): *Steady and unsteady boundary-layer separation*, Ann. Rev. Fluid Mech. **18**, 197 - 220

Eaton, J.K.; Johnson, J.P. (1981): *A Review of Research on Subsonic Turbulent Flow Reattachment*, AIAA Journal **19**, 1093 - 1100

Stewartson, K. (1970): *Is the singularity at separation removable?*, J. Fluid Mech. **44**, 347 - 364

Aerostatik
(aerostatics)

BEDEUTUNG UND DEFINITION

Es handelt sich wie bei der HYDROSTATIK um die Bestimmung von Zustandsgrößen in einem ruhenden Fluid, jetzt aber bei variabler Dichte ϱ^*. Bei Anwendungen in der Erdatmosphäre treten zwar Höhenunterschiede in der Größenordnung von 100 km auf, trotzdem werden in der mathematisch/physikalischen Modellbildung für diese Fälle Effekte der Erdrotation, Erdkrümmung und der Veränderlichkeit der Fallbeschleunigung g^* (Gravitations„konstante") vernachlässigt. Er verbleibt damit das Gleichgewicht zwischen Gewichts- und Auftriebskräften unter der Wirkung einer konstanten Fallbeschleunigung g^*.

	Definition	

Unter dem Begriff *Aerostatik* versteht man die physikalische Situation eines ruhenden Fluides variabler Dichte ϱ^*.

  Die gesuchten Größen sind der Druck p^* sowie die Dichte ϱ^* als Funktion des Abstandes y^* von einem Bezugsniveau $y^* = y_B^*$. Wenn ideales Gasverhalten unterstellt wird, reicht eine Annahme über den Temperaturverlauf $T^*(y^*)$ aus, um die Größen $p^*(y^*)$ und $\varrho^*(y^*)$ zu bestimmen.

ϱ^*	Dichte	kg/m^3
p^*	Druck	N/m^2
T^*	(Thermodynamische) Temperatur	K
y^*	Koordinate entgegen der Fallbeschleunigung	m
g^*	Betrag des Fallbeschleunigungsvektors	m/s^2

PHYSIKALISCHER HINTERGRUND

Aus dem Kräftegleichgewicht an einem infinitesimalen Fluidelement mit dem Volumen $dV^* = dx^* dy^* dz^*$ folgt $dp^* = -\varrho^* g^* dy^*$, wenn einerseits die Gewichtskraft $\varrho^* g^* dV^*$ und andererseits die resultierenden Druckkraft (Auftriebskraft) $-dV^* dp^*/dy^*$ wirken. Während daraus bei konstanter Dichte ϱ^* unmittelbar die hydrostatische Druckverteilung $p^* = p_B^* + \varrho^* g^* (y_B^* - y^*)$ gewonnen werden kann (s. dazu das Stichwort HYDROSTATIK), würde ein analoges Vorgehen bei variabler Dichte die Kenntnis von $\varrho^*(y^*)$ voraussetzen. Statt nun Annahmen über $\varrho^*(y^*)$ zu treffen, wird ϱ^* zunächst über die thermische Zustandsgleichung des idealen Gases als $\varrho^* = p^*/R^* T^*$ (R^*: spezielle Gaskonstante) mit dem Druck p^* und der Temperatur T^* verknüpft. Daraus entsteht dann

$$dy^* = -\frac{R^*}{g^*} T^* \frac{dp^*}{p^*}$$

Auch aus dieser Beziehung kann $p^*(y^*)$ erst ermittelt werden, wenn $T^*(y^*)$ bekannt ist.

Die Funktion $T^*(y^*)$ ist aber Messungen unmittelbarer zugänglich als $\varrho^*(y^*)$. Prinzipiell könnte $T^*(y^*)$ aus einer Energiebilanz bestimmt werden. Wenn z.B. die Erdatmosphäre zur Erde und zum Weltraum hin adiabat wäre und in der Atmosphäre keine chemischen Reaktionen stattfänden, so würde eine konstante Temperatur $T^*(y^*)$ herrschen. Tatsächlich liegt aber ein intensiver Wärmeübergang durch Leitung und vor allem auch Strahlung vor. Zusätzlich treten chemische Reaktionen z.B. bei der Ozonbildung auf. Diese Vorgänge sind sehr komplex. Im Zusammenhang mit der Aerostatik der Erdatmosphäre wird daher auf Messdaten zurückgegriffen. Dabei wird der gemessene Temperaturverlauf bei sog. *Standard-Atmosphären* abschnittsweise als konstant oder linear abhängig von y^* approximiert. Für diese beiden Arten der Näherung ergibt sich folgender Druckverlauf $p^*(y^*)$ mit $p_B^* = p^*(y^* = 0)$:

- konstante Temperatur $T^* = T_B^*$:

$$p^* = p_B^* \exp\left[\frac{g^*(y_B^* - y^*)}{R^* T_B^*}\right] \tag{i}$$

- linearer Temperaturverlauf $T^* = T_B^* - a^*(y^* - y_B^*)$

$$p^* = p_B^* \left(1 - \frac{a^*(y^* - y_B^*)}{T_B^*}\right)^{-g^*/R^* a^*} \tag{ii}$$

Der Verlauf von $\varrho^*(y^*)$ folgt dann jeweils unmittelbar aus dem idealen Gasgesetz $\varrho^* = p^*/R^* T^*$.

Stabilitätsverhalten

Ein entscheidender Aspekt in der Aerostatik ist die Frage, ob eine aerostatische Schichtung stabil ist. Dazu muss untersucht werden, ob Fluidelemente, die aufgrund einer Störung aus ihrer Ruhelage ausgelenkt werden, eine Rückstellkraft erfahren, so dass die ursprüngliche Gleichgewichtslage wieder hergestellt werden kann.

Wenn ein Volumenelement z.B. um Δy^* entgegen der Fallbeschleunigung ausgelenkt wird, so herrscht auf dem neuen Höhenniveau $y^* + \Delta y^*$ ein geringerer Druck und eine (meist) andere Temperatur. Da ein Temperaturausgleich aufgrund von Wärmeleitung eine endliche Zeitspanne Δt^* benötigt, kann für „den ersten Moment", d.h. unmittelbar nach der Auslenkung, unterstellt werden, dass noch keine Wärmeleitung stattgefunden hat. An der neuen Position $y^* + \Delta y^*$ besitzt das Fluidelement deshalb jetzt die Temperatur, die in erster Näherung einer isentropen Zustandsänderung (Entropie $s^* =$ const, weil reversibel und adiabat, d.h. keine Wärmeleitung) entspricht. Aus elementaren Umformungen unter Verwendung der idealen Gasgleichung $p^*/\varrho^* = R^* T^*$ und der Isentropenbeziehung $p^*/\varrho^{*\kappa} = $ const folgt dann

$$\Delta T^* = -\frac{\kappa - 1}{\kappa} \frac{g^*}{R^*} \Delta y^* \tag{iii}$$

Mit $g^* = 9,81 \text{ m/s}^2$ und $R^* = 287 \text{ m}^2/\text{s}^2\text{K}$ (Luft) wird dies zu $\Delta T^* = (-0,01 \text{ K/m})\Delta y^*$, d.h. die Temperatur fällt um 1 K auf 100 m bzw. um 10 K auf 1 km. Wenn nun die Temperaturabnahme im umgebenden Fluid, in dem das Fluidelement ausgelenkt wurde, geringer ist, so entsteht eine Rückstellkraft, weil das ausgelenkte Fluidelement aufgrund der niedrigeren Temperatur eine höherer Dichte besitzt als die umgebenden Fluidelemente.

Damit kommt der *isentropen Temperaturverteilung* bzgl. der Stabilität der Atmosphäre eine Schlüsselstellung zu: Wenn die aerostatische Temperaturabnahme mit steigender Höhe y^* geringer ist als im isentropen Fall (bei Luft also 10 K/km), liegt eine stabile Schichtung vor, andernfalls ist sie instabil, s. dazu auch das nachfolgende Beispiel.

ANWENDUNGEN UND BEISPIELE

Aufbau der Erdatmosphäre/Standard-Atmosphären

Die für den Menschen lebenswichtige Erdatmosphäre kann in vier Schichten unterteilt werden, in denen eine jeweils andere physikalische Situation zu einer spezifischen Temperaturverteilung führt. Dies ist eine Unterteilung unter energetischen Gesichtspunkten. Andere Unterteilungen sind möglich, so z.B. nach dem Maß von Gasdurchmischungen (Homosphäre/Heterosphäre) oder Gasionisationen (Ionosphären).

Auf dem Hintergrund von Energie- und Temperaturbetrachtungen ergibt sich eine grobe Aufteilung wie in folgendem Bild skizziert. In der erdnächsten Schicht, der *Troposphäre*, spielen natürliche Konvektionen aufgrund der Erwärmung/Abkühlung der Erdoberfläche eine entscheidende Rolle. Dies ist der „Bereich des Wetters", wie wir es in Bodennähe erleben. Ein deutlich stabileres Verhalten liegt in der anschließenden *Stratosphäre* vor, ausgeprägt auch schon im unteren Bereich dieser Schicht, der *Tropopause* genannt wird. Dies ist eine vorteilhafte Flughöhe für zivile Flugzeuge, die in aller Regel oberhalb von $y^* = 11$ km und damit im Bereich konstanter Temperatur und stabiler Luftschichtung fliegen.

Die Auswertung und Aufbereitung umfangreicher Messdaten aus der Erdatmosphäre hat zur Definition von sog. *Standard-Atmosphären* geführt, die jeweils einen Mittelwert aus zeitlich und örtlich gemessenen Werten darstellen. Eine weitverbreitete „allgemeine" Atmosphäre ist die *U.S. Standard Atmosphere, 1976*. Es sind aber auch spezielle Definitionen für polare, tropische, kalte und heiße Regionen eingeführt worden, die meist militärischen Zwecken dienen und deshalb nur begrenzt öffentlich zugänglich sind.

Im Bild ist der Verlauf der *U.S. Standard Atmosphere, 1976* eingezeichnet. Das graue Band um die Temperaturkurve zeigt den Bereich monatlicher Schwankungen um die Werte der Standard-Atmosphäre.

Bezüglich der thermischen Stabilität der Atmosphäre kann aus dem prinzipiellen Temperaturverlauf folgendes abgeleitet werden.

Da eine Luftschichtung zunächst nur dann instabil ist, wenn die Temperatur gemäß (iii) mit der Höhe stärker als ≈ 10 K/km abnimmt, ist die gezeigte Standard-Atmosphäre prinzipiell stabil. Die stärkste Abnahme erfolgt in der erdnahen Troposphäre, dort aber auch nur mit $\approx 6,5$ K/km. Es muss aber beachtet werden, dass dies nur Mittelwerte sind, die lokal und momentan erheblich unterschritten werden können, so dass dann lokale und momentane Instabilitäten auftreten. Dies führt in der Tat zu erheblichen Strömungen, die das Wetter im erdnahen Bereich entscheidend beeinflussen.

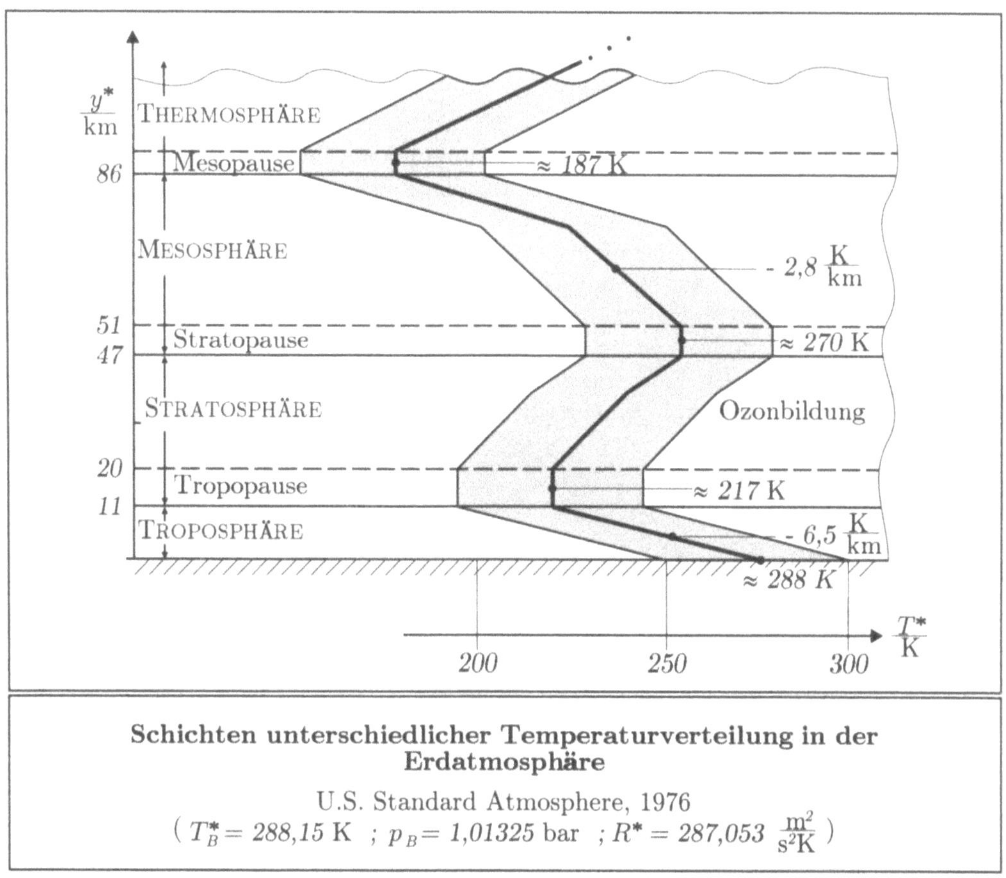

Schichten unterschiedlicher Temperaturverteilung in der Erdatmosphäre

U.S. Standard Atmosphere, 1976

$\left(\, T_B^* = 288{,}15 \text{ K} \; ; \; p_B = 1{,}01325 \text{ bar} \; ; \; R^* = 287{,}053 \; \frac{\text{m}^2}{\text{s}^2\text{K}} \,\right)$

Die Troposphäre und bedingt auch die Mesosphäre kann deshalb als „potentiell thermisch instabil" angesehen werden, wohingegen die Stratosphäre und die Thermosphäre weitgehend thermisch stabil sind.

BEACHTE

☞ **Inversions-Wetterlagen:** Bei ungünstigen Wetterverhältnissen kann es zu einer sehr stabilen Schichtung in der erdnahen Troposphäre kommen, bei der dann z.B. Schadstoffe nicht mehr in höhere Luftschichten gelangen und Städte unter einer „Dunstglocke" liegen. Als Erklärung wird dafür häufig angeführt, dass eine „Inversion" vorläge, weil anders als üblich, warme Luft über der kälteren Luft läge. Dabei ist aber zu beachten, dass eine prinzipiell stabile Schichtung bereits bei $dT^*/dz^* > -10$ K/km vorliegt. Der „normale" Wert von $dT^*/dz^* \approx -6,5$ K/km ermöglicht noch eine hinreichende Luftdurchmischung durch lokale und momentane Instabilitäten. Eine „Inversionslage" liegt offensichtlich dann vor, wenn dT^*/dz^* deutlich größer $-6,5$ K/km ist (d.h.: $|dT^*/dz^*|$ ist kleiner als $6,5$), aber nicht notwendigerweise positiv sein muss (was eine echte „Inversion") wäre.

☐ **Massenverteilung:** Aufgrund der abnehmenden Dichte in der Erdatmosphäre ist die Masse in Bodennähe konzentriert. In einer Schicht von ca. 5,8 km Dicke befindet sich 50% der Atmosphären-Luftmasse, bis ca. 39 km Höhe sind 99% der Masse enthalten, die insgesamt die Erdatmosphäre ausmacht.

In der obersten Atmosphärenschicht ist die mittlere freie Weglänge der Moleküle so groß, dass die Kontinuums-Modellvorstellung nicht länger anwendbar ist. Druck und Dichte erreichen dann asymptotisch den Wert Null, Strömungswiderstand und Reibungswärme im Zusammenhang mit Flugobjekten spielen dort für die aktuelle Flugdynamik keine Rolle, führen aber langfristig zu einer Reduktion der Flughöhe (bis hin zum „Wiedereintritt in die Erdatmosphäre").

Flugbahnen von künstlichen Satelliten liegen häufig in einem Erdabstand von ca. 1400 km (Umlaufzeit: $\approx$ 114 Minuten), geostationäre Satelliten befinden sich etwa auf einer Höhe von 36 000 km (Umlaufzeit: 1 Tag).

Weiterführende Literatur

Standardwerke zur Strömungsmechanik, s. die Liste am Ende des Buches

- speziell zur Standard-Atmosphäre:

Dublin, M. (1976): *U.S. Standard Atmosphere, 1976*, U.S. Government Printing Office, Washington, D.C.; s. auch: http://aero.stanford.edu/StdAtm.html

Asymptotische Theorie
(asymptotic theory)

BEDEUTUNG UND DEFINITION

Es handelt sich im Zusammenhang mit strömungsmechanischen Fragestellungen um die theoretische Beschreibung des Strömungsverhaltens in Grenzfällen bestimmter Parameter oder Koordinaten. Häufig werden dabei die Grenzfälle betrachtet, in denen dimensionslose Parameter oder Koordinaten gegen Null ($\to 0$) oder gegen Unendlich ($\to \infty$) streben. Dabei interessiert nicht nur die Lösung im eigentlichen Grenzfall ($= 0$ bzw. $= \infty$), sondern auch das Lösungsverhalten in der Nähe dieser Extremwerte. Da diese Lösungen auch als *Störung* der Grenzlösung interpretiert werden können, spricht man in diesem Zusammenhang auch von *Störungsrechnungen* bzw. *Störungsproblemen*.

Definition

Unter einer *asymptotischen Theorie* versteht man die systematische mathematische Entwicklung einer allgemeinen Lösung im Grenzübergang bestimmter Parameter oder Koordinaten. Mit den für den Grenzübergang ausgewählten Größen werden mathematische Reihenentwicklungen formuliert, die bestimmte asymptotische Eigenschaften besitzen. Diese asymptotischen Eigenschaften beziehen sich auf den Grenzübergang der Parameter oder Koordinaten hin zu der asymptotisch angenäherten Grenzlösung. Die Grenzlösung stellt dabei den sog. *führenden Term* der Reihenentwicklung dar. Nachfolgende Terme einer solchen Entwicklung besitzen die Eigenschaft, dass sie bezogen auf vorhergehende Terme im Grenzübergang der Koordinate oder eines (Entwicklungs-) Parameters beliebig klein werden.

Die Größenordnung der einzelnen Terme wird bei einer Parameterentwicklung durch sog. *Vergleichsfunktionen* $g(\epsilon)$ festgelegt. Dabei ist ϵ ein *Störparameter* mit der Eigenschaft

$$\epsilon = \epsilon(P) \to 0 \quad \text{für} \quad P \to 0 \quad \text{oder} \quad P \to \infty, \tag{$*$}$$

wenn einer dieser beiden Grenzfälle die Grenzlösung ergibt.

Im Zuge einer Entwicklung nach ϵ, und damit indirekt nach dem Parameter P, erhält eine abhängige Größe A der gesuchten Lösung typischerweise die Form

$$A(t, \vec{x}; P) = \sum_i g_i(\epsilon) A_i(t, \vec{x}) \quad \text{mit} \quad \epsilon = \epsilon(P), \tag{$**$}$$

d.h., die P-Abhängigkeit ist explizit in den Vergleichsfunktionen enthalten.

Für diese Vergleichsfunktionen muss bei einer asymptotischen Entwicklung gelten:

$$\lim_{\epsilon \to 0} \frac{g_{1+i}(\epsilon)}{g_i(\epsilon)} = 0 \tag{$***$}$$

Es liegt damit eine spezielle Konvergenz der Reihenentwicklung vor, die sich auf den Grenzübergang bezieht. An die Reihenentwicklung wird nicht die Forderung gestellt, dass sie einen endlichen Konvergenzradius besitzt, d.h., dass für Koordinaten oder

Parameterwerte innerhalb dieses Radius nachfolgende Terme stets kleiner sein müssten als vorherige Terme.

Sog. *asymptotische Größenordnungen* sind in bezug auf die Vergleichsfunktionen durch zwei verschiedene Symbole definiert:

- $g_1(\epsilon)$ ist asymptotisch von der gleichen Größenordnung wie $g_2(\epsilon)$, wenn gilt

$$\lim_{\epsilon \to 0} \frac{g_1(\epsilon)}{g_2(\epsilon)} = \text{const}$$

Dies wird geschrieben als $\boxed{g_1(\epsilon) = O\left(g_2\left(\epsilon\right)\right)}$

- $g_1(\epsilon)$ ist asymptotisch klein gegenüber $g_2(\epsilon)$, wenn gilt

$$\lim_{\epsilon \to 0} \frac{g_1(\epsilon)}{g_2(\epsilon)} = 0$$

Dies wird geschrieben als $\boxed{g_1(\epsilon) = o\left(g_2\left(\epsilon\right)\right)}$

P	(dimensionsloser) Problemparameter	-
ϵ	Störparameter, gebildet mit P	-
$g(\epsilon)$	Vergleichsfunktion (engl.: gauge function)	-
$O(...)$	Größenordnungssymbol	-
$o(...)$	Größenordnungssymbol	-

PHYSIKALISCHER HINTERGRUND

Der eigentliche Vorteil eines asymptotischen Ansatzes für eine gesuchte Lösung (z.B. für $A(t, \vec{x}; P)$) liegt in der explizit formulierten Abhängigkeit vom sog. Störparameter $\epsilon(P)$, sowie der Möglichkeit, eine Näherungslösung zu erhalten, indem nur endlich viele Terme des Entwicklungsansatzes (**) bestimmt werden.

In den meisten Fällen ist bereits der erste Term alleine, oder sind die ersten beiden Terme gemeinsam, eine hinreichend genaue Näherungslösung. Dabei ist entscheidend, dass wegen der generellen Eigenschaft (***) eine Aussage über die asymptotische Größenordnung des Fehlers beim Abbruch der Reihenentwicklung vorliegt. Dies impliziert, dass eine solche Näherungslösung für $\epsilon \to 0$ einen stetig abnehmenden Fehler gegenüber der vollständigen Lösung besitzt.

Die Teillösungen A_i werden darüber hinaus aus Gleichungen ermittelt, die gegenüber den vollständigen Gleichungen zur Bestimmung von A oftmals erheblich einfacher zu lösen sind.

Reguläre/singuläre Störungsprobleme

Bezüglich der asymptotischen Reihe bzw. Entwicklung sind grundsätzlich zwei verschiedene Fälle zu unterscheiden.

- *Reguläres Störungsproblem*
  Die asymptotische Reihe stellt eine *gleichmäßig gültige Näherung* der Lösung dar. Dies heißt, die Reihe ist im gesamten Strömungsfeld – einschließlich der Berandungen durch Wände und der Punkte im Unendlichen, wenn das Strömungsgebiet nicht vollständig von Wänden begrenzt ist – eine asymptotische (Näherungs-)Lösung mit der gleichen Größenordnung des Fehlers in jedem Punkt. Trifft dies zu, so spricht man von einem *regulären Störungsproblem*. Ein Beispiel für ein reguläres Parameter-Störungsproblem ist die asymptotische Theorie zur Erfassung des Einflusses variabler Stoffwerte, die unter dem Stichwort VARIABLE STOFFWERTE; dort unter PHYSIKALISCHER HINTERGRUND ausführlich dargestellt ist. Die Korrekturbeziehungen, die dort auf der Basis der asymptotischen Entwicklung nach ϵ gewonnen werden, gelten gleichmäßig im ganzen Strömungsfeld.

- *Singuläres Störungsproblem*
  Die asymptotische Reihe hat nicht im gesamten Lösungsgebiet Fehler von der gleichen Größenordnung, d.h., sie ist *nicht gleichmäßig gültig*. Häufig treten solche Ungleichmäßigkeiten in der Nähe von Wänden oder in großem Abstand vom Körper (im „Unendlichen") auf. Man spricht in diesem Fall von *singulären Störungsproblemen*.

  Im Laufe der Zeit ist eine ganze Reihe von Methoden entwickelt worden, mit denen singuläre Störungsprobleme behandelt werden können.

  Die wichtigste ist die Methode der *angepassten asymptotischen Entwicklungen* (engl.: method of matched asymptotic expansions). Bei dieser Methode werden mindestens zwei verschiedene asymptotische Entwicklungen in verschiedenen Teilgebieten benötigt, um einen Fehler von gleicher Größenordnung im gesamten Lösungsgebiet zu erreichen.

  Ein Beispiel für ein singuläres Störungsproblem ist die Körperumströmung bei großen Reynolds-Zahlen. Die Anwendung der Methode der angepassten asymptotischen Entwicklungen führt unmittelbar zur GRENZSCHICHTTHEORIE.

  Alternative Methoden für singuläre Störungsprobleme sind: Die *Methode der gleichmäßig gültigen Differentialgleichung* (engl.: method of composite equations), die *Methode der mehrfachen Variablen* (engl.: method of multiple scales) und die *Methode der gestreckten Koordinaten* (engl.: method of strained coordinates), s. dazu auch Schneider (1978) und Van Dyke (1975).

ANWENDUNGEN UND BEISPIELE

1. *Ein einfaches Parameter-Störungsproblem: Gesucht sind die Lösungen $x_j(\epsilon)$ für $\epsilon \to 0$ der quadratischen Gleichung $x(x-2) + \epsilon = 0$*

Das prinzipielle Vorgehen soll an diesem einfachen mathematischen Beispiel erläutert werden, ohne dass zunächst ein konkreter physikalischer Hintergrund dazu existiert.

Es handelt sich um ein Störungsproblem mit dem Parameter ϵ, also um ein *Parameter-Störungsproblem*. Der interessierende *Grenzwert des Parameters* ist $\epsilon = 0$, die *Grenzlösung*, also die Lösung der Gleichung $x_0(x_0-2) = 0$, ist sofort als $x_{0,I} = 0, x_{0,II} = 2$ erkennbar.

Eine verbesserte Näherungs-Lösung ist durch eine Reihenentwicklung bezüglich des Parameters ϵ zu erreichen. Da der (Stör-)Parameter ϵ linear in der Ausgangsgleichung vorkommt, liegt es nahe, eine Reihenentwicklung in ganzzahligen Potenzen von ϵ anzusetzen, also

$$x(\epsilon) = x_0 + \epsilon x_1 + \epsilon^2 x_2 + \dots \tag{i}$$

Setzt man diesen Ansatz in die Ausgangsgleichung ein und multipliziert alle Terme aus, so kann man sie folgendermaßen *nach Potenzen von* ϵ ordnen:

$$\{x_0^2 - 2x_0\} + \epsilon\{2x_1(x_0 - 1) + 1\} + \epsilon^2\{2x_2(x_0 - 1) + x_1^2\} + \dots = 0 \tag{ii}$$

Gleichung (ii) ist für beliebige Werte von ϵ genau dann erfüllt, wenn alle Ausdrücke in den geschweiften Klammern für sich genommen jeweils null sind. Dies sind die Bestimmungsgleichungen für $x_0, x_1, x_2, \dots$. Die erste Gleichung ist quadratisch und hat deshalb zwei Lösungen, die natürlich die zuvor bereits erwähnten Grenzlösungen $x_{0,I} = 0$ und $x_{0,II} = 2$ sind.

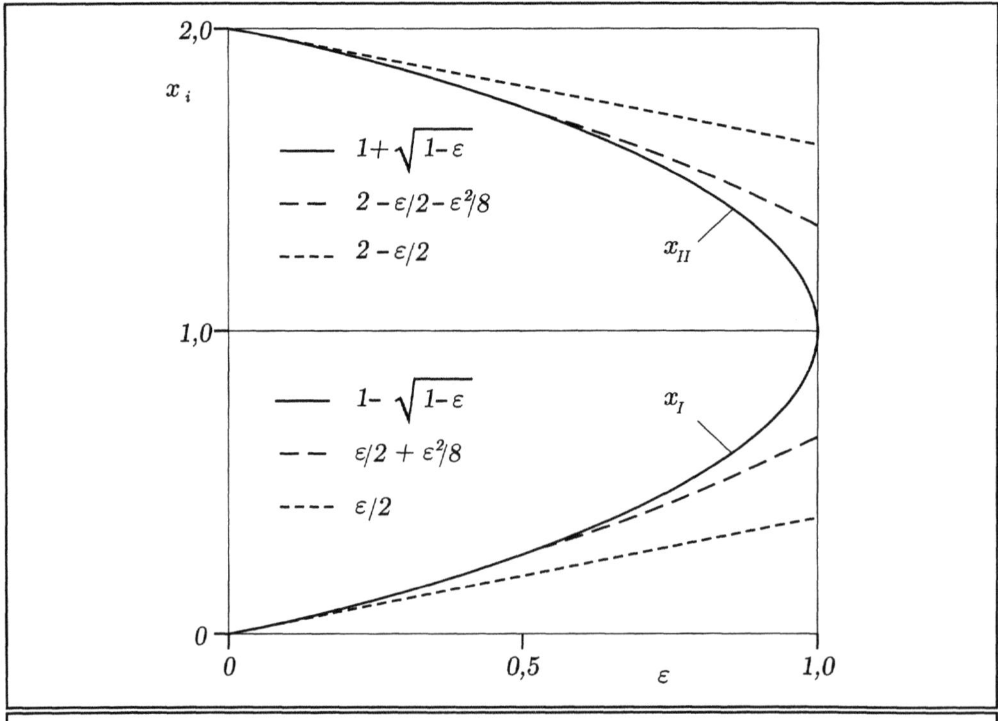

Vergleich zwischen exakter Lösung und asymptotischen Näherungen für die Gleichung $x(x - 2) + \varepsilon = 0$

Alle nachfolgenden Gleichungen sind linear und haben deshalb je eine Lösung, allerdings für jede der zwei Grenzlösungen $x_{0,I}$ und $x_{0,II}$ jeweils eine Lösung. Die Gleichungen *höherer Ordnung* bezüglich ϵ können nur der Reihe nach gelöst werden, da die Ergebnisse der vorherigen Ordnungen jeweils benötigt werden. Die Lösungen lauten

$$x_{1,I} = \frac{1}{2}, \qquad x_{1,II} = -\frac{1}{2}$$
$$x_{2,I} = \frac{1}{8}, \qquad x_{2,II} = -\frac{1}{8} \tag{iii}$$

Setzt man dies in den Ansatz (i) ein, erhält man also folgende Näherungslösungen der Ausgangsgleichung für $\epsilon \to 0$:

$$x_I = \frac{1}{2}\epsilon + \frac{1}{8}\epsilon^2 + \dots$$
$$x_{II} = 2 - \frac{1}{2}\epsilon - \frac{1}{8}\epsilon^2 + \dots$$

Dieses einfache Beispiel wurde gewählt, weil hierfür die vollständigen analytischen Lösungen bekannt sind und zum Vergleich herangezogen werden können. Diese Lösungen sollen *exakte Lösungen* genannt werden. Sie lauten

$$x_I = 1 - \sqrt{1-\epsilon}, \qquad x_{II} = 1 + \sqrt{1-\epsilon}.$$

Das Bild auf der vorhergehenden Seite zeigt diese exakten Lösungen im Vergleich zu den asymptotischen Näherungen. Deutliche Abweichungen von den exakten Lösungen sind erst für relativ große Werte von ϵ zu verzeichnen. Für $\epsilon \to 0$ stimmen die Näherungen immer besser mit der exakten Lösung überein. In eben diesem Sinne handelt es sich um eine *asymptotische (Näherungs-) Lösung für $\epsilon \to 0$*.

2. Spezielle physikalische Situationen

In der nachfolgenden Tabelle sind einige Anwendungen der asymptotischen Theorie für Parameter-Störungsprobleme zusammengestellt. Dabei treten als dimensionslose Kennzahlen auf: Re (REYNOLDS-ZAHL); Pr (PRANDTL-ZAHL); Br (BRINKMAN-ZAHL), Ma (MACH-ZAHL), Kn (KNUDSEN-ZAHL).

GRENZFALL	PHYSIKALISCHE SITUATION	DETAILS Z.B. IN
Re $\to \infty$	Grenzschichttheorie	Schlichting, Gersten (1997) Gersten, Herwig (1992)
Re $\to 0$	schleichende Strömung	Gersten, Herwig (1992, Kap.10)
Pr $\to \pm\infty$	Wärmeübergang bei extremen Prandtl-Zahlen	Gersten, Herwig (1992, Kap.7)
Br $\to 0$	Dissipations-Einfluss	Gersten, Herwig (1992, Kap.5)
Ma $\to 0$	Kompressibilitäts-Einfluß	Gersten, Herwig (1992, Kap.7)
Kn $\to 0$	Kontinuumsströmung	s. dazu das Stichwort MIKROSTRÖMUNGEN
Parameter-Störungsprobleme		

BEACHTE

▸ **Zum Begriff „Größenordnung":** Umgangsprachlich wird der Begriff *Größen-ordnung* gelegentlich verwendet, um auszudrücken, welchen Zahlenwert eine bestimm-te Größe in etwa besitzt. Eine solche Angabe ist z.B. im Sinne von „ungefähr 10^n" zu verstehen, wobei sich die Aussage auf den aktuellen Wert von n bezieht. Im Zusam-menhang mit den Vergleichsfunktionen bei asymptotischen Theorien vergleicht $O(...)$ als Größenordnungssymbol jedoch zwei Funktionen von ϵ in ihrem Verhalten für $\epsilon \to 0$. Eine Aussage über die absoluten Werte ist damit zunächst nicht verbunden. So sind z.B. die beiden Funktionen $g_1 = \epsilon$ und $g_2 = 100\epsilon$ von derselben asymptotischen Größenordnung, weil der Grenzwert ihres Verhältnisses eine endliche Konstante ist. Oftmals liegt allerdings diese Konstante in der Nähe des Zahlenwerts Eins. Um Un-klarheiten zu vermeiden, sollte stets von *asymptotischen Größenordnungen* gesprochen werden, wenn das Symbol $O(...)$ verwendet wird.

▸ **Rationale/nichtrationale Näherungen:** Asymptotische Näherungslösungen stel-len dann sog. rationale Näherungen dar, wenn sie systematisch verbessert werden können. Im Gegensatz dazu spricht man von nichtrationalen Näherungen, wenn es keine systematische Möglichkeit gibt, den Fehler der mit der Näherung verbunden ist, z.B. durch Hinzunahme weiterer Terme der Reihenentwicklung, zu verkleinern. Das beliebige Streichen von bestimmten Termen aus den vollständigen Grundgleichungen gehört in diesem Sinne zu den nichtrationalen Näherungen auf dem Weg zur Lösung eines strömungsmechanischen Problems.

WEITERFÜHRENDE LITERATUR

Herwig, H. (2002): *Strömungsmechanik – Eine Einführung in die Physik und die mathe-matische Modellierung von Strömungen*, Springer-Verlag, Berlin, Heidelberg, New York

Schlichting, H.; Gersten, K. (1997): *Grenzschicht-Theorie*, Springer-Verlag, Berlin, Hei-delberg, New York

Wilcox, D.C. (1995): *Perturbation Methods in the Computer Age*, DCW Industries, Inc., La Canada, California

Gersten, K.; Herwig, H. (1992): *Strömungsmechanik-Grundlagen der Impuls-, Wärme-und Stoffübertragung aus asymptotischer Sicht*, Vieweg-Verlag, Braunschweig/Wiesbaden

Hinch, E.J. (1991): *Perturbation Methods*, Cambridge University Press, Cambridge, UK

Lagerstrom, P.A. (1988): *Matched Asymptotic Expansions*, Appl. Math. Sci., Vol. 76, Springer-Verlag, New York

Nayfeh, A.H. (1981): *Introduction to Perturbation Techniques*, John Wiley & Sons, Inc., New York

Schneider; W. (1978): *Mathematische Methoden der Strömungsmechanik*, Vieweg-Verlag, Braunschweig

Van Dyke, M. (1975): *Perturbation Methods in Fluid Mechanics*, The Parabolic Press, Stanford, California

Auftrieb, aerodynamischer
(lift)

BEDEUTUNG UND DEFINITION

Es handelt sich um eine Komponente der Gesamtkraft, die von einer Strömung auf einen umströmten Körper ausgeübt wird. Der aerodynamische Auftrieb ist diejenige Komponente, die senkrecht zur Anströmung wirkt (und damit in der Strömung keine Arbeit leistet). In einer homogenen Anströmung eines Körpers ist damit zunächst nur eine Ebene senkrecht zur Anströmung fixiert. In welche Richtung die Auftriebskraft innerhalb dieser Ebene weist, ergibt sich aus der Form und der Lage des umströmten Körpers im Raum. Im „Normalfall" eines waagerecht liegenden Körpers bei horizontaler Anströmung (orientiert am Fallbeschleunigungsvektor $\vec{g}^*$) weist die Auftriebskraft „nach oben" (und rechtfertigt damit ihren Namen).

	Definition	

Unter dem (aerodynamischen) Auftrieb eines umströmten Körpers versteht man die resultierende Kraftkomponente aus der Druck- und Schubspannungsverteilung am Körper, die senkrecht zur Anströmung weist. Die Richtung innerhalb der Schnittebene senkrecht zur Anströmung ergibt sich aus der Form und der Lage des Körpers und kann durchaus von der Wirkungslinie der Schwerkraft abweichen. In diesen Fällen kann zusätzlich eine vektorielle Zerlegung der ursprünglichen Auftriebskraft in eine Vertikal- und eine Horizontalkomponente erfolgen, die dann Kräfte entlang der Wirkungslinie des Fallbeschleunigungsvektors und senkrecht dazu (also in horizontaler Richtung) darstellen.

In dimensionloser Form wird die Auftriebskraft A^* häufig als *Auftriebsbeiwert* formuliert. Dabei gilt

$$c_A = \frac{2A^*}{\varrho^* u_\infty^{*2} A_B^*}$$

c_A	Auftriebsbeiwert	$-$
A^*	Auftrieb (= Kraftkomponente senkrecht zur Anströmrichtung)	N
ϱ^*	Dichte des Fluides	kg/m^3
u_∞^*	ungestörte Anströmgeschwindigkeit	m/s
A_B^*	Bezugsfläche, gebildet mit Körpermaßen	m^2

PHYSIKALISCHER HINTERGRUND

Eine wichtige Eigenschaft der Auftriebskraft ist, dass sie im Strömungsfeld keine Arbeit leistet, weil sie per Definition senkrecht zur Anströmung wirkt.

So besitzt z.B. ein Körper in einer drehungsfreien (und damit notwendigerweise reibungs-freien) (Modell-)strömung zwar keinen Widerstand, was als d'Alembertsches Paradoxon bezeichnet wird (s. dazu das Stichwort WIDERSTAND; dort unter PHYSIKALISCHER HIN-TERGRUND), kann aber durchaus einen Auftrieb besitzen. Tatsächlich ist dies der ent-scheidende Aspekt bei der Bestimmung der Körperumströmung auf der Basis der Glei-chungen für reibungsfreie Strömungen, den sog. EULER GLEICHUNGEN.

Auf diesem Hintergrund wird deutlich, dass stets sorgfältig die Bedingung „senkrecht zur Anströmung" beachtet werden muss, und als „Auftrieb" nicht etwa eine Kraft „senk-recht zum Körper", z.B. einem Tragflügel, eingeführt werden darf.

Die Auftriebskraft als Resultierende der Druck- und Schubspannungsverteilung an einem Körper ist eine Folge der Gesamtströmung um den Körper und damit starken Änderungen unterworfen, wenn sich das Strömungsfeld stark verändert. Dies kann einer-seits bei einer nennenswerten Lageveränderung des Körpers auftreten, aber auch durch einen Wechsel im Charakter des Strömungsfeldes (ohne nennenswerte Veränderung der Körperlage relativ zur Anströmung) bedingt sein.

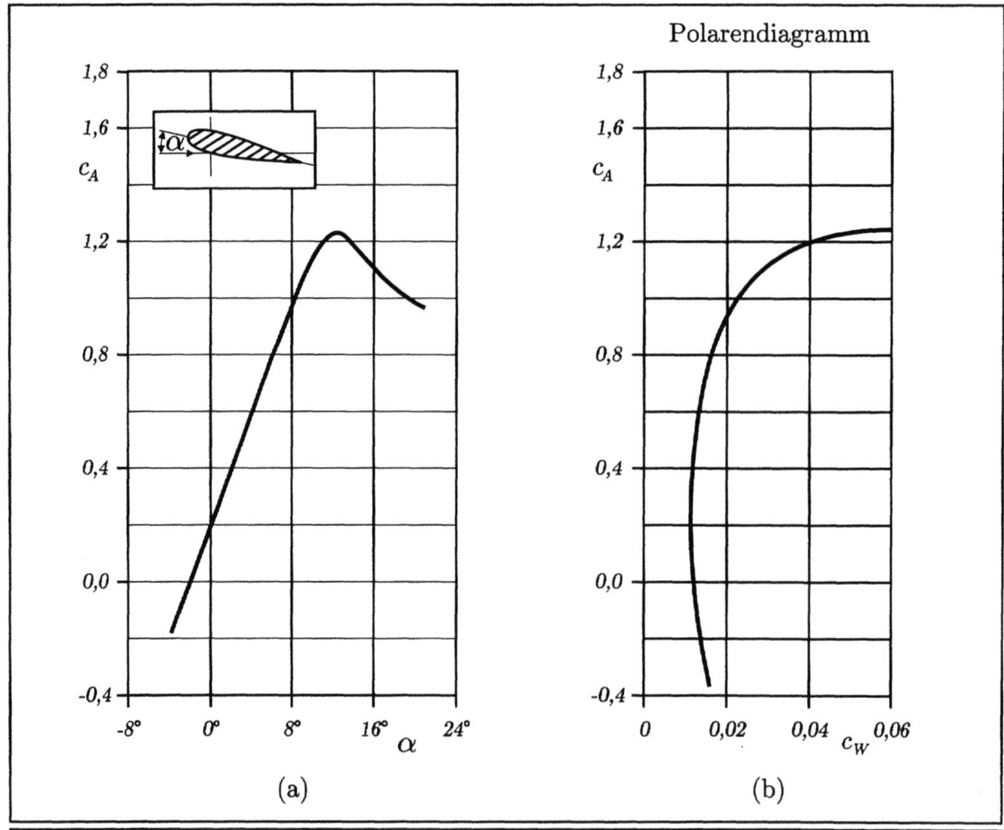

Auftriebs- und Widerstandsbeiwerte für ein Tragflügelprofil
(NACA 2412; Re=6,6·10⁵, inkompressible Strömung)

[Daten aus Schlichting, Truckenbrodt (2001)]

Als typisches Beispiel kann ein aerodynamischer Tragflügel dienen, der durch nennenswerte Veränderungen im Anstellwinkel zu einer deutlichen Erhöhung des Auftriebs führt, aber bei einer „plötzlich" einsetzenden Strömungsablösung einen drastischen Abfall des Auftriebes erfährt, ohne dass sich der Anstellwinkel nennenswert verändert hätte.

Körper, wie z.B. Tragflügel, die der gezielten Erzeugung von Auftrieb dienen, erzielen diesen fast ausschließlich durch die Wirkung der Druckkräfte. Die Reibungskräfte spielen für den Auftrieb eine häufig vernachlässigbare Rolle. Dabei können nennenswerte Auftriebskräfte (an konventionellen Tragflügeln) nur erzielt werden, solange die Strömung keine massiven Ablöseerscheinungen aufweist. Dann ist das Strömungsfeld aber bis auf extrem wandnahe, dünne Schichten (GRENZSCHICHTEN) reibungsfrei und kann deshalb in guter Näherung auf der Basis der EULER GLEICHUNGEN beschrieben werden. Dies führt zwangsläufig zu einer vollständigen Vernachlässigung von Reibungseffekten (Wandschubspannung), die aber zuvor als unbedeutend für den Auftrieb eingestuft worden waren.

ANWENDUNGEN UND BEISPIELE

1. *Auftrieb und Widerstand von Tragflügeln (Polarendarstellung)*

Am Beispiel eines Flugzeug-Tragflügels soll die allgemeine Beziehung für den Auftrieb A^* angegeben werden. Diese ist zur Charakterisierung des Tragflügelprofiles neben dem Widerstand W^* die entscheidende Größe. Beide können in Form ihrer jeweiligen dimensionslosen Beiwerte in einem gemeinsamen Diagramm, dem sog. *Polarendiagramm* eines Tragflügels dargestellt werden ($c_A = 2A^*/\varrho^* u_\infty^{*2} A_B^*$; $c_W = 2W^*/\varrho^* u_\infty^{*2} A_B^*$).

Das Bild auf der vorigen Seite zeigt als Teilbild (b) das Polarendiagramm $c_A = c_A(c_W)$ für ein bestimmtes Profil bei einer festen Reynolds-Zahl. Im Teilbild (a) ist der Verlauf des Auftriebsbeiwertes über dem Anstellwinkel α gezeigt. Die Begrenzung des c_A-Wertes ergibt sich durch beginnende Ablösung auf der Oberseite des Tragflügelprofils.

In diesem als „stall" bezeichneten Flug-Grenzzustand führt eine weitere Erhöhung des Anstellwinkels zu einem drastischen Auftriebsverlust, weil große Ablösegebiete auf der Flügeloberseite den Aufbau von starken Unterdruckgebieten verhindern. Die Polare $c_A(c_W)$ zeigt, dass dann auch der Widerstand stark ansteigt.

Dem $c_A(\alpha)$-Verlauf ist zu entnehmen, dass es sich um ein unsymmetrisches Profil handelt, weil c_A bei $\alpha = 0°$ bereits einen positiven Wert besitzt. Da die Auftriebserzeugung die entscheidende Eigenschaft von Tragflügelprofilen ist, wird versucht, durch eine entsprechend unsymmetrische Profilierung wie auch durch eine sog. Wölbung bereits bei kleinen Anstellwinkeln möglichst große c_A-Werte zu erreichen.

Eine weitere Steigerung des Auftriebs (über die Maximalwerte am Einzelflügel hinaus) gelingt durch die Verwendung von Vorflügeln und Hinterkanten-Klappen, die in Start- und Landephasen mechanisch ausgefahren werden können. Neben der Vergrößerung der effektiven Flügelfläche und der Veränderung der Profilwölbung sorgen vor allem die Luftströme zwischen dem Hauptflügel und dem Vorflügel bzw. den Klappen für eine deutlich verbesserte Strömung auf der Flügeloberseite. Es gelingt auf diese Weise, die Ausbildung von Ablösegebieten auf der Oberseite zu deutlich höheren Anstellwinkeln zu verschieben, was zu Auftriebsbeiwerten führt, die weit oberhalb derjenigen des einfachen Einzelflügels liegen. Diese Maßnahmen werden als *Hochauftriebshilfen* bezeichnet.

2. *Einfluss der Reynolds- und Mach-Zahl auf den Auftrieb von Tragflügeln*

Im vorigen Beispiel wurde das c_A, c_W-Verhalten eines Tragflügels bei einer bestimmten Reynolds-Zahl und für eine inkompressible Strömung (d.h. bei kleinen Mach-Zahlen bzw. für Ma $\rightarrow$ 0) gezeigt. Für den Einfluss von Re und Ma bei Tragflügelströmungen gilt prinzipiell folgendes:

- Reynolds-Zahl-Einfluss:

  Mit steigender Reynolds-Zahl nimmt die Grenzschichtdicke ab und es verlagert sich der laminar/turbulente Umschlag innerhalb der Grenzschichten bezogen auf das Profil nach vorne. Dieser frühzeitige Übergang in eine turbulente Grenzschichtströmung führt insbesondere auf der Profiloberseite zu einer Strömung, die sich als weniger ablösegefährdet erweist. Als wesentlicher Einfluss der Reynolds-Zahl ergibt sich damit

  - eine Steigerung des „erlaubten" Anstellwinkels mit den damit verbundenen Steigerungen im Auftriebsbeiwert,

  - eine Verschiebung der Polaren zu kleineren c_W-Werten. Dabei ist aber zu beachten, dass die Abhängigkeiten für den Widerstand W^* wie folgt sind: $W^* \sim c_W u_\infty^{*2}$, Re $\sim u_\infty^*$, d.h. eine Steigerung der Re-Zahl durch ansteigende Geschwindigkeit führt zwar zu kleineren c_W-Werten aber höheren Widerständen.

  Das nachfolgende Bild zeigt die im vorigen Beispiel erläuterten $c_A(\alpha)$ und $c_A(c_W)$-Kurven für eine zweite, größere Reynolds-Zahl, wobei die zuvor beschriebenen Effekte deutlich werden.

- Mach-Zahl-Einfluss (Prandtl-Glauert-Regel):

  Mit steigender Mach-Zahl können Kompressibilitätseffekte nicht mehr vernachlässigt werden. Die genaue Erfassung des Kompressibilitätseinflusses erfordert jedoch einen erheblichen Aufwand.

  Eine sehr gute Näherung ergibt sich aber auf der Basis einer linearisierten Potentialgleichung (s. dazu das Stichwort POTENTIALSTRÖMUNGEN, dort unter PHYSIKALISCHER HINTERGRUND).

  Dabei ergibt sich eine Druckverteilung am Tragflügel, die vom inkompressiblen Fall nur (einheitlich) um den Faktor $(1 - \mathrm{Ma}_\infty^2)^{-1/2}$ abweicht. Da der Auftrieb durch die Integration der Druckverteilung ermittelt wird, gilt für den Auftriebsbeiwert entsprechend

$$c_A(\mathrm{Ma}_\infty) = \frac{c_A(\mathrm{Ma}_\infty = 0)}{\sqrt{1 - \mathrm{Ma}_\infty^2}}$$

wobei Ma_∞ mit den Werten der ungestörten Anströmung zu bilden ist. Diese Art der Berücksichtigung von Kompressibilitätseffekten wird *Prandtl-Glauert-Regel* genannt.

Sie stellt eine gute Näherung dar, solange $\mathrm{Ma}_\infty < \mathrm{Ma}_{\infty krit}$ gilt. Die sog. *kritische Mach-Zahl der Tragflügelumströmung*, $\mathrm{Ma}_{\infty krit}$, ist dabei diejenige Anström-Mach-Zahl, bei der auf dem Tragflügel erstmals lokal Schallgeschwindigkeit erreicht wird. Die Zahlenwerte für $\mathrm{Ma}_{\infty krit}$ sind profilspezifisch und abhängig vom Anstellwinkel. Typische Zahlenwerte liegen etwa zwischen 0,7 und 0,8. Bei $\mathrm{Ma}_\infty = 0,8$ ist c_A immerhin um etwa 67% größer als für den inkompressiblen Fall. Für noch größere Werte von Ma_∞ liegt eine sog. transsonische Strömung vor, in der die Größe und Lage von lokalen Überschallgebieten von Bedeutung sind.

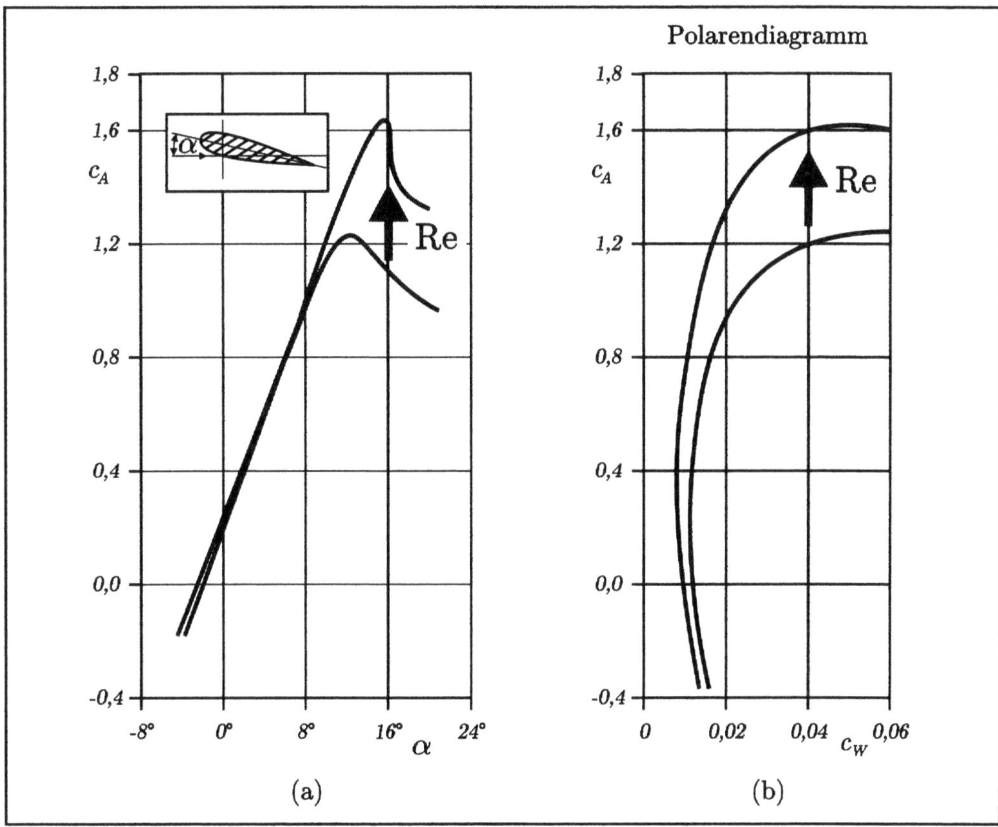

Auftriebs- und Widerstandsbeiwerte für steigende Reynoldszahlen (NACA 2412; Re=6,6·10^5 und Re=3,1·10^6, inkompressible Strömung)

[Daten aus Schlichting, Truckenbrodt (2001)]

BEACHTE

❐ **Propeller:** Die Vortriebskraft eines Propellers entsteht als Gesamtwirkung der *Auftrieb*skräfte an den einzelnen Propellerblättern. Schiffspropeller z.B. sind damit einem Antrieb nach dem Prinzip des Schaufelrades weit überlegen. Diese Schaufelräder nutzen den *Widerstand* der einzelnen Schaufelblätter zur Vortriebserzeugung.

❐ **Bodeneffekt:** In Bodennähe wird das Strömungsfeld in der Umgebung eines Tragflügels gegenüber einer freien Umströmung verändert, weil der Boden wie eine feste Stromlinie wirkt, die ein „Ausweichen" der Strömung über diese Linie hinweg verhindert. Dies wirkt sich positiv auf den Auftriebsbeiwert aus, für Details s. z.B. Rozhdestvensky (2000). Dieser Effekt wird z.B. von Seevögeln ausgenutzt, die sehr nahe der Wasseroberfläche fliegen.

WEITERFÜHRENDE LITERATUR

Standard-Werke zur Strömungsmechanik, s. dazu die Liste am Ende des Buches

- speziell zu Tragflügeln:

Eppler, R. (1990): *Airfoil Design and Data*, Springer-Verlag, Berlin, Heidelberg, New York

Schlichting, H.; Truckenbrodt, E. (1969): *Aerodynamik des Flugzeuges*, Band I und II, Springer-Verlag, Berlin, Heidelberg, New York

- speziell zum Bodeneffekt:

Rozhdestvensky, K.V. (2000): *Aerodynamics of a Lifting System in Extreme Ground Effect*, Springer-Verlag, Berlin, Heidelberg, New York

Auftrieb, statischer
(buoyancy)

Siehe dazu das Stichwort HYDROSTATIK, dort unter PHYSIKALISCHER HINTERGRUND

Ausgebildete Durchströmung
(fully developed internal flow)

Siehe dazu das Stichwort STRÖMUNG, dort unter BEACHTE

Bahnlinie
(pathline)

Siehe dazu das Stichwort STROMLINIE, dort unter ANWENDUNGEN UND BEISPIELE

Benard-Konvektion
(Benard convection)

Siehe dazu das Stichwort STABILITÄT, dort unter ANWENDUNGEN UND BEISPIELE

Bernoulli Gleichung
(Bernoulli equation)

BEDEUTUNG UND DEFINITION

Es handelt sich um die Impulsgleichung einer eindimensionalen Strömung eines idealen Fluides ($\eta^* = 0$), die längs des Strömungsweges integriert worden ist (s. dazu auch das Stichwort STROMFADEN). Für inkompressible Strömungen kann sie auch als Teil-Energiegleichung (mechanische Energie) dieser Strömung interpretiert werden. Dann setzt die zur Entstehung der Gleichung erfolgte Integration längs des Strömungsweges aber voraus, dass an diesem Kontrollvolumen keine technische Arbeit verrichtet worden ist. Nach der Integration längs des Strömungsweges erscheinen die Größen in der Gleichung an den beiden Integrationsgrenzen ① und ②, die anschaulich als Ein- und Austrittsquerschnitte des eindimensionalen Strömungsgebietes interpretiert werden können. Im Sinne der eindimensionalen Näherung kann die Bernoulli Gleichung längs einer Stromlinie in einem beliebigen Strömungsfeld verwendet werden, solange dies die getroffenen Voraussetzungen (ideales Fluid, d.h. $\eta^* = 0$; kein Austausch technischer Arbeit im endlichen Kontrollraum) erfüllt.

	Definition	

Längs einer Stromlinie gilt zwischen den beiden Punkten ① und ② für die Strömung eines idealen Fluides (Viskosität $\eta^* = 0$) als sog. *Bernoulli Gleichung*:

- bei inkompressibler, stationärer Strömung ($\varrho^* = \text{const}, \dfrac{\partial}{\partial t^*} = 0$)

$$\frac{p_2^*}{\varrho^*} + \frac{1}{2}u_{s2}^{*2} + g^*y_2^* = \frac{p_1^*}{\varrho^*} + \frac{1}{2}u_{s1}^{*2} + g^*y_1^* = C^* \qquad (*)$$

Diese Gleichung kann als Impulsgleichung und/oder als mechanische Teil-Energiegleichung interpretiert werden.

- bei inkompressibler, instationärer Strömung ($\varrho^* = \text{const}, \dfrac{\partial}{\partial t^*} \neq 0$), die zusätzlich drehungsfrei ist ($\vec{\omega}^* = 0$), d.h. bei einer POTENTIALSTRÖMUNG

$$\frac{p_2^*}{\varrho^*} + \frac{1}{2}u_{s2}^{*2} + g^*y_2^* + \left(\frac{\partial\Phi^*}{\partial t^*}\right)_2 = \frac{p_1^*}{\varrho^*} + \frac{1}{2}u_{s1}^{*2} + g^*y_1^* + \left(\frac{\partial\Phi^*}{\partial t^*}\right)_1 = C^*(t^*) \qquad (**)$$

Diese Gleichung kann ebenfalls als Impulsgleichung und/oder als mechanische Teil-Energiegleichung interpretiert werden.

- bei kompressibler, adiabater, stationärer Strömung ($\varrho^* \neq \text{const}, \dfrac{\partial}{\partial t^*} = 0$)

$$h_2^* + \frac{1}{2}u_{s2}^{*2} + g^*y_2^* = h_1^* + \frac{1}{2}u_{s1}^{*2} + g^*y_1^* = C^* \qquad (***)$$

Diese Gleichung kann als Gesamtenergiegleichung interpretiert werden.

u_s^*	Geschwindigkeit in Stromlinienrichtung	m/s
p^*	(absoluter) Druck	N/m^2
ϱ^*	Dichte	kg/m^3
h^*	spezifische Enthalpie	m^2/s^2
Φ^*	Geschwindigkeitspotential	m^2/s
y^*	kartesische Koordinate entgegen der Richtung des Fallbeschleunigungsvektors	m
t^*	Zeit	s
g^*	Betrag des Fallbeschleunigungsvektors	m/s^2
C^*	Bernoulli Konstante	m^2/s^2
s^*	spezifische Entropie	m^2/s^{2}K
$\vec{\omega}^*$	Drehungsvektor	1/s

PHYSIKALISCHER HINTERGRUND

Wird die Bernoulli Gleichung als erstes Integral der zugrundeliegenden differentiellen Impulsbilanzgleichung interpretiert, so handelt es sich aufgrund der getroffenen Voraussetzungen dabei um die EULER GLEICHUNGEN. Da eine eindimensionale Strömung unterstellt wird, kann z.B. die x-Komponente der Euler Gleichungen für die Integration herangezogen werden. Es wird festgelegt, dass die Koordinate stets der Stromlinie folgt, weshalb dann formal die Koordinate s^* anstelle von x^* geschrieben wird. Im Rahmen der eindimensionalen Näherung muss dabei nicht vorausgesetzt werden, dass die Koordinate geradlinig verläuft, weil sich Zusatzterme aufgrund eines gekrümmten Koordinatensystems in den (vernachlässigten) anderen Komponenten finden würden. Mit u_s^* als Geschwindigkeit in Stromlinienrichtung und $v_s^* = w_s^* = 0$ (eindimensionale Näherung) gilt deshalb, s. dazu die Definitionsbox zum Stichwort Euler Gleichungen:

$$\frac{\partial u_s^*}{\partial t^*} + u_s^* \frac{\partial u_s^*}{\partial s^*} = g_s^* - \frac{1}{\varrho^*}\frac{\partial p^*}{\partial s^*}$$

Wird berücksichtigt, dass $g_s^* = -g^* \cos\beta$ gilt, mit β als dem Winkel zwischen der Koordinate y^* (entgegen dem Vektor $\vec{g}^*$ gerichtet) und der Koordinate s^*, also mit $\cos\beta = dy^*/ds^*$, so wird daraus mit kleinen formalen Umformungen

$$\frac{1}{\varrho^*}\frac{\partial p^*}{\partial s^*} + \frac{\partial u_s^*}{\partial t^*} + \frac{1}{2}\frac{\partial u_s^{*2}}{\partial s^*} + g^*\frac{dy^*}{ds^*} = 0$$

Dies kann entsprechend den Vorgaben in der Definitionsbox zu den Gleichungen $(*)$ bis $(***)$ integriert werden. In $(***)$ wurde dabei $dh^* = dp^*/\varrho^*$ verwendet, was für eine adiabate, reibungsfreie Strömung gilt (konstante Entropie).

Die Konstante C^* wird Bernoulli Konstante genannt. Sie ist unter den getroffenen Voraussetzungen entlang einer Stromlinie ein fester Wert, der im Fall instationärer Strömung noch von der Zeit abhängen kann und in der Regel durch instationäre Randbedingungen festgelegt wird. In einer (im Rahmen der Voraussetzungen) allgemeinen Strömung kann C^* aber auf verschiedenen Stromlinien verschiedene Werte annehmen. Nur wenn die Strömung zusätzlich drehungsfrei ist, es sich also um eine POTENTIALSTRÖMUNG handelt, ist C^* in der gesamten Strömung ein einheitlicher Zahlenwert, s. Panton (1996, Kap. 12.5) für eine Begründung dieser Aussage.

Obwohl die Bernoulli Gleichung unter Voraussetzungen gilt, die von realen Strömungen allenfalls näherungsweise erfüllt werden, ist sie von großem praktischen Wert und erlaubt besonders auch wegen der mathematisch extrem einfachen Form schnelle und anschauliche (Näherungs-) Aussagen zum Druck und zur Geschwindigkeit in vielen Strömungssituationen. Darüber hinaus gelingt es, durch einfache Erweiterungen auch solche Fälle näherungsweise zu erfassen, in denen erhebliche Reibungseffekte auftreten und in denen technische Arbeit und Wärme über die Systemgrenzen ausgetauscht werden.

Der Ausgangspunkt für eine Erweiterung der Bernoulli Gleichung um die drei Effekte:

- Dissipation (Reibungsverluste)

- Technische Arbeit (z.B. durch Pumpen oder Turbinen)

- Wärmeübertragung (z.B. durch Heizung oder Kühlung)

ist die Interpretation der jeweiligen Bernoulli Gleichung als eine bestimmte Form der Energiegleichung. Dabei ist entscheidend, ob die so interpretierte Bernoulli Gleichung die Teil-Energiegleichung der mechanischen Energie darstellt (wie dies für die Gleichungen $(*)$ und $(**)$ gilt), oder ob sie eine Form der Gesamtenergiegleichung ist (wie dies für $(***)$ gilt). Wie unter dem Stichwort ENERGIEGLEICHUNGEN erläutert, ist die Gesamtenergiegleichung die Summe aus den beiden Teil-Energiegleichungen für die mechanische und die thermische Energie. Für die drei interessierenden Effekte gilt nun:

- Dissipation: Dies ist ein Umverteilungsprozeß zwischen mechanischer und thermischer Energie. Entsprechende Terme treten explizit (mit verschiedenen Vorzeichen) in der mechanischen und in der thermischen Teil-Energiegleichung auf, nicht aber in der Gesamtenergiegleichung.

- Technische Arbeit: Dieser Effekt verändert die mechanische Energie. Entsprechende Terme treten (gleichermaßen) in der Teil-Energiegleichung für die mechanische Energie und in der Gesamtenergiegleichung auf.

- Wärmeübertragung: Dieser Effekt verändert die thermische Energie. Entsprechende Terme treten (gleichermaßen) in der Teil-Energiegleichung für die thermische Energie und in der Gesamtenergiegleichung auf.

Bei inkompressiblen Strömungen, für die mit der Bernoulli Gleichung die mechanische Energie bilanziert wird, können somit zwei zusätzliche Terme vorgesehen werden, die pauschal die zwischen den beiden Querschnitten ① und ② auftretenden Dissipationseffekte sowie die übertragene technische Arbeit erfassen. Damit kann z.B. Gl. $(*)$ erweitert werden zu:

$$\frac{p_2^*}{\varrho^*}+\frac{1}{2}u_{s2}^{*2}+g^*y_2^* = \frac{p_1^*}{\varrho^*}+\frac{1}{2}u_{s1}^{*2}+g^*y_1^*-\varphi_{12}^*+w_{t12}^* \qquad (*)_a$$

mit:

φ_{12}^* : spezifische Dissipation zwischen ① und ② ; $\varphi_{12}^* \geq 0$

w_{t12}^* : spezifische technische Arbeit zwischen ① und ② ;
Pumpe: $w_{t12}^* > 0$, Turbine: $w_{t12}^* < 0$

wobei sich die angegebenen Vorzeichen auf einen Strömungsweg von ① nach ② beziehen.

Die spezifische Dissipation wird mit Hilfe von φ_{12}^* meist nur bei durchströmten Bauteilen erfasst, weil dort hohe Reibungsverluste auftreten. Sie ist naturgemäß von der konkreten Bauform des durchströmten Gebietes abhängig und kann mit Hilfe von sog. WIDERSTANDSZAHLEN ermittelt werden.

Die spezifische technische Arbeit w_{t12}^* wird der Strömung z.B. durch eine Pumpe zwischen den Querschnitten ① und ② zugeführt, oder durch eine Turbine entzogen. Die dazu erforderliche mechanische Antriebsleistung der Pumpe P_P^* bzw. die an der Turbinenwelle abgreifbare Leistung P_T^*, sind um den Pumpenwirkungsgrad $\eta_P = \dot{m}^*w_{t12}^*/P_P^* < 1$ bzw. um den Turbinenwirkungsgrad $\eta_T = P_T^*/\dot{m}^*(-w_{t12}^*) < 1$ größer bzw. kleiner als die ausgetauschte mechanische Leistung $\dot{m}^*w_{t12}^*$, mit $\dot{m}^*$ als gefördertem Massenstrom. Mit diesen Wirkungsgraden werden (mechanische) Verluste in den Apparaten erfasst.

Bei kompressiblen Strömungen, für die mit der Bernoulli Gleichung die Gesamtenergie bilanziert wird, können mit zwei zusätzlichen Termen pauschal die zwischen den Querschnitten ① und ② übertragene spezifische technische Arbeit w_{t12}^* sowie die übertragene (spezifische) Wärme q_{12}^* erfasst werden. Die erweiterte Gleichung lautet

$$h_2^*+\frac{1}{2}u_{s2}^{*2}+g^*y_2^* = h_1^*+\frac{1}{2}u_{s1}^{*2}+g^*y_1^*+w_{t12}^*+q_{12}^* \qquad (***)_a$$

Diese Gleichung gilt natürlich auch im Grenzfall inkompressibler Strömung. Damit kann für $\varrho^* = \mathrm{const}$ mit $h^* = e^*+p^*/\varrho^*$ und e^* als innere Energie durch Subtraktion von $(*)_a$ daraus die thermischer Teil-Energiegleichung für inkompressible Strömungen als

$$e_2^* = e_1^* + q_{12}^* + \varphi_{12}^*$$

gewonnen werden. Die innere Energie der Strömung wird also sowohl durch übertragene Wärme als auch durch dissipierte (mechanische) Energie beeinflusst. Daran ist zu erkennen, dass $(***)_a$ ganz allgemein, d.h. auch für reibungsbehaftete Strömungen gilt.

ANWENDUNGEN UND BEISPIELE

1. Einsatz der Bernoulli Gleichung bei Körperumströmungen

Bei der Umströmung von Körpern (z.B. einem Tragflügel zur Auftriebserzeugung) sind häufig große Teile des Strömungsgebietes Potentialströmungen. Damit erfüllen sie die Voraussetzungen zur Anwendung der Bernoulli Gleichung entlang von Stromlinien und weisen zusätzlich eine einheitliche Bernoulli Konstante C^* auf, deren Wert zweckmäßigerweise in der stromaufwärtigen ungestörten Strömung ermittelt wird. Treten keine großen Ablösegebiete auf, so gilt die Bernoulli Gleichung im gesamten Strömungsfeld mit Ausnahme der häufig extrem dünnen Wandgrenzschichten bzw. deren Fortsetzung als freie Scherschichten. Zur Bestimmung der meist interessierenden Druckverteilung können diese Wand- bzw. Scherschichten zunächst vollständig vernachlässigt werden, was einem ersten systematischen Schritt in der Bestimmung einer Strömung auf der Basis der GRENZSCHICHTTHEORIE entspricht. Damit kann der Druck an jeder beliebigen Stelle der Strömung angegeben werden, wenn dort die Geschwindigkeit bekannt ist, wie dies z.B. nach der Lösung der entsprechenden Laplace Gleichung zur Bestimmung einer POTENTIALSTRÖMUNG der Fall ist.

Wenn keine nennenswerte Veränderung in der Höhenlage y^* einer Strömung auftritt, vereinfacht sich z.B. ($*$) mit dem Index ∞ für die Stelle ① in der ungestörten Anströmung zu

$$\frac{p^*}{\varrho^*} + \frac{1}{2}u_s^{*2} = \frac{p_\infty^*}{\varrho^*} + \frac{1}{2}u_{s\infty}^{*2}$$

Mit dem Druckbeiwert $c_p \equiv \dfrac{p^* - p_\infty^*}{\frac{\varrho^*}{2}u_\infty^{*2}}$ wird daraus

$$\boxed{c_p = 1 - \left(\frac{u_s^*}{u_{s\infty}^*}\right)^2}$$

Dies erlaubt es, z.B. den Druck(beiwert) entlang der Körperoberfläche zu bestimmen.

2. Einsatz der Bernoulli Gleichung bei Durchströmungen

Bei Durchströmungen wird in der Regel davon ausgegangen, dass die gesamte Strömung als eindimensional approximiert werden kann. In jedem Querschnitt senkrecht zur Strömungsrichtung sind damit alle Größen jeweils konstant, Variationen treten nur noch in Strömungsrichtung auf. Dies ist zumindest für „schlanke" Strömungsgebiete, wie sie typischerweise in Rohren und Kanälen auftreten, häufig eine gute Näherung in bezug auf die tatsächlichen Verhältnisse (in denen z.B. wegen der Haftbedingung an Wänden dort stets die Geschwindigkeit Null vorliegt). Das „Strömungsfeld" besteht dann lediglich aus einer in Strömungsrichtung variablen Geschwindigkeit, die als solche direkt in der Bernoulli Gleichung vorkommt, also im Prinzip auch aus dieser berechnet werden kann. Bei einer vorgegebenen Geometrie $A^*(s^*, y^*)$, d.h. bei gegebenem Strömungsquerschnitt A^* an der Stelle s^* sowie bekannter Höhenlage y^* und bekannten Strömungsgrößen im Querschnitt ① , gilt allgemein in diesem Zusammenhang für die Bestimmung der

Strömungsgrößen im Querschnitt ② folgendes.

- inkompressible Strömungen: Gleichung (∗) enthält als Unbekannte die beiden Größen u_{s2}^* und p_2^*, es ist also *eine* weitere Gleichung erforderlich, um beide Größen zu bestimmen. Dafür geeignet ist die Kontinuitätsgleichung in der Form

$$u_{s1}^* A_1^* = u_{s2}^* A_2^*$$

- kompressible Strömungen ($\varrho^* \neq$ const): Gleichung (∗ ∗ ∗) enthält als Unbekannte zunächst die beiden Größen u_{s2}^* und h_2^*. Da die Enthalpie h^* im allgemeinen eine Funktion des Druckes p^* und der Temperatur T^* ist, bei der Bestimmung dieser Größen aber zusätzlich die Dichte ϱ^* ins Spiel kommt, liegen letztlich die vier unbekannten Größen u_{s2}^*, p_2^*, T_2^* und ϱ_2^* vor. Damit sind *drei* weitere Gleichungen erforderlich, um die Strömungsgrößen im Querschnitt ② bestimmen zu können. Neben der Kontinuitätsgleichung, jetzt in der Form

$$\varrho_1^* u_{s1}^* A_1^* = \varrho_2^* u_{s2}^* A_2^*$$

eignen sich dazu z.B. die thermische Zustandsgleichung in Form der idealen Gasgleichung

$$\frac{p_1^*}{\varrho_1^* T_1^*} = \frac{p_2^*}{\varrho_2^* T_2^*}$$

sowie mit der zusätzlichen Annahme der Isentropie ($s^* =$ const, d.h. adiabat und reversibel) die sog. Isentropenbeziehung ($\kappa :$ Isentropenexponent)

$$\frac{p_1^*}{\varrho_1^{*\kappa}} = \frac{p_2^*}{\varrho_2^{*\kappa}}$$

3. Torricellische Ausflussformel

Unter diesem Namen findet man häufig die einfache Beziehung $w^* = \sqrt{2g^* h^*}$ für die Geschwindigkeit w^* mit der ein Fluid aus einer Öffnung strömt, die sich in einer Tiefe h^* unter der Fluidoberfläche eines offenen Gefäßes befindet.

Der Blick auf die Bernoulli Gleichung z.B. in der Form (∗) in der Definitionsbox zeigt, dass es sich dabei lediglich um einen speziellen Fall in dieser Gleichung handelt. Wenn der Querschnitt ① die Fluidoberfläche darstellt und ② den Ausströmquerschnitt, so gilt $p_1^* = p_2^* = p_{\text{Umg.}}^*$, $u_{s1}^* = 0$ (ruhende Fluidoberfläche), $y_1^* - y_2^* = h^*$, so dass unmittelbar $u_{s2}^* = \sqrt{2g^* h^*}$ folgt. Damit ist unterstellt, dass es sich um eine reibungsfreie Strömung handelt ($\varphi_{12}^* = 0$). Physikalisch liegt hier also die vollständige Umwandlung von potentieller in kinetische Energie vor. Zusätzlich muss für die beiden Querschnitte A_1^* (Fluidoberfläche) und A_2^* (Ausströmquerschnitt) gelten: $A_2^*/A_1^* \ll 1$, da andernfalls eine instationäre Situation vorläge, bei der die Absenkung der Fluidoberfläche im Gefäß berücksichtigt werden müsste.

4. Kontraktionszahl/Borda-Mündung:

Im vorangehenden Beispiel war die Ausströmgeschwindigkeit in einer Behälteröffnung (in erster Näherung) zu $\sqrt{2g^* h^*}$ bestimmt worden. Man ist nun vorschnell geneigt, den Vo-

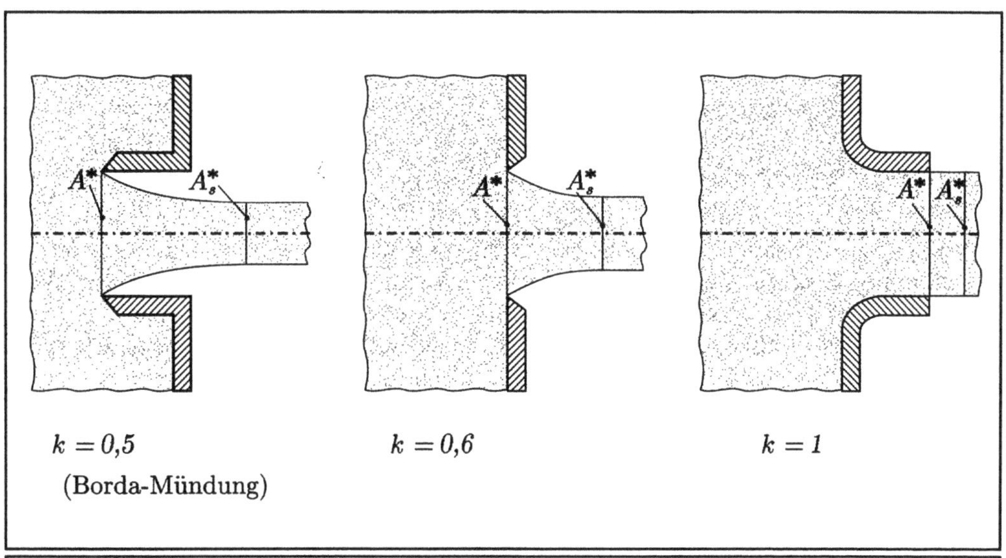

Kontraktionszahlen für unterschiedliche Öffnungsgeometrien, $k = A_s^*/A^*$

A^*: Öffungunsquerschnitt; A_s^* : Strömungsquerschnitt

lumenstrom, der durch die Öffnung mit dem Querschnitt A^* austritt, als $A^*\sqrt{2g^*h^*}$ anzusetzen, also zu unterstellen, dass der gesamte Querschnitt mit der Geschwindigkeit $\sqrt{2g^*h^*}$ durchströmt wird.

Da das Fluid vor der Öffnung aber noch nicht in einer Richtung senkrecht zur Austrittsöffnung strömt, müssten die Stromlinien in der Ebene der Austrittsöffnung einen Knick aufweisen, damit der gesamte Querschnitt ausgefüllt wäre. Eine solche Unstetigkeit tritt nicht auf. Stattdessen kommt es zu einer abgerundeten Strahlgrenze hinter der Austrittsöffnung, wie das obige Bild zeigt. Dann ist aber der Strömungsquerschnitt A_s^* kleiner als die Austrittsöffnung A^*. Das Verhältnis A_s^*/A^* wird als Kontraktionszahl (engl.: contraction coefficient) k bezeichnet. Im Bild sind drei Fälle mit unterschiedlichen Werten für k gezeigt, die jeweils aufgrund der unterschiedlichen Geometrie der Austrittsöffnung auftreten. Der kleinste Wert und damit die größte Einschnürung des austretenden Strahls tritt bei der sog. Borda-Mündung auf, die wie gezeigt in den Behälter hineinragt.

BEACHTE

❑ **Energieform der Bernoulli Gleichung:** Die in der Definitionsbox angegebene Form der Bernoulli Gleichung wird *Energieform* genannt, weil alle Terme die Dimension einer spezifischen Energie, d.h. einer Energie pro Masse (bzw. einer Leistung pro Massenstrom) besitzen. Die Einheit aller Terme ist m^2/s^2. Die einzelnen Terme lassen sich wie folgt physikalisch deuten:

$\dfrac{1}{2}u_s^{*2}$:   (spezifische) kinetische Energie

g^*y^*:   (spezifische) potentielle Energie

p^*/ϱ^*:   (spezifische) Verschiebearbeit

Die bisweilen benutzte Bezeichnung „Druckenergie" für den letzten Term ist irreführend, da es aus thermodynamischer Sicht keinen solchen Energieanteil gibt. Wird der Term p^*/ϱ^* mit dem Massenstrom $\dot{m}^* = \varrho^*u_s^*A^*$ multipliziert, so entsteht mit $(p^*A^*)u_s^*$ das Produkt aus der *Kraft* (p^*A^*) und dem *Weg pro Zeit* u_s^*, also der geleisteten *Arbeit = (Kraft mal Weg) pro Zeit*, mithin die sog. *Verschiebeleistung*.

In der erweiterten Form $(*)_a$ sind φ_{12}^* die (spezifische) dissipierte mechanische Energie und w_{t12}^* die (spezifische) technische Arbeit, die zwischen den Querschnitten ① und ② geleistet wird.

◘ **Druckform der Bernoulli Gleichung:** Durch Multiplikation der Bernoulli Gleichung in Energieform mit der Dichte ϱ^* erhalten alle Terme die Dimension eines Druckes. Aus der erweiterten Form von $(*)$, also aus $(*)_a$, wird damit

$$p_2^* + \frac{\varrho^*}{2}u_{s2}^{*2} + \varrho^*g^*y_2^* = p_1^* + \frac{\varrho^*}{2}u_{s1}^{*2} + \varrho^*g^*y_1^* - \varrho^*\varphi_{12}^* + \varrho^*w_{t12}^*$$

Die einzelnen Terme lassen sich dabei wie folgt physikalisch deuten:

p^* :   Druck

$\dfrac{\varrho^*}{2}u_s^{*2}$:   dynamischer Druck

$\varrho^*g^*y^*$:   Druckdifferenz in dem „als ruhend gedachten" Fluid gegen über dem Niveau $y^* = 0$

$\varrho^*\varphi_{12}^*$:   Druckverlust durch Dissipation zwischen den Querschnitten ① und ② , auch *Gesamtdruckverlust* genannt

$\varrho^*w_{t12}^*$:   Druckanstieg in einer Pumpe oder Druckabfall in einer Turbine, jeweils zwischen den Querschnitten ① und ②

◘ **Höhenform der Bernoulli Gleichung:** Nach der Division der Bernoulli Gleichung in Energieform durch den Betrag der Fallbeschleunigung, g^*, erhalten alle Terme die Dimension einer Länge. Aus $(*)_a$ wird dann

$$\frac{p_2^*}{\varrho^*g^*} + \frac{u_{s2}^{*2}}{2g^*} + y_2^* = \frac{p_1^*}{\varrho^*g^*} + \frac{u_{s1}^{*2}}{2g^*} + y_1^* - \frac{\varphi_{12}^*}{g^*} + \frac{w_{t12}^*}{g^*}$$

Die einzelnen Terme lassen sich wie folgt physikalisch deuten, wenn mit „Höhendifferenzen" jeweils Differenzen in y-Richtung gemeint sind:

$\dfrac{p^*}{\varrho^*g^*}$:   „Druckhöhe"

$\dfrac{u_s^{*2}}{2g^*}$:   „Geschwindigkeitshöhe"

y^* :   geodätische Höhe

$h_v^* \equiv \dfrac{\varphi_{12}^*}{g^*}$:   Verlusthöhe (engl.: head loss)

$H_P^* \equiv \dfrac{w_{t12}^*}{g^*}$:   Pumpen-Förderhöhe, $H_T^* \equiv \dfrac{-w_{t12}^*}{g^*}$: Turbinen-Fallhöhe

◻ **total head:** Im englischsprachigen Raum wird die Größe $p^* + \dfrac{\varrho^*}{2} u_s^{*2} + \varrho^* g^* y^*$, also $\varrho^* C^*$ mit C^* als Bernoulli Konstante, als sog. *total head* eingeführt. Der Term $\dfrac{\varrho^*}{2} u_s^{*2}$ (dynamischer Druck, s. das Stichwort DRUCK) heißt dann in diesem Zusammenhang *dynamic head*, die WIDERSTANDSZAHL ζ wird als *head loss coefficient* bezeichnet.

WEITERFÜHRENDE LITERATUR

Standard-Werke der Strömungsmechanik, s. die Liste am Ende des Buches

Bilanzgleichungen
(balance equations)

BEDEUTUNG UND DEFINITION

Es handelt sich um Gleichungen, die physikalische Größen bezüglich eines endlich großen oder infinitesimal kleinen Kontrollvolumens bilanzieren.

Dabei ist zu beachten, dass es sich bei den bilanzierten Größen um extensive Zustandsgrößen handelt, d.h. um Größen, die proportional zur Masse des betrachteten Fluidvolumens sind. Diese Größen werden auf die Masse bezogen zu sog. spezifischen Größen und besitzen als solche dann den Charakter intensiver Zustandsgrößen.

Die „Gesamtmenge" einer extensiven Größe A^* in einem endlichen Volumen V^* ist damit durch $\int \varrho^* a^* dV^*$ gegeben, wenn a^* die spezifische, d.h. massenbezogene Größe A^* ist und ϱ^* die Dichte als Masse pro Volumen darstellt. Dabei gelten für ϱ^* und a^* die Definitionen

$$\varrho^* = \lim_{\Delta V^* \to 0} \frac{\Delta m^*}{\Delta V^*} \quad , \quad a^* = \lim_{\Delta m^* \to 0} \frac{\Delta A^*}{\Delta m^*} \, ,$$

womit beide Größen zu lokal definierten Größen werden.

	Definition	

In einem ortsfesten (Kontroll-) Volumen V^* mit der Oberfläche O^* und dem nach außen weisenden Oberflächennormalen-Vektor $\vec{n}$ gilt für die darin enthaltene „Menge" der extensiven Zustandsgröße A^* bzw. a^* als ihrem spezifischen (massenbezogenen) Wert:

$$\frac{\partial}{\partial t^*} \int_{V^*} \varrho^* a^* dV^* + \int_{O^*} \varrho^* a^* \vec{v}^* \cdot \vec{n} dO^* = \int_{V^*} A_E^* dV^* + \int_{V^*} A_Q^* dV^* \qquad (*)$$

bzw. (s. die spätere Erklärung):

$$\frac{\partial(\varrho^* a^*)}{\partial t^*} + \mathrm{div}\,(\varrho^* a^* \vec{v}^*) = A_E^* + A_Q^* \qquad (**)$$

mit den Vektoroperatoren Skalarprodukt ($\cdot$) und Divergenz (div).

A^*	bilanzierte (skalare) extensive Zustandsgröße	{A*}
a^*	spezifische (intensive) Zustandsgröße A^*	{A*}/kg
ϱ^*	Fluiddichte	kg/m^3
t^*	Zeit	s
$\vec{v}^*$	lokaler Strömungsgeschwindigkeitsvektor	m/s
A_E^*	volumenbezogene Rate der durch externe Einflüsse bewirkten Veränderung von A^*	{A*}/m^{3}s

A_Q^*	volumenbezogene Rate der Erzeugung oder Vernichtung von A^*	$\{A^*\}/\mathrm{m^3 s}$
V^*	Kontrollvolumen	$\mathrm{m^3}$
O^*	Oberfläche des Kontrollvolumens	$\mathrm{m^2}$
$\vec{n}$	Einheits-Normalenvektor auf O^*	-

PHYSIKALISCHER HINTERGRUND

Im folgenden wird beschrieben, wie die Bilanzgleichungen sowohl aus der Betrachtung von Einzelteilchen als auch aus Bilanzen über Kontrollräume gewonnen werden können.

Einzelteilchen und Kontinuum

Mit den Bilanzgleichungen wird das Verhalten eines FLUIDES beschrieben, das dabei als kontinuierliches Medium mit makroskopischen Eigenschaften unterstellt wird. Da Materie aber aus Einzelteilchen (Atomen, Molekülen) aufgebaut ist, sind zwei Aspekte wichtig.

- Die makroskopischen Bilanzgleichungen müssen mit Bilanzen verträglich sein, die bzgl. der Einzelteilchen inklusive ihrer Wechselwirkungen aufgestellt werden können.

- Charakteristische Längen, die für das diskrete Verhalten von Einzelteilchen maßgeblich sind, müssen sehr klein gegenüber charakteristischen Längen der makroskopischen Kontinuumsströmung sein, damit das mikroskopische Verhalten der Einzelteilchen vernachlässigt werden darf.

Das Verhältnis der charakteristischen Längen wird z.B. für Gase durch die Knudsen-Zahl Kn beschrieben (s. dazu das Stichwort DICHTE). Unter Normalbedingungen ist diese Verhältnis-Zahl um mehrere Größenordnungen kleiner als der Wert, bei dem mit Nicht-Kontinuumseffekten gerechnet werden muss. Eine Formulierung für makroskopische, kontinuierliche Medien, wie sie hier vorgestellt wird, ist deshalb zulässig.

Ausgehend vom mikroskopischen Verhalten der Einzelteilchen können die makroskopischen Bilanzgleichungen prinzipiell auf zwei Wegen gewonnen werden, wie am Beispiel von Gasen erläutert werden soll (zu weiteren Einzelheiten s. Babovsky (1998)):

- Ausgangspunkt ist die Boltzmann-Gleichung für die sog. *Verteilungsfunktion* f^* des Einzelteilchens, die fünf vom Ort und von der Zeit abhängige Größen enthält, nämlich die Teilchendichte, die Temperatur und drei Geschwindigkeitskomponenten. Mit einem Ansatz $f^* = f_0^* + \mathrm{Kn}\, f_1^* + \mathrm{Kn}^2\, f_2^* + ...$, bei dem Kn die Knudsen-Zahl ist, f_0^* die sog. Gleichgewichtsfunktion und f_i^* höhere Verteilungsfunktionen, erhält man aus der Boltzmann-Gleichung Integralgleichungen für die höheren Verteilungsfunktionen. Diese sind nur dann lösbar, wenn bestimmte *Integrabilitätsbedingungen* gelten. Diese Bedingungen stellen genau die hydrodynamischen Grundgleichungen (makroskopische Bilanzgleichungen) dar.

- Ein zweiter Weg ist die sog. *Momentenmethode*. Ausgehend wiederum von der Boltzmann-Gleichung werden sog. *Momente* r-ter Ordnung bilanziert, indem die Boltzmann-Gleichung mit $m^*\vec{v}^{*r}$ multipliziert und anschließend über alle Geschwindigkeiten integriert wird. Für $r = 0$ entsteht dabei eine Integralgleichung für die Masse, für $r = 1$ für den Impuls und für $r = 2$ für die kinetische Energie. Diese Gleichungen führen unmittelbar auf die Integralgleichungen der Form (*) in der Definitionsbox

Kontinuums-Bilanzgleichungen (Kontrollraum-Bilanz)

Alternativ zur Ableitung aus der Boltzmann-Gleichung können die Bilanzgleichungen (*) und (**) auch sehr anschaulich aus einer Bilanzierung der Ströme und Quellterme in bezug auf ein endliches oder infinitesimales Volumen gewonnen werden.

Die einzelnen Terme z.B. in der Bilanzgleichung (*) für die Zustandsgröße A^* können dann sehr anschaulich interpretiert werden:

1. Term, linke Seite:
   Zeitliche Änderung der im Kontrollvolumen V^* enthaltenen „Menge" von A^*

2. Term, linke Seite:
   Durch die Oberfläche O^* konvektiv (mit der Strömung) transportierte „Menge" von A^* pro Zeit

1. Term, rechte Seite:
   Durch externe Einflüsse bewirkte Veränderung der „Menge" von A^* im Volumen V^* pro Zeit

2. Term, rechte Seite:
   Im Volumen V^* pro Zeit erzeugte oder vernichtete „Menge" von A^*. Dieser „Quellterm" ist bei Erhaltungsgrößen stets Null (s. ERHALTUNGSGLEICHUNGEN).

Alle vier Terme zusammengenommen stellen die anschauliche Bilanz dar, dass sich die „Menge" von A^* in dem Maße verändert (1. Term, linke Seite), wie A^* über die Kontrollraumgrenze strömt (2. Term, linke Seite) und im Volumen selbst verändert wird (ganze rechte Seite). Die zweite Form der Bilanzgleichung, (**), entsteht folgendermaßen. Für ein Oberflächenintegral der Form des 2. Terms in (*) gilt nach einem allgemeinen Theorem von Gauss:

$$\int_{O^*} \varrho^* a^* \vec{v}^* \cdot \vec{n}\, dO^* = \int_{V^*} \mathrm{div}\,(\varrho^* a^* \vec{v}^*)dV^*,$$

d.h., ein Oberflächenintegral kann in ein Volumenintegral umgeschrieben werden, wobei dann der Integrand in der sog. Divergenzform auftritt.

Wird der zweite Term auf der linken Seite von (*) auf diese Weise umgeschrieben und zusätzlich berücksichtigt, dass die Zeitableitung im ersten Term auf der linken Seite unter das Integral gezogen werden kann, wenn der Integrationsbereich nicht von der Zeit abhängt (wie dies bei einem ortsfesten Kontrollraum der Fall ist), so treten alle Terme einheitlich in Volumenintegralen $\int ...dV^*$ auf. Die Integralgleichung (*) ist dann allgemein, d.h. für beliebige Integrationsvolumen V^* nur erfüllt, wenn der Integrand der Integralgleichung $\int ...dV^* = 0$ (alle Terme stehen jetzt auf der linken Seite der Gleichung) selbst Null ist. Diese Bedingung ergibt unmittelbar Gleichung (**) in der Definitionsbox zu diesem Stichwort.

Gleichung (∗∗) kann als Differentialgleichung zur Bestimmung von a^* interpretiert werden. Lösungen der Differentialgleichung (∗∗) innerhalb eines Kontrollvolumens V^* sind gleichwertig mit der Lösung der Integralgleichung (∗).

Gleichung (∗) ist jedoch insofern eine allgemeingültigere Beschreibung des Feldes von A^* bzw. a^*, als für die Gültigkeit dieser Gleichung die Stetigkeit von a^* in V^* nicht vorausgesetzt werden muss, wohl aber für Gleichung (∗∗). Dies ist bei der Berechnung von Zustandsgrößen mit sprunghaften, unstetigen Zustandsänderungen von Bedeutung, wie sie z.B. bei Verdichtungsstößen in Gasen oder an Gas/Flüssigkeits-Phasengrenzen vorliegen.

ANWENDUNGEN UND BEISPIELE

Unter dem Stichwort ERHALTUNGSGLEICHUNGEN werden drei Beispiele für sog. *Erhaltungsgrößen* gegeben. Bei diesen ist der allgemeine Quellterm A_Q^* per Definition gleich Null. Im Gegensatz dazu werden im folgenden Bilanzen erläutert, in denen von Null verschiedene Quellterme auftreten.

1. Massenbilanz bei Strömungen mit chemischen Reaktionen

Betrachtet man ein von einem reaktionsfähigen Gemisch durchströmtes Kontrollvolumen mit chemischen Reaktionen zwischen einzelnen Komponenten, so gilt für die Gesamtmasse des Gemisches im Rahmen der klassischen, nicht-relativistischen Mechanik ein Erhaltungsprinzip, d.h. die Masse insgesamt kann im Kontrollvolumen (und auch außerhalb) weder erzeugt noch vernichtet werden. Die entsprechende Erhaltungsgleichung weist deshalb keinen Quellterm auf, s. dazu das Stichwort KONTINUITÄTSGLEICHUNG.

Diese Aussage gilt jedoch nur für die Gesamtmasse. Bilanziert man einzelne Komponenten für sich, stellt also die sog. *Partialmassenbilanzen* (partielle Kontinuitätsgleichungen) auf, so kommen darin Quellterme vor, wenn chemische Reaktionen auftreten.

Wird die allgemeine physikalische Größe A^* mit der Masse m_i^* der Komponente i eines Gemisches identifiziert, so ist die allgemeine spezifische Größe a^* gleich der Konzentration der Komponente i im Sinne des Massenteils von i an der Gesamtmasse, geschrieben als $c_i = \lim\limits_{\Delta m^* \to 0} \frac{\Delta m_i^*}{\Delta m^*}$. Damit wird aus der allgemeinen Gleichung (∗∗)

$$\frac{\partial(\varrho^* c_i)}{\partial t^*} + \mathrm{div}\,(\varrho^* c_i\, \vec{v}^*) = m_{iE}^* + m_{iQ}^*$$

Als externer Einfluss m_{iE}^* tritt die Diffusion aufgrund von Konzentrationsgradienten auf, die zu einer zusätzlichen Diffusionsmassenstromdichte der Stärke $\vec{j}_i^* = \varrho^* c_i(\vec{v}_i^* - \vec{v}^*)$ führt. Dabei ist sorgfältig nach der Geschwindigkeit $\vec{v}_i^*$ der Komponente i und der Geschwindigkeit $\vec{v}^*$ des Gemisches als sog. *Schwerpunktsgeschwindigkeit* $\vec{v}^* = \sum\limits_i c_i \vec{v}_i^*$ zu unterscheiden. Bezogen auf das infinitesimale Bilanzvolumen ΔV^*, für das obige Gleichung gilt, ergibt sich für den Term m_{iE}^* damit

$$m_{iE}^* = -\mathrm{div}\,\vec{j}_i^*$$

Gemäß der anschaulichen Deutung der Divergenz eines Stromvektors ist dies die effektive
Veränderung der im Kontrollvolumen enthaltenen Masse der Komponente i durch den
entsprechenden (Diffusions-)Fluss durch die Oberfläche.

Der Quellterm m_{iQ}^* berücksichtigt die Erzeugung oder Vernichtung der Komponente
i durch homogene, d.h. im Fluidvolumen und nicht nur an Grenzflächen auftretende
chemische Reaktionen. Er wird häufig als r_i^* geschrieben und hat mit der Dimension
Masse/ Volumen · Zeit die Bedeutung einer zeitlichen Änderung der Masse im infinitesimalen Kontrollvolumen.

2. Bilanz der inneren Energie einer Strömung

Das Energieerhaltungsprinzip (1. Hauptsatz der Thermodynamik) bezieht sich auf
die Gesamtenergie eines Systems. Werden Teilenergien bilanziert, so können durchaus
Quellterme auftreten, weil die Teilenergien erzeugt oder vernichtet werden können. In
diesem Sinne gilt für den Anteil der spezifischen inneren Energie e^* an der spezifischen
Gesamtenergie $E^* = e^* + \vec{v}^{*2}/2$ gemäß der allgemeinen Gleichung ($**$):

$$\frac{\partial(\varrho^* e^*)}{\partial t^*} + \operatorname{div}(\varrho^* e^* \vec{v}^*) = e_E^* + e_Q^*$$

Als externer Einfluß e_E^* tritt die Veränderung von e^* durch einen Wärmestrom über die
Systemgrenze des infinitesimalen Kontrollvolumens als $e_E^* = -\operatorname{div}\vec{q}^*$ auf.

Der Quellterm e_Q^* beschreibt den Übergang von mechanischer in innere Energie,
der durch einen irreversiblen Dissipationsprozess bewirkt wird. Er wird häufig als
Φ^* geschrieben und steht als Abkürzung für eine ganze Termgruppe, die unter dem
Stichwort ENERGIEGLEICHUNGEN näher erläutert ist.

3. Entropiebilanz einer Strömung

Ist A^* die Entropie S^* des Fluides, so gilt für die spezifische Entropie s^* gemäß
der allgemeinen Gleichung ($**$)

$$\frac{\partial(\varrho^* s^*)}{\partial t^*} + \operatorname{div}(\varrho^* s^* \vec{v}^*) = s_E^* + s_Q^*$$

Nach dem zweiten Hauptsatz der Thermodynamik kann die Entropie eines Reinstoffes in
einem Kontrollraum durch Konvektion über die Systemgrenze, durch Wärmeübertragung
und durch irreversible Entropieproduktion verändert werden.

Die Veränderung von s^* durch Konvektion über die Systemgrenze ist bzgl. des infinite-
simalen Kontrollvolumens dV^* durch den Term $\operatorname{div}(\varrho^* s^* \vec{v}^*)$ beschrieben. Der mit einem
Wärmestrom über die Systemgrenze verbundene Entropietransport stellt eine durch ex-
terne Einflüsse bewirkte Änderung von s^* dar und ist im Term s_E^* enthalten. Er lautet
$s_E^* = -\operatorname{div}(\vec{q}^*/ T^*)$ mit $\vec{q}^*$ als Wärmestromdichte-Vektor und T^* als thermodynamischer
Temperatur.

Der Quellterm s_Q^* stellt die irreversible Entropieproduktion dar, die zwei verschiedene
Ursachen haben kann. Zum einen ist mit der Dissipation (Umwandlung mechanischer in
innere Energie) unmittelbar eine Entropieproduktion (= Exergievernichtung) verbunden.

Zum anderen ist die Wärmeleitung ein Vorgang, der mit einer Entropieerhöhung einhergeht, weil ein Wärmestrom mit abnehmender Temperatur (Leitung in Richtung fallender Temperaturen) einen Exergieverlust erleidet, der wiederum unmittelbar als Entropieproduktion interpretierbar ist. Deshalb lautet der Quellterm

$$s^*_Q = \frac{\Phi^*}{T^*} - \frac{\vec{q}^{\,*}}{T^{*2}} \cdot \operatorname{grad} T^*$$

in dem die beiden Ursachen erkennbar sind. Dabei ist Φ^* die spezifische Dissipationsrate (s. vorhergehendes Beispiel) und $\vec{q}^{\,*}$ wiederum der Wärmestromdichtevektor.

Grundsätzlich ist zu beachten, dass die Entropie bei Reinstoffen eine Funktion zweier unabhängiger thermodynamischer Größen ist, z.B. eine Funktion des Druckes und der Temperatur. Wenn in einem Strömungsfeld Druck und Temperatur bekannt sind, muss deshalb die Entropiebilanzgleichung nicht gelöst werden um die „Feldgrößen Entropie" zu ermitteln. Diese kann dann vielmehr direkt aus der Entropiezustandsgleichung $s^*(T^*, p^*)$ bestimmt werden.

Die Bilanzgleichung für s^* dient in diesen Fällen stattdessen z.B. dazu, die Entropieproduktionsterme zu identifizieren.

BEACHTE

◻ **Diffusionsströme:** In allen drei zuvor erläuterten Beispielen ist der allgemeine Term A^*_E ähnlich aufgebaut. Es gilt $m^*_{iE} = -\operatorname{div} \vec{j}^{\,*}_i$, $e^*_E = -\operatorname{div} \vec{q}^{\,*}$, $s^*_E = -\operatorname{div} \vec{q}^{\,*}/T^*$. Während $\vec{j}^{\,*}_i$ ein „echter" Massendiffusionsstrom aufgrund von Konzentrationsgradienten ist, strömen Wärme und Entropie aufgrund von Temperaturgradienten. In Analogie zur „echten" Diffusion von Teilmassen spricht man deshalb bisweilen im Zusammenhang mit Wärme- bzw. Entropieströmen, also in bezug auf die Terme e^*_E und s^*_E, ebenfalls von Diffusionsvorgängen. Eine solche Ähnlichkeit liegt bei den verschiedenen Quelltermen A^*_Q nicht vor, weil die physikalischen Ursachen für das Auftreten dieser Terme in den einzelnen Bilanzgleichungen sehr verschieden sind.

◻ **Eulersche, Lagrangesche Betrachtungsweise:** Die allgemeine Bilanz-Differentialgleichung (∗∗) gilt in einem ortsfesten Koordinatensystem. Wenn diese Gleichung als Bilanz an einem infinitesimal kleinen Fluidvolumen ($\Delta V^* \to 0$) interpretiert wird, so ist dies ein ortsfestes, durchströmtes Volumen. Diese Art der Betrachtung nennt man *Eulersche Betrachtungsweise*.

Alternativ dazu kann die Bilanz an einem kleinen Massenelement Δm^* aufgestellt werden, das sich mit der Strömung bewegt und deshalb in einem mit dem Massenelement bewegten Koordinatensystem beschrieben werden sollte. Diese Formulierung erlaubt es unmittelbar, die Gesetzmäßigkeiten der Mechanik, die häufig für sog. Massepunkte formuliert sind ($\Delta m^* \to 0$) anzuwenden. Diese Art der Betrachtung nennt man *Lagrangesche Betrachtungsweise*. In dieser teilchenfesten Betrachtungsweise tritt als Zeitableitung die sog. substantielle Ableitung der allgemeinen infinitesimalen Größe ΔA^* auf, die mit Δm^* verbunden ist. Diese substantielle Zeitableitung wird als $D(\Delta A^*)/Dt^*$ geschrieben.

Dieser zeitlichen Änderung der Größe ΔA^* in der Lagrangeschen Betrachtungsweise entsprechen folgende beiden Effekte in der Eulerschen, ortsfesten Betrachtungsweise:

(1) Dort wo sich das Teilchen zum Zeitpunkt t^* befindet, verändert sich die physikalische Situation mit der Zeit, diese Veränderung wird als $\partial(\Delta A^*)/\partial t^*$ geschrieben und *lokale Zeitableitung* genannt.

(2) Mit der Strömung wird das Teilchen an andere Orte bewegt, an denen andere Verhältnisse herrschen, so dass sich ΔA^* aufgrund dieser Ortsveränderung ebenfalls mit der Zeit t^* verändert. Diese zeitliche Veränderung von ΔA^* ist das Produkt aus dem örtlichen Gradienten von ΔA^* ($\partial \Delta A^*/\partial x^*, ...$) und der Geschwindigkeit ($u^*, ...$) mit der die Ortsveränderung realisiert wird, also $u^*\partial(\Delta A^*/\partial x^*)+...$ und wird *konvektiver Anteil* der Zeitableitung genannt.

Es ist dabei zu beachten, dass die Art der Bilanzierung in beiden Betrachtungsarten durchaus verschieden ist. Während in der Lagrangeschen Betrachtungsweise ein unveränderliches Massenelement Δm^* betrachtet wird, dessen Volumen ΔV^* sich auf dem Weg durch das Strömungsfeld verändern kann, wird in der Eulerschen Betrachtungsweise ein ortsfestes unveränderliches Volumenelement ΔV^* betrachtet, dessen Masse Δm^* sich mit der Zeit verändern kann.

Für die „echte" Zeitabhängigkeit von ΔA^* gilt zu einem beliebigen Zeitpunkt und an einem beliebigen Ort deshalb

$$\frac{D(\Delta A^*)}{Dt^*} = \frac{\partial(\Delta A^*)}{\partial t^*} + u^*\frac{\partial(\Delta A^*)}{\partial x^*} + v^*\frac{\partial(\Delta A^*)}{\partial y^*} + w^*\frac{\partial(\Delta A^*)}{\partial z^*}$$

Mit $\Delta A^* = a^*\Delta m^*$ wird daraus nach einer Division durch ΔV^* und dem Grenzübergang $\lim\limits_{\Delta V^*\to 0}(\Delta m^*/\Delta V^*) = \varrho^*$

$$\varrho^*\frac{Da^*}{Dt^*} = \frac{\partial(\varrho^* a^*)}{\partial t^*} + u^*\frac{\partial(\varrho^* a^*)}{\partial x^*} + v^*\frac{\partial(\varrho^* a^*)}{\partial y^*} + w^*\frac{\partial(\varrho^* a^*)}{\partial z^*}$$

Dabei wurde berücksichtigt, dass auf der linken Seite (Lagrangesche Betrachtung, Δm^* unverändert) Δm^* aus der Zeitableitung als konstant herausgenommen werden kann, bevor der Grenzübergang $\Delta V^* \to 0$ vollzogen wird. Unter Berücksichtigung der allgemeinen Kontinuitätsgleichung $\partial\varrho^*/\partial t^* + \text{div}(\varrho^*\vec{v}^*) = 0$ kann dies umgeformt werden zu

$$\frac{Da^*}{Dt^*} = \frac{\partial a^*}{\partial t^*} + u^*\frac{\partial a^*}{\partial x^*} + v^*\frac{\partial a^*}{\partial y^*} + w^*\frac{\partial a^*}{\partial z^*}$$

Häufig findet man nur diese Form der Gleichheit von Zeitableitungen in beiden Betrachtungsweisen angegeben, deren Zustandekommen dann nicht näher erläutert wird.

Wenn in einer Eulerschen Betrachtungsweise dennoch das Symbol $D.../Dt^*$ auftritt, so steht dieses lediglich als formale Abkürzung für den Ausdruck $\partial.../\partial t^* + u^*\partial.../\partial x^* + v^*\partial.../\partial y^* + w^*\partial.../\partial z^*$.

◨ **Konservative Form der Bilanzgleichungen:** Die Form der linken Seite von $(**)$ in der Definitionsbox führt zu der Bezeichnung „konservative Form" der Bilanzgleichungen. Dies bezieht sich auf eine numerische Diskretisierung, bei der auf der linken Seite der Gleichung keine (unphysikalischen) „numerischen Quellen" entstehen, weil im Zuge der Diskretisierung sich bestimmte Terme gegenseitig kompensieren (was sie aus physikalischer Sicht auch sollten).

Dies ist bei der Diskretisierung von „nicht-konservativen Formen" der Bilanzgleichungen anders. Eine solche nicht-konservative Form entsteht, wenn die linke Seite von (∗∗) unter Benutzung der allgemeinen Kontinuitätsgleichung wie folgt umgeschrieben wird.

$$\frac{\partial(\varrho^* a^*)}{\partial t^*} + \mathrm{div}(\varrho^* a^* \vec{v}^*) = \varrho^* \left[\frac{\partial a^*}{\partial t^*} + \vec{v}^* \mathrm{div} a^* \right]$$

Beide Formen sind mathematisch gleichwertig, die nicht-konservative Form (rechte Seite der Gleichung) vermeintlich „angenehmer", der konservativen Form ist aus numerischer Sicht aber der Vorzug zu geben.

WEITERFÜHRENDE LITERATUR

Standard-Werke der Strömungsmechanik, s. die Liste am Ende des Buches

• speziell zur Boltzmann-Gleichung:

Babovsky, H. (1998): *Die Boltzmann-Gleichung*, B.G. Teubner-Verlag, Stuttgart, Leipzig

Bodeneffekt
(ground effect)

Siehe dazu das Stichwort AUFTRIEB, AERODYNAMISCHER, dort unter BEACHTE

Boltzmann-Gleichung
(Boltzmann equation)

Siehe dazu das Stichwort BILANZGLEICHUNGEN, dort unter PHYSIKALISCHER HINTERGRUND

Borda-Mündung
(Borda mouth)

Siehe dazu das Stichwort BERNOULLI GLEICHUNG, dort unter ANWENDUNGEN UND BEISPIELE

Boussinesq-Approximation
(Boussinesq approximation)

BEDEUTUNG UND DEFINITION

Es handelt sich um eine mathematische Näherung bei der Beschreibung von Strömungen, die durch Auftriebseffekte hervorgerufen oder beeinflusst werden (natürliche bzw. gemischte Konvektion). Dabei wird unterstellt, dass die Temperaturabhängigkeit der beteiligten Stoffwerte und hier insbesondere die der Dichte ϱ^* bis auf eine einzige Ausnahme vernachlässigt werden kann.

	Definition	
Unter der Boussinesq-Approximation versteht man die mathematische Beschreibung auftriebsbehafteter Strömungen, bei der • die Temperaturabhängigkeit der Dichte im Auftriebsterm durch die lineare Funktion $$\varrho^*(T^*) = \varrho_B^*[1 - \beta_B^*(T^* - T_B^*)]$$ approximiert wird, und • alle anderen Temperaturabhängigkeiten beteiligter Stoffwerte, einschließlich der Dichte außerhalb des Auftriebsterms, vernachlässigt werden.		
T_B^*	Bezugstemperatur	K
ϱ_B^*	Dichte bei der Bezugstemperatur T_B^*	kg/m^3
β_B^*	$= -(\partial\varrho^*/\partial T^*)_B/\varrho_B^*$, isobarer thermischer Ausdehnungskoeffizient	1/K

PHYSIKALISCHER HINTERGRUND

Die in der Definition getroffenen Annahmen sind keine willkürlichen Vernachlässigungen einzelner Temperatureffekte. Es handelt sich vielmehr um den systematischen Grenzfall des Temperatureinflusses für $\Delta T^* \to 0$, d.h. für kleine Temperaturdifferenzen im Strömungsfeld. Dieser entsteht auf der Basis einer Taylor-Reihenentwicklung aller beteiligten Stoffwerte nach der Temperatur und dem einheitlichen Abbruch der Taylor-Reihen auf demselben Approximations-Niveau in den Gleichungen.

Die besondere Rolle des Auftriebsterms ergibt sich dabei durch seine spezielle Abhängigkeit von der Dichte. In den NAVIER-STOKES GLEICHUNGEN (dort unter BEACHTE) in Vektorform,

$$\varrho^* \frac{\mathrm{D}\vec{v}^*}{\mathrm{D}t^*} = (\varrho^* - \varrho_B^*)\vec{g}^* - \operatorname{grad} p_{mod}^* + \eta^* \Delta\vec{v}^*,$$

ist der Auftriebsterm (erster Term auf der rechten Seite) proportional zur Dichtedifferenz $(\varrho^* - \varrho_B^*)$. Über den linearen Ansatz der Boussinesq-Appoximation entspricht dies der

Temperaturabhängigkeit des Auftriebsterms

$$(\varrho^* - \varrho_B^*)\vec{g}^* = -\varrho_B^* \beta_B^* (T^* - T_B^*)\vec{g}^*,$$

d.h., der Auftriebsterm ist von der Größenordnung der Temperaturdifferenz und verschwindet für $(T^* - T_B^*) \to 0$. Da dieser Auftriebsterm bei der natürlichen Konvektion gleichzeitig aber auch den Antriebsmechanismus der gesamten Strömung darstellt, müssen alle Terme der Impulsgleichung von dieser Größenordnung sein, d.h. für $(T^* - T_B^*) \to 0$ verschwinden. Für eine dimensionslose Darstellung der Impulsgleichung folgt daraus, dass die Bezugsgeschwindigkeit ebenfalls diese Eigenschaft besitzen muss, damit dimensionslose Geschwindigkeiten von der Größenordnung „eins" bleiben. Wie eine systematische Entdimensionierung zeigt, muss die Bezugsgeschwindigkeit damit proportional zu $\sqrt{\Delta T^*}$ sein, wobei ΔT^* eine charakteristische Temperaturdifferenz des betrachteten Problems darstellt. Nähere Ausführungen dazu finden sich unter dem Stichwort FROUDE-ZAHL FR, dort unter PHYSIKALISCHER HINTERGRUND/Thermische Auftriebsströmungen.

Die Bezugsgeschwindigkeit folgt also aus der Bedingung des Nichtverschwindens des Auftriebsterms. Dies erfordert, dass die Dichte bis zur linearen Abhängigkeit von der Temperatur berücksichtigt wird. Alle weitergehenden Abhängigkeiten sind Effekte höherer Ordnung und können im Sinne einer ersten Approximation genauso vernachlässigt werden wie die gesamten Temperaturabhängigkeiten aller anderen beteiligten Stoffwerte. Im Rahmen der Boussinesq-Approximation werden die beteiligten Stoffwerte also weitgehend als konstant, d.h. unabhängig von der Temperatur, angenommen. Damit ist jedoch noch nicht entschieden, bei welcher Temperatur sie sinnvollerweise genommen werden sollten. Dies ist die Frage nach der Referenztemperatur (s. dazu das Stichwort VARIABLE STOFFWERTE). Das nachfolgende Beispiel verdeutlicht deren Einfluss auf das Ergebnis.

ANWENDUNGEN UND BEISPIELE

Natürliche laminare Konvektion an einer senkrechten geheizten Platte; Fehler im Wärmeübergang bei Anwendung der Boussinesq-Approximation

Das nachfolgende Bild zeigt den prozentualen Fehler im Wärmeübergang bei Anwendung der Boussinesq-Approximation im Vergleich zu einer Lösung, die die vollständige Temperaturabhängigkeit der Stoffwerte berücksichtigt. Das Bild zeigt deutlich, dass die Wahl der „richtigen" Bezugstemperatur in der Boussinesq-Approximation von entscheidender Bedeutung für die Größe des Fehlers ist. Die „richtige" Wahl, bei der das Ergebnis einer Rechnung für konstante Stoffwerte mit den Ergebnissen einer vollständigen Rechnung mit allen Temperaturabhängigkeiten der Stoffwerte übereinstimmt, würde allerdings die Kenntnis der vollständigen Lösung voraussetzen! Alternativ unterstellt man deshalb, dass die zu wählende Referenztemperatur zwischen den vorkommenden kleinsten und größten Temperaturen liegt. Wenn der Mittelwert unterstellt wird, nennt man dies *Filmtemperatur*.

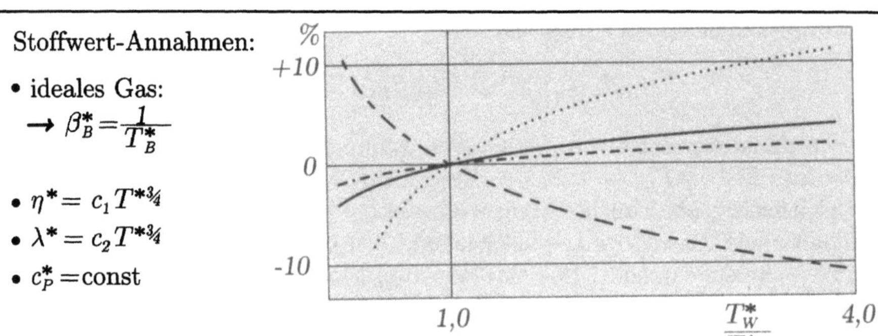

Bezugstemperaturen der Boussinesq-Approximation:

———	$T_B^* = 0{,}5\ (T_W^* + T_\infty^*)$	(Filmtemperatur)
—·—·—	$T_B^* = T_W^* - 0{,}38(T_W^* - T_\infty^*)$	(angepasste Filmtemperatur)
·········	$T_B^* = T_\infty^*$	(Außentemperatur)
— — —	$T_B^* = T_W^*$	(Wandtemperatur)

Prozentualer Fehler im Wärmeübergang

Daten aus: Sparrow, Gregg (1961)

BEACHTE

☐ **Erweiterungen:** Die Boussinesq-Approximation ergibt den führenden Term einer systematischen asymptotischen Entwicklung für $\Delta T^*/T_B^* \to 0$. Die Entwicklung kann zu Termen höherer Ordnung fortgesetzt werden, s. dazu Herwig et al. (1985).

☐ **Wasser-Anomalie:** Die Boussinesq-Approximation setzt $\beta_B^* \neq 0$ voraus. Bei der sog. Wasser-Anomalie ($\beta_B^* = 0$ bei etwa 4 °C) gilt sie nicht mehr in der üblichen Form, s. dazu Herwig (1985).

☐ **Andere Bezeichnung:** Gelegentlich spricht man auch von der „Oberbeck-Boussinesq-Approximation".

WEITERFÜHRENDE LITERATUR

Kacac, S.; Atesoglu, O.E.; Yener, Y. (1986): *The Effects of the Temperature-Dependent Fluid Properties on Natural Convection - Summary and Review*, in: Natural Convection (ed.: Kacac, Aung, Viskanta), Hemisphere Publ. Corp., 729-773

Herwig, H.; Wickern, G.; Gersten, K. (1985): *Der Einfluss variabler Stoffwerte auf natürliche laminare Konvektionsströmungen*, Wärme- und Stoffübertragung **19**, 19-30

Herwig, H. (1985): *An Asymptotic Approach to Free-Convection Flow at Maximum Density*, Chemical Engineering Science **40**, 1709-1715

Gray, D.D.; Giorgini, A. (1976): *The Validity of the Boussinesq Approximation for Liquids and Gases*, Int. J. Heat Mass Transfer **19**, 545 - 551

Sparrow, E.M.; Gregg, J.L. (1961): *The Variable Fluid-Property Problem in Free Convection*, in: Recent Advances in Heat Transfer, 353-371, J.P. Hartnett (ed.); McGraw-Hill Book Comp., New York

Brinkman-Zahl Br
(Brinkman number Br)

Siehe dazu das Stichwort ECKERT-ZAHL, dort unter BEACHTE

CFD / computational fluid dynamics
(CFD / computational fluid dynamics)

BEDEUTUNG UND DEFINITION

Es handelt sich um einen Begriff bzw. seine Abkürzung, die auch im deutschen Sprachraum verwendet wird, der die Lösung strömungsmechanischer Probleme mit Hilfe von NUMERISCHEN VERFAHREN meint. Neben der eigentlichen numerischen Lösung der ausgewählten Gleichungen gehören zu einer CFD-Lösung die physikalisch motivierte Modellbildung, die zu den zu lösenden Gleichungen führt, sowie die Vor- und Nachbereitung der numerischen Lösung und deren kritische Interpretation. In diesem Sinne beschreibt CFD ein ebenso komplexes Vorgehen, wie es z.B. bei der Beantwortung strömungsmechanischer Fragestellungen durch gezielt ausgesuchte und durchgeführte Experimente vorliegt.

Definition

Unter der Abkürzung CFD für computational fluid dynamics versteht man folgendes prinzipielle Vorgehen zur Lösung eines strömungsmechanischen Problems, das in fünf Teilschritte untergliedert werden kann.

1. Teilschritt: Physikalisch/mathematische Modellbildung zur Identifizierung der konkreten Gleichungen (und Randbedingungen), deren Lösung zur (in der Regel näherungsweisen) Beantwortung der ursprünglichen Frage herangezogen werden kann.

2. Teilschritt: Pre-processing, d.h. Vorbereitung der numerischen Lösung, wobei der wesentliche Aspekt die Auswahl bzw. die Konstruktion eines geeigneten numerischen Gitters ist.

3. Teilschritt: Numerische Lösung der unter 1. aufgestellten Gleichungen mit Hilfe eines ausgewählten NUMERISCHEN VERFAHRENS.

4. Teilschritt: Post-processing, d.h. die Aufbereitung der numerischen Ergebnisse aus dem vorhergehenden Teilschritt in visuell zugänglicher Form, was von einfachen Graphiken bis zu räumlichen und bewegten Filmsequenzen reichen kann.

5. Teilschritt: Kritische Interpretation der gewonnenen Ergebnisse.

PHYSIKALISCHER HINTERGRUND

Die mit CFD bezeichnete Form der Beantwortung strömungsmechanischer Fragen hat in den letzten Jahren, bedingt durch die rasche Rechnerentwicklung, sehr stark an Bedeutung gewonnen. Sie stellt neben dem Experiment inzwischen den zweiten entscheidenden Weg dar, auf dem Fortschritte im Verständnis strömungsmechanischer Probleme erzielt werden.

Die gelegentlich vertretene Ansicht, CFD könne das Experiment auf lange Sicht sogar verdrängen, verkennt aber einen entscheidenden Aspekt von CFD: Es handelt sich dabei um Erkenntnisgewinn auf der Ebene von physikalisch/ mathematischen Modellen, die als Modelle grundsätzlich ihre Brauchbarkeit durch den Vergleich mit der Realität (d.h. mit dem Experiment) nachweisen müssen. Dies impliziert, dass strömungstechnische Fragestellungen nur im Rahmen von bereits experimentell abgesicherten physikalisch/mathematischen Modellen ohne erneute experimentelle Überprüfung auf der Basis von CFD seriös behandelt werden können.

Die in der Definitionsbox genannten fünf Teilschritte, die CFD kennzeichnen, sollen im folgenden näher beschrieben und bezüglich ihres physikalischen Hintergrundes erläutert werden.

Erläuterung zum 1. Teilschritt (Modellbildung): Dieser entscheidende erste Schritt setzt die weitgehende Kenntnis der physikalischen Wirkmechanismen im Zusammenhang mit dem betrachteten Problem voraus. Auf dieser Basis kann dann entschieden werden, ob eine vollständig dreidimensionale und zeitabhängige Formulierung erforderlich ist, ob eine turbulente Strömung vorliegt, ob Stoffwerte als konstant angenommen werden können (inklusive der Dichte ϱ^*, was dann eine inkompressible Strömung impliziert), usw. Wenn vereinfachende Annahmen nicht gut begründet werden können, sollten sie zunächst unterbleiben; erste Ergebnisse dann allerdings aufwendigerer Rechnungen können die Entscheidung u.U. erleichtern bzw. absichern.

Erläuterung zum 2. Teilschritt (Pre-processing): Dazu gehören drei wesentliche Aspekte

- Auswahl des Rechengebietes. Während feste Wände meist eine natürliche Begrenzung des Rechengebietes darstellen, muss entschieden werden, wo das Rechengebiet in einem unbegrenzten Feld enden soll, d.h. wo entsprechende Randbedingungen zu setzen sind.

- Auswahl eines numerischen Gitters im Rechengebiet. Alle numerischen Verfahren erfordern ein numerisches Gitter, an dessen Gitterpunkten Näherungswerte der gesuchten Lösung formuliert werden. Die Gitter können dabei sowohl eine zumindest bereichsweise klare geometrische Struktur aufweisen (Block-strukturierte Gitter), bei denen die Gitterpunkte bereichsweise die Schnittpunkte von zwei bzw. drei Linienbündeln sind und durch eine Indizierung gekennzeichnet werden können, oder aus frei zusammengesetzten Zellen bestehen (unstrukturierte Gitter), bei denen die Gitterpunkte nicht im Schnittpunkt von Linienbündeln liegen und die individuell in einer bestimmten Reihenfolge nummeriert werden müssen. Generell kann bei einer erhöhten Anzahl von Gitterpunkten eine bessere Approximation der exakten Lösung erwartet werden. Insgesamt sollte der Aufwand sowie der Einfluss auf das Ergebnis bei der Wahl eines Gitters nicht unterschätzt werden.

- Festlegung von Anfangs- und Randbedingungen. Dies ist im Grunde noch ein Teil der physikalisch mathematischen Modellierung in bezug auf das betrachtete Problem.

Erläuterung zum 3. Teilschritt (Numerische Lösung): Dieser zentrale Schritt erfordert die Auswahl eines bestimmten NUMERISCHEN VERFAHRENS. Drei entscheidende Kriterien für solche Verfahren sind:

- *Konsistenz;* dies meint, dass das System aus algebraischen Gleichungen, das in jedem numerischen Verfahren im Zuge der Diskretisierung entsteht, den ursprünglichen nicht diskretisierten Gleichungen gleichwertig sein muss, wenn der Gitterabstand beliebig klein wird.

- *Stabilität;* dies beschreibt das Verhalten des numerischen Verfahrens gegenüber „Störungen", die z.B. durch Rundungsfehler eingebracht werden und nicht zu einem oszillatorischen oder gar divergenten Verhalten der Lösung führen dürfen, sondern gedämpft werden sollten.

- *Konvergenz;* damit ist die (gewünschte) Eigenschaft der Verfahren gemeint, dass die Approximationslösung die exakte Lösung erreicht, wenn der Gitterabstand gegen Null geht. In der praktischen Anwendung (die nie einen Gitterabstand Null erreichen kann) wird erwartet, dass die numerische Lösung näher an der exakten Lösung liegt, wenn der Gitterabstand verkleinert wird. Bisweilen wird mit Konvergenz auch das gewünschte Verhalten einer iterativen Lösung bezeichnet, was nicht mit der zuvor beschriebenen Bedeutung verwechselt werden darf.

Der Nachweis der Konvergenz, der für konkrete Berechnungen von großer Bedeutung ist, kann nicht leicht erbracht werden. Während für lineare Gleichungen Konsistenz und Stabilität eines Verfahrens notwendige und gleichzeitig auch hinreichende Bedingungen für die Konvergenz sind (Lax-Theorem), sind dies bei nichtlinearen Gleichungen, wie sie in der Strömungsmechanik sehr häufig auftreten, leider nur notwendige Bedingungen.

Erläuterung zum 4. Teilschritt (Post-processing): Die numerischen Ergebnisse liegen zunächst in Form von Zahlenwerten für die Näherungslösung an diskreten Gitterpunkten vor und sind in dieser Form noch wenig aussagekräftig. Insbesondere die große Anzahl dieser diskreten Ergebniswerte (typisch für umfangreiche numerische Untersuchungen sind $10^5 - 10^7$ Werte) erfordert eine Nachbearbeitung in Form von graphischen Darstellungen der Ergebnisse. Dies kann von einzelnen Lösungskurven entlang ausgesuchter Linien, bis zu räumlichen Darstellungen des Lösungsfeldes führen, u.U. mit der Möglichkeit, die Betrachtungsrichtung zu variieren. Zusätzliche Möglichkeiten, wie Farbdarstellungen und Strömungsanimationen, können die Interpretationsmöglichkeiten verbessern, bergen aber auch die Gefahr von Fehlinterpretationen.

Erläuterung zum 5. Teilschritt (kritische Interpretation): Dieser wichtige Schritt wird häufig übersehen, wenn das Ergebnis einer CFD-Rechnung für die Lösung des ursprünglich formulierten Problems gehalten wird. Es ist aber zunächst nur die Näherungslösung von Gleichungen, die als physikalisch/mathematisches Modell ausgewählt worden waren. Diese Auswahl (1. Teilschritt) ist aber durchaus kritisch zu sehen, da sie auf Annahmen in bezug auf die gesuchte Lösung basiert, die u.U. im Nachhinein überprüft werden müssen. Möglichkeiten für eine solche Überprüfung wie auch ganz allgemein für die kritische Wertung der Ergebnisse bestehen in

- Plausibilitätstests: Sind bestimmte Aspekte der Ergebnisse physikalisch plausibel ?

- Parametervariationen: Dies bezieht sich auf die physikalischen Parameter, aber auch auf numerische Parameter, wie Gitterabstand, Konvergenzkriterium o.ä.: Im Zuge dieser Variationen kann das Lösungsverhalten danach beurteilt werden, ob es zu erwartende Eigenschaften aufweist. Zum Beispiel sollte die endgültige Lösung unabhängig von der Wahl des Gitterabstandes sein.

- Grenzwertbetrachtungen: Häufig ist bekannt, wie sich Lösungen im Grenzfall bestimmter Parameter verhalten müssen, was zur Beurteilung der Ergebnisse genutzt werden kann.

- Vergleich mit experimentellen Daten: Soweit diese zur Verfügung stehen, kann ein unmittelbarer Vergleich gezogen werden, wobei aber auch die experimentellen Ergebnisse kritisch zu hinterfragen sind.

Es kann ganz allgemein empfohlen werden, einem CFD-Ergebnis zunächst zu misstrauen und sich davon ausgehend nach und nach von seiner Aussagekraft zu überzeugen. Eine Haltung, die nicht von grundsätzlicher Skepsis geprägt ist, birgt große Gefahren. Dies kann und muss gesagt werden, ohne dass dabei das enorme Potential verkannt würde, das mit CFD gegeben ist (s. dazu auch „Best Practice Guidelines" unter BEACHTE).

ANWENDUNGEN UND BEISPIELE

CFD-Lösung für eine turbulente Rohreinlaufströmung (Re = 40 000)

An diesem recht einfachen und überschaubaren Beispiel sollen die einzelnen Teilschritte einer CFD-Lösung erläutert werden.

1. Teilschritt (Modellbildung): Es wird angenommen, dass es sich um ein Newtonsches Fluid handelt, so dass die NAVIER-STOKES GLEICHUNGEN als Ausgangspunkt für die Modellierung genommen werden können. Aufgrund der Rohrgeometrie bietet es sich an, die Formulierung in Zylinderkoordinaten zu wählen. Eine Rotationssymmetrie wird zunächst nicht unterstellt, so dass ein dreidimensionales Problem vorliegt. Die Turbulenz soll mit Hilfe des $k\text{-}\varepsilon$ Modells erfasst werden. Gesucht sind also die zeitlich gemittelten Strömungsgeschwindigkeiten $\overline{u^*}$ (axial), $\overline{v^*}$ (radial), $\overline{w^*}$ (azimutal) und der Druck $\overline{p^*}$.

2. Teilschritt (Pre-processing): Hier werden folgende Festlegungen getroffen.

- Das Rechengebiet soll im Eintrittsquerschnitt beginnen, durch die Rohr-Innenwand seitlich begrenzt sein und stromabwärts nach einer Lauflänge von 100 Durchmessern enden. Erfahrungen zeigen, dass bereits vorher ein ausgebildeter Strömungszustand vorliegen sollte.

- Als Rechengitter wird eine Gebietsunterteilung gewählt, die im nachfolgenden Bild erläutert ist.

- Als Randbedingung gilt physikalisch an den festen Wänden die HAFTBEDINGUNG. Wenn allerdings das $k\text{-}\varepsilon$ Turbulenzmodell in der Version für große Reynolds-Zahlen eingesetzt wird, ist die Formulierung der Randbedingungen dort mit Hilfe der sog. WANDFUNKTIONEN vorzunehmen. Im Eintrittsquerschnitt wird ein konstantes $\overline{u^*}$-Profil angenommen (das in der Realität so nicht vorliegt!); stromabwärts sollen alle Größen ausgebildet sein, d.h. keine Gradienten in Strömungsrichtung aufweisen. Bezüglich des Druckes bezieht sich dies allerdings auf dessen Gradienten.

3. Teilschritt (Numerische Lösung): Mit Hilfe eines Finite-Volumen-Verfahrens (CFD-code CFX 4.3 von AEA Technology) wird die Näherungslösung auf dem beschriebenen Gitter berechnet. Einige Angaben dazu sind:

- Zellen im Querschnitt: 380

- Zellen in Strömungsrichtung: 200
  (insgesamt also 76 000 Zellen)

- CPU-Zeit für 500 (äußere) Iterationen: $\approx$ 1 Std auf einem Prozessor (PA-RISC 8700)

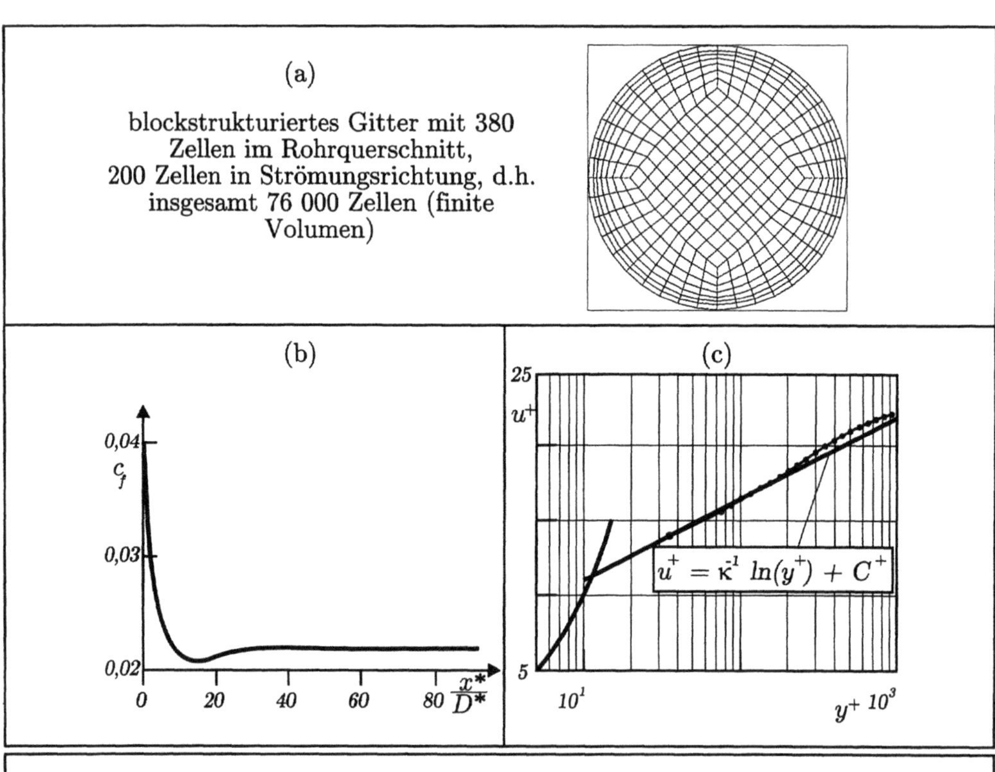

Numerische Berechnung der turbulenten Rohreinlaufströmung

(a) Verwendetes Gitter

(b) $c_f = 8\, u_\tau^{*2} / u_m^*$ u_τ^* : Schubspannungsgeschwindigkeit

  u_m^* : querschnittsgemittelte Geschwindigkeit

(c) $u^+ = \overline{u^*} / u_\tau^*$ $\overline{u^*}$: zeitgemittelte Geschwindigkeit

4. Teilschritt (Post-processing): Das vorhergehende Bild zeigt im Teilbild (b) den Verlauf von c_f (Reibungsbeiwert) entlang des Rohres, woraus geschlossen werden kann, dass ein ausgebildeter Zustand etwa bei einer Lauflänge von 60 Durchmessern erreicht wird. Teilbild (c) zeigt das Geschwindigkeitsprofil $\overline{u^*}$ in einer Auftragung, die durch asymptotische Überlegungen zum Grenzfall Re $\to \infty$ motiviert ist (s. dazu das Stichwort SCHUBSPANNUNGSGESCHWINDIGKEIT, dort unter ANWENDUNGEN UND BEISPIELE).

5. Teilschritt (kritische Interpretation): Das Ergebnis sollte zumindest bezüglich folgender Fragen/Aspekte überprüft werden

- Liegt eine Gitterunabhängigkeit der Lösung vor? (Test: Verkleinerung des Gitterabstandes, eventuell auch Vergrößerung, wenn schon ein feines Gitter vorliegt)

- Welchen Einfluss besitzt die (unphysikalische) Zuströmbedingung $\overline{u^*} = $ const?

- Ist das k-ε Turbulenzmodell in der Version für große Reynolds-Zahlen eine ausreichend genaue Beschreibung der Turbulenz? Welchen Einfluss besitzen die in diesem Zusammenhang gewählten Randbedingungen für ε^* und k^*?

Die Klärung dieser Fragen erfordert Modifikationen und zusätzliche Rechnungen, aber nur so kann ein berechtigtes Vertrauen in die gefundene Lösung herbeigeführt werden.

BEACHTE

◻ **Best Practice Guidelines:** Unter diesem Titel und mit dem Untertitel *Quality and Trust in Industrial CFD* ist ein systematischer Leitfaden entstanden, wie CFD angewandt werden sollte (s. die Literaturliste). Dieser ist im Rahmen einer Initiative der ERCOFTAC (European Research Community On Flow Turbulence And Combustion) entstanden und soll in den nächsten Jahren fortgeschrieben werden, wobei insbesondere erweiterte Anwendungen ins Auge gefasst sind. Wesentliche Aspekte dieses Leitfadens sind eine Fehlerkategorisierung (Modellunsicherheiten, Diskretisierungs- oder numerische Fehler, Iterations- oder Konvergenzfehler, Rundungsfehler, Anwendungsunsicherheiten, Benutzerfehler, Codefehler) sowie „Guidelines" bezüglich wichtiger Teilaspekte von CFD (Problemdefinition, Geometriedefinition, Turbulenzmodellierung, Transition, Stoffwerte, Diskretisierung, Gittergenerierung, Randbedingungen, Konvergenz, Rundungsfehler, Validierung, Anwenderfehler). Es ist die erklärte Absicht des Leitfadens, mit 20% der möglichen Regeln 80% der wahrscheinlichen Fehler zu vermeiden.

◻ **„The Dark Side of CFD":** Mit dieser (unter CFD-Anwendern gängigen Formulierung) werden Ergebnisse kommentiert, wie sie z.B. bei einem von der IAHR (International Association for Hydraulic Research) formulierten Testfall erzielt wurden, s. Gebhardt et al. (1999). Dabei wurde dazu aufgefordert, den Druckrückgewinn im Saugrohr einer Turbine zu berechnen. Dieser Aufforderung waren 41 CFD-Anwender gefolgt, die alle das experimentell ermittelte Ergebnis $c_p = 1,12$ nicht kannten. Die CFD-Ergebnisse streuten zwischen 0,6 und 1,6, wobei nur etwa 30% der Ergebnisse um weniger als 10% von dem experimentell ermittelten Wert abwichen.

◻ **Dimensionslose Rechnungen mit CFD:** Ausnahmslos alle kommerziellen CFD-Programme erwarten dimensionsbehaftete Eingabegrößen. Eine generell dimensionslose Formulierung ist bei turbulenten Strömungen auch nicht sinnvoll möglich, wenn die wandnahen Bereiche in ihrer asymptotischen Struktur erfasst werden sollen (Re $\to \infty$; WANDFUNKTIONEN).

Trotzdem kann es sinnvoll sein, die zugrunde liegenden Gleichungen als dimensionslose Gleichungen zu interpretieren, indem die Eingabedaten entsprechend gewählt werden. Zum Beispiel erhält dann die ungestörte Zuströmung den Wert 1, wenn alle Geschwindigkeiten mit der Zuströmungsgeschwindigkeit als Bezugsgröße entdimensioniert werden. Zu weiteren Einzelheiten s. Herwig (2002, Kap.12).

◻ **Validierung/Verifikation:** Mit diesen beiden Begriffen wird der Versuch beschrieben, sich von der „Richtigkeit" der berechneten Ergebnisse zu überzeugen. Obwohl man in der Literatur durchaus keine einheitliche Verwendung dieser Begriffe findet (und es auch gute Gründe gibt, den Begriff „Verifikation" in diesem Zusammenhang gar nicht zu verwenden, s. Hölling, Herwig (2004)) kann folgende Definition eingeführt werden, s. dazu AIAA (1998):

Validierung: Damit soll geklärt werden, inwieweit das gewählte physikalisch/mathematische Modell geeignet ist, die gewünschten Aussagen durch Lösen der Gleichungen zu erzielen (Kurzform: *Do we solve the right equation?*)

Verifikation: Dies bezieht sich auf die Frage, ob die physikalisch/mathematischen Modellgleichungen hinreichend genau bzw. überhaupt korrekt gelöst werden. Teilaspekt davon sind die Verfikation des numerischen Programms (code verification), sowie der Umsetzung des mathematischen Modells in eine numerische Lösung (solution verification). (Kurzform: *Do we solve the equation right?*)

WEITERFÜHRENDE LITERATUR

Hölling, M.; Herwig, H. (2004): *CFD-Today: Anmerkungen zum kritischen Umgang mit kommerziellen Software-Programmpaketen*, Forschung im Ingenieurwesen **68**, 150-154

Ferziger, J.H.; Peric, M. (2002): *Computational Methods for Fluid Dynamics*, Springer-Verlag, Berlin, Heidelberg, New York

Herwig, H. (2002): *Strömungsmechanik*, Springer-Verlag, Berlin, Heidelberg, New York

Casey, M.; Wintergerste, T. (Hrsg.) (2000): *ERCOFTAC Special Interest Group on Quality and Trust in Industrial CFD - Best Practice Guidelines*, Version 1.0, ERCOFTAC Publication (zu beziehen unter www.ercoftac.org)

Gebart, B.R.; Gustavsson, H.; Karlsson, R. (1999): *Proceedings of ERCOFTAC /IAHR Workshop TURBINE 99*, Lulea University of Technology, Lulea, Sweden

AIAA (1998): *Guide for the Verification and Validation of Computational Fluid Dynamics Simulations*, G-077-1998, AIAA, Reston, VA

Roache, P. (1997): *Quantification of Uncertainty in Computational Fluid Dynamics*, Annu. Rev. of Fluid Mech. **29**, 123 - 160

Versteeg, H.K.; Malalasekera, W. (1995): *An Introduction to Computational Fluid Dynamics / The Finite Volume Method*, Prentice Hall, Harlow

Fletscher, C.A.J. (1991): *Computational Techniques for Fluid Dynamics*, Vol. I, II, Springer-Verlag, Berlin

Hirsch, C. (1988): *Numerical Computation of Internal and External Flows*, Vol. I, II, John Wiley & Sons, Chichester

Couette-Poiseuille-Strömung
(Couette Poiseuille flow)

Siehe dazu das Stichwort COUETTE-STRÖMUNG, dort unter BEACHTE

Couette-Strömung
(Couette flow)

BEDEUTUNG UND DEFINITION

Es handelt sich um eine Strömung, die zwischen zwei ebenen Platten mit konstantem Abstand entsteht, wenn die Platten eine translatorische, plattenparallele Relativbewegung zueinander aufweisen. Ohne zusätzliche Einflüsse, wie z.B. Randeffekte, Instationarität der Relativbewegung, Durchlässigkeit der Wände etc. liegt dabei die einfachst mögliche Strömung vor, die in einem realen Fluid erzeugt werden kann. Sie ist durch einen konstanten Wert der Schubspannung im ganzen Strömungsfeld gekennzeichnet.

Die einfache Couette-Strömung stellt eine gute Näherung bestimmter realer Strömungen dar. Sie hat darüber hinaus aber auch eine besondere Bedeutung für wandgebundene, turbulente Strömungen. Der wandnächste Strömungsbereich (fast) aller turbulenten Strömungen im Grenzfall großer Reynolds-Zahlen (Re $\rightarrow \infty$) nimmt unabhängig vom Zustandekommen der Strömung den Charakter einer Couette-Strömung an, wie unter PHYSIKALISCHER HINTERGRUND näher erläutert wird.

Definition

Unter einer ebenen Couette-Strömung versteht man diejenige Strömung, die zwei ebene Platten im Abstand $2H^*$ durch ihre Relativbewegung u_r^* induzieren. Unabhängig von den Fluideigenschaften (Newtonsches, Nicht-Newtonsches Fluid) und unabhängig vom Strömungszustand (laminar, turbulent), gilt dabei für den Geschwindigkeitsvektor $\vec{v}^* = (u^*, v^*, w^*)$ in dem kartesischen Koordinatensystem der nachfolgenden Skizze aufgrund der unterstellten Strömungssituation

$$\vec{v}^* = (u^*(y^*), 0, 0) \tag{$*$}$$

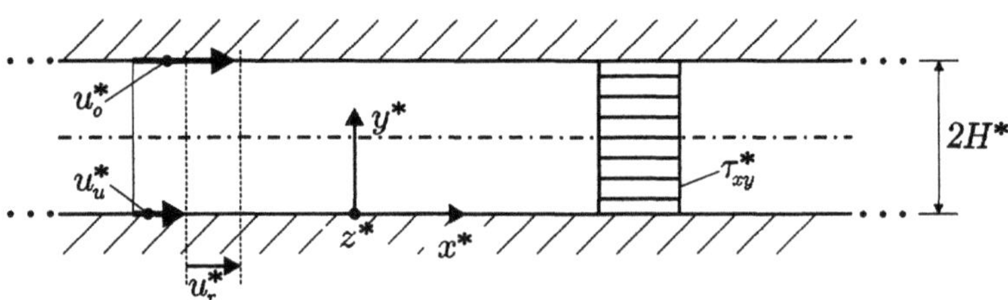

In einem solchen Strömungsfeld kann nur die Schubspannungskomponente $\tau_{xy}^* (= \tau_{yx}^*)$ von Null verschieden sein, weil nur ein Geschwindigkeitsgradient $\partial u^*/\partial y^* \neq 0$ vorkommt. Da zusätzlich der Druck p^* im ganzen Feld konstant ist, folgt aus einer Kräftebilanz

$$\boxed{\tau_{xy}^* \equiv \tau^* = \mathrm{const}} \tag{$**$}$$

u^*	Geschwindigkeitskomponente in x-Richtung	m/s
u_u^*, u_o^*	Geschwindigkeit der unteren, oberen Wand	m/s
u_r^*	Relativgeschwindigkeit der Wände $(u_0^* - u_u^*)$	m/s
τ^*	Schubspannung	N/m^2
H^*	halber Plattenabstand	m

PHYSIKALISCHER HINTERGRUND

Die Couette-Strömung ist eine exakte Lösung der vollständigen Grundgleichungen, d.h. der allgemeinen Impulsbilanzgleichungen (s. dazu das Stichwort ERHALTUNGSGLEICHUNGEN) bzw. der Navier-Stokes Gleichungen, wenn zusätzlich Newtonsches Fluidverhalten unterstellt wird (s. dazu das Stichwort NAVIER-STOKES GLEICHUNGEN). Aufgrund der speziellen Vorgaben (einfache Geometrie, Stationarität) entsteht dabei eine sehr „einfache" Strömung.

Als entscheidende Aussage kann aus der allgemeinen Impulsbilanz das Ergebnis $\tau^* = \tau_W^* = $ const gewonnen werden. Um daraus und unter Berücksichtigung der Haftbedingung eine Geschwindigkeitsverteilung zwischen den Platten zu ermitteln, muss

- eine KONSTITUTIVE GLEICHUNG den Zusammenhang zwischen der Schubspannung und dem Strömungsfeld herstellen.

- entschieden werden, ob es sich um eine laminare oder eine turbulente Strömung handelt.

Wird Newtonsches Fluidverhalten unterstellt, so gilt als konstitutive Gleichung $\tau_m^* = \eta^* du^*/dy^*$ mit η^* als dynamischer (molekularer) Viskosität und τ_m^* als molekularer Schubspannung.

Wenn eine laminare Strömung vorliegt, entsteht die Schubspannung τ^* insgesamt durch einen molekularen Impulsaustausch, d.h. es gilt $\tau^* = \tau_m^*$. Bei einer turbulenten Strömung hingegen setzt sich τ^* aus den beiden Anteilen *molekulare Schubspannung* τ_m^* und *turbulente Schubspannung* τ_t^* zusammen, d.h. es gilt $\tau^* = \tau_m^* + \tau_t^*$.

Laminare Couette-Strömung eines Newtonschen Fluides

Aus der Bedingung $\tau^* = \tau_m^* = $ const und $\tau_m^* = \eta^* du^*/dy^*$ folgt unmittelbar ein linearer Verlauf der Geschwindigkeit $u^*(y^*)$ zwischen den Platten, wenn η^* konstant ist. Unter Berücksichtigung der Haftbedingung an beiden Platten gilt also

$$u^*(y^*) = u_u^* + \frac{\tau^*}{\eta^*} y^* \tag{i}$$

wenn das Koordinatensystem so liegt wie in der Definitionsbox.

Ein nichtlinearer Verlauf von $u^*(y^*)$ würde sich z.B. ergeben, wenn η^* temperaturabhängig wäre und zwischen den Platten keine einheitliche Temperatur vorliegen würde.

Das Widerstandsgesetz, das den Zusammenhang zwischen der aufgebrachten Kraft zur Erzeugung der Strömung (hier in Form der aufzubringenden (Wand-)Schubspannung τ_W^*) und der damit erzeugten Strömung (hier in Form der Relativgeschwindigkeit u_r^*) herstellt, lautet für den Fall konstanter Viskosität

$$\tau_W^* = \eta^* \frac{u_r^*}{2H^*}$$

In dimensionsloser Form wird daraus

$$c_f \mathrm{Re} = 1 \quad \text{mit} \quad c_f = \frac{2\tau_W^*}{\varrho^* u_r^{*2}} \quad ; \quad \mathrm{Re} = \frac{\varrho^* u_r^* H^*}{\eta^*}$$

als Zusammenhang zwischen dem Reibungsbeiwert c_f und der REYNOLDS-ZAHL Re.

Turbulente Couette-Strömung eines Newtonschen Fluides

Es gilt jetzt $\tau^* = \tau_m^* + \tau_t^* = \text{const}$ mit $\tau_m = \eta^* \mathrm{d}\overline{u}^*/\mathrm{d}y^*$, aber einem zunächst unbekannten Zusammenhang zwischen der turbulenten Schubspannung τ_t^* und der Geschwindigkeit $\overline{u}^*(y^*)$. Der Querstrich bei $\overline{u}^*$ kennzeichnet den zeitlichen Mittelwert der turbulent schwankenden Geschwindigkeit, s. dazu das Stichwort TURBULENZ.

Prinzipiell ist an dieser Stelle ein Turbulenzmodell erforderlich, um $\overline{u}^*(y^*)$ bestimmen zu können. Aus asymptotischen Überlegungen kann allerdings die Struktur der Lösung vorab bestimmt werden. Zahlenwerte darin auftretender Konstanten können dann alternativ zur Turbulenzmodellierung aus dem Experiment bestimmt werden.

Eine solche Analyse, in der insbesondere auch dimensionsanalytische Überlegungen angestellt werden, führt zu folgendem Ergebnis (Details z.B. in Gersten, Herwig (1992, Kap. 14):

- Anders als im laminaren Fall liegt eine Abhängigkeit des Geschwindigkeitsprofils von der Reynolds-Zahl vor. Für große Reynolds-Zahlen (asymptotisch für Re $\to \infty$) kann ein universeller Verlauf gefunden werden, wenn transformierte Variable eingeführt werden.

- Eine universelle Darstellung gelingt aber nur, wenn die Couette-Strömung in zwei wandnahe Schichten und eine mittlere Schicht aufgeteilt wird, in denen jeweils andere Entdimensionierungen (Transformationen) gelten. Da die Couette-Strömung ein Geschwindigkeitsprofil aufweist, das bzgl. der Mittellinie antimetrisch ist, genügt es, die untere Hälfte des Strömungsgebietes zu betrachten.

- Die soeben erwähnte *Schichten-Struktur* besteht aus der sog. *Wandschicht* und einer daran anschließenden sog. *Defektschicht* (die bis zur Mittellinie reicht, wenn nur eine Hälfte des Strömungsfeldes betrachtet wird). Der Name wurde eingeführt, weil die Geschwindigkeit auch als Differenz (Defekt) zur Geschwindigkeit auf der Mittellinie, u_c^*, formuliert werden kann. Die (transformierte) Wandschichtkoordinate ist $y^+ = y^* u_\tau^*/\nu^*$ mit u_τ^* als SCHUBSPANNUNGSGESCHWINDIGKEIT.
  Die adäquate Koordinate in der Defektschicht ist $y = y^*/H^*$.

- Die Geschwindigkeitsprofile lauten ($u^+ = \overline{u^*}/u_\tau^*$):

  - in der Wandschicht

$$u^+(y^+) = f^+(y^+)$$

$$= \frac{1}{\Lambda}\left[\frac{1}{3}\ln\frac{\Lambda y^+ + 1}{\sqrt{(\Lambda y^+)^2 - \Lambda y^+ + 1}} + \frac{1}{\sqrt{3}}\left(\arctan\frac{2\Lambda y^+ - 1}{\sqrt{3}} + \frac{\pi}{6}\right)\right]$$

$$+ \frac{1}{4\kappa}\ln(1+\kappa B y^{+4}) \qquad (ii)$$

mit $\kappa = 0,41$; $\Lambda = 0,127$; $B = 1,43\cdot 10^{-3}$

  - in der Defektschicht

$$u_c^+ - u^+(y) = -\frac{1}{\kappa}\ln y + \frac{1}{\kappa}\ln(2-y) + a_0(1-y) \qquad (iii)$$

mit $a_0 = 0,41$

- Das Widerstandsgesetz lautet

$$\sqrt{\frac{2}{c_f}} = \frac{1}{\kappa}\ln\left(\sqrt{\frac{c_f}{2}}\mathrm{Re}_c\right) + C^+ + \overline{C} \quad \text{mit} \quad c_f = \frac{2\overline{\tau_W^*}}{\varrho^* u_c^{*2}} \quad ; \quad \mathrm{Re}_c = \frac{u_c^* H^*}{\nu^*}$$

und $C^+ = 5$ für eine glatte Wand, sowie $\overline{C} = 2,1$.

In Gersten, Herwig (1992) ist gezeigt, wie dieses Gesetz in sehr guter Näherung auch als explizites Gesetz für $c_f = c_f(...)$ formuliert werden kann.

Allgemeine Bedeutung der turbulenten Couette-Strömung

Die Besonderheit turbulenter, wandgebundener Strömungen besteht in der Ausbildung einer Zweischichtenstruktur in unmittelbarer Wandnähe. Physikalisch beruht dies auf einem Wechsel im dominierenden Mechanismus des Impulsaustausches. Während sehr nahe der Wand turbulente Schwankungsbewegungen weitgehend gedämpft werden und damit der molekulare Impulsaustausch dominiert, übernimmt die turbulente Bewegung im größeren Abstand von der Wand den Impulsaustausch vollständig.

Die turbulente Couette-Strömung ist nun zunächst eine von vielen wandgebundenen Strömungen. Sie besitzt jedoch eine besondere Bedeutung, weil alle wandgebundenen, turbulenten Strömungen sich für große Reynolds-Zahlen und in unmittelbarer Wandnähe wie Couette-Strömungen verhalten! Dies ist unter dem Stichwort SCHUBSPANNUNGSGE-SCHWINDIGKEIT näher beschrieben und soll hier kurz erläutert werden.

Entscheidend dabei ist, dass die wandnächste Schicht, die sog. *Wandschicht* (mit der Koordinate y^+, s.o.), für Re $\to \infty$ immer dünner wird. In einem Bereich etwa von der Dicke dieser Wandschicht findet der beschriebene Wechsel im Impulsaustausch-Mechanismus statt. In diesem Bereich sind mögliche *Änderungen* der Schubspannung gegenüber dem Wert an der Wand (der Wandschubspannung) aber vernachlässigbar gering. Insgesamt liegt also der wandnahe Bereich einer turbulenten Strömung, in dem die entscheidenden physikalischen Effekte auftreten, als Bereich (quasi) konstanter Schubspannung vor.

Die Wandschicht einer beliebigen turbulenten Strömung mit der Wandschubspannung τ_W^* ist deshalb nahezu identisch mit der Wandschicht einer turbulenten Couette-Strömung mit der Schubspannung $\tau^* = \tau_W^*$, weil Couette-Strömungen eine insgesamt konstante Schubspannung besitzen.

Da sich verschiedene Couette-Strömungen nur durch den Zahlenwert der Schubspannung unterscheiden, ist τ_W^* eine charakteristische Größe für die Wandschicht einer (beliebigen) turbulenten Strömung. Mit dieser Größe wird die Bezugsgeschwindigkeit $u_\tau^* = \sqrt{\tau_W^*/\varrho^*}$ (Schubspannungsgeschwindigkeit) gebildet.

ANWENDUNGEN UND BEISPIELE

Geschwindigkeitsprofile in Couette-Strömungen

Wie im vorigen Abschnitt erläutert worden ist, zeigt das laminare Geschwindigkeitsprofil einen einheitlichen, („einfachen") linearen Verlauf zwischen den beiden begrenzenden Wänden.

Das turbulente Profil wurde zunächst getrennt für die Wandschicht (in der Koordinate y^+) und für die Defektschicht (in der Koordinate y) angegeben. Man kann daraus eine gleichmäßig gültige Geschwindigkeitsverteilung erzeugen. Dazu werden beide Verteilungen addiert. Anschließend muss jedoch der durch die Addition doppelt berücksichtigte Anteil in dem Übergangsbereich beider Verteilungen einmal wieder abgezogen werden.

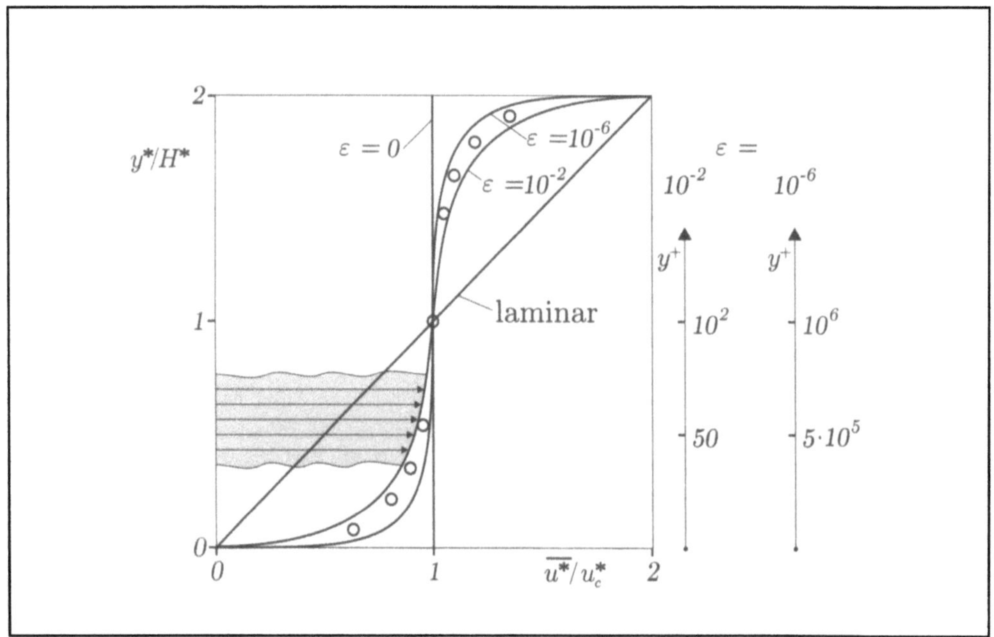

Geschwindigkeitsverläufe in Couette-Strömungen

o o o : Messwerte für $\varepsilon = 1{,}4\cdot10^{-3}$

Mit $y^+ = y^* u_\tau^* / \nu^* = y \, \mathrm{Re}_\tau$ wird der Zusammenhang zwischen beiden Koordinaten über die sog. *turbulente Reynolds-Zahl* $\mathrm{Re}_\tau = \mathrm{Re}_c \, u_\tau^* / u_c^*$ hergestellt, weil das gemeinsame Profil formal nur in einer Koordinate (hier: y) dargestellt werden soll. Für dieses gilt (Einzelheiten in Gersten, Herwig (1992, Kap. 14)) mit $\epsilon = \mathrm{Re}_\tau^{-1}$, d.h. $y^+ = y/\epsilon$ und f^+ gemäß (ii)

$$u^+ \equiv \frac{\overline{u^*}}{u_\tau^*} = f^+\left(\frac{y}{\epsilon}\right) - f^+\left(\frac{2-y}{\epsilon}\right) + \frac{1}{\kappa}\ln\frac{1}{\epsilon} + C^+ + \overline{C} + a_0(y-1)$$

Das Bild auf der vorhergehenden Seite zeigt die Geschwindigkeitsprofile als $\overline{u^*}/u_c^*$ über y^*/H^* aufgetragen. Es ist deutlich zu erkennen, dass bei turbulenter Strömung für steigende Reynolds-Zahlen (d.h. für $\epsilon = \mathrm{Re}_\tau^{-1} \to 0$) eine immer gleichmäßigere Strömung im Kernbereich (Defektschicht) auftritt, dafür aber die Gradienten in unmittelbarer Wandnähe immer größer werden. Es handelt sich aus asymptotischer Sicht (wie auch bei Grenzschichtströmungen) um ein singuläres Störungsproblem, s. dazu auch das Stichwort ASYMPTOTISCHE THEORIE unter PHYSIKALISCHER HINTERGRUND.

BEACHTE

▢ **Kritische Reynolds-Zahl:** Der Übergang von der laminaren zur turbulenten Strömungsform erfolgt bei der sog. *kritischen Reynolds-Zahl* Re_{krit}. Für die Couette-Strömung ist der Zahlenwert $\mathrm{Re}_{\tau\,krit} = 22$ bzw. $\mathrm{Re}_{c,krit} = 22 u_c^*/u_\tau^*$, wenn die Reynolds-Zahlen als $\mathrm{Re}_\tau = u_\tau^* H^*/\nu^*$ und $\mathrm{Re}_c = u_c^* H^*/\nu^*$ definiert sind (u_c^*: Geschwindigkeit auf der Mittellinie, u_τ^*: Schubspannungsgeschwindigkeit).

▢ **Couette-Poiseuille-Strömung:** Wenn der einfachen Couette-Strömung ein konstanter Druckgradient in x-Richtung aufgeprägt wird, so entsteht eine Strömung, die als Kombination der reinen Couette-Strömung ($u_\tau^* \neq 0$; $dp^*/dx^* = 0$) und der reinen Kanalströmung, auch Poiseuille-Strömung genannt ($u_\tau^* = 0$; $dp^*/dx^* \neq 0$), interpretiert werden kann.

Als Sonderfälle dieser verallgemeinerten Strömungsform treten insbesondere die Fälle verschwindenden Volumenstroms und verschwindender Wandschubspannung (an einer Wand) auf. Für weitere Einzelheiten s. Gersten, Herwig (1992, Kap. 16.2).

▢ **Taylor-Couette-Instabilität:** In einem schmalen Ringspalt, der zwischen zwei konzentrischen gegeneinander bewegten Zylindern der Radien $R_a^* > R_i^*$ entsteht, liegt im Grenzfall $R_a^*/R_i^* \to 1$ eine ebene Couette-Strömung vor, weil der Krümmungseinfluss asymptotisch klein ist. Für Werte in der Nähe von Eins (schmaler Ringspalt) liegt aufgrund der Wirkung von Zentrifugalkräften eine potentiell instabile Strömungssituation vor, wenn der innere Zylinder rotiert. Dies führt zu ringartigen sog. *Taylor-Wirbeln*, wenn bestimmte Grenzwerte der Rotationsgeschwindigkeit überschritten werden, s. dazu auch das Stichwort STABILITÄT.

WEITERFÜHRENDE LITERATUR

Gersten, K.; Herwig, H. (1992): *Strömungsmechanik*, Vieweg-Verlag, Braunschweig/Wiesbaden

d'Alembertsches Paradoxon
(d'Alembert's paradox)

Siehe dazu das Stichwort WIDERSTAND, dort unter PHYSIKALISCHER HINTER-GRUND/Druckwiderstand

Dichte
(density)

Bedeutung und Definition

Es handelt sich bezogen auf Fluide um eine Zustandgröße, die eine Aussage zu der in einem bestimmten Volumen enthaltenen Masse macht. Dabei wird unterstellt, dass ein Fluid in guter Näherung als Kontinuum behandelt werden kann. Die Abhängigkeit der Dichte von anderen thermodynamischen Größen wird als (stoffspezifische) Zustandsgleichung bezeichnet und ergänzt als sog. MATERIALGLEICHUNG die allgemeinen Bilanzgleichungen.

	Definition	

Unter der (Fluid-)Dichte ϱ^* an einem bestimmten Ort $(x^*,\ y^*,\ z^*)$ und zu einem bestimmten Zeitpunkt t^* versteht man den Grenzwert

$$\varrho^* = \lim_{\Delta V^* \to 0} \frac{\Delta m^*}{\Delta V^*}$$

ϱ^*	Dichte	$\mathrm{kg/m^3}$
Δm^*	(veränderliches) Massenelement	kg
ΔV^*	(veränderliches) Volumenelement	$\mathrm{m^3}$

Physikalischer Hintergrund

Der in der Definitionsbox beschriebene Grenzübergang $\Delta V^* \to 0$ führt zu einer lokalen Größe ϱ^*. Dabei wird im Sinne einer Modellannahme unterstellt, dass Fluide als Kontinuum beschrieben werden können. Der molekulare Aufbau mit der Konzentration von Masse in den Molekülen wird dabei ignoriert (s. dazu das nachfolgende Beispiel).

Die so definierte Dichte ϱ^* ist eine Variable in der thermodynamischen Zustandsgleichung $f(\varrho^*,\ T^*,\ p^*) = 0$, die als *thermische Zustandsgleichung* eines Stoffes bezeichnet wird. Für strömungsmechanische Probleme interessiert aus diesem Zusammenhang naturgemäß nur die fluide Phase, also die thermische Zustandgleichung für Gase und Flüssigkeiten. Der allgemeine Zusammenhang $\varrho^* = \varrho^*(p^*,\ T^*)$ reduziert sich in vielen Anwendungsfällen auf folgende Näherungen:

- für Flüssigkeiten: $\varrho^* = \mathrm{const}$ (inkompressibles Fluid)

- für Gase: $\varrho^* = p^*/R^*T^*$ (ideales Gas; R^*: spezielle Gaskonstante)

Dabei ist zu beachten, dass Strömungen von Gasen bei relativ niedrigen Geschwindigkeiten ebenfalls als inkompressible Strömung behandelt werden können, weil die auftretenden Dichteänderungen noch vernachlässigbar klein sind.

Anwendungen und Beispiele

1. *Die Knudsen-Zahl* Kn

Wollte man den Grenzprozess $\lim_{\Delta V^* \to 0}$ zur Bestimmung von ϱ^* in der Realität nachvollziehen, so müssten nacheinander immer kleinere Volumenelemente ΔV^* aus dem Strömungsfeld isoliert und deren Masse Δm^* bestimmt werden. Dieses Δm^* ist dabei stets die aufsummierte Masse endlich vieler einzelner Moleküle. Solange deren Anzahl sehr groß ist, werden die Ergebnisse auch bei mehrmaliger Wiederholung „praktisch" zum gleichen Ergebnis führen. Erst wenn die Anzahl von Molekülen im Volumen ΔV^* klein wird, spielen statistische Schwankungen (d.h. Änderungen bei mehrmaliger Wiederholung) eine Rolle und markieren damit die Grenzen der Kontinuums-Modellvorstellung. Im nachfolgenden Beispiel wird diese Überlegung für Luft unter Atmosphären-Bedingungen konkretisiert.

Bei Gasen sollten die charakteristischen Abmessungen eines Strömungsgebietes L_c^* deutlich größer als die sog. *mittlere freie Weglänge* λ^* der Moleküle sein. Diese Länge beschreibt den Weg, den ein Molekül im statistischen Mittel zurücklegt, bis es zu einer Wechselwirkung (meist einem Stoß) mit einem anderen Molekül kommt. Sie entspricht unter Normbedingungen etwa dem 25-fachen des mittleren Molekülabstandes. Der Zahlenwert für λ^* von Luft ist $\approx 5 \cdot 10^{-8}$m $= 0,05 \mu$m. Setzt man beide Längen ins Verhältnis und bildet damit die sog. *Knudsen-Zahl* Kn, so gilt als Bedingung für die Anwendbarkeit der Kontinuums-Modellvorstellung bei Gasen

$$\mathrm{Kn} = \frac{\lambda^*}{L_c^*} < c \qquad \text{mit} \qquad c \approx 0,01$$

Mit $\lambda^* \approx 0,05 \, \mu$m gelangt man also bei Gasströmungen durch Mikrostrukturen im μm-Bereich ($L_c^* \approx 5\mu$m) bereits an die Grenzen der Kontinuumstheorie. Für Flüssigkeiten ist das Konzept der freien Weglänge nicht sinnvoll. Da der mittlere Abstand der Moleküle bei Gasen (unter Normbedingungen) etwa *zehn* Durchmesser beträgt, bei Flüssigkeiten aber nur etwa *einen* Durchmesser, kann die untere Grenze für die Anwendbarkeit der Kontinuums-Modellvorstellung bei Flüssigkeiten etwa zehnmal niedriger angesetzt werden als bei Gasen. Dies entspricht einer charakteristischen Länge L_c^* von etwa $0,5 \, \mu$m, ab der bei Flüssigkeiten mit Abweichungen vom Kontinuumsverhalten gerechnet werden muss.

2. *Die Bestimmung der Dichte von Gasen unter Berücksichtigung der molekularen Struktur*

Luft im sog. Normzustand ($p^* = 1,01325$ bar, $T^* = 0\,^\circ$C) enthält etwa $3 \cdot 10^{19}$ Moleküle pro Kubikzentimeter. Der mittlere Abstand zwischen den einzelnen Molekülen von etwa $2 \cdot 10^{-9}$m entspricht dabei dem zehnfachen Moleküldurchmesser. Da die mittlere freie Weglänge λ^* etwa 25 Molekülabständen entspricht, werden Wege von ca. 250 Moleküldurchmessern zurückgelegt, bis das nächste Stoßereignis eintritt.

Nimmt man nun ein würfelförmiges Volumen mit der Kantenlänge λ^* an, so sind darin im Mittel $25^3 \approx 16000$ Moleküle enthalten. Mit Hilfe der sog. kinetischen Gastheorie kann man für dieses Volumen ermitteln, dass die Dichte als $\varrho_\Delta^* = \Delta m^*/\Delta V^* = \Delta m^*/\lambda^{*3}$ im zeitlichen Mittel (also bei ständiger Wiederholung der Auswertung von $\Delta m^*/\lambda^{*3}$) um ca.

0,8% schwankt. Diese Prozentangabe entspricht der statistischen Standardabweichung. Reduziert man die Kantenlänge des betrachteten Würfels auf $0{,}1\,\lambda^*$, so enthält dieser im Mittel noch 16 Moleküle. Trotzdem schwankt $\varrho_\Delta^* = \Delta m^*/(0{,}1\,\lambda^*)^3$ um „nur" etwa 25%. Diese Überlegung zeigt, dass eine Kontinuumsannahme sinnvoll ist, solange charakteristische Abmessungen im Strömungsfeld deutlich größer als die mittlere freie Weglänge sind.

Übrigens: Wollte man die Moleküle in einem Kubikzentimeter zählen und hätte dafür ein Gerät zur Verfügung, das eine Milliarde Moleküle pro Sekunde zählen könnte, brauchte man immerhin noch ca. 1000 Jahre!

BEACHTE

- **Spezifisches Volumen:** Im Bereich der Thermodynamik wird vorzugsweise der Kehrwert der Dichte verwendet. Diese Größe $v^* = 1/\varrho^*$ wird als *spezifisches Volumen* bezeichnet und reiht sich damit in die generelle Bildung von sog. spezifischen Größen ein, die durch den Bezug auf die Masse entstehen.

- **Partialdichte bei Gemischen/Konzentration:** Unter der Partialdichte ϱ_i^* eines Gemisches aus i Komponenten versteht man die Größe $\varrho_i^* = \lim_{\Delta V^* \to 0} (\Delta m_i^*/\Delta V^*)$, so dass für die Gemischdichte deshalb $\varrho^* = \sum_i \varrho_i^*$ gilt. Damit kann die sog. *Massen-Konzentration* $c_i = \varrho_i^*/\varrho^*$ gebildet werden, wobei dann gilt $\sum_i c_i = 1$.

WEITERFÜHRENDE LITERATUR

Standardwerke zur Strömungsmechanik, s. dazu die Liste am Ende des Buches.

Dimensionsanalyse
(dimensional analysis)

BEDEUTUNG UND DEFINITION

Es handelt sich dabei um Überlegungen zur Struktur von Gleichungen in mathematischen Modellen. Ausgangspunkt ist die Bedingung dimensionskonsistenter Gleichungen. Aus einer Darstellung in dimensionsloser Form folgt unmittelbar, von welchen dimensionslosen Parametern (den sog. *Kennzahlen*) die gesuchte Lösung abhängt. Aber auch wenn die Gleichungen einer (mathematisch/physikalischen) Modellvorstellung nicht explizit bekannt sind, können aus den Dimensionen der grundsätzlich beteiligten Größen Schlüsse auf die Kennzahlen gezogen werden, von denen die Lösungen abhängen.

Die Grundlage der Dimensionsanalyse ist das sog. Pi-Theorem, das von Buckingham 1914 formuliert wurde. Es besagt, dass jeder physikalische Vorgang durch den Zusammenhang einer endlichen Zahl dimensionsloser Kennzahlen dargestellt werden kann. Das Pi-Theorem bestimmt aber weder eindeutig die Form der Kennzahlen, noch legt es den funktionalen Zusammenhang zwischen den Kennzahlen fest. Die wesentliche Aussage bezieht sich auf die (minimale) Anzahl von dimensionslosen Kennzahlen, durch die ein Problem beschrieben werden kann.

Pi-Theorem

Ein Problem sei durch n Einflussgrößen a_i^*, bei denen m Basisdimensionen auftreten, beschrieben. Der allgemeine mathematische Zusammenhang laute:

$$f(a_1^*, a_2^*, ..., a_n^*) = 0$$

Das Problem besitzt dann die dimensionslose Form

$$F(\Pi_1, \Pi_2, ..., \Pi_{n-m}) = 0$$

wenn gilt:

1. $f(...)$ ist der einzige funktionale Zusammenhang zwischen den Einflussgrößen a_i^*.

2. $f(...)$ gilt unabhängig von den Einheiten, in denen die Einflussgrößen a_i^* gemessen werden.

Dabei sind Π_i voneinander unabhängige, dimensionslose Potenzprodukte der Einflussgrößen. Sie werden als *Kennzahlen* bezeichnet.

Alternativ zu dieser Darstellung existiert auch eine „strengere Formulierung". An die Stelle von m (Anzahl der Basisdimensionen) tritt dann der sog. *Rang der Dimensionsmatrix* r (weitere Details dazu z.B. in: Szirtes (1998) oder Kline (1986)).

Physikalischer Hintergrund

Ein wesentliches Element der Dimensionsanalyse ist die Identifizierung der sog. *Basisdimensionen*. Dazu werden alle in einem Problem auftretenden Dimensionen, wie Länge, Zeit, Masse, Geschwindigkeit u.s.w. in Basisdimensionen und abgeleitete Dimensionen, die Potenzprodukte der Basisdimensionen sind, aufgeteilt. Diese Aufteilung ist nicht etwa die Folge verborgener Naturgesetze, sondern hat Vereinbarungscharakter. So werden z.B. im Bereich der Dynamik die Länge (L), die Zeit (Z) und die Masse (M) als Basisdimensionen eingeführt. Geschwindigkeit und Kraft sind dann Beispiele für abgeleitete Größen mit den Dimensionen LZ^{-1} bzw. MLZ^{-2}. Sieben solcher Basisdimensionen reichen aus, um alle abgeleiteten Dimensionen zu bilden, die überhaupt in der Physik vorkommen.

Der entscheidende Schritt bei der Dimensionsanalyse ist die Aufstellung der Liste von Einflussgrößen eines Problems. Diese Aufstellung erfolgt jeweils problemspezifisch und stellt den ersten und für die Dimensionsanalyse entscheidenden Schritt zu einer mathematisch / physikalischen Modellbildung dar. Mit ihr ist aus Sicht der Dimensionsanalyse alles weitere festgelegt.

Diese sog. *Relevanzliste eines Problems* kann nach folgenden fünf Gesichtspunkten R1-R5 zusammengestellt werden:

R1 / Zielvariable: gesuchte physikalische Größe

R2 / Geometrievariable: charakteristische geometrische Größe(n)

R3 / Prozessvariable: charakteristische Größe(n) für die Intensität des Prozesses

R4 / Stoffwerte: Stoffwerte, deren gedachte Veränderungen prozessrelevant sind

R5 / Konstanten: Konstanten aus physikalischen Gesetzen, die prozessrelevant sind

Die nach den Punkten R1-R5 aufgestellte Relevanzliste kann durch folgendes „Gedankenexperiment" daraufhin überprüft werden, ob die darin enthaltenen Größen relevante Einflussgrößen sind, bzw. ob die Relevanzliste vollständig ist.

Man prüft für die einzelnen Größen, ob eine gedachte Änderung dieser Größe Auswirkungen auf die Zielgröße hat, bzw. ob es andere, nicht in der Relevanzliste enthaltene Größen gibt, deren Variation relevante Auswirkungen auf die Zielgöße zur Folge hätte.

Unter Anwendung des Pi-Theorems kann auf der Basis der Relevanzliste unmittelbar die Liste der Kennzahlen Π_i aufgestellt werden. Dieser Schritt kann streng formalisiert durchgeführt werden oder einfach durch probeweise Kombination von Einflussgrößen zu dimensionslosen Potenzprodukten. Deren Anzahl ist bekanntlich $n - m$, es ist lediglich darauf zu achten, dass alle $n - m$ Kennzahlen unabhängig voneinander sind.

Anwendungen und Beispiele

Ausgebildete inkompressible Rohrströmung

Bei einer ausgebildeten inkompressiblen Strömung durch ein Rohr, also bei einer Strömung mit Geschwindigkeitsprofilen, die sich in Strömungsrichtung nicht mehr verändern, äußert sich der Strömungswiderstand unmittelbar durch die Wandschubspannung τ_W^*. Wird diese über die benetzte Fläche integriert, so erhält man die Widerstandskraft.

Für das Problem kann aufgrund der physikalischen Vorstellung in bezug auf die Strömung folgende Relevanzliste in Anlehnung an den „Fünf-Punkte-Plan" ermittelt werden (D^* : Rohrdurchmesser; u_m^* : querschnittsgemittelte Geschwindigkeit):

R1 / ZIELVARIABLE: $\qquad\qquad$ τ_W^*

R2 / GEOMETRIEVARIABLE: $\quad$ D^*

R3 / PROZESSVARIABLE: $\qquad$ u_m^*

R4 / STOFFWERTE: $\qquad\qquad$ ϱ^*, η^*

R5 / KONSTANTEN: $\qquad\qquad$ $-$

Damit besteht als Modellvorstellung der Zusammenhang

$$f(\tau_W^*, D^*, u_m^*, \varrho^*, \eta^*) = 0$$

In diesen fünf Einflussgrößen treten drei Basisdimensionen auf (LÄNGE, ZEIT, MASSE). Gemäß dem Pi-Theorem wird das Problem also durch den Zusammenhang von zwei dimensionslosen Kennzahlen beschrieben.

Durch probeweise Kombination der Einflussgrößen kann daraus z.B. der Zusammenhang

$$F\left(\frac{\tau_W^*}{\varrho^* u_m^{*2}}, \frac{\varrho^* u_m^* D^*}{\eta^*}\right) = 0$$

hergeleitet werden.

Bestimmte häufig auftretende dimensionslose Kennzahlen werden nach verdienten Forschern benannt, andere als Beiwerte oder Koeffizienten bezeichnet. So schreibt man für

$$\frac{8\tau_W^*}{\varrho^* u_m^{*2}} = \lambda_R \text{ (Rohrreibungszahl)}; \qquad \frac{\varrho^* u_m^* D^*}{\eta^*} = \text{Re (Reynolds-Zahl)}$$

und erhält als allgemeinen Zusammenhang die Beziehung $F(\lambda_R, \text{Re}) = 0$, was formal auch als $\lambda_R = \lambda_R(\text{Re})$ geschrieben werden kann. Ob sich jedoch die Ergebnisse für reale ausgebildete Rohrströmungen einheitlich in der Form $\lambda_R = \lambda_R(\text{Re})$ darstellen lassen, ist die Frage danach, ob die zugrundeliegende Modellvorstellung für alle diese Strömungen eine brauchbare Modellvorstellung darstellt (dass die ausgewählten Einflussgrößen also notwendig und darüber hinaus keine anderen Größen erforderlich sind). Dies kann nur im Vergleich mit der Realität entschieden werden. Dabei zeigt sich nun folgendes.

- Für laminare Strömungen ergibt die Ermittlung der Beziehung $\lambda_R = \lambda_R(\text{Re})$ den einfachen funktionalen Zusammenhang $\lambda_R = 64/\text{Re}$. Dies bedeutet aber, dass das Produkt $\lambda_R \text{Re}$ eine Konstante ist, so dass eigentlich nur eine einzige Kennzahl existiert! Überprüft man daraufhin noch einmal die Modellvorstellung, so erkennt man, dass es aufgrund der Physik der ausgebildeten laminaren Rohrströmung eigentlich keinen Grund gibt, die Dichte ϱ^* in die Relevanzliste aufzunehmen. Verzichtet man auf ϱ^*, folgt unmittelbar $n - m = 4 - 3 = 1$ Kennzahl, deren Wert z.B. mit einem einzigen Experiment bestimmt werden kann!

- Für turbulente Strömungen sollte man ϱ^* sicherlich beibehalten, weil turbulente Schwankungsbewegungen zu momentanen und lokalen Trägheitskräften führen, für die der Wert der Dichte von Bedeutung ist.

  Bei dem Versuch, den Zusammenhang $\lambda_R = \lambda_R(\mathrm{Re})$ für turbulente Rohrströmungen konkret zu bestimmen, stellt man nun fest, dass Strömungen nur dann einer solchen einheitlichen Darstellung folgen, wenn glatte Wände vorliegen. Sobald ein gewisses Maß an Wandrauheit überschritten wird, liegen die Lösungen nicht auf einer einheitlichen Lösungskurve $\lambda_R(\mathrm{Re})$. Offensichtlich ist bei turbulenten Strömungen die Wandrauheit eine wichtige Größe und muss deshalb in eine brauchbare Modellvorstellung, also in die Relevanzliste, aufgenommen werden. Dies führt dann zu $n - m = 6 - 3 = 3$ dimensionslosen Kennzahlen, so dass neben λ_R und Re eine dritte Kennzahl, z.B. als k^*/D^* hinzutritt, wobei k^* ein geometrisches Maß für die Wandrauheit darstellt. Dass k^* für laminare Strömungen ohne Bedeutung ist, kann man nicht von vornherein wissen (und nicht leicht erklären!), sondern zunächst einmal nur in der Realität beobachten.

BEACHTE

⊡ **Modelltheorie:** Die Dimensionsanalyse ist die Basis für die sog. Modelltheorie (Ähnlichkeit zwischen dem Original und einem verkleinerten oder vergrößerten geometrisch ähnlichen Modell). Die vollständige Übertragbarkeit aller Aussagen besteht bei Gleichheit aller Kennzahlen sowie aller Rand- und Anfangsbedingungen im Original- und Modellmaßstab. Wenn nicht alle Kennzahlen eingehalten werden können (gleiche Werte im Original- und Modellmaßstab), so liegt eine sog. *partielle Ähnlichkeit* vor. Welche Kennzahlen unbedingt eingehalten werden müssen, kann dabei nicht aus der Dimensionsanalyse heraus entschieden werden, sondern muss aus physikalischen Überlegungen zum Problem gefolgert werden.

⊡ **Skalierungseffekte:** Es kann vorkommen, dass Effekte, die mit einer bestimmten Kennzahl verbunden sind, im Original keine Rolle spielen, im Modellmaßstab aber von Bedeutung werden. So können z.B. starke Kompressibilitätseffekte im Modellmaßstab auftreten, wenn gegenüber dem Original eine sehr viel größere Strömungsgeschwindigkeit erforderlich ist, um z.B. die Reynolds-Zahl einzuhalten, obwohl Kompressibilitäts-Einflüsse im Original vernachlässigt werden können. Effekte, die beim Wechsel in einen anderen Maßstab neu hinzukommen, nennt man *Skalierungseffekte.*

⊡ **Probleme mit mehreren Unbekannten:** Sind mehrere Größen eines Problems gesucht, so ist für jede einzelne dieser Größen eine eigene Relevanzliste aufzustellen.

⊡ **Kennzahl-Namen:** Die dimensionslosen Kennzahlen sind häufig nach (verdienten) Forschern benannt, wie z.B. die Nußelt-, Prandtl- oder Grashof-Zahl. In der Physik gibt es insgesamt mehrere Hundert solcher Kennzahlen.

⊡ **Informations„verdichtung":** Durch die Dimensionsanalyse wird einem Problem keine neue Information hinzugefügt. Sie strukturiert lediglich die in der Auswahl der Relevanzliste vorhandene Information über die Physik der Problems.

◻ **Uneinheitliche Bezeichnungen:** Wenn alle vorkommenden Größen konsequent in SI-Einheiten angegeben werden, besteht zunächst keine Notwendigkeit, die Kategorien „Dimension" und „Einheit" getrennt zu sehen. Eine von beiden Größen würde ausreichen, bzw. könnten beide Größen synonym verwendet werden. Erst das Auftreten von „nicht-SI-Einheiten" lässt eine Unterscheidung wünschenswert erscheinen. Dann kann formuliert werden: Eine bestimmte Größe besitzt die *Dimension* LÄNGE, in SI-Einheiten die *Einheit* „Meter", in angelsächsischen Einheiten hingegen die Einheit „Yard".

Auf diesem Hintergrund ist zu sehen, dass die Größe „Meter" in einigen Quellen als *Basiseinheit* in anderen hingegen als *Basisdimension* angesehen wird. Der deutsche Begriff Basisdimension wird im englischen Sprachraum sowohl als *fundamental dimension* als auch als *primary dimension* bezeichnet.

◻ **Pi:** Das Pi-Theorem ist nicht etwa nach der Kreiszahl $\pi = 3,14...$ benannt, sondern nach dem mathematischen Symbol Π für Produkte.

WEITERFÜHRENDE LITERATUR

Szirtes, T. (1998): *Applied Dimensional Analysis and Modeling*, McGraw-Hill, New York

Gersten, K.; Herwig, H. (1992): *Strömungsmechanik*, Vieweg Verlag, Braunschweig/Wiesbaden / speziell: Kap. 4 (Dimensionsanalysis)

Kline, S.J. (1986): *Similitude and Approximation Theory*, Springer-Verlag, Berlin

Zierep, J. (1978): *Ähnlichkeitsgesetze und Modellregeln der Strömungslehre*, Braun-Verlag, Karlsruhe

Isaacson, E.; Isaacson, M. (1975): *Dimensional Methods in Engineering and Physics*, Edward Arnold, London

DNS / Direkte Numerische Simulation
(DNS / Direct Numerical Simulation)

BEDEUTUNG UND DEFINITION

Es handelt sich um den „direkten" Weg um zu Problemlösungen bei turbulenten Strömungen zu gelangen, indem nicht Gleichungen für zeitgemittelte Größen (die Turbulenzmodelle erfordern) gelöst werden, sondern die Grundgleichungen ohne vorherige Zeitmittelung zum Ausgangspunkt für eine numerische Lösung genommen werden.

	Definition	

Unter der Abkürzung DNS (Direkte Numerische Simulation) versteht man die numerische Lösung der dreidimensionalen und zeitabhängigen Bilanzgleichungen zur Beschreibung eines strömungsmechanischen Problems. Für inkompressible Strömungen eines Newtonschen Fluides sind dies die vollständigen NAVIER-STOKES GLEICHUNGEN. Bei kompressiblen Strömungen oder wenn Wärmeübergänge auftreten, ist zusätzlich die Energiegleichung, ergänzt um thermodynamische Beziehungen zum Stoffverhalten, zu lösen. Seine eigentliche Bedeutung erhält dieser Begriff im Zusammenhang mit turbulenten Strömungen, weil dann nicht mehr auf Gleichungen für zeitgemittelte Größen zurückgegriffen wird und damit die Notwendigkeit zu einer Turbulenzmodellierung entfällt.

Bei den numerischen Lösungen müssen dann die räumliche Gitterstruktur und die gewählte Zeitdiskretisierung geeignet sein, die kleinskalige und hochfrequente Turbulenzbewegung im strömenden Fluid aufzulösen und zu berechnen. Dadurch entstehen Anforderungen in bezug auf die Gitterfeinheit, Speicherkapazität und Rechenzeit, die erst in den letzten Jahren (und auch nur für wenige spezielle Fälle) erfüllt werden konnten und die dazu führen, dass DNS auch in Zukunft nur als Lösungsweg in Ausnahmesituationen, aber nicht für routinemäßige Berechnungen genutzt werden kann.

PHYSIKALISCHER HINTERGRUND

Mit dem als DNS bezeichneten Lösungsweg ist man im Falle turbulenter Strömungen im Grunde genommen wieder am Ausgangspunkt aller Überlegungen angekommen, wie ein strömungsmechanisches Problem zu lösen ist, dessen Grundgleichungen in Form von Differentialgleichungen vorliegen: Man löst diese Gleichungen! Dies ist allerdings erst seit einigen Jahren mit befriedigender Genauigkeit möglich und stellt auch heute noch eine extreme Herausforderung dar. Die wesentlichen Gründe hierfür sind:

- Um turbulente Strömungen ohne zusätzliche Annahmen zum Turbulenzverhalten berechnen zu können, müssen alle relevanten Raum- und Zeitskalen dieser Strömung in der Lösung erfasst werden (s. dazu das Stichwort TURBULENZ, dort Punkt (5) des Turbulenzsyndroms).

Bezüglich der räumlichen Auflösung bedeutet dies, dass Strukturen mit der charakteristischen Abmessung der KOLMOGOROV-LÄNGE als kleinste Raumelemente berechnet werden müssen. Wird mit

$$l_K^* = \left[\nu^{*3}/\epsilon^*\right]^{1/4}$$

(ν^* : kinematische Viskosität; ϵ^* : spezifische turbulente Dissipationsrate) die *Kolmogorov-Längenskala* eingeführt, so muss die räumliche Auflösung einer DNS-Diskretisierung Längenskalen von der Größenordnung $O(l_K^*)$, aber nicht unbedingt von der Größe l_K^* selbst auflösen. Abhängig vom konkreten Problem, und durchaus richtungsabhängig, reicht häufig ein Vielfaches dieser Länge als kleinste aufgelöste Skale, wobei aber zuweilen auch die Forderung auftreten kann, feiner als l_K^* aufzulösen, wie dies in Grenzschichten und Schlankkanalströmungen bzgl. der Richtung quer zur Hauptströmung gilt (Für Einzelheiten dazu s. Moin and Mahesh (1998; Kap. 2.1.)).

Bezüglich der Zeitdiskretisierung sind naturgemäß die kleinsten Skalen die kritischen Elemente. Zu große Zeitschritte führen zu großen Fehlern im Bereich der kleinen Skalen, was sogar dazu führen kann, dass eine (unphysikalische) Relaminarisierung der Strömung auftritt.

- Da die kleinsten aufzulösenden Skalen von der Größenordnung der Kolmogorov-Längenskale sind, und für diese die Re-Abhängigkeit

$$\frac{l_K^*}{L_B^*} \sim \mathrm{Re}^{-3/4} \qquad L_B^* : \text{charakt. Länge des Problems}$$

besteht, steigen die Anforderungen bzgl. der Feinheit des numerischen Gitters mit wachsender Reynolds-Zahl extrem an. Ein konkretes Beispiel findet sich unter ANWENDUNGEN UND BEISPIELE. Dies führt dazu, dass DNS-Lösungen nur für relativ kleine Reynolds-Zahlen bestimmt werden können. Ob dies allerdings wirklich ein entscheidender Mangel ist, wird durchaus kontrovers diskutiert. Zwar liegen reale Strömungen in der Regel bei Reynolds-Zahlen vor, die in DNS Lösungen (noch) nicht erreicht werden, aber aus DNS Lösungen können trotzdem entscheidende Erkenntnisse zur Turbulenz gewonnen werden, weil die wesentlichen physikalischen Turbulenzmechanismen offensichtlich nicht entscheidend von der Reynolds-Zahl abhängen und daher auch bei niedrigen Werten von Re studiert werden können.

- Rand- und Anfangsbedingungen stellen ein großes Problem dar. Soweit es sich um Begrenzungen des Lösungsgebietes handelt, die im Inneren der Strömung liegen, ist die einzig korrekte Randbedingung dort die gesuchte Lösung selbst, die naturgemäß nicht bekannt ist.

  Als besonders kritisch erweist sich dabei die Bestimmung der turbulenten Zuström-Randbedingungen. So hat es z.B. Versuche gegeben, zunächst die Zeitentwicklung in einer allgemeinen, als homogen unterstellten Strömung zu berechnen und diese dann mit Hilfe der TAYLOR-HYPOTHESE in eine Zuströmturbulenz einer speziellen Strömung „umzudeuten".

Insgesamt kann festgehalten werden, dass die Direkte Numerische Simulation weder geeignet noch dafür vorgesehen ist, technische Probleme routinemäßig zu lösen, dass damit aber ein extrem wichtiges und durch nichts zu ersetzendes „Werkzeug" vorhanden ist, mit dem entscheidende Erkenntnisse zur Turbulenz und insbesondere auch zur weiterhin erforderlichen Turbulenzmodellierung gewonnen werden können.

Im Hinblick auf eine Verbesserung der Turbulenzmodellierung sind folgende
Möglichkeiten, die durch DNS-Lösungen eröffnet werden von Bedeutung:

- Die Gleichungen zur Bestimmung der Komponenten des Reynoldsschen Spannungstensors (s. dazu das Stichwort TURBULENZMODELLIERUNG) enthalten Terme, die experimentell schwer oder gar nicht bestimmt werden können, wie z.B. die Druck-Scher-
  Korrelationen. Diese können in DNS-Lösungen explizit ermittelt werden.

- Bisher ausschließlich experimentell bestimmte Turbulenzgrößen können mit Hilfe von
  DNS-Daten kritisch überprüft werden, insbesondere in extrem wandnahen Bereichen,
  in denen große Probleme im Experiment auftreten.

- DNS-Lösungen erlauben einen direkten Test von Turbulenzmodellen, indem einzelne
  Terme überprüft werden und nicht nur das Gesamtergebnis einer Turbulenzmodellierung mit anderen Ergebnissen verglichen wird.

ANWENDUNGEN UND BEISPIELE

1. DNS-Lösungen für eine ausgebildete turbulente Kanalströmung

Für die denkbar einfache Geometrie einer turbulenten Kanalströmung gilt folgende
Abschätzung für die Anzahl N der erforderlichen Gitterpunkte (s. dazu Reynolds (1990)):

$$N = 2 \cdot 10^6 \left\{ \frac{\text{Re}}{3300} \right\}^{2,7}$$

Diese ergibt sich als „Hochrechnung" einer ausgeführten Rechnung für eine Reynolds-
Zahl Re = 3300 (Kim et al. (1987)). Unter Berücksichtigung der zusätzlich erforderlichen
Zeitauflösung ergibt sich für die Rechenzeit t^*_{cpu} in Form der CPU-Zeit (<u>c</u>entral- <u>p</u>rocessor-
<u>u</u>nit-Zeit als „reine" Rechenzeit) die Beziehung

$$t^*_{cpu} \sim N^{4/3}$$

Die bereits erwähnte Rechnung für Re = 3300 erforderte eine CPU-Zeit von ca. 250
Stunden auf einem sehr leistungsstarken Großrechner (Cray X-MP), also ca. 10 Tage
reine Rechenzeit.

Für eine realistische Reynolds-Zahl von Re = 20 000 (für Wasser in einem Kanal der
Höhe $2H^* = 2\,\text{cm}$ entspricht dies einer Geschwindigkeit $u^*_c = 1\,\text{m/s}$ in der Kanalmitte)
ergibt sich bereits eine Rechenzeit von 18 Jahren!

2. Grundlegende Untersuchungen mit Hilfe von DNS-Rechnungen

Die nachfolgende Tabelle enthält eine (kleine) Auswahl von Arbeiten zu DNS-
Berechnungen turbulenter Strömungen.

STRÖMUNG	LITERATURQUELLE
ebene Kanalströmung	Kim J.; Moin, P.; Moser, R.D. (1987): Turbulence statistics in fully-developed channel flow at low Reynolds Number, J. Fluid Mech. **177**, 133-166
- mit Rotation	Kristoffersen, R.; Andersson, H.I. (1993): Direct simulations of low-Reynolds-number turbulent flow in a rotating channel, J. Fluid Mech. **256**, 163-197
- mit Wärmeübergang	Kasagi, N.; Tomita, Y.; Keroda, A. (1992): Direct numerical simulation of the passive scalar field in a turbulent channel flow, J. Heat Transfer **14**, 598-606
- kompressibel	Coleman, G.N.; Kim, J.; Moser, R.D. (1995): A numerical study of turbulent supersonic isothermal-wall channel flow, J. Fluid. Mech. **305**, 159-183
Plattengrenzschicht	Spalart, P.R. (1988): Direct numerical simulation of a turbulent boundary layer up to Re=1410, J. Fluid Mech. **187**, 61-98
- mit Ablösung	Na, Y.; Moin, P. (1996): Direct numerical simulation of boundary layers with adverse pressure gradient and separation, Rep. TF-68, Thermosci. Div., Dept. Mech. Eng., Stanford University. Cal.
- kompressibel	Rai, M.M.; Gatski, T.B.; Erlebacher, G. (1995): Direct numerical simulation of spatially evolving compressible turbulent boundary layers, AIAA pap. 95-0583
zurückspringende Stufe	Le, H.; Moin, P. (1994): Direct numerical simulation of turbulent flow over a backward-facing step, Rep. TF-58, Thermosci. Div. Dept. Mech. Eng., Stanford University. Cal.
Transitionsströmung	Kleiser, L.; Zwang, T.A. (1991): Numerical simulation of transition in wall bounded shear flows, Annu. Rev. Fluid Mech. **23**, 495-537 (Übersichtsartikel)
Aeroakustik	Lele, S.K. (1997): Computational aeroacoustics: a review, AIAA pap. 97-0018 (Übersichtsartikel)

DNS Rechnungen für turbulente Strömungen

BEACHTE

⌑ **„Numerische Experimente"**: Dieser Begriff wurde eingeführt, weil numerische DNS-Lösungen es erlauben, Strömungen durch entsprechende Anfangs- und Randbedingungen zu erzeugen, die im Labor, also in einem „echten" Experiment, nicht realisiert werden können. Solche numerischen Experimente erlauben es, bestimmte physikalische Parameter isoliert zu betrachten. Eine Reihe von Beispielen dazu finden sich in Moin, Mahesh (1998).

⌑ **Zukünftige Entwicklung**: Die steigende Rechenleistung und Speicherkapazität zukünftiger Computergenerationen kann im Zusammenhang mit DNS-Rechnung sowohl zur Steigerung der Reynolds-Zahl bei „einfachen" Strömungen als auch zur Berechnung immer komplexerer Strömungen genutzt werden. Beide Trends sind erkennbar und besitzen jeweils ihre eigene Berechtigung.

WEITERFÜHRENDE LITERATUR

Moin, P.; Mahesh, K. (1998): DIRECT NUMERICAL SIMULATION: *A Tool in Turbulence Research*, Annu. Rev. Fluid Mech. **30**, 539 - 578

Härtl, C. (1996): *Turbulent Flows: Direct Numerical Simulation and Large-eddy Simulation*, (ed.: Peyret, R.), Academic Press, 284 - 338

Reynolds, W.C. (1990): *The Potential and Simulations of Direct and Large Eddy Simulations.*, in Lecture Notes in Physics **357** (ed.: J.L. Lumley), 313 - 343

Kim, J.; Moin, P.; Moser, R.D. (1987): *Turbulence statistics in fully-developed channel flow at low Reynolds Numbers*, J. Fluid Mech. **177**, 133 - 166

Schumann, U.; Friedrich, R. (Hrsg.) (1986): *Direct and Large Eddy Simulation of Turbulence*, Notes on Numerical Fluid Mechanics **15**, Vieweg Verlag, Braunschweig

spezielle Literaturangaben finden sich im Abschnitt ANWENDUNGEN UND BEISPIELE

Drall
(swirl)

Siehe dazu das Stichwort STRÖMUNG, dort unter BEACHTE

Drehimpuls-Erhaltungsgleichungen
(angular-momentum conservation equations)

Siehe dazu das Stichwort ERHALTUNGSGLEICHUNGEN, dort unter BEACHTE

Drehung
(vorticity)

Bedeutung und Definition

Es handelt sich um eine kinematische Größe, die ein Strömungsfeld bezüglich seines lokalen Verhaltens charakterisiert. Von besonderer Bedeutung sind drehungsfreie (Modell-) Strömungen, die häufig eine gute Näherung für reale Strömungen darstellen, und einer mathematischen Behandlung relativ leicht zugänglich sind.

	Definition	

Unter der Drehung einer Strömung mit dem Geschwindigkeitsfeld $\vec{v}^*$ versteht man die Rotation dieses Vektors, also das Feld

$$\vec{\omega}^* = \operatorname{rot} \vec{v}^* \tag{$*$}$$

In kartesischen Koordinaten x^*, y^*, z^* heißt dies für $\vec{v}^* = (u^*,\, v^*,\, w^*)$

$$\omega_x^* = \frac{\partial w^*}{\partial y^*} - \frac{\partial v^*}{\partial z^*} \;\; ; \;\; \omega_y^* = \frac{\partial u^*}{\partial z^*} - \frac{\partial w^*}{\partial x^*} \;\; ; \;\; \omega_z^* = \frac{\partial v^*}{\partial x^*} - \frac{\partial u^*}{\partial y^*} \tag{$**$}$$

Für ebene Strömungen gilt $\omega_x^* = \omega_y^* = 0$, so dass als einzige Komponente des Drehungsvektors $\omega_z^* = \frac{\partial v^*}{\partial x^*} - \frac{\partial u^*}{\partial y^*} \equiv \omega^*$ verbleibt.

$\vec{v}^*$	Geschwindigkeitsvektor	m/s
u^*, v^*, w^*	Geschwindigkeitskomponenten in kartesischen Koordinaten x^*, y^*, z^*	m/s
$\vec{\omega}^*$	Drehungsvektor	1/s
ω_x^*, ω_y^*, ω_z^*	Drehungskomponenten in kartesischen Koordinaten x^*, y^*, z^*	1/s
ω^*	Drehung in einer ebenen Strömung	1/s

Physikalischer Hintergrund

Betrachtet man infinitesimal kleine Fluidelemente einer Strömung, so können diese nach dem „Schnittprinzip der Mechanik" in Gedanken isoliert werden, wenn an den Schnittflächen alle Normal- und Schubkräfte angetragen werden, die sich aus den dort (auch im nicht isolierten Fall) wirkenden Spannungen ergeben. Da das isolierte Fluidelement frei beweglich ist, können diese Kräfte neben einer möglichen Verformung des Elementes insbesondere zu einer Translationsbewegung und/oder zu einer Drehbewegung des Fluidelementes führen. Genaugenommen muss allerdings von einer *Veränderung* dieser beiden

Bewegungsformen gesprochen werden, da sich das Element bereits in einer Translations-
bzw. Drehbewegung befinden kann, bevor die Schnittkräfte wirksam werden.

Es ist unmittelbar anschaulich, dass Schubkräfte zu (zusätzlichen) Drehbewegungen
führen können. Solche Schubkräfte entstehen in lokal gescherten Strömungen, in denen
Geschwindigkeits*gradienten* vorliegen. Aus diesen Ortsgradienten der Geschwindigkeit
lassen sich durch einfache geometrische Überlegungen Winkelgeschwindigkeiten der Drehbewegung ableiten. Dabei entspricht die Drehung $\vec{\omega}^*$ genau dem Zweifachen des örtlichen
Winkelgeschwindigkeitsvektors eines Fluidteilchens, weshalb bisweilen der Faktor $1/2$ in
die Definition von $\vec{\omega}^*$ aufgenommen wird. (Vorsicht bei dem Vergleich von Literaturstellen, in denen dies nicht einheitlich gehandhabt wird!)

Insgesamt ist die Drehung $\vec{\omega}^*$ damit ein Maß für die Winkelgeschwindigkeit eines
Fluidteilchens (vom Volumen Null) in bezug auf die drei möglichen Drehachsen. Die
Verteilung von $\vec{\omega}^*$ in einem Strömungsfeld stellt damit eine unmittelbare Charakterisie-
rung des Feldes als drehungsfrei, teilweise drehungsbehaftet oder vollständig drehungs-
behaftet dar. Wie im folgenden gezeigt werden soll, ist der diesbezügliche Charakter des
Strömungsfeldes eng mit den darin auftretenden Reibungseffekten verbunden.

Das nachfolgende Bild zeigt einen typischen Ausschnitt aus einer (zweidimensionalen)
Strömung in Wandnähe. Die markierten Kreise sollen Fluidelemente darstellen, deren
mögliche Drehbewegungen durch die Markierungen sichtbar werden. Die jeweils vier auf

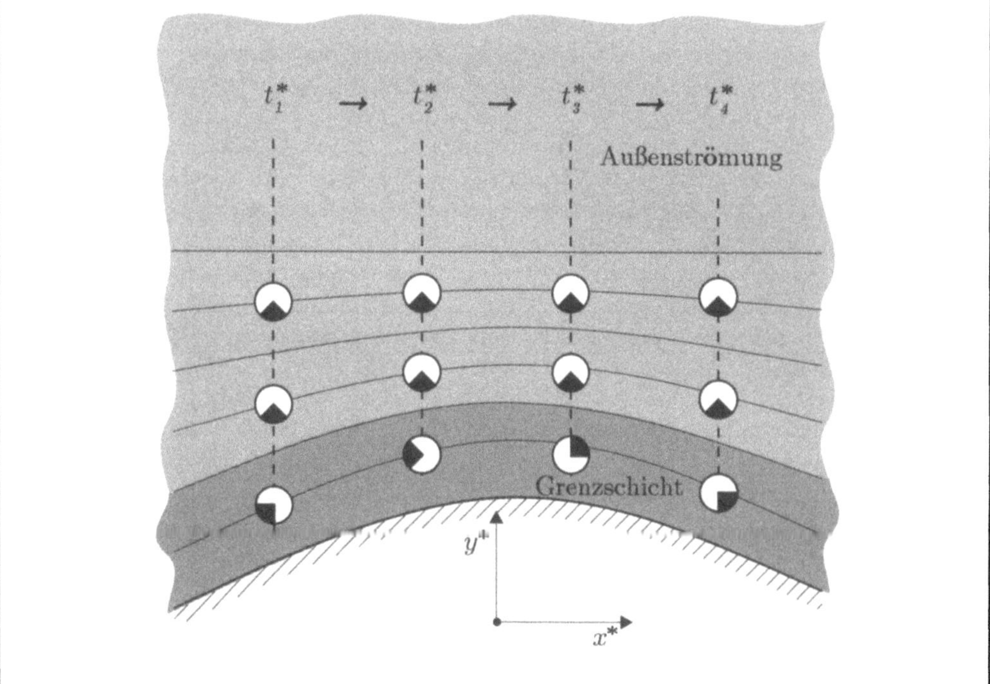

Zweidimensionale Strömung in Wandnähe
Außenströmung: drehungsfrei
Grenzschicht: drehungsbehaftet

einer Stromlinie liegenden Kreise zeigen ein Fluidteilchen zu vier aufeinanderfolgenden Zeitpunkten t_1^* bis t_4^*.

Offensichtlich treten Drehbewegungen der Fluidelemente bevorzugt in Wandnähe auf und sind eng mit dem Geschehen in GRENZSCHICHTEN verbunden. Um dies verstehen zu können ist es hilfreich, die allgemeine Bilanzgleichung für die Drehung zu betrachten. Sie lautet in vektorieller Form (s. NAVIER-STOKES GLEICHUNGEN, dort unter BEACHTE):

$$\frac{D\vec{\omega}^*}{Dt^*} = \vec{\omega}^* \cdot \operatorname{grad} \vec{v}^* + \frac{\eta^*}{\varrho^*}\Delta\vec{\omega}^*$$

Entscheidend ist, dass diese sog. *Wirbeltransportgleichung* keinen Quellterm besitzt (s. dazu das Stichwort ERHALTUNGSGLEICHUNGEN). Dies ist gleichbedeutend damit, dass Drehung in einem Strömungsfeld weder erzeugt noch vernichtet werden kann. Damit kann sie aber nur auf zwei Wegen an eine Stelle im Inneren des Strömungsfeldes gelangen:

1. Durch Diffusion, wenn sie am Rand des Strömungsfeldes vorhanden ist, d.h. durch einen molekularen (bzw. zusätzlich durch einen turbulenten) Transportprozess in Richtung abnehmender „Drehungsdichte".

2. Durch Konvektion, d.h., Drehung wird passiv mit der Strömung transportiert.

Der erste Mechanismus ist entscheidend: Drehung entsteht an der Wand, wenn dort bestimmte Randbedingungen vorliegen. Sie gelangt anschließend durch Diffusion in das Innere der Strömung, wo sie dann zusätzlich konvektiv an andere Orte gebracht wird. Die entscheidende Fluideigenschaft für diesen Diffusionseffekt ist die Viskosität. Der Gesamtvorgang der Drehungsdiffusion wird häufig als „Wirkung von Reibungskräften" beschrieben. Der wandnahe Bereich, in dem es zu diesen Effekten kommt, ist die (Strömungs-) Grenzschicht.

Am Beispiel einer zweidimensionalen Strömung gilt für die Drehung $\omega^* = \partial v^*/\partial x^* - \partial u^*/\partial y^*$ an einer undurchlässigen Wand ($v_W^* = 0$ bei $y^* = 0$) die Beziehung $\omega_W^* = -(\partial u^*/\partial y^*)_W$ oder mit der Wandschubspannung eines Newtonschen Fluides ($\tau_W^* = \eta^*(\partial u^*/\partial y^*)_W$) dann $\omega_W^* = -\tau_W^*/\eta^*$. Damit kann eine Strömung nur dann drehungsbehaftet oder teilweise drehungsbehaftet sein, wenn stromaufwärts Berandungen mit endlichen Wandschubspannungen zur Erzeugung von Drehung geführt haben, die dann diffusiv und konvektiv ins Innere des Strömungsfeldes gelangt ist (s. dazu auch das 1. Beispiel zum Stichwort WIRBEL).

In diesem Sinne können die Begriffe drehungsbehaftet und reibungsbehaftet bzw. drehungsfrei und reibungsfrei durchaus synonym verwendet werden. Wenn allerdings endliche Strömungsgebiete betrachtet werden, deren Zuströmung drehungsbehaftet ist, in denen aber keine weitere Veränderung der Drehung erfolgt, kann es den Fall einer drehungsbehafteten aber reibungsfreien Strömung geben. Umgekehrt ist aber auch in diesen endlichen Gebieten eine reibungsbehaftete Strömung stets drehungsbehaftet.

Der entscheidende Unterschied zwischen drehungsfreien und drehungsbehafteten (und im Sinne des zuvor Gesagten reibungsfreien und reibungsbehafteten) Strömungen ist, dass drehungsfreie Strömungen ein sog. *Potential* besitzen, drehungsbehaftete Strömungen aber nicht. Bei diesem Potential handelt es sich um eine skalare Funktion, aus der das Strömungsfeld durch einfache Ortsableitungen bestimmt werden kann, s. dazu das Stichwort POTENTIALSTRÖMUNGEN. Da diese Potentialströmungen vergleichsweise leicht berechnet werden können, wird man versuchen, reale Strömungen als drehungsfreie Strömungen zu beschreiben, wo immer dies (u.U. im Sinne einer Approximation) zulässig ist.

ANWENDUNGEN UND BEISPIELE

Die Zirkulation als integrale Aussage über die Drehung in einem ebenen Strömungsfeld

Eine wichtige und aussagekräftige Größe ist die sog. *Zirkulation* Γ^* in bezug auf eine geschlossene Kurve C in einem ebenen Strömungsfeld, definiert als

$$\Gamma^* \equiv \oint_C \vec{v}^* \cdot d\vec{s}^*$$

mit $\vec{v}^*$ als Geschwindigkeitsvektor und $\vec{s}^*$ als Ortsvektor auf der Umschließungskurve C. Wenn es sich bei dem Gebiet, in dem die Kurve C liegt, um ein sog. *einfach zusammenhängendes Gebiet* handelt (definiert als Gebiet, in dem über C eine wie immer geformte Fläche aufgespannt werden kann, die C als Berandung enthält, aber nie das Fluid verlässt), so gilt nach dem sog. Stokesschen Theorem:

$$\Gamma^* \equiv \oint_C \vec{v}^* \cdot d\vec{s}^* = \iint_{A^*} \vec{\omega}^* \cdot \vec{n}\, dA^*$$

mit $\vec{n}$ als Normalenvektor auf der Fläche A^*. Die Zirkulation Γ^* ist in diesen Fällen also auch ein Maß für das Flächenintegral der Drehung auf der (beliebig geformten, aber von C berandeten) Fläche A^*, gelegentlich auch als *Fluss der Drehung $\vec{\omega}^*$ durch die Fläche A^** bezeichnet.

Die Zirkulation in bezug auf eine beliebige Kurve C in einer drehungsfreien Strömung ist somit Null, solange es sich bei der von C berandeten Fläche A^* um eine einfach zusammenhängende Fläche im o.g. Sinne handelt. Damit sind insbesondere auch sog. singuläre Wirbelpunkte in der von C umschlossenen Fläche ausgeschlossen, in denen die Drehung unendlich große Werte annehmen würde.

In sog. *mehrfach zusammenhängenden Gebieten*, wie z.B. in einem zweidimensionalen Strömungsfeld um einen ebenen Tragflügel, kann hingegen $\Gamma^* \neq 0$ sein „obwohl" die Strömung drehungsfrei ist. In diesem speziellen Fall ist Γ^* unmittelbar mit dem am Tragflügel erzeugten Auftrieb verbunden, s. dazu das Stichwort WIRBEL, dort unter ANWENDUNGEN UND BEISPIELE.

Die Zirkulation Γ^* ist aufgrund ihrer Erhaltungseigenschaften, ihrer Verbindung zu Auftriebskräften an umströmten Körpern und im Zusammenhang mit sog. Wirbelflächen von Bedeutung, s. dazu wiederum das Stichwort WIRBEL.

BEACHTE

◪ **Drehungsentstehung bei dichtegeschichteten Fluiden:** Die Aussage, dass Drehung nicht im Inneren einer Strömung entstehen kann, gilt strenggenommen nur für Strömungen konstanter Dichte. Dann ist sichergestellt, dass die Wirkungslinien von Druckkräften stets durch den Massenmittelpunkt von Fluidteilchen gehen und damit keine Rotationsbewegung ($\rightarrow$ Drehung) dieser Teilchen entsteht. Bei dichtegeschichteten Fluiden ist diese Situation aber anders, so dass dann in der WIRBELTRANSPORTGLEICHUNG ein zusätzlicher Term auftritt, der eine volumenmäßig verteilte Entstehung von Drehung im Sinne eines äußeren Einflusses durch Kraftfelder beschreibt.

Eine solche Situation liegt z.B. bei geophysikalischen Strömungen im Meer oder in der Atmosphäre vor.

◘ **Divergenz der Drehung:** Bezüglich des Vektorfeldes der Geschwindigkeit $\vec{v}^*$ gilt die anschaulich interpretierbare Aussage div $\vec{v}^* = 0$ für den Spezialfall $\varrho^* = $ const, d.h., für ein dichtebeständiges Fluid bzw. für eine inkompressible Strömung eines dichteveränderlichen Fluides. Dann ist in einem Stromfaden das Produkt $|\vec{v}^*|\, dA^*$ konstant und eine Änderung des Querschnitts dA^* bedeutet eine entsprechende reziproke Änderung der Strömungsgeschwindigkeit. Zum Beispiel treten dort, wo Stromlinien eng zusammen liegen, hohe Geschwindigkeiten auf. Die englische Bezeichnung für eine solche Eigenschaft eines Vektorfeldes ist *solenoidal* (griechisch: solen $\hat{=}$ Röhre).

Diese Eigenschaft besitzt das Vektorfeld der Drehung $\vec{\omega}^*$ aufgrund der Vektoridentität div rot$\vec{v}^* = 0$ immer, d.h., es gilt stets div$\vec{\omega}^* = 0$, da $\vec{\omega}^* = $ rot$\vec{v}^*$ ist. Damit kann aus einem veränderliche Abstand von Wirbellinien sehr anschaulich auf die Stärke der Drehung geschlossen werden, da jetzt $|\vec{\omega}^*|\, dA^*$ längs eines Wirbelfadens (der aus Wirbellinien gebildet wird) konstant ist. Ein geringer Abstand von Wirbellinien bedeutet damit, dass eine entsprechend hohe Drehung vorliegt.

◘ **Strömungsfeld/Drehungsfeld:** Wenn das Vektorfeld der Geschwindigkeit $\vec{v}^*$ bekannt ist, so kann daraus eindeutig das Vektorfeld der Drehung als $\vec{\omega}^* = $ rot $\vec{v}^*$ abgeleitet werden. Die Umkehrung gilt nur unter bestimmten Voraussetzungen (s. dazu Saffman (1995, S. 2)). Dann kann das Geschwindigkeitsfeld bis auf einen drehungsfreien Anteil, beschrieben durch eine POTENTIALFUNKTION Φ^*, aus $\vec{\omega}^*$ abgeleitet werden, und zwar als:

$$\vec{v}^* = -\frac{1}{4\pi}\int \frac{\vec{r}^* \times \omega^{*\prime}}{|\vec{r}^*|^3}\, dV^{*\prime} + \text{grad } \Phi^* \quad ; \quad \vec{r}^* = \vec{x}^* - \vec{x}^{*\prime} \quad ; \quad \vec{\omega}^{*\prime} = \omega^*(\vec{x}^{*\prime}, t^*)$$

Dabei dient Φ^* im wesentlichen dazu, Randbedingungen an festen Berandungen zu erfüllen. Fehlen diese, so gilt $\Phi^* = 0$ und $\vec{v}^*$ folgt direkt aus $\vec{\omega}^*$.

Die Kenntnis von $\vec{\omega}^*$ bedeutet also, dass damit viel und in bestimmten Fällen alles über die Kinematik eines Strömungsfeldes bekannt ist. Insbesondere wenn Drehung konzentriert auftritt ($\rightarrow$ WIRBEL) ist das Strömungsfeld durch die Angabe von $\vec{\omega}^*$ u.U. aussagekräftiger beschrieben als durch die Angabe von $\vec{v}^*$.

◘ **Biot-Savart Gesetz:** In der vorigen Anmerkung wurde gezeigt, wie aus der Drehung $\vec{\omega}^*$ ein Anteil am gesamten Strömungsfeld bestimmt werden kann (der zweite Anteil dieser Zerlegung des Strömungsfelds stellt einen drehungsfreien Anteil dar). Liegt die Drehung in konzentrierter Form vor, wie dies z.B. bei einer Wirbellinie der Fall ist (Linie mit unendlich großer Drehung $|\vec{\omega}^*|$ aber konstanter, endlicher Zirkulation Γ^*), so kann das mit der Drehung in Verbindung stehende Strömungs(teil)-feld auch so interpretiert werden, als sei es durch die Wirbellinie *induziert* worden. Da Wirbellinien geschlossene Kurvenzüge $\vec{R}^*(s^*)$ darstellen, ergibt die Auswertung der allgemeinen Beziehung in der vorigen Anmerkung das folgende Kreisintegral für die induzierte Geschwindigkeit $\vec{v}_\Gamma^*$ an der Stelle $\vec{x}^*$:

$$\vec{v}_\Gamma^*(\vec{x}^*) = \frac{\Gamma^*}{4\pi}\, \text{rot}\oint \frac{d\vec{s}^*}{|\vec{x}^* - \vec{R}^*(s^*)|^3} \quad \text{mit} \quad \vec{s}^* = \frac{d\vec{R}^*}{ds^*}$$

Dieser Zusammenhang wird in Analogie zu einem magnetischen Feld, induziert durch einen Linienstrom, als *Biot-Savartsches Gesetz* bezeichnet.

Für einen ebenen Wirbel der Stärke Γ^* (Wirbellinie senkrecht zur Zeichenebene) ergibt sich daraus eine induzierte Geschwindigkeit $\vec{v}_\Gamma^* = (u_\Gamma^*, v_\Gamma^*)$, wenn der Wirbel im Ursprung liegt, zu

$$u_\Gamma^* = -\frac{\Gamma^*}{2\pi}\frac{y^*}{r^{*2}} \quad ; \quad v_\Gamma^* = \frac{\Gamma^*}{2\pi}\frac{x^*}{r^{*2}} \quad \text{mit} \quad r^* = \sqrt{x^{*2} + y^{*2}}$$

Weiterführende Literatur

Panton, R. (1996): *Incompressible Flow*, John Wiley & Sons, New York

Saffman, P.G. (1995) : *Vortex Dynamics*, Cambridge University Press, USA

Lighthill, J. (1986) : *An Informal Introduction to Theoretical Fluid Mechanics*, Clarendon Press, Oxford

Batchelor, G.K. (1967): *An Introduction to Fluid Dynamics*, Cambridge University Press, London

Dreierdeck-Theorie
(triple deck theory)

Siehe dazu das Stichwort GRENZSCHICHTTHEORIE, dort unter PHYSIKALISCHER HINTERGRUND

Druck
(pressure)

BEDEUTUNG UND DEFINITION

Der Druck in einem Fluid ist eine skalare Größe, die in enger Anlehnung an den in der Mechanik definierten Druck eingeführt wird. Bei strömenden Fluiden sind besondere Überlegungen erforderlich, um zu einem eindeutigen Zusammenhang zwischen dem Druck und den Normalspannungen im Fluid zu gelangen. Bei diesen Überlegungen wird vorausgesetzt, dass der Druck in strömungsmechanischen Systemen („strömungsmechanischer Druck" p^*) stets dem thermodynamischen Druck entspricht, der als unabhängige Variable in der Fundamentalgleichung des betreffenden Fluides auftritt.

	Definition	

Der *mechanische Druck* p^*_{mech} ist definiert als skalare Größe in dem Grenzprozess

$$p^*_{mech} \equiv \lim_{\Delta A^* \to 0} \frac{(-\Delta F^*)}{\Delta A^*} = -\sum_i \overline{\tau}^*_{ii}/3 \qquad (*)$$

wobei $\Delta \vec{F}^*$ eine flächenmäßige und monoton auf $\Delta \vec{A}^*$ verteilt angreifende Kraft mit $\Delta \vec{F}^* = -\Delta F^* \vec{n}^*$ ist und $\vec{n}$ der Normalen-Einheitsvektor auf dem Flächenelement $\Delta \vec{A}^* = \Delta A^* \vec{n}$ ($\Delta \vec{F}^*$ und $\Delta \vec{A}^*$ sind also einander entgegengerichtet). Der mechanische Druck an einem beliebigen Punkt entspricht der 1. Invarianten des allgemeinen Spannungstensors (d.h. $\sum_{i=1}^{3} \overline{\tau}^*_{ii}/3$).

Der Druck in einem strömungsmechanischen System (und damit auch der thermodynamische Druck) ist in einem ruhenden Fluid stets, und in einem strömenden Fluid fast ausnahmslos, gleich dem mechanischen Druck (bzgl. der Ausnahmen s. die späteren Ausführungen im Zusammenhang mit der Volumenviskosität).

Als weitere Größen werden definiert

- modifizierter Druck: $\qquad p^*_{mod} = p^* - p^*_{st} \qquad (**)$

- dynamischer Druck: $\qquad p^*_{dyn} = \varrho^* |\vec{v}^*|^2/2 \qquad (***)$

- Gesamtdruck: $\qquad p^*_{ges} = p^* + p^*_{dyn} \qquad (****)$

p^*	(thermodynamischer) Druck	N/m^2
p^*_{mech}	mechanischer Druck, definiert in $(*)$	N/m^2
ΔA^*	endliches Flächenelement; $\Delta \vec{A}^* = \Delta A^* \vec{n}$	m^2
$\vec{n}$	Einheits-Normalvektor auf ΔA^*	-
ΔF^*	flächenhaft auf ΔA^* verteilte Kraft; $\Delta \vec{F}^* = -\Delta F^* \vec{n}$	N

$\overline{\tau}_{ij}^*$	Komponente des allgemeinen Spannungstensors	N/m^2
p_{mod}^*	modifizierter Druck, definiert in $(**)$	N/m^2
p_{st}^*	Druck im (zugehörigen) statischen Feld	N/m^2
p_{dyn}^*	dynamischer Druck, definiert in $(***)$	N/m^2
ϱ^*	Dichte	kg/m^3
$\vec{v}^*$	Geschwindigkeitsvektor	m/s
p_{ges}^*	Gesamtdruck, definiert in $(****)$	N/m^2

PHYSIKALISCHER HINTERGRUND

Die verschiedenen speziellen Definition im Zusammenhang mit dem Druck in einem strömenden Fluid sollen im folgenden näher erläutert werden.

Erläuterungen zum (strömungsmech. = thermodyn.) Druck p*

Ein Newtonsches Fluid besitzt die deviatorischen Normalspannungen τ_{ii}^* (s. dazu das Stichwort KONSTITUTIVE GLEICHUNGEN , dort unter ANWENDUNGEN UND BEISPIELE, $\tau_{ii}^* = \overline{\tau}_{ii}^* + p^*$)

$$\tau_{ii}^* = 2\eta^* \frac{\partial v_i^*}{\partial x_i^*} + \hat{\lambda}^* \operatorname{div} \vec{v}^* \tag{i}$$

mit η^* als dynamischer Viskosität und $\hat{\lambda}^*$ als sog. *zweitem Viskositätskoeffizienten.*

Damit gilt in einem strömenden Fluid mit $\overline{\tau}_{ii}^* = -p^* + \tau_{ii}^*$ aufgrund der Definition $(*)$

$$p_{mech}^* = p^* - \sum_i \tau_{ii}^*/3$$

bzw. mit (i) eingesetzt

$$p_{mech}^* = p^* - \left(\hat{\lambda}^* + \frac{2}{3}\eta^* \right) \operatorname{div} \vec{v}^* \tag{ii}$$

Damit ist der Druck in einem strömenden Newtonschen Fluid nur dann der mechanische Druck, wenn es sich um ein inkompressibles Fluid handelt (div $\vec{v}^* = 0$) und wenn in einem kompressiblen Fluid der Klammerausdruck in (ii) verschwindet, d.h.

$$\eta_v^* \equiv \hat{\lambda}^* + \frac{2}{3}\eta^* = 0 \quad \text{bzw} \quad \hat{\lambda}^* = -\frac{2}{3}\eta^*$$

gilt. Die Kombination $\hat{\lambda}^* + 2\eta^*/3$ wird als *Volumenviskosität* bezeichnet. Die Bedingung $\eta_v^* = 0$ ist die sog. *Stokessche Hypothese.* Nennenswerte Abweichungen zwischen p_{mech}^*

und p^* treten nur in Extremsituationen, wie z.B. bei VERDICHTUNGSSTÖSSEN auf. Nähere Erläuterungen zu η_v^* finden sich z.B. in Schlichting, Gersten (1997).

Erläuterungen zum modifizierten Druck p^*_{mod}

Da häufig nur interessiert, welche Druckänderungen durch die Strömung hervorgerufen werden, kann die Druckverteilung im zugehörigen ruhenden (statischen) Fall als „Bezugsniveau" angesehen werden. Dann handelt es sich bei dem so definierten modifizierten Druck, s. (∗∗), strenggenommen um eine Druckdifferenz.

Der modifizierte Druck spielt bei der natürlichen Konvektion eine besondere Rolle. Erst nach Einführung dieser Größe tritt in den Bilanzgleichungen für diese Strömungen ein sog. Auftriebsterm explizit auf, s. dazu das Stichwort BOUSSINESQ-APPROXIMATION.

Erläuterungen zum dynamischen Druck p^*_{dyn}

In der BERNOULLI-GLEICHUNG in der sog. Druckform

$$p^* + \frac{\varrho^*}{2} u_S^{*2} + \varrho^* g^* y^* = \text{const}$$

tritt die Kombination $\varrho^* u_s^{*2}/2$ auf, die formal die Dimension eines Druckes besitzt und deshalb aus naheliegenden Gründen *dynamischer Druck* p^*_{dyn} genannt wird. Dieser Name legt aber leider falsche Schlüsse nahe, wie z.B. die dann unüberlegte Verwendung des Begriffes „statischer Druck" für p^*. Die Kombination p^*_{dyn} ist kein Druck, sondern sollte korrekt als „Maß für die Veränderung des Druckes p^* aufgrund von Geschwindigkeiten $u_S^* \neq 0$" interpretiert werden. Die eigentliche Bedeutung von p^*_{dyn} liegt darin, dass diese Größe indirekt (!) gemessen werden kann und dann zur Bestimmung der Geschwindigkeit u_S^* dient, wie dies unter ANWENDUNGEN UND BEISPIELE gezeigt wird.

Erläuterungen zum Gesamtdruck p^*_{ges}

Wiederum aus naheliegenden Gründen wird die Summe aus p^* und p^*_{dyn} Gesamt„druck" p^*_{ges} genannt. Da p^*_{dyn} kein Druck ist, sollte auch p^*_{ges} nicht als Druck interpretiert werden. Es gibt aber eine Situation, in der $p^*_{ges} = p^*$ gilt, nämlich genau dann, wenn $u_S^* = 0$ vorliegt, wie dies im Staupunkt der Fall ist. Dann und nur dann kann p^*_{ges} unmittelbar als Druck interpretiert und gemessen werden, s. das nachfolgende Beispiel.

ANWENDUNGEN UND BEISPIELE

Pitot-, Prandtl-Druckmesssonden

Der Gesamtdruck p^*_{ges} kann in einer Strömung mit Hilfe einer sog. *Gesamtdrucksonde*, auch *Pitot-Sonde* genannt, gemessen werden. Dazu muss in der Strömung ein Staupunkt erzeugt werden, weil dort der aktuelle Druck gleich dem Gesamtdruck ist (Geschwindigkeit $u_S^* = 0$).

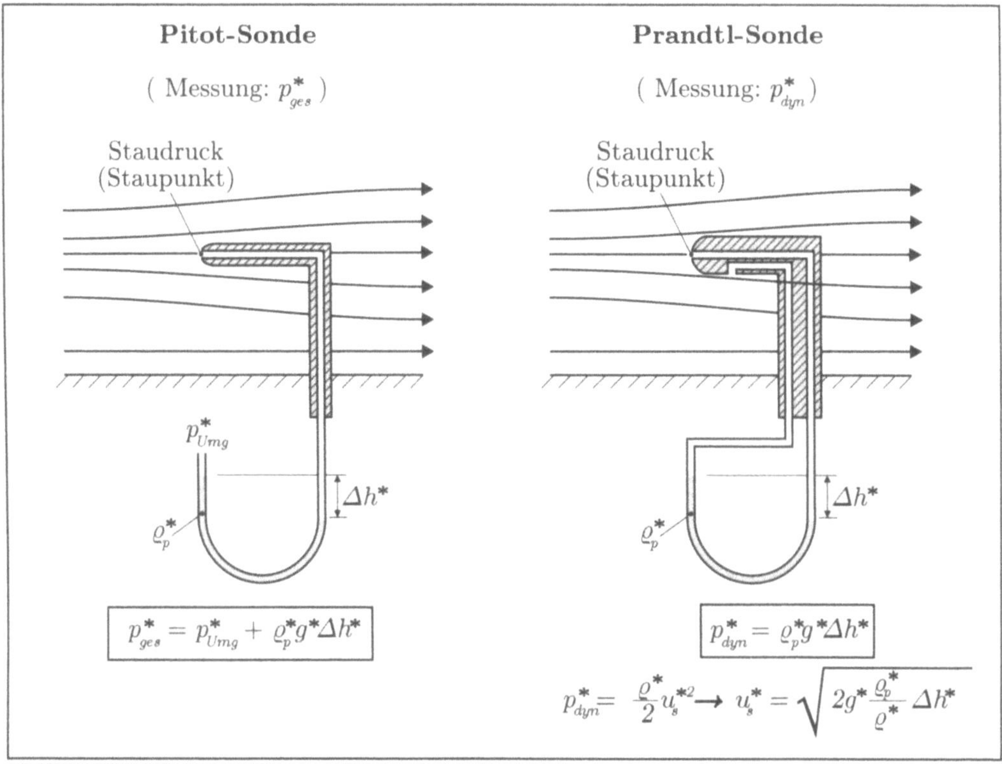

Prinzipieller Aufbau von Druckmesssonden

Im Bild ist die prinzipielle Anordnung einer solchen Gesamtdrucksonde gezeigt. Der im Staupunkt herrschende Druck wird mit Hilfe des Differenzdrucks gegenüber dem Umgebungsdruck (Bestimmung der Manometerhöhe Δh^*) ermittelt.

Mit der sog. *Prandtl-Sonde* wird zusätzlich zum Staudruck auch noch der Druck der „ungestörten" Strömung in einer seitlich angebrachten Öffnung gemessen. Dies ist allerdings nur näherungsweise möglich, weil in der gewählten Anordnung eine (wenn auch geringe) Beeinflussung der Strömung durch die Sonde vorliegt und der Druck nicht an genau derselben Stelle wie der Staudruck gemessen wird. Schaltet man beide Drücke gegeneinander, so ergibt diese Druckdifferenz unmittelbar den dynamischen Druck p^*_{dyn} und damit auch die Strömungsgeschwindigkeit u_s^* wie im Bild erläutert wird.

BEACHTE

◪ **Druckeinheiten:** Die (kohärente SI) Einheit für den Druck ist $1\,\text{Pa} = 1\,\text{N/m}^2 = 1\,\text{kg/ms}^2$. Darauf aufbauende gebräuchliche Einheiten sind

- $1\,\text{bar} = 10^5\,\text{Pa}$

- $1\,\text{MPa} = 10^6\,\text{Pa} = 10\,\text{bar}$ (MegaPascal)

Weitere, auch heute noch verwendete Einheiten sind:

- 1 atm = 1,01325 bar (Physikalische Atmosphäre)
- 1 at = 0,980665 bar (Technische Atmosphäre)
- 1 Torr = 133,3224 Pa

◻ **„Statischer Druck"**: Diese Bezeichnung wird häufig irreführend zur angeblichen Abgrenzung gegenüber dem dynamischen Druck verwendet. In einer Strömung gibt es aber nur einen Druck p^*. In einem ruhenden Fluid wird p^*_{st} als „Druck p^* im statischen Feld" eingeführt (und z.B. im modifizierten Druck) verwendet.

WEITERFÜHRENDE LITERATUR

Standard-Werke zur Strömungsmechanik, s. dazu die Liste am Ende des Buches.

Druckmessung
(pressure measurement)

Siehe dazu das Stichwort STRÖMUNGSMESSTECHNIK, dort unter PHYSIKALISCHER HINTERGRUND

Druckwiderstand
(pressure drag)

Siehe dazu das Stichwort WIDERSTAND

Dynamischer Druck
(dynamic pressure)

Siehe dazu das Stichwort DRUCK, dort unter PHYSIKALISCHER HINTERGRUND

Eckert-Zahl Ec
(Eckert number Ec)

BEDEUTUNG UND DEFINITION

Es handelt sich um eine dimensionslose Kennzahl im Sinne der DIMENSIONSANALYSE. Sie tritt bei der Entdimensionierung der thermischen Energiegleichung im Zusammenhang mit Dissipationstermen auf.

	Definition	
	$$\mathrm{Ec} = \frac{u_B^{*2}}{c_{pB}^* \Delta T^*}$$	
Ec	Eckert-Zahl	–
u_B^*	Bezugsgeschwindigkeit	m/s
ΔT^*	charakteristische Temperaturdifferenz	K
c_{pB}^*	spez. isobare Wärmekapazität im Bezugszustand p_B^*, T_B^*	$\mathrm{m^2/s^2 K}$ $= \mathrm{J/kgK}$

PHYSIKALISCHER HINTERGRUND

Die Eckert-Zahl entsteht bei der Entdimensionierung der thermischen ENERGIEGLEICHUNG vor den Dissipationstermen und kann deshalb als Maß für den Einfluss von Dissipationseffekten bei der Energiebilanz interpretiert werden. Die Zahl selbst kann als Verhältnis zweier Energien (kinetische Energie $\sim u_B^{*2}$, Enthalpiedifferenz aufgrund thermischer Effekte $\sim c_{pB}^* \Delta T^*$) verstanden werden. Dabei ist aber zu beachten, dass auf diese Weise nur charakteristische Größen (Energien) des betrachteten Problems verglichen werden, nicht aber die lokalen und konkreten Größen pro Volumenelement.

Wenn ΔT^* eine charakteristische Temperaturdifferenz für das reine Wärmeübertragungsproblem ist (Vernachlässigung der Dissipation), so gilt zunächst wohl unerwartet $\mathrm{Ec} = u_B^{*2}/(c_{pB}^* \Delta T^*) \to \infty$ für $\Delta T^* \to 0$. Dabei ist aber zu beachten, dass der isotherme Fall $\Delta T^* = 0$ nur unter Vernachlässigung der stets vorhandenen Dissipation auftritt. Diese führt zwar häufig nur zu kleinen, stets aber endlichen Temperaturdifferenzen. Die Dissipationseffekte gewinnen relativ zur erzwungenen Wärmeübertragung (bei $\Delta T^* \to 0$) stetig an Bedeutung und werden schließlich zum dominierenden Effekt im Temperaturfeld. Daraus wird deutlich, dass eine Vernachlässigung von Dissipationseffekten strenggenommen nur relativ zu den übrigen Wärmeübertragungseffekten erfolgen sollte.

ANWENDUNGEN UND BEISPIELE

Dissipationseinfluss bei laminarer Couette-Strömung

Im folgenden sollen zwei thermische Randbedingungen (s. nachfolgendes Bild) als Fälle (a) und (b) betrachtet werden:

(a) $T_o^* = T_u^*$: Reines „Dissipations-Temperaturprofil"

$$\frac{T^* - T_u^*}{T_u^*} = \frac{1}{2} \Pr \mathrm{Ec}\, y(1 - y)\frac{\Delta T^*}{T_u^*}$$

Hier sollte besser $\tilde{\mathrm{Ec}} = \mathrm{Ec}\,\Delta T^*/T_u^* = u_B^{*2}/(c_{pB}^* T_u^*)$ eingeführt werden, da ΔT^* im Problem nicht direkt auftritt.

Zahlenbeispiel für Öl bei $T_u^* = T_o^* = 293$ K$,p^* = 1$ bar (Pr $= 10\,400, c_{pB}^* = 1\,900$ J/kgK); Bestimmung der Aufheizung durch reine Dissipation (für T_m^* siehe Abbildung):

$u_B^*/\frac{\mathrm{m}}{\mathrm{s}}$	$\tilde{\mathrm{Ec}}$	$(T_m^* - T_u^*)/\,^\circ\mathrm{C}$
5	$4,5 \cdot 10^{-5}$	17
10	$1,8 \cdot 10^{-4}$	68
15	$4 \cdot 10^{-4}$	152

Temperaturerhöhungen; Couette-Strömung von Öl

Die Temperaturerhöhungen sind so erheblich, dass für eine genauere Berechnung die Temperaturabhängigkeit der Stoffwerte (s. dazu das Stichwort VARIABLE STOFFWERTE) berücksichtigt werden sollte.

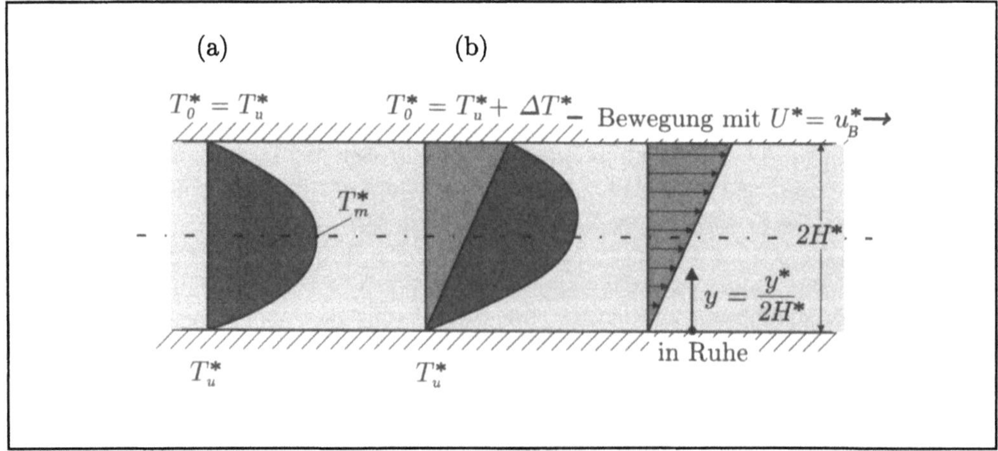

Einfluß der Dissipation auf das Temperaturprofil

(b) $T_o^* = T_u^* + \Delta T^*$: Additives „Dissipations-Temperaturprofil"

$$\frac{T^* - T_u^*}{\Delta T^*} = y + \frac{1}{2}\mathrm{Pr}\,\mathrm{Ec}\,y(1-y)$$

In diesem Fall wird die erzwungene Wärmeübertragung (charakterisiert durch ΔT^*) durch Dissipationseffekte modifiziert.

BEACHTE

⬧ **Brinkman-Zahl:** Die Kombination PrEc wird als Brinkman-Zahl Br bezeichnet. Ihre Einführung bietet sich an, wenn in der thermischen Energiegleichung keine konvektiven Terme vorhanden sind (wie z.B. bei der Couette-Strömung) und deshalb als alleiniger dimensionsloser Parameter die Kombination PrEc verbleibt. Die physikalische Bedeutung von Br entspricht derjenigen der Eckert-Zahl Ec.

⬧ **Unterschiedliche Definitionen:** Die Eckert-Zahl kann mit ΔT^* als $\mathrm{Ec} = u_B^{*2}/c_{pB}^*\Delta T^*$ oder mit einer Bezugstemperatur T_B^* als $\tilde{\mathrm{Ec}} = u_B^{*2}/c_{pB}^*T_B^*$ gebildet werden. Die Kennzahl Ec entsteht bei der Entdimensionierung der Energiegleichung, wenn als dimensionslose Temperatur $(T^* - T_B^*)/\Delta T^*$ eingeführt wird, $\tilde{\mathrm{Ec}}$ entsteht bei Einführung der dimensionslosen Temperatur $(T^* - T_B^*)/T_B^*$.

⬧ **„Warnung" vor der Machzahl:** Für ideale Gase kann die Schallgeschwindigkeit $a^* = \sqrt{\kappa R^* T^*}$ auch als $a^* = \sqrt{(\kappa - 1)c_{pB}^* T^*}$ geschrieben werden. Für die Eckert-Zahl $\tilde{\mathrm{Ec}} = u_B^{*2}/c_{pB}^* T^*$ folgt dann formal:

$$\tilde{\mathrm{Ec}} = (\kappa - 1)\mathrm{Ma}^2$$

$$\text{mit:}\quad \kappa = c_p^*/c_v^*, \qquad \mathrm{Ma} = u_B^*/a^* \quad \text{(Mach-Zahl)}$$

Da die Mach-Zahl aber ein Maß für Kompressibilitätseffekte ist (Effekte im Zusammenhang mit $\partial\varrho^*/\partial p^* \neq 0$), wird mit dieser Beziehung leicht eine falsche Interpretation nahegelegt. Die Eckert-Zahl ist und bleibt Ausdruck von Dissipationseffekten.

⬧ **Adiabate Wandtemperatur:** Die Eckert-Zahl tritt auch im Zusammenhang mit der sog. adiabaten Wandtemperatur auf. Es handelt sich dabei um die Temperatur, die sich an einer adiabaten Wand ($q_W^* = 0$) aufgrund von Dissipationseffekten einstellt. Am zuvor gezeigten Beispiel der laminaren Couette-Strömung gilt für $q_{Wu}^* = 0$ und $T_o^* = $ const als adiabate Wandtemperatur (auch: Eigentemperatur) $T_{u\,ad}^*$ der unteren Wand:

$$\frac{T_{u\,ad}^* - T_o^*}{T_o^*} = \frac{1}{2}\mathrm{Pr}\tilde{\mathrm{Ec}}\,; \qquad \tilde{\mathrm{Ec}} = \frac{u_B^{*2}}{c_{pB}^* T_o^*}$$

⬧ **Energiebilanz:** Es ist zu beachten, dass die durch Dissipation entstehende thermischen Energie entweder zu einer ständigen Erwärmung des Fluides führt oder als entsprechender Wärmestrom über die Systemgrenze abgeführt werden muss.

Weiterführende Literatur

Schlichting, H.; Gersten, K. (1997): *Grenzschicht-Theorie*, Springer-Verlag, Berlin, Heidelberg, New York

Gersten, K.; Herwig, H. (1992): *Strömungsmechanik*, Vieweg Verlag, Braunschweig/Wiesbaden

Einlauflänge
(entrance length)

Siehe dazu das Stichwort Rohrströmung, inkompressibel, dort unter Physikalischer Hintergrund

Energiegleichungen
(energy equations)

Bedeutung und Definition

Es handelt sich um Bilanzgleichungen für die Gesamtenergie bzw. die beiden Teilenergien „mechanische Energie" und „thermische Energie" (häufig auch als „innere Energie" bezeichnet). Die Gesamtenergie als Summe der beiden Teilenergien stellt dabei eine Erhaltungsgröße dar, die im ersten Hauptsatz der Thermodynamik bilanziert wird. Die beiden Teilenergien weisen in ihren Bilanzen Quellterme auf, so dass sie keine Erhaltungsgrößen sind. Diese Quellterme fallen aber bei der Addition beider Gleichungen wieder heraus, da sie einen internen Umverteilungsprozess zwischen den beiden Teilenergien beschreiben.

Energiegleichungen können in verschiedenen Variablen formuliert werden, die jeweils ineinander überführbar sind. Außerdem können sie als Integralbilanzen bezüglich eines endlichen Kontrollraumes oder als Differentialgleichungen zur Beschreibung von lokalen Werten in einem als stetig unterstellten Feld aufgestellt werden, wie allgemein unter den Stichwörtern BILANZGLEICHUNGEN und ERHALTUNGSGLEICHUNGEN erläutert wird.

Die folgende Definition erfolgt beispielhaft für die sog. *Gesamtenthalpie* in Form einer Differentialgleichung in kartesischen Koordinaten zur Bestimmung dieser Größe als Feldgröße. Zusätzlich wird die Aufspaltung in die beiden Teilenergien *mechanische Energie* und *thermische Energie* angegeben.

	Definition	

Für konstante Stoffwerte gilt in kartesischen Koordinaten:

ENERGIEGLEICHUNG

$$\varrho^* \frac{DH^*}{Dt^*} = \varrho^* [u^* g_x^* + v^* g_y^* + w^* g_z^*] + \frac{\partial p^*}{\partial t^*} + D^* + \lambda^* \left[\frac{\partial^2 T^*}{\partial x^{*2}} + \frac{\partial^2 T^*}{\partial y^{*2}} + \frac{\partial^2 T^*}{\partial z^{*2}} \right] \quad (*)$$

TEIL-ENERGIEGLEICHUNG (MECHANISCHE ENERGIE)

$$\frac{\varrho^*}{2} \frac{D}{Dt^*} [u^{*2} + v^{*2} + w^{*2}] = \varrho^* [u^* g_x^* + v^* g_y^* + w^* g_z^*] + \left(\frac{\partial p^*}{\partial t^*} - \frac{Dp^*}{Dt^*} \right) + D^* - \Phi^* \quad (**)$$

TEIL-ENERGIEGLEICHUNG (THERMISCHE ENERGIE; TEMPERATURFORM)

$$\varrho^* c_p^* \frac{DT^*}{Dt^*} = \lambda^* \left[\frac{\partial^2 T^*}{\partial x^{*2}} + \frac{\partial^2 T^*}{\partial y^{*2}} + \frac{\partial^2 T^*}{\partial z^{*2}} \right] + \Phi^* \quad (***)$$

H^*	spez. Gesamtenthalpie	J/kg
u^*, v^*, w^*	kartesische Geschwindigkeitskomponenten	m/s
T^*	Temperatur	K

$D.../Dt^*$	$= \partial.../\partial t^* + u^*\partial.../\partial x^* + v^*\partial.../\partial y^* + w^*\partial.../\partial z^*$ substantielle Ableitung; t^*: Zeit	$1/s$
p^*	Druck	N/m^2
ϱ^*	Dichte	kg/m^3
λ^*	Wärmeleitfähigkeit	W/mK
c_p^*	spezifische isobare Wärmekapazität	m^2/s^2K
g_i^*	$i = x,\, y,\, z$; Komponenten des Fallbeschleunigungsvektors	m/s^2
η^*	dynamische Viskosität	kg/ms
D^*	$= \eta^*[\frac{\partial}{\partial x^*}[\frac{\partial u^{*2}}{\partial x^*} + v^*[\frac{\partial u^*}{\partial y^*} + \frac{\partial v^*}{\partial x^*}] + w^*[\frac{\partial w^*}{\partial x^*} + \frac{\partial u^*}{\partial z^*}]]$ $+\frac{\partial}{\partial y^*}[\frac{\partial v^{*2}}{\partial y^*} + u^*[\frac{\partial v^*}{\partial x^*} + \frac{\partial u^*}{\partial y^*}] + w^*[\frac{\partial v^*}{\partial z^*} + \frac{\partial w^*}{\partial y^*}]]$ $+\frac{\partial}{\partial z^*}[\frac{\partial w^{*2}}{\partial z^*} + u^*[\frac{\partial w^*}{\partial x^*} + \frac{\partial u^*}{\partial z^*}] + v^*[\frac{\partial v^*}{\partial z^*} + \frac{\partial w^*}{\partial y^*}]]]$ DIFFUSION	kg/ms^3 $=W/m^3$
Φ^*	$= 2\eta^*[[\frac{\partial u^*}{\partial x^*}]^2 + [\frac{\partial v^*}{\partial y^*}]^2 + [\frac{\partial w^*}{\partial z^*}]^2]$ $+\eta^*[[\frac{\partial v^*}{\partial x^*} + \frac{\partial u^*}{\partial y^*}]^2 + [\frac{\partial w^*}{\partial y^*} + \frac{\partial v^*}{\partial z^*}]^2 + [\frac{\partial w^*}{\partial x^*} + \frac{\partial u^*}{\partial z^*}]^2]$ DISSIPATION	kg/ms^3 $=W/m^3$

PHYSIKALISCHER HINTERGRUND

Der Ausgangspunkt für das Aufstellen der Energiegleichung (Gesamtenergie) ist der erste Hauptsatz der Thermodynamik, nach dem die zeitliche Änderung der spezifischen Gesamtenergie $E^* = e^* + \vec{v}^{*2}/2$ eines Massenelementes Δm^* gleich der Summe aus der an ihm geleisteten Arbeit sowie der übertragenen Wärme ist. Es gilt danach

$$\Delta m^* \frac{DE^*}{Dt^*} = P^* + Q^* \tag{i}$$

mit:

E^*:   spezifische Gesamtenergie (J/kg)
e^*:   spezifische innere Energie (J/kg)
$\vec{v}^{*2}/2$: spezifische kinetische Energie (m^2/s^2=J/kg)
P^*:   mechanische Leistung (J/s=W)
Q^*:   Wärmestrom (J/s=W)

Folgende 4 Schritte führen ausgehend von Gl. (i) zum Energiesatz (∗) in der Definitionsbox:

(1) Division von (i) durch ΔV^* und Grenzübergang $\Delta V^* \rightarrow 0$. Die linke Seite von (i) wird damit zu $\varrho^* DE^*/Dt^*$. Auf der rechten Seite entsteht die volumetrische Leistung bzw. der volumetrische Wärmestrom jeweils mit den Einheiten W/m^3=kg/ms^3.

(2) Bestimmung der mechanischen Leistung als Wirkung von Kräften am infinitesimalen Volumenelement dV^*, und zwar:

    a) Oberflächenkräfte, daraus entstehen die Terme in D^* (Diffusion) und $-u^*\partial p^*/\partial x^* - v^*\partial p^*/\partial y^* - w^*\partial p^*/\partial z^*$. Diese „umständliche" Form entsteht, weil der Druck p^* von den übrigen Oberflächenkräften abgespalteten worden ist.

    b) Volumenkräfte, daraus entsteht $\varrho^*[u^*g_x^* + v^*g_y^* + w^*g_z^*]$, wenn die Schwerkraft alleine als Volumenkraft wirkt.

(3) Bestimmung des volumetrischen Wärmestromes. Dabei entsteht die Termgruppe $\lambda^*[\partial^2 T^*/\partial x^{*2} + \partial^2 T^*/\partial y^{*2} + \partial^2 T^*/\partial z^{*2}]$, wenn Fouriersches Wärmeleitungsverhalten vorausgesetzt wird, siehe dazu die Anmerkung unter BEACHTE.

(4) Einführung der spezifischen Gesamtenthalpie H^* als $H^* = E^* + p^*/\varrho^* = h^* + \vec{v}^{*2}/2$ anstelle von E^* mit h^* als spezifischer Enthalpie . Formal wird dies erreicht, indem auf beiden Seiten der Gleichung der Term $\varrho^* D(p^*/\varrho^*)/Dt^*$ addiert wird. Da dies gleich $\partial p^*/\partial t^* + u^*\partial p^*/\partial x^* + v^*\partial p^*/\partial y^* + w^*\partial p^*/\partial z^*$ ist, hebt sich dies auf der rechten Seite bis auf den Term $\partial p^*/\partial t^*$ gegen die im Punkt (2a) genannten Druckterme heraus.

Die Energiegleichung (∗) ist damit eine spezielle Form der allgemeinen Erhaltungsgleichung, s. (∗∗) im Stichwort ERHALTUNGSGLEICHUNGEN mit $a^* = H^*$. Dabei ist zu beachten, dass die linke Seite auch als $\partial(\varrho^* H^*)/\partial t^* + \text{div}(\varrho^* H^* \vec{v}^*)$ oder $\varrho^* DH^*/Dt^*$ geschrieben werden kann, s. dazu das Stichwort BILANZGLEICHUNGEN, dort unter BEACHTE. Die gesamte rechte Seite der Energiegleichung (∗) entspricht dem Term A_E^* der allgemeinen Erhaltungsgleichung und stellt die „volumenbezogene Rate der durch externe Einflüsse bewirkten Veränderung von A^* (hier: Gesamtenthalpie)" dar. Der Übergang von der ursprünglich bilanzierten Gesamtenergie E^* auf die Gesamtenthalpie H^* bedeutet, dass ein Term, der eigentlich in die Termgruppe A_E^* der allgemeinen Bilanzgleichung gehört und eine sog. Verschiebearbeit darstellt, mit der Energie zusammengefaßt wird. Die Enthalpie stellt damit eine Kombination aus der Energie und einem Arbeitsanteil dar, was die physikalische Interpretation dieser Größe erschwert.

Die Aufspaltung in die Teil-Energiegleichungen (∗∗) und (∗ ∗ ∗) geschieht nun folgendermaßen. In einem ersten Schritt wird die mechanische Energiegleichung als das Skalarprodukt des Geschwindigkeitsvektors mit der Vektorimpulsgleichung (s. dazu das Stichwort NAVIER-STOKES GLEICHUNGEN) bestimmt. Aus der Bilanz des Impulses („Masse × Geschwindigkeit") wird dabei die Bilanz der mechanischen bzw. kinetischen Energie („Masse x Quadrat der Geschwindigkeit"). Dies ergibt unmittelbar die Teilenergiegleichung (∗∗) für die mechanische Energie. Dabei entsteht eine Termgruppe, die als solche in der Gesamtenergiegleichung (∗) nicht vorkommt und physikalisch als Quellterm mit negativem Vorzeichen interpretiert werden kann. Es handelt sich um die Termgruppe Φ^*, die einen Verlust von mechanischer Energie darstellt und einen (irreversiblen) Dissipationsprozess beschreibt. In der Entropiebilanz taucht dieser Term im Zusammenhang mit der Entropieproduktion auf, s. dazu das Stichwort BILANZGLEICHUNGEN, dort unter ANWENDUNGEN UND BEISPIELE.

Die Teil-Energiegleichung (∗ ∗ ∗) für die thermische Energie ist jetzt die Differenz zwischen der Gesamtenergiegleichung (∗) und der Teilenergiegleichung (∗∗). Deshalb tritt dort der Dissipationsterm Φ^* mit umgekehrtem Vorzeichen wieder auf und beschreibt als Quellterm mit positivem Vorzeichen einen Gewinn an thermischer Energie. Insgesamt wird durch Φ^* also der interne Umverteilungsprozess zwischen mechanischer und thermischer Energie beschrieben, der durch den irreversiblen Dissipationsprozess bewirkt wird.

Der Übergang von der zunächst entstehenden Enthalpieform der thermischen Energiegleichung auf die endgültige Temperaturform $(* * *)$ erfolgt unter Zuhilfenahme des vollständigen Differentials

$$Dh^* = \frac{\partial h^*}{\partial T^*}\bigg|_p DT^* + \frac{\partial h^*}{\partial p^*}\bigg|_T Dp^*$$

sowie der Definition $c_p^* = (\partial h^*/\partial T^*)_p$ und der Maxwell-Beziehung $(\partial h^*/\partial p^*)_T = \varrho^{*-1}(1 - \beta^* T^*)$ mit $\beta^* = -\varrho^{*-1}(\partial \varrho^*/\partial T^*)_p$. Damit gilt $(\partial h^*/\partial p^*)_T = \varrho^{*-1}$ für konstante Stoffwerte $(\beta^* = 0)$.

Unter Berücksichtigung dieses Zusammenhangs kann man sich leicht davon überzeugen, dass die Summe der Teil-Energiegleichungen $(**)$ und $(* * *)$ genau der Gesamtenergiegleichung $(*)$ entspricht.

ANWENDUNGEN UND BEISPIELE

Ausgebildete laminare Kanalströmung mit adiabaten Wänden

Weit stromabwärts in einem ebenen Kanal, der durch zwei parallele Wände im Abstand von $2H^*$ gebildet wird, stellt sich ein Geschwindigkeitsprofil ein, das sich in Strömungsrichtung nicht mehr verändert und deshalb als Profil einer hydrodynamisch ausgebildeten Strömung bezeichnet wird. Dieses Profil kann aus der Impulsgleichung ermittelt werden und lautet mit u_m^* als querschnittsgemittelter Geschwindigkeit, wenn y^* die Querkoordinate darstellt ($y^* = 0$ auf der Mittellinie)

$$u^* = \frac{3}{2}u_m^* \left[1 - \left(\frac{y^*}{H^*}\right)^2\right]$$

Dieses Profil kommt unter der Wirkung eines konstanten Druckgradienten $\partial p_{mod}^*/\partial x^*$ zustande, der ebenfalls aus der Impulsgleichung ermittelt werden kann, s. dazu das Stichwort NAVIER-STOKES GLEICHUNGEN, dort unter ANWENDUNGEN UND BEISPIELE. Da die mechanische Energiegleichung die mit der Geschwindigkeit multiplizierte Impulsgleichung ist, muss $\partial p_{mod}^*/\partial x^*$ auch aus dieser Gleichung bestimmt werden können. In der Teil-Energiegleichung $(**)$ gilt für den vorliegenden Fall

$$D^* = \eta^* \left(\frac{\partial u^*}{\partial y^*}\right)^2 + \eta^* u^* \frac{\partial^2 u^*}{\partial y^{*2}} \qquad \text{(Diffusion)}$$

$$\Phi^* = \eta^* \left(\frac{\partial u^*}{\partial y^*}\right)^2 \qquad \text{(Dissipation)}$$

so dass sich für $(**)$ insgesamt

$$0 = -u^* \frac{\partial p_{mod}^*}{\partial x^*} + D^* - \Phi^* = -u^* \frac{\partial p_{mod}^*}{\partial x^*} + \eta^* u^* \frac{\partial^2 u^*}{\partial y^{*2}}$$

ergibt. Die Auswertung (Einsetzen des Geschwindigkeitsprofils) führt dann auf

$$\frac{\partial p^*_{mod}}{\partial x^*} = -\frac{3\eta^* u^*_m}{H^{*2}}$$

also auf dasselbe Ergebnis, das auch direkt aus der Impulsgleichung folgt (was hier nicht gezeigt ist). Es ist zunächst erstaunlich, dass in der mechanischen Energiegleichung neben dem Druckgradienten-Term nur noch ein Diffusionsterm verbleibt, und nicht direkt der Dissipationsterm Φ^* weil doch der Druckgradient dazu dient, die Verluste (Dissipation) zu kompensieren. Hier muss aber beachtet werden, dass immer dann, wenn die lokalen externen Einflüsse (hier: von außen aufgeprägter Druckgradient; $-u^*\partial p^*_{mod}/\partial x^*$) nicht gleich der lokalen Dissipation (hier: Φ^*) ist, ein zusätzlicher Transport durch Konvektion (hier nicht vorhanden) und/oder Diffusion stattfindet. Im vorliegenden Fall ist der äußere Einfluss ($-u^*\partial p^*_{mod}/\partial x^*$) an der Wand Null, auf der Achse aber maximal während die Dissipation an der Wand maximal, aber auf der Achse Null ist! Deshalb ist ein diffusiver (Quer-) Transport von mechanischer Energie erforderlich. Man kann sich leicht davon überzeugen, dass der querschnittsgemittelte äußere Einfluss wie erwartet gleich der querschnittsgemittelten Dissipation ist.

Die Teil-Energiegleichung ($***$) für die thermische Energie ergibt im vorliegenden Fall

$$\varrho^* c^*_p u^* \frac{\partial T^*}{\partial x^*} = \lambda^* \frac{\partial^2 T^*}{\partial y^{*2}} + \Phi^* \quad \text{mit}: \quad \Phi^* = \eta^* \left(\frac{\partial u^*}{\partial y^*}\right)^2$$

Dabei ist bereits berücksichtigt, dass T^* eine lineare Funktion der Koordinate x^* ist, dass also $\partial^2 T^*/\partial x^{*2} = 0$ gilt. Dies folgt aus der Überlegung, dass ohne den Dissipationsterm Φ^* wegen der adiabaten Wände eine konstante Temperatur vorliegt. Der x-unabhängige Dissipationsterm stellt einen konstanten Quellterm dar, der zu einem linearen Anstieg der Temperatur in x-Richtung führt, wenn die spez. Wärmekapazität, wie hier unterstellt, konstant ist.

Der Ansatz für $T^*(x^*, y^*)$ kann deshalb wie folgt lauten:

$$T^* = T^*_B + a^*_1 x^* + b^*(y^*)$$

mit T^*_B als Bezugstemperatur bei $x^* = 0$, $y^* = 0$. Damit wird $\partial T^*/\partial x^* = a^*_1$ und $\partial^2 T^*/\partial y^{*2} = d^2 b^*/dy^{*2}$. Mit den Randbedingungen $dT^*/dy^* = 0$ an der Wand (adiabate Wand) und auf der Achse (Symmetriebedingung) ergibt sich daraus die Temperaturverteilung

$$T^* = T^*_B + \frac{3\eta^* u^*_m}{\varrho^* c^*_p H^{*2}} x^* - \frac{9\eta^* u^{*2}_m}{8\lambda^*} \left(\frac{y^*}{H^*}\right)^4 + \frac{9\eta^* u^{*2}_m}{4\lambda^*} \left(\frac{y^*}{H^*}\right)^2$$

wobei die einzelnen Stoffgrößen ϱ^*, η^*, λ^* und c^*_p einen anschaulich nachvollziehbaren Einfluss auf die Form der Temperaturverteilung besitzen.

Auch in der hier betrachteten Teil-Energiegleichung kann der Term $\lambda^*\partial^2 T^*/\partial y^{*2}$ als Diffusionsterm interpretiert werden, der für einen Quertransport, jetzt von thermischer Energie, sorgt.

Die Gesamt-Energiegleichung ($*$) ergibt im vorliegenden Fall der ausgebildeten, adiabaten Kanalströmung

$$0 = \underbrace{\eta^* \left(\frac{\partial u^*}{\partial y^*}\right)^2 + \eta^* u^* \frac{\partial^2 u^*}{\partial y^{*2}}}_{\text{Diffusion mechanischer Energie}} + \underbrace{\lambda^* \frac{\partial^2 T^*}{\partial y^{*2}}}_{\text{Diffusion thermischer Energie}}$$

bzw. die hierin implizit enthaltene Aussage

$$\frac{DH^*}{Dt^*} = 0 \quad \rightarrow \quad H^* = \text{const}$$

Die bereits aus der thermischen Energiegleichung bestimmte Temperaturverteilung hätte also auch aus der Gesamtenergiegleichung ermittelt werden können, wenn das Geschwindigkeitsprofil als bekannt unterstellt werden kann. Die in der Gesamtenergiegleichung verbleibenden Terme stellen reine Diffusionsterme dar, da alle anderen Terme verschwinden. Dies könnten sog. Konvektions- und äußere Einflussterme sein, Dissipationsterme sind ausgeschlossen, weil es sich um eine Erhaltungsgleichung handelt.

Tatsächlich treten weder Konvektions- noch zusätzliche äußere Einflussterme auf, weil die Energiegleichung in H^* (Gesamtenthalpie) und nicht in E^* (Gesamtenergie) formuliert ist. Es gilt mit $H^* = e^* + p^*/\varrho^* + \vec{v}^{*2}/2$ im vorliegenden Fall

$$\varrho^* \frac{DH^*}{Dt^*} = \varrho^* u^* \frac{\partial H^*}{\partial x^*} = \underbrace{\varrho^* u^* \frac{\partial e^*}{\partial x^*}}_{\text{Konvektion}} + \underbrace{u^* \frac{\partial p^*}{\partial x^*}}_{\text{äußerer Einfluß}} = 0$$

woran zu erkennen ist, dass sich Konvektion und äußerer Einfluss genau kompensieren. Dies ist ein weiterer Hinweis darauf, dass mit der Größe H^* (Enthalpie) zwei verschiedene Effekte zusammengefasst werden, was die physikalische Interpretation dieser Größe (wie bereits erwähnt) erschwert.

Beachte

- ◻ **Energiegleichungen für turbulente Strömungen:** Die aufgeführten Energiegleichungen gelten für laminare Strömungen und für die Momentanwerte von turbulenten Strömungen. Bei turbulenten Strömungen sind sie die Grundlage für eine direkte numerische Simulation, die für die Lösung praktischer Probleme jedoch nicht in Frage kommt, s. dazu das Stichwort DNS.

  Zur Lösung praktischer Probleme ist es deshalb erforderlich, zunächst die Gleichungen für die zeitgemittelten Größen zu bestimmen, s. dazu das Stichwort TURBULENZMODELLIERUNG. Dabei entstehen neue, zunächst unbekannte Terme in den Gleichungen. Diese erfordern eine Turbulenzmodellierung, um insgesamt zu einem geschlossenen und lösbaren Gleichungssystem zu gelangen. Die neu hinzukommenden Terme können bestimmten physikalischen, durch die Turbulenz der Strömung hervorgerufenen Effekten zugeordnet werden, für Einzelheiten s. z.B. Herwig (2002).

- ◻ **Wärmestrom:** Die allgemeine Bilanz an einem infinitesimalen Volumenelement ergibt für die Änderung der inneren Energie aufgrund von Wärmeleitung (pro Volumen) zunächst den Ausdruck $-(\partial q_x^*/\partial x^* + \partial q_y^*/dy^* + \partial q_z^*/\partial z^*)$ mit dem Wärmestromdichte-Vektor $\vec{q}^*$ in W/m^2. Erst mit dem empirischen Ansatz $\vec{q}^* = -\lambda^* \text{grad}\, T^*$ (Fouriersches Wärmeleitungs-„Gesetz") wird daraus die Termgruppe $\lambda^*[\partial^2 T^*/\partial x^{*2} + \partial^2 T^*/\partial y^{*2} + \partial^2 T^*/\partial z^{*2}]$, die in den Gln. (∗) und (∗∗∗) auftritt.

- ◻ **Dimensionslose Form:** Werden die Energiegleichungen konsequent mit charakteristischen (Bezugs-) Größen eines Problems entdimensioniert (L_B^*, u_B^*, ΔT_B^*) so treten darin als dimensionslose Kennzahlen auf: Die PECLET-ZAHL Pe, die REYNOLDS-ZAHL Re, die ECKERT-ZAHL Ec, die FROUDE-ZAHL Fr, s. dazu auch das Stichwort DIMENSIONSANALYSE, sowie für Details z.B. Herwig (2002). Die PRANDTL-ZAHL $Pr = Pe/Re$ tritt nur in den speziellen Situationen in der thermischen Energiegleichung auf, in denen die Reynolds-Zahl in einer Koordinatentransformation aufgeht, wie z.B. bei laminaren Grenzschichtströmungen, s. dazu das Stichwort PECLET-ZAHL.

WEITERFÜHRENDE LITERATUR

Standard-Werke zur Strömungsmechanik, s. die Liste am Ende des Buches

Energiekaskade
(energy cascade)

Siehe dazu das Stichwort TURBULENZ, dort unter PHYSIKALISCHER HINTERGRUND, Punkt (8)

Energiespektrum
(energy spectrum)

Siehe dazu das Stichwort TURBULENZ, dort unter PHYSIKALISCHER HINTERGRUND, Punkt (8)

Enthalpie
(enthalpy)

Siehe dazu das Stichwort ERHALTUNGSGLEICHUNGEN, dort unter ANWENDUNGEN UND BEISPIELE (3. Energie-Erhaltungsgleichung (Enthalpie))

Entropie
(entropy)

Siehe dazu das Stichwort BILANZGLEICHUNGEN, dort unter ANWENDUNGEN UND BEISPIELE (3. Entropiebilanz einer Strömung)

Erhaltungsgleichungen
(conservation equations)

BEDEUTUNG UND DEFINITION

Es handelt sich um Gleichungen, die bestimmte physikalische Größen bezüglich eines endlich großen oder infinitesimal kleinen Kontrollvolumens bilanzieren. Die bilanzierten Größen besitzen dabei die Eigenschaft, weder erzeugt noch vernichtet werden zu können, weshalb sie als Erhaltungsgrößen bezeichnet werden. Erhaltungsgleichungen sind deshalb Spezialfälle der allgemeineren BILANZGLEICHUNGEN. Im Bereich der Strömungsmechanik werden in diesem Sinne als Erhaltungsgrößen bilanziert:

- die Masse

- der Impuls (bzw. der Drehimpuls)

- die Energie (Gesamtenergie, s. die zweite Anmerkung unter BEACHTE)

Dabei ist zu beachten, dass es sich bei den zu bilanzierenden Größen um extensive Zustandsgrößen handelt, d.h. um Größen, die proportional zur Masse des betrachteten Fluidvolumens sind. Diese Größen werden auf die Masse bezogen zu sog. spezifischen Größen und besitzen als solche dann den Charakter intensiver Zustandsgrößen.

Die „Gesamtmenge" einer extensiven Größe A^* in einem endlichen Volumen V^* ist damit durch $\int \varrho^* a^* dV^*$ gegeben, wenn a^* die spezifische, d.h. massenbezogene Größe A^* ist und ϱ^* die Fluiddichte als Masse pro Volumen darstellt.

Definition
In einem ortsfesten (Kontroll-) Volumen V^* mit der Oberfläche O^* und dem nach außen weisenden Oberflächennormalen-Vektor $\vec{n}$ gilt für die darin enthaltene „Menge" der extensiven Zustandsgröße A^* bzw. ihren spezifischen (massenbezogenen) Wert a^*:

$$\frac{\partial}{\partial t^*} \int_{V^*} \varrho^* a^* dV^* + \int_{O^*} \varrho^* a^* \vec{v}^* \cdot \vec{n} \, dO^* = \int_{V^*} A_E^* dV^* \qquad (*)$$

bzw. (s. die spätere Erklärung):

$$\frac{\partial(\varrho^* a^*)}{\partial t^*} + \mathrm{div}(\varrho^* a^* \vec{v}^*) = A_E^* \qquad (**)$$

mit den Vektoroperatoren Skalarprodukt ($\cdot$) und Divergenz (div).

A^*	bilanzierte (skalare) extensive Zustandsgröße	[A*]
a^*	spezifische (intensive) Zustandsgröße A^*	[A*]/kg
ϱ^*	Fluiddichte	kg/m^3
t^*	Zeit	s

$\vec{v}^*$	lokaler Strömungsgeschwindigkeitsvektor	m/s
A_E^*	volumenbezogene Rate der durch externe Einflüsse bewirkten Veränderung von A^*	$[A^*]/m^3s$
V^*	Kontrollvolumen	m^3
O^*	Oberfläche des Kontrollvolumens	m^2
$\vec{n}$	Einheitsnormalenvektor auf O^*	-

PHYSIKALISCHER HINTERGRUND

Erhaltungsgleichungen als Spezialfälle der allgemeinen Bilanzgleichungen liegen dann vor, wenn der ursprünglich in den allgemeinen Bilanzgleichungen enthaltene sog. Quellterm nicht auftritt. Formal gilt also für Erhaltungsgrößen A^* damit $A_Q^* = 0$, s. das Stichwort BILANZGLEICHUNGEN, mit A_Q^* als der volumenbezogenen Rate der Erzeugung oder Vernichtung von A^*.

Bezüglich der verbleibenden Bilanz (∗) gilt die anschauliche Interpretation, dass sich die „Menge" von A^* in dem Maße verändert (1. Term, linke Seite), wie A^* mit der Strömung über die Kontrollraumgrenze transportiert wird (2. Term, linke Seite) und im Volumen selbst durch äußere Einflüsse verändert wird (rechte Seite).

Die zweite Form der Bilanzgleichung, (∗∗), entsteht durch die formale Umwandlung des Oberflächenintegrals in (∗) in ein Volumenintegral und die anschließende Aussage, dass die Lösung der Integralgleichung $\int ...dV^* = 0$ im allgemeinen Fall verlangt, dass der Integrand identisch Null ist. Dies führt unmittelbar auf (∗∗). Eine ausführlichere Beschreibung dieses Überganges findet sich an der entsprechenden Stelle des Stichwortes BILANZGLEICHUNGEN.

ANWENDUNGEN UND BEISPIELE

1. Massen-Erhaltungsgleichung (Kontinuitätsgleichung)

Wenn A^* die Masse m^* darstellt, gilt $a^* = 1$. Da die Masse in einem Kontrollvolumen durch externe Einflüsse nicht verändert werden kann, ist $m_E^* = 0$. Für ein endliches Kontrollvolumen V^* gilt damit für die darin enthaltene Masse $m^* = \int \varrho^* dV^*$ gemäß der allgemeinen Gleichung (∗):

$$\frac{\partial m^*}{\partial t^*} + \int_{O^*} \varrho^* \vec{v}^* \cdot \vec{n} \, dO^* = 0$$

Das Oberflächenintegral beschreibt die insgesamt pro Zeit ein- oder ausfließende Masse in bezug auf den gesamten Kontrollraum. Dieses Integral ist negativ, wenn insgesamt ein

Netto-Zustrom vorliegt und entsprechend positiv, wenn insgesamt ein Netto-Abstrom gegeben ist.

Als lokale Aussage in Form einer Differentialgleichung für das Strömungsfeld ergibt die allgemeine Gleichung (**) die sog. Kontinuitätsgleichung

$$\frac{\partial \varrho^*}{\partial t^*} + \mathrm{div}(\varrho^* \vec{v}^*) = 0$$

Nähere Erläuterungen hierzu finden sich unter dem Stichwort KONTINUITÄTS-GLEICHUNG.

2. Impuls-Erhaltungsgleichung

Da die allgemeine Erhaltungsgröße A^* als skalare Größe unterstellt worden ist, gelten die allgemeinen Gleichungen (*) und (**) in dieser Form nur jeweils für die drei Komponenten des Impulsvektors $m^* \vec{v}^*$ also für $m^* v_i^*$, $i = 1, 2, 3$. Wenn A^* die i-te Komponente des Impulsvektors darstellt, gilt $a^* = v_i^*$.

Als Impuls-Differentialgleichungen folgen damit aus (**) die drei Gleichungen ($i = 1, 2, 3$)

$$\frac{\partial(\varrho^* v_i^*)}{\partial t^*} + \mathrm{div}(\varrho^* v_i^* \vec{v}^*) = (mv_i)_E^*$$

Die gesamte linke Seite kann als zeitliche Impulsänderung eines materiellen Fluidteilchens der Masse dm^* interpretiert werden (und deshalb auch als $\varrho^* Dv_i^*/Dt^*$ geschrieben werden, s. dazu das Stichwort BILANZGLEICHUNGEN, dort unter BEACHTE). Nach dem Newtonschen Grundgesetz der Mechanik ist die zeitliche Änderung des Impulses einer Masse gleich der Summe der an dieser Masse angreifenden Kräfte, wobei vorauszusetzen ist, dass man sich in einem nicht beschleunigten Koordinatensystem befindet, s. dazu die Ausführungen unter BEACHTE. Somit müssen die Terme $(mv_i)_E^*$ auf der rechten Seite die Summe der i-ten Komponenten der an dm^* angreifenden Kräfte sein. Dies sind sowohl Volumenkräfte als auch Oberflächenkräfte. Interpretiert man sie als Kräfte in bezug auf das infinitesimale Volumen dV^*, das durch die Masse dm^* ausgefüllt wird, so ergibt sich

$$(mv_i)_E^* = f_i^* + \sum_j \frac{\partial \tau_{ij}^*}{\partial x_j^*} \;;\; j = 1, 2, 3$$

Dabei sind f_i^* Volumenkräfte, wie z.B. die Gewichtskraft im Erdschwerefeld. Die Oberflächenkräfte (pro Volumen) $\partial \tau_{ij}^*/\partial x_j^*$ stellen zunächst noch unbekannte Größen in der jeweiligen Erhaltungsgleichung dar. Sie müssen mit Hilfe einer sog. KONSTITUTIVEN GLEICHUNG mit dem Geschwindigkeitsfeld in Zusammenhang gebracht werden und sind dann Ausdruck des konkreten Fluidverhaltens (Materialverhalten). Nähere Erläuterungen hierzu finden sich unter den Stichwörtern NAVIER-STOKES GLEICHUNGEN und KONSTITUTIVE GLEICHUNGEN. Unter dem Stichwort NAVIER-STOKES GLEICHUNGEN (dort unter BEACHTE) findet sich auch eine alternative Interpretation anstelle der hier eingeführten Oberflächenkräfte.

3. Energie-Erhaltungsgleichung (Enthalpie)

Wenn a^* die spez. Gesamtenergie E^* mit $E^* = e^* + \vec{v}^{*2}/2$ darstellt (e^*: spez. innere Energie, $\vec{v}^{*2}/2$: spezifische mechanische Energie), so gilt gemäß der allgemeinen Gleichung (**):

$$\frac{\partial(\varrho^* E^*)}{\partial t^*} + \operatorname{div}(\varrho^* E^* \vec{v}^*) = E_E^*$$

Die gesamte linke Seite kann als zeitliche Änderungen der Gesamtenergie eines materiellen Fluidteilchens der Masse dm^* interpretiert werden (und deshalb auch als $\varrho^* DE^*/Dt^*$ geschrieben werden, s. dazu wiederum das Stichwort BILANZGLEICHUNGEN, dort unter BEACHTE).

Nach dem 1. Hauptsatz der Thermodynamik ist diese zeitliche Änderung der Gesamtenergie gleich der Summe aus der an dm^* geleisteten mechanischen Arbeit und der in bezug auf dm^* übertragenen Wärme. Die mechanische Arbeit wird dabei von den an dm^* angreifenden Volumen- und Oberflächenkräften geleistet, die bereits im vorigen Beispiel (Impuls-Erhaltungsgleichungen) als f_i^* und $\partial \tau_{ij}^*/\partial x_j^*$ identifiziert worden waren. Es ist üblich, einen bestimmten Term aus der Termgruppe „geleistete Arbeit" auf die linke Seite der Gleichung zu schreiben und dann statt der spez. Gesamtenergie E^* die spez. Gesamtenthalpie H^* einzuführen. Dies ist der Term $-\varrho^* D(p^*/\varrho^*)/Dt^*$ so dass mit der Gesamtenthalpie $H^* = h^* + \vec{v}^{*2}/2$ (h^*: spez. Enthalpie, $h^* = e^* + p^*/\varrho^*$) jetzt als Bilanz gilt:

$$\frac{\partial(\varrho^* H^*)}{\partial t^*} + \operatorname{div}(\varrho^* H^* \vec{v}^*) = E_E^* + \varrho^* \frac{D(p^*/\varrho^*)}{Dt^*}$$

Physikalisch handelt es sich bei dem Term $\varrho^* D(p^*/\varrho^*)/Dt^*$ um eine sog. Verschiebeleistung. Insgesamt wird dadurch die Interpretation der Energie-Erhaltungsgleichung schwieriger, weil mit der Enthalpie H^* eine Kombination aus der Energie und einem Arbeitsanteil eingeführt wird.

Nähere Erläuterungen zur Energie-Erhaltungsgleichung finden sich im Stichwort ENERGIEGLEICHUNGEN.

BEACHTE

❏ **Externe Einflüsse A_E^*** : Da für die Masse als Erhaltungsgröße kein Term A_E^* auftritt, d.h. die Masse in einem Kontrollraum durch äußere Einflüsse nicht verändert werden kann, könnte man zu der Annahme verleitet werden, dies sei bei allen Erhaltungsgrößen so. Dabei ist aber zu beachten, dass A_E^* keinen Quellterm darstellt (Erzeugung oder Vernichtung der bilanzierten Größe), sondern eine Wechselwirkung mit der Umgebung beschreibt. Es handelt sich dann „trotzdem" um eine Erhaltungsgröße, weil der mit A_E^* beschriebene Einfluss mit umgekehrtem Vorzeichen in der Umgebung auftritt.

Eine Kraft auf ein System bewirkt dort eine Impulsänderung. Die Reaktionskraft zu dieser Kraft bewirkt die entgegengesetzte Impulsänderung in der Umgebung (die jedoch wegen der extrem großen Masse der Umgebung nicht wahrgenommen wird). Genauso tritt z.B. der in A_E^* bei der Energiebilanz enthaltene Wärmestrom an einen Kontrollraum mit umgekehrten Vorzeichen bezüglich der Umgebung auf. Für eine korrekte Interpretation sollte man deshalb bei allgemeinen Bilanzen stets sehr sorgfältig zwischen Einflusstermen A_E^* und Quelltermen A_Q^* unterscheiden, die beide in den allgemeinen BILANZGLEICHUNGEN vorkommen.

❏ **Quellterme:** Die Energie stellt nur in Form der Gesamtenergie E^* bzw. Gesamtenthalpie H^* eine Erhaltungsgröße dar. Bilanziert man die Anteile der mechanische und thermische Energie jeweils für sich als Bilanz der Teilenergien, so treten in diesen Gleichungen sog. Dissipationsterme als Quellterme auf. Diese fallen bei einer Aufsummierung der Teilgleichungen zur Gesamtgleichung wieder heraus und beschreiben einen internen Umverteilungsprozess zwischen mechanischer und thermischer Energie (s. dazu auch das Stichwort ENERGIEGLEICHUNGEN).

❏ **Pseudo-Quellterme:** Bei der numerischen Lösung der Erhaltungsgleichungen treten im Zuge der dabei eingesetzten Diskretisierung der Gleichungen bestimmte Terme auf, die häufig als „Quellterme" bezeichnet werden. Es handelt sich dabei um Terme, die aufgrund von Diskretisierungsprozeduren (einer bestimmten Fehlerordnung) entstehen und „pseudo-Quellterme" darstellen. Sie sind Ausdruck der Tatsache, dass die diskretisierte Form einer Differentialgleichung nur eine Näherung darstellt.

❏ **Drehimpuls-Erhaltungsgleichungen:** Neben dem Impuls ist auch der Drehimpuls (Drall) einer Strömung eine Erhaltungsgröße, für die eine entsprechende Erhaltungsgleichung (als Vektorgleichung) gilt. Während in der (Punkt-) Mechanik die Erhaltung des Impulses $m^* \vec{v}^*$ und die Erhaltung des Drehimpulses $m^*(\vec{r}^* \times \vec{v}^*)$ zwei voneinander unabhängige Erhaltungsprinzipien darstellen, ist die Situation im Bereich der Strömungsmechanik anders. Es lässt sich zeigen, dass dort beide Prinzipien nicht unabhängig voneinander sind, wenn stets erfüllte Voraussetzungen gelten (die auch zur Symmetrie der Spannungstensoren führen). Deshalb lässt sich die Drehimpuls-Erhaltungsgleichung aus der Erhaltungsgleichung für den Impuls gewinnen, indem diese vektoriell mit dem Ortsvektor multipliziert wird. In Strömungsmaschinen spielt die Drehimpulserhaltung eine entscheidende Rolle bei der Bestimmung dort interessierender Größen, etwa in Form der in diesem Bereich häufig verwendeten sog. *Eulerschen Turbinengleichung.*

❏ **Beschleunigte Bezugssysteme:** Die Impuls- und Drehimpulserhaltungsgleichungen in der bisher angegebenen Form gelten nur in einem nicht beschleunigten Koordinatensystem, einem sog. Inertialsystem. Streng genommen ist dies ein System, dessen Achsen raumfest nach den Fixsternen ausgerichtet sind. In allen in bezug auf dieses System beschleunigten Koordinatensystemen gelten die Impuls- und Drehimpulserhaltungsgleichungen in der bisherigen Form nicht. Auf diesem Hintergrund sind nun zwei Fälle zu unterscheiden:

(a) Effekte durch die Beschleunigung des Koordinatensystems, in dem sich der Beobachter befindet, sind vernachlässigbar gering. Dies gilt fast immer für ein Koordinatensystem, das fest mit der Erde verbunden ist. Die in diesem System auftretenden Beschleunigungseffekte, z.B. aufgrund der Erdrotation sind in der Regel vernachlässigbar klein.

(b) In dem vom Beobachter gewählten Koordinatensystem treten starke Effekte durch die Beschleunigung des Systems auf, weil dieses gegenüber der Erde (einem „Fast-Inertialsystem", s. vorheriger Punkt) starke Beschleunigungen aufweist. Dies ist z.B. der Fall, wenn das Koordinatensystem mit dem Laufrad einer Turbomaschine mitbewegt wird und deshalb eine hohe Normalbeschleunigung (auch: Zentripetalbeschleunigung) aufweist. In diesen Fällen müssen die Erhaltungsgleichungen (die nur im Inertialsystem gelten) formal so umgeschrieben werden, dass nur noch Größen auftreten, die im beschleunigten Koordinatensystem bestimmt werden können. Dies ist möglich, wenn die Bewegung der beiden Koordinatensysteme zueinander bekannt ist. Bei dieser Umformung treten in den Erhaltungsgleichungen (jetzt im beschleunigten Koordinatensystem formuliert) neue Terme auf. Diese beschreiben im beschleunigten System Volumenkräfte, die sich als reine Trägheitskräfte aus der Bewegung des Systems gegenüber dem Inertialsystem ergeben. Diese Kräfte können im bewegten System zu den bereits im Inertialsystem vorhandenen „echten" äußeren Kräften hinzu addiert werden. Sie werden deshalb auch als „scheinbare äußere Kräfte" oder „Scheinkräfte" bezeichnet.

Weiterführende Literatur

Standard-Werke zur Strömungsmechanik, s. die Liste am Ende des Buches

Euler Gleichungen
(Euler equations)

BEDEUTUNG UND DEFINITION

Es handelt sich um die Impulsgleichungen für ein sog. *ideales Fluid*, das keine Viskosität η^* besitzt. Sie ergeben sich aus den vollständigen Bilanzgleichungen für den Impuls wenn dort formal $\eta^* = 0$ gesetzt wird.

	Definition	

Für den allgemeinen Fall einer instationären und kompressiblen Strömung eines idealen Fluides ($\eta^* = 0$) gelten in kartesischen Koordinaten und in einem nicht beschleunigten Koordinatensystem folgende Impulsgleichungen:

$$\text{x-Impulsgleichung:} \qquad \varrho^* \frac{Du^*}{Dt^*} = \varrho^* g_x^* - \frac{\partial p^*}{\partial x^*}$$

$$\text{y-Impulsgleichung:} \qquad \varrho^* \frac{Dv^*}{Dt^*} = \varrho^* g_y^* - \frac{\partial p^*}{\partial y^*}$$

$$\text{z-Impulsgleichung:} \qquad \varrho^* \frac{Dw^*}{Dt^*} = \varrho^* g_z^* - \frac{\partial p^*}{\partial z^*}$$

Im Sonderfall inkompressibler Strömung (hinreichende Bedingung: $\varrho^* = $ const) sind dies drei Gleichungen zur Bestimmung der Größen u^*, v^*, w^*, p^*, die zusammen mit der KONTINUITÄTSGLEICHUNG ein geschlossenes Gleichungssystem darstellen. Im allgemeinen, kompressiblen Fall muss die thermische Zustandsgleichung $\varrho^* = \varrho^*(p^*, T^*)$ bekannt sein. Zusätzlich ist die Energiegleichung erforderlich, so dass dann, wiederum mit der Kontinuitätsgleichung, sechs Gleichungen zur Bestimmung der Größen u^*, v^*, w^*, p^*, ϱ^*, T^* vorliegen.

u^*, v^*, w^*	Geschwindigkeitskomponenten	m/s
x^*, y^*, z^*	kartesische Koordinaten	m
$D.../Dt^*$	$= \partial.../\partial t^* + u^*\partial.../\partial x^* + v^*\partial.../\partial y^* + w^*\partial.../\partial z^*$ substantielle Ableitung; t^* : Zeit	1/s
p^*	(absoluter) Druck	N/m^2
ϱ^*	Dichte	kg/m^3
g_x^*, g_y^*, g_z^*	Komponenten des Fallbeschleunigungsvektors	m/s^2

PHYSIKALISCHER HINTERGRUND

Da reale Fluide stets eine endliche Viskosität η^* besitzen, handelt es sich bei dem idealen Fluid mit $\eta^* = 0$ um eine Modellvorstellung. Entscheidend ist hierbei jedoch nicht das Fluidverhalten für sich genommen, sondern in der Kombination mit der Strömung die Modellsituation der *Strömungen eines idealen Fluides*, d.h. der Strömung eine Fluides mit der Viskosität $\eta^* = 0$.

Eine solche Modellströmung wird eine um so bessere Näherung in bezug auf eine reale Strömung darstellen, je kleiner die Effekte endlicher Viskosität in der realen Strömung sind. Analysiert man deshalb den Einfluss der Viskosität auf eine Strömung, so zeigen sich drei entscheidende Phänomene, die unmittelbar auf den Einfluss endlicher Viskosität zurückgehen und die deshalb von der Modellvorstellung, die den Euler Gleichungen zugrunde liegt, nicht erfasst werden können:

- HAFTBEDINGUNG: Reale Fluide „haften" an der Wand, weil die Wechselwirkung der Fluidmoleküle mit den Wandmolekülen einen Sprung der Geschwindigkeit auf einen endlichen Wert (tangential zur Wand) verhindert. Als Folge davon bilden sich an der Wand GRENZSCHICHTEN aus. Diese Haftbedingung stellt für die allgemeinen Bilanzgleichungen eine Randbedingung dar, die bei der Lösung der Euler Gleichungen deshalb entfallen muss.

- STRÖMUNGSABLÖSUNG: Der verminderte Impuls in Wandgrenzschichten kann zur Ablösung der Grenzschicht führen und damit die Strömung großräumig beeinflussen. Dieses Grenzschichtphänomen entfällt bei einem Modell auf der Basis der Euler Gleichungen. Lösungen der Euler Gleichungen lassen zwar Strömungen zu, bei denen Stromlinien die Wand verlassen und Strukturen bilden, die Ablösegebieten realer Strömungen ähnlich sind, die genaue Form dieser Gebiete kann aber nicht durch die Lösung der Euler-Gleichungen allein bestimmt werden. Aus der unendlichen Vielfalt solcher möglichen Lösungen muss durch Zusatzbedingungen die sog. *relevante Euler Lösung* ermittelt werden, die näherungsweise einer realen Strömung mit großen Ablösegebieten entspricht, s. dazu das Beispiel unter ANWENDUNGEN UND BEISPIELE.

- TURBULENZ: Das Verhalten viskoser Fluide gegenüber Störungen kann unter bestimmten Bedingungen zu Instabilitäten und letztendlich zu turbulentem Strömungsverhalten führen. Ohne Viskosität entfällt dieser Mechanismus, weshalb nicht nach den zwei möglichen Strömungsformen *laminar* und *turbulent* unterschieden werden kann.

Alle drei Phänomene können als „Reibungseffekte" angesehen werden, weshalb Lösungen auf der Basis der Euler Gleichungen als Modelle für *reibungsfreie Strömungen* angesehen werden.

Reale Strömungen, die stets reibungsbehaftet sind, können durch diese Modellströmung dann näherungsweise beschrieben werden, wenn die Reibungseffekte überall in der Strömung vernachlässigbar klein sind (dann approximiert die Lösung der Euler Gleichungen das gesamte Strömungsfeld), oder wenn die Reibungseffekte auf kleine Teilgebiete des Strömungsfeldes beschränkt sind (dann approximiert die Lösung der Euler Gleichungen große Teile des Strömungsfeldes). Diese letztgenannte Situation liegt bei Strömungen großer Reynolds-Zahlen vor, bei denen dünne Wandgrenzschichten und dünne freie Scherschichten die einzigen Bereiche sind, in denen nennenswerte Reibungseffekte auftreten.

Um diese Strömungen unter einfacher Vernachlässigung dieser Bereiche durch die Euler Gleichungen beschreiben zu können muss allerdings vorausgesetzt werden, dass es nicht zu einer großräumigen Strömungsablösung kommt.

Da Reibungseffekte letztlich die Ursache für das Auftreten von DREHUNG in Strömungen sind, weisen reibungsfreie Strömungen häufig zusätzlich die Eigenschaft der Drehungsfreiheit auf. Drehungsfreie Strömungen sind der mathematischen Behandlung besonders gut zugänglich, weil sie ein Potential besitzen (s. dazu das Stichwort POTENTI-ALSTRÖMUNGEN) und deshalb durch eine Laplace Gleichung relativ einfach beschrieben werden.

ANWENDUNGEN UND BEISPIELE

Euler-Lösung mit konstanter Drehung im „Ablösegebiet" einer zweidimensionalen Strömung

Bei Strömungen mit großen Ablösegebieten ist zunächst unklar, wie sich diese im gedachten Grenzfall großer Reynolds-Zahlen (Re $\rightarrow \infty$) verhalten, wenn davon ausgegangen wird, dass Teilgebiete, in denen die Viskosität eine Rolle spielt, dabei stets kleiner werden. Diese Teilgebiete sind Wandgrenzschichten und Scherschichten zwischen dem Ablösegebiet und dem außen strömenden Fluid. Je kleiner diese Teilgebiete werden, um so größer wird der Bereich des Strömungsfeldes, in dem dann die Euler Gleichungen gelten. Im Grenzfall Re $\rightarrow \infty$ gehen die Querabmessungen der (zunächst als laminar unterstellten) Grenz- und Scherschichten zu Null und das gesamte Strömungsfeld wird durch die Euler Gleichungen beschrieben, ohne dass aus diesen allerdings folgen würde, welche Form das Ablösegebiet annimmt.

Eine physikalisch motivierte Modellvorstellung geht nun davon aus, dass im Grenzfall Re $\rightarrow \infty$ im Ablösegebiet eine konstante Drehung ω^* herrscht (Batchelor, J. *Fluid Mechanics* 1 (1955), 177 - 190). Im nachfolgenden Bild ist an einer dellenartigen Vertiefung in einer Wand gezeigt, wie Lösungen der Euler Gleichungen aussehen, bei denen endliche Ablösegebiete mit konstanter Drehung vorliegen. Als physikalische Zusatzbedingung muss die Druckgleichheit zu beiden Seiten der Trennstromlinie gefordert werden. Die Lösung ist allerdings nicht eindeutig, da sowohl die Lage des Ablösepunktes als auch die Stärke der konstanten Drehung im Ablösegebiet frei wählbar sind. Welche der damit möglichen unendlich vielen Lösungen eine sinnvolle Grenzlösung darstellt, ist aus den Euler Gleichungen nicht zu entnehmen, sondern muss aus zusätzlichen Überlegungen folgen, die den Einfluss der Viskosität im Grenzfall Re $\rightarrow \infty$ berücksichtigen (s. dazu auch die Anmerkung *Relevante Euler-Lösung für* Re $\rightarrow \infty$ unter BEACHTE).

BEACHTE

◘ **Randbedingungen:** Es war bereits ausgeführt worden, dass die Haftbedingung an festen Wänden von den Euler Gleichungen nicht erfüllt werden kann, weil diese Modellvorstellung Reibungseffekte vernachlässigt. Aus mathematischer Sicht entspricht

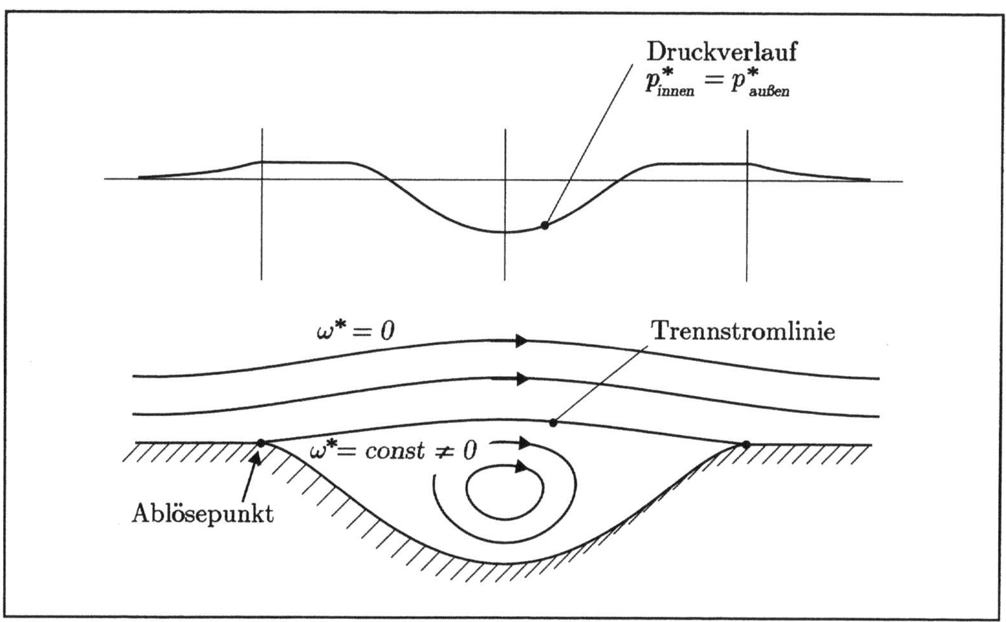

Euler - Lösung mit einem Ablösegebiet endlicher, konstanter Drehung ω^*
qualitative Verläufe der gezeigten Größen

quantitative Angaben in :
H.Herwig, Dissertation 1981, Ruhr-Universität Bochum

diesem Phänomen eine Reduktion der Ordnung der Differentialgleichung um Eins gegenüber den vollständigen Bilanzgleichungen. Diese sind z.B. für Newtonsche Fluide (dann handelt es sich um die NAVIER-STOKES GLEICHUNGEN) von zweiter Ordnung, benötigen also zwei Randbedingungen. An festen Wänden sind dies im Normalfall die kinematische Strömungsbedingung (Vertikalkomponente der Geschwindigkeit gleich Null; undurchlässige Wand) und die Haftbedingung (Tangentialkomponente der Geschwindigkeit gleich Null). Zweite Ableitungen treten aber ausschließlich in den Reibungstermen auf, so dass die Euler Gleichungen, die diese Terme gerade vernachlässigen, nur von erster Ordnung sind und deshalb auch ohne die Haftbedingung zu erfüllen mit der kinematischen Strömungsbedingung bezüglich der Randbedingungen hinreichend bestimmt sind.

An sog. freien Oberflächen, die z.B. bei Wasserströmungen an den Grenzflächen zur Umgebungsluft auftreten, wird als zusätzliche Randbedingung ein konstanter Druck gefordert. Diese Bedingung führt aber nicht zu einer unzulässigen Überbestimmung des Systems, weil die Lage der Grenzfläche zunächst unbestimmt ist und genau durch diese Bedingung erst festgelegt wird.

◨ **Zugehörige Energiegleichung:** Oftmals wird argumentiert, die zur Euler Gleichung gehörige Energiegleichung müsste notwendigerweise ein nichtleitendes Fluid unterstellen, also ein Fluid mit der Wärmeleitfähigkeit $\lambda^* = 0$. Dies sei erforderlich, weil eine endliche Prandtl-Zahl $\mathrm{Pr} = \eta^* c_p^* / \lambda^*$ mit $\eta^* = 0$ (ideales Fluid) auch $\lambda^* = 0$ erfordern würde. Es sollte jedoch nicht übersehen werden, dass Modellvorstellungen stets nur unter dem Gesichtspunkt der Brauchbarkeit beurteilt werden sollten und sich dies auch auf Teilaspekte des Gesamtproblems beziehen kann. So könnte die Strömung eines Fluides, das eine kleine Prandtl-Zahl besitzt, durchaus sinnvoll durch eine Modellvorstellung mit $\eta^* = 0$ aber $\lambda^* \neq 0$ approximiert werden.

▢ **Wirbeltransportgleichung:** Mit der DREHUNG $\vec{\omega}^* = \mathrm{rot}\,\vec{v}^*$ können die drei einzelnen Komponenten der Euler Gleichungen in Form der sog. Wirbeltransportgleichung geschrieben werden, in welcher der Druck nicht mehr explizit auftritt. Diese lautet für $\varrho^* = \mathrm{const}$

$$\frac{D\vec{\omega}^*}{Dt^*} = \vec{\omega}^* \cdot \mathrm{grad}\,\vec{v}^*$$

und ergibt sich formal aus der allgemeinen Wirbeltransportgleichung auf der Basis der Navier-Stokes Gleichungen, wenn dort $\eta^* = 0$ gesetzt wird. Mit dem Wegfall des mit η^* verbundenen Terms entfällt aus physikalischer Sicht die Diffusion von Drehung in einem Strömungsfeld, so dass als Mechanismen der konvektive Transport von Drehung (linke Seite der Gleichung) sowie die Wirbelstreckung bzw. Umlenkung (rechte Seite der Gleichung) verbleiben.

▢ **Relevante Euler-Lösung für Re** $\to \infty$: In dimensionsloser Form folgen die Euler Gleichungen aus der allgemeinen Navier-Stokes Gleichung, wenn $\mathrm{Re} = \infty$ gesetzt wird. Damit liegt die Vermutung nahe, dass im konkreten Fall die Lösung der Euler Gleichungen der Grenzlösung der Navier-Stokes Gleichungen für $\mathrm{Re} \to \infty$ entspricht. Dies trifft so jedoch nicht zu, da der Grenzübergang $\mathrm{Re} \to \infty$ ein sog. *singulärer Grenzübergang* ist, bei dem der Einfluss der Viskosität erhalten bleibt. Trotzdem spielt die Lösung für $\mathrm{Re} = \infty$ in diesem Grenzübergang eine wichtige Rolle. Sie stellt den führenden Term der sog. Außenlösung der Gesamtlösung dar, in der als weiteres Element die Grenzschicht (mit verschwindender Dicke, aber bleibender Bedeutung) auftritt. Dies gilt unmittelbar für Strömungen ohne Ablösung. Tritt hingegen ein endliches Ablösegebiet auf, so ist dessen Form Teil der Lösung und die sog. *relevante Euler-Lösung* muss aus der unendlichen Vielzahl möglicher Lösungen (aufgrund unendlich vieler Formen des Ablösegebietes) bestimmt werden.

WEITERFÜHRENDE LITERATUR

Standard-Werke der Strömungsmechanik, s. die Liste am Ende des Buches

Eulersche Betrachtungsweise
(Eulerian viewpoint)

Siehe dazu das Stichwort BILANZGLEICHUNGEN, dort unter BEACHTE

Expansionswellen
(expansion waves)

Siehe dazu das Stichwort VERDICHTUNGSSTOSS, dort unter BEACHTE

Fanno-Strömung
(Fanno flow)

Siehe dazu das Stichwort ROHRSTRÖMUNG, KOMPRESSIBEL, dort unter PHYSIKALISCHER HINTERGRUND

Finite Differenzen Verfahren
(finite difference method)

Siehe dazu das Stichwort NUMERISCHE VERFAHREN, dort unter PHYSIKALISCHER HINTERGRUND

Finite Elemente Verfahren
(finite element method)

Siehe dazu das Stichwort NUMERISCHE VERFAHREN, dort unter PHYSIKALISCHER HINTERGRUND

Finite Volumen Verfahren
(finite volume method)

Siehe dazu das Stichwort NUMERISCHE VERFAHREN, dort unter PHYSIKALISCHER HINTERGRUND

Fluid
(fluid)

BEDEUTUNG UND DEFINITION

Es handelt sich um einen Oberbegriff für Gase und Flüssigkeiten, also für „nicht-Festkörper". Beiden gemeinsam ist die „Fließfähigkeit". Ein solcher Oberbegriff wird auch deshalb eingeführt, weil aus thermodynamischer Sicht nicht immer eindeutig entschieden werden kann, ob ein Gas oder eine Flüssigkeit vorliegt. In der Nähe des kritischen Zustandes eines Stoffes (kritischer Zustand: im Zustandsdiagramm durch das Zusammentreffen der Siede- und der Taulinie gekennzeichnet) kommt es zu einem kontinuierlichen Übergang zwischen der Gas- und Flüssigphase eines Stoffes, wenn die Zustandsänderung so erfolgt, dass sie im Zustandsdiagramm einem Weg oberhalb des kritischen Punktes entspricht.

Definition
Unter einem Fluid versteht man eine frei bewegliche Substanz, die mikroskopisch aus Atomen oder Molekülen aufgebaut ist. Diese stehen miteinander in Wechselwirkung, bauen dabei aber keine makroskopischen Ordnungsstrukturen auf. Als Folge davon sind sie unbegrenzt deformierbar und geben beliebig kleinen auf sie wirkenden Kräften nach.   *Reale Fluide* weisen einen (stoffspezifischen) Zusammenhang zwischen einer Scherrate und der sie erzeugenden Schubspannung auf. Ihr Verhältnis wird bei sog. Newtonschen Fluiden als Viskosität und bei nicht-Newtonschen Fluiden als scheinbare Viskosität bezeichnet.   *Ideale Fluide* sind Modellfluide, die keine Viskosität besitzen. Strömungen solcher Fluide können Strömungen realer Fluide näherungsweise beschreiben, wenn die Effekte endlicher Viskositätswerte nur einen geringen Einfluss auf die Strömung besitzen. Dies kann u.U. auch nur auf einen Teilbereich des gesamten Strömungsfeldes zutreffen, wie z.B. im Fall der Grenzschichtströmung, bei der Reibungseffekte außerhalb der dünnen Grenzschichten in erster Näherung vernachlässigt werden können.

PHYSIKALISCHER HINTERGRUND

In der Strömungsmechanik spielt der Begriff des Fluides naturgemäß eine zentrale Rolle. Auf dem Hintergrund der Tatsache, dass Materie eine molekulare/atomare Struktur besitzt, wird jedoch sofort deutlich, dass es sich bei diesem Begriff um eine Modellvorstellung handelt, wenn unter einem Fluid (wie allgemein üblich) eine Substanz mit kontinuierlich verteilten Eigenschaften verstanden wird. In diesem Zusammenhang sind zwei Aspekte von entscheidender Bedeutung.

- Von extremen Zuständen abgesehen ist das Verhältnis aus den charakteristischen Längen der molekularen Struktur und dem makroskopischen System extrem klein.

Für Gase unter Normalbedingungen entspricht dieses Verhältnis der Knudsen-Zahl (s. dazu das Stichwort DICHTE). Wenn das makroskopische System eine charakteristische Länge $L_c^* = 0,1$ m besitzt, so ist z.B. die Knudsen-Zahl von Luft (mittlere freie Weglänge $\lambda^* = 5 \cdot 10^{-8}$ m) Kn $= 5 \cdot 10^{-7}$. Dies ist etwa 5 Größenordnungen von den Werten der Knudsen-Zahl „entfernt", ab denen mit Effekten des nicht-Kontinuumsverhaltens gerechnet werden muss. Ähnliche Überlegungen gelten für Flüssigkeiten, bei denen sogar noch kleinere Abmessungen auf der molekularen Ebene vorliegen.

- Es gelingt, ausgehend vom mikroskopischen Verhalten der Teilchen, Gleichungen zu entwickeln, die das makroskopische, kontinuierliche Verhalten des Fluides beschreiben. Dies sind die Differentialgleichungen der Strömungsmechanik, s. dazu auch das Stichwort BILANZGLEICHUNGEN, dort unter PHYSIKALISCHER HINTERGRUND.

Wenn also von einem Fluid als Kontinuum ausgegangen werden kann, sind zu dessen Charakterisierung die makroskopischen Stoffwerte von Bedeutung. Für ein *einphasiges Fluid* sind dies die Dichte ϱ^* und die dynamische Viskosität η^*. Tritt zusätzlich ein Wärmeübergang auf, so sind die Wärmeleitfähigkeit λ^* und die spezifische Wärmekapazität c_p^* von Bedeutung.

Tritt ein Fluid in mehr als einer *Phase* auf, wie z.B. bei Siede- und Kondensationsvorgängen, interessieren zusätzlich die Phasenwechsel-Enthalpien und ggf. die OBERFLÄCHENSPANNUNG.

Bei mehr als einer *Komponente* können Stoffübergänge bzw. Diffusionsvorgänge auftreten, die durch entsprechende Stoff-Diffusionskoeffizienten der Gemische charakterisiert sind. Bei mehrphasigen Strömungsvorgängen eines mehrkomponentigen Fluides liegen damit in der Regel sehr komplizierte Verhältnisse vor, die einer sorgfältigen physikalisch / mathematischen Modellierung bedürfen.

Stoffdaten für eine Reihe von reinen Fluiden und Gemischen sind z.B. im VDI-Wärmeatlas (1997) zu finden. Umfangreiche Datenbanken finden sich auch im Internet, z.B. unter *www.nist.gov* (dort unter $\rightarrow$ Information for Researchers, $\rightarrow$ Databases, $\rightarrow$ Fluids). Für das technisch wichtige Fluid Wasser s. Wagner, Kruse (1998) bzw. Wagner et al. (2000).

ANWENDUNGEN UND BEISPIELE

Taylor-Reihenentwicklung der Stoffwerte einphasiger Fluide

Die Stoffwerte einphasiger Fluide sind im allgemeinen Fall von zwei thermodynamischen Größen abhängig. Häufig werden der Druck und die Temperatur als direkt messbare Größen herangezogen, um die Stoffwerte zahlenmäßig zu beschreiben.

Wenn α^* ein allgemeiner Stoffwert ist, also für ϱ^*(Dichte), η^*(dyn. Viskosität), λ^*(Wärmeleitfähigkeit) und c_p^* (spez. isobare Wärmekapazität) steht, kann $\alpha^* = \alpha^*(T^*, p^*)$ wie folgt in eine Taylor-Reihe entwickelt werden:

$$\alpha \equiv \frac{\alpha^*}{\alpha_B^*} = 1 + K_{\alpha 1}\Theta + \hat{K}_{\alpha 1}P + \frac{1}{2}K_{\alpha 2}\Theta^2 + \frac{1}{2}\hat{K}_{\alpha 2}P^2 + \overline{K}_{\alpha 2}\Theta P + \ldots$$

$(\Theta = (T^* - T_B^*)/T_B^*$; $P = (p^* - p_B^*)/p_B^*$; B : Bezugszustand) die für $\Theta \to 0$ und $P \to 0$ abgebrochen werden kann und dann einen kleinen Fehler bekannter Fehlerordnung enthält.

Die dimensionslosen Stoffwertableitungen sind:

$$K_{\alpha 1} \equiv \left[\frac{\partial \alpha^*}{\partial T^*}\frac{T^*}{\alpha^*}\right]_B \quad ; \quad \hat{K}_{\alpha 1} \equiv \left[\frac{\partial \alpha^*}{\partial p^*}\frac{p^*}{\alpha^*}\right]_B$$

$$K_{\alpha 2} \equiv \left[\frac{\partial^2 \alpha^*}{\partial T^{*2}}\frac{T^{*2}}{\alpha^*}\right]_B \quad ; \quad \hat{K}_{\alpha 2} \equiv \left[\frac{\partial^2 \alpha^*}{\partial p^{*2}}\frac{p^{*2}}{\alpha^*}\right]_B \quad ; \quad \overline{K}_{\alpha 2} \equiv \left[\frac{\partial^2 \alpha^*}{\partial T^* \partial p^*}\frac{T^* p^*}{\alpha^*}\right]_B$$

STOFF	LUFT			WASSER		
$T_B^*/°C$	20	200	500	0	20	70
$\varrho^*/\frac{\mathrm{kg}}{\mathrm{m}^3}$	1,118	0,736	0,450	999,9	998,3	971,5
$\eta^*/\frac{10^{-6}\mathrm{kg}}{\mathrm{ms}}$	18,185	25,850	35,800	1753,3	1001,9	400,5
$\lambda^*/\frac{10^{-3}\mathrm{W}}{\mathrm{mK}}$	25,721	38,660	56,346	560,0	597,3	661,5
$c_p^*/\frac{\mathrm{kJ}}{\mathrm{kgK}}$	1,014	1,048	1,096	4,216	4,182	4,190
$K_{\varrho 1}$	-1,000	-1,000	-1,000	0,010	-0,057	-0,206
$K_{\varrho 2}$	2,000	2,000	2,000	-0,949	-0,906	-0,611
$K_{\eta 1}$	0,775	0,696	0,633	-8,791	-7,132	-4,744
$K_{\eta 2}$	-0,352	-0,360	-0,344	113,36	78,16	38,54
$K_{\lambda 1}$	0,891	0,809	0,726	1,008	0,823	0,492
$K_{\lambda 2}$	-0,257	-0,331	-0,357	-2,771	-2,595	-1,983
K_{c1}	0,068	0,076	0,108	-0,188	-0,052	0,045
K_{c2}	-0,076	-0,028	-0,010	2,619	1,488	0,264
$\hat{K}_{\varrho 1}$	1	1	1	$5\cdot10^{-5}$	$5\cdot10^{-5}$	$5\cdot10^{-5}$
$\hat{K}_{\eta 1}$	$6\cdot10^{-4}$	$3\cdot10^{-4}$	$1\cdot10^{-4}$	$-1\cdot10^{-4}$	$-3\cdot10^{-4}$	$6\cdot10^{-5}$
$\hat{K}_{\lambda 1}$	$2\cdot10^{-3}$	$9\cdot10^{-4}$	$4\cdot10^{-4}$	$9\cdot10^{-5}$	$8\cdot10^{-5}$	$8\cdot10^{-5}$
$\hat{K}_{c1}$	$2\cdot10^{-3}$	$5\cdot10^{-4}$	$2\cdot10^{-4}$	$-1\cdot10^{-4}$	$-6\cdot10^{-5}$	$6\cdot10^{-5}$

Die Zeilen $K_{\varrho 1}$ bis K_{c2} gehören zur **Temperaturabhängigkeit**, die Zeilen $\hat{K}_{\varrho 1}$ bis $\hat{K}_{c1}$ zur **Druckabhängig.**

K-Werte für Luft und Wasser

Die vorhergehende Tabelle enthält einige Zahlenwerte für Luft und Wasser. Diese dienen unmittelbar zur Charakterisierung der jeweiligen Temperatur- und Druckabhängigkeit.

Darüber hinaus sind sie der Ausgangspunkt für eine systematische Erfassung des Einflusses variabler Stoffwerte, s. dazu das Stichwort VARIABLE STOFFWERTE, dort unter ANWENDUNGEN UND BEISPIELE.

BEACHTE

▢ **Ideales Gas**: Das sog. ideale Gas ist ein Modell zur Beschreibung des Zustandsverhaltens von Gasen bei niedrigen Drücken bzw. geringen Dichten. Das Fluidverhalten in diesen Zustandsbereichen nähert sich für alle realen Gase bei $p^* \to 0$ immer mehr demjenigen eines „Modellfluides" an, das durch sehr einfache thermische und kalorische Zustandsgleichungen beschrieben ist. Für das ideale (Modell-) Gas gilt: $p^*/\varrho^* = R^*T^*$ als thermische und $e^* = e^*(T^*)$ als kalorische Zustandsgleichung (R^*: spezielle Gaskonstante; e^*: spez. innere Energie). Die Modellvorstellung, die diesem Fluidverhalten zugrunde liegt, ist eine wechselwirkungsfreie Molekülbewegung von Teilchen ohne Eigenvolumen. Für stark verdünnte Gase ist dies in guter Nährung erfüllt. Für viele Anwendungen können reale Gase bis zu Drücken von etwa 10 bar als ideale Gase behandelt werden, ohne allzu große Fehler zu machen. Für genauere Angaben s. z. B. Baehr (2002).

▢ **Newtonsches / nicht-Newtonsches Fluid**: Der Zusammenhang zwischen dem Spannungs- und dem Verzerrungszustand in einem strömenden Fluid wird durch eine sog. KONSTITUTIVE GLEICHUNG fluidspezifisch formuliert. In diesem Zusammenhang tritt als makroskopischer Transportkoeffizient die *Viskosität* auf. Für sog. Newtonsche Fluide ist die Viskosität vom Spanungs- und damit vom Strömungszustand des Fluides unabhängig. Bis auf eine mögliche Temperatur- und Druckabhängigkeit handelt es sich also um eine Konstante. Für sog. nicht-Newtonsche Fluide liegt kein konstanter, d.h. strömungsunabhängiger Wert dieser Größe vor. Für nähere Einzelheiten s. das Stichwort KONSTITUTIVE GLEICHUNGEN; dort unter ANWENDUNGEN UND BEISPIELE.

WEITERFÜHRENDE LITERATUR

Standardwerke zur Strömungsmechanik, s. die Liste am Ende des Buches

• speziell zu Stoffdaten:

Baehr, H.D. (2002): *Thermodynamik*, 11. Aufl., Springer-Verlag, Berlin, Heidelberg, New York

Wagner, W.; Span, R.; Bonsen, G. (2000): *Wasser und Wasserdampf, CD-ROM mit Handbuch*, Springer-Verlag, Berlin, Heidelberg, New York

Wagner, W.;Kruse, A. (1998): *Properties of Water and Steam, Zustandsgrößen von Wasser und Wasserdampf*, Springer-Verlag, Berlin, Heidelberg, New York

VDI-Wärmeatlas (1997): *Berechnungsblätter für den Wärmeübergang*, 8. Aufl., VDI-Verlag, Düsseldorf

Millat, J.; Dymond, J.H.; Nieto des Castro, C.A. (1996): *Transport Properties of Fluids*, Cambridge University Press, Cambridge

Fluid-Struktur-Wechselwirkung
(fluid structure interaction)

BEDEUTUNG UND DEFINITION

Es handelt sich um die wechselseitige und meist instationäre Beeinflussung zwischen einem um- oder durchströmten Körper und der Strömung. Die Instationarität liegt dabei oft, aber nicht notwendigerweise in Form von periodischen Schwingungen bzw. als oszillierende Bewegung der Körperoberfläche vor.

Solche Probleme treten häufig im Bereich des Bauingenieurwesens auf (windbelastete Tragwerke), bei verfahrenstechnischen Leitungssystemen (Leitungsschwingungen; „Wasserhammer", d.h. Druckschläge infolge Ventilschnellschluss) sowie in der Aerodynamik (aeroelastisches Verhalten von Tragflügeln, Vibration von Turbinen- und Kompressor-Schaufeln).

	Definition	

Unter der Fluid-Struktur-Wechselwirkung (engl.: FSI, fluid structure interaction) versteht man die wechselseitige Beeinflussung von Oberflächenbelastungen (Druck und Wandschubspannungen) durch die Strömung und der Bewegung (Verschiebung) der Körperoberfläche in einem insgesamt instationären, häufig periodischen Prozess. Die Berechnung solcher Interaktionsprozesse erfordert in der üblicherweise gewählten Vorgehensweise

- die Lösung der Strömungsgleichungen in zeitlich veränderlichen Lösungsgebieten, die sich durch die Körperverschiebungen ergeben.

- die Struktursimulation unter zeitlich variierenden Belastungen der Wände, die in Folge der Strömung auftreten.

- einen Kopplungsmechanismus, der das Zeitverhalten der Gesamtanordnung unter Berücksichtigung des Konvergenzverhaltens der Teillösungen bestimmt.

PHYSIKALISCHER HINTERGRUND

Bei der Körperumströmung oder -durchströmung liegt stets eine *gegenseitige* Beeinflussung von Strömung und Körper vor: Der Körper bestimmt durch seine Form das konkrete Strömungsfeld, die Strömung führt zu Schub- und Druckkräften auf der Körperoberfläche. Wenn der Körper starr und unbeweglich ist, kann zunächst die Strömung um oder durch den Körper berechnet, und daraus anschließend die Oberflächenbelastung ermittelt werden. Ein Iterationsprozess ist dabei nicht erforderlich, weil die Strömung zu keiner Verschiebung der Körperoberfläche führt und damit das Lösungsgebiet nicht durch die Strömung beeinflusst wird, d.h. die Randbedingungen für die Lösung des Strömungsproblems sind nicht von der Strömung selbst abhängig. Dies gilt selbst bei einer instationären aber vorgegebenen Körperbewegung, bei der dann das Strömungsfeld instationär ist, aber weiterhin kein Einfluss der Strömung auf die Randbedingungen zur Lösung des Strömungsproblems vorliegen.

Eine ganz andere Situation tritt aber auf, wenn die Körperoberfläche Verschiebungen aufgrund der strömungsbedingten Oberflächenbelastung erfährt und damit die Randbedingungen für die Strömung durch die Strömung selbst beeinflusst werden. Diese Oberflächenverschiebungen können nur aus einer Analyse der Körperbewegung unter der aufgeprägten Strömungs-Belastung ermittelt werden, so dass wegen der *wechselseitigen* Beeinflussung jetzt entweder eine gemeinsame Lösung des Gesamtproblems (Strömung + Körper) oder eine iterative Kopplung der Teilprobleme erforderlich ist. Beide Wege beschreiben das instationäre Verhalten des gekoppelten strömungsmechanischen/strukturmechanischen Systems.

Obwohl prinzipiell eine gemeinsame einheitliche Lösung des Gesamtproblems möglich ist, s. z.B. Spalding (2002), werden solche Probleme fast ausschließlich durch eine iterative Kopplung von CFD (computational fluid dynamics) und CSD (computational structure dynamics) gelöst. Dabei kommt es entscheidend darauf an, den Lösungsaufwand zu begrenzen, indem der Iterationsprozess beschleunigt wird oder die Teillösungen zunächst nur näherungsweise bestimmt werden.

Besonders bei periodischen (oszillierenden) Körperbewegungen können die Teilprobleme der Strukturanalyse und der Strömungsfeldberechnung oftmals erheblich vereinfacht werden. Auf der Basis einer sog. *Modalanalyse* können die Festkörperstruktur und unter bestimmten Voraussetzungen auch das Strömungsfeld bzgl. ihres Schwingungsverhaltens analysiert werden. Damit ist gemeint, dass die sog. *Eigenfrequenzen* und die zugehörigen *Eigenfunktionen* bestimmt werden. Bezüglich des Festkörpers besagen diese Größen, mit welcher Frequenz und in welcher Form ein Körper schwingt, wenn er dazu angeregt wurde. Aus der Kenntnis aller oder zumindest der entscheidenden Eigenfrequenzen (auch *Moden* genannt) kann anschließend das gesamte Bewegungsverhalten in guter Näherung und auf einfache Weise ermittelt werden. Zu Einzelheiten, insbesondere auch, wie diese Modalanalyse auf ein Strömungsfeld angewandt werden kann und damit ein sog. *Modell reduzierter Ordnung* ergibt, s. z.B. Dowell, Hall (2001).

Wenn das Strömungsfeld „konventionell", d.h. unter Einsatz von CFD Software im Sinne von Feldlösungen bestimmt werden soll, muss der Tatsache Rechnung getragen werden, dass das Lösungsgebiet zeitlich veränderlich ist, was auch als Bewegung der Strömungsfeld-Berandung interpretiert werden kann. Wenn das numerische Rechengitter zeitlich unverändert beibehalten wird (EULERSCHE BETRACHTUNGSWEISE) muss die zeitabhängige Bewegung der Berandung des Rechengebietes bei der Diskretisierung berücksichtigt werden. Dies stellt einen erheblichen Aufwand dar, weil die entstehende Lösungsmatrix von Zeitschritt zu Zeitschritt anders besetzt wird und Maschenvolumen geschnitten werden können.

Eine Alternative besteht darin, das numerische Gitter jeweils dem Lösungsgebiet anzupassen. Da ein vollständig mit dem Fluid mitbewegtes Gitter einer LAGRANGESCHEN BETRACHTUNGSWEISE entsprechen würde, werden die einer gemischten Euler/Lagrangeschen Betrachtungsweise entsprechenden Formulierungen bei der Fluid-Struktur-Wechselwirkung als ALE-Formulierungen bezeichnet (ALE: Arbitrary Langrangeian Eulerian). Der entscheidende Punkt ist dabei, dass die Gittergeschwindigkeit $\vec{v}_G^*$ explizit in den zu lösenden Grundgleichungen auftritt, weil die konvektiven Flüsse über die Gitterflächen durch die Relativgeschwindigkeiten $\vec{v}^* - \vec{v}_G^*$ zustande kommen. Für eine Umsetzung dieses Konzeptes im Rahmen von Finite-Volumen-Verfahren s. z.B. Demirzic, Peric (1990).

ANWENDUNGEN UND BEISPIELE

1. Einsturz der „Tacoma bridge"

Am 7. November 1940 kam es in der Nähe von Seattle (Washington / USA) zu einer Fluid-Struktur-Wechselwirkung der besonderen Art: an diesem Tag stürzte die dadurch weltbekannt gewordene Hängebrücke über einer Wasserenge bei Tacoma ein. Der Grund dafür war die besondere Wetter- bzw. Windsituation, die dazu geführt hatte, Eigenschwingungen der Brücke so anzuregen, dass schließlich der sog. Resonanzfall auftrat, in dem die Schwingungsamplituden nicht mehr begrenzt bleiben und damit zur Zerstörung führen. Nachdem zunächst über einen längeren Zeitraum Längsschwingungen mit Amplituden von mehr als einem Meter aufgetreten waren, wurden anschließend Torsionsschwingungen angeregt, die die Fahrbahn um bis zu 45° in beide Richtungen kippen ließen. Dies führte zum Absprengen erster Bauteile und immerhin erst nach ca. 20 Minuten zum endgültigen Einsturz der Brücke.

Schon unmittelbar nach dem Bau war die Brücke extrem „windanfällig", was sie zur Attraktion machte und ihr den Namen „Galloping Gertie" eintrug. Zur damaligen Zeit wusste man wenig von Fluid-Struktur-Wechselwirkungen, so dass ein völlig neues Design, und darum handelte es sich bei der damals hochmodernen Brücke, nicht daraufhin untersucht werden konnte, wie es sich unter eventuell extremen Windbelastungen verhalten würde. Eine solche extreme Situation lag am 7. November 1940, reichlich vier Monate nach Einweihung der Brücke, vor. Seitdem gehören solche Untersuchungen ins „Pflichtenheft" beim Bau von großen Bauwerken.

Zum Einsturz der Tacoma-Brücke existiert im Internet sehr viel Material unter dem Stichwort „Tacoma bridge". Ein Film dazu findet sich unter der Web-Adresse www.enm.bris.ac.uk/research/nonlinear/tacoma/tacoma.html.

2. Kopplungsmechanismus bei Fluid-Struktur-Wechselwirkungen

Das nachfolgende Bild zeigt, wie die numerischen Löser für das Strömungsproblem (CFD) und für die Strukturanalyse (CSD), die jeweils für sich iterative Löser darstellen (nichtlineare Gleichungen), über die Belastungen und Verschiebungen als Randbedingungen für das jeweils andere Programm gekoppelt werden können. Wenn in dieser sog. äußeren Iterationsschleife Konvergenz erreicht worden ist, kann das zeitabhängige Problem im nächsten Zeitschritt gelöst werden, d.h., die Zeit erhöht sich in allen zeitabhängigen Gleichungen um $\Delta t^* = t^*_{n+1} - t^*_n$.

Beispiele für Lösungen von Fluid-Struktur-Wechselwirkungen nach diesem Kopplungsalgorithmus finden sich u.a. in Rank (2000).

BEACHTE

❏ **Weitere Anwendungsbeispiele:** Neben den bisher genannten Fällen treten Fluid-Struktur-Wechselwirkungen z.B. im Zusammenhang mit folgenden Problemen auf:

- Blutströmung in Arterien
- Schwingungen in Wärmeübertragern

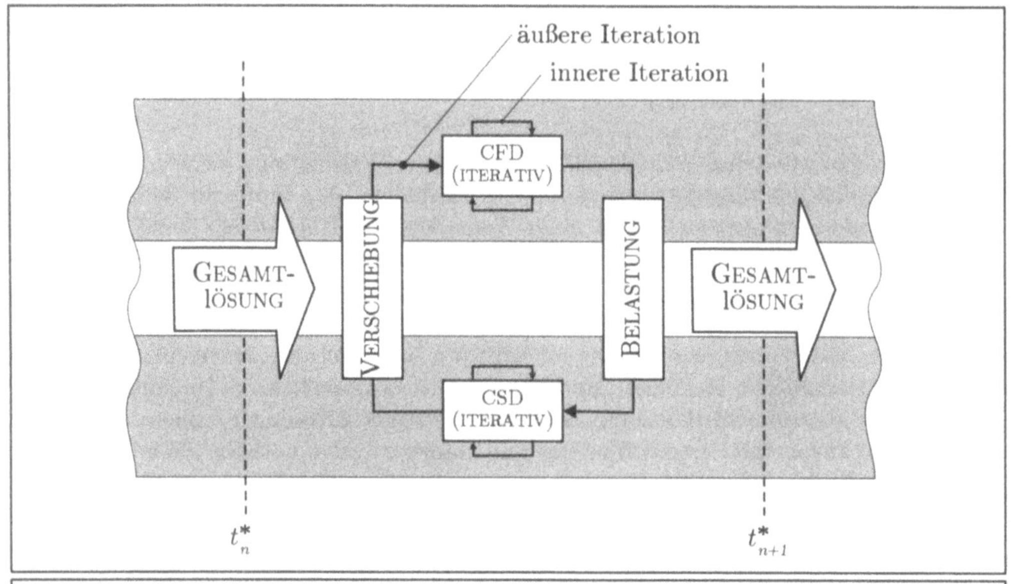

Zeitliche Entwicklung der Gesamtlösung bei Fluid-Struktur-Wechselwirkungen: Beispiel für einen Kopplungsalgorithmus

- Trag- und Schwingungsverhalten großer Tragwerkstrukturen in Grenzsituationen

- Flüssigkeitsgefüllte Membranstrukturen

- Flüssigkeitsbehälter unter Erdbeben oder beim Transport (sog. Schockerregung)

- Talsperren-Staumauern bei Erdbeben

- Fluidschall- und Körperschallausbreitung in Schlauch- und Rohrleitungssystemen

Effiziente Lösungsalgorithmen: Fluid-Struktur-Wechselwirkungen sind naturgemäß extrem rechenaufwendig, so dass insbesondere der Kopplungsalgorithmus „intelligent" gestaltet sein sollte. Neben möglichen Linearisierungen bietet sich ein sog. *Prädiktor-Korrektor-Verfahren* an. Dabei wird zu Beginn eines jeden Zeitschrittes die neue Lösung durch Extrapolation aus den vorherigen Zeitschritten geschätzt (Prädiktor) und anschließend iterativ genau bestimmt (Korrektor). Damit lässt sich die Anzahl der pro Zeitschritt erforderlichen Iterationen, und damit auch die Rechenzeit, erheblich (oftmals um den Faktor zwei oder mehr) reduzieren. Beispiele dazu finden sich in Rank (2000).

WEITERFÜHRENDE LITERATUR

Haase, W.; Selmin, V.; Winzell, B. (2003): *Progress in Computational Flow-Structure Interaction*, Notes on Numerical Fluid Mechanics and Multidisciplinary Design **81**, Springer-Verlag, Berlin, Heidelberg, New York

Spalding, B. (2002): *Simultaneous Prediction of solid stress, Heat Transfer and Fluid Flow by a Single Algorithm*, Proc. of the ASME Pressure Vessels and Piping Conference, Vancouver Aug. 2-4, 2002

Dowell, E.H.; Hall, K.C. (2001): *Modeling of Fluid-Structure Interaction*, Annu. Rev. Fluid Mech. **33**, 445 - 490

Rank, E. (2000): *Numerische Berechnung der Fluid-Struktur-Wechselwirkung auf Vektor-Parallelrechnern mit verteiltem Speicher*, FORTWIHR-Abschlußbericht 2000, s. auch: www.inf.bauwesen.tu-muenchen.de

Cebral, J.R. (1996): *Loose Coupling Algorithm for Fluid-Structure Interaction*, Dissertation, George Mason University Fairfax, Virginia

Demirdzic, I.; Peric, M. (1990): *Finite Volume Method for Prediction of Fluid Flow in Arbitrarily Shaped Domains with Moving Boundaries*, Int. J. Numerical Methods in Fluids **10**, 771 - 790

Fouriersche Wärmeleitung
(Fourier heat conduction)

Siehe dazu das Stichwort KONSTITUTIVE GLEICHUNGEN, dort unter ANWENDUNGEN UND BEISPIELE

Freistrahl
(free jet)

Siehe dazu das Stichwort GRENZSCHICHT, dort unter BEACHTE

Froude-Zahl Fr
(Froude number Fr)

BEDEUTUNG UND DEFINITION

Es handelt sich um eine dimensionslose Kennzahl im Sinne der DIMENSIONSANALYSE, die im Zusammenhang mit der Wirkung der Schwerkraft auftritt. Zwei wesentliche Problembereiche, in denen die Schwerkraft von entscheidender Bedeutung ist, sind Wellen an freien Oberflächen und Strömungen aufgrund des thermischen Auftriebs. Dort kommt in der jeweils dimensionslosen Beschreibung die Froude-Zahl vor. Bei thermischen Auftriebsströmungen geht sie jedoch in den meisten Fällen formal in anderen Kennzahlen auf, tritt dann also nicht mehr explizit in Erscheinung

	Definition	
	$$\mathrm{Fr} = \dfrac{u_B^*}{\sqrt{g^* L_B^*}}$$	
Fr	Froude-Zahl	–
u_B^*	Bezugsgeschwindigkeit	m/s
g^*	Fallbeschleunigung	m/s^2
L_B^*	Bezugslänge (charakteristische Länge)	m

PHYSIKALISCHER HINTERGRUND

(a) Oberflächenwellen

An der freien Oberfläche von Flüssigkeiten treten Wellen auf, wenn es zu Auslenkungen des Fluides aufgrund von Störungen der freien Lage der Fluidoberfläche kommt. Durch das Wechselspiel von Trägheits- und Schwerkräften treten nach einer Störung Wellen auf, die sich mit einer Geschwindigkeit c^* an der Oberfläche fortpflanzen. Dabei besteht ein grundsätzlicher Unterschied, ob es sich um geringe oder große Wassertiefen handelt.

Bei sog. *Flachwasserwellen* gilt $c^* = \sqrt{g^* h^*}$ mit g^* als Fallbeschleunigung und h^* als Wassertiefe. Diese Geschwindigkeit (mit der sich Wellentäler und Wellenberge ausbreiten) ist nicht von der Wellenlänge abhängig. Es handelt sich um sog. *nicht-dispersive* Wellen. Eine große Bedeutung haben diese Wellenerscheinungen bei den GERINNESTRÖMUNGEN. Für diese stellt die Froude-Zahl (u_s^* : mittlere Strömungsgeschwindigkeit in einem Strömungsquerschnitt)

$$\mathrm{Fr} = \frac{u_s^*}{c^*} = \frac{u_s^*}{\sqrt{g^* h^*}}$$

einen entscheidenden Parameter dar, der u.a. darüber entscheidet, ob Strömen (Fr < 1) oder Schießen (Fr > 1) vorliegt.

Ganz andere Verhältnisse liegen bei großen Wassertiefen vor, wie sie z.B. im Zusammenhang mit der Wellenerzeugung durch Schiffe vorkommen. Die dort auftretenden Wellen sind dispersiv, d.h. die Ausbreitungsgeschwindigkeit c^* ist eine Funktion der Wellenlänge λ^*, wobei $c^* = \sqrt{g^*\lambda^*/2\pi}$ gilt. Da die entscheidenden von einem Schiff erzeugten Wellen diejenigen mit $\lambda^* \approx L_S^*$ sind (L_S^*: Schiffslänge), wird die Froude-Zahl (V^*: Geschwindigkeit des Schiffes)

$$\mathrm{Fr} = \frac{V^*}{\sqrt{g^* L_S^*}}$$

zum entscheidenden dimensionslosen Parameter für das vom Schiff induzierte Wellenmuster. Für niedrige Froude-Zahlen dominieren längere Wellen mit Wellenbergen, die nahezu senkrecht zur Fahrtrichtung des Schiffes verlaufen. Für hohe Froude-Zahlen hingegen dominieren sehr viel kürzere Wellen mit Wellenbergen, die in kleinen Winkeln zur Fahrrichtung verlaufen.

Da die Wellenerzeugung zu einem erheblichen Anteil den Schiffswiderstand ausmacht, muss z.B. bei Versuchen im Modellmaßstab die Froude-Zahl eingehalten werden.

(b) Thermische Auftriebsströmungen

Bei der Entdimensionierung der Impulsgleichung tritt für die Komponente in Richtung der Fallbeschleunigung folgende Situation auf. Die generelle Bilanz „zeitliche Änderung des Impulses eines Fluidelementes = Summe aller angreifenden Kräfte" führt zu einem Term $\varrho^* g^*$ (mit der Einheit $(\mathrm{kg\ m/s^2})/\mathrm{m^3} \, \hat{=} \,$ Kraft / Volumenelement) als Gravitationskraft. Im Zuge der Entdimensionierung der Impulsgleichung mit einer Bezugsgeschwindigkeit u_B^* und einer charakteristischen Länge L_B^* entsteht dabei die dimensionslose Kombination $g^* L_B^*/u_B^{*2} = \mathrm{Fr}^{-2}$.

Im Fall konstanter Dichte, d.h. $\varrho^* = \varrho_B^* = $ const, repräsentiert Fr^{-2} den vollständigen Volumenkraftterm $(\varrho^*/\varrho_B^*)\mathrm{Fr}^{-2}$ mit ϱ_B^* als Bezugsdichte, der physikalisch zu einer hydrostatischen Druckverteilung in einem ruhenden Fluid führt. Diese bleibt, auch wenn das Fluid strömt, als ein fester Anteil der dann dynamisch bestimmten Druckverteilung erhalten. Der Term Fr^{-2} kann formal mit dem Druckterm zu einem neuen Term zusammengefasst werden, der dann die Abweichungen vom hydrostatischen Druck (den sog. modifizierten Druck, s. dazu das Stichwort DRUCK) beschreibt. Formal tritt Fr somit nicht mehr als Kennzahl des Problems auf.

Im Fall variabler Dichte ϱ^*, der bei thermischer Auftriebsströmung vorliegt, führt man ebenfalls den modifizierten Druck ein, kann aber damit den Volumenkraftterm $(\varrho^*/\varrho_B^*)\mathrm{Fr}^{-2} = \varrho\mathrm{Fr}^{-2}$ nicht mehr vollständig in den neuen Druckterm aufnehmen. Es verbleibt zusätzlich der sog. *Auftriebsterm* $((\varrho_B^* - \varrho^*)/\varrho_B^*)\mathrm{Fr}^{-2} = (1 - \varrho)\mathrm{Fr}^{-2}$, so daß Fr zunächst ein Parameter des Problems bleibt.

Dieser Auftriebsterm wird nun im Sinne der BOUSSINESQ-APPROXIMATION unter Verwendung von $(1 - \varrho) = \beta^*\Delta T^* + O(\Delta T^{*2})$ umgeschrieben, wobei $\Delta T^* = T^* - T_B^*$ die Differenz zu einer Bezugstemperatur ist und $\beta^* = -(\partial\varrho^*/\partial T^*)_B/\varrho_B^*$ eingeführt wird. Insgesamt erhält man somit einen Auftriebsterm

$$\frac{\beta^*\Delta T_B^*}{\mathrm{Fr}^2}\Theta = \frac{\beta^*\Delta T_B^* g^* L_B^*}{u_B^{*2}}\Theta \qquad \text{mit:} \quad \Theta = \frac{\Delta T^*}{\Delta T_B^*} = O(1) \qquad (*)$$

wobei ΔT_B^* eine charakteristische Bezugstemperaturdifferenz ist. Wenn es sich um eine reine Auftriebsströmung handelt, ist der Auftrieb die physikalische Ursache dafür, dass überhaupt eine Strömung zustande kommt. Deshalb muss dann eine charakteristische Bezugsgeschwindigkeit eine Proportionalität zur Auftriebswirkung besitzen. Der Auftriebsterm (∗) legt die Wahl $u_B^* = \sqrt{\beta^* \Delta T_B^* g^* L_B^*}$ nahe. Damit reduziert sich der Auftriebsterm auf die dimensionslose Temperatur Θ und die Froude-Zahl Fr geht formal in der Bezugsgeschwindigkeit auf.

Wenn der Auftrieb nur ein Zusatzeffekt in einer ohnehin vorhandenen Strömung ist (gemischte Konvektion), wird die Bezugsgeschwindigkeit durch andere physikalische Effekte bestimmt sein. Dann bleibt der Auftriebsterm in Form von (∗) erhalten. Man führt aber häufig den gesamten Vorfaktor von Θ als *Richardson-Zahl* Ri ein, so dass die Froude-Zahl dann formal in dieser Kennzahl aufgeht.

ANWENDUNGEN UND BEISPIELE

Beziehungen zwischen der Froude-Zahl Fr und anderen Kennzahlen im Zusammenhang mit Auftriebseffekten

Eine formale Umformung unter Verwendung von

$$\mathrm{Re} = \frac{u_B^* L_B^*}{\nu^*} = \frac{\varrho^* u_B^* L_B^*}{\eta^*} \qquad \text{(Reynolds-Zahl)}$$

$$\mathrm{Pr} = \frac{\nu^*}{a^*} = \frac{\eta^* c_p^*}{\lambda^*} \qquad \text{(Prandtl-Zahl)}$$

ergibt folgende Zusammenhänge:

Richardson-Zahl $\qquad \mathrm{Ri} = \dfrac{\beta_B^* \Delta T_B^* g^* L_B^*}{u_B^{*2}} = (\beta_B^* \Delta T_B^*)\mathrm{Fr}^{-2}$

Grashof-Zahl $\qquad \mathrm{Gr} = \dfrac{\beta_B^* \Delta T_B^* g^* L_B^{*3}}{\nu^{*2}} = (\beta_B^* \Delta T_B^*)\mathrm{Re}^2\,\mathrm{Fr}^{-2}$

Rayleigh-Zahl $\qquad \mathrm{Ra} = \dfrac{\beta_B^* \Delta T_B^* g^* L_B^{*3}}{\nu^* a^*} = (\beta_B^* \Delta T_B^*)\mathrm{Re}^2\,\mathrm{Pr}\,\mathrm{Fr}^{-2} = \mathrm{Gr}\,\mathrm{Pr}$

Die dimensionslose Kombination $\beta_B^* \Delta T_B^*$ ist jeweils ein Maß für die Stärke der Auftriebseffekte.

BEACHTE

☞ Bisweilen sind in der Literatur andere Definitionen und Namen für die hier behandelte Froude-Zahl zu finden. So wird manchmal $u_B^{*2}/g^* L_B^*$, also das Quadrat der hier verwendeten Zahl, als Froude-Zahl eingeführt. Offensichtlich mit Bezug auf die in (∗) eingeführte Boussinesq-Approximation, wird die hier verwendete Froude-Zahl gelegentlich auch Boussinesq-Zahl genannt.

Weiterführende Literatur

Lighthill, J. (2001): *Waves in Fluids*, Cambridge University Press, Cambridge

Panton, R.L. (1996): *Incompressible Flow*, John Wiley & Sons, New York (Seite 232 ff)

Gersten, K.; Herwig, H. (1992): *Strömungsmechanik*, Vieweg Verlag, Braunschweig/Wiesbaden

Gerinneströmung
(open channel flow)

BEDEUTUNG UND DEFINITION

Es handelt sich um Flüssigkeitsströmungen (meist Wasser) in sog. *offenen Gerinnen*, die durch ihre Querschnittsform einen bestimmten Massenstrom „kanalisieren" und durch ihr Gefälle für eine bevorzugte Strömungsrichtung sorgen. Neben künstlich erzeugten Strömungen in offenen Gerinnen sind natürliche Flüsse typische Beispiele für solche Gerinneströmungen.

Definition

Unter (offenen) Gerinneströmungen werden Flüssigkeitsströmungen mit freier Oberfläche verstanden, die in Gerinnen unter der Wirkung der Schwerkraft strömen. Aufgrund der freien Oberfläche liegen anders als bei Rohr- oder Kanalströmungen keine Druckgradienten in Strömungsrichtung vor.

Häufig werden für diese Strömungen folgende Annahmen getroffen, die in vielen Fällen in guter Näherung erfüllt sind:

- Schubspannungen an der freien Oberfläche können vernachlässigt werden.

- Druckunterschiede im Fluid folgen dem hydrostatischen Grundgesetz.

- Strömungsgeschwindigkeiten in einem Querschnitt sind konstant (eindimensionale Näherung).

PHYSIKALISCHER HINTERGRUND

Offene Gerinne können auch als geschlossene Kanäle interpretiert werden, in denen der Querschnitt durch die Flüssigkeitsströmung nicht vollständig ausgefüllt ist. Da an der freien Oberfläche ein konstanter Druck herrscht, kann sich kein Druckgradient in Strömungsrichtung aufbauen. Dieser besonderen Situation kann in der (erweiterten) BERNOULLI GLEICHUNG

$$\frac{p_2^*}{\varrho^* g^*} + \frac{u_{s2}^{*2}}{2g^*} + y_2^* = \frac{p_1^*}{\varrho^* g^*} + \frac{u_{s1}^{*2}}{2g^*} + y_1^* - \frac{\varphi_{12}^*}{g^*} \tag{i}$$

zur Beschreibung der Kanalströmung wie folgt Rechnung getragen werden.

Die Druckverteilung in einem bestimmten Querschnitt i folgt aus der hydrostatischen Druckverteilung (s. dazu das Stichwort HYDROSTATIK) $p^* = p_B^* + \varrho^* g^* h^*$, wobei h^* vom Bezugspunkt mit $p^* = p_B^*$ in Richtung des Fallbeschleunigungsvektors weist. Er wächst also ausgehend von der jeweiligen Oberfläche linear an und weist deshalb an der tiefsten Stelle im Gerinnequerschnitt den höchsten Wert auf. An dieser mit Ⓖ bezeichneten Stelle gilt mit $p_B^* = p_0^*$ (Druck an der freien Oberfläche) $p_{Gi}^* = p_0^* + \varrho^* g^* h_{Gi}^*$ wobei h_{Gi}^* die Gerinnetiefe im Querschnitt i ist.

Das nachfolgende Bild zeigt die einzelnen Größen. Es wird dabei unterstellt, dass der Gerinneboden nur eine geringe Neigung $(y^*_{G1} - y^*_{G2})/L^*_{12}$ besitzt, so daß h^*_{Gi} auch als „echte" Tiefe senkrecht zum Gerinneboden interpretiert werden kann.

Wenn nun Gleichung (i) zwischen den Punkten Ⓖⱼ und Ⓖ₂ angewandt wird, so gilt mit den zuvor ausgeführten Überlegungen zum Druck

$$\underbrace{h^*_{G2} + \frac{u^{*2}_{s2}}{2g^*} + y^*_{G2}}_{H^*_2} = \underbrace{h^*_{G1} + \frac{u^{*2}_{s1}}{2g^*} + y^*_{G1}}_{H^*_1} - \frac{\varphi^*_{12}}{g^*} \tag{ii}$$

In dieser Gleichung treten als Unbekannte die Gerinnetiefen h^*_{G1}, h^*_{G2} und die Strömungsgeschwindigkeiten u^*_{s1}, u^*_{s2} auf. Diese sind zusätzlich in der Kontinuitätsgleichung $\dot{V}^* = u^*_{si} h^*_{Gi} B^* = \text{const}$ (konstanter Volumenstrom in einer als stationär unterstellten Strömung) miteinander verknüpft. Die durchströmte Fläche ist dabei als Rechteck $h^*_{Gi} B^*$ mit B^* als Kanalbreite angenommen worden. Dies beschreibt dann die Fälle rechteckiger Kanäle der konstanten Breite B^*, gilt aber auch für eine ebene Strömung mit einem Volumenstrom $\dot{V}^*$ pro Breite B^*.

In Gleichung (ii) ist schon angedeutet, dass mit

$$H^* \equiv h^*_G + \frac{u^{*2}_s}{2g^*} = h^*_G + \frac{\dot{V}^{*2}}{h^{*2}_G 2g^* B^{*2}} \tag{iii}$$

eine sog. *spezifische Höhe* H^* eingeführt wird.

Damit lautet (ii) jetzt mit $\varphi^*_{12}/g^* = h^*_v$ (Verlusthöhe)

$$H^*_2 + y^*_{G2} = H^*_1 + y^*_{G1} - h^*_v$$

In einer reibungsfreien Strömung ($h^*_v = 0$) ist die Summe aus der spezifischen Höhe H^* und der geometrischen Höhe y^*_G also konstant. Reibungseffekte vermindern die „verfügbare" Höhe $H^* + y^*_G$ in der Gerinneströmung.

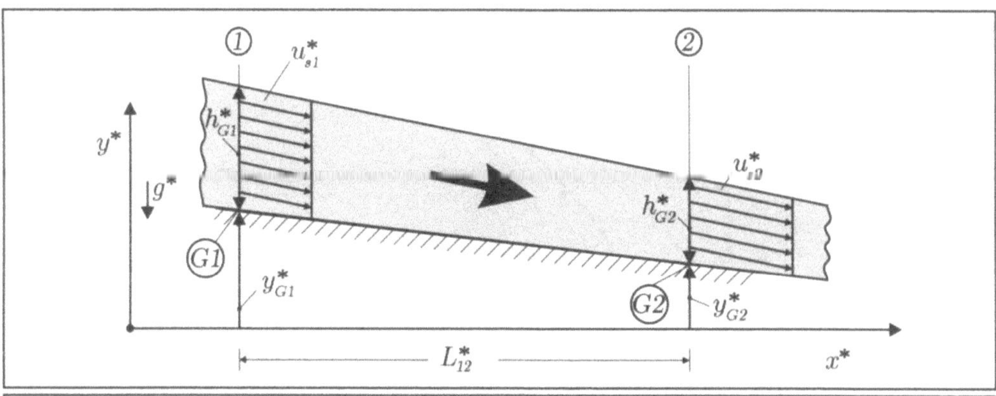

(Ebene, offene) **Gerinneströmung zwischen den Querschnitten 1 und 2**
Gerinneneigung (s. unter BEACHTE): $S = \dfrac{(y^*_{G1} - y^*_{G2})}{L^*_{12}}$

Die spezifische Höhe H^* ist für einen bestimmten Volumenstrom pro Breite $(\dot{V}^*/B^*)$ nur eine Funktion der Gerinnetiefe h_G^*, so dass diese bei Kenntnis von H^* bestimmt werden kann. Das nachfolgende Bild zeigt den prinzipiellen Verlauf von h_G^* als Funktion von H^* für zwei verschiedene Volumenströme $\dot{V}_I^* > \dot{V}_{II}^*$. Dabei zeigen sich zwei interessante Aspekte:

- Es existieren zu einer spezifischen Höhe H^* offensichtlich zwei verschiedene Gerinnetiefen h_G^*, ein kleiner und ein großer Wert. Aus Kontinuitätsgründen gehört zum kleinen Wert eine hohe Geschwindigkeit, zum großen Wert aber eine niedrige Geschwindigkeit.

- Es gibt zu jedem Volumenstrom (pro Breite) eine Grenztiefe $\hat{h}_G^*$, die offensichtlich einer besonderen physikalischen Situation entspricht.

Die Auswertung der Funktion $H^*(h_G^*)$, s. (iii), ergibt folgende Größen für den sog. *kritischen Zustand* $\hat{H}^*(\hat{h}_G^*)$ beim Minimalwert von H^*:

$$\hat{h}_G^* = \sqrt[3]{\frac{\dot{V}^{*2}}{g^*B^{*2}}} \quad ; \quad \hat{H}^* = \frac{3}{2}\,\hat{h}_G^* \quad ; \quad \hat{w}^* = \sqrt{g^*\hat{h}_G^*}$$

Eine genauere Analyse ergibt nun, dass die Strömungsgeschwindigkeit im kritischen Zustand, $\hat{w}^* = \sqrt{g^*\hat{h}_G^*}$, gerade der Fortpflanzungsgeschwindigkeit von Oberflächenwellen in flachen Gewässern entspricht. Es handelt sich dabei um sog. *Schwerewellen*, die durch das Zusammenspiel von Trägkeits- und hydrostatischen Druckkräften entstehen, wenn es aufgrund einer „Störung" zu einer anfänglichen Auslenkung der freien Oberfläche kommt. Diese Wellen breiten sich mit der Geschwindigkeit $\hat{w}^*$ aus, wenn es sich um „flache Gewässer" handelt (bei denen h_G^* klein gegenüber der Wellenlänge ist).

Bei Strömungsgeschwindigkeiten $u_s^* < \hat{w}^*$ können sich die Schwerewellen auch stromaufwärts ausbreiten (mit einer Geschwindigkeit $\hat{w}^* - u_s^*$), bei $u_s^* > \hat{w}^*$ ist dies aber nicht der Fall. Diese grundsätzlich unterschiedlichen Situationen werden als *unter-* bzw. *überkritische Strömungszustände* bezeichnet.

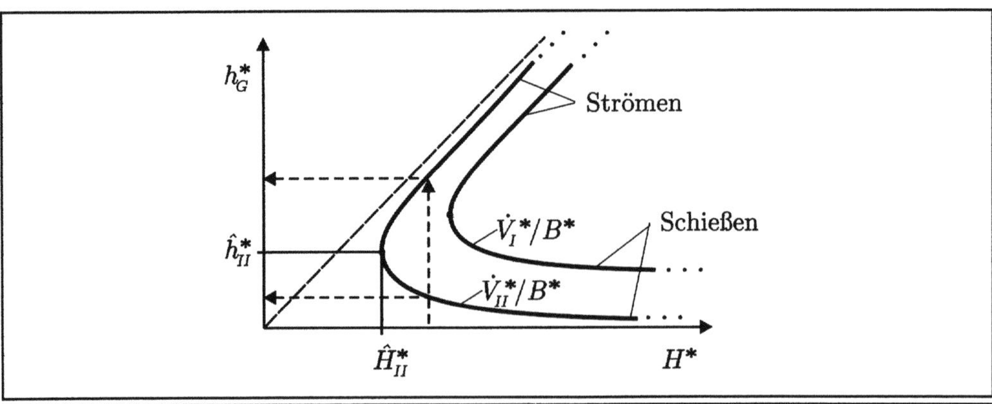

Prinzipieller Verlauf der Gerinnetiefe über der spezifischen Höhe H^*

$\hat{h}_{II}^*$: Grenztiefe für den Volumenstrom $\dot{V}_{II}^*/B^*$

$h_G^* > \hat{h}_G^*$: unterkritische Zustände; Strömen

$h_G^* < \hat{h}_G^*$: überkritische Zustände; Schießen

Die Fluidbewegung bei unterkritischen Zuständen wird *Strömen* genannt. Diese Fälle finden sich auf dem oberen Ast der $h_G^*(H^*)$-Kurve. Überkritische Zustände heissen *Schießen* und sind auf dem unteren Ast zu finden.

Wenn die Gerinnegeometrie dazu führt, dass in einem bestimmten Querschnitt der kritische Zustand erreicht wird, so geht eine anfänglich strömende Gerinneströmung in den schießenden Zustand über. Der umgekehrte Übergang erfolgt hingegen unstetig und wird durch die stromabwärtigen Geometrieverhältnisse ausgelöst. Dieser stets stark dissipationsbehaftete Vorgang wird *Wechselsprung* genannt und äußert sich in der Ausbildung einer sog. *Deckwalze* an der Oberfläche im Bereich des starken Anstieges in h_G^* vom über- zum unterkritischen Wert (s. dazu auch das nachfolgende Beispiel sowie unter BEACHTE).

Die unterschiedlichen Zustandsbereiche können auch mit Hilfe der FROUDE-ZAHL Fr gekennzeichnet werden. Mit der Definition $\mathrm{Fr} = u_B^*/\sqrt{g^*L_B^*}$ und $u_B^* = u_S^*$, $L_B^* = h_G^*$ liegt Strömen für $\mathrm{Fr} < 1$ und Schießen für $\mathrm{Fr} > 1$ vor. Der kritische Zustand ist bei $\mathrm{Fr} = 1$ erreicht.

Diese Verhältnisse ähneln der Unterscheidung von Unter- und Überschallströmungen mit der Mach-Zahl $\mathrm{Ma} = u_B^*/a^*$ und a^* als Schallgeschwindigkeit (s. dazu die Stichwörter KOMPRESSIBLE STRÖMUNGEN und SCHALLGESCHWINDIGKEIT, dort unter BEACHTE). Unterschallströmungen ($\mathrm{Ma} < 1$) entsprechen dabei dem Strömen in Gerinnen mit $\mathrm{Fr} < 1$. Überschallströmungen ($\mathrm{Ma} > 1$) sind das Gegenstück zu schießenden Gerinneströmungen mit $\mathrm{Fr} > 1$. Dem Verdichtungsstoß (dissipationsbehafteter „sprungartiger" Übergang von Über- auf Unterschallströmungen) entspricht der Wechselsprung als Übergang von Schießen zu Strömen, der ebenfalls „sprungartig" erfolgt und stark dissipationsbehaftet ist. Diese Überlegungen folgen aus einer weitgehenden Analogie der Grundgleichungen für offene Gerinneströmungen einerseits und kompressiblen Gasströmungen andererseits, s. dazu auch Niehus (1968).

ANWENDUNGEN UND BEISPIELE

Ebene Gerinneströmung über eine Rampe (Vernachlässigung von Reibungseffekten, unterkritische Zuströmung)

Wenn die im nachfolgenden Bild gezeigte Erhöhung des Gerinnebodens (Rampe) unterkritisch angeströmt wird, kann u.U. ein Übergang vom Strömen zum Schießen erfolgen, weil aus der Bedingung $H^* + y_G^* = \mathrm{const}$ eine Abnahme von H^* folgt (y_G^* steigt an) und evtl. $\hat{H}^*$, also der kritische Wert für H^* erreicht wird. Die konkret vorgegebenen Werte zeigen aber, dass dies für die einfache Rampe (Fall (a)) nicht zutrifft. Erst wenn ein zusätzlicher Wall für das Erreichen kritischer Verhältnisse sorgt, kann danach Schießen erreicht werden (Fall (b)).

Die Verhältnisse sind zusätzlich im $h_G^*(H^*)$-Diagramm für den vorliegenden Volumenstrom pro Breite eingezeichnet. Alle Zustände müssen auf dieser Kurve liegen, so dass überkritische Zustände nur erreicht werden können, wenn auf dem Weg dorthin der kritische Zustand $\odot$ durchlaufen wird.

Mit den vorgegebenen Zahlenwerten entsteht aus Gleichung (ii) und der Kontinuitätsbedingung $h_{G2}^* u_{s2}^* = h_{G1}^* u_{s1}^*$ die kubische Gleichung

$$h_{G2}^{*3} - 0{,}583\,h_{G2}^{*2}\mathrm{m} + 1{,}56 \cdot 10^{-2}\,\mathrm{m}^3 = 0$$

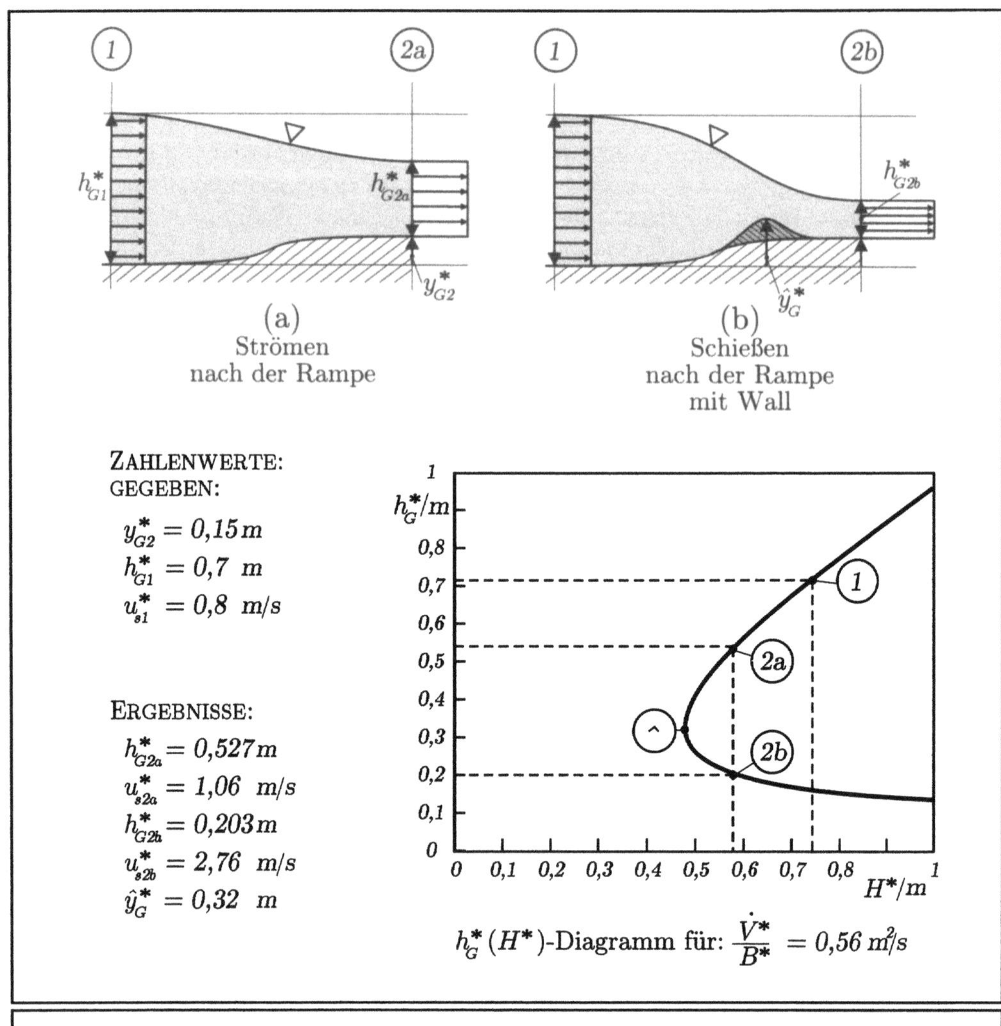

Ebene Gerinneströmung über eine Rampe ohne und mit zusätzlichem Wall

für h_{G2}^*. Diese besitzt die drei Lösungen $0{,}527\,\mathrm{m}/0{,}203\,\mathrm{m}/-0{,}146\,\mathrm{m}$. Der negative Wert ist ohne physikalische Bedeutung. Die beiden positiven Werte entsprechen dem unter- und dem überkritischen Fall.

BEACHTE

◗ **Reibungseinfluss:** Da Gerinneströmungen üblicherweise turbulente Strömungen sind, kann prinzipiell das Konzept der Widerstandzahl Verwendung finden. Mit Einführung einer WIDERSTANDSZAHL ζ wird unterstellt, dass die spezifische Dissipation proportional zu u_s^{*2} ansteigt. Dies ist für turbulente Strömungen mit voll rauhen

Wänden erfüllt. Wenn zusätzlich der HYDRAULISCHE DURCHMESSER (mit dem *benetzten* Umfang) im Zusammenhang mit der Widerstandszahl verwendet wird, können die ζ-Werte aus der umfangreichen Literatur für Rohr- und Kanalströmungen zur Anwendung kommen.

Bedingt durch die historische Entwicklung des speziellen Gebietes der Gerinneströmung sind dort eigene Koeffizienten eingeführt worden (Manning Widerstandsbeiwert, Chezy-Koeffizienten), die aber in vielen Fällen direkt mit der „klassischen" Widerstandszahl ζ in Zusammenhang stehen.

☐ **Gerinneneigung / Klassifikation:** Vor und hinter Störungen einer Gerinneströmung durch Störkörper wie Bodenerhebungen, Wehren oder Schleusentoren kann es zu unterschiedlichen Entwicklungen der Gerinnetiefe in Strömungsrichtung kommen. Die entscheidenden Parameter sind dabei die Gerinneneigung S (s. dazu das erste Bild) und die Froude-Zahl der Zuströmung, Fr_1. Eine Klassifikationsmöglichkeit ergibt sich, wenn zuvor die kritische Gerinneneigung $\hat{S}$ der Gerinneströmung ohne Störkörper ermittelt wird, die sich aus folgender Überlegung ergibt.

Für einen bestimmten Volumenstrom und eine konstante Gerinneneigung S stellt sich eine Gerinnetiefe h_G ein, für die in der Strömung ein Gleichgewicht zwischen der Gewichtskraft im Schwerefeld und den Reibungskräften herrscht, für die es also keine Beschleunigung oder Verzögerung der Strömung (und damit keine Trägheitskräfte) gibt. Eine solche Strömung ist durch einen konstanten Wert der Froude-Zahl $\mathrm{Fr} = u_S^*/\sqrt{g^* h_G^*}$ gekennzeichnet. Die kritische Gerinneneigung $\hat{S}$ liegt vor, wenn dabei gerade $\mathrm{Fr} = 1$ gilt.

Wenn nun Störkörper in der Gerinneströmung vorhanden sind, kann bzgl. der Strömungsentwicklung vor und hinter diesen Störkörpern danach unterschieden werden, ob $\mathrm{Fr}_1 <, > 1$ und $S <, > \hat{S}$ und zusätzlich $S < 0$ für $S < \hat{S}$ gilt. Es können dann 12 verschiedene Fälle unterschieden werden, s. Munson et al. (1998, Kap. 10.5) für weitere Details.

☐ **Wechselsprung:** Obwohl der Wechselsprung, d.h. der „sprungartige" Übergang vom Schießen zum Strömen ein hochkomplexer und stark dissipativer Vorgang ist, können aus Impuls- und Kontinuitätsüberlegungen für eindimensionale Strömungen weit vor und nach dem Wechselsprung einige wichtige Aussagen gewonnen werden, die für ebene Strömungen in guter Näherung erfüllt sind. Dabei ergibt sich, dass sowohl das Verhältnis der Gerinnetiefen nach und vor dem Wechselsprung h_{G2}^*/h_{G1}^* als auch die Verlusthöhe $h_v^*(= \varphi_{12}^*/g^*)$ nur eine Funktion der Froude-Zahl vor dem Sprung, Fr_1, sind. Dabei gilt im einzelnen

$$\frac{h_{G2}^*}{h_{G1}^*} = \frac{1}{2}\left[-1 + \sqrt{1 + 8\mathrm{Fr}_1^2}\right]$$

$$\frac{h_v^*}{h_{G1}^*} = 1 - \frac{h_{G2}^*}{h_{G1}^*} + \frac{\mathrm{Fr}_1^2}{2}\left[1 - \left(\frac{h_{G1}^*}{h_{G2}^*}\right)^2\right]$$

was für Froude-Zahlen deutlich über $\mathrm{Fr} = 1$ zu starken Abweichungen von den Werten 1 bzw. 0 führt. Während diese Überlegungen von einem „Sprung" in h_G^* ausgehen, findet der Übergang in der Realität auf endlichen, wenn auch kurzen Längen statt, wobei je nach Froude-Zahl auch instationäre oder oszillierende Übergänge auftreten.

Die Vorgänge im Zusammenhang mit dem Wechselsprung sind gut auf einem flachen Teller zu beobachten, auf den ein Wasserstrahl auftrifft. Die Anordnung ist dann zwar rotationssymmetrisch und nicht eben, es besteht zwischen beiden Fällen aber kein qualitativer Unterschied, was die Vorgänge um den Wechselsprung herum betrifft.

◻ **Seitlich verengte Gerinneströmungen:** Wenn Gerinne mit rechteckigen Querschnitten der endlichen Breite B^* betrachtet werden, so gelten alle bisherigen Ausführungen, solange $B^* = $ const gilt. Für eine veränderliche Breite B^* ist lediglich zu beachten, dass die Strömung nicht mehr durch eine einzige Kurve $h_G^*(H^*)$ beschrieben wird, sondern im Bereich der Breitenveränderung die einzelnen Zustände auf benachbarten Kurven liegen, die dem jeweiligen Parameterwert $\dot{V}^*/B^*$ entsprechen.

WEITERFÜHRENDE LITERATUR

Graf, W.H. (2002): *Fluivial Hydraulics: Flow and Transport Processes in Channels of Simple Geometry*, John Wiley & Sons, New York

Munson, B.R.; Young, D.F.; Okiishi, T.H. (1998): *Fundamentals of Fluid Mechanics*, John Wiley & Sons, New York

French, R.H. (1985): *Open Channel Hydraulics*, Mc Graw-Hill, New York

Niehus, G. (1968): *Die Anwendbarkeit der Gas-Flachwasser-Analogie in quantitativer Form auf Strömungen um stumpfe Körper*, Forschungsbericht 68-21, Deutsche Forschungsanstalt für Luft- und Raumfahrt

Gesamtdruck
(total pressure)

Siehe dazu das Stichwort DRUCK

Geschwindigkeitsmessungen
(flow velocity measurements)

Siehe dazu das Stichwort STRÖMUNGSMESSTECHNIK, dort unter PHYSIKALISCHER HINTERGRUND

Goldstein-Singularität
(Goldstein singularity)

Siehe dazu das Stichwort ABLÖSUNG, dort unter PHYSIKALISCHER HINTERGRUND, ebene (zweidimensionale) Ablösung

Grashof-Zahl Gr
(Grashof number Gr)

Bedeutung und Definition

Es handelt sich um eine dimensionslose Kennzahl im Sinne der DIMENSIONSANALYSE. Sie tritt im Zusammenhang mit thermischen Auftriebseffekten aufgrund von Dichteunterschieden auf.

Definition		
$$\mathrm{Gr} = \dfrac{g^* \beta_B^* \Delta T^* L_B^{*3}}{\nu_B^{*2}}$$		
Gr	Grashof-Zahl	–
g^*	Fallbeschleunigung	$\mathrm{m/s^2}$
β_B^*	$= -(\partial \varrho^*/\partial T^*)_B/\varrho_B^*$ isobarer thermischer Ausdehnungskoeffizient im Bezugszustand p_B^*, T_B^*	$1/\mathrm{K}$
ΔT^*	charakteristische Temperaturdifferenz (s. nachfolgende Erläuterung)	K
L_B^*	Bezugslänge (charakteristische Länge)	m
ν_B^*	kinematische Viskosität im Bezugszustand p_B^*, T_B^*	$\mathrm{m^2/s}$

Physikalischer Hintergrund

Analog zur REYNOLDS-ZAHL bei erzwungener Konvektion tritt die Grashof-Zahl auf, wenn Strömungen aufgrund von lokalen Dichteunterschieden als Auftriebsströmungen zustande kommen. Man spricht dann von einer sog. *natürlichen Konvektion* (bisweilen auch: *freie Konvektion*). Die entsprechende dimensionslose Kombination entsteht in den Grundgleichungen im Zuge der Entdimensionierung im Zusammenhang mit dem sog. Auftriebsterm, der in vektorieller Formulierung die Fallbeschleunigung $\vec{g}^*$ und eine charakteristische Dichtedifferenz enthält. Da diese Dichtedifferenz eine Folge von Temperaturunterschieden ist, kann diese gleichwertig auch durch eine entsprechende Temperaturdifferenz ΔT^* charakterisiert werden, s. dazu das Stichwort BOUSSINESQ-APPROXIMATION. Analog zur Reynolds-Zahl besitzt die betrachtete Strömung für $\mathrm{Gr} \to \infty$ Grenzschichtcharakter. Es kann dann im Fall einer laminaren Strömung mit Hilfe einer Koordinatentransformation eine Formulierung in Grenzschichtvariablen gefunden werden, in der die Grashof-Zahl nicht mehr explizit auftritt und die asymptotisch für $\mathrm{Gr} \to \infty$ gilt.

Bei turbulenten Grenzschichten liegt eine Zweischichtstruktur vor, die keine einheitliche Transformation zulässt.

Wiederum analog zur Reynolds-Zahl existieren für spezifische Geometrien und thermische Randbedingungen sog. kritische Grashof-Zahlen, die den Übergang von laminaren zu turbulenten (Grenzschicht-)Strömungen markieren.

Anwendungen und Beispiele

Laminare Grenzschichten an einer senkrechten geheizten Platte ($T_W^* = const$)

Die laminare Grenzschicht an der senkrechten, geheizten Platte hat die Eigenschaft der Selbstähnlichkeit, d.h., die Geschwindigkeits- und Temperaturprofile können durch eine entsprechende Normierung jeweils auf ein einziges Profil zurückgeführt werden. Mathematisch entspricht dies einer Formulierung in zwei gewöhnlichen (und nicht partiellen) Differentialgleichungen, die im nachfolgenden Bild angegeben sind. Sowohl die Stromfunktion f als auch die dimensionslose Temperatur $\hat{\vartheta}$ sind nur Funktionen einer (Ähnlichkeits-) Variablen

$$\eta = \frac{y^*}{L_B^* \sqrt{2}(x^*/L_B^*)^{1/4}} \mathrm{Gr}^{1/4}$$

in der noch die Grenzschichttransformation (mit $\mathrm{Gr}^{1/4}$) erkennbar ist.

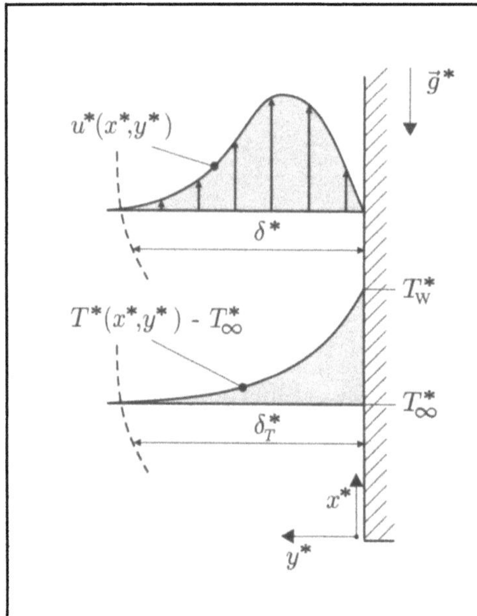

Natürliche Konvektionsgrenzschicht an der senkrechten Platte asymptotische Lösung für Gr $\to \infty$

BEACHTE

- **Rayleigh-Zahl:** Die Kombination PrGr wird als Rayleigh-Zahl Ra bezeichnet. Sie ist wie die Grashof-Zahl ein dimensionsloser Parameter im Zusammenhang mit thermischen Auftriebsströmungen. Die Verwendung von Ra anstelle von Gr bietet sich dann besonders an, wenn damit der zunächst getrennte Einfluss der Grashof- und der Prandtl-Zahl in der Kombination PrGr gemeinsam erfasst werden kann. Dies ist z.B. bei vielen Sonderfällen der BENARD-KONVEKTION der Fall.

- **Charakteristische Temperaturdifferenz:** ΔT^* in der Definition der Grashof-Zahl muss im konkreten Anwendungsfall jeweils spezifiziert werden. Für die thermische Randbedingung $T_W^* = $ const ist es naheliegend, $\Delta T^* = T_W^* - T_\infty^*$ zu wählen, wobei T_∞^* die (konstante) Temperatur außerhalb der Wandgrenzschicht ist. Für die thermische Randbedingung $q_W^* = $ const wird sinnvollerweise die Kombination $\Delta T^* = q_W^* L_B^*/\lambda_B^*$ gewählt.

- **Zur Fallbeschleunigung in Gr:** Die Wahl von g^* anstelle von $\vec{g}^*$ in der Definition der Grashof-Zahl hat zwei problematische Aspekte:

  1. Es wird damit unterstellt, dass g^* für den Vorgang charakteristisch ist, auch wenn die Strömung u.U. nicht an einer senkrechten, sondern an einer um den Winkel α aus der senkrechten geneigten Wand vorliegt, an der physikalisch nur die entsprechende Komponente von $\vec{g}^*$ wirksam ist. Für $\alpha \to 90°$ bedarf es auf jeden Fall einer Sonderbetrachtung.

  2. In der Definition mit g^* kann die Grashof-Zahl positive wie auch negative Zahlenwerte annehmen, da ΔT^* sowohl positiv („warme Wand") als auch negativ („kalte Wand") sein kann.

  Eine Definition von Gr mit $-g_x^*$ anstelle von g^* trägt beiden Aspekten Rechnung, wobei g_x^* die Komponente von $\vec{g}^*$ in Hauptströmungsrichtung parallel zur Wand ist.

WEITERFÜHRENDE LITERATUR

Hewitt, G. F.; Shires, G. L.; Bott, T. R. (1994): *Process Heat Transfer*, CRC Press, Boca Raton, New York

Gersten, K.; Herwig, H. (1992): *Strömungsmechanik*, Viewog Verlag, Braunschweig/Wiesbaden / speziell Kap. 8 (Grenzschichtströmungen bei natürlicher Konvektion)

Grenzschichten
(boundary layers)

Bedeutung und Definition

Es handelt sich um denjenigen Teil eines Strömungsfeldes, in dem es zur Ausbildung hoher Gradienten der Geschwindigkeit (*Strömungsgrenzschicht*), der Temperatur (*Temperaturgrenzschicht*) oder der Konzentration in einem Gemisch (*Konzentrationsgrenzschicht*) kommt. Diese Grenzschichten treten an den Rändern von Strömungsfeldern auf, wenn dort bestimmte Randbedingungen „erzwungen" werden. Zum klassischen Fall der Strömungsgrenzschicht an einer festen Wand kommt es, wenn dort aufgrund der sog. *Haftbedingung* eine Geschwindigkeit erzwungen wird (z.B. die Geschwindigkeit Null, wenn die Wand in Ruhe ist), die von derjenigen abweicht, die weiter entfernt von der Wand vorliegt.

Definition

Unter einer *Strömungsgrenzschicht* versteht man eine dünne Schicht am Rand eines Strömungsfeldes, in der es zur Ausbildung von hohen Geschwindigkeitsgradienten kommt und in der deshalb Reibungseffekte von ausschlaggebener Bedeutung sind. Diese Schicht wird um so ausgeprägter (steilere Gradienten und dünnere Schichten), je höher die Reynolds-Zahl ist. Deshalb kann das Verhalten der Strömung in der Grenzschicht in transformierten Koordinaten, in die eine bestimmte Reynolds-Zahl Abhängigkeit aufgenommen wird, einheitlich beschrieben werden (asymptotische Grenzschichttheorie für Re $\to \infty$). Zusätzlich zur Strömungsgrenzschicht kann es zu *Temperatur-* und/oder *Konzentrationsgrenzschichten* kommen, die durch hohe Gradienten der Temperatur bzw. der Konzentration in einem Gemisch gekennzeichnet sind.

Physikalischer Hintergrund

Von extremen Ausnahmen abgesehen besitzen Fluide die Eigenschaft, eine kontinuierliche (nicht singuläre, „sprunghafte") Verteilung der Strömungsgeschwindigkeit auszubilden. Dies ist die Folge von Wechselwirkungen benachbarter Fluidmoleküle, die ein unbeeinflusstes „aneinander Vorbeigleiten" einzelner Fluidbereiche verhindern. In diese Wechselwirkung sind die wandgebundenen Moleküle einer Festkörperberandung (Strömung längs einer festen Wand) ebenso eingebunden wie die angrenzenden Moleküle einer zweiten Strömung, die von einer bestimmten Stelle an mit der ersten Strömung in Kontakt tritt. In beiden Fällen werden damit sprunghafte Änderungen der Geschwindigkeit unterbunden. Im Falle einer Begrenzung des Strömungsgebietes durch eine feste Wand spricht man von der sog. *Haftbedingung*, weil das Fluid scheinbar an der Wand „haftet".

Wenn nun die Geschwindigkeit an einer ruhenden Wand Null ist und sprunghafte Änderungen ausgeschlossen sind, so muss ein kontinuierlicher Verlauf der Geschwindigkeitsverteilung zwischen der Wand und dem Strömungsfeld weit entfernt von der Wand vorliegen, wie dies im nachfolgenden Bild skizziert ist. Dabei ist zunächst offen, in welchem Wandabstand δ^* dieser Übergang in die sog. *Aussenströmung* erfolgt.

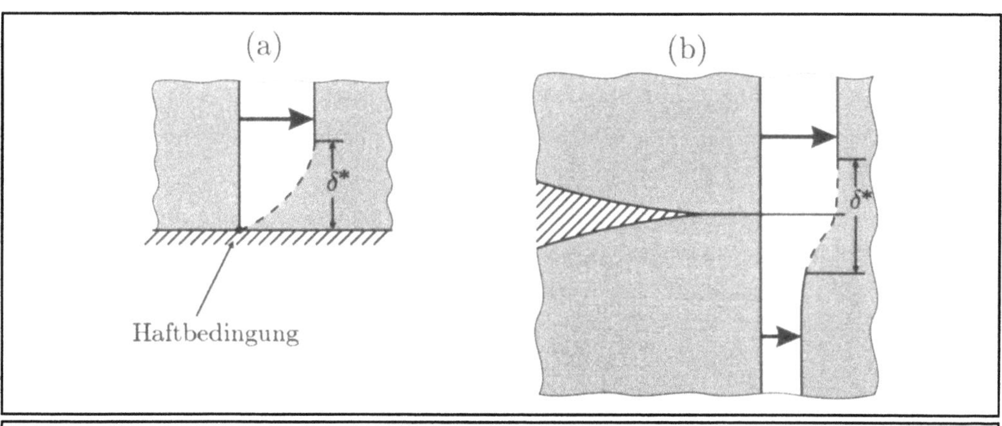

Prinzipieller Geschwindigkeitsverlauf

(a) feste Wand   (b) Grenze von zwei Strömungen

Diese Dicke δ^*, die noch ohne nähere Definition als *Grenzschichtdicke* bezeichnet werden soll, kann durch einfache Überlegungen abgeschätzt werden, wie dies zunächst für laminare Grenzschichten erläutert wird.

Die Grenzschichtdicke δ^* ergibt sich physikalisch aus dem Zusammenspiel zwischen dem wandparallelen konvektiven Transport des Fluides und einem quer dazu auftretenden Transportvorgang, der durch die Molekülwechselwirkung hervorgerufen wird. Diese mikroskopische Molekülwechselwirkung äußert sich makroskopisch als Viskosität η^* (dynamische Viskosität) oder ν^* (kinematische Viskosität) des Fluides. Der Quertransport selbst kann als molekularer oder auch diffusiver Transport von Drehung interpretiert werden, die in einer Strömung an der Wand entsteht (s. dazu das Stichwort DREHUNG). Wenn nun die Viskosität des Fluides für einen (Drehungs-) Transport über einen Abstand δ^* sorgt, so ist die Kombination ν^*/δ^* mit der Dimension Länge/Zeit ein Maß für die zugehörige Transportgeschwindigkeit quer zur Wand. Die Schichtdicke δ^* folgt dann aus der Bedingung:

Zeit für den wandparallelen Transport mit u_∞^* über eine Länge L^*, also $L^*/u_\infty^* =$ Zeit für den Quertransport von Drehung mit ν^*/δ^* über einen Abstand δ^*, also $\delta^*/(\nu^*/\delta^*) = \delta^{*2}/\nu^*$.

Die Gleichsetzung dieser beiden Zeiten gibt damit an, wie weit die Drehung (die an der Wand entsteht) in die Strömung eindringen kann, wenn diese gleichzeitig wandparallel stromabwärts befördert wird. Dies ist aber gerade die gesuchte Grenzschichtdicke. Aus $L^*/u_\infty^* = \delta^{*2}/\nu^*$ folgt unmittelbar

$$\frac{\delta^*}{L^*} = \mathrm{Re}^{-1/2} \quad \text{mit} \quad \mathrm{Re} = \frac{u_\infty^* L^*}{\nu^*}$$

Die Grenzschichtdicke wird also für $\mathrm{Re} \to \infty$ beliebig klein. Strömungen bei großen Reynolds-Zahlen weisen damit dünne Strömungsgrenzschichten auf.

Wenn die molekulare Viskosität den einzigen Quertransportmechanismus darstellt, ist damit auch die konkrete Abhängigkeit der Grenzschichtdicke von der Reynolds-Zahl als $\mathrm{Re}^{-1/2}$ bekannt. Dies gilt für laminare Strömungen. Bei turbulenten Strömungen sind die Verhältnisse schwieriger, weil

- es zwei Quertransport-Mechanismen gibt, die molekulare Viskosität ν^* und die turbulente, sog. Scheinviskosität ν_t^*; deshalb gibt es dann eine Zweischichtenstruktur.

- die dominierende Scheinviskosität ν_t^* keine konstante Stoffgröße ist, sondern eine mit dem Wandabstand variierende Strömungsgröße; deshalb liegt nicht mehr die Proportionalität zu $\mathrm{Re}^{-1/2}$ vor.

Trotz dieser komplizierten Verhältnisse gelangt man auch bei turbulenten Grenzschichten zu einer Abschätzung der Grenzschichtdicke, wenn die eigentliche Ursache des Quertransportes berücksichtigt wird. Bei turbulenten Grenzschichten spielt die Viskosität im überwiegenden Teil der Grenzschicht keine Rolle, sondern die Bewegung großräumiger Strukturen führt zu einem Quertransport von Drehung. Eine charakteristische Geschwindigkeit für die Bewegung dieser Strukturen ist eine mittlere Schwankungsgeschwindigkeit $\hat{u}^{*\prime}$ in der Grenzschicht. Wenn diese in der ersten Näherung als x-unabhängig angesehen wird (weil die Turbulenz in einer Grenzschicht etwa gleich stark bleibt), so ergibt sich folgendes. Eine charakteristische Zeit für den Quertransport von Drehung ist jetzt $\delta^*/\hat{u}^{*\prime}$. Die Gleichsetzung dieser Zeit mit der charakteristischen Zeit für den wandparallelen Transport (L^*/u_∞^*) ergibt:

$$\delta^* = \frac{\hat{u}^{*\prime}}{u_\infty^*}\,L^* \quad \text{und damit:} \quad \delta^* \sim L^*$$

Erwartungsgemäß liegt hiermit zunächst, anders als bei laminaren Grenzschichten, keine Reynolds-Zahl-Abhängigkeit vor. Eine genauere Analyse ergibt allerdings eine schwache Reynolds-Zahl-Abhängigkeit, weil die Annahme $\hat{u}^{*\prime} = $ const „zu grob" ist.

Den bisherigen Überlegungen kann entnommen werden, dass für turbulente Strömungen $\delta^* \sim L^*$ (in erster Näherung) gilt, während für laminare Grenzschichten $\delta^* \sim L^{*1/2}$ vorliegt. Dies bedeutet, dass turbulente Grenzschichten mit der Lauflänge sehr viel stärker wachsen als laminare Grenzschichten. Eine präzise Definition der Grenzschichtdicke δ^* bzw. von gleichwertigen, aber geeigneteren Größen ist unter dem Stichwort GRENZSCHICHTDICKEN zu finden.

ANWENDUNGEN UND BEISPIELE

Grenzschichteffekte treten bei einer Reihe von Alltagsphänomenen auf, die erklärt werden können, ohne dass die Grenzschichten im einzelnen berechnet werden müssten. Nachfolgend werden zwei solche Beispiele erläutert.

1. Ansammeln von Teeblättern in der Mitte des Tassenbodens nach dem Umrühren

Teeblätter bewegen sich nach dem Umrühren zunächst in der Tasse verteilt (annähernd) auf Kreisbahnen. Dabei werden die nach außen gerichteten Zentrifugalkräfte auf die Teeblätter durch Druckkräfte kompensiert, die in der Gesamtwirkung betragsmäßig gleich groß wie die Zentrifugalkräfte sind, aber nach innen gerichtet wirken. Diese kommen zustande, weil der Druck auf gleichem Höhenniveau nicht konstant ist (wie bei einer ruhenden Flüssigkeit), sondern nach außen hin zunimmt. Diese Zunahme korrespondiert mit der nach außen ansteigenden Flüssigkeitsoberfläche des rotierenden Fluides.

Sinken die Teeblätter nun auf den Boden und geraten dabei in die Bodengrenzschicht, so wird dieses Kräftegleichgewicht gestört. Die nach innen gerichtete Druckkraft bleibt unverändert erhalten, weil die Druckverhältnisse in der Grenzschicht genauso sind wie am Grenzschichtrand (man sagt: der Druck wird der Grenzschicht durch die Außenströmung aufgeprägt). Dies gilt aber nicht für die Zentrifugalkräfte. Da die Teeblätter in der Grenzschicht abgebremst werden, Zentrifugalkräfte aber proportional zum Quadrat der Umfangsgeschwindigkeit sind, nehmen diese Kräfte ab. Damit überwiegen aber die nach innen gerichteten Druckkräfte und bewegen die Teeblätter ins Zentrum, wo sie sich dann in der Mitte des Tassenbodens ansammeln.

[Übrigens: Im Jahr 1926 schrieb Erwin Schrödinger (Nobelpreis für Physik, 1933) an Albert Einstein: „Meine Frau hat mich vor ein paar Tagen über das „Teetassen-Phänomen" befragt und ich konnte ihr keine vernünftige Erklärung geben. Sie sagt, dass sie nie wieder ihren Tee umrühren wird, ohne an Sie zu denken"- nachdem Albert Einstein es erklären konnte; zitiert aus: P. Ghose, D. Home (1994); Riddles in your Teacup, IOP Publishing Ltd.]

2. Luftstrom zwischen zwei senkrechten, beweglichen Wänden

In der im Bild auf der nächsten Seite gezeigten Anordnung sind zwei ebene Platten drehbar gelagert. Ohne Strömung im Plattenzwischenraum sind die Platten parallel zueinander angeordnet. Eine als reibungsfrei angenommene Strömung zwischen diesen Platten würde daran zunächst nichts ändern. Wenn allerdings durch eine kleine Störung die Platten aufeinander zu bewegt werden, entsteht eine Düse mit abnehmendem Druck, was zu einer weiteren Verengung des Strömungskanals führt. Andererseits entsteht bei einer Anfangsstörung, die beide Platten voneinander entfernt, ein Diffusor mit zunehmendem Druck, was zu einer weiteren Aufweitung des Kanals führt. Welcher der beiden im Bild gezeigten Fälle (a) oder (b) eintritt, hängt danach von einer zufällig auftretenden Anfangsstörung ab. Die Realität zeigt aber, daß stets Fall (a) auftritt, bei dem sich die Platten aufeinander zu bewegen. Für diesen Effekt sind Reibungseinflüsse verantwortlich, die sich in der Ausbildung von Wandgrenzschichten äußern. Durch deren sog. Verdrängungswirkung wirkt der Querschnitt effektiv verengt, so dass es zu einer Beschleunigung und damit verbundenen Druckabsenkung kommt, was die Platten näher zusammenbringt.

Dieser Effekt ist z.B. zu beobachten, wenn von oben mit dem Mund zwischen zwei in den Fingern auf Abstand gehaltene Blätter Papier geblasen wird.

BEACHTE

❐ **Haftbedingung:** Das Wort suggeriert mit der zusätzlichen Interpretation „Strömungsgeschwindigkeit Null an der Wand", dass die wandnächsten Fluidmoleküle in Ruhe seien. Dies ist nicht der Fall, weil sie mit den Wandmolekülen genauso wenig starr verbunden sind wie mit anderen benachbarten Fluidmolekülen (wohl aber mit beiden in Wechselwirkung stehen). Eine zutreffende Interpretation von Haftbedingung müsste vielmehr heißen: Die Extrapolation der wandnahen (gemittelten) Molekülgeschwindigkeiten auf die Wand ergibt dort den Wert Null.

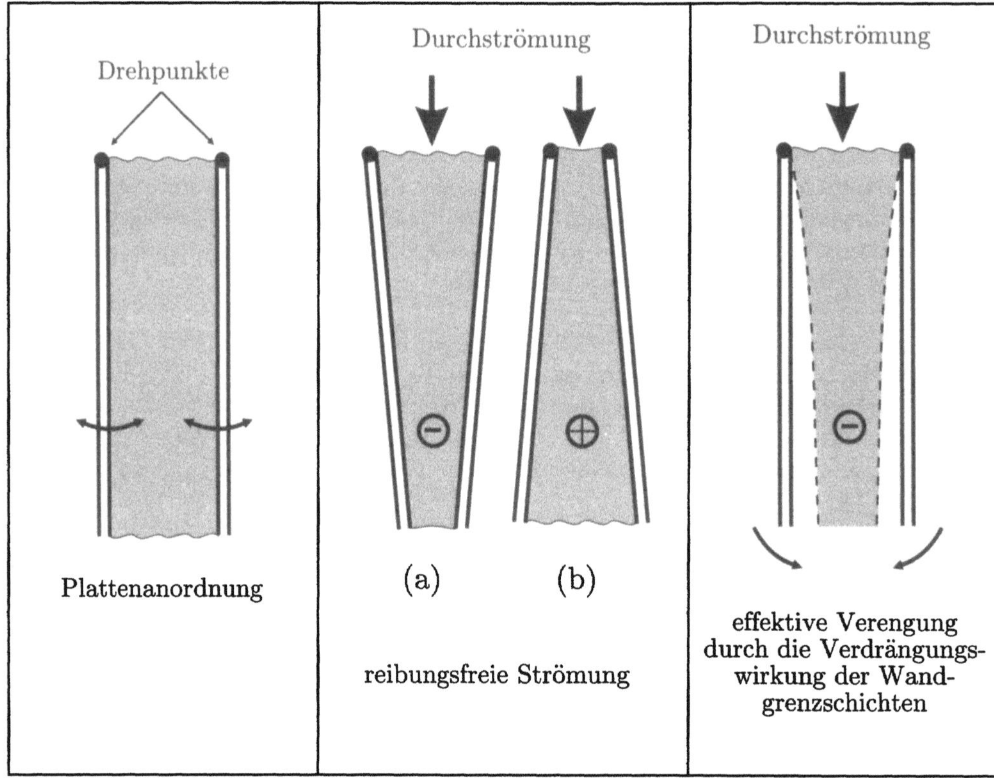

Anordung aus zwei frei hängenden, drehbar gelagerten Platten

Wirkung der tatsächlich vorhandenen Grenzschicht: Druckabsenkung mit
anschließender Verringerung des Wandabstandes wie im Fall (a)

$\ominus$: Druckabsenkung   ; $\oplus$: Druckerhöhung

Weitere Strömungen mit Grenzschichtcharakter: In einer weitergehenden Bedeutung werden auch andere Strömungen, die nicht durch die Haftbedindung an festen Wänden entstehen, als Grenzschichtströmungen bezeichnet. Entscheidend dafür
ist, dass sie „schlanke Gebiete" mit hohen Geschwindigkeitsgradienten ausbilden, wie
dies bei den sog. *Trennungsschichten* (reibungsbehafteter Bereich zwischen zwei angrenzenden Strömungen) und Freistrahlen („schlanke" Strömungsgebiete von Strah-
len in einer ruhenden Umgebung) der Fall ist. Auch für diese Strömungen gelten die
GRENZSCHICHTGLEICHUNGEN. Die Besonderheiten der jeweiligen Strömung kommt
dann durch die Randbedingungen zum Ausdruck.

Einfluss von Wandrauheiten: Bezüglich des Einflusses von Wandrauheiten auf
die Stömung bzw. den Strömungswiderstand verhalten sich laminare und turbulente Grenzschichten fundamental verschieden. Während laminare Grenzschichten durch
Rauheiten der Wand unbeeinflusst bleiben, spielen sie bei turbulenten Grenzschichten eine entscheidende Rolle, sobald ein bestimmter Mindestwert einer Rauheitshöhe
überschritten wird. Die Erklärung hierfür liegt in der Zweischichtenstruktur turbulenter Grenzschichten (s. dazu das Stichwort SCHUBSPANNUNGSGESCHWINDIGKEIT, dort

unter PHYSIKALISCHER HINTERGRUND). Sobald Wandrauheiten groß genug sind, um in den Bereich der Grenzschicht zu ragen, der nicht ausschließlich durch die molekulare Viskosität bestimmt wird, beeinflusst dies das gesamte Grenzschichtverhalten. Da die rein viskose Unterschicht gemessen in der Koordinate $y^+ = y^* u_\tau^* / \nu^*$ bis etwa $y^+ = 5$ reicht, haben Rauheiten mit absoluten Höhen k^* einen Einfluss, sobald $k^* u_\tau^* / \nu^* > 5$ gilt. Zu y^+ s. wiederum das Stichwort SCHUBSPANNUNGSGESCHWINDIGKEIT, jetzt unter ANWENDUNGEN UND BEISPIELE.

◻ **Grenzschichtströmungen idealer Gase:** Dabei ergibt sich folgender (scheinbare) Widerspruch: Grenzschichtströmungen entstehen aufgrund von Molekülwechselwirkungen, ideale Gase sind wechselwirkungsfreie Ansammlungen von Molekülen.

Die Auflösung dieses „Widerspruches" besteht darin, dass die physikalisch vorhandenen Wechselwirkungen bei Gasen einerseits überhaupt erst zu der makroskopischen Größe Viskosität führen, es andererseits aber erst bei hohen Drücken zu Abweichungen vom thermodynamisch idealen Gasverhalten kommt, das gerade die Vernachlässigung der Wechselwirkungen meint. Grenzschichtströmungen von Gasen, die sich wie ideale Gase verhalten, sind also dann möglich, wenn der Druck hoch genug ist, damit aus makroskopischer Sicht eine Viskosität existiert (weil ein Kontinuum vorliegt), aber nicht so hoch, dass bereits Abweichungen vom idealen Gasverhalten berücksichtigt werden müssten. Da nennenswerte Abweichungen vom idealen Gasverhalten erst bei Drücken oberhalb von etwa 10 bar auftreten, sind Grenzschichtströmungen idealer Gase (genauer: von realen Gasen, die sich wie ideale Gase verhalten) ohne weiteres möglich.

WEITERFÜHRENDE LITERATUR

Herwig, H. (2002): *Strömungsmechanik*, Springer-Verlag, Berlin, Heidelberg, New York

Oertel, H.; Hrsg (2001): *Prandtl-Führer durch die Strömungslehre*, 10.Aufl.; Vieweg Verlag, Braunschweig/Wiesbaden

Schlichting, H.; Gersten K. (1997): *Grenzschicht-Theorie*, Springer-Verlag, Berlin, Heidelberg, New York

Gersten, K.; Herwig, H. (1992): *Strömungsmechanik*, Vieweg Verlag, Braunschweig/Wiesbaden

Van Dyke, M. (1975): *Pertubation Methods in Fluid Mechanics*, The Parbolic Press, Stanford, California

Grenzschichtdicken
(boundary layer thicknesses)

BEDEUTUNG UND DEFINITION

Es handelt sich um verschiedene Dicken, die neben dem Abstand des Grenzschichtrandes von der Wand (Grenzschichtdicke im engeren Sinne) ein Maß für die Verdrängung der Außenströmung (Verdrängungsdicke), für den Impulsverlust in der Grenzschicht (Impulsverlustdicke) sowie den Verlust an kinetischer Energie in der Grenzschicht (Energieverlustdicke) darstellen. Die experimentelle Bestimmung dieser Größen ist durchaus problematisch, weil Grenzschichten für $\mathrm{Re} \to \infty$ definiert sind, reale Strömungen aber zwar bei großen, jedoch stets endlichen Reynolds-Zahlen vorkommen.

	Definition	

Für Strömungsgrenzschichten an festen, undurchlässigen Wänden werden folgende Dicken definiert, wobei die Koordinate y^* von der Wand ausgehend senkrecht in das Strömungsgebiet weist:

- Grenzschichtdicke δ_{99}^* (oft auch nur δ^*):

  Wandabstand, in dem die wandparallele Geschwindigkeit 99% der Außenströmungsgeschwindigkeit erreicht hat (s. dazu die spätere Erläuterung unter PHYSIKALISCHER HINTERGRUND)

- Verdrängungsdicke δ_1^*:

$$\delta_1^* = \int_0^{\delta^*} \left[1 - \frac{u^*}{U^*}\right] \mathrm{d}y^* \tag{$*$}$$

- Impulsverlustdicke δ_2^*:

$$\delta_2^* = \int_0^{\delta^*} \left[1 - \frac{u^*}{U^*}\right] \frac{u^*}{U^*} \mathrm{d}y^* \tag{$**$}$$

- Energieverlustdicke δ_3^*: (kinetische Energie)

$$\delta_3^* = \int_0^{\delta^*} \left[1 - \left(\frac{u^*}{U^*}\right)^2\right] \frac{u^*}{U^*} \mathrm{d}y^* \tag{$***$}$$

$\delta_{99}^*, \delta_1^*, \delta_2^*, \delta_3^*$	Grenzschichtdicken	m
u^*	wandparallele Grenzschicht-Geschwindigkeitskomponente	m/s

U^*	wandparallele Außengeschwindigkeitskomponente (s. Erläuterungen)	m/s
y^*	Koordinate senkrecht zur Wand	m

PHYSIKALISCHER HINTERGRUND

Grenzschichten sind die wandnahen Bereiche eines Strömungsfeldes, in denen der Übergang von der Geschwindigkeit Null (relativ zur Wand, HAFTBEDINGUNG) auf den Wert in der sich anschließenden Außenströmung erfolgt. In diesen Grenzschichten spielen Reibungseffekte eine besondere Rolle. Als Grenzschichtdicke im engeren Sinne, δ_{99}^*, wird nun der Wandabstand eingeführt, bei dem 99 % der Außenströmungsgeschwindigkeit erreicht sind. Mit dieser Definition sind zwei Probleme verbunden:

- Der Übergang in die Außenströmung erfolgt „asymptotisch", d.h. fließend, ohne klare Grenze, weshalb das 99 %-Kriterium eingeführt wurde. Dieses Kriterium ist im konkreten Fall wegen der damit geforderten hohen (Mess-) Genauigkeit nur schwer anzuwenden.

- Prinzipielle Schwierigkeiten treten bei der Anwendung des 99 %-Kriteriums dann auf, wenn die Außenströmung (an einer festen Stelle x^* entlang der Wand) noch eine (meist allerdings relativ schwache) Abhängigkeit von der Querkoordinate y^* aufweist. Dies ist immer dann der Fall, wenn keine sog. Plattenströmung vorliegt. Die Plattenströmung ($U^* = u_\infty^*$ im gesamten Außenbereich des Strömungsfeldes) stellt somit eine Sondersituation dar, an der allerdings häufig die Grenzschichtdicken-Definitionen erläutert werden. Das nachfolgende Bild zeigt diesen Sonderfall (a) und einen allgemeineren

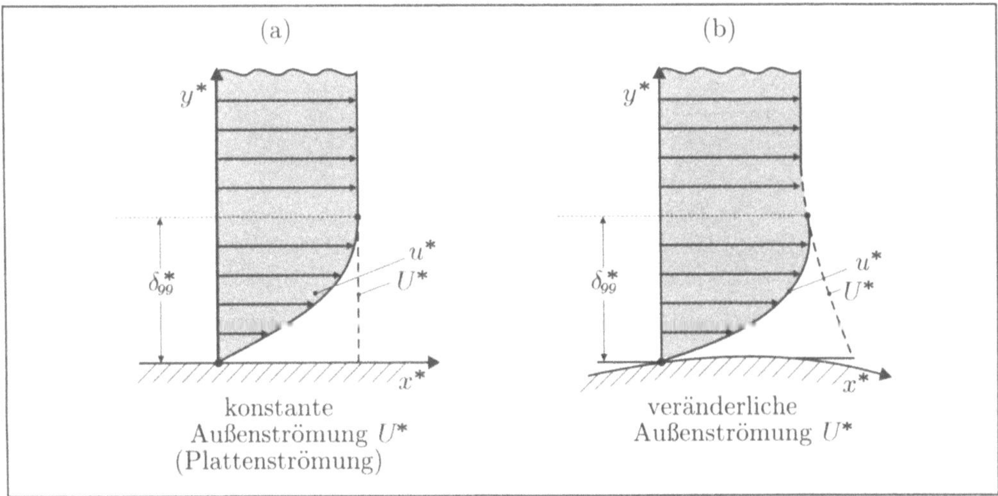

Grenzschichtdicke δ_{99}^*

BEACHTE: U^* ergibt sich aus einer Extrapolation der Geschwindigkeit im Außenbereich zur Wand hin

Fall (b), der an einer konvex gekrümmten Wand auftreten würde. Dort ist erkennbar, dass zwar auch 99 % der Außenströmung erreicht werden müssen, die Außenströmung selbst aber eine mehr oder weniger offensichtliche Extrapolation der Strömung im Außenbereich darstellt.

Alle weiteren Grenzschichtdicken werden auf der Basis der nachfolgenden Überlegungen definiert und stellen Größen dar, die besser zur Charakterisierung der Grenzschicht geeignet sind, als die Größe δ_{99}^*.

In Grenzschichten ist die Geschwindigkeit aufgrund der Haftbedingung an der Wand gegenüber einem fiktiven Fall ohne Haftbedingung reduziert. Als Folge davon liegen in Wandnähe z.B. ein geringerer Impuls sowie eine geringere kinetische Energie vor. Der Vergleich mit dem fiktiven Fall „ohne Haftbedingung", also einem Fall, bei dem sich keine Grenzschicht ausbildet, dient dazu, Längen zu definieren, die eine Grenzschicht bezüglich verschiedener Aspekte charakterisieren. Im einzelnen wird definiert:

- Verdrängungsdicke δ_1^*:

  Gegenüber dem fiktiven Fall einer Strömung ohne Haftbedingung (keine Grenzschicht) ist die gesamte Außenströmung um einen gewissen lauflängenabhängigen Betrag δ_1^* nach außen „verdrängt" worden. Das nachfolgende Bild zeigt die Entstehung der *Verdrängungsdicke* δ_1^* am allgemeinen Fall einer nicht-konstanten Außenströmung (beachte: diese entspricht der Definition (∗) für die Plattenströmung exakt, für alle anderen Strömungen in guter Näherung; für u^* und U^* s. auch das vorherige Bild).

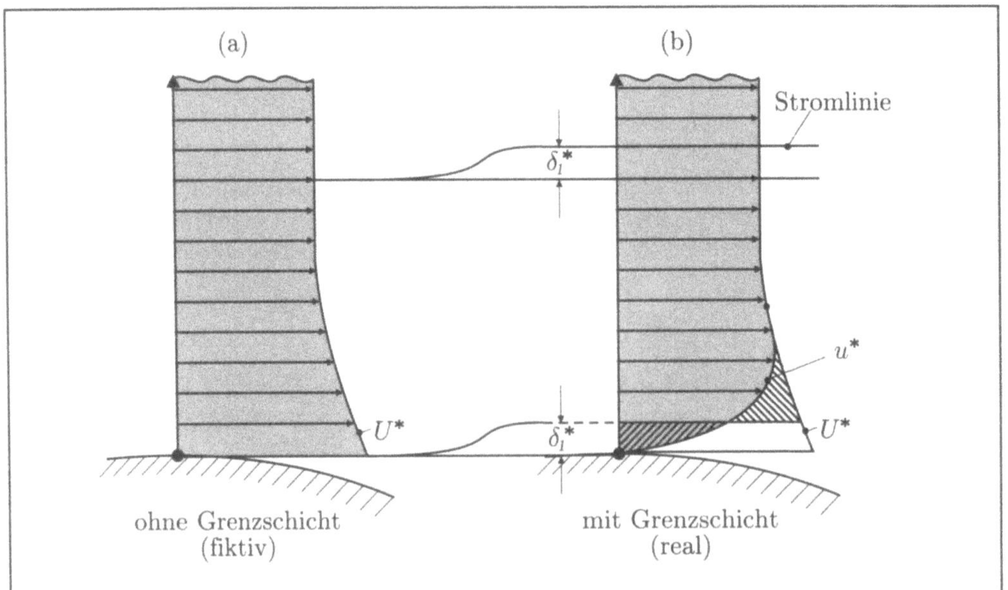

Verdrängungswirkung einer Strömungsgrenzschicht
δ_l^* ist die Größe, bei der die unterschiedlich schraffierten Flächen
im Fall (b) gleich groß sind

- Impulsverlustdicke δ_2^*:

  Infolge des verminderten Massenstromes ist auch der Impulsstrom in Wandnähe (gegenüber dem fiktiven Fall ohne Grenzschicht) vermindert, und zwar um den Betrag $\int (U^* - u^*)d\dot{m}^*$ mit $d\dot{m}^* = \varrho^* u^* B^* dy^*$ und B^* als Breite senkrecht zur Zeichenebene. Nun ist δ_2^* die Schichtdicke, die bei einer Geschwindigkeit $U^* = \text{const} = U_W^*$ einen Impuls besitzt, der gleich dem Impulsdefekt der realen Grenzschicht ist. Diese entspricht δ_2^* gemäß ($**$) wiederum nur für die Platte exakt, sonst in guter Näherung.

- Energieverlustdicke δ_3^*:

  Der verminderte Massenstrom hat auch einen verminderten Strom kinetischer Energie zur Folge, und zwar von der Größe $\int (U^{*2} - u^{*2})d\dot{m}^*$. Wenn δ_3^* die Schichtdicke ist, die bei einer Geschwindigkeit $U^* = \text{const} = U_W^*$ eine kinetische Energie besitzt, die dem Energiedefekt der realen Grenzschicht entspricht, folgt δ_3^* aus der Definitionsbox (mit derselben Anmerkung wie bei δ_2^*).

Die verschiedenen Grenzschichtdicken sind bezüglich konkreter Zahlenwerte von drei Einflüssen abhängig:

- der Reynolds-Zahl $\text{Re} = u_B^* L_B^* / \nu^*$ des Problems (u_B^*: charakteristische Geschwindigkeit, L_B^*: charakteristische Länge)

- der Form der Außenströmung U^*, wobei $U^*(y^*)$ in unmittelbarer Nähe der Wand maßgeblich ist

- der Position auf dem umströmten Körper.

Liegen diese Größen fest, können konkrete Zahlenwerte angegeben werden, wie im folgenden Beispiel gezeigt wird.

ANWENDUNGEN UND BEISPIELE

Zahlenwerte bei verschiedenen Reynolds-Zahlen; Plattenströmung mit $U^* = u_\infty^*$, betrachtete Position: $x^* = L^* = 1$ m von der Plattenvorderkante entfernt

Die Reynolds-Zahl, gebildet mit der Lauflänge x^*, entscheidet darüber, ob die Grenzschicht laminar oder turbulent ist. Für $\text{Re}_x = u_\infty^* x^* / \nu^* > 5 \cdot 10^5$ liegt in vielen Fällen eine turbulente Grenzschicht vor (die Einschränkung „in vielen Fällen" bezieht sich auf die Tatsache, dass der Transitionsprozess von einer Reihe von zusätzlichen Bedingungen wie Wandrauheiten, Störungen in der Außenströmung u.ä. abhängt).

Die nachfolgende Tabelle enthält drei Reynolds-Zahlen $\text{Re}_L = u_\infty^* L^* / \nu^*$, mit $L^* = 1$m, die kleiner und drei, die größer als diese sog. kritische Reynolds-Zahl von $5 \cdot 10^5$ sind. Die angegebenen Dicken gelten deshalb entsprechend für laminare bzw. turbulente Grenzschichten.

Re_L	δ^*/mm	δ_1^*/mm	δ_2^*/mm	δ_3^*/mm	H_{12}	H_{32}	
10^3	158	54,4	21	33	2,58	1,57	LAMINAR
10^4	50	17,2	6,6	10,4	2,58	1,57	
10^5	15,8	5,4	2,1	3,3	2,58	1,57	
10^6	14,8	1,9	1,4	2,4	1,40	1,73	TURBULENT
10^7	12,4	1,3	1,0	1,8	1,32	1,78	
10^8	10,5	1,0	0,8	1,4	1,26	1,81	

Zahlenwerte für die Plattengrenzschicht bei x* = 1 m
(Daten aus Herwig (2002))
H_{12}, H_{32} : s. unter BEACHTE (Formparameter)

BEACHTE

◻ **Endliche Reynolds-Zahlen:** Die Grenzschichttheorie ist eine asymptotische Theorie für Re $\to \infty$. In diesem Grenzfall entspricht die Geschwindigkeit am Außenrand der Grenzschicht der Wandgeschwindigkeit einer Strömung ohne Grenzschicht, s. dazu das Stichwort GRENZSCHICHTTHEORIE. Im Grenzfall Re $= \infty$ entspricht die Geschwindigkeit U^* in den Definitionen der Grenzschichtdicken deshalb der Geschwindigkeit $U^* = U_W^*(x^*)$. Wenn aber endliche Reynolds-Zahlen vorliegen, wie dies bei Messungen stets der Fall ist, muss bei der Auswertung berücksichtigt werden, dass U^* im Grenzschichtbereich noch eine Abhängigkeit von der Querkoordinate y^* aufweist. Der Verlauf von U^* bzgl. y^* muss deshalb (bis auf den Sonderfall der Plattenströmung) durch eine Extrapolation ermittelt werden, wie dies in den zuvor gezeigten Bildern angedeutet ist.

◻ **Grenzschichtdicken bei laminaren Grenzschichten:** Laminare Grenzschichten können in einer einheitlichen, transformierten Querkoordinate $N = (y^*/L^*)\sqrt{\mathrm{Re}}$ beschrieben werden. Für die Dicken δ_i^* ($\delta_1^*, \delta_2^*, \delta_3^*, ...$) führt dies auf:

$$\delta_i^* = \int\limits_0^{\delta^*} \cdots \, \mathrm{d}y^* \qquad \to \qquad \hat{\delta}_i \equiv \frac{\delta_i^*}{L^*}\sqrt{\mathrm{Re}} = \int\limits_0^{\infty} \cdots \, \mathrm{d}N$$

mit $\hat{\delta}_i$ als dimensionloser transformierter Dicke. Die obere Integrationsgrenze kann als $N \to \infty$ gewählt werden, weil der Integrand für große Werte von N zu Null wird. Da turbulente Grenzschichten keine einheitliche Querkoordinate aufweisen (Zweischichtenstruktur) ist eine analoge einfache Transformation dort nicht möglich.

◻ **Lauflängenabhängigkeiten:** Die Dicken von Grenzschichten nehmen fast ausnahmslos mit der Lauflänge zu (beginnend an einer Vorderkante oder in einem Staupunkt).

Die konkrete Abhängigkeit von der Lauflänge x^* ist dabei je nach Außenströmung jedoch verschieden. Außerdem verhalten sich laminare und turbulente Grenzschichten diesbezüglich unterschiedlich. Als typisches Beispiel kann wieder die Plattengrenzschicht gelten. Eine laminare Grenzschicht wächst proportional zu $\sqrt{x^*}$, beginnend an der Vorderkante als Ursprung der Grenzschicht. Eine turbulente Grenzschicht wächst nahezu linear mit der Lauflänge $x^* - x_0^*$ an, wobei x_0^* einen fiktiven Ursprung darstellt, der berücksichtigt, dass eine turbulente Grenzschicht in einem Transitionsprozess aus einer laminaren Grenzschicht hervorgeht.

❏ **Formparameter:** Neben den Grenzschichtdicken selbst können auch die Verhältnisse von zwei Dicken der Charakterisierung von Grenzschichten dienen. In diesem Sinne werden die sog. *Formparameter* $H_{12} = \delta_1^*/\delta_2^*$ und $H_{32} = \delta_3^*/\delta_2^*$ eingeführt. Diese Größen können für gegebene Grenzschichtprofile ausgewertet werden und charakterisieren mit ihren Zahlenwerte die „Form" des betreffenden Profils. Typische Werte für H_{12} liegen z.B. bei laminaren Grenzschichten bei $H_{12} \approx 2,6$ (Plattenströmung), während die turbulenten Werte deutlich niedriger liegen, z.B. $H_{12} \approx 1,4$ (ebenfalls für die Plattenströmung).

WEITERFÜHRENDE LITERATUR

Herwig, H. (2002): *Strömungsmechanik*, Springer-Verlag, Berlin, Heidelberg, New York

Schlichting, H.; Gersten, K. (1997): *Grenzschicht-Theorie*, Springer-Verlag, Berlin, Heidelberg, New York

Gersten, K.; Herwig, H. (1992): *Strömungsmechanik*, Vieweg Verlag, Braunschweig/Wiesbaden

Grenzschichtgleichungen
(boundary layer equations)

BEDEUTUNG UND DEFINITION

Es handelt sich um die gegenüber den vollständigen Navier-Stokes Gleichungen vereinfachten Impulsgleichungen für den wandnahen Bereich eines Strömungsfeldes. Dieser kann unter Verwendung der Grenzschichtgleichungen gesondert behandelt werden, wenn die REYNOLDS-ZAHL des Problems groß ist, d.h., es handelt sich bei den Grenzschichtgleichungen um Näherungsgleichungen für große Reynolds-Zahlen, gültig im wandnahen Bereich eines Strömungsfeldes. Eine ähnliche Situation kann bei sog. *natürlichen* oder auch *freien Konvektionströmungen* auftreten, s. dazu das Stichwort GRASHOF-ZAHL.

Für laminare Strömungen können diese Gleichungen systematisch aus den vollständigen Navier-Stokes Gleichungen hergeleitet werden, indem eine asymptotische Entwicklung für Re $\to \infty$ mit $\epsilon = \mathrm{Re}^{-1/2}$ als Entwicklungsparameter angesetzt wird, s. dazu das Stichwort GRENZSCHICHTTHEORIE. Der sog. *führende Term* dieser Entwicklung (niedrigste Ordnung) wird selbst meist als System der Grenzschichtgleichungen bezeichnet. Nachfolgende Terme stellen dann Grenzschichtgleichungen höherer Ordnung dar.

Für turbulente Strömungen könnte ebenfalls eine systematische Entwicklung angesetzt werden, die aber zu einer weiteren Unterteilung der Grenzschicht in zwei Gebiete und entsprechend doppelten Gleichungssätzen führen würde. Deshalb wird alternativ ein einziges Gleichungssystem zur Beschreibung turbulenter Grenzschichten formuliert. Dieses entspricht der führenden Ordnung bei laminaren Grenzschichten, berücksichtigt aber die zusätzlichen Effekte, die aufgrund der Turbulenz auftreten.

Damit ist dann die führende Ordnung der Grenzschichtgleichungen für laminare Strömungen ein Spezialfall dieser erweiterten Gleichungen für turbulente Grenzschichten. Sie sind genau der Fall, bei dem alle zusätzliche Effekte wieder entfallen. Aus diesem Grund wird in der nachfolgenden Definitionsbox der Gleichungssatz für turbulente Grenzschichten angegeben. Laminare Grenzschichten entstehen daraus als Sonderfall.

	Definition	

Die dreidimensionalen turbulenten Grenzschichtgleichungen in kartesischen Koordinaten ergeben sich aus den nachfolgend aufgeführten vollständigen, zeitgemittelten Navier-Stokes Gleichungen für konstante Stoffwerte. Dabei werden nur die grau markierten Terme (ggf. mit den zugehörigen Vorfaktoren η^* bzw. ϱ^*) berücksichtigt. Tritt auf einer Seite kein markierter Term auf, so steht dort die Null. Die auf diese Weise entstehenden Grenzschichtgleichungen werden *Prandtlsche Grenzschichtgleichungen* genannt und stellen aus asymptotischer Sicht (für laminare Strömungen) den führenden Term einer Entwicklung für Re$\to \infty$ dar.

KONTINUITÄTSGLEICHUNG :

$$\frac{\partial \overline{u^*}}{\partial x^*} + \frac{\partial \overline{v^*}}{\partial y^*} + \frac{\partial \overline{w^*}}{\partial z^*} = 0$$

x-IMPULSGLEICHUNG :

$$\varrho^* \frac{\mathrm{D}\overline{u^*}}{\mathrm{D}t^*} = -\frac{\partial \overline{p^*_{mod}}}{\partial x^*} + \eta^* \left[\frac{\partial^2 \overline{u^*}}{\partial x^{*2}} + \frac{\partial^2 \overline{u^*}}{\partial y^{*2}} + \frac{\partial^2 \overline{u^*}}{\partial z^{*2}} \right]$$

$$- \varrho^* \left[\frac{\partial \overline{u^{*\prime 2}}}{\partial x^*} + \frac{\partial \overline{u^{*\prime} v^{*\prime}}}{\partial y^*} + \frac{\partial \overline{u^{*\prime} w^{*\prime}}}{\partial z^*} \right]$$

y-IMPULSGLEICHUNG :

$$\varrho^* \frac{\mathrm{D}\overline{v^*}}{\mathrm{D}t^*} = -\frac{\partial \overline{p^*_{mod}}}{\partial y^*} + \eta^* \left[\frac{\partial^2 \overline{v^*}}{\partial x^{*2}} + \frac{\partial^2 \overline{v^*}}{\partial y^{*2}} + \frac{\partial^2 \overline{v^*}}{\partial z^{*2}} \right]$$

$$- \varrho^* \left[\frac{\partial \overline{v^{*\prime} u^{*\prime}}}{\partial x^*} + \frac{\partial \overline{v^{*\prime 2}}}{\partial y^*} + \frac{\partial \overline{v^{*\prime} w^{*\prime}}}{\partial z^*} \right]$$

z-IMPULSGLEICHUNG :

$$\varrho^* \frac{\mathrm{D}\overline{w^*}}{\mathrm{D}t^*} = -\frac{\partial \overline{p^*_{mod}}}{\partial z^*} + \eta^* \left[\frac{\partial^2 \overline{w^*}}{\partial x^{*2}} + \frac{\partial^2 \overline{w^*}}{\partial y^{*2}} + \frac{\partial^2 \overline{w^*}}{\partial z^{*2}} \right]$$

$$- \varrho^* \left[\frac{\partial \overline{w^{*\prime} u^{*\prime}}}{\partial x^*} + \frac{\partial \overline{w^{*\prime} v^{*\prime}}}{\partial y^*} + \frac{\partial \overline{w^{*\prime 2}}}{\partial z^*} \right]$$

mit der formalen Abkürzung $\quad \dfrac{\mathrm{D}}{\mathrm{D}t^*} = \dfrac{\partial}{\partial t^*} + \overline{u^*} \dfrac{\partial}{\partial x^*} + \overline{v^*} \dfrac{\partial}{\partial y^*} + \overline{w^*} \dfrac{\partial}{\partial z^*}$

Das Koordinatensystem wird dabei so gelegt, dass y^* senkrecht zur Wand verläuft mit $y^* = 0$ an der Wand.

Als Spezialfälle enstehen daraus die

- Grenschichtgleichungen für laminare Strömungen:

    Wegfall der Terme $-\varrho^* \partial \left(\overline{u^{*\prime} v^{*\prime}} \right) / \partial y^*$ in der x-Impulsgleichung und $-\varrho^* \partial \left(\overline{w^{*\prime} v^{*\prime}} \right) / \partial y^*$ in der z-Impulsgleichung; die Überstreichungen (Mittelwertbildung) entfallen.

- Grenzschichtgleichungen für zweidimensionale Strömungen:

  Mit $\overline{w^*} = 0$ verbleiben nur die x- und y-Impulsgleichungen; für den laminaren Fall gelten zusätzlich die im vorigen Punkt genannnten Vereinfachungen.

$\overline{u^*}, \overline{v^*}, \overline{w^*}$	(zeitgemittelte) Geschwindigkeitskomponenten	m/s
$u^{*\prime}, v^{*\prime}, w^{*\prime}$	Schwankungsgeschwindigkeiten	m/s
x^*, y^*, z^*	kartesische Koordinaten	m
$\overline{p_{mod}^*}$	(zeitgemittelter) MODIFIZIERTER DRUCK	N/m^2
ϱ^*	Dichte	kg/m^3
η^*	dynamische Viskosität	kg/ms
t^*	Zeit	s

PHYSIKALISCHER HINTERGRUND

Unter dem Stichwort GRENZSCHICHTTHEORIE ist die systematische Vorgehensweise bei der Bestimmung der Grenzschichtgleichungen beschrieben. Für laminare Strömungen stellt das System 1. Ordnung ein Gleichungssystem dar, dessen Lösungen systematisch verbessert werden können, indem weitere Terme der Entwicklung aus den Gleichungen höherer Ordnung bestimmt werden.

Da die um Turbulenzeffekte erweiterten Grenzschichtgleichungen nicht im selben Maße systematische Gleichungen führender Ordnung darstellen, ist eine solche Verbesserung der Lösung bei turbulenten Strömungen nicht möglich. Wenn gelegentlich weitere Terme in den turbulenten Gleichungen hinzugenommen werden, so handelt es sich dabei dann um eine sog. *nicht-rationale* Vorgehensweise zur Berücksichtigung von Effekten höherer Ordnung.

Die in der Definitionsbox angegebenen Grenzschichtgleichungen können auch für Grenzschichtberechnungen an gekrümmten Wänden eingesetzt werden. Die Koordinaten x^* und z^* folgen dann der Wandkontur, ohne dass zusätzliche Terme hinzukommen, die einen Krümmungseinfluss beschreiben. Da Grenzschichten für Re $\rightarrow \infty$ beliebig dünn werden, ist das Verhältnis aus einer charakteristischen Grenzschichtdicke und einem örtlichen Krümmungsradius beliebig klein. Im „Grenzschichtmaßstab" sind Wandkrümmungen deshalb vernachlässigbar gering, solange nur die führende Ordnung der Grenzschichtgleichungen betrachtet wird. In Grenzschichtgleichungen höherer Ordnung treten Wandkrümmungeseffekte hingegen explizit auf.

Eine weitere Folge der asymptotisch geringen Grenzschichtdicke ist die Konstanz des Druckes über die Grenzschicht hinweg ($\partial \overline{p_{mod}^*}/\partial y^* = 0$) in der führenden Ordnung. Eingebunden in die Hierarchie von Außenströmung und Grenzschicht (s. dazu das Stichwort GRENZSCHICHTTHEORIE) ist damit der Druck für die Grenzschichtrechnung als bekannt anzusehen; er wird von der Außenströmung „aufgeprägt".

ANWENDUNGEN UND BEISPIELE

Grenzschichtgleichungen an der Wand (Wandbindung)

Spezifiziert man die Grenzschichtgleichungen für die Wandwerte $y^* = 0$, so verbleibt von den allgemeinen Grenzschichtgleichungen

$$\boxed{\frac{\partial \overline{p^*_{mod}}}{\partial x^*} = \eta^* \frac{\partial^2 \overline{u^*}}{\partial y^{*2}}\bigg|_W} \quad \text{und} \quad \boxed{\frac{\partial \overline{p^*_{mod}}}{\partial z^*} = \eta^* \frac{\partial^2 \overline{w^*}}{\partial y^{*2}}\bigg|_W}$$

Die Terme $\partial \overline{u^{*\prime}v^{*\prime}}/\partial y^*$ bzw. $\partial \overline{w^{*\prime}v^{*\prime}}/\partial y^*$ sind an der Wand Null. Dies folgt aus der Überlegung, dass die Schwankungsgeschwindigkeiten in erster Näherung proportional zum Wandabstand y^* sind. Damit gilt $\overline{u^{*\prime}v^{*\prime}} \sim y^{*2}$ sowie $\overline{w^{*\prime}v^{*\prime}} \sim y^{*2}$, so dass sich die ersten Ableitungen dieser Größen linear mit y^* verändern, also an der Wand den Wert Null annehmen.

Damit ist der Druckgradient unmittelbar mit der zweiten Ableitung, also der Krümmung des Geschwindigkeitsprofiles an der Wand verknüpft. Dieser Zusammenhang wird *Wandbindung* genannt.

Bei ebenen Strömungen $(\partial \overline{p^*_{mod}}/\partial z^* = 0)$ kann daraus umittelbar gefolgert werden, dass Strömungsablösung nur in Gebieten mit einem Druckanstieg in Strömungsrichtung erfolgen kann, wie unter dem Stichwort ABLÖSUNG, dort unter PHYSIKALISCHER HINTERGRUND erläutert wird. Für allgemeine dreidimensionale Strömungen liegen hingegen kompliziertere Verhältnisse vor.

BEACHTE

❑ **Entdimensionierung der Grenzschichtgleichungen:** Bei der dimensionslosen Darstellung der Grenzschichtgleichungen kann und sollte die Transformation der Querkoordinate y^* berücksichtigt werden. Hierbei muss aber eindeutig nach laminaren und turbulenten Grenzschichten unterschieden werden.

- Bei laminaren Grenzschichten wird die Entdimensionierung zweckmäßigerweise bereits im Zusammenhang mit der systematischen Entwicklung der Navier-Stokes Gleichungen für große Reynolds-Zahlen eingeführt. Die transformierte Querkoordinate ist dann $(y^*/L^*_B)\sqrt{\text{Re}}$ mit L^*_B als Bezugslänge des betrachteten Problems mit Grenzschichtcharakter. Sie gilt einheitlich für die gesamte Grenzschicht und nimmt auch für $\text{Re} \to \infty$ am Grenzschichtrand nur Zahlenwerte in der Nähe von Eins an, weil die Transformation mit $\sqrt{\text{Re}}$ die korrekte Abhängigkeit der Querabmessung von der Reynolds-Zahl berücksichtigt.

- Bei turbulenten Grenzschichten müsste die Entdimensionierung dem Zweischichtencharakter Rechnung tragen, was zu zwei unterschiedlich transformierten Koordinaten in der Wand- bzw. Außenschicht der turbulenten Grenzschicht führen würde. Aus diesem Grund wird häufig zunächst auf eine dimensionslose Formulierung der turbulenten Grenzschichtgleichungen verzichtet. Erst bei der Analyse der

Lösungsstruktur in Wandnähe wird eine transformierte dimensionslose Wandko-ordinate $y^* u_\tau^* / \nu^*$ eingeführt, s. dazu das Stichwort SCHUBSPANNUNGSGESCHWIN-DIGKEIT, dort unter PHYSIKALISCHER HINTERGRUND.

❏ **Integralgleichungen / Integralverfahren:** Die numerische Lösung der Grenz-schichtgleichungen ist relativ aufwendig, da es sich um partielle Differentialgleichungen handelt. Eine mit deutlich vermindertem Aufwand zu bestimmende Näherungslösung kann auf folgendem Weg gefunden werden, der zunächst für eine zweidimensionale (ebene) Grenzschicht erläutert wird: In einem ersten Schritt wird die partielle x-Impulsgleichung über die Normalkoordinate zwischen den Grenzen $y^* = 0$ (Wand) und $y^* = \delta^*$ (Grenzschichtrand) integriert. Es verbleibt eine gewöhnliche Differential-gleichung in der Koordinate x^*, die als *Impulsintegralgleichung* (auch: Integralsatz) be-zeichnet wird. Die in dieser Gleichung auftretenden Integrale stellen Integrationen über das gesuchte Geschwindigkeitsprofil dar, die formal der Verdrängungsdicke δ_1^* und der Impulverlustsdicke δ_2^* entsprechen, s. dazu das Stichwort GRENZSCHICHTDICKEN. Als Näherungsannahme wird nun unterstellt, dass die gesuchten Geschwindigkeitsprofile aus sog. „Profilfamilien" stammen, d.h. jeweils Profile aus einer vorgegebenen Anzahl von möglichen Profilen sind. Diese Profile unterscheiden sich durch einen oder meh-rere Parameter. Wenn diese Profile in die Impulsintegralgleichung eingesetzt werden, entsteht daraus eine Bestimmungsgleichung für die Parameter als Funktion von x^*. Wenn mehr als ein Parameter bestimmt werden muss, sind weitere Integralgleichungen erforderlich. Diese können u.a. dadurch gewonnen werden, dass die x-Impulsgleichung vor der Integration mit bestimmten Potenzen der Geschwindigkeit u^* multipliziert wird. Nach der anschließenden Integration entstehen dann als weitere Gleichungen sog. Impulsmomentensätze.

Näherungsverfahren auf der Basis dieser Integralgleichungen werden *Integralverfah-ren* genannt. Bei dreidimensionalen Grenzschichten wird nach Integralgleichungen für die Hauptströmungsrichtung und die sog. Querströmungsrichtung unterschieden. Wie-derum im Sinne einer Näherung werden Profilfamilien für das Geschwindigkeitsprofil in Hauptströmung und für eine „überlagerte" Querströmung unterstellt. Für weitere Einzelheiten s. z.B. Gersten, Herwig (1992, Kap. 7.6 und 17.6).

WEITERFÜHRENDE LITERATUR

Herwig, H. (2002): *Strömungsmechanik*, Springer-Verlag, Berlin, Heidelberg, New York

Schlichting, H.; Gersten, K. (1997): *Grenzschicht-Theorie*, Springer-Verlag, Berlin, Hei-delberg, New York

Gersten, K.; Herwig, H. (1992): *Strömungsmechanik*, Vieweg Verlag, Braun-schweig/Wiesbaden

• speziell zu Integralverfahren:

Mughal, B.; Drela, M. (1993): *A calculation method for the three-dimensional boundary layer equations in integral form*, AIAA-Paper 93-0786, Reno NV

Grenzschichttheorie (Re → ∞)
(boundary layer theory (Re → ∞))

BEDEUTUNG UND DEFINITION

Es handelt sich um eine Theorie, die davon ausgeht, dass ein Strömungsfeld mit Grenzschichtcharakter in Teilgebiete aufgespalten werden kann, in denen jeweils andere Approximationen der dem ganzen Strömungsfeld einheitlich zugrundeliegenden Bilanzgleichungen formuliert werden können. Für laminare Strömungen liegt eine Zweischichtenstruktur des gesamten Strömungsfeldes vor (Grenzschicht und Außenströmung), bei turbulenten Grenzschichten führt eine vollständig systematische Vorgehensweise auf eine komplizierte Mehrschichtenstruktur. Bei turbulenten Grenzschichten wird deshalb in aller Regel auf die nachfolgend beschriebene Reihenentwicklung verzichtet. Stattdessen wird ein Gleichungssystem verwendet, das eine Erweiterung der laminaren Gleichungen führender Ordnung darstellt.

Definition
Unter der (strömungsmechanischen) Grenzschichttheorie versteht man eine systematische Näherungslösung der Impulsgleichungen (Navier-Stokes Gleichungen) für ein Strömungsfeld mit Hilfe von Reihenansätzen. Diese Reihenansätze werden bei laminaren Strömungen als zwei asymptotische Reihen für Re → ∞ formuliert, gelten im Grenzfall Re = ∞ exakt und können in der Nähe des Grenzfalles als (asymptotische) Näherungslösung verwendet werden. Folgende prinzipielle Vorgehensweise kennzeichnet diese Grenzschichttheorie (Teilschritte I - IV); s. auch ASYMPTOTISCHE THEORIE:

(I) Bereitstellen der Navier-Stokes Gleichungen zusammen mit der Kontinuitätsgleichung als einheitliches Gleichungssystem, gültig im gesamten Strömungsfeld; Identifizierung eines sog. Störparameters ϵ mit $\epsilon = \epsilon(\text{Re})$ und $\epsilon \to 0$ für Re → ∞.

(II) Reihenansatz für die Außenlösung als asymptotische Reihe, z.B. für die Geschwindigkeitskomponente u^*, in denselben Koordinaten, die in Schritt (I) gelten, als

$$u_A^* = u_{A1}^* + \epsilon\, u_{A2}^* + O(\epsilon^2)$$

(III) Reihenansatz für die Grenzschichtlösung als asymptotische Reihe, z.B. für die Geschwindigkeitskomponente u^*, jetzt aber in transformierten Variablen (Grenzschichtvariablen), also

$$u_G^* = u_{G1}^* + \epsilon\, u_{G2}^* + O(\epsilon^2)$$

(IV) Anpassen beider Entwicklungen in einer hierarchischen Reihenfolge bezüglich der asymptotischen Ordnungen und Aufstellen einer gleichmäßig gültigen Lösung als Kombination beider Entwicklungen.

Die Gleichungen der führenden Ordnung ($u_{A1}^*, ..., u_{G1}^*, ...$) sind unter dem Stichwort GRENZSCHICHTGLEICHUNGEN aufgeführt. In Sonderfällen kann der hierarchische Aufbau der Ordnungen und ihrer gegenseitigen Anpassung versagen.

Dies tritt dann auf, wenn die Lösung der führenden Ordnung in der Grenzschicht nicht mehr beschränkt bleibt, dies aber bei einer iterativen Kopplung mit der führenden Ordnung der Außenlösung der Fall ist. Diese Form der Grenzschichttheorie wird *Theorie der wechselwirkenden Grenzschichten* genannt (engl.: viscous, inviscid interaction). Ihre asymptotisch korrekte Form ist die *Dreierdeck-Theorie* (engl.: triple deck theory).

PHYSIKALISCHER HINTERGRUND

Bei der Aufteilung des laminaren Strömungsfeldes in die beiden Teilgebiete „Außenströmung" und „Grenzschicht" sind zwei Aspekte von entscheidender Bedeutung:

- Das Teilgebiet der Grenzschicht wird für steigende Reynolds-Zahlen stetig kleiner ($\delta^* \to 0$ für Re $\to \infty$; δ^*: Grenzschichtdicke) und erreicht im Grenzfall Re $= 0$ die Abmessung Null (ohne in ihrer Bedeutung „zu verschwinden", was als *singulärer Grenzfall* bezeichnet wird).

- In den beiden Teilgebieten gelten unterschiedliche Näherungen der ursprünglichen, vollständigen Navier-Stokes Gleichungen. Dies bezieht sich im wesentlichen auf die sog. Reibungsterme in den Navier-Stokes Gleichungen, die als Vorfaktor die Viskosität η^* bzw. in dimensionsloser Form den Kehrwert der Reynolds-Zahl, also $\eta^*/\varrho^* u_B^* L_B^*$ besitzen. Während in den Grenzschichtgleichungen bereits in der ersten Ordnung (Gleichungen für $u_{G1}^*, v_{G1}^*, p_{G1}^*$) Reibungsterme auftreten, ist dies bei den Gleichungen für die Außenströmung erst in der dritten Ordnung der Fall (Gleichungen für $u_{A3}^*, v_{A3}^*, p_{A3}^*$, die aber praktisch nie aufgestellt werden, da man sich meist nur für die erste oder höchstens zweite Ordnung interessiert).

Diese beiden Aspekte führen zu folgender Lösungsstrategie. Die Außenströmung, die bei endlichen Reynolds-Zahlen eigentlich nicht bis zur Wand reicht (sondern nur bis an den Grenzschichtrand) wird trotzdem im gesamten Strömungsgebiet formuliert. An der Wand können dann aber nicht die physikalisch korrekten Randbedingungen erfüllt werden, was anschließend durch die Grenzschicht „korrigiert" werden muss.

In der Grenzschicht muss der Übergang von der physikalisch korrekten Randbedingung an der Wand (Haftbedingung) auf die Randbedingung erfolgen, die von der Außenströmung eingehalten wird, damit beide Teilgebiete anschließend zu einer einheitlichen Lösung zusammengesetzt werden können.

Dieser Prozess des Zusammensetzens beider Teillösungen hat bei endlichen Reynolds-Zahlen allerdings einen merkwürdigen und auf den ersten Blick verwirrenden Charakter. Da die Grenzschicht dann noch eine endliche Dicke besitzt, aber die Außenströmung schon bis zur Wand reicht, ist der Grenzschichtbereich offensichtlich doppelt belegt, wie die nachfolgende Skizze zeigt (s. auch ANWENDUNGEN UND BEISPIELE).

Die Grenzschichtlösung erreicht an ihrem Außenrand zwar den Wert der Außenströmung, dieser liegt aber an der Wand vor, so dass beide Orte um die Grenzschichtdicke δ^* unphysikalisch versetzt sind. Aber: Der Fehler, der daraus folgt, ist asymptotisch klein, da $\delta^* \to 0$ für Re $\to \infty$ gilt, so dass im Grenzfall Re $= \infty$ ein kontinuierlicher Verlauf der Geschwindigkeit bis auf den Wert Null an der Wand vorliegt.

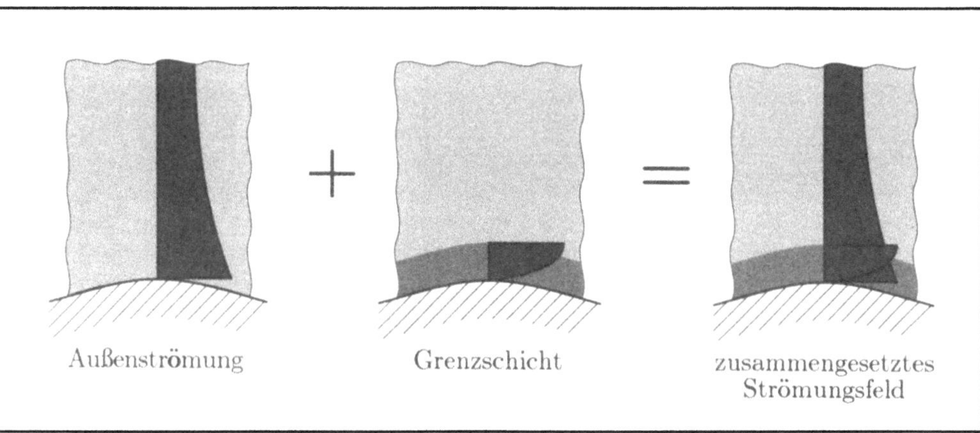

**Teillösungen und zusammengesetzte Lösung
der Grenzschichttheorie für Re → ∞**

Hier: Skizzierter Verlauf bei einer großen, aber endlichen Reynolds- Zahl Re;
angedeutet sind die jeweiligen Profile der wandparallelen
Geschwindigkeitskomponenten

Dieses Vorgehen hat den entscheidenden Vorteil, dass die Außenströmung (zumindest in ihrer ersten Ordnung) berechnet werden kann, bevor die Grenzschicht bekannt ist. Auf diese Weise entsteht eine hierarchische Lösungsstruktur, die auf jegliche Iterationsprozesse verzichten kann. Solche Iterationen wären nötig, wenn die Anpassung der Teilgebiete in einem zunächst unbekannten Wandabstand δ^* erfolgen sollte.

In den meisten Fällen beschränkt man sich auf die sog. *Theorie erster Ordnung*, in der nur die führenden Terme der beiden Entwicklungen berücksichtigt werden. Bezüglich der Außenströmung sind die dann auftretenden Gleichungen die EULER-GLEICHUNGEN (s. auch das Stichwort POTENTIALSTRÖMUNGEN), in der Grenzschicht gelten die sog. *Prandtlschen Grenzschichtgleichungen*; s. dazu das Stichwort GRENZSCHICHTGLEICHUNGEN.

Die zuvor skizzierte Vorgehensweise ist bei laminaren Strömungen „erprobt", für eine Reihe von Fällen konnten auch die Lösungen höherer Ordnung gefunden werden. Bei turbulenten Strömungen ist die Situation wegen des Zweischichten-Charakters der Grenzschicht aber sehr viel komplizierter, so dass nur in seltenen Ausnahmefällen die in der Definitionsbox formulierte Systematik entsprechend angewandt wird. Stattdessen wird eine Vorgehensweise analog zur laminaren Grenzschichttheorie 1. Ordnung (Prandtlsche Grenzschichtgleichungen) gewählt. Die Grenzschichtgleichungen (1. Ordnung) werden dafür um Terme erweitert, die den Turbulenzeinfluss berücksichtigen. Auf eine formale Reihenentwicklung wird in aller Regel verzichtet. Für Details sei auf die angegebene Spezialliteratur verwiesen.

Es gibt eine Reihe von Beispielen, in denen die bisher beschriebene Hierarchie der Ordnungen und ihrer gegenseitigen Anpassung versagt. Ein in diesem Zusammenhang intensiv untersuchtes Beispiel ist die laminare Strömung in der Umgebung der Hinterkante einer Platte endlicher Länge.

Man war lange Zeit der Meinung, es könne sich dabei nur um einen Effekt zweiter Ordnung handeln, d.h., der Hinterkanteneinfluss müsse in einem Term der Ordnung $O(\mathrm{Re}^{-1})$

bei der Bestimmung des Plattenwiderstandes zum Ausdruck kommen. Dies hat sich jedoch als falsch erwiesen, weil die Strömung in der Umgebung der Hinterkante nicht in das übliche Hierarchie-Schema der Grenzschichttheorie höherer Ordnung eingepasst werden kann. Die Ursache hierfür ist der plötzliche (singuläre) Wechsel in der Randbedingung an der Hinterkante. Es handelt sich dabei um eine lokale Störung der Grenzschichtströmung, die eine bestimmte asymptotische Substruktur hervorruft. Ein wesentliches Element dieser Substruktur ist, dass es innerhalb eines begrenzten Bereiches zur Wechselwirkung zwischen der Grenzschicht und der Außenströmung kommt. Eine solche Struktur tritt stets auf, wenn lokale Störungen in der Grenzschicht vorkommen. Man spricht dann von der *Aktivierung der grenzschichtinternen Interaktionsstruktur*.

Neben der eigentlichen Grenzschicht mit der asymptotischen Skalierung als $\mathrm{Re}^{-1/2}$ gibt es dabei eine Unterschicht der Dicke $\mathrm{Re}^{-5/8}$ und eine Außenschicht der Dicke $\mathrm{Re}^{-3/8}$. Die Wechselwirkung erfolgt in einem Bereich der asymptotischen Erstreckung $\mathrm{Re}^{-3/8}$. Da insgesamt drei Schichten beteiligt sind, wird diese Theorie *Dreierdeck-Theorie* (engl.: triple deck theory) genannt. Für weitere Einzelheiten s. Stewartson (1974) oder für eine Einführung Gersten, Herwig (1992, Kap. 11.6).

ANWENDUNGEN UND BEISPIELE

Die Anpassung der Grenzschicht an die Außenströmung (laminare Grenzschicht)

Da Grenzschichten asymptotisch dünn sind ($\delta^* \to 0$ für $\mathrm{Re} \to \infty$), werden sie in transformierten Koordinaten beschrieben, die auch im Grenzübergang $\mathrm{Re} \to \infty$ von der Größenordnung Eins bleiben, in dem relevanten Gebiet also nicht zu Null oder zu Unendlich entarten.

Da für laminare Grenzschichten $\delta^* \sim \mathrm{Re}^{-1/2}$ gilt, wird in diesem Sinne als dimensionsloses Koordinatensystem im zweidimensionalen Fall

$$ X = \frac{x^*}{L^*} \quad ; \quad Y = \frac{y^*}{L^*}\mathrm{Re}^{1/2} $$

eingeführt. In der Koordinate Y liegt der Grenzschichtrand dann stets bei endlichen Werten, obwohl er in der nichttransformierten Koordinate $y = y^*/L^*$ (die in der Außenströmung gilt) mit wachsender Reynolds-Zahl bei stets kleineren Werten liegt. Das nachfolgende Bild erläutert die Verhältnisse bei steigender Reynolds-Zahl, einmal „aus Sicht der Außenströmung", d.h. in der Koordinate y, und einmal „aus Sicht der Grenzschicht", d.h. in der Koordinate Y. Es ist deutlich erkennbar, dass die Diskrepanz im Anpassungsprozeß mit steigender Reynolds-Zahl geringer wird.

BEACHTE

◨ **Strömungsablösung:** Eine hierarchische Vorgehensweise zwischen Grenzschicht und Außenströmung setzt stets voraus, dass keine Ablösegebiete auftreten, sondern die Strömung der Wand folgt, s. dazu auch das Stichwort ABLÖSUNG.

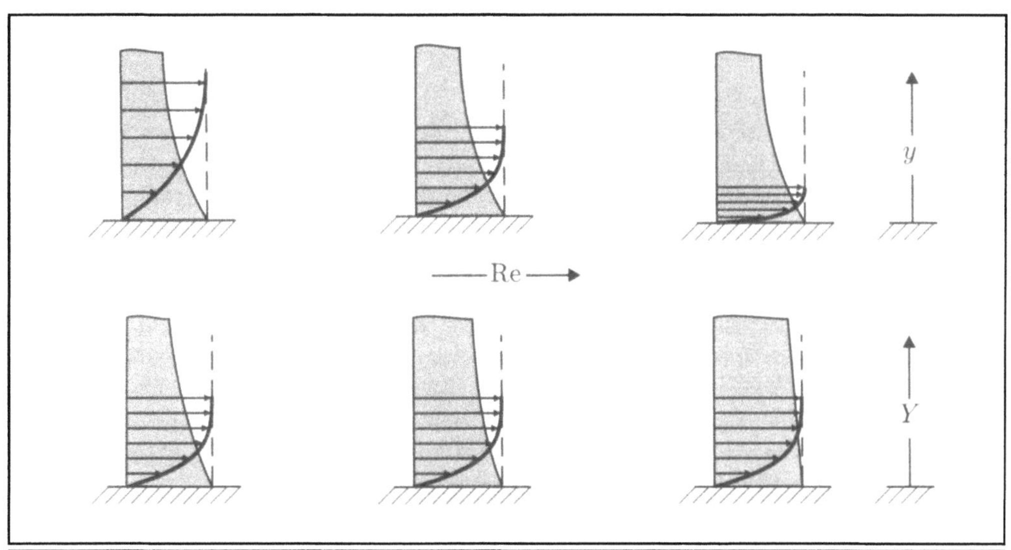

**Außen- und Grenzschichtströmungsprofile in Wandnähe
bei steigender Reynolds-Zahl**

(Außenströmung: grau unterlegt; Grenzschicht: Pfeil-Kennung)
Obere Reihe: Außenströmung bleibt unverändert; Angaben in y
Untere Reihe: Grenzschicht bleibt unverändert; Angaben in Y

◖ **Inverse Grenzschichtverfahren:** Ein wesentlicher Aspekt bei der Grenzschichtlösung im Rahmen der Dreierdeck-Theorie (wechselwirkende Grenzschichten),
ist ein Wechsel in den Randbedingungen für die Lösung der eigentlichen Grenzschichtgleichungen. Während im Rahmen der üblichen Grenzschicht-Hierarchie für die Grenzschichtlösung (erster oder höherer Ordnung) die jeweilige Außenströmung als Randbedingung vorgegeben wird und die Wandschubspannung wie auch die Verdrängungsdicke aus der Lösung folgen, wird bei wechselwirkenden Grenzschichten anders verfahren. Als Randbedingung wird eine bestimmte Form der Wandschubspannung oder
der Verdrängungsdicke vorgegeben und die zugehörige Außenströmung aus der Lösung
bestimmt. Die endgültige, korrekte Verteilung der vorzugebenden Randbedingungen
(Wandschubspannung oder Verdrängungsdicke) wird in dem Iterationsverfahren der
Theorie wechselwirkender Grenzschichten ermittelt. Dieses Vorgehen bei der Lösung
der Grenzschichtgleichungen wird *inverses Verfahren* genannt und vermeidet z.B. im
Zusammenhang mit der ABLÖSUNG die GOLDSTEIN-SINGULARITÄT.

◖ **Nicht-Wandgrenzschichten:** Die Grenzschichttheorie ist nicht auf Wandgrenzschichten begrenzt, sondern gilt z.B. auch für Trennungsschichten (zwischen zwei
angrenzenden Strömungen), Freistrahlen (Strömungen in Form eines Strahles in einer ruhenden Umgebung) und Nachläufe (Impulsverlustbereiche hinter überströmten
Körpern). Allen Grenzschichtströmungen gemeinsam ist die asymptotisch kleine Querabmessung der Grenzschichten sowie das Auftreten von Reibungseffekten anders als
in der umgebenden Außenströmung.

◖ **Selbstähnliche Grenzschichten:** Grenzschichten entwickeln sich mit der Lauflänge
x^* entlang einer Wand. Die Grenzschichtdicke, z.B. bei laminaren Grenzschichten pro-

portional zu $\mathrm{Re}^{-1/2}$, ist zusätzlich abhängig von x^*, d.h., Profile an verschiedenen Stellen der Grenzschicht sind nicht identisch. Unter bestimmten Voraussetzungen können diese x-abhängigen Profile aber zur Deckung gebracht werden, wenn sie nicht über der Grenzschichtvariablen Y, sondern über einer sog. *Ähnlichkeitsvariablen* aufgetragen werden, die eine Kombination aus Y und einer bestimmten Potenz von $x = x^*/L^*$ darstellt. Dies ist dann möglich, wenn das Problem keine ausgezeichnete Länge in Strömungsrichtung aufweist, die in dieser Richtung als Maßstab dienen könnte. Die dann trotzdem in der Problemformulierung benutzte Länge L^* dient in diesem Fall lediglich der formalen Entdimensionierung.

In diesem Sinne besitzt die Strömung entlang einer halbunendlichen Platte (beginnend an einer Vorderkante, aber ohne Längenbegrenzung) eine Grenzschicht, die *selbstähnlich* ist. Eine Platte der endlichen Länge L^* weist Grenzschichten auf, die zumindest in der Nähe der dann vorhandenen Hinterkante diese Eigenschaft nicht mehr besitzen, weil der Einfluss der dort veränderten Strömung wirksam wird und die Selbstähnlichkeit in der Nähe der Hinterkante verhindert.

WEITERFÜHRENDE LITERATUR

Herwig, H. (2002): *Strömungsmechanik*, Springer-Verlag, Berlin, Heidelberg, New York

Schlichting, H.; Gersten, K. (1997): *Grenzschicht-Theorie*, Springer-Verlag, Berlin, Heidelberg, New York

Gersten, K.; Herwig, H. (1992): *Strömungsmechanik*, Vieweg Verlag, Braunschweig/Wiesbaden

Van Dyke, M. (1975): *Pertubation Methods in Fluid Mechanics*, The Parabolic Press, Stanford, California

Stewartson, K. (1974): *Multistructured boundary layers on flat plates and related bodies*, Adv. in Applied Mech. **14**, 145-239

Haftbedingung
(no slip condition)

Siehe dazu das Stichwort GRENZSCHICHT, dort unter PHYSIKALISCHER HINTERGRUND

Hagen-Poiseuille-Strömung
(Hagen Poiseuille flow)

Siehe dazu das Stichwort ROHRSTRÖMUNG, INKOMPRESSIBEL, dort unter ANWENDUNGEN UND BEISPIELE

Hele Shaw Strömung
(Hele Shaw flow)

Siehe dazu das Stichwort POTENTIALSTRÖMUNGEN, dort unter BEACHTE

Helmholtzsche Wirbelsätze
(Helmholtz's theorems)

Siehe dazu das Stichwort WIRBEL, dort unter PHYSIKALISCHER HINTERGRUND

Homogene Turbulenz
(homogeneous turbulence)

Siehe dazu das Stichwort TURBULENZ, dort unter BEACHTE

Hugoniot-Gleichung
(Hugoniot equation)

Siehe dazu das Stichwort VERDICHTUNGSSTOSS, dort unter PHYSIKALISCHER HINTERGRUND

Hydraulischer Durchmesser
(hydraulic diameter)

BEDEUTUNG UND DEFINITION

Es handelt sich um eine geometrische Größe, die bei ausgebildeten Durchströmungen mit Querschnitten, die von der Kreisform abweichen können, als charakteristische Länge dieser Querschnitte gebildet wird. Diese Länge wird anschließend in Korrelationen, die ursprünglich für Rohrströmungen mit Kreisquerschnitten entwickelt worden sind, anstelle des (Kreis-) Durchmessers verwendet.

Definition		
$$D_h^* = \frac{4A^*}{U^*}$$ (Charakteristische Länge eines durchströmten Querschnittes)		
D_h^*	hydraulischer Durchmesser	m
A^*	durchströmter Querschnitt	m^2
U^*	benetzter Umfang	m

PHYSIKALISCHER HINTERGRUND

Bei ausgebildeten Strömungen (keine Veränderung der Strömungsprofile in Strömungsrichtung) liegt stets ein Gleichgewicht zwischen den Reibungskräften aufgrund der Schubspannungen an den Wänden und den Druckkräften auf den gegenüberliegenden freien Strömungsquerschnitten vor. Da diese Aussage unabhängig von der geometrischen Form des durchströmten Querschnittes gilt, wird versucht, darüber zu einer einheitlichen Behandlung unterschiedlicher Kanalgeometrien zu gelangen. Damit kann dann von bekannten Ergebnissen für Rohrströmungen (Kreisquerschnitt) auf die analogen Ergebnisse bei anderen Querschnittsgeometrien geschlossen werden.

Die beschriebene Kräftebilanz lautet an einem infinitesimalen Kanalstück der Länge dx^*

$$dx^* \int_{U^*} \tau_W^*(s^*) ds^* = -A^* dp^*, \tag{i}$$

wobei dp^* die Druckänderung auf der Länge dx^* ist, A^* die durchströmte Fläche und U^* der sog. benetzte Umfang, der bei vollständig mit Fluid gefülltem Querschnitt (keine offene Gerinneströmung) dem geometrischen Umfang entspricht. Die Koordinate s^* läuft in Umfangsrichtung. Mit einer querschnittsgemittelten Wandschubspannung

$$\hat{\tau}_W^* = \frac{1}{U^*} \int_{U^*} \tau_W^*(s^*) ds^*$$

lautet die Kräftebilanz (i) dann

$$\hat{\tau}_W^* = \frac{A^*}{U^*} \left(-\frac{dp^*}{dx^*} \right)$$ (ii)

Hier tritt (bis auf einen Faktor 4) der hydraulische Durchmesser auf, der offensichtlich eine charakteristische Größe für den jeweiligen Querschnitt darstellt und deshalb als charakteristische Länge in einer allgemeinen, dimensionslosen Formulierung verwendet werden sollte.

Die bisherigen Ausführungen sind exakt und enthalten keine Annahmen über das Verhalten von Strömungen in verschiedenen Querschnitten. An dieser Stelle wird nun angenommen, dass alle Strömungen, unabhängig von der Querschnittsform ein einheitliches Widerstandsgesetz (Zusammenhang zwischen der mittleren Geschwindigkeit u_m^* und dem Druckgradienten dp^*/dx^*) besitzen und dass der Widerstand, ausgedrückt über die mittlere Wandschubspannung $\hat{\tau}_W^*$ nur von den Größen u_m^* (mittlere Geschwindigkeit), ϱ^* (Dichte), η^* (Viskosität), k_s^* (Wandrauheit) und eben dem hydraulischen Durchmesser D_h^* abhängen. Dies ist eine physikalisch motivierte Modellvorstellung bzw. eine Hypothese, die anschließend durch den Vergleich mit experimentellen Daten zu überprüfen ist.

Unter dem Stichwort DIMENSIONSANALYSE wird gezeigt, dass dieser Zusammenhang von fünf dimensionsbehafteten Einflussgrößen auf den gleichwertigen Zusammenhang von drei dimensionslosen Kennzahlen zurückgeführt werden kann, der in der üblichen Schreibweise

$$\lambda_R = \lambda_R(\mathrm{Re_{Dh}}, \, k_s)$$

lautet, wobei die folgenden dimensionslosen Größen eingeführt worden sind:

$$\lambda_R \equiv \frac{8\hat{\tau}_W^*}{\varrho^* u_m^{*2}} = \frac{(-dp^*/dx^*)2D_h^*}{\varrho^* u_m^{*2}} \qquad \text{(ROHRREIBUNGSZAHL)}$$

$$\mathrm{Re_{Dh}} \equiv \frac{\varrho^* u_m^* D_h^*}{\eta^*} \qquad \text{(REYNOLDS-ZAHL)}$$

$$k_s \equiv \frac{k_s^*}{D_h^*} \qquad \text{(äquivalente Sandrauheit)}$$

Als Spezialfall ist das Rohr mit Kreisquerschnitt ($D_h^* = D^*$) enthalten (für den aus (ii) auch $\hat{\tau}_W^* = (-dp^*/dx^*)D^*/4$ folgt). Für diese Rohre sind die postulierten Abhängigkeiten experimentell befriedigend bestätigt worden. Der konkrete Zusammenhang ist für diese Strömungen im sog. *Moody-Diagramm* dargestellt (s. dazu das Stichwort WIDERSTANDS-ZAHL unter ANWENDUNGEN UND BEISPIELE).

Nachdem für Kreisquerschnitte nachgewiesen werden konnte, dass die drei dimensionslosen Kennzahlen ausreichen, den gesuchten Zusammenhang darzustellen und dieser ermittelt worden ist, bleibt die Aufgabe, ausgebildete Strömungen mit Nicht-Kreisquerschnitten daraufhin zu untersuchen, ob sie ebenfalls diesem Zusammenhang gehorchen und damit die unterstellte einheitliche Form gültig ist.

Diese Untersuchungen ergeben für

- *laminare Strömungen:* relativ starke Abweichungen vom Widerstandsgesetz für die Kreisrohrströmung und damit von einem insgesamt einheitlichen Widerstandsgesetz. Abweichungen können durchaus 20 % und mehr erreichen (s. das nachfolgende Beispiel).

- *turbulente Strömungen:* nur sehr geringe Abweichungen von einem einheitliche Widerstandsgesetz. Abweichungen liegen in der Regel unterhalb von 2 %.

Die gute Übereinstimmung der Widerstandsgesetze bei turbulenten Strömungen ist auf die weitgehend universelle Geschwindigkeitsverteilung in unmittelbarer Wandnähe zurückzuführen, gleichzeitig aber auch der Nachweis dafür, dass der hydraulische Durchmesser die physikalisch relevante charakteristische Größe des Problems darstellt.

ANWENDUNGEN UND BEISPIELE

1. Hydraulische Durchmesser für verschiedene Geometrien

Die nachfolgende Tabelle zeigt die Auswertung der allgemeinen Beziehung $D_h^* = 4A^*/U^*$ für einige ausgewählte Geometrien.

QUERSCHNITTSFORM		HYDRAULISCHER DURCHMESSER
Kreis	D^*	$D_h^* = D^*$
ebener Kanal	$2H^*$	$D_h^* = 4H^*$
Quadrat	H^*	$D_h^* = H^*$
gleichseitiges Dreieck	H^*	$D_h^* = H^*\big/\sqrt{3}$
Hydraulischer Durchmesser für ausgewählte Geometrien		

2. Laminare ausgebildete Strömungen durch Kreisring- und Rechteck-Querschnitte

Das allgemeine Widerstandsgesetz $\lambda_R = \lambda_R(\mathrm{Re}_{Dh}, k_s)$ vereinfacht sich für laminare Strömungen erheblich, weil sowohl die Dichte ϱ^* als auch die Wandrauheit k_s^* auf diese Strömungen keinen Einfluss haben (s. dazu das Stichwort DIMENSIONSANALYSE, dort unter ANWENDUNGEN UND BEISPIELE). Aus dimensionsanalytischer Sicht verbleibt dann als allgemeines Widerstandsgesetz für laminare Strömungen

$$\lambda_R \mathrm{Re}_{Dh} = \frac{(-dp^*/dx^*)2D_h^{*2}}{u_m^* \eta^*} = \mathrm{const}$$

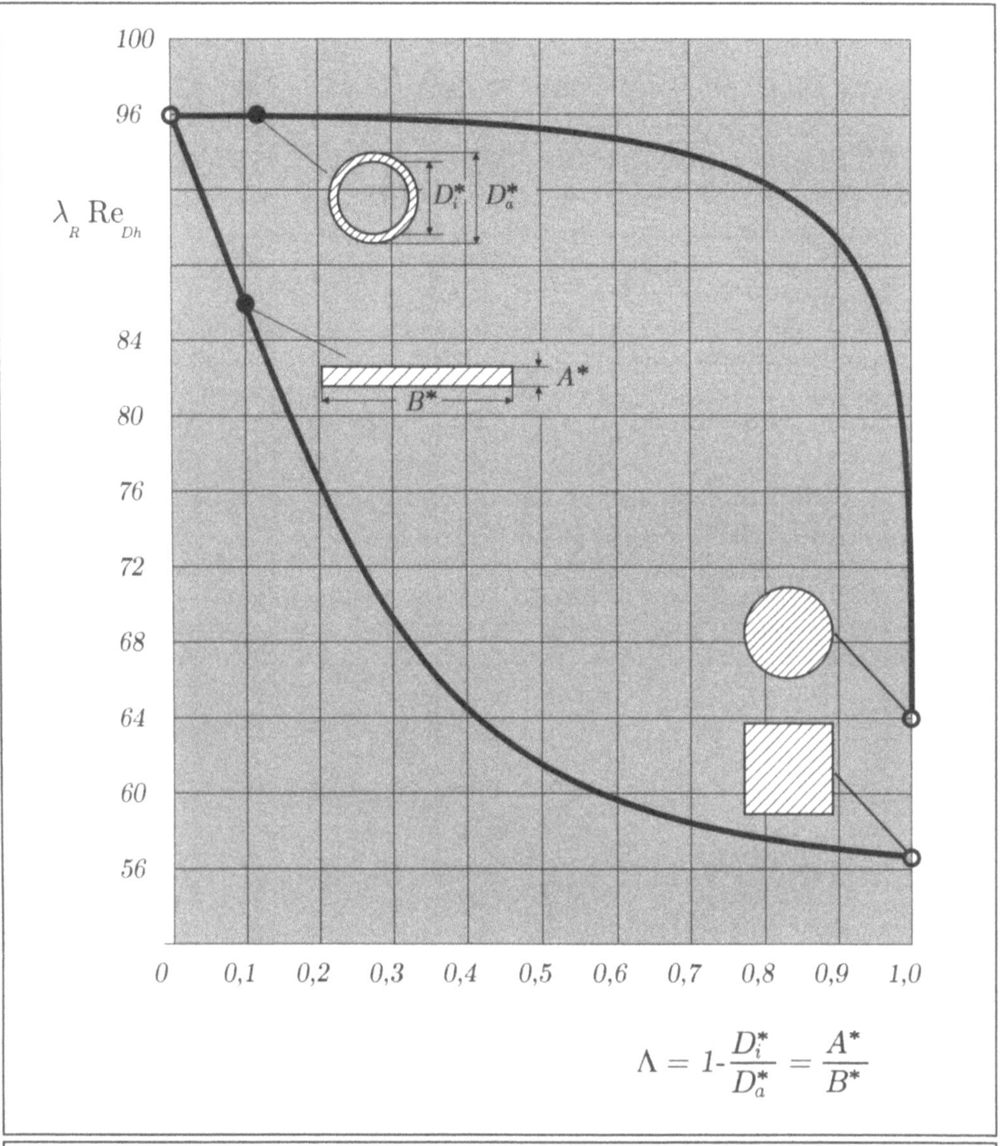

$$\Lambda = 1 - \frac{D_i^*}{D_a^*} = \frac{A^*}{B^*}$$

Widerstandsgesetz ausgebildeter laminarer Strömungen durch Kreisring- und Rechteckquerschnitte

Wenn nun Strömungen durch beliebige Querschnitte ein einheitliches Widerstandsgesetz besitzen würden, wäre die Kombination $\lambda_R \mathrm{Re}_{Dh}$ stets derselbe einheitliche Zahlenwert.

Das obige Bild zeigt am Beispiel verschiedener Kreisring- und Rechteckquerschnitte, dass Abweichungen von einem angenommenen Mittelwert von $\lambda_R \mathrm{Re}_{Rh} = 76$ bis zu 25 % betragen.

BEACHTE

◻ **Verkürzte Darstellung:** Die bisweilen zu findende Aussage „Alle Ergebnisse für die Rohrströmung gelten auch für andere Querschnittsformen, wenn statt des Durchmessers der hydraulische Durchmesser verwendet wird" kann allenfalls als erste Näherung an die tatsächlichen Verhältnisse angesehen werden.

◻ **Hydraulischer Durchmesser bei offenen Gerinneströmungen:** Wenn das Konzept des hydraulischen Durchmessers auf offene Gerinneströmungen angewandt wird, so ist darauf zu achten, dass nur der sogenannte benetzte Umfang U^* in die Bestimmung von D_h^* eingeht. Da es sich meist um Flüssigkeitsströmung in offenen Gerinnen handelt, wird der Einfluss der Schubspannung an der freien Oberfläche gegenüber den Wirkungen der Wandschubspannung im benetzten Teil vernachlässigt, so dass der benetzte Umfang nicht mehr dem geometrischen Umfang der durchströmten Flächen A^* entspricht.

◻ **Nichtausgebildete Durchströmungen:** Das Konzept des hydraulischen Durchmessers ist auf ausgebildete (lauflängenunabhängige) Durchströmungen beschränkt. Einlaufströmungen können damit nicht sinnvoll auf eine gemeinsame Aussage zurückgeführt werden. Ebenso können kritische Reynolds-Zahlen (Übergang laminar/turbulent) damit nicht zwischen unterschiedlichen Querschnittsformen „umgerechnet" werden. Es muss jeweils die konkrete Strömung für sich betrachtet werden.

WEITERFÜHRENDE LITERATUR

Standardwerke zur Strömungsmechanik, s. die Liste am Ende des Buches

Hydrostatik
(hydrostatics)

BEDEUTUNG UND DEFINITION

Unter diesem Begriff wird die „Lehre" von der Wirkung eines statischen (nicht-strömenden) Fluidfeldes konstanter Dichte verstanden. Da Wasser eine nahezu konstante Dichte besitzt ist dieser Begriff unter Verwendung des griechischen Wortes *hydor* (Wasser; $\nu\delta\omega\varrho$) entstanden. Die Aussagen der Hydrostatik gelten aber ganz allgemein in Situationen, in denen fluidbedingt keine nennenswerten Dichteänderungen auftreten können (wie bei Flüssigkeiten) sowie für solche Fälle, bei denen die Veränderlichkeit der Dichte noch keinen nennenswerten Einfluss hat (wie bei Gasen und kleinen Abmessungen des betrachteten Gebietes).

	Definition	

Als Hydrostatik wird derjenige Teil der Strömungsmechanik bezeichnet, der sich mit den Auswirkungen eines statischen Fluidfeldes konstanter Dichte befasst. Dabei handelt es sich im wesentlichen um die Wirkung von Druckkräften im sog. *hydrostatischen Druckfeld*. Dieses ist durch einen linearen Anstieg des Druckes in Richtung des Fallbeschleunigungsvektors gekennzeichnet. Die mathematische Formulierung dieses Sachverhaltes ist das sog. *hydrostatische Grundgesetz*

$$p^* = p_B^* + \varrho^* g^* h^* \qquad\qquad (*)$$

p^*	Druck im statischen Fluidfeld	$\mathrm{N/m^2}$
p_B^*	Druck im statischen Feld auf einem Bezugshöhenniveau B	$\mathrm{N/m^2}$
ϱ^*	konstante Dichte im statischen Feld	$\mathrm{kg/m^3}$
g^*	Betrag des Fallbeschleunigungsvektors $\vec{g}^*$	$\mathrm{m/s^2}$
h^*	Abstand zum Bezugshöhenniveau B in Richtung des Fallbeschleunigungsvektors $\vec{g}^*$	m

PHYSIKALISCHER HINTERGRUND

Der lineare Anstieg des Druckes in Richtung von $\vec{g}^*$ ist sehr anschaulich durch das Gewicht der Fluidsäule erklärbar, die über einer bestimmten Fläche A^* im Fluid steht. Diese führt auf einem Flächenelement $\mathrm{d}A^*$ mit ihrem Volumen $\mathrm{d}V^* = H^*\mathrm{d}A^*$ (d.h. mit einer Säule der Höhe H^*) und der Gewichtskraft $\varrho^* g^*\mathrm{d}V^*$ zu einem Druck $p^* = \lim_{\mathrm{d}A^*\to 0}(\varrho^* g^*\mathrm{d}V^*/\mathrm{d}A^*) = \varrho^* g^* H^*$. Der Druck ist damit direkt proportional zur „Höhe der darüberliegenden Fluidsäule", wächst also linear mit der „Eintauchtiefe" im

Fluid. Somit ist der Druck im Fluid nur noch eine Funktion des Abstandes von der Fluidoberfläche und dem dort herrschenden Druck.

So anschaulich die Erklärung mit der „darüberliegenden Fluidsäule" ist, so sehr kann sie auch in die Irre führen, wie das nachfolgende Bild zeigt. In den Punkten ① und ② herrscht derselbe Druck, obwohl über diesen Stellen unterschiedlich hohe Fluidsäulen stehen. Deshalb muss die gewählte Erklärung dahingehend präzisiert werden, dass die „darüberliegende Fluidsäule" real vorhanden oder (ganz oder stückweise) fiktiv ist. Was einzig zählt ist der Abstand zur Oberfläche (auf der Wirkungslinie von $\vec{g}^*$).

Die Wirkung des Druckfeldes auf Begrenzungswände oder Teile davon (z.B. Öffnungsklappen) sowie auf ganz oder teilweise eingetauchte bzw. vom Fluid benetzte Körper muss im Einzelfall berechnet werden. Allgemeine Aussagen lassen sich zu zwei Fällen treffen.

Vollständig benetzte Körper in einem Fluid der Dichte ϱ_F^* (statischer Auftrieb)

Ein vollständig in einem Fluid der Dichte ϱ_F^* eingetauchter (und damit vollständig benetzter) Körper unterliegt Druckkräften, deren Resultierende gegen die Richtung der Schwerkraft weist und deren Betrag sehr einfach zu bestimmen ist. Die *über* der Körperoberseite stehende Fluidsäule führt zu einer nach unten gerichteten Kraft, die der Gewichtskraft der Fluidsäule entspricht, ihr entgegen wirkt eine nach oben gerichtete Kraft aufgrund des Druckes auf die Unterseite des Körpers. Die resultierende „von unten wirkende Kraft"

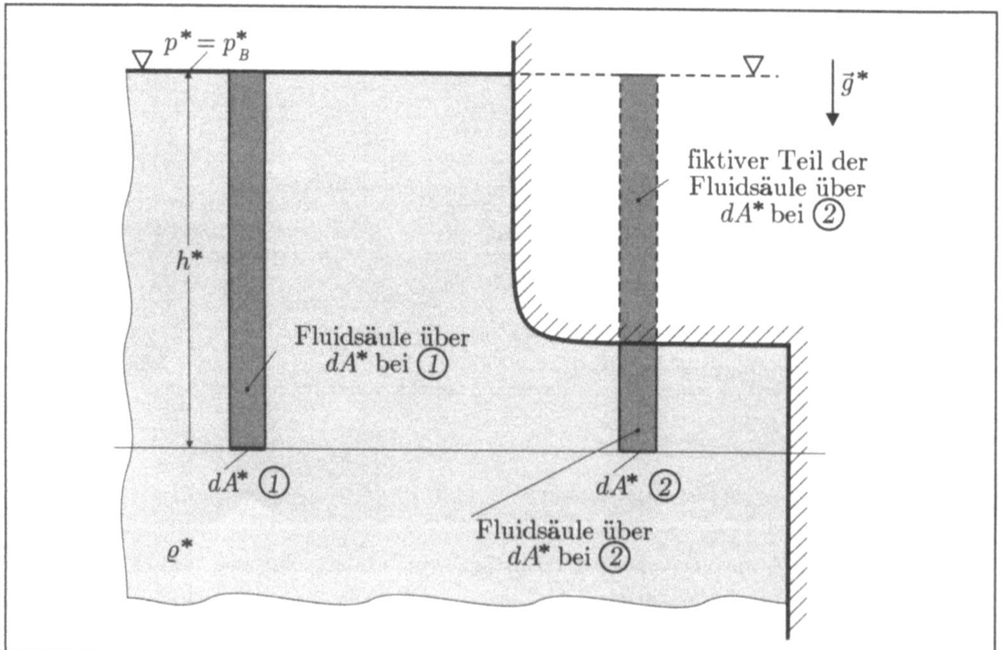

Ausschnitt aus einem statischen Fluidfeld (Dichte: ϱ^*)

$$p_1^* = p_2^* = p_B^* + \varrho^* g^* h^*$$

entspricht der (negativen) Gewichtskraft der fiktiven Fluidsäule über der Unterseite des Körpers. Deren Volumen ist aber gerade um das Körpervolumen größer als das über dem Körper stehende „von oben" wirksame Fluidvolumen. Deshalb gilt folgende Aussage („Gesetz" von Archimedes, 3. Jahrhundert v. Chr.):

Der sog. *statische Auftrieb* F_A^* eines vollständig benetzten Körpers (Körpervolumen V^*) ist gleich der Gewichtskraft des von ihm verdrängten Fluidvolumens. Es gilt also $F_A^* = \varrho_F^* g^* V^*$ mit ϱ_F^* als Dichte des verdrängten Fluides.

Der Angriffspunkt dieser Kraft liegt im Volumenschwerpunkt. Bei einer inhomogenen Dichte ϱ_K^* des Körpers kann die Lage des Massenschwerpunktes von derjenigen des Volumenschwerpunktes abweichen. Ein frei beweglicher Körper dreht sich dann so, dass der Massenschwerpunkt auf der Wirkungslinie des Fallbeschleunigungsvektors unterhalb des Volumenschwerpunktes liegt.

Der Körper steigt auf, wenn der Auftrieb größer als die Gewichtskraft ist und sinkt nach unten, wenn die Gewichtskraft überwiegt. Die Geschwindigkeit stellt sich dabei so ein, dass ein Kräftegleichgewicht zwischen den Auftriebs-, Gewichts- und Strömungswiderstandskräften herrscht. In der Anfangsphase einer freigegebenen Bewegung kommt in dieser Kräftebilanz noch die Trägheitskraft des anfangs beschleunigten Körpers hinzu.

Teilweise benetzte Körper in einem Fluid (Eintauchtiefe/Stabilität)

Wenn die Gewichtskraft eines Körpers kleiner als die Auftriebskraft des vollständig benetzten Körpers ist, schwimmt dieser an der Fluidoberfläche. Er taucht dabei soweit ein, dass die Gewichtskraft des von ihm verdrängten Fluidvolumens gleich der Gewichtskraft des Körpers ist. Bei homogener Dichte ϱ_K^* des Körpers schwimmt dieser also an der Oberfläche, wenn $\varrho_K^* < \varrho_F^*$ gilt (ϱ_F^*: Dichte des Fluides). Die Eintauchtiefe ergibt sich unmittelbar durch das Kräftegleichgewicht zwischen der statischen Druck- und der Gewichtskraft.

Besonders bei Schiffen interessiert neben der Eintauchtiefe aber auch die Lagestabilität. Ein Körper schwimmt dann stabil, wenn eine als Störung aufgebrachte Auslenkung zu einem Rückstellmoment führt (bewirkt durch die nicht mehr auf derselben Wirkungslinie agierenden Gewichts- und Auftriebskräfte). Zur genaueren Bestimmung dieser sog. *Schwimmstabilität* s. z.B. Truckenbrodt (1989, Kap. 3.2.23) oder Granger (1995, Kap. 3.7).

ANWENDUNGEN UND BEISPIELE

Bestimmung der Kraft auf benetzte Wände

Die Druckverteilung in einem ruhenden Fluid führt zu Kräften auf teilweise oder vollständig benetzte Flächen, die über eine Integration bestimmt werden können. Eine gleichwertige, aber anschaulichere Möglichkeit ergibt sich, wenn die resultierende Gesamtkraft in eine Horizontal- und eine Vertikalkomponente zerlegt wird. Beide Kraftkomponenten können dann sehr einfach ermittelt werden.

Das Bild auf der nächsten Seite erläutert die Entstehung der Druckkraft auf eine beliebig gekrümmte, von einem Fluid der Dichte ϱ^* benetzte Fläche. Die Fläche wird als

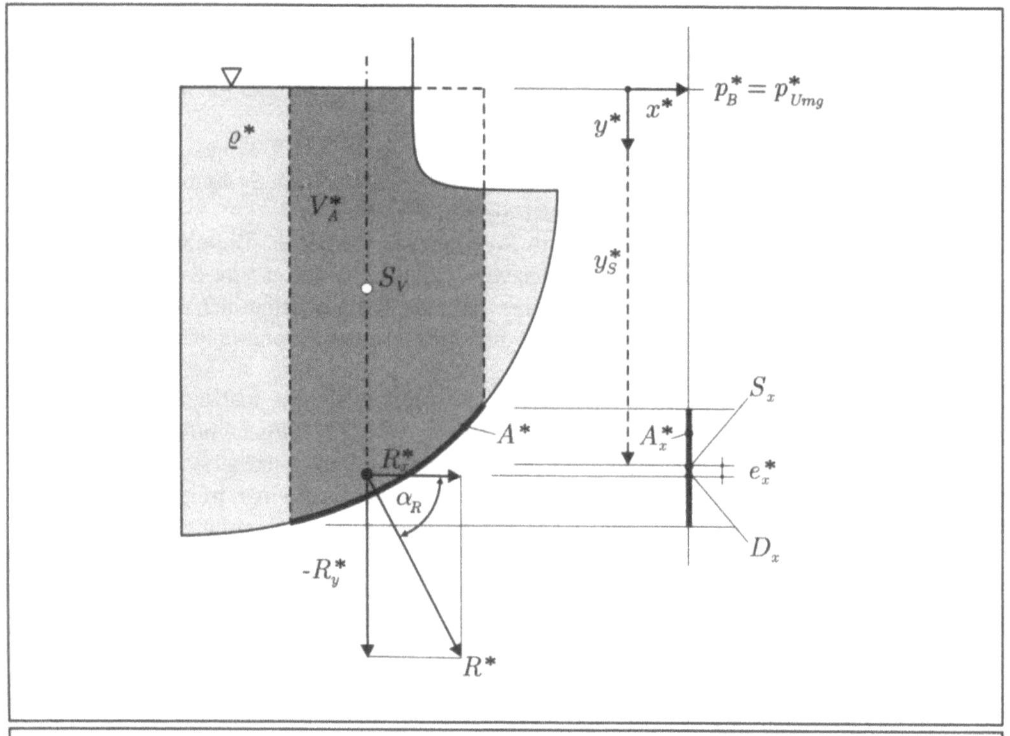

**Kraftwirkung auf eine zylindrisch gekrümmte Fläche A^* durch
ein Fluid der Dichte ϱ^***

S_V : Schwerpunkt des realen und /oder fiktiven Volumens über A^*
S_x : Flächenschwerpunkt der Projektionsfläche
D_x : Druckmittelpunkt der Projektionsfläche

zylindrisch verformt angenommen (Breite senkrecht zur Zeichenebene: B^*). Eine Erweiterung auf beliebige dreidimensionale Flächen ist ohne Schwierigkeiten möglich. Die flächenmäßig verteilte Druckkraft des Fluides auf die benetzte Fläche A^* entspricht dem Kraftvektor $\vec{R}^* = (R_x^*, R_y^*)$. Mit $\vec{R}^*$ ist deshalb die Gesamtbelastung der Fläche durch das Fluid sowohl dem Betrag nach als

$$R^* = \sqrt{R_x^{*2} + R_y^{*2}}$$

als auch nach der Richtung als

$$\alpha_R = \arctan \frac{R_y^*}{R_x^*}$$

bekannt. Wäre die Fläche A^* z.B. eine in den Behälter eingesetzte Klappe, die sich öffnen und schließen ließe, so liegt mit $\vec{R}^*$ die Information vor, welche Kräfte in Halterungen oder Scharnieren (zusätzlich zur Gewichtskraft der Klappe) aufgenommen werden müssen, wenn die Klappe verschlossen ist.

Die Kraftkomponenten R_x^* und R_y^* können nun wie folgt bestimmt werden.

- Vertikalkomponente R_y^*:

Die Kraftkomponente R_y^* entspricht der Gewichtskraft der auf der Fläche A^* real oder fiktiv lastenden Fluidsäule mit dem Volumen V_A^* und dem Volumenschwerpunkt S_V. Das Volumen V_A^* über der Fläche A^* bis zur Fluidoberfläche muss dabei nicht tatsächlich mit Fluid gefüllt sein, weil sich die Druckverhältnisse auf A^* nicht ändern, wenn ein Teil des Volumens V_A^* von Wänden geschnitten wird, wie dies im Bild angedeutet ist. Entscheidend ist die Lage der Fläche A^* in bezug auf die Fluidoberfläche, weil nur der vertikale Abstand eines Punktes zur Oberfläche gemäß des hydrostatischen Grundgesetzes über den Druck in diesem Punkt entscheidet. Für R_y^* gilt demnach

$$R_y^* = \varrho^* g^* V_A^*$$

Diese Kraftkomponente berücksichtigt die Wirkung des Fluides. Der Umgebungsdruck spielt keine Rolle, weil unterstellt wird, dass dieser auf beiden Seiten der Fläche A^* gleichermaßen vorhanden ist und deshalb keine Kraft auf A^* bewirkt. Die Kraftkomponente ist positiv, wenn die Fläche (wie im Bild) von oben benetzt ist, sie wäre negativ, wenn das Fluid die Fläche von unten benetzen würde.

- Horizontalkomponente R_x^*:

Durch eine horizontale Projektion der Fläche A^* entsteht die Projektionsfläche A_x^*. Die Kraftwirkung des Fluides auf diese Projektionsfläche entspricht der Horizontalkomponente R_x^* (wie durch Integration über alle infinitesimalen Flächenelemente dA^* leicht zu zeigen ist). Diese wiederum entspricht dem Druck im Flächenschwerpunkt S_x multipliziert mit der Projektionsfläche A_x^*, also

$$R_x^* = (p_{S_x}^* - p_{Umg}^*)A_x^*$$

Wiederum spielt der Umgebungsdruck keine Rolle, solange er auf beiden Seiten der Fläche wirkt, wie dies im Bild der Fall ist.

Um neben der Richtung von R^* auch die genaue Lage der Wirkungslinie zu bestimmen, reicht die Kenntnis eines Punktes der Wirkungslinie aus. Dieser ist durch den Schnittpunkt der Wirkungslinien der Kraftkomponenten gegeben. Die Wirkungslinie der Vertikalkomponente verläuft durch S_V (Volumenschwerpunkt), diejenige der Horizontalkomponente durch D_x. Dieser sog. Druckmittelpunkt einer ebenen Fläche fällt nicht mit dem Flächenschwerpunkt zusammen, solange eine Fläche eine ungleichmäßige Druckverteilung aufweist. Der Abstand e_x^* beider Punkte ist

$$e_x^* = \frac{I_S^*}{y_S^* A_x^*}$$

mit y_S^* als der y-Koordinate des Flächenschwerpunktes und I_S^* als dem sog. *Flächenträgheitsmoment* um eine horizontale Achse durch S_x. Das Flächenträgheitsmoment ist als $\iint (y^* - y_S^*)^2 dA^*$ eine rein geometrische Größe und für Standardflächen vertafelt zu finden.

BEACHTE

⬚ **Pascalsches Paradoxon:** Die Druckkraft auf gleich große Grundflächen von Gefäßen verschiedenster Formen, die mit demselben Fluid gleich hoch gefüllt sind, ist unabhängig von der Gefäßform. Bezüglich der Gefäßformen ist dabei der Phantasie keine Grenze gesetzt, solange die Bodenfläche und die Fluidtiefe gleich bleiben. Das Ergebnis ist bei näherer Betrachtung allerdings nicht paradox (widersinnig, sonderbar), sondern allenfalls überraschend, aber nachvollziehbar.

⬚ **Kommunizierende Röhren:** Besteht ein Gefäß aus zwei oder mehreren miteinander verbundenen Schenkeln, so befinden sich die Oberflächen auf gleichem Höhenniveau, wenn das Gefäß mit einem homogenen Fluid gefüllt ist. Dabei darf der freie Querschnitt der einzelnen Schenkel nicht so klein sein, dass sog. Kapillareffekte eintreten (s. dazu das Stichwort OBERFLÄCHENSPANNUNG, dort unter ANWENDUNGEN UND BEISPIELE). Wenn allerdings eine Fluidschichtung aus zwei oder mehreren einzelnen Fluiden unterschiedlicher Dichte in den Schenkeln vorliegt (und diese in beiden nicht genau gleich ist), so befinden sich die Oberflächen nicht mehr auf gleichem Höhenniveau. Die genaue Position der Oberflächen kann dann unter konsequenter Anwendung des hydrostatischen Grundgesetzes ermittelt werden, wenn das Auftreten unterschiedlicher Dichten darin entsprechend berücksichtigt wird ($p^* = p_B^* + g^* \sum_i \varrho_i^* h_i^*$).

⬚ **Gleichförmig beschleunigtes Fluid:** In einem gleichförmig beschleunigten Fluid (Beschleunigungsvektor $\vec{b}^*$) verhält sich ein Fluid, als stünde es unter der Wirkung einer fiktiven Fallbeschleunigung, die sich vektoriell aus $\vec{g}^*$ und $-\vec{b}^*$ zusammensetzt. Die freie Oberfläche des Fluides steht senkrecht zu diesem fiktiven Beschleunigungsvektor.

⬚ **Gleichförmig rotierendes Fluid:** In einem gleichförmig rotierenden Fluid (Winkelgeschwindigkeit ω^* um eine senkrechte Achse) treten zusätzliche Zentrifugalkräfte auf. Dies führt zu einer Erweiterung des hydrostatischen Grundgesetzes als $p^* = p_B^* + \varrho^*(g^*h^* + \omega^{*2}r^{*2}/2)$, wobei r^* den Abstand von der Drehachse beschreibt. Die Fluidoberfläche ist dann nicht mehr eben, sondern nimmt die Form einer Parabel ($\omega^{*2}r^{*2}/2g^*$) an.

WEITERFÜHRENDE LITERATUR

Standardwerke zur Strömungsmechanik, s. die Liste am Ende des Buches.

• speziell zur Schwimmstabilität

Granger, R.A. (1995): *Fluid Mechanics*, Dover Publication Inc., New York

Truckenbrodt, E. (1989): *Fluidmechanik, Band 1: Grundlagen und elementare Strömungsvorgänge dichtebeständiger Fluide*, Springer-Verlag, Berlin, Heidelberg, New York

Hyperschallströmung
(hypersonic flow)

Siehe dazu das Stichwort KOMPRESSIBLE STRÖMUNG, dort unter PHYSIKALISCHER HINTERGRUND

Ideales Gas
(ideal gas)

Siehe dazu das Stichwort FLUID, dort unter BEACHTE

Impuls-Erhaltungsgleichung
(momentum conservation equation)

Siehe dazu das Stichwort ERHALTUNGSGLEICHUNGEN, dort unter ANWENDUNGEN UND BEISPIELE

Induzierter Widerstand
(induced drag)

Siehe dazu das Stichwort WIDERSTAND

Inkompressible Strömungen
(incompressible flows)

Siehe dazu das Stichwort KONTINUITÄTSGLEICHUNG, dort unter BEACHTE

Integralverfahren
(integral method)

Siehe dazu das Stichwort GRENZSCHICHTGLEICHUNGEN, dort unter BEACHTE

Inverse Grenzschichtverfahren
(inverse boundary layer calculations)

Siehe dazu das Stichwort GRENZSCHICHTTHEORIE, dort unter BEACHTE

Isotrope Turbulenz
(isotropic turbulence)

Siehe dazu das Stichwort TURBULENZ, dort unter BEACHTE

Kapillarität
(capillarity)

Siehe dazu das Stichwort OBERFLÄCHENSPANNUNG, dort unter PHYSIKALISCHER HINTERGRUND

$k - \epsilon$ Modell
($k - \epsilon$ model)

Siehe dazu das Stichwort WIRBELVISKOSITÄT, dort unter ANWENDUNGEN UND BEISPIELE

Karmansche Wirbelstraße
(Karman vortex street)

Siehe dazu das Stichwort STROUHAL-ZAHL, dort unter ANWENDUNGEN UND BEISPIELE

Kavitation
(cavitation)

Bedeutung und Definition

Es handelt sich um Vorgänge in Strömungen von Flüssigkeiten, bei denen es zu einer lokalen Dampfblasenbildung in Gebieten niedrigen Druckes kommt. Als Folge der Kavitation kann es zu starker Geräuschbildung, zu Bauteilschwingungen, erniedrigten Wirkungsgraden der betroffenen Anlage sowie vor allem auch zur Bauteilbeschädigungen bis hin zur Zerstörung kommen.

	Definition	

Unter dem Begriff *Kavitation* versteht man die Bildung, Formierung sowie den anschließenden Zerfall von Dampfblasen in einer Flüssigkeitsströmung. Die Damfblasenbildung wird dabei ermöglicht, wenn in der Strömung örtlich der Dampfdruck unterschritten wird und Keime hinreichender Größe vorhanden sind, die eine Blasenbildung einleiten können. Wenn diese Dampfblasen mit der Strömung anschließend wieder in Gebiete höheren Drucks gelangen, tritt „schlagartig" Kondensation ein, wobei es örtlich zu extrem hohen Drücken von weit über 1 000 bar kommen kann.

Entsteht bei diesem Vorgang ein zusammenhängendes Gasgebiet mit Abmessungen, die deutlich größer als diejenigen des Kavitation initiierenden Körpers sind, spricht man von *Superkavitation*.

Als dimensionslose Größe im Zusammenhang mit Kavitationsvorgängen wird der *Kavitations-Beiwert*

$$\sigma = \frac{2(p^* - p_D^*)}{\varrho^* u_B^{*2}}$$

eingeführt.

σ	Kavitations-Beiwert	-
p_D^*	lokaler Dampfdruck	N/m^2
p^*	lokaler Druck	N/m^2
ϱ^*	Dichte	kg/m^3
u_B^*	Bezugsgeschwindigkeit	m/s

Physikalischer Hintergrund

Bei Unterschreitung des Dampfdruckes in einer Flüssigkeit kommt es zur Dampfbildung an sog. Keimen. Dies sind häufig Gaseinschlüsse an Oberflächenrauheiten, die sich mit Dampf füllen und rasch anwachsen, wenn der Druck im Bereich der Blase unter dem

Dampfdruck liegt. Bei der genauen Analyse dieser Vorgänge ist aber zu beachten, dass die üblicherweise als *Dampfdruckkurve* vertafelte Gleichgewichtsbeziehung $p_D(T_D)$ für eine ebene Phasengrenze gilt. Für gekrümmte Oberflächen, wie sie bei Blasen vorliegen, weicht dieser Zusammenhang je nach Krümmungsradius davon mehr oder weniger stark ab. Tendenziell ergibt sich gegenüber der ebenen Phasengrenze ein niedrigerer Dampfdruck bei gleicher Temperatur (zu Details s. z.B. Stephan (1988)).

Die eigentlich gefährliche Phase der Kavitation ist die nahezu schlagartige Kondensation des Dampfes in der Blase sobald diese mit der Strömung in Gebiete höheren Druckes gelangt. Da das umgebende Fluid inkompressibel ist, treten beim „Zusammenfall" der Blase kurzfristig Impulsänderungen einer großen, die Blase umgebenden Fluidmasse auf. Gemäß dem zweiten Newtonschen Axiom ist diese zeitliche Änderung des Impulses mit der Wirkung entsprechend großer Kräfte verbunden. Ist die Blase im Kontakt mit einer festen Wand, treten deshalb dort entsprechend große Druckkräfte auf. Dieses Phänomen ist beim Schnellschluss von Ventilen in Flüssigkeiten als sog. „Wasserhammer" bekannt.

Zusätzlich tritt beim Zusammenfall von Dampfblasen in Wandnähe aber noch ein weiteres Phänomen auf. Durch die Unsymmetrie, die eine Wand in Blasennähe darstellt, erfolgt der Zusammenfall der Blase bezogen auf den Blasenmittelpunkt nicht vollkommen symmetrisch. Vielmehr bildet sich während des Zusammenfalls ein scharfer Flüssigkeitsstrahl aus, der die Blase durchströmt und, wenn er die Wand trifft, dort zu Erosionen führen kann.

Kavitationsbeginn

Mit Hilfe des Kavitations-Beiwertes σ, der einen speziell definierten Druckbeiwert $c_p = 2(p^* - p_B^*)/\varrho^* u_B^{*2}$ mit p_B^*, u_B^* als Bezugsgrößen darstellt, kann sowohl eine Maßstabsübertragung vorgenommen werden, als auch ein Kriterium für das Auftreten von Kavitation formuliert werden.

Da $p^* < p_D^*$ eine notwendige Voraussetzung für das Auftreten von Dampfblasen-Kavitation ist, tritt im gesamten Strömungsfeld keine Kavitation auf, solange überall $\sigma > 0$ gilt, s. dazu auch unter BEACHTE / Gasblasen-Kavitation. Allerdings ist $\sigma < 0$ keine hinreichende Bedingung für Kavitation, da noch ein ausreichend wirksamer Entstehungs- und Wachstumsmechanismus für Dampfblasen vorhanden sein muß.

Hinzu kommt, dass eine sichtbare oder akustisch wahrnehmbare Kavitation noch nicht automatisch zur Wirkungsgradverschlechterung oder zu Bauteilbeschädigungen führt. Es ist deshalb sinnvoll, im konkreten Einzelfall einen *kritischen Kavitations-Beiwert* σ_{krit} zu bestimmen, bei dessen Unterschreitung erkennbare Kavitationseffekte auftreten.

Kavitationseffekte

Wenn in einer Strömung Kavitation auftritt, dann wird die Strömung dadurch erheblich beeinflusst. Es liegt dann eine ZWEIPHASENSTRÖMUNG vor, bei der an keiner Stelle im Strömungsfeld der Druck (nennenswert) unter den Dampfdruck sinken kann. Damit wird z.B. der Aufbau eines starken Unterdruckes auf der Oberseite eines angestellten Flügels zur Auftriebserzeugung unterbunden, s. dazu unter ANWENDUNGEN UND BEISPIELE.

Auch in einer prinzipiell stationären Strömung sind die Kavitationsgebiete oftmals hochgradig instationär, weil es zu Ablösungen und einem anschließenden Neuaufbau von großräumigen Kavitationsgebieten kommt. Wenn diese Vorgänge periodisch ablaufen, liegen STROUHAL-ZAHLEN Sr $= f^* L_B^* / u_B^* \approx 0,3$ vor, wobei f^* die auftretende Ablösefrequenz ist und L_B^* und u_B^* die Länge des Kavitationsgebietes bzw. eine charakteristische Geschwindigkeit der Strömung sind. Bauteilschwingungen können auftreten, wenn f^* in die Nähe von Eigenfrequenzen der Bauteile kommt.

Neben diesen negativen Effekten sind Bauteilbeschädigungen die gravierendsten Folgen von Kavitation in einer Strömung. Es handelt sich dabei in der Regel um Oberflächenerosionen, die in Zeiträumen von Monaten bis Jahren auftreten (owohl in Extremfällen Schwächungen auch schon nach wenigen Stunden auftreten können). Je nach der Härte des Materials werden dabei erhebliche Materialdicken abgetragen, was von zusätzlichen Oberflächenrauheiten über Konturänderungen bis hin zu einem Totalversagen wegen mangelnder Belastbarkeit der Bauteile führen kann. Verschiedene Materialien können dabei unter streng kontrollierten Testbedingungen klassifiziert werden. Das tatsächliche Kavitationsverhalten einer Anlage ist aber ein insgesamt hochkomplexer Vorgang, der insbesondere bezüglich der Langzeitfolgen schwer vorhergesagt werden kann. Wo immer dies möglich ist, sollte deshalb Kavitation unterbunden oder zumindest so weit wie möglich eingeschränkt werden.

Schutz vor Kavitationsschäden

Der wirksamste Schutz vor Kavitationsschäden ist die Vermeidung von Kavitation durch eine entsprechende Formgebung der Bauteile, mit der starke Unterdrücke unterbunden werden können. Wenn dies nicht gelingt, sollte bei der Werkstoffauswahl auf Kavitationsresistenz geachtet werden. In diesem Sinne besonders geeignete Materialien sind Edelstähle, besonders ungeeignet sind Messing und Gusseisen. Neben der Werkstoffwahl kann auch eine Beschichtung der Bauteile im Bereich möglicher Kavitationsschäden erwogen werden.

Wenn dies möglich und zulässig ist, kann eine geringe Luftmenge in den kavitationsgefährdeten Bereich injiziert werden. Da Luft als Inertgas wirkt (nicht kondensierendes Gas im auftretenden Druck- und Temperaturbereich), wird der plötzliche Zusammenfall der dann mit einem Gas-Dampf-Gemisch gefüllten Kavitationsblasen gemindert oder sogar ganz unterbunden. Damit gelingt es häufig, Kavitationsschäden erheblich zu reduzieren, da diese im Wesentlichen in der Phase des Blasenzusammenfalls entstehen.

ANWENDUNGEN UND BEISPIELE

1. Auftriebsbegrenzung bei Hydroprofilen durch einsetzende Kavitation

Wasserpumpen und Turbinen arbeiten häufig als mehrstufige Maschinen in denen eine Vielzahl von Einzelschaufeln auf Stator- und Rotorkränzen angeordnet sind. Jede dieser Schaufeln wird dabei in bezug auf ein schaufelfestes Koordinatensystem umströmt und erzeugt wie ein aerodynamischer Tragflügel eine Auftriebskraft. Diese entsteht im wesentlichen durch Druckunterschiede zwischen der Unter- und der Oberseite des Profils. Bei der Umströmung mit Wasser ist dabei die Profiloberseite kavitationsgefährdet und kann deshalb nur einen durch Kavitation begrenzten Unterdruck aufbauen.

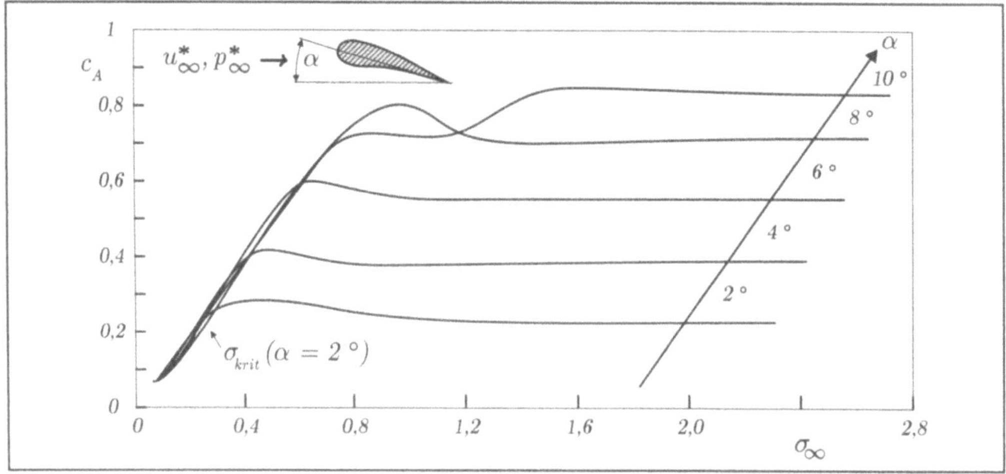

Verminderte Auftriebsbeiwerte eines Hydroprofils (NACA 66,-012) bei Unterschreiten des kritischen Kavitationsbeiwertes $\sigma_{krit}(\alpha)$

$$c_A = \frac{2A^*}{\varrho^* u^{*2}_\infty} \quad ; \quad \sigma_\infty = \frac{2\,(p^*_\infty - p^*_D)}{\varrho^* u^{*2}_\infty}$$

Daten aus: Kermeen, R.W., Water tunnel tests of NACA 66,-012 hydrofoil in noncavitating and cavitating flows, Cal. Inst. Techn., Hydrodyn. Lab.Rep., 47-7, 12, 1956

Das obige Bild zeigt als Beispiel den Auftriebsverlust an einem wasserumströmten Profil (Hydroprofil) bei verschiedenen Anstellwinkeln des Profils. Für große Werte des Kavitations-Beiwertes σ entspricht der Auftriebsbeiwert c_A dem jeweiligen Wert beim Anstellwinkel α und zwar unabhängig von σ. In diesem Sinne ist σ dann größer als der zum Anstellwinkel α gehörige kritische Kavitationsbeiwert σ_{krit} und Kavitationseffekte sind noch nicht feststellbar. Wenn σ_{krit} aber unterschritten wird, tritt ein deutlicher Auftriebsverlust auf und c_A nimmt nahezu linear mit σ ab. Je weiter σ unterhalb von σ_{krit} liegt, um so stärker ist die Kavitation und um so größer sind deshalb die Auftriebsverluste gegenüber dem Fall ohne Kavitation.

Eine ähnliche Situation liegt bei Schiffspropellern vor, die den gewünschten Schub durch Auftriebseffekte an den einzelnen Propellerblättern erzeugen.

2. Kritische Installationshöhe bei Pumpen und Turbinen

Der entscheidende Aspekt bei Pumpen und Turbinen ist der Druckunterschied, der über die Maschine hinweg entsteht. Bei Pumpen ist dies eine Druckerhöhung, bei Turbinen (in denen Wellenleistungen abgegeben werden) ensteht ein Druckabfall. Es muss stets beachtet werden, dass auf der Niederdruckseite der Dampfdruck nicht unterschritten wird, um Kavitation in diesem Bereich zu vermeiden. Das vorhergehende Beispiel zeigt, dass dabei die kritischen Bereiche auf den Unterdruckseiten der Leit- bzw. Laufschaufeln (auf der Niederdruckseite) der Maschine liegen.

Wenn die Pumpe oder Turbine gegenüber einer freien Fluidoberfläche arbeitet, die unter Umgebungsdruck steht, so ist die Kavitationsgefahr um so größer, je größer die

Höhe $h^*_{p/T}$ über dem unteren Flüssigkeitsniveau ist, wie schematisch im nachfolgenden Bild erläutert wird.

Dabei soll unterstellt werden, dass im jeweiligen Ansaugrohr keine Dissipation auftritt. Die Druckabsenkung Δp^*_S entspricht dann genau dem Gewinn an kinetischer Energie von ⓤ nach ⓤ' bei der Pumpe bzw. von ⓞ nach ⓞ' bei der Turbine. Die kinetische Energie im Austritt soll hingegen vollständig dissipiert werden, so dass kein Druckrückgewinn zwischen den Punkten ⓞ' und ⓞ bei der Pumpe bzw. von ⓤ' und ⓤ bei der Turbine erfolgt.

Bei den Druckverläufen ist jeweils die Stelle des niedrigsten Druckes markiert. Dieser darf nicht unter den Dampfdruck absinken, damit Kavitation vermieden wird. Es ist unmittelbar erkennbar, dass eine Vergrößerung von $h^*_{p/T}$ die Kavitationsgefahr erhöht, da dann p^*_{min} weiter abnimmt. Pumpen und Turbinen sollten deshalb so nah wie möglich am unteren Fluidniveau installiert werden.

Zusätzlich ist dem Bild der Einfluß von Dissipation zwischen ⓤ' und ⓞ' zu entnehmen. Er stellt bei Pumpen eine Vergrößerung der Kavitationsgefahr dar, bei Turbinen verringert er die Dissipationsgefahr.

BEACHTE

◻ **Gasblasen-Kavitation:** Unter bestimmten Bedingungen können kavitationsartige Erscheinungen auch bei lokalen Drücken deutlich oberhalb des Dampfdruckes auftreten. Gasblasen wachsen dann aufgrund von Diffusion von Gasen, die in der Flüssigkeit

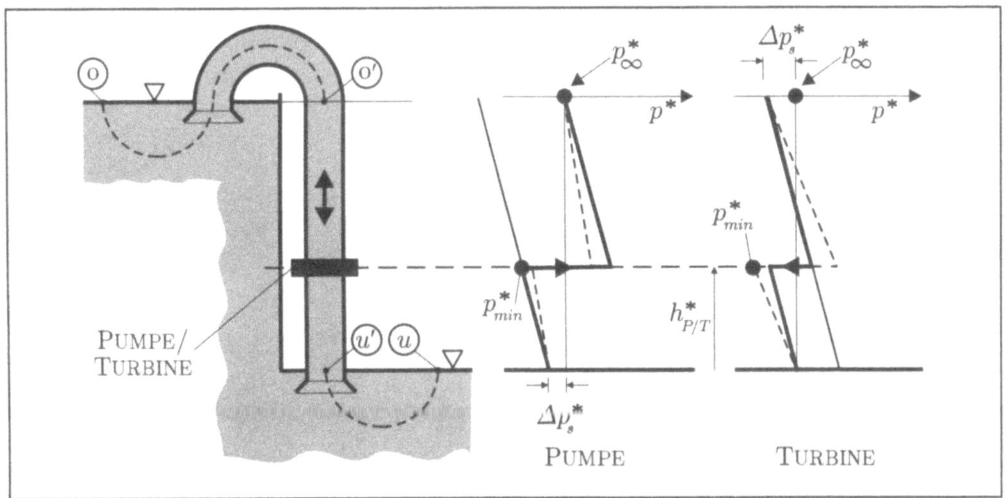

Prinzipielle Druckverteilung bei einer PUMPE/TURBINE zwischen zwei freien Wasseroberflächen

Installation in der Höhe $h^*_{P/T}$

- - - -   Druckverlauf ohne Dissipation
———   Druckverlauf mit Dissipation
Δp^*_s Druckabsenkung im Ansaugrohr

gelöst sind. Da Diffusionsvorgänge relativ langsam ablaufen, ist es dafür erforderlich, dass Keime, aus denen Gasblasen wachsen können, relativ lange bei Drücken unterhalb ihres Sättigungsdruckes verbleiben. Diese Vorgänge werden als *Gasblasen-Kavitation*, bisweilen auch als *Pseudokavitation*, bezeichnet, s. dazu auch Holl (1960).

WEITERFÜHRENDE LITERATUR

Arnd, R.E.A. (1998): *Cavitation*, in: The Handbook of Fluid Dynamics, Chapter 20, R.W. Johnson (ed.), CRC Press, Boca Raton

Tullis, J.P. (1993): *Cavitation Guide for Control Valves*, NUREG/CR-6031, U.S. Nuclear Regulatory Commission, Washington, D.C.

Isai, W.H. (1989): *Kavitation*, Schifffahrts-Verlag „Hansa", Hamburg

Blake, J.R.; Gibson, D.C. (1987): *Cavitation bubbles near boundaries*, Annu. Rev. Fluid Mech. **19**, 99-123

Arndt, R.E.A. (1981): *Cavitation in fluid machinery and hydraulic structures*, Annu. Rev. Fluid Mech. **13**, 273-328

Holl, J.W. (1960): *An effect of air content on the occurrence of cavitation*, J. Basic Eng. **82**, 941-946

Kelvin-Helmholtz Instabilität
(Kelvin Helmholtz instability)

Siehe dazu das Stichwort STABILITÄT, dort unter BEACHTE

Kelvin-Theorem
(Kelvin's theorem)

Siehe dazu das Stichwort WIRBEL, dort unter PHYSIKALISCHER HINTERGRUND

Knudsen-Zahl
(Knudsen number)

Siehe dazu das Stichwort DICHTE, dort unter ANWENDUNGEN UND BEISPIELE

Kolmogorov-Länge
(Kolmogorov scale)

Siehe dazu das Stichwort TURBULENZ, dort unter PHYSIKALISCHER HINTERGRUND, Punkt (8)

Kompressibilität
(compressibility)

Siehe dazu das Stichwort SCHALLGESCHWINDIGKEIT, dort unter BEACHTE

Kompressible Strömungen
(compressible flows)

BEDEUTUNG UND DEFINITION

Es handelt sich um Strömungen, bei denen die Änderungen der Dichte des Fluides aufgrund von Druckänderungen in der Strömung so groß sind, dass sie nicht vernachlässigt werden können. Solche Strömungen können nur auftreten, wenn das Fluid eine Dichte ϱ^* besitzt, die eine relativ starke Druckabhängigkeit aufweist. Dies ist bei Gasen der Fall, nicht aber bei Flüssigkeiten, weshalb kompressible Strömungen fast ausnahmslos nur bei Strömungen von Gasen vorkommen.

<table>
<tr><td></td><td align="center">Definition</td><td></td></tr>
</table>

Eine *kompressible Strömung* liegt vor, wenn für Dichteänderungen $\Delta\varrho^*$ aufgrund von Druckänderungen in einer Strömung gilt:

$$\frac{\Delta\varrho^*}{\varrho^*} \geq 0,05 = 5\% \qquad (*)$$

Für Gase mit dem Isentropenexponenten $\kappa = 1,4$ ist dies erfüllt, wenn gilt:

$$\mathrm{Ma} \geq 0,3 \qquad (**)$$

ϱ^*	Dichte	$\mathrm{kg/m^3}$
Ma	lokale MACH-ZAHL	-

PHYSIKALISCHER HINTERGRUND

Da inkompressible Strömungen vorliegen, wenn die Dichte im betrachteten Strömungsfeld als konstant angesehen werden kann (d.h. auftretende Dichteänderungen können vernachlässigt werden), werden bisweilen vorschnell alle anderen Strömungen als kompressibel bezeichnet. Dies entspricht jedoch nicht der üblichen Definition kompressibler Strömungen und soll anhand der nachfolgenden Überlegung erläutert werden.

Aus thermodynamischer Sicht ist die Zustandsgröße ϱ^* eines Reinstoffes eine Funktion von zwei unabhängigen Variablen, z.B. von T^* und p^*, so dass für die Funktion $\varrho^* = \varrho^*(T^*, p^*)$ das vollständige Differential

$$d\varrho^* = \frac{\partial\varrho^*}{\partial T^*}dT^* + \frac{\partial\varrho^*}{\partial p^*}dp^*$$

$$= -\varrho^*\beta^* dT^* + \varrho^*\tau^* dp^*$$

gilt, wobei aus zweckmäßigkeitsgründen eingeführt worden ist:

$$\beta^* = -\frac{1}{\varrho^*}\left.\frac{\partial\varrho^*}{\partial T^*}\right|_p \qquad \text{(isobarer thermischer Ausdehnungskoeffizient)}$$

$$\tau^* = \frac{1}{\varrho^*} \left.\frac{\partial \varrho^*}{\partial p^*}\right|_T \qquad \text{(isothermer Kompressibilitätskoeffizient)}$$

Wenn unterstellt wird, dass die Koeffizienten β^* und τ^* in erster Näherung konstant sind, kann von den infinitesimalen Änderungen $d\varrho^*$, dT^* und dp^* auf endliche Differenzen $\Delta\varrho^*$, ΔT^* und Δp^* übergegangen werden, so dass dann gilt:

$$\boxed{\frac{\Delta\varrho^*}{\varrho^*} = -\beta^* \Delta T^* + \tau^* \Delta p^*} \qquad\qquad \text{(i)}$$

Daran werden zwei Aspekte deutlich:

- Nennenswerte Dichteänderungen ($\Delta\varrho^*/\varrho^* \geq 5\%$) können sowohl durch Druck-, als auch durch Temperaturänderungen in der Strömung auftreten. Aber: Als *kompressible Strömungen* werden definitionsgemäß (s. die Definitionsbox) nur diejenigen Strömungen bezeichnet, bei denen es aufgrund von Druckunterschieden zu nennenswerten Dichtedifferenzen kommt.

  Wenn erhebliche Temperaturunterschiede (bei Strömungen mit Wärmeübertragung) zu relativ großen Dichtedifferenzen führen, kann man, obwohl dies keine sehr weit verbreitete Bezeichnung ist, von *temperaturexpansiven Strömungen* sprechen. Dazu zählen z.B. die thermischen Auftriebsströmungen an beheizten Wänden.

- Es sollte klar nach den Fluideigenschaften, gekennzeichnet durch β^* und τ^*, und den Strömungs- bzw. Feldeigenschaften, gekennzeichnet durch ΔT^* und Δp^*, unterschieden werden. In diesem Sinne ist die Fluideigenschaft $\tau^* \neq 0$ eine notwendige Voraussetzung dafür, dass eine kompressible Strömung vorliegen kann. Die Größe von Δp^* in der Strömung entscheidet dann darüber, ob $\tau^* \Delta p^* \geq 5\%$ gilt und damit per Definition eine kompressible Strömung vorliegt.

Die in (**) der Definitionsbox angegebene Mach-Zahl-Grenze kann wie folgt ermittelt werden. Unterstellt man, dass unterhalb der Grenz-Mach-Zahl eine inkompressible Strömung vorliegt, so gilt bei der (reibungsfreien) Umströmung von Körpern für den Druckunterschied Δp^* zwischen dem Staupunkt und einer beliebigen Stelle auf dem Körper $\Delta p^* = \varrho^* u_s^{*2}/2$, wenn u_s^* die lokale Geschwindigkeit ist. Soll nun gemäß der Forderung (*) mit (i) und $T^* = $ const gelten : $0,05 = \Delta\varrho^*/\varrho^* = \tau^* \Delta p^*$, so folgt daraus $0,1 = \varrho^* \tau^* u_s^{*2}$. Mit der Definition der Schallgeschwindigkeit als $a^* = (\varrho^* \kappa \tau^*)^{-1/2}$ und $\mathrm{Ma} = u_s^*/a^*$ wird daraus $\mathrm{Ma} = \sqrt{0,1\,\kappa}$. Mit $\kappa = 1,4$ ist dies eine Mach-Zahl $\mathrm{Ma} = 0,37$. Diese ist etwas höher als der angegebene Wert für die Grenz-Mach-Zahl, weil die gewählte Abschätzung mit (i) eine isotherme Druckänderung Δp^* unterstellt hat, während (**) in der Definitionsbox unter der Annahme einer isentropen Zustandsänderung entstanden ist. Es läßt sich leicht zeigen, dass die zuvor ermittelte Mach-Zahl deshalb ungefähr um den Faktor $\sqrt{\kappa} \approx 1,2$ zu hoch ist.

Nach der gängigen Definition sind also Strömungen mit $\mathrm{Ma} \geq 0,3$ als kompressibel zu behandeln. Dies bedeutet gegenüber inkompressiblen Strömungen einen erheblich höheren „Modellierungsaufwand", weil

- die Dichte ϱ^* eine weitere Variable des Problems ist, für die eine thermische Zustandgleichung $\varrho^* = \varrho^*(T^*, p^*)$ als weitere Gleichung hinzu kommt

- das Strömungs- und das Temperaturfeld gegenseitig gekoppelt sind und beide Felder deshalb simultan bestimmt werden müssen

- die Energiegleichung als Ganzes betrachtet werden muss, weil die Teil-Energiegleichungen der mechanischen und der thermischen Energie nicht mehr getrennt behandelt werden können.

Wegen der Komplexität des Gesamtproblems ist eine Vereinfachung des mathematisch/physikalischen Modells in der Vergangenheit absolut erforderlich gewesen und auch in Zukunft in vielen Fällen sinnvoll. In diesem Sinne beschränkt man sich in den meisten Fällen

- bei der *Umströmung* von Körpern auf reibungsfreie Strömungen. Es werden dabei alle Effekte im Zusammenhang mit der Viskosität und der Wärmeleitfähigkeit des Fluids vernachlässigt. Der Ausgangspunkt für die theoretische Beschreibung des Strömungsfeldes sind dann die (kompressiblen) EULER GLEICHUNGEN.

- bei der *Durchströmung* von Kanälen auf eine eindimensionale Betrachtung (Stromröhren-Theorie).

Kompressible Umströmung

Für Umströmungen können vier Mach-Zahl Bereiche unterschieden werden, die charakteristische Unterschiede in den zugehörigen Strömungsfeldern aufweisen. Das nachfolgende Bild zeigt die verschiedenen Fälle. Die Angaben zur Mach-Zahl der ungestörten Anströmung, $Ma_\infty = u_\infty^*/a_\infty^*$, stellen keine „scharfen Grenzen" dar, sondern sind typisch für die gezeigten Körperumströmungen. Die vier Bereiche sind:

1) *Unterschallströmung* ($Ma_\infty < 0,8$): Dies sind Strömungen, bei denen die Kompressibilität berücksichtigt werden muss, bei denen aber im gesamten Strömungsgebiet die lokalen Mach-Zahlen $Ma = u_s^*/a^*$ kleiner als Eins sind; es liegt also überall Unterschallströmung vor. Für sehr kleine Mach-Zahlen ($Ma_\infty \to 0$) erfolgt der Übergang zu inkompressiblen Strömungen.

2) *Transsonische Strömung* ($0,8 < Ma_\infty < 1,2$): Bei diesen Strömungen treten gemischte Gebiete von Unter- und Überschallströmung auf. Je nachdem, ob die Anströmung eine Unter- oder Überschallströmung ist, stellt sich qualitativ ein Strömungsfeld vom Typ
a) mit lokalen Überschallgebieten am Körper
b) mit lokalem Unterschallgebiet hinter der sog. Kopfwelle (Stoßwelle) ein.

3) *Überschallströmung* ($Ma_\infty > 1,2$): Hierbei herrscht im gesamten Strömungsgebiet, also auch hinter den (schrägen) Verdichtungsstößen, Überschallströmung. Es gilt für die lokalen Mach-Zahlen überall $Ma > 1$.

4) *Hyperschallströmung* ($Ma_\infty > 5$): Dies sind Überschallströmungen, bei denen über die Verdichtungsstöße hinweg so hohe Temperaturen entstehen, dass es zu Dissoziationen und Ionisationen der Gase in Wandnähe kommt.

STRÖMUNG	GEBIETSAUFTEILUNG: UNTERSCHALL / ÜBERSCHALL
Unterschall ~ $Ma_\infty < 0{,}8$	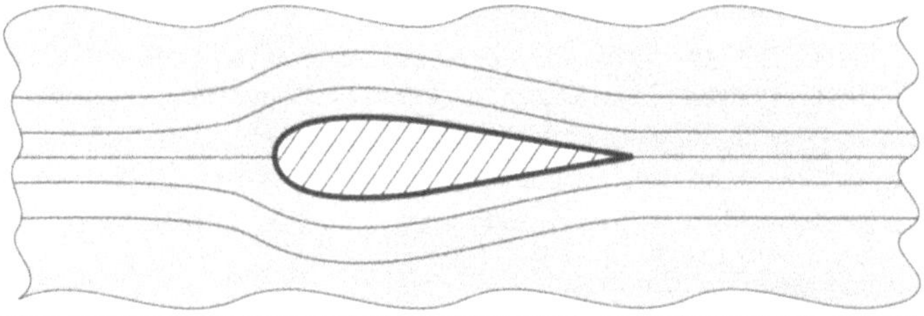
Transsonische ~ $0{,}8 < Ma_\infty < 1{,}0$	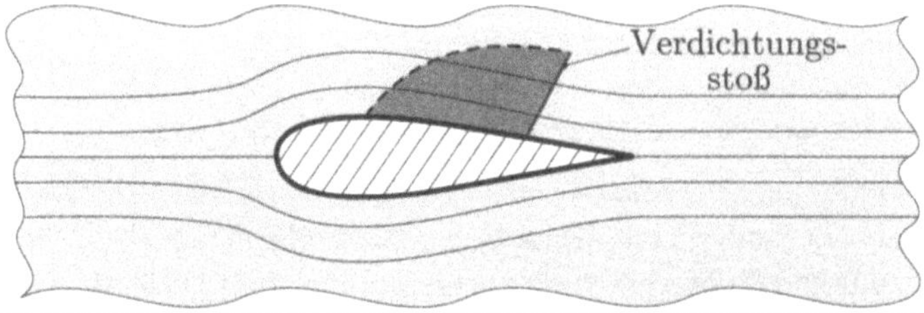
$1{,}0 < Ma_\infty < 1{,}2$	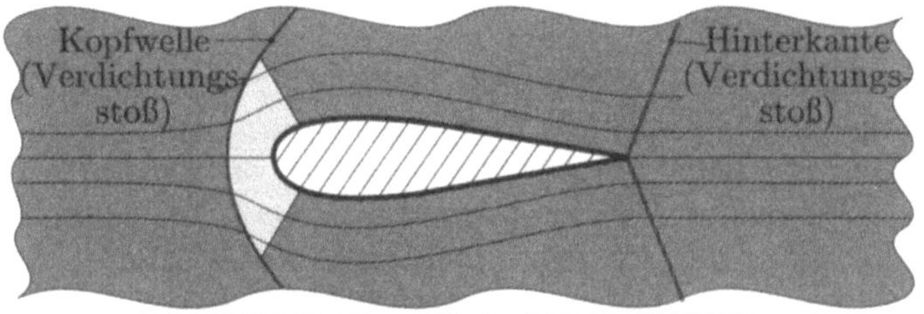
Überschall ~ $Ma_\infty > 1{,}2$	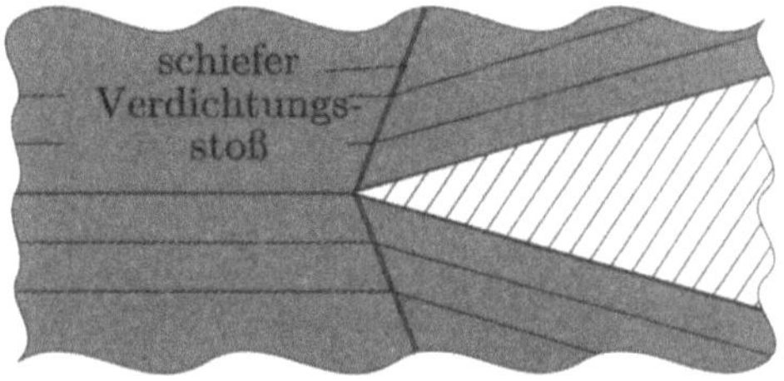
Hyperschall ~ $Ma_\infty > 5$	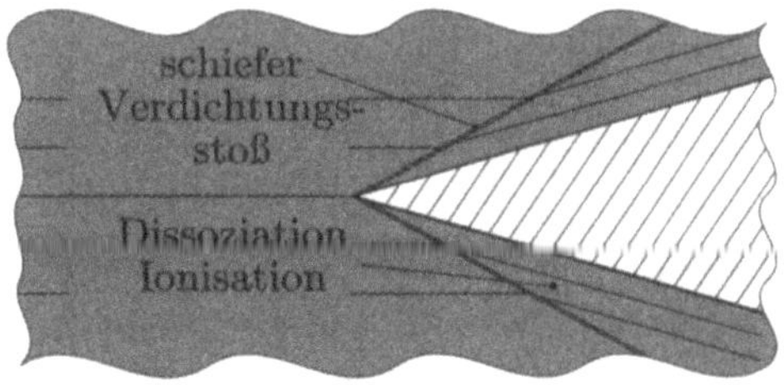

Einteilung kompressibler Körperumströmungen

hellgrau: lokale Unterschallströmung
dunkelgrau: lokale Überschallströmung

Kompressible Durchströmungen

Bei Durchströmungen wird häufig die Stromröhren-Theorie angewandt, die eine eindimensionale Beschreibung darstellt. Die einzelnen Strömungsgrößen sind dabei über den Querschnitt der Stromröhre konstant und können als Mittelwert im betrachteten Querschnitt interpretiert werden. Die Veränderung dieser Größen in Strömungsrichtung ist dann die gesuchte Lösung des Problems.

Auch bei einer generell eindimensionalen Betrachtungsweise werden häufig noch weitere Einschränkungen vorgenommen, die sich in folgenden Annahmen widerspiegeln

- stationäre Strömungen
- starre (nicht elastische) Wände
- ideales Gasverhalten
- Vernachlässigung von Volumenkräften
- isentrope, d.h. adiabate und reversible Strömung

Die letztgenannte Voraussetzung einer isentropen Strömung hat weitreichende Folgen. Da mit der geforderten Bedingung „Entropie $s^* = $ const" unterstellt wird, dass in einer bestimmten Stromröhre eine reversible Strömung vorliegt, sind die Strömungszustände in zwei verschiedenen Querschnitten eindeutig miteinander verknüpft und zwar unabhängig davon, wie groß die Distanz zwischen diesen Querschnitten in Strömungsrichtung ist. Entscheidend ist nur, wie sich ihre Querschnitte zueinander verhalten. Deshalb gelingt es, eine universelle Lösung für alle Stromröhren mit veränderlichen Querschitten A^* zu finden. Für weitere Einzelheiten sei auf die angegebene Literatur, z.B. Herwig (2002, Kap.7), sowie das nachfolgende Beispiel unter ANWENDUNGEN UND BEISPIELE verwiesen. Von besonderer Bedeutung sind auch Lösungen der eindimensionalen Theorie für Strömungen mit unveränderlichen Querschnitten A^* (Rohr-; Kanalströmung), bei denen eine Wärmezufuhr (durch konvektive Wärmeübertragung, Strahlung, chemische Reaktionen, Kondensation, ...) stattfindet. Diese werden als *Rayleigh-Strömungen* bezeichnet. Eindimensionale Strömungen in unveränderlichen Querschnitten aber unter Berücksichtigung von Wandreibung werden als sog. *Fanno-Strömungen* modelliert. Beide Strömungsformen sind unter dem Stichwort KOMPRESSIBLE ROHRSTRÖMUNG näher behandelt.

ANWENDUNGEN UND BEISPIELE

Die Laval-Düse zur Erzeugung von Überschallströmungen

Das nachfolgende Bild zeigt die universelle Lösung einer eindimensionalen, isentropen, kompressiblen Strömung durch eine Stromröhre des variablen Querschnitts $\hat{A} = A^*/A_B^*$. Wenn in der Stromröhre Überschall auftritt, ist der Bezugsquerschnitt A_B^* der kleinste Querschnitt der Stromröhre, andernfalls ist A_B^* bis auf einen jeweils zu bestimmenden Faktor gleich dem kleinsten Querschnitt in der Stromröhre.

In der gewählten Auftragung tritt die Position x^*, an der ein bestimmter Querschnitt A^* im speziellen Fall einer konkreten Düsenform erreicht wird, nicht explizit auf, da bei der unterstellt isentropen Strömung nur die Veränderung des Querschnitts A^* von Bedeutung ist, nicht aber, ob diese „auf einem kurzen oder langen Weg" erfolgt. Im konkreten Fall einer Stromröhre $A^*(x^*)$ kann deshalb die Position x^* aus der „Umkehrfunktion" $x^*(A^*)$ bestimmt werden.

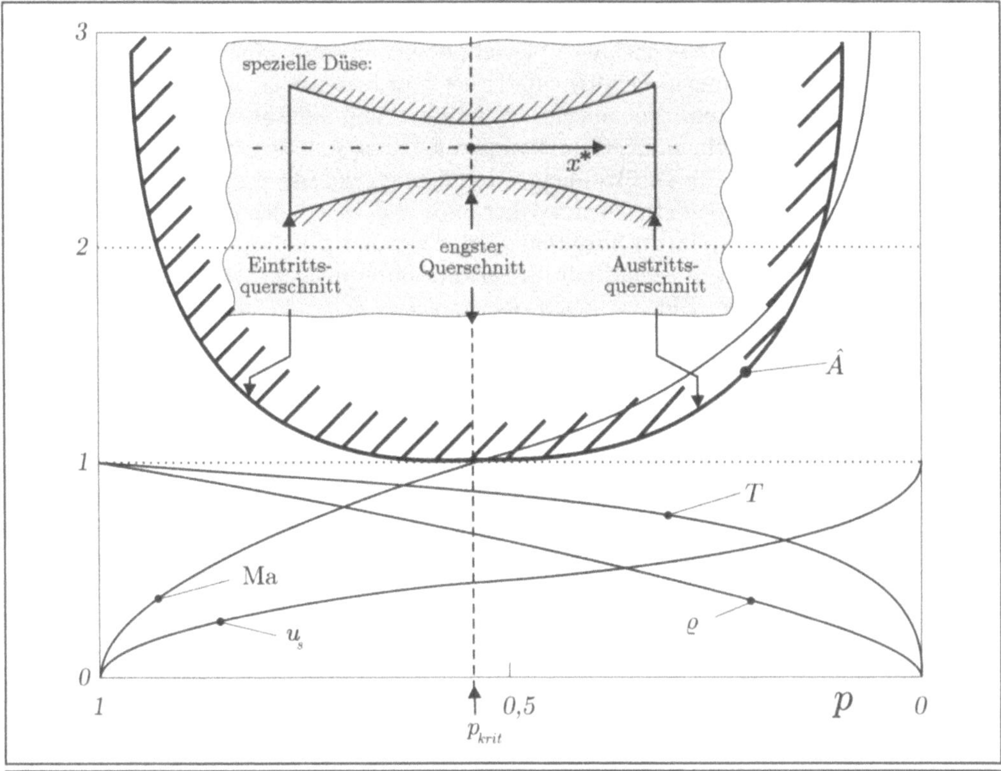

**Universelles Strömungsverhalten in einer Stromröhre der Form
$\hat{A} = A^*/A_B^*$ bei eindimensionaler, isentroper, kompressibler
Strömung ($\kappa = 1{,}4$);**

hellgrau: Beispiel einer speziellen Düse

$$p = \frac{p^*}{p_0^*} \;\; ; \;\; \varrho = \frac{\varrho^*}{\varrho_0^*} \;\; ; \;\; T = \frac{T^*}{T_0^*} \;\; ; \;\; u_s = \frac{u_s^*}{u_{smax}^*} \;\; ; \; \mathrm{Ma} = \frac{u_s^*}{\sqrt{\kappa\, R^* T^*}} \;\; ; \; \hat{A} = \frac{A^*(x^*)}{A_B^*}$$

$p_0^*,\, \varrho_0^*,\, T_0^*$: Kesselgrößen ; $u_{max}^* = \sqrt{2\, c_p^*\, T_0^*}$

A_B^* : Bezugsfläche , $A_B^* = A_{min}^*$ bei Erreichen von Überschall in der Stromröhre

Die universelle Auftragung erfolgt mit dem sog. *Kesselzustand* p_0^*, ϱ_0^*, T_0^* als Bezugszustand. Dabei liegt die Vorstellung zu Grunde, dass die Strömung aus einem realen oder fiktiven „Kessel" gespeist wird (Kessel: großer Behälter mit $A^* \to \infty$), dessen genaue Lage wegen der unterstellten Reversibilität nicht bekannt zu sein braucht. Im Kessel herrscht allerdings die Geschwindigkeit Null (Massenstrom $\dot{m}^* = \varrho^* u_s^* A^*$, d.h. $u_s^* \to 0$ für $A^* \to \infty$), so dass als Bezugsgeschwindigkeit die maximal mögliche Geschwindigkeit $u_{max}^* = \sqrt{2 c_p^* T_0^*}$ gewählt wird. Diese tritt auf, wenn die gesamte Enthalpie des Fluides im Kessel $(c_p^* T_0^*)$ in kinetische Energie umgesetzt wird (Ausströmen ins Vakuum, $T^* = 0$).

Da eine reale Stromröhre stets einen Ausschnitt aus der „vollständigen" Stromröhre $\hat{A}$ darstellt (wie dies im Bild für ein Beispiel gezeigt ist), wird erkennbar, wie diese prinzipiell beschaffen sein muss, damit darin eine Überschallströmung erreicht werden kann.

Der allgemeine Mach-Zahl-Verlauf zeigt, dass Ma $= 1$ im engsten Querschnitt erreicht wird und nur bei einer anschließenden Querschnittserweiterung Mach-Zahlen Ma > 1 und damit Überschallströmungen möglich sind. Dies wurde erstmals von dem schwedischen Ingenieur de Laval erkannt, der auf der Weltausstellung 1893 in Chicago eine Turbine vorstellte, deren Schaufeln von heißem Dampf mit Überschallgeschwindigkeit angeströmt wurden. Zur Erzeugung dieser Strömung waren konvergent/divergente Stromröhren eingesetzt worden, deren generelle Form seither als *Laval-Düse* bekannt ist.

Die allgemeine Lösung in Stromröhren zeigt, dass neben der generellen Form A^* mit einem Minimalwert von A^* innerhalb der Stromröhre auch der „passende Druck" am Austritt vorliegen muss. Dies ist genau der Druck $p = p^*/p_0^*$, der im Bild zum Austrittsquerschnitt gehört. Nur wenn der Umgebungsdruck gerade diesem Austrittsdruck entspricht, tritt ein Überschallstrahl vom Querschnitt der Austrittsöffnung ungehindert in die Umgebung aus. Wenn der Umgebungsdruck jedoch einen anderen Wert besitzt, treten Nachexpansionen (bei „zu niedrigem" Umgebungsdruck) oder unterschiedliche Muster von Verdichtungsstößen bis hin zu senkrechten Verdichtungsstößen in der Düse (bei „zu hohem" Umgebungsdruck) auf. Diese Phänomene sind allerdings nicht mehr im Rahmen einer eindimensionalen isentropen Theorie darstellbar. Zu Einzelheiten sei auf die angegebene Literatur, z.B. Herwig (2002, Kap.7) verwiesen.

BEACHTE

☐ **Kompressible Grenzschichten:** Die Berücksichtigung von Reibungseffekten bei der Umströmung von Körpern kann bei Strömungen großer Reynolds-Zahlen auf der Basis des GRENZSCHICHT-Konzeptes erfolgen. Kompressible Grenzschichten zeigen dabei ein sich monoton veränderndes Verhalten (verglichen mit dem inkompressiblen Fall), wenn die Mach-Zahl bis in den Bereich der Hyperschallströmung (Ma > 5) steigt. Für (stark) steigende Mach-Zahlen gilt als genereller Trend:

- ein starker Anstieg der Grenzschichtdicke

- eine deutliche Abnahme des Widerstandsbeiwertes

- ein starker Anstieg der kritischen Reynolds-Zahl („Umschlag" laminar/turbulent)

Im Bereich transsonischer Strömung können Verdichtungsstöße auf Wände treffen, was dann zu einer Verdichtungsstoß/Grenzschicht-Wechselwirkung führt.

WEITERFÜHRENDE LITERATUR

Truckenbrodt, E. (1992): *Fluidmechanik, Band 2: Elementare Strömungsvorgänge dichteveränderlicher Fluide sowie Potential- und Grenzschichtströmungen*, Springer-Verlag, Berlin, Heidelberg, New York

Anderson, J.D. (1990): *Modern Compressible Flow*, Mc Graw-Hill, New York

Zierep, J. (1976): *Theoretische Gasdynamik*, Braun-Verlag, Karlsruhe

Liepmann, H.W.; Roshko, A. (1957): *Elements of Gasdynamics*, John Wiley, New York

• speziell zu eindimensionalen Durchströmungen:

Peters, F. (2004): *A compact presentation of gasdynamic fundamentals*, Forschung im Ingenieurwesen **68**, 111-119

Herwig, H. (2002): *Strömungsmechanik*, Kap.7, Springer-Verlag, Berlin, Heidelberg, New York

• speziell zu hypersonischen Strömungen:

Anderson, J.D. (1999): *Hypersonic Flow*, in: Fundamentals of Fluid Mechanics (eds.: J.A. Schetz, A.E. Fuhs), 629-670, John Wiley & Sons, New York

• speziell zu kompressiblen Grenzschichten:

Schlichting, H.; Gersten, K. (1997): *Grenzschicht-Theorie*, Springer-Verlag, Berlin, Heidelberg, New York

Konstitutive Gleichungen
(constitutive equations)

BEDEUTUNG UND DEFINITION

Es handelt sich um mathematische Gleichungen zur Beschreibung bestimmter Aspekte des Fluidverhaltens, in diesem Sinne also um materialspezifische Gleichungen (sog. Materialgleichungen). Konstitutive Gleichungen werden in den allgemeinen Bilanzgleichungen benötigt, um dort die materialspezifischen Verknüpfungen zwischen den in den allgemeinen Bilanzen auftretenden Spannungen (Tensorkomponenten) und Strömen (Vektorkomponenten) mit den anderen Feldgrößen herzustellen. Auf diese Weise werden sog. *Prozessfelder* mit *Zustandsfeldern* verknüpft. In der Impulsbilanz treten in diesem Sinne Normal- und Schubspannungen auf, in der Energiegleichung müssen Wärmeströme näher spezifiziert werden. Erst nach Einsetzen der Materialgleichungen können die Bilanzgleichungen herangezogen werden, um die gesuchten Feldgrößen daraus zu bestimmen.

Definition

Unter einer konstitutiven Gleichung versteht man die mathematische Verknüpfung bestimmter Prozessgrößen mit „zugehörigen" Zustandsgrößen. Die Gleichungen werden zusätzlich zu den allgemeinen Bilanzgleichungen benötigt, um zu einem geschlossenen, prinzipiell lösbaren Gleichungssystem zu gelangen. Sie sind Ausdruck bestimmter Materialeigenschaften eines konkreten Fluides und somit individuell für jedes Fluid verschieden. Trotzdem versucht man, allgemeine Formen für diese Gleichungen zu finden, wobei sich einzelne Fluide dann nur noch durch verschiedene Zahlenwerte darin vorkommender Konstanten (sog. Koeffizienten) unterscheiden. In diesem Sinne hat sich ein einheitlicher Gradienten-Ansatz bewährt.

In den konstitutiven Gleichungen gibt es sog. *Grundeffekte*, die den wesentlichen Einfluss erfassen. Darüber hinaus können durch eine systematische Analyse möglicher Abhängigkeiten zusätzliche, meist weniger ausgeprägte Effekte als sog. *Kopplungseffekte* identifiziert werden.

Die für die Strömung maßgebliche konstitutive Gleichung beschreibt das „Fließverhalten" des Fluides und wird deshalb auch *Fließgesetz* (engl.: flow curve) genannt.

PHYSIKALISCHER HINTERGRUND

Das System der allgemeinen Bilanzgleichungen ist für alle Fluide gleichermaßen gültig. In seine Formulierung gehen sowohl Zustandsgrößen (wie z.B.: Geschwindigkeit, Druck und Temperatur), als auch Prozessgrößen (wie z.B.: Impulsstrom, Wärmestrom und Entropieproduktion) ein. Diese allgemeinen Bilanzgleichungen stellen jedoch zunächst noch kein geschlossenes, lösbares Gleichungssystem dar, weil die Anzahl der unbekannten Größen höher als die Anzahl der Gleichungen ist. Deshalb sind zusätzliche Gleichungen erforderlich. Wie sich herausstellt, beschreiben diese zusätzlichen Gleichungen gerade das konkrete Fluidverhalten, weshalb sie ganz allgemein *Materialgleichungen* genannt werden. Neben den thermodynamischen Zustandsgleichungen (vollständig ableitbar aus der stoffspezifischen Fundamentalgleichung) sind dies die konstitutiven Gleichungen des Fluides. In den Bilanzen für die Masse, den Impuls und die Energie werden konstitutive Gleichungen benötigt, mit denen

- die Schubspannungskomponenten τ_{ij}^* (s. NAVIER-STOKES GLEICHUNGEN)

- die Wärmestromdichtekomponenten q_i^* (s. ENERGIEGLEICHUNGEN)

mit den in den Bilanzen vorkommenden Zustandsgrößen verknüpft werden. Diese Gleichungen können auf unterschiedlichen Wegen gefunden werden. Die drei wesentlichen Möglichkeiten sind:

- **Rein empirisch:**

  Über entsprechende Ansätze versucht man, die experimentellen Beobachtungen durch eine möglichst einfache Gleichung wiederzugeben.

- **Phänomenologisch/empirisch:**

  Man versucht zunächst allgemein zu klären, welche prinzipiellen Abhängigkeiten bei einer vollständigen Beschreibung berücksichtigt werden müssten. Dabei lässt sich zunächst aus der Entropieproduktion in der Strömung ablesen, welche Prozesse auftreten, da diese allesamt irreversibel verlaufen. Bei der Vernachlässigung chemischer Reaktionen sind dies:

  - Arbeit viskoser Spannungen ($\rightarrow$Impulsstrom)

  - Wärmeleitung ($\rightarrow$Wärmestrom)

  - Diffusion bei Gemischen ($\rightarrow$ Partialmassenstrom)

  Diese Beiträge zur Entropieproduktion lassen sich einheitlich als Produkte von (verallgemeinerten) Kräften X_A^* und (verallgemeinerten) Strömen J_A^* darstellen, so dass für die Entropieproduktionsrate σ^* gilt (A steht für einen bestimmten Effekt):

  $$\sigma^* = \sum_A J_A^* X_A^*$$

  Als (verallgemeinerte) Kräfte treten hier Deformationsgeschwindigkeiten, Temperaturgradienten und Konzentrationsgradienten auf. Zwischen den Kräften X_A^* und den Strömen J_A^* kann in der Nähe des thermodynamischen Gleichgewichtes folgende lineare Beziehung als erster Term einer Reihenentwicklung angesetzt werden (B steht wiederum für einen bestimmten Effekt):

  $$J_A^* = \sum_B L_{AB}^* X_B^*,$$

  wobei L_{AB}^* sog. phänomenologische Koeffizienten sind.

  Dieser Ansatz für J_A^* besagt zunächst durch die Summenbildung ($\sum_B$), dass ein bestimmter Strom J_A^* im allgemeinen Fall durch alle Kräfte X_B^* zustande kommen könnte (und nicht nur durch die zugehörige Kraft X_A^*). Tatsächlich zeigt sich aber, dass nur Kombinationen (J_A^*, X_B^*) miteinander verknüpft sind, die auf gleicher Stufe stehen, d.h., vektorielle Ströme hängen nur von vektoriellen Kräften und tensorielle Ströme nur von tensoriellen Kräften ab. Dies wird in der sog. Thermodynamik irreversibler Prozesse als *Curiesches Prinzip* bezeichnet (das allerdings nur die konsequente Anwendung der Tensoranalysis-Regeln darstellt). Damit wird die mögliche Anzahl phänomenologischer Koeffizienten L^*_{AB} erheblich reduziert. Darüber hinaus gelten für L^*_{AB} gewisse Symmetriebedingungen, die als „Onsager-Casimirsche Reziprozitätsbeziehungen" bezeichnet werden. Die nachfolgende Tabelle zeigt, welche Verknüpfungen bei Strömungen ohne chemische Reaktionen auftreten. Dunkle Felder kennzeichnen Grundeffekte, helle Felder Kopplungseffekte. Als Grundeffekte sind Namen eingetragen, die mit typischen konstitutiven Gleichungen aus dem jeweiligen Bereich verbunden sind (s. die nachfolgenden Beispiele).

VERALLG. KRÄFTE → VERALLG. FLÜSSE ↓	Deformations-geschwindigkeit (TENSOR)	Temperatur-gradient (VEKTOR)	Konzentrations-gradient (VEKTOR)
viskose Spannungen (TENSOR)	Newtonsche Reibung	—	—
Wärmestrom (VEKTOR)	—	Fouriersche Wärmeleitung	Diffusionsthermik (Dufour-Effekt)
Partial-massenstrom (VEKTOR)	—	Thermodiffusion (Soret-Effekt)	Ficksche Diffusion

Phänomenologische Koeffizienten bei inerten Gemischen
(dunkelgrau: Grundeffekt ; hellgrau: Kopplungseffekt)

- **Statistisch:**

  Auf der Basis einer mikroskopischen Theorie der Atome und Moleküle sowie ihrer Wechselwirkungen können mit Methoden der statistischen Mechanik und der kinetischen Gastheorie quantitative Aussagen über die Abhängigkeiten der Prozessgrößen von den Zustandsgrößen gewonnen werden.

ANWENDUNGEN UND BEISPIELE

Statt die konstitutiven Gleichungen einzelner Fluide (experimentell) zu bestimmen und dann eventuelle Gemeinsamkeiten zu suchen, ist es sinnvoll, den umgekehrten Weg zu gehen. Aufgrund der Vorüberlegungen sind die prinzipiellen Abhängigkeiten bekannt, so dass Ansätze mit zunehmend steigendem Komplexitätsgrad aufgestellt werden können. Man untersucht dann, welche Fluide sich gemäß dieser Ansätze für die konstitutiven Gleichungen verhalten.

1. Newtonsche Fluide

Der einfachste Ansatz für den deviatorischen Spannungstensor $\vec{\tau}^{\,*}$ (Komponenten τ_{ij}^*, zur Bedeutung s. das Stichwort NAVIER-STOKES GLEICHUNGEN, dort unter PHYSIKALISCHER HINTERGRUND) als Funktion des Deformationsgeschwindigkeitstensors $\vec{\varepsilon}^{\,*}$ (Komponenten $\varepsilon_{mn}^* = (\partial v_m^*/\partial x_n^* + \partial v_n^*/\partial x_m^*)/2$) ist ein linearer Zusammenhang zwischen den Komponenten, also

$$\tau_{ij}^* = c_{ijmn}^* \varepsilon_{mn}^*$$

Die Koeffizienten c_{ijmn}^* sind die 81 Komponenten eines Tensors vierter Stufe, der die 9 Komponenten von $\vec{\tau}^{\,*}$ auf allgemeine Weise mit den 9 Komponenten von $\vec{\varepsilon}^{\,*}$ verknüpft.

Unterstellt man ein *isotropes Fluidverhalten* (keine Richtungsabhängigkeit), also einen isotropen c_{ijmn}^*-Tensor, so verbleiben nur drei voneinander verschiedene Koeffizienten. Da $\vec{\varepsilon}^{\,*}$ ein symmetrischer Tensor ist, reduziert sich dies noch einmal auf zwei Koeffizienten. Von diesen steht einer im Zusammenhang mit Scher-Effekten, der andere tritt bei Volumenänderungen auf. In der üblichen Bezeichnung handelt es sich dabei um die *molekulare dynamische Viskosität* η^* eines Fluides und einen sog. *zweiten Viskositätskoeffizienten* $\hat{\lambda}^*$. Damit gilt ($\vec{I}$: Einheitstensor)

$$\vec{\tau}^{\,*} = 2\eta^* \vec{\varepsilon}^{\,*} + \hat{\lambda}^* \operatorname{div} \vec{v}^{\,*} \vec{I}$$

oder in Komponentenschreibweise mit $\varepsilon_{mn}^* = (\partial v_m^*/\partial x_n^* + \partial v_n^*/\partial x_m^*)/2$ und $\delta_{ij} = 1/0$ für $i = j / i \neq j$

$$\tau_{ij}^* = \eta^* \left(\frac{\partial v_i^*}{\partial x_j^*} + \frac{\partial v_j^*}{\partial x_i^*} \right) + \hat{\lambda}^* \frac{\partial v_k^*}{\partial x_k^*} \delta_{ij}$$

Fluide, die dieses Verhalten zeigen, heißen *Newtonsche Fluide*. Zu diesen gehören z.B. Wasser, Luft (bzw. alle Gase) und Öle. Aus physikalischer Sicht sind dies Fluide, die aus „kleinen Molekülen" bestehen und keine Substrukturen auf molekularer Ebene bilden. Der zweite Viskositätskoeffizient $\hat{\lambda}^*$ spielt bei inkompressiblen Strömungen keine Rolle (dann gilt div $\vec{v}^{\,*} = 0$). Er ist bei kompressiblen Strömungen durch die sog. *Stokessche Hypothese* (s. dazu das Stichwort DRUCK) unmittelbar mit der Viskosität η^* verbunden. Liegt eine Strömung mit nur einem Geschwindigkeitsgradienten $du^*/dy^* = \dot{\gamma}^*$ vor, so reduziert sich der allgemeine Ansatz für τ_{ij}^* auf

$$\tau^* = \eta^* \dot{\gamma}^*$$

wobei $\dot{\gamma}^*$ jetzt als *Scherrate* bezeichnet wird. Deshalb sind Strömungen mit nur einem Geschwindigkeitsgradienten besonders geeignet, um den Zahlenwert der Viskosität experimentell zu bestimmen.

2. Nicht-Newtonsche Fluide

Fluide, die aus „großen Molekülen" bestehen, können auf der molekularen Ebene Substrukturen bilden, die z.B. durch ein räumliches Ausrichten langkettiger Moleküle, oder durch deren Wechselwirkung und gegenseitige Verformung entstehen. Diese Fluide, die dann nicht mehr dem linearen Fließgesetz Newtonscher Fluide gehorchen, werden naheliegenderweise als *Nicht-Newtonsche Fluide* bezeichnet. Auch für diese Fluide versucht man allgemeine, gegenüber dem Newtonschen Fließgesetz erweiterte Ansätze aufzustellen und die verschiedenen Nicht-Newtonschen Fluide anschließend daraufhin zu untersuchen, ob sie (u.U. nur näherungsweise) bezüglich ihres Fließverhaltens einem dieser Ansätze zugeordnet werden können. Das nachfolgende Bild zeigt typische Fließgesetze rein viskoser Nicht-Newtonscher Fluide, die anschließend kurz erläutert werden. Wesentliche Erweiterungen des linear-viskosen Ansatzes (Newtonsche Fluide) sind:

- Nichtlinear viskoses Fließverhalten:

  In Analogie zum Stoffwert $\eta^*(=\tau^*/\dot{\gamma}^*)$ eines Newtonschen Fluides wird häufig eine sog. *scheinbare Viskosität* (engl.: apparent viscosity)

$$\eta^*_{app}(\dot{\gamma}^*) = \frac{\tau^*}{\dot{\gamma}^*}$$

  eingeführt und diese dann modelliert. Solange das Fluid ein rein viskoses zeitunabhängiges Verhalten besitzt, ist diese Größe zwar keine Konstante, aber als strömungsunabhängige Funktion eine reine Stoffeigenschaft.

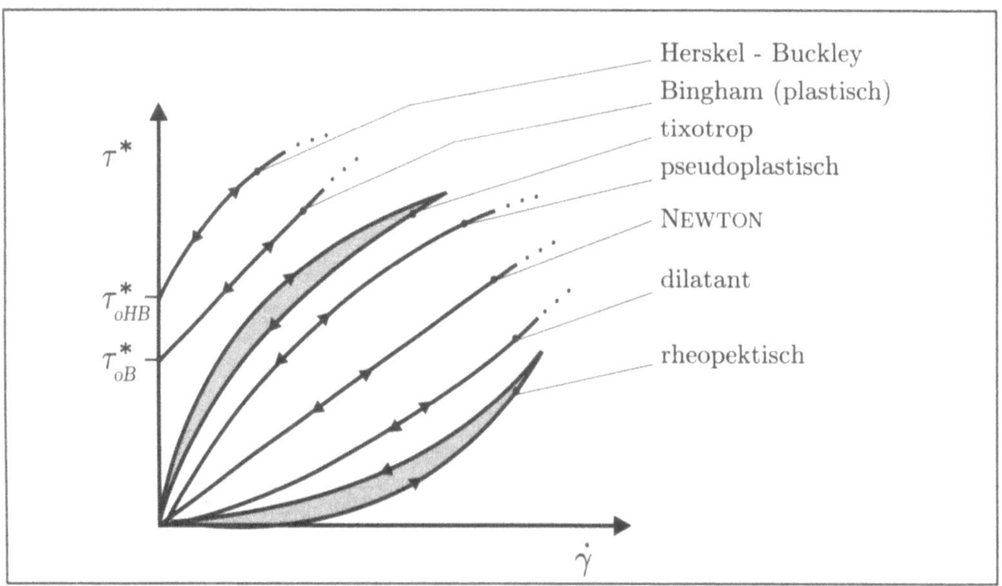

Fließgesetze rein viskoser Nicht - Newtonscher Fluide,
jeweils als Spezialfälle von

$$\tau^* = \tau^*(\dot{\gamma}^*, \tau^*_o, t^*)$$

Zwei Beispiele für Modellansätze sind

$$\eta_{app}^* = K^* \dot{\gamma}^{*\,n-1} \qquad Potenzansatz;\ Parameter: K^*,\ n$$

$$\eta_{app}^* = \eta_\infty^* + (\eta_0^* - \eta_\infty^*)[1 + (\lambda^* \dot{\gamma}^*)^2]^{\frac{n-1}{2}}\ Carreau - Modell;$$
$$Parameter:\ \eta_0^*,\ \eta_\infty^*,\ \lambda^*,\ n$$

Diese Ansätze können sog. *pseudoplastisches* Verhalten beschreiben(auch: *strukturviskos* oder *scherentzähend*, typisches Beispiel: Kunststoffschmelze) wie auch *dilatantes* Verhalten (auch: *scherverzähend*, typisches Beispiel: Honig). Stoffe, die eine endliche Spannung τ_0^* benötigen, bevor der Fließvorgang einsetzt (τ_0^*: Fließspannung, engl.: yield stress, typisches Beispiel: Lackfarbe) werden als *Bingham* bzw. *Herskel-Buckley Fluide* bezeichnet.

- Zeitabhängiges Fließverhalten:

  Das Bild zeigt als *tixotrop* und *rheopektisch* solche Fluide, bei denen nicht nur die Scherrate, sondern auch das Zeitverhalten der Scherrate, $d\dot{\gamma}^*/dt^*$ eine Rolle spielt, bei denen das Fließgesetz als zusätzlichen Parameter also noch die Zeit enthält.

- Viskoelastisches Fließverhalten:

  Neben viskosen Effekten weisen bestimmte Fluide zusätzlich auch elastische Eigenschaften auf, wenn sie veränderlichen Scherraten unterzogen werden (typisches Beispiel: Newtonsche Fluide mit geringen Polymerzusätzen). Solche veränderlichen Scherraten treten bei laminaren Strömungen in instationären und/oder nicht ausgebildeten Strömungen auf (aber z.B. nicht bei der vollausgebildeten laminaren Rohrströmung). Turbulente Strömungen aktivieren diese Fluideigenschaft durch ihren inhärent instationären Charakter stets, also auch bei im zeitlichen Mittel ausgebildeten Strömungen. So führen z.B. Polymerzusätze von wenigen ppm (parts per million) zu erheblichen Reduktionen im Druckverlust von turbulenten Rohrströmungen, s. dazu speziell Darby (1988).

3. Fouriersche Wärmeleitung:

In der Energiegleichung wird eine konstitutive Gleichung für den Wärmestromdichtevektor $\vec{q}^*$ benötigt. Der einfachst mögliche lineare Zusammenhang zum Temperaturgradienten (-Vektor) als der „verallgemeinerten Kraft" des Grundeffektes (s. das Übersichtsbild im Abschnitt PHYSIKALISCHER HINTERGRUND) lautet

$$\vec{q}^* = const\ (grad\ T^*) = \lambda^* grad\ T^*$$

Der Koeffizient λ^* wird (isotrope) *Wärmeleitfähigkeit* genannt. Da ein Wärmestrom nach dem 2. Hauptsatz der Thermodynamik nur in Richtung abnehmender Temperatur fließen kann, wird in den Ansatz für $\vec{q}^*$ ein Minuszeichen aufgenommen, damit λ^* stets positive Werte annimmt. Dieser Koeffizient kann für Reinstoffe noch vom Druck und von der Temperatur abhängen, wobei die Druckabhängigkeit häufig vernachlässigbar gering ist.

Der obige Ansatz, der in der Literatur häufig als *Fouriersches Wärmeleitungs„-gesetz"* bezeichnet wird, erfasst nur den Grundeffekt. Kopplungseffekte können bei Gemischen auftreten, bei denen der Ansatz für $\vec{q}^*$ um Einflüsse im Zusammenhang mit Konzentrationseffekten erweitert werden muss.

Obwohl der einfache lineare Zusammenhang zwischen $\vec{q}^{\,*}$ und grad T^* z.B. eine unendlich große Geschwindigkeit des Wärmeleitungsvorganges unterstellt (die in der Realität sehr groß, aber nicht unendlich ist), werden fast alle technisch interessierenden Wärmeübertragungsprobleme in sehr guter Näherung durch diesen Ansatz erfasst.

BEACHTE

◻ **Materialgleichungen:** Konstitutive Gleichungen sind Materialgleichungen, da sie bestimmte Aspekte des stoffspezifischen Verhaltens beschreiben. Daneben zählen die thermische Zustandsgleichung $\varrho^* = \varrho^*(p^*, T^*)$ und die kalorische Zustandsgleichung $h^* = h^*(p^*, T^*)$ zu den Materialgleichungen, die in den allgemeinen Bilanzgleichungen für Masse, Impuls und Energie benötigt werden.

Bei inkompressiblen Strömungen ist eine thermische Zustandsgleichung $\varrho^* = $ const eine ausreichend genaue Beschreibung der Dichte. Bei kompressiblen Strömungen wird in den meisten Fällen die ideale Gasgleichung $\varrho^* = p^*/R^*T^*$ ausreichen.

Die spezifische Enthalpie h^* ist in der Gesamtenergiegleichung die eigentlich bilanzierte Größe, so dass die kalorische Zustandsgleichung dort nicht eingeht. Wenn aber zusätzlich (oder ausschließlich) die Teil-Energiegleichung für die thermische Energie in der sog. Temperaturform betrachtet wird, so ist dafür die kalorische Zustandsgleichung $h^*(p^*, T^*)$ erforderlich, da die stoffspezifische Größe $(\partial h^*/\partial T^*)_p = c_p^*$ benötigt wird, s. dazu das Stichwort ENERGIEGLEICHUNGEN, dort unter PHYSIKALISCHER HINTERGRUND.

◻ **Newtonsche „Strömungen":** Konstitutive Gleichungen beschreiben ein Fluid-, aber kein Strömungsverhalten (eng.: fluid behaviour, not flow behaviour). Deshalb ist eine Bezeichnung als „Nicht-Newtonsche Strömung" die laxe Formulierung für „Strömung eines Nicht-Newtonschen Fluides". Auf diesem Hintergrund sind Buchtitel wie „Non-Newtonian Flow and Heat Transfer" (Skelland, John Wiley and Sons, 1967) durchaus kritisch zu sehen.

◻ **Laminare/turbulente Strömungen:** Da scheinbare Viskositäten η_{app}^* häufig Zahlenwerte annehmen, die deutlich größer sind als „durchschnittliche" Werte für Viskositäten rein Newtonscher Fluide, kommen laminare Strömungen (relativ kleine Reynolds-Zahlen Re $= \varrho^* u_B^* L_B^*/\eta^*$) bei Strömungen Nicht-Newtonscher Fluide häufiger vor als bei Strömungen Newtonscher Fluide.

WEITERFÜHRENDE LITERATUR

Standard-Werke der Strömungsmechanik, s. die Liste am Ende des Buches

• speziell zu nicht-Newtonschen Fluiden:

Morrison, F.A. (2001): *Understanding Rheology*, Oxford University Press, Oxford, UK

Irvine, T.F.; Capobianchi, M. (2000): *Non-Newtonian Flows*, in: Kreith, F. (ed.), Fluid Mechanics, 121 - 135, CRC Press, Boca Raton

Bird, R.B.; Wiest, J.M. (1999): *Non-Newtonian Liquids*, in: Fundamentals of Fluid Mechanics (J.A. Schetz, A.E. Fuhs, eds.), John Wiley & Sons, New York, 223 - 302

Böhme, G. (1988): *Strömungsmechanik Nicht-Newtonscher Fluide*, B.G. Teubner-Verlag, Stuttgart

Darby, R. (1988): *Laminar and turbulent pipe flows of non-Newtonian fluids*, Encyclopaedia of Fluid Mechanics **7**, 20 - 53, Gulf Publishing, Houston (USA)

Kontinuitätsgleichung
(continuity equation)

BEDEUTUNG UND DEFINITION

Es handelt sich um die BILANZGLEICHUNG der Erhaltungsgröße „Masse", also um eine ERHALTUNGSGLEICHUNG. Sie kann wie jede Bilanz als Integralgleichung für ein endliches Fluidvolumen in einem Kontrollraum oder als lokale Aussage für ein infinitesimales Fluidvolumen in Form einer Differentialgleichung formuliert werden. Die allgemeinen Ausführungen unter dem Stichwort ERHALTUNGSGLEICHUNGEN erläutern den formalen Übergang zwischen beiden Formulierungen.

	Definition	

Für ein endlich großes Kontrollvolumen V^* mit der Oberfläche O^* gilt:

$$\frac{\partial m^*}{\partial t^*} + \int_{O^*} \varrho^* \vec{v}^* \cdot \vec{n}\, dO^* = 0 \quad \text{mit} \quad m^* = \int_{V^*} \varrho^* dV^* \qquad (*)$$

Für ein infinitesimales Kontrollvolumen dV^* gilt:

$$\frac{\partial \varrho^*}{\partial t^*} + \operatorname{div}(\varrho^* \vec{v}^*) = 0 \qquad (**)$$

m^*	Masse	kg
ϱ^*	Dichte	kg/m^3
$\vec{v}^*$	Geschwindigkeitsvektor $\vec{v}^* = (u^*,\, v^*,\, w^*)$	m/s
t^*	Zeit	s
$\vec{n}$	Normalenvektor $\vec{n} = (n_x,\, n_y,\, n_z)$	-
dO^*	Oberflächenelement	m^2
V^*	(Kontroll) Volumen	m^3

PHYSIKALISCHER HINTERGRUND

Die Kontinuitätsgleichung entsteht aus der allgemeinen BILANZGLEICHUNG unter Berücksichtigung der Tatsache, dass die Masse in einem Kontrollvolumen nicht durch äußere Einflüsse verändert werden kann ($A_E^* = 0$ in der allgemeinen Bilanzgleichung).

In beiden Versionen, $(*)$ und $(**)$, verbleibt dann die anschauliche Deutung, dass die zeitliche Änderung der Masse im Kontrollvolumen V^* bzw. dV^* durch den Netto-Massenstrom über die Oberfläche des Kontrollvolumens hervorgerufen wird. Im Fall des endlichen Kontrollvolumens V^* wird der Netto-Massenstrom durch eine Integration über die durchströmte Kontrollraum-Begrenzungsfläche O^* ermittelt. Im Fall des infinitesimalen Volumens dV^* entspricht der Netto-Massenstrom der Divergenz des Vektorfeldes $\varrho^*\vec{v}^*$, die auch als Ergiebigkeit dieses Feldes bezeichnet wird und bezüglich dV^* dieselbe anschauliche Deutung zuläßt, wie bei einem endlichen Kontrollvolumen V^*.

ANWENDUNGEN UND BEISPIELE

1. Spezialfälle der Kontinuitätsgleichung in Integralform

a) Stationäre Strömungen: Da für diese Fälle die Masse im Kontrollvolumen konstant bleibt, muss der Netto-Massenstrom über die Kontrollraumoberfläche Null werden, d.h., es muss genausoviel Fluid ein- wie ausströmen.

b) Strömungen bei konstanter Dichte: Da $m^*=\varrho^* V^*$ gilt, bleibt bei $\varrho^* = $ const und einem zeitunabhängigen Kontrollvolumen die Masse im Kontrollraum konstant. Dies gilt unabhängig davon, ob die Strömung stationär oder instationär ist. In beiden Fällen muss deshalb der Netto-Massenstrom Null sein. Ein von Null verschiedener Netto-Massenstrom über die Kontrollraumgrenze setzt also eine variable Dichte des Fluides voraus.

c) Stationäre Strömung durch Stromröhren: In sog. Stromröhren liegen über den durchströmten Querschnitt hinweg konstante Geschwindigkeiten vor. Damit können die Oberflächenintegrale leicht ausgewertet werden. Im stationären Fall gilt bei i durchströmten Querschnitten eines Kontrollvolumens dann

$$\sum_i \varrho_i^* u_{si}^* A_i^* = 0$$

Dabei bezeichnet u_{si}^* die Geschwindigkeit im jeweiligen Stromröhrenquerschnitt i, die Fläche A_i^* zählt positiv bei einströmendem und negativ bei ausströmendem Fluid. Wenn nur jeweils ein Ein- und ein Ausströmquerschnitt vorliegt, gilt

$$\varrho_1^* u_{s1}^* |A_1^*| = \varrho_2^* u_{s2}^* |A_2^*|$$

Häufig wird dann die Vorzeichenregelung bezüglich der Flächen ignoriert und auf beiden Seiten nur A_1^* bzw. A_2^* geschrieben.

Ist zusätzlich die Dichte konstant, folgt $u_{s1}^* |A_1^*| = u_{s2}^* |A_2^*|$, also eine Beschleunigung der Strömung bei abnehmendem Querschnitt (Düse) und eine Verzögerung der Strömung bei zunehmendem Querschnitt (Diffusor).

2. Spezialfälle der Kontinuitätsgleichung in Differentialform

Die allgemeine Gleichung (∗∗) kann formal (unter Berücksichtigung von div $(\varrho^*\vec{v}^*) = \varrho^*$ div $\vec{v}^* + \vec{v}^* \cdot$ grad ϱ^* und der sog. substantiellen Ableitung $D\varrho^*/Dt^* = \partial\varrho^*/\partial t^* + \vec{v}^* \cdot$ grad ϱ^* zu

$$\frac{1}{\varrho^*}\frac{D\varrho^*}{Dt^*} + \underbrace{\left[\frac{\partial u^*}{\partial x^*} + \frac{\partial v^*}{\partial y^*} + \frac{\partial w^*}{\partial z^*}\right]}_{\text{div } \vec{v}^*} = 0 \qquad (∗∗∗)$$

umgeschrieben werden, woran die folgenden Grenzfälle leichter erkennbar sind.

a) Stationäre Strömungen: Dies bedeutet $\partial \varrho^*/\partial t^* = 0$ aber nicht etwa $D\varrho^*/Dt^* = 0$, so dass aus $(**)$ div $(\varrho^* \vec{v}^*) = 0$ folgt.

b) Strömungen bei konstanter Dichte: Dies bedeutet $D\varrho^*/Dt^* = 0$ weil $\varrho^* = \text{const}$ gilt. Damit verbleibt in $(***)$ div $\vec{v}^* = 0$ unabhängig davon, ob die Strömung stationär oder instationär ist, also die Gleichung

$$\text{div } \vec{v}^* \equiv \frac{\partial u^*}{\partial x^*} + \frac{\partial v^*}{\partial y^*} + \frac{\partial w^*}{\partial z^*} = 0$$

Da die Masse Δm^* eines infinitesimal kleinen Fluidteilchens eine Erhaltungsgröße ist, muss wegen $\Delta m^* = \varrho^* \Delta V^*$ bei $\varrho^* = \text{const}$ auch ΔV^* unverändert bleiben. Offensichtlich ist also div $\vec{v}^*$ ein unmittelbares Maß für die Volumenänderung des Fluidteilchens. In der Tat kann div $\vec{v}^*$ aus einfachen kinematischen Überlegungen als relative Volumenänderung des Massenelementes Δm^* identifiziert werden, d.h. als $(D\Delta V^*/Dt^*)/\Delta V^*$, mithin als lokale Expansionsrate des Strömungsfeldes. Strömungsfelder in denen div $\vec{v}^* = 0$ gilt, werden als volumenbeständig bezeichnet (eng.: solenoidal). Strömungen mit $\varrho^* = \text{const}$ besitzen offensichtlich diese Eigenschaft. Genau genommen muss aber nur $D\varrho^*/Dt^* = 0$ gefordert werden, was nicht notwendigerweise auf eine im gesamten Feld konstante Dichte führt, s. dazu unter BEACHTE (inkompressible Strömungen).

BEACHTE

❑ **Inkompressible Strömungen:** Dieser Begriff wird in der strömungsmechanischen Literatur leider nicht immer einheitlich für dieselbe physikalische Situation verwendet. Die übliche Definition besagt, dass damit eine Strömung gemeint ist, bei der die Dichte nicht durch Druckänderungen in der Strömung beeinflußt wird. Dies bedeutet:

- Das Fluid selbst muss nicht notwendigerweise die Eigenschaft einer unveränderlichen Dichte besitzen. Auch Strömungen von Gasen können unter bestimmten Umständen (Mach-Zahl Ma $< 0,3$) inkompressible Strömungen sein.

- Die Dichte muss nicht notwendigerweise im ganzen Feld räumlich konstant sein. Zum Beispiel können bei Meeresströmungen deutliche Dichteunterschiede aufgrund unterschiedlicher Salzkonzentrationen auftreten; trotzdem handelt es sich bei Strömungen in diesem Zusammenhang um inkompressible Strömungen.

- Dichteänderungen können aufgrund von Temperatureffekten (Wärmeübertragung) auftreten.

Damit wird deutlich, dass die Bedingung $\varrho^* = \text{const}$ zwar eine hinreichende Bedingung für eine inkompressible Strömung ist (und dann die Kontinuitätsgleichung div $\vec{v}^* = 0$ lautet), aber nicht gleichzeitig eine notwendige Bedingung darstellt. Ob die Kontinuitätsgleichung bei einer inkompressiblen Strömung div $\vec{v}^* = 0$ lautet, muss deshalb im Einzelfall geprüft werden.

❑ **Turbulente Strömungen bei konstanter Dichte:** Mit der Aufspaltung der Geschwindigkeiten in zeitgemittelte und Schwankungsgrößen (konventionelle Mittelung:

$u^* = \overline{u^*} + v^{*\prime}$, $v^* = ...$) folgt aus der allgemeinen Kontinuitätsgleichung ($**$):

$$\frac{\partial \overline{u^*}}{\partial x^*} + \frac{\partial \overline{v^*}}{\partial y^*} + \frac{\partial \overline{w^*}}{\partial z^*} = 0 \;\; ; \;\; \frac{\partial u^{*\prime}}{\partial x^*} + \frac{\partial v^{*\prime}}{\partial y^*} + \frac{\partial w^{*\prime}}{\partial z^*} = 0$$

also neben der Kontinuitätsgleichung für die zeitgemittelte Strömung auch eine Aussage zu den Geschwindigkeitsschwankungen.

◘ **Turbulente Strömungen bei variabler Dichte:** Wenn die Dichte durch die Strömung beeinflusst wird, muss sie ebenfalls als $\varrho^* = \overline{\varrho^*} + \varrho^{*\prime}$ aufgespalten werden. Wird das Geschwindigkeitsfeld einer konventionellen Zeitmittelung unterworfen, so treten in der Kontinuitätsgleichung zusätzliche Turbulenzterme auf, wie z.B. ein Term $\partial(\overline{\varrho^{*\prime} u^{*\prime}})/\partial x^*$.

Dies kann (und sollte) dadurch vermieden werden, dass in diesen Fällen eine sog. massengewichtete Zeitmittelung (auch: Favre-Mittelung) eingeführt wird, die zu einer Aufspaltung $u^* = \tilde{u}{}^* + u^{*\prime\prime}$ führt. Dabei wird nicht u^* selbst, sondern $\varrho^* u^*$ über der Zeit gemittelt, um zu einem zeitlichen Mittelwert zu gelangen. Damit gilt dann

$$\frac{\partial \overline{\varrho^*}}{\partial t^*} + \frac{\partial (\overline{\varrho^*\, \tilde{u}{}^*})}{\partial x^*} + \frac{\partial (\overline{\varrho^*\, \tilde{v}{}^*})}{\partial y^*} + \frac{\partial (\overline{\varrho^*\, \tilde{w}{}^*})}{\partial z^*} = 0,$$

also eine Kontinuitätsgleichung ohne zusätzliche (Quell-) Terme.

◘ **Strömungen mit chemischen Reaktionen:** Für diese Strömungen können zusätzlich zur Gesamtmasse (Erhaltungsgröße) auch die Partialmassen der einzelnen Komponenten des Gemisches bilanziert werden. Neben der sog. globalen Kontinuitätsgleichung entstehen dann partielle Kontinuitätsgleichungen, die keine Erhaltungsgleichungen sind, s. dazu das 1. Beispiel unter ANWENDUNGEN UND BEISPIELE zum Stichwort BILANZGLEICHUNGEN.

WEITERFÜHRENDE LITERATUR

Standard-Werke der Strömungsmechanik, s. die Liste am Ende des Buches

• speziell zu turbulenten Strömungen:

Herwig, H. (2002): *Strömungsmechanik*, Springer-Verlag, Berlin, Heidelberg, New York

Kontraktionszahl
(contraction coefficient)

Siehe dazu das Stichwort BERNOULLI GLEICHUNG, dort unter ANWENDUNGEN UND BEI-SPIELE

Korrelation
(correlation)

Siehe dazu das Stichwort TURBULENZ, dort unter PHYSIKALISCHER HINTERGRUND, Punkt (4)

Kuttasche Abflussbedingung
(Kutta condition)

Siehe dazu das Stichwort POTENTIALSTRÖMUNGEN, am Schluss von ANWENDUNGEN UND BEISPIELE

Lagrangesche Betrachtungsweise
(Lagrangian description)

Siehe dazu das Stichwort BILANZGLEICHUNGEN, dort unter BEACHTE

Laval-Düse
(Laval nozzle)

Siehe dazu das Stichwort KOMPRESSIBLE STRÖMUNG, dort unter ANWENDUNGEN UND BEISPIELE

LES/Grobstruktursimulation
(LES / large eddy simulation)

BEDEUTUNG UND DEFINITION

Es handelt sich um eine spezielle Form der numerischen Simulation (Berechnung) von turbulenten Strömungen, bei der die grobe, großskalige Turbulenzstruktur simuliert, die feine, kleinskalige Struktur aber modelliert wird. Damit handelt es sich um eine Methode, die „zwischen" der direkten numerischen Simulation (DNS) und der vollständigen Modellierung turbulenter Strömungen (RANS) angesiedelt ist.

Definition

Unter der Abkürzung LES (large eddy simulation) versteht man die numerische Simulation einer turbulenten Strömung auf einem relativ groben (numerischen) Gitter. Dabei wird die Turbulenzstruktur bzgl. aller Skalen, die größer als die Abmessungen der einzelnen Zellen in einem numerischen Gitter sind, korrekt erfasst, d.h. in ihrer räumlichen und zeitlichen Entwicklung berechnet.

Die Wirkung der zunächst vernachlässigten Feinstruktur, d.h. von turbulenten Strukturelementen mit Abmessungen unterhalb derjenigen des Zellenvolumens, wird durch ein Feinstruktur-Turbulenzmodell erfaßt (s. die nachfolgenden Erläuterungen).

Bei dieser Vorgehensweise werden die gesuchten turbulenten Größen a^*(d.h. $u^*, v^*, w^*, p^*, ...$) formal ersetzt durch $a^* = \overline{a^*} + a^{*\prime}$. Dabei ist $\overline{a^*}$ die über ein Zellenvolumen integrierte Größe a^*, und $a^{*\prime}$ die Differenz von a^* gegenüber $\overline{a^*}$.

Die Integration zur Erlangung von $\overline{a^*}$ lautet

$$\overline{a^*}(\vec{x}^*, t^*) = \int a^*(\vec{x}^* - \vec{y}^*, t^*)G(\vec{y}^*)\mathrm{d}\vec{y}^* \qquad (*)$$

und kann mit G als sog. *Filterfunktion* als Tiefpassfilterung mit der Zellenabmessung als Filterbreite verstanden werden. Dabei können verschiedene Filterfunktionen zum Einsatz kommen, wie z.B. ein Rechteckfilter oder ein Gaußfilter, die genau oder Näherungsweise über das Zellenvolumen integrieren.

Wird diese Filteroperation auf die ursprünglichen vollständigen Bilanzgleichungen angewandt, so ergeben sich die *gefilterten Bilanzgleichungen* bzw. die *Bilanzgleichungen für die gefilterten Größen* $\overline{a^*}$. In diesen Bilanzgleichungen treten durch die Filterung zusätzliche Terme auf, die den Einfluss der Feinstruktur auf die gefilterten Grobstrukturgrößen $\overline{a^*}$ beschreiben. Diese Zusatzterme stellen unbekannte Größen dar, die im Zuge einer Turbulenzmodellierung (hier: Feinstruktur-Turbulenzmodellierung) mit den Grobstrukturgrößen $\overline{a^*}$ in Verbindung gebracht werden müssen, damit ein geschlossenes, lösbares Gleichungssystem zur Bestimmung der Größen $\overline{a^*}$ entsteht.

PHYSIKALISCHER HINTERGRUND

Turbulente Strömungen sind durch unregelmäßig schwankende Geschwindigkeitskomponenten u^*, v^* und w^* gekennzeichnet. Die in diesen Schwankungen gespeicherte kinetische Energie ist kontinuierlich über verschiedene Wellenzahlen verteilt, was als Energiespektrum der turbulenten Strömung bezeichnet wird (s. dazu das Stichwort TURBULENZ, dort Punkt (8) des Turbulenzsyndroms).

Dabei konzentriert sich die kinetische Energie bei kleinen Wellenzahlen, d.h. die großräumigen Strukturen sind die eigentlichen Träger der kinetischen Energie, wie diese auch entscheidend zu den meist interessierenden Transport- bzw. Diffusionsvorgängen in turbulenten Strömungen beitragen.

Wenn also die großräumigen Strukturen ohne Modellierung berechnet werden, so sind damit die wesentlichen Mechanismen korrekt erfasst und es verbleiben nur die weniger entscheidenden Einflüsse, die im Zuge einer Feinstrukturmodellierung berücksichtigt werden müssen. Darüber hinaus ist die Turbulenz im Bereich der kleinen Skalen (hohen Wellenzahlen) weitgehend isotrop, was die Modellierung erheblich vereinfacht.

Auf diesem Hintergrund erweist sich die Grobstruktursimulation als eine Methode, die relativ nahe an der direkten Simulation turbulenter Strömungen ist, aber keine unerfüllbaren Anforderungen an Rechnerkapazitäten stellt, wie dies oft bei der DNS der Fall ist. Trotzdem ist der numerische Aufwand erheblich, da es sich methodenbedingt um die Lösung von dreidimensionalen, hoch instationären Gleichungen handelt.

Im folgenden wird kurz skizziert, wie die Gleichungen für die Grobstrukturgrößen entstehen und welche Feinstruktur-Turbulenzmodellierung häufig eingesetzt wird.

Grobstrukturgleichungen

Der Ausgangspunkt sind die vollständigen, dreidimensionalen, instationären Navier-Stokes Gleichungen, hier in Index-Schreibweise (s. dazu das Stichwort NAVIER-STOKES GLEICHUNGEN) für eine inkompressible Strömung:

$$\frac{\partial u_i^*}{\partial x_i^*} = 0 \qquad ; \qquad \frac{\mathrm{D} u_i^*}{\mathrm{D} t^*} = -\frac{1}{\varrho^*}\frac{\partial p_{mod}^*}{\partial x_i^*} + \frac{\partial}{\partial x_j^*}\left[\nu^*\left(\frac{\partial u_i^*}{\partial x_j^*} + \frac{\partial u_j^*}{\partial x_i^*}\right)\right]$$

Dabei ist $(u_1^*, u_2^*, u_3^*) = (u^*, v^*, w^*)$, p_{mod}^* ist der modifizierte Druck $(p^* - p_{st}^*)$ und es gilt die Summationskonvention (bei doppelt auftretenden Indizes in einem Term ist die Summe über alle auftretenden Indexwerte zu bilden).

Nach Anwendung der Filterfunktion (∗) aus der Definitionsbox, d.h. nach der Integration über ein Zellenvolumen, wird daraus das folgende Gleichungssystem für die Grobstrukturgrößen $\overline{u^*}, \overline{v^*}, \overline{w^*}$ und $\overline{p^*}$, die jeweils in einem Zellenvolumen bestimmte (zeitabhängige) Werte annehmen.

$$\boxed{\frac{\partial \overline{u_i^*}}{\partial x_i^*} = 0} \;;\; \boxed{\frac{\mathrm{D} \overline{u_i^*}}{\mathrm{D} t^*} = -\frac{1}{\varrho^*}\frac{\partial \overline{p_{mod}^*}}{\partial x_i^*} + \frac{\partial}{\partial x_j^*}\left[\nu^*\left(\frac{\partial \overline{u_i^*}}{\partial x_j^*} + \frac{\partial \overline{u_j^*}}{\partial x_i^*}\right)\right] + \frac{\partial T_{ij}^*}{\partial x_j^*}} \tag{i}$$

In dieser Gleichung entsteht durch die Filterung der Zusatzterm $\partial T_{ij}^*/\partial x_j^*$ mit

$$\boxed{T_{ij}^* = \overline{u_i^*}\,\overline{u_j^*} - \overline{u_i^* u_j^*}} \tag{ii}$$

als Feinstruktur-Spannungstensor (engl.: SGS stress tensor; SGS: subgrid-scale). Der Querstrich über den Geschwindigkeiten steht für die Filterung gemäß (∗).

Der Tensor T_{ij}^* beschreibt die Wirkung der kleinskaligen Turbulenz auf die Grobstrukturgrößen $\overline{u_i^*}$ und $\overline{p_{mod}^*}$ und muss modelliert werden, damit ein geschlossenes, lösbares Gleichungssystem entsteht.

Insgesamt ähnelt das Vorgehen demjenigen bei der konventionellen Turbulenzmodellierung. Die weitgehend formale Ähnlichkeit in der Schreibweise darf aber nicht zu falschen Schlüssen verleiten. Die Aufspaltung $a^* = \overline{a^*} + a^{*\prime}$ hat in beiden Fällen eine sehr unterschiedliche Bedeutung:

- bei der konventionellen Turbulenzmodellierung ist $\overline{a^*}$ ein zeitlicher Mittelwert bzw. eine Mittelung über alle Turbulenzskalen hinweg (das Symbol $^{\frown}$ bedeutet hierbei die Zeitmittelung).

- bei der Grobstrukturmodellierung ist $\overline{a^*}$ ein Mittelwert in einem begrenzten Bereich (dem Zellenvolumen) bzw. eine Mittelung über einen Teil der Turbulenzskalen hinweg (das Symbol $^{\frown}$ kennzeichnet jetzt diese Operation, die auch als Filterung bezeichnet wird).

Als Folge davon entstehen bei den Mittelungen auch Zusatzterme unterschiedlicher Bedeutung:

- bei der konventionellen Mittelung entsteht der Reynoldssche Spannungstensor $\tau_{ij}^{*\prime}$, der die Wirkung der gesamten Turbulenz auf die zeitgemittelten Größen $\overline{a^*}$ beschreibt.

- bei der Grobstruktur-Filterung entsteht der Feinstruktur-Spannungstensor T_{ij}^*, der die Wirkung der Feinstruktur-Turbulenz auf die Grobstrukturgrößen $\overline{a^*}$ beschreibt.

Feinstruktur-Turbulenzmodellierung

Es ist üblich, den Feinstruktur-Spannungstensor (ii) als Ganzes zu modellieren, obwohl er noch als

$$T_{ij}^* = \left\{ \overline{u_i^* u_j^*} - \overline{\overline{u_i^*}\,\overline{u_j^*}} \right\} - \left\{ \overline{\overline{u_i^*}\, u_j^{*\prime}} + \overline{\overline{u_j^*}\, u_i^{*\prime}} + \overline{u_i^{*\prime} u_j^{*\prime}} \right\}$$

aufgespalten werden kann. Dann müsste nur der zweite Klammerausdruck modelliert werden, weil die erste Klammer (der sog. *Leonard-Tensor*) berechnet werden kann.

Ein sehr weit verbreitetes Feinstruktur-Turbulenzmodell basiert auf einem Feinstruktur-Wirbelviskositätsansatz (ganz analog zur WIRBELVISKOSITÄT bei konventioneller Turbulenzmodellierung) und bezieht sich auf den deviatorischen (anisotropen) Anteil

$$T_{ij}^{a*} = T_{ij}^* - \frac{1}{3} T_{kk}^* \delta_{ij} \qquad \text{mit} \quad T_{kk}^* = T_{11}^* + T_{22}^* + T_{33}^* ,$$

weil der isotrope Normalspannungsanteil dem Druck „zugeschlagen" werden kann.

Der Ansatz lautet

$$T_{ij}^{a*} = 2\nu_T^* \overline{S_{ij}^*} \qquad \text{mit} \quad \overline{S_{ij}^*} = \frac{1}{2} \left(\frac{\partial \overline{u_i^*}}{\partial x_j^*} + \frac{\partial \overline{u_j^*}}{\partial x_i^*} \right)$$

so dass die Impulsgleichungen (ii) jetzt folgende Form annehmen:

$$\frac{\mathrm{D}\overline{u_i^*}}{\mathrm{D}t^*} = -\frac{1}{\varrho^*}\frac{\partial \overline{P_{mod}^*}}{\partial x_i^*} + \frac{\partial}{\partial x_j^*}\left[(\nu^* + \nu_T^*)\left(\frac{\partial \overline{u_i^*}}{\partial x_j^*} + \frac{\partial \overline{u_j^*}}{\partial x_i^*}\right)\right] \tag{iii}$$

wobei $\overline{P_{mod}^*} = \overline{p_{mod}^*} - \varrho^* T_{kk}^*/3$ gilt.

Die eigentliche Modellierung bezieht sich nun auf die Feinstruktur-Wirbelviskosität ν_T^*. In einem weitverbreiteten Ansatz, dem sog. *Smagorinsky-Modell*, wird dafür

$$\nu_T^* = (C_S \Delta^*)^2 \left|\overline{S^*}\right| \quad ; \quad \left|\overline{S^*}\right| = \sqrt{2\overline{S_{ij}^*}\,\overline{S_{ij}^*}}$$

gesetzt. Dabei ist C_S ein Konstante, Δ^* die Filterbreite, d.h. die Abmessung des Zellenvolumens, und $\left|\overline{S^*}\right|$ eine lokale Verzerrungsrate, die einem mittleren Geschwindigkeitsgradienten entspricht, wie an der zuvor eingeführten Größe $\overline{S_{ij}^*}$ erkennbar ist.

Die „Smagorinsky-Konstante" C_S kann aus Überlegungen zum Energiespektrum gewonnen werden, was $C_S \approx 0,18$ ergibt, wird aber häufig als freie Konstante angesehen und z.B. bei Strömungen in Wandnähe zu $C_S \approx 0,1$ gesetzt. Auch bzgl. der Filterbreite Δ^* besteht ein gewisser „Spielraum", besonders bei anisotropen Filtern mit unterschiedlichen Filterbreiten in den verschiedenen Raumrichtungen.

Neben diesem weitverbreiteten Modell gibt es eine Reihe weiterer Feinstruktur-Turbulenzmodelle, wie z.B.:

- *Skalen-Ähnlichkeitsmodell* (engl.: scale similarity model):
  Dabei wird angenommen, dass die kleinsten berechneten und die größten modellierten Skalen eine gemeinsame und damit ähnliche Struktur aufweisen. Daraus folgt eine Formulierung für den Feinstruktur-Spannungstensor, die eine zweite Filterung mit einem u.U. anderen Filter als dem ursprünglichen enthält. Diese Modellierung der feinskaligen Turbulenz erweist sich jedoch als nicht hinreichend dissipativ, so dass sie häufig mit dem Smagorinsky-Modell zu einem *gemischten Modell* (engl.: mixed model) kombiniert wird.

- *Dynamisches Modell* (engl.: dynamic model):
  In diesem Modell, das auf Germano (1992) zurückgeht, werden die Gleichungen einer zweiten Filterung mit einem sog. *Testfilter* unterworfen. Danach wird es möglich, die Konstante C_S im Feinstruktur-Wirbelviskositätsansatz als lokale und momentane Größe zu berechnen, d.h. sie „dynamisch" anzupassen.

ANWENDUNGEN UND BEISPIELE

LES-Rechnungen für praktische Probleme sind so aufwendig, dass sie den Umfang von Stichwort-Beispielen bei weitem sprengen würden. Es sei deshalb auf die zahlreichen Beispiele in den unter WEITERFÜHRENDE LITERATUR angegebenen Arbeiten verwiesen.

BEACHTE

☐ **backscatter:** In turbulenten Strömungen wird in einer sog. Energiekaskade kinetische Energie von den großen zu den kleinen Skalen transferiert (s. dazu das Stichwort TURBULENZ, Punkt (8) des Turbulenzsyndroms). Dieser als *forwardscatter* oder auch *drain* bezeichnete Vorgang kann sich in bestimmten Situationen aber auch umkehren, wobei dann Energie von den kleinen zu den großen Skalen fließt. Die meisten Feinstruktur-Turbulenzmodelle sind allerdings nicht in der Lage, diesen als *backscatter* bezeichneten Vorgang zu beschreiben, was dann als Eigenschaft der *absoluten Dissipativität* bezeichnet wird.

☐ **VLES:** Mit dieser Abkürzung für *very large eddy simulation* sind Fälle gemeint, bei denen ein erheblicher Anteil der Reynoldsschen Spannungen bei den nicht berechneten, also zu modellierenden Skalen liegt. Dies ist z.B. bei Strömungen hoher Reynolds-Zahlen der Fall, bei denen das Energiespektrum bis zu sehr großen Wellenzahlen, also sehr kleinen Skalen reicht und damit nur ein (relativ) kleiner Teil der Skalen direkt berechnet werden kann (relativ gesehen nur die „sehr großen Skalen").

WEITERFÜHRENDE LITERATUR

Germano, M. (2000): *Fundamentals of Large Eddy Simulation*, Advanced Turbulent Flow Computations (ed.: Peyret, R.; Krause, E.) CISM Courses and Lectures 395, Springer-Verlag, 81-130

Härtl, C. (1996): *Turbulent Flows: Direct Numerical Simulation and Large-Eddy Simulation*, Handbook of Computational Fluid Mechanics (ed.: Peyret, R.) Academic Press, 284 - 338

Lesieur, M.; Metais, O. (1996): *New Trends in Large Eddy Simulation of Turbulence*, Annu. Rev. Fluid Mech. **28**, 45 - 82

Galperin, B.; Orszag, S.A., Hrsg. (1993): *Large eddy simulation of complex engineering and geophysical flows*, Cambridge University Press

Germano, M. (1992): *Turbulence: the filtering approach*, J. Fluid Mech. **238**, 325 - 336

Schumann, U.; Friedrich, R. (Hrsg.) (1986): *Direct and Large Eddy Simulation of Turbulence*, Notes on Numerical Fluid Mechanics **15**, Vieweg Verlag, Braunschweig

Logarithmisches Wandgesetz
(logarithmic law of the wall)

Siehe dazu das Stichwort SCHUBSPANNUNGSGESCHWINDIGKEIT, dort unter ANWENDUN-
GEN UND BEISPIELE

Machscher Kegel
(Mach cone)

Siehe dazu das Stichwort SCHALLGESCHWINDIGKEIT, dort unter BEACHTE

Mach-Zahl Ma
(Mach number Ma)

Siehe dazu das Stichwort SCHALLGESCHWINDIGKEIT, dort unter BEACHTE

Magnus Effekt
(Magnus effect)

Siehe dazu das Stichwort POTENTIALSTRÖMUNGEN, dort unter BEACHTE

Marangoni-Effekt
(Marangoni effect)

Siehe dazu das Stichwort OBERFLÄCHENSPANNUNG, dort unter BEACHTE

Materialgleichungen
(material equations)

Siehe dazu das Stichwort KONSTITUTIVE GLEICHUNGEN, dort unter BEACHTE

Mehrphasenströmungen
(multi phase flows)

Siehe dazu das Stichwort ZWEIPHASENSTRÖMUNGEN, dort unter BEACHTE

MHD/Magnetohydrodynamik
(MHD/magnetohydrodynamics)

BEDEUTUNG UND DEFINITION

Es handelt sich um Strömungen von Fluiden, die elektrisch geladene Teilchen enthalten und deshalb unter der Wirkung äußerer und/oder selbstinduzierter elektrischer und magnetischer Felder stehen. Es treten dabei gegenüber den Strömungen von neutralen Fluiden (ohne elektrisch geladene Teilchen) zusätzliche Volumenkräfte auf, durch die eine Beeinflussung der Strömung erfolgt. Gleichzeitig beeinflusst die Strömung des Fluides mit elektrisch geladenen Teilchen durch Induktion aber auch das elektromagnetische Feld, so dass es zu einer Wechselwirkung von Strömungs- und elektromagnetischen Feldgrößen kommt.

Bezüglich der Grundgleichungen muss deshalb eine Kopplung der strömungsmechanischen Bilanzgleichungen mit den sog. *Maxwell-Gleichungen* der Elektrodynamik (Gleichungen des elektromagnetischen Feldes) betrachtet werden.

Definition

Unter *Magnetohydrodynamik* (MHD) versteht man ganz allgemein diejenigen Strömungen, bei denen es durch das Vorhandensein von elektrischen Ladungen im Fluid zu Wechselwirkungen mit einem elektromagnetischen Feld kommt.

Für ein sog. *Plasma* und unter bestimmten Voraussetzungen (beides wird unter PHYSIKALISCHER HINTERGRUND erläutert) gelten folgende erweiterte Navier-Stokes Gleichungen, aus denen das Strömungsfeld bestimmt werden kann, wenn Rand- und Anfangsbedingungen gegeben sind (für die Navier-Stokes Gleichungen in Vektorform und mit der Zusatzannahme konstanter Stoffwerte s. das Stichwort NAVIER-STOKES GLEICHUNGEN, dort unter BEACHTE):

KONTINUITÄTSGLEICHUNG:

$$\operatorname{div} \vec{v}^* = 0 \tag{$*$}$$

IMPULSGLEICHUNG (NAVIER-STOKES + LORENTZ TERM):

$$\varrho^* \frac{\mathrm{D}\vec{v}^*}{\mathrm{D}t^*} = \varrho^* \vec{g}^* - \operatorname{grad} p^* + \eta^* \Delta \vec{v}^* + \frac{1}{\mu_0^*} \left[\operatorname{rot} \vec{B}^* \right] \times \vec{B}^* \tag{$**$}$$

INDUKTIONSGLEICHUNG:

$$\frac{\partial \vec{B}^*}{\partial t^*} = \operatorname{rot} \left[\vec{v}^* \times \vec{B}^* \right] + \frac{1}{\mu_0^* \sigma^*} \Delta \vec{B}^* \tag{$* * *$}$$

$\vec{v}^{\,*}$	Geschwindigkeitsvektor	m/s
t^*	Zeit	s
p^*	(absoluter) Druck	N/m^2
ϱ^*	Dichte	kg/m^3
η^*	Viskosität	kg/ms
$\vec{g}^{\,*}$	Fallbeschleunigungsvektor	m/s^2
$\vec{B}^*$	magnetische Flussdichte	Vs/m^2
μ_0^*	magnetische Feldkonstante ($= 4\pi10^{-7}\Omega s/m$)	$\Omega\,s/m$
σ^*	spez. Plasmaleitfähigkeit	$1/\Omega m$
bzgl. der Einheiten gilt: $\quad \Omega = V/A;\ W = VA;\ W = kgm^2/s^3$		

Physikalischer Hintergrund

Die in der Definitionsbox aufgeführten Gleichungen gelten unter bestimmten Voraussetzungen für ein sog. *Plasma*. Darunter versteht man ein Fluid, in dem freie Ladungsträger, d.h. Ionen und ungebundene Elektronen in so hoher Anzahl vorkommen, dass sie
die physikalischen Eigenschaften des Fluides wesentlich beeinflussen. Da ein Plasma freie
Ladungsträger enthält, ist es ein Stromleiter. Es müssen zwei Eigenschaften erfüllt sein,
damit ein Plasma vorliegt:

- zwischen den geladenen Teilchen muss es zu elektromagnetischen Wechselwirkungen
  kommen,

- das Fluid muss elektrisch *quasineutral* sein, d.h. die Anzahl der positiven und negativen Ladungen pro Volumeneinheit (die sog. Ladungsdichte) muss gleich groß sein.
  Damit ist in einem quasineutralen Fluid die gesamte elektrische Feldstärke Null. Ge-
  ringfügige Störungen dieser Quasineutralität z.B. durch Dichteschwankungen führen
  zu starken rückstellenden Feldkräften, die dafür sorgen, dass Plasmen abgesehen von
  extremen Situationen (z.B. bei sehr hochfrequenten Schwingungen) quasineutral bleiben.

Diese beiden Forderungen sind fast von der gesamten Materie im Weltall erfüllt, da
Schätzungen davon ausgehen, dass sich 99% der gesamten Materie im Plasmazustand
befindet.

Plasmen kommen aber auch unter „irdischen" Bedingungen häufig vor, wie unter Anwendungen und Beispiele gezeigt wird. Dabei ist zu beachten, dass der Plasmabegriff
bisweilen auf Gase beschränkt wird.

Die wesentlichen Einschränkungen, unter denen die Gleichungen in der Defintionsbox
gelten, sind bzgl. der Strömung die Inkompressibilität und die Beschränkung auf Newtonsche Fluide. Bezüglich der plasmaspezifischen Eigenschaften muss gelten

- Isotropie, d.h. die Plasmaeigenschaften sind skalare Größen (sog. *skalares Plasma*), was bei Plasmen größerer Dichte stets erfüllt ist,

- permanente Gültigkeit der Quasineutralität. Dies schließt insbesondere aus, dass nennenswerte Überschussladungen vorhanden sind, die sich in einer insgesamt vorhandenen elektrischen Ladungsdichte im Fluid äußern würden.

Die Besonderheiten der Plasmaströmung kommen in den Grundgleichungen wie folgt zum Ausdruck:

Die Impulsgleichung (∗∗) enthält gegenüber den reinen Navier-Stokes Gleichungen einen zusätzlichen Volumenkraftterm $\mu_0^{*-1}[\operatorname{rot}\vec{B}^*] \times \vec{B}^*$. Diese sog. *Lorentz-Kraft* beinhaltet die Wirkung des elektromagnetischen Feldes auf die Strömung und kann formal durch die magnetische Flussdichte $\vec{B}^*$ ausgedrückt werden, die in der sog. *Induktionsgleichung* bilanziert wird. Diese Gleichung entsteht aus den elektromagnetischen Grundgleichungen, den sog. *Maxwell-Gleichungen* unter den speziellen Bedingungen, die hier unterstellt werden. Trotzdem kann es erforderlich sein, auch diese Gleichungen selbst zu betrachten, z.B. wenn Randbedingungen nicht in $\vec{B}^*$, sondern in den anderen Variablen der Maxwell-Gleichungen gegeben sind. Neben der magnetischen Flussdichte $\vec{B}^*$ treten darin die elektrische Feldstärke $\vec{E}^*$ in V/m und die Stromdichte $\vec{j}^*$ in A/m^2 auf. Die hier gültigen Maxwell-Gleichungen lauten

$$
\begin{aligned}
\operatorname{rot}\vec{E}^* &= -\frac{\partial\vec{B}^*}{\partial t^*} \\
\operatorname{rot}\vec{B}^* &= \mu_0^*\vec{j}^* \\
\operatorname{div}\vec{E}^* &= 0 \\
\operatorname{div}\vec{B}^* &= 0
\end{aligned}
$$

Dabei ist die Stromdichte $\vec{j}^*$ durch das sog. *Ohmsche Gesetz* als KONSTITUTIVE GLEICHUNG mit den Feldgrößen verbunden. Dieses „Gesetz" lautet für ein bewegtes Fluid

$$
\vec{j}^* = \sigma^*[\vec{E}^* + \vec{v}^* \times \vec{B}^*]
$$

und zeigt, dass eine Strömung mit der Geschwindigkeit $\vec{v}^*$ Auswirkungen auf die Stromdichte $\vec{j}^*$ hat. Durch die Strömung wird einem Feld $\vec{E}^*$ ein zusätzliches sog. indiziertes Feld $\vec{v}^* \times \vec{B}^*$ überlagert, wobei aber zu beachten ist, dass in den Maxwell-Gleichungen nur $\vec{E}^*$ als Feldgröße des elektrischen Feldes auftritt.

Gleichzeitig besteht das magnetische Feld $\vec{B}^*$ aus zwei Anteilen, einem extern aufgeprägten Feld $\vec{B}_0^*$ und einem durch die Strömung des Plasmas induzierten Feld $\vec{B}_i^*$, das auch *magnetisches Sekundärfeld* genannt wird.

Das Verhältnis beider Feldstärken wird durch eine dimensionslose Kennzahl gekennzeichnet, die *magnetische Reynolds-Zahl* Rm genannt wird und als

$$
\mathrm{Rm} = \mu_0^*\sigma^* u_B^* L_B^*
$$

definiert ist (u_B^*: charakteristische Geschwindigkeit; L_B^*: charakteristische Länge eines Strömungsproblems).

Das Verhältnis B_i^*/B_0^* ist in erster Näherung proportional zu Rm, so dass Rm $\rightarrow 0$ den Fall beschreibt, bei dem das induzierte Magnetfeld gegenüber dem aufgeprägten Feld vernachlässigt werden kann. Solche, dann deutlich vereinfachten Situationen treten in einer

Reihe von „irdischen" MHD-Strömungen auf, während „kosmische" MHD-Strömungen wegen der hohen Werte für u_B^* und L_B^* durch den Grenzfall $\mathrm{Rm} \to \infty$ gekennzeichnet sind.

Etwas abstrakter können die beiden Grenzfälle auch so charakterisiert werden, dass für $\mathrm{Rm} \to 0$ das Magnetfeld die Strömung beeinflusst, während für $\mathrm{Rm} \to \infty$ die Strömung das Magnetfeld manipuliert.

ANWENDUNGEN UND BEISPIELE

1. Anwendungsbeispiele

Die Situationen, in denen das durch MHD beschriebene Wechselspiel zwischen der Strömung eines elektrisch leitenden Fluides und einem elektromagnetischen Feld auftritt, sind in Natur und Technik so vielfältig, dass keine auch nur annähend vollständige Aufzählung möglich ist.

Neben der Plasmaphysik im kosmischen Maßstab sind vom Menschen zu beeinflussende (und hoffentlich auch zu beherrschende) Anwendungen z.B.

- die *thermonukleare Fusion*, bei der durch die Fusion leichter Kerne Energie gewonnen werden soll. Dabei treten Temperaturen oberhalb von 10^6 K auf. Eine Möglichkeit, solche Temperaturen in dem sog. Fusionsplasma zu beherrschen, ist sein Einschluss in magnetischen Feldern. Ein großtechnischer Einsatz solcher Verfahren zur Energiegewinnung wird frühestens in 30 Jahren erwartet.

- *MHD-Generatoren*, in denen ein schnell strömendes Plasma durch ein angelegtes Magnetfeld gebremst wird, und dessen kinetische Energie dabei in elektrische Energie verwandelt wird. Dabei auftretende Temperaturen liegen im Bereich oberhalb von 2000 K und damit deutlich über den Arbeitstemperaturen konventioneller Wärmekraftanlagen.

- *metallurgische Probleme* im Zusammenhang mit der Manipulation flüssiger Metalle

- generell: die Beeinflussung aber auch Messung von Strömungen stromleitender Fluide durch angelegte Magnetfelder

Für die Turbulenzforschung ergeben sich interessante Ansatzpunkte, weil die elektromagnetischen Kräfte räumliche Wirbelstrukturen im Fluid selektiv beeinflussen und damit eine ganz spezifische „MHD-Turbulenz" ausbilden.

2. Hartmann-Strömung

Für einen speziellen eindimensionalen Fall ist im Jahr 1937 von dem dänischen Physiker J. Hartmann eine anschließend nach ihm benannte Lösung angegeben worden.

Es handelt sich dabei um eine stationäre Kanalströmung ($\partial.../\partial t^* = 0$) durch einen Rechteckquerschnitt mit dem Höhen/Seitenverhältnis $2H^*/S^*$, die im nachfolgenden Bild skizziert ist. Unterstellt man $2H^*/S^* \to 0$, so kann im Kanal ein zweidimensionales Geschwindigkeitsprofil $u^*(y^*)$ angenommen werden, d.h. Randeffekte werden vernachlässigt ($\partial u^*/\partial z^* = 0$). Für den Strömungsgeschwindigkeits-Vektor gilt also $\vec{v}^* = (u^*(y^*), 0, 0)$.

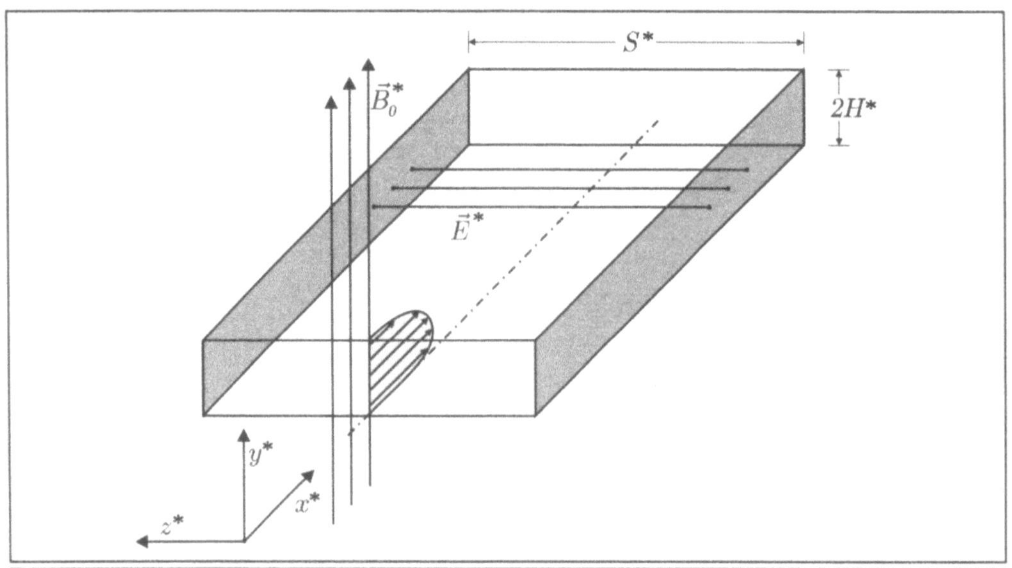

Prinzipielle Anordung bei der Hartmann-Strömung

Das von außen angelegte Magnetfeld $\vec{B}_0^*$ sei $\vec{B}_0^* = (0, B_{oy}^*, 0)$, d.h., die Feldlinien von $\vec{B}_0^*$ verlaufen in y-Richtung und $\vec{B}_0^*$ weist eine konstante Feldstärke auf. Das induzierte elektrische Feld $\vec{E}^*$ besitzt deshalb die prinzipielle Form $\vec{E}^* = (0, 0, E_z^*)$ mit $E_z^* = \text{const}$, d.h., die Feldlinien von $\vec{E}^*$ verlaufen in z-Richtung zwischen den beiden (Metall-)Seitenwänden.

Aus den allgemeinen Impuls-Komponenten-Gleichungen der Vektor-Impulsgleichung $(**)$ in der Definitionsbox folgt dann für diesen Fall

$$0 \;=\; -\frac{\partial p^*}{\partial x^*} + \eta^* \frac{d^2 u^*}{dy^{*2}} + \frac{1}{\mu_0^*} \frac{\partial B_{1x}^*}{\partial y^*} B_{oy}^* \tag{i}$$

$$0 \;=\; -\frac{\partial p^*}{\partial y^*} - \frac{1}{\mu_0^*} \frac{\partial B_{1x}^*}{\partial y^*} B_{1x}^* \tag{ii}$$

Dabei ist wegen $B_{0x}^* = 0$ die Komponete $B_x^* = B_{1x}^*$. Für das induzierte Magnetfeld $\vec{B}_1^*$ gilt $\vec{B}_1^* = (B_{1x}^*, 0, 0)$.

In der beschriebenen Anordnung tritt also quer zum Kanal zwischen den Metallwänden ein (konstantes) elektrisches Feld auf. Damit liegt mit dieser Anordnung ein sog. *magnetohydrodynamischer Stromgenerator* vor, weil eine elektrische Verbindung zwischen den Metall-Seitenwänden zum Fließen eines elektrischen Stromes führt. Wird umgekehrt ein Strom angelegt so wirkt auf das elektrisch leitende Fluid eine „Antriebskraft". Dieser Fall entspricht dann der prinzipiellen Anordnung in einer *magnetohydrodynamischen Pumpe*.

In Cap (1994) wird gezeigt, wie aus der Lösung der Gleichungen (i) und (ii) eine Beziehung für den dimensionslosen Gesamtstrom $I = I^*/(\sigma^* u_0^* B_{0y}^*/2H^*)$ gewonnen werden kann, wobei u_0^* die mittlere Strömungsgeschwindigkeit im Kanal ist. Dabei ist I^* ein elektrischer Strom pro Länge in x-Richtung mit der Einheit A/m. Für I gilt

$$I = 2(K - 1)$$

mit $K = E_z^*/u_0^* B_{0y}^*$ als dimensionsloser elektrischer Feldstärke.

Wenn der Stromkreis zwischen den Metallwänden (Elektroden) nicht geschlossen ist, gilt $I = 0$ und folglich $K = 1$. Es liegt dann ein unbelasteter Generator vor, der als *Plasmadurchflussmesser* verwendet werden kann. Werden die Elektroden hingegen kurzgeschlossen, gilt $K = 0$ und für den sog. *Kurzschlussstrom* dann $I = -2$.

Generell gilt für $K < 1$ jeweils $I < 0$: Der Kanal verbraucht Strom und arbeitet als Pumpe. Für $K > 1$ gilt $I > 0$: Der Kanal liefert Strom und arbeitet als Generator.

Der Faktor K wird *Belastungsfaktor* oder *elektromechanischer Wirkungsgrad* genannt, da er die elektrische Leistung $I^* E_z^*$ ins Verhältnis zur mechanischen Leistung $I^* B_{0z}^* u_0^*$ des Magnetfeldes setzt.

BEACHTE

◻ **Irreführende Bezeichnung:** Mit *Hydrodynamik* wird üblicherweise der Zweig der Strömungsmechanik bezeichnet, der sich auf Strömungen von Fluiden mit materiell konstanter Dichte (Flüssigkeiten) bezieht. Die meisten Fluide im Zusammenhang mit den zuvor behandelten MHD-Strömungen besitzen aber eine variable Dichte und Kompressibilitätseffekte spielen bei vielen solchen Strömungen eine entscheidende Rolle. Deshalb wird bisweilen zurecht von *Magnetofluidmechanik* (engl.: magnetofluidmechanics) oder noch allgemeiner von *Magneto-* und *Elektrofluidmechanik* (engl.: magneto- and electrofluidmechanics) gesprochen. Wenn trotzdem die eingängige Abkürzung MHD verwendet wird, so steht dies synonym für den beschriebenen erweiterten Anwendungsfall.

◻ **Hall-Effekt:** Unter dem Hall-Effekt versteht man ganz allgemein den Einfluss nichtskalarer Transporteigenschaften in einem elektromagnetischen Feld, was sich z.B. in veränderten konstitutiven Gleichungen, also z.B. einem veränderten Ohmschen Gesetz äußert. Es entstehen dann Ströme (sog. Hall-Ströme) in „neue" Richtungen, die z.T. unterdrückt werden müssen, aber auch gezielt genutzt werden können.

◻ **Dissipation elektrischer Energie in MHD-Strömungen (Joulesche Wärme):** Solange eine endliche Plasmaleitfähigkeit σ^* vorliegt, existiert auch ein von Null verschiedener elektrischer Widerstand im Plasma. Dann dissipiert ein elektrischer Strom die Leistung $\vec{j}^* \vec{E}^*$, was als *Joulesche Wärme* bezeichnet wird. Die Einheit W/m^3 zeigt, dass es sich um eine volumenbezogene Leistung handelt, die zu einer Erhöhung der thermischen wie auch der Gesamtenthalpie in der Strömung führt.

In der Bilanz für die spez. Gesamtenthalpie (s. dazu das Stichwort ENERGIEGLEI-CHUNG) tritt der Term $\vec{j}^* \vec{E}^*$ als zusätzlicher Term auf der rechten Seite der Gesamt- bzw. der thermischen Energiegleichung auf.

◻ **Ideales Plasma:** Ähnlich wie ein (Modell-) Fluid mit der Viskosität $\eta^* = 0$ als *ideales Fluid* bezeichnet wird (s. dazu das Stichwort FLUID), nennt man eine Plasma mit der idealisierten Eigenschaft $\sigma^* = \infty$ ein *ideales Plasma.* In diesem tritt keine Joulesche Wärme auf ($\vec{j}^* \vec{E}^* = 0$). Wenn zusätzlich unterstellt wird, dass keine Wärmeleitung auftritt und sich das ideale Plasma wie ein ideales Fluid verhält ($\eta^* = 0$), besitzt ein solches Plasma eine konstante Entropie. Alle in ihm verlaufenden Vorgänge sind damit reversibel.

WEITERFÜHRENDE LITERATUR

Davidson, P.A. (1999): *Magnetohydrodynamics in Materials Processing*, Annu. Rev. Fluid Mechanics **31**, 273 - 300

Demetriades, S.T.; Maxwell, C.D. (1999): *Magnetofluidmechanics*, in: Fundamentals of Fluid Mechanics (eds.: Schetz, J.A.; Fuhs, A.E.)

Thess, A.; Gerbeth, G. (1998): *Magnetohydrodynamik*, Phys. Bl. **54**, Nr. 2, 125 - 130

Cap, F. (1994): *Lehrbuch der Plasmaphysik und Magnetohydrodynamik*, Springer-Verlag, Wien

Biskamp, D. (1993): *Nonlinear magnetohydrodynamics*, Cambridge University Press

Birzvalks, J. (1986): *Streifzug durch die Magnetohydrodynamik*, VEB Deutscher Verlag für Grundstoffindustrie, Leipzig

Moffatt, H.K. (1978): *Magnetic Field Generation in Electrically Conducting Fluids*, Cambridge University Press

Mikroströmungen
(micro flows)

BEDEUTUNG UND DEFINITION

Es handelt sich um Strömungen durch Bauteile extrem kleiner Abmessungen, wie sie z.B. in der Mikrosystemtechnik vorkommen. Sie gehören damit in den Bereich des in den letzten Jahren aktuell gewordenen und mit der Abkürzung MEMS (micro electro mechanical systems) versehenen Forschungs- und Anwendungsgebietes. Inwieweit eine eigenständige Behandlung von Strömungsproblemen auf den entsprechend kleinen Skalen gerechtfertigt ist, oder ob es sich im wesentlichen um Probleme handelt, die auch bei größeren Abmessungen auftreten können, wird durchaus kontrovers diskutiert. Auch ist der Name *Mikroströmungen* noch keineswegs fest etabliert. Bisweilen wird stattdessen von *Strömungen in Bauteilen der Mikrosystemtechnik*, von *Mikroskalen-Strömungen* oder (etwas irreführend) von *Mikrofluidik* gesprochen.

Definition
Bei den sog. *Mikroströmungen* handelt es sich um die Durchströmung von Bauteilen, bei denen die charakteristischen Längen durchströmter Querschnitte (z.B. in Form des HYDRAULISCHEN DURCHMESSERS) kleiner als 1 mm = 1000 μm sind.   Für die Abschätzung, ob bei deutlich kleineren Abmessungen noch eine Kontinuumsströmung vorliegt, kann bei Gasen die Knudsen-Zahl Kn herangezogen werden (s. dazu das Stichwort DICHTE). Für die Strömung von Flüssigkeiten gelten analoge Überlegungen, die den generell deutlich kleineren Molekülabstand bei Flüssigkeiten berücksichtigen.

PHYSIKALISCHER HINTERGRUND

Die eigenständige Bedeutung von Strömungen durch sehr enge Querschnitte liegt sicherlich darin begründet, dass mit solchen Strömungen Parameterbereiche erreicht werden, bei denen die kontinuumsmechanische Beschreibung der Vorgänge an ihre Grenzen stößt. Aber auch bei Geometrien, die noch nicht solche extrem kleinen Abmessungen aufweisen, können „besondere Situationen" entstehen, wie eine konsequent dimensionslose Betrachtung der Vorgänge ergibt.

In einer solchen dimensionslosen Darstellung, bei der alle Längen des Problems auf seine charakteristische Länge bezogen werden, entfällt zunächst die Unterscheidung nach „groß" und „klein". Es können aber durchaus bei „kleinen" Geometrien Effekte ins Spiel kommen, die bei großen Geometrien zwar auch prinzipiell vorhanden sind, dort aber nur eine untergeordnete Rolle spielen. Im Sinne der DIMENSIONSANALYSE handelt es sich dabei dann um sog. *Skalierungseffekte*.

Es gibt also zwei Situationen, in denen bei Mikroströmungen Effekte auftreten, die bei vergleichbaren makroskopischen Strömungen nicht vorhanden oder von untergeordneter Bedeutung sind:

- Durch die starke Reduktion des Maßstabes treten Effekte verstärkt zutage, die bei makroskopischen Strömungen vernachlässigt werden konnten (Skalierungseffekte). Es handelt sich weiterhin um Strömungen, die auf der Basis von Kontinuumsgleichungen behandelt werden können. Für eine ausführliche Beschreibung s. Herwig (2000).

- Durch die starke Reduktion des Maßstabes erlangen nicht-Kontinuumseffekte Bedeutung, so dass eine unveränderte Behandlung des Problems auf der Basis von Kontinuumsgleichungen nicht mehr zulässig ist. Für Gase kann die Knudsen-Zahl Kn (s. dazu das Stichwort DICHTE, dort unter ANWENDUNGEN UND BEISPIELE) herangezogen werden, um den Übergang zwischen der Kontinuumstheorie und einer Beschreibung auf der Basis der Teilchenbewegung zu markieren.

Nicht-Kontinuumsbeschreibung von Mikroströmungen

Für Gase treten bei Knudsen-Zahlen oberhalb von etwa $Kn = 0,01$ Effekte auf, die im Rahmen der Kontinuumstheorie (also z.B. mit den Navier-Stokes Gleichungen) nicht mehr korrekt erfasst werden können. Dann muss der Tatsache Rechnung getragen werden, dass Fluide aus einzelnen Molekülen bestehen, die miteinander in Wechselwirkung treten.

Eine Möglichkeit dazu bietet die sog. *molekulardynamische Simulation*, bei der die Bewegung einzelner Teilchen auf der Basis der klassischen Mechanik berechnet und die Wechselwirkung der Teilchen untereinander durch ein Modell-Potential erfasst wird. Diese Methode ist bei relativ großen Dichten einsetzbar. Die heute mögliche Behandlung von ca. 10^6 Teilchen deckt dabei allerdings nur ein extrem kleines Volumenelement ab (ca. $0,01\mu m^3$). Für Einzelheiten s. z.B. Koplik, Banavar (1995). Eine Alternative stellt die sog. *Monte-Carlo-Simulation* dar, bei der die ungestörte Bewegung zwischen den Wechselwirkungen deterministisch (klassisch) behandelt wird, die Stöße selbst aber nur im statistischen Mittel und nicht individuell behandelt werden (Einzelheiten z.B. in Oran et al. (1998)).

Eine übergeordnete Theorie zur Beschreibung sowohl des Kontinuums- als auch des Nicht-Kontinuumsbereiches basiert auf der Boltzmann-Gleichung. Diese ist prinzipiell für den gesamten Knudsen-Zahl Bereich gültig. Die Boltzmann-Gleichung bilanziert die Wahrscheinlichkeitsdichtefunktion der einzelnen Teilchen im sog. Phasenraum (Ort und Geschwindigkeit als unabhängige Parameter). Aus diesen Dichtefunktionen können die makroskopischen Parameter wie Druck, Geschwindigkeit und Temperatur gewonnen werden. Für Einzelheiten s. z.B. Babovski (1998) oder die kurze Erläuterung im Stichwort BILANZGLEICHUNGEN, dort unter PHYSIKALISCHER HINTERGRUND.

ANWENDUNGEN UND BEISPIELE

Mikroströmungen in technischen Anwendungen

Es gibt ein weites Feld von Einzelanwendungen in sehr unterschiedlichen Gebieten. Die nachfolgende Aufzählung enthält einige dieser Gebiete sowie typische Anwendungen von Mikroströmungen.

• Medizin / Pharmakologie:	- Analysetechnik im Mikromaßstab - mobile Kleinstlabore (Lab-on-chip) - minimalinvasive Operationstechniken
• Chemie/Biologie	- Mikrodosiereinrichtungen - Mikroreaktoren/Mikromischer
• Kühlung elektronischer Bauteile:	- Kapillarwärmeübertrager - Mikrowärmerohre
• Automobilindustrie:	- Einspritzdüsen - Sensoren zur Abgasmessung

BEACHTE

🗗 **Unterschiedliche Definitionen:** In der strömungsmechanischen Literatur besteht keine eindeutige Definition von Mikroströmungen. Häufig werden charakteristische Abmessungen unterhalb von 1mm = 1000 μm als Grenze definiert (wie in der Definitionsbox zu diesem Stichwort). Bisweilen werden aber auch 200 μm angegeben, wobei dann Strömungen mit charakteristischen Längen zwischen 200 μm und 3000 μm (d.h. 0,2-3 mm) als Strömungen in *Minikanälen* bezeichnet werden.

🗗 **Reynolds-Zahl Bereiche:** Die Reynolds-Zahl Re $= u_B^* L_B^*/\nu^*$ ist bei Mikroströmungen in der Regel klein, weil die charakteristische Länge L_B^* kleine Werte besitzt. Typische Zahlenwerte sind $1 <$ Re < 100, so dass Strömungen in Mikrokanälen meistens laminar sind (kritische Umschlag-Reynoldszahl bei glatten Rohren: $\mathrm{Re}_{krit} = 2300$ mit L_B^* als Durchmesser, wobei im Bereich der Mikroströmungen oftmals deutlich kleinere Werte für Re_{krit} gefunden werden). Erst bei relativ hohen Geschwindigkeiten (und damit auch bei sehr hohen Druckgradienten) können Reynolds-Zahlen im Bereich der Transition vom laminaren zum turbulenten Strömungszustand auftreten.

🗗 **Oberflächeneinfluss:** Da das Volumen eines durchströmten Gebietes mit L_B^{*3} skaliert, seine Oberfläche aber mit L_B^{*2} gilt für das Verhältnis der Oberfläche zum Volumen die Proportionalität $\sim L_B^{*-1}$. Für kleiner werdende Abmessungen wird deshalb die Oberfläche schneller wachsen als das Volumen, so dass alle „Oberflächeneffekte" an Bedeutung gewinnen. Dies kann z.B. der Einfluss der Oberflächenrauheit sein.

WEITERFÜHRENDE LITERATUR

Kardianakis, G.E.; Beskok, A. (2002): *Micro Flows*, Springer-Verlag, Berlin, Heidelberg, New York

Herwig, H. (2002): *Flow and Heat Transfer in Micro Systems: Is Everything Different or Just Smaller?*, ZAMM **82**, 579 - 586

Gad-El-Hak, M. (2001): *Handbook of MEMS*, CRC Presse, New York

Gad-El-Hak, M. (1999): *The fluid mechanics of microdevices*, J. Fluid Eng. **12**, 5-33

• speziell zu Nicht-Kontinuums-Strömungen

Babovsky, H. (1998): *Die Boltzmann-Gleichung*, B.G. Teubner-Verlag, Stuttgart

Oran, E.S.; Oh, C.K.; Cybyk, B.Z. (1998): *Direct simulation Monte Carlo: Recent Advances and Applications*, Annu. Rev. Fluid Mech. **30**, 403 - 441

Koplik, J.; Banavar, J.R. (1995): *Continuum Deductions from Molecular Hydrodynamics*, Annu. Rev. Fluid Mech. **27**, 257 - 292

Mischungsweg
(mixing length)

Siehe dazu das Stichwort WIRBELVISKOSITÄT, dort unter ANWENDUNGEN UND BEISPIELE (Prandtlscher Mischungsweg)

Modifizierter Druck
(modified pressure)

Siehe dazu das Stichwort DRUCK

Moody-Diagramm
(Moody diagram)

Siehe dazu das Stichwort WIDERSTANDSZAHL, dort unter ANWENDUNGEN UND BEISPIELE

Natürliche Konvektion
(natural convection)

Siehe dazu das Stichwort GRASHOF-ZAHL GR

Navier-Stokes Gleichungen
(Navier-Stokes equations)

BEDEUTUNG UND DEFINITION

Es handelt sich um die Impuls-Differentialgleichungen für ein Newtonsches Fluid. Sie entstehen, wenn in die allgemeine Impulsbilanz für ein Fluidelement vom Volumen dV^* als Materialgleichung die KONSTITUTIVE GLEICHUNG für ein sog. Newtonsches Fluid eingesetzt wird, bei dem ein linearer Zusammenhang zwischen den Spannungen und den Verformungsgeschwindigkeiten am Fluidteilchen besteht. Zusammen mit der Kontinuitätsgleichung stellen die drei Komponenten der Vektorimpulsgleichung ein System aus vier Differentialgleichungen zur Bestimmung von u^*, v^*, w^* und p^* dar.

Neben einigen exakten Lösungen für spezielle Strömungssituationen existieren Lösungen dieser Gleichungen nur in Form von numerischen Approximationslösungen. Unter Mathematikern ist dabei bis heute die Frage nach der allgemeinen Existenz von Lösungen der Navier-Stokes Gleichungen keineswegs geklärt.

	Definition	

Für konstante Stoffwerte gilt in kartesischen Koordinaten und in einem nicht beschleunigten Koordinatensystem:

x-IMPULSGLEICHUNG

$$\varrho^* \frac{Du^*}{Dt^*} = \varrho^* g_x^* - \frac{\partial p^*}{\partial x^*} + \eta^* \left[\frac{\partial^2 u^*}{\partial x^{*2}} + \frac{\partial^2 u^*}{\partial y^{*2}} + \frac{\partial^2 u^*}{\partial z^{*2}} \right]$$

y-IMPULSGLEICHUNG

$$\varrho^* \frac{Dv^*}{Dt^*} = \varrho^* g_y^* - \frac{\partial p^*}{\partial y^*} + \eta^* \left[\frac{\partial^2 v^*}{\partial x^{*2}} + \frac{\partial^2 v^*}{\partial y^{*2}} + \frac{\partial^2 v^*}{\partial z^{*2}} \right]$$

z-IMPULSGLEICHUNG

$$\varrho^* \frac{Dw^*}{Dt^*} = \varrho^* g_z^* - \frac{\partial p^*}{\partial z^*} + \eta^* \left[\frac{\partial^2 w^*}{\partial x^{*2}} + \frac{\partial^2 w^*}{\partial y^{*2}} + \frac{\partial^2 w^*}{\partial z^{*2}} \right]$$

u^*, v^*, w^*	Geschwindigkeitskomponenten	m/s
x^*, y^*, z^*	kartesische Koordinaten	m
$D.../Dt^*$	$= \partial.../\partial t^* + u^*\partial.../\partial x^* + v^*\partial.../\partial y^* + w^*\partial.../\partial z^*$ substantielle Ableitung; t^*: Zeit	1/s
p^*	(absoluter) Druck	N/m^2
ϱ^*	Dichte	kg/m^3
η^*	dynamische Viskosität	kg/ms
g_x^*, g_y^*, g_z^*	Komponenten des Fallbeschleunigungvektors	m/s^2

Physikalischer Hintergrund

Der Ausgangspunkt zur Herleitung der Navier-Stokes Gleichungen ist das Grundgesetz
der Mechanik (2. Newtonsches Axiom), nach dem die zeitliche Änderung des Impulses
eines Körpers gleich der Summe aller an ihm angreifenden Kräfte ist. Diese Aussage gilt
in einem nicht beschleunigten Koordinatensystem, einem sog. *Intertialsystem* (nähere
Ausführungen zu beschleunigten Bezugssystemen finden sich unter dem Stichwort BI-
LANZGLEICHUNGEN, dort unter BEACHTE). Für ein Fluidteilchen der konstanten Masse
Δm^* (teilchenfeste, LAGRANGESCHE BETRACHTUNGSWEISE) gilt demnach:

$$\frac{D}{Dt^*}(\Delta m^* \vec{v}^*) = \Delta m^* \frac{D\vec{v}^*}{Dt^*} = \sum_i \vec{F}_i^*$$

Division durch ΔV^* ergibt mit $\varrho^* = \lim_{\Delta V^* \to 0}(\Delta m^*/\Delta V^*)$ und $\vec{v}^* = (u^*, v^*, w^*)$ die linken
Seiten der Impulsgleichungen.

Die Terme auf den jeweils rechten Seiten stellen also Kräfte pro infinitesimalen Volumen dV^* dar, was in den Einheiten N/m^3 zum Ausdruck kommt (für eine alternative Interpretation s. unter BEACHTE/Oberflächenkräfte/Impulstransport). Im Sinne der
allgemeinen ERHALTUNGSGLEICHUNGEN beschreiben sie die volumenbezogene Rate der
durch externe Einflüsse (hier: Kräfte) bewirkte Änderung der bilanzierten Größe (hier:
Impuls). Als Kräfte am Massenelement Δm^* mit dem Volumen ΔV^* (erst anschließend
erfolgt der Übergang $\Delta V^* \to dV^*$ zu einem infinitesimalen Volumenelement) treten auf:

- Kräfte, die als sog. *Volumenkräfte* am gesamten Volumen ΔV^* angreifen. Beispiele
  hierfür sind die Schwerkraft, Zentrifugalkräfte oder sog. Lorentz-Kräfte (Kräfte auf
  bewegte elektrische Ladungen in einem Magnetfeld). Bezieht man solche Kräfte $\vec{F}_i^*$
  auf das Volumen ΔV^*, so soll gelten:

$$\vec{f}_i^* = \vec{F}_i^*/\Delta V^*$$

- Kräfte, die als sog. *Oberflächenkräfte* gemäß dem Schnittprinzip der Mechanik an
  den Oberflächen des herausgeschnittenen Fluidelementes ΔV^* angreifen. An einem
  würfelförmigen Fluidelement greifen Normal- und Tangentialkräfte an den sechs Oberflächen an. Diese Kräfte können formal durch einen Spannungstensor mit neun Komponenten (von denen aus Symmetriegründen jedoch nur sechs verschieden sind) ausgedrückt werden, wie dies im nachfolgenden Bild am Beispiel von zwei der neun Komponenten gezeigt ist.

  Die Kräfte ergeben sich als Produkt der Spannungen mit den zugehörigen Flächen.
  Die Doppelindizierung an den Spannungen wird so gewählt, dass der erste Index
  die Flächen-Normalenrichtung angibt, der zweite Index die Richtung der zugehörigen
  Kraft-Wirkungslinie. Die Kräfte an gegenüberliegenden Flächen kompensieren sich
  weitgehend. Nur die Zuwächse über die Längen Δx^*, Δy^* bzw. Δz^* hinweg führen
  zu effektiven Kräften auf das Fluidelement. Am Beispiel der im Bild gezeigten zwei
  Komponenten sind dies die beiden Kräfte

$$\left(\frac{\partial \hat{\tau}_{xx}^*}{\partial x^*}\Delta x^*\right)\Delta y^* \Delta z^* \quad \text{und} \quad \left(\frac{\partial \tau_{zx}^*}{\partial z^*}\Delta z^*\right)\Delta x^* \Delta y^*$$

Da also sowohl bei den Oberflächenkräften als auch bei den Volumenkräften $\Delta V^* = \Delta x^* \Delta y^* \Delta z^*$ auftritt, kann die Impulsgleichung insgesamt durch ΔV^* dividiert werden. Auf diese Weise entsteht die gezeigte Form der drei Komponentengleichungen, wenn noch eine Besonderheit im Zusammenhang mit dem Druck berücksichtigt wird.

Während im Grenzfall eines ruhenden Fluidteilchens ($\vec{v}^* = \vec{0}$) alle Schubspannungen sowie die zugehörigen Kräfte verschwinden, bleiben für die Normalspannungen endliche Werte. Die Normalspannungen entsprechen dann dem thermodynamischen Druck im Fluid, wie er z.B. für ideale Gase in der thermischen Zustandsgleichung $p^*/\varrho^* = R^* T^*$ auftritt. Aus diesem Grund spaltet man den (negativen) Druck vom Spannungstensor ab und schreibt für die drei Normalspannungskomponenten

$$\hat{\tau}_{xx}^* = \tau_{xx}^* - p^* \;\; ; \;\; \hat{\tau}_{yy}^* = \tau_{yy}^* - p^* \;\; ; \;\; \hat{\tau}_{zz}^* = \tau_{zz}^* - p^*$$

Da τ_{xx}^*, τ_{yy}^* und τ_{zz}^* jetzt die Abweichungen vom statischen Druckzustand beschreiben, spricht man von *deviatorischen Spannungen* bzw. vom *deviatorischen Spannungstensor*. Zum Beispiel treten dann anstelle von $\partial \hat{\tau}_{xx}^*/\partial x^*$ die beiden Terme $-\partial p^*/\partial x^*$ und $\partial \tau_{xx}^*/\partial x^*$ in der ersten Impulsgleichung auf.

Bisher war von der Lagrangeschen, teilchenfesten Betrachtung des Impulses der Masse Δm^* ausgegangen worden. Für den Übergang auf die ortsfeste, Eulersche Betrachtungsweise wäre nun die Zeitableitung D/Dt^* entsprechend umzuschreiben, s. dazu das Stichwort BILANZGLEICHUNGEN, dort unter BEACHTE. Die Beibehaltung der Schreibweise D/Dt^* bedeutet dann die formale Abkürzung für die tatsächlich vorliegende Kombination der zeitlichen und konvektiven Ableitungen. Zusammen mit der Kontinuitätsgleichung stellen die drei Impulsgleichungen ein System aus vier Gleichungen dar. Damit können die unbekannten Größen u^*, v^*, w^* und p^* aber erst dann bestimmt werden, wenn die Komponenten des Spannungstensors τ_{xx}^*, τ_{zx}^*, ... nicht mehr als unbekannte Größen in den Gleichungen auftreten, sondern mit den anderen Feldgrößen (durch zusätzliche Gleichungen) verknüpft werden.

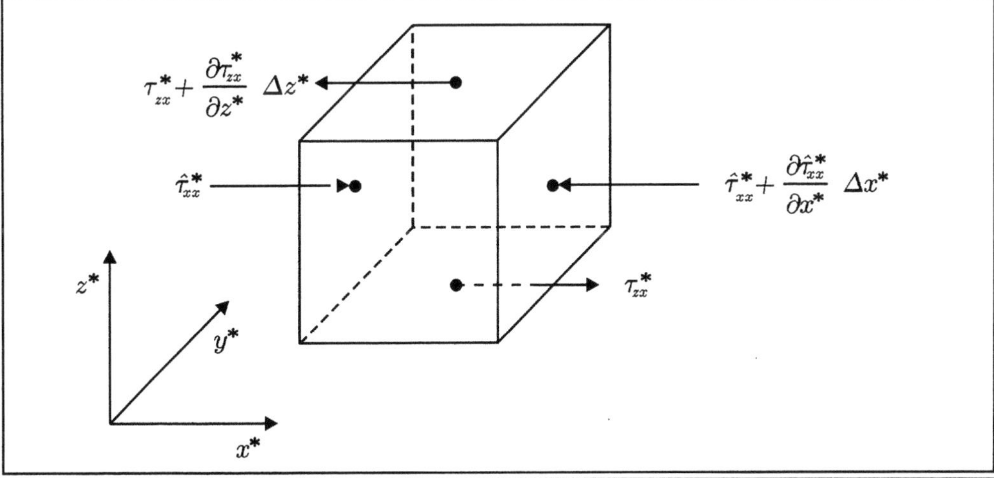

Normal- und Schubspannungen an einem Fluidelement am Beispiel der Normalspannung $\hat{\tau}_{xx}^*$ und der Schubspannung τ_{zx}^*

Ein solcher Zusammenhang wird KONSTITUTIVE GLEICHUNG genannt und beschreibt das Materialverhalten des strömenden Fluides bezüglich dieses Aspektes.

Die Navier-Stokes Gleichungen entstehen, wenn als konstitutive Gleichung das Materialgesetz Newtonscher Fluide verwendet wird. Diese Fluide sind dadurch gekennzeichnet, dass sie einen linearen Zusammenhang zwischen den Spannungen und den Deformationen aufgrund von Geschwindigkeitsgradienten aufweisen. Für sie gilt unter der Annahme konstanter Stoffwerte

$$\tau_{xx}^* = 2\eta^* \frac{\partial u^*}{\partial x^*} \ ; \ \tau_{yy}^* = 2\eta^* \frac{\partial v^*}{\partial y^*} \ ; \ \tau_{zz}^* = 2\eta^* \frac{\partial w^*}{\partial z^*}$$

$$\tau_{xy}^* = \tau_{yx}^* = \eta^* \left[\frac{\partial v^*}{\partial x^*} + \frac{\partial u^*}{\partial y^*} \right] \ ; \ \tau_{yz}^* = \tau_{zy}^* = \eta^* \left[\frac{\partial w^*}{\partial y^*} + \frac{\partial v^*}{\partial z^*} \right]$$

$$\tau_{zx}^* = \tau_{xz}^* = \eta^* \left[\frac{\partial u^*}{\partial z^*} + \frac{\partial w^*}{\partial x^*} \right]$$

Eingesetzt in die allgemeine Impulsbilanz entstehen daraus die in der Definitionsbox aufgeführten Impulsgleichungen. Sie gelten damit nur für Newtonsche Fluide, z.B. also für die technisch wichtigen Fluide Wasser, Luft und Mineralöle, nicht aber z.B. für Honig, Blut oder Lackfarben.

ANWENDUNGEN UND BEISPIELE

1. Navier-Stokes Gleichungen für turbulente Strömungen

Die in der Definitionsbox aufgeführten Navier-Stokes Gleichungen gelten auch für turbulente Strömungen. Sie beschreiben dann allerdings die Momentanwerte der Strömung. Aufgrund der hochfrequenten Schwankungen turbulenter Strömungsgrößen muss eine numerische Lösung diese Zeitabhängigkeit auflösen können. Zusätzlich ist eine extrem hohe räumliche Auflösung (hohe Gitterdichte) erforderlich, um die kleinskaligen Schwankungen korrekt zu erfassen. Der insgesamt erforderliche Aufwand hierfür ist so groß (nähere Ausführungen unter dem Stichwort DNS), dass dieser Weg nur in Ausnahmefällen gangbar ist.

Da in der Regel auch nur zeitgemittelte Strömungsgrößen interessieren, wird alternativ zur direkten numerischen Simulation (DNS) zunächst ein Gleichungssystem für die zeitgemittelten Größen hergeleitet. Dies geschieht ausgehend von den Navier-Stokes Gleichungen für die Momentangrößen in folgenden zwei Schritten (s. dazu auch das Stichwort TURBULENZMODELLIERUNG):

1. Ersetzen der Momentangrößen durch die Summen aus den zeitgemittelten und den zugehörigen Schwankungsgrößen ($u^* = \overline{u^*} + u^{*\prime}; ...$)

2. Anschließende Zeitmittelung der gesamten Gleichungen

Die so entstehenden Gleichungen werden häufig mit der Abkürzung RANS für „Reynolds Averaged Navier-Stokes" belegt. Beispielhaft sei hier die x-Impulsgleichung gezeigt:

$$\varrho^* \frac{D\overline{u^*}}{Dt^*} = \varrho^* g_x^* - \frac{\partial \overline{p^*}}{\partial x^*} + \eta^* \left[\frac{\partial^2 \overline{u^*}}{\partial x^{*2}} + \frac{\partial^2 \overline{u^*}}{\partial y^{*2}} + \frac{\partial^2 \overline{u^*}}{\partial z^{*2}} \right] - \varrho^* \left[\frac{\partial \overline{u^{*\prime 2}}}{\partial x^*} + \frac{\partial \overline{u^{*\prime} v^{*\prime}}}{\partial y^*} + \frac{\partial \overline{u^{*\prime} w^{*\prime}}}{\partial z^*} \right]$$

Der Vergleich mit der ursprünglichen x-Impulsgleichung in der Definitions-Box zeigt, dass anstelle der Momentanwerte jetzt jeweils die zeitgemittelten Größen auftreten. Zusätzlich entstehen beim Übergang auf die zeitgemittelten Gleichungen aber neue Terme, für die zunächst keine Bestimmungsgleichungen vorhanden sind. Am Beispiel der x-Impulsgleichung sind dies drei Terme, die als Kombinationen von Schwankungsgrößen auftreten und ursprünglich auf der linken Seite der Gleichung entstanden sind. Sie bringen zum Ausdruck, dass neben der Wirkung viskoser Spannungen im Zusammenhang mit η^* jetzt zusätzliche, vergleichbare Effekte auftreten. Diese können als zusätzliche Spannungen aufgrund einer „künstlich" hinzutretenden, erhöhten „turbulenten" Viskosität η_t^* interpretiert werden. Diese zusätzlichen Spannungen werden *Reynoldssche Spannungen* genannt. Insgesamt entsteht in den Navier-Stokes Gleichungen auf diese Weise ein sog. *Reynoldsscher Spannungstensor.* Dieser muss im Zuge der TURBULENZMODELLIERUNG mit den übrigen Größen in den Navier-Stokes Gleichungen verknüpft werden. Dies ist die sog. *Schließung des Gleichungssystems*, weil dann wieder ein prinzipiell lösbares Gleichungssystem mit gleich vielen Unbekannten wie Gleichungen vorliegt.

2. *Lösung der Navier-Stokes Gleichungen für die ausgebildete laminare Kanal- und Rohrströmung*

Weit stromabwärts in einem ebenen Kanal, der durch zwei parallele Wände im Abstand von $2H^*$ gebildet wird, stellt sich ein Geschwindigkeitsprofil ein, das sich in Strömungsrichtung nicht mehr verändert und deshalb als Profil einer hydrodynamisch ausgebildeten Strömung bezeichnet wird. Dieses Profil kann aus den Navier-Stokes Gleichungen ermittelt werden, die sich im vorliegenden Fall wegen $v^* = w^* = \partial^2 u^*/\partial x^{*2} = \partial^2 u^*/\partial z^{*2} = 0$ auf den einfachen Zusammenhang

$$0 = -\frac{\partial p^*_{mod}}{\partial x^*} + \eta^* \frac{\partial^2 u^*}{\partial y^{*2}}$$

reduzieren. Dabei ist p^*_{mod} der sog. modifizierte Druck, genaueres dazu s. unter BEACHTE. Da u^* voraussetzungsgemäß keine Funktion von x^* ist, kann auch $\partial p^*_{mod}/\partial x^*$ nicht von x^* abhängen, könnte aber noch eine Funktion von y^* sein. Die y-Impulsgleichung $0 = \varrho^* g_y^* - \partial p^*/\partial y^* = -\partial p^*_{mod}/\partial y^*$ zeigt nun, dass der modifizierte Druck nur von x^* abhängt. Damit folgt unter Berücksichtigung der Randbedingungen $u^*(\pm H^*) = 0$, $du^*/dy^* = 0$ für $y^* = 0$

$$u^* = \frac{3u_m^*}{2}\left[1 - \left(\frac{y^*}{H^*}\right)^2\right] \;;\; \frac{dp^*_{mod}}{dx^*} = -\frac{3\eta^* u_m^*}{H^{*2}} \;;\; u_m^* = \frac{1}{2H^*}\int\limits_{-H^*}^{H^*} u^* dy^*$$

Dabei ist u_m^* die querschnittsgemittelte Geschwindigkeit, die im nachfolgenden Bild als grau unterlegte Fläche eingezeichnet ist. Für den rotationssymmetrischen Fall der Rohrströmung ergibt sich auf die gleiche Weise mit dem Radius R^* anstelle der halben Kanalhöhe und r^* anstelle von y^*

$$u^* = 2u_m^*\left[1 - \left(\frac{r^*}{R^*}\right)^2\right] \;;\; \frac{dp^*_{mod}}{dx^*} = -\frac{8\eta^* u_m^*}{R^{*2}} \;;\; u_m^* = \frac{2}{R^{*2}}\int\limits_{0}^{R^*} u^* r^* dr^*$$

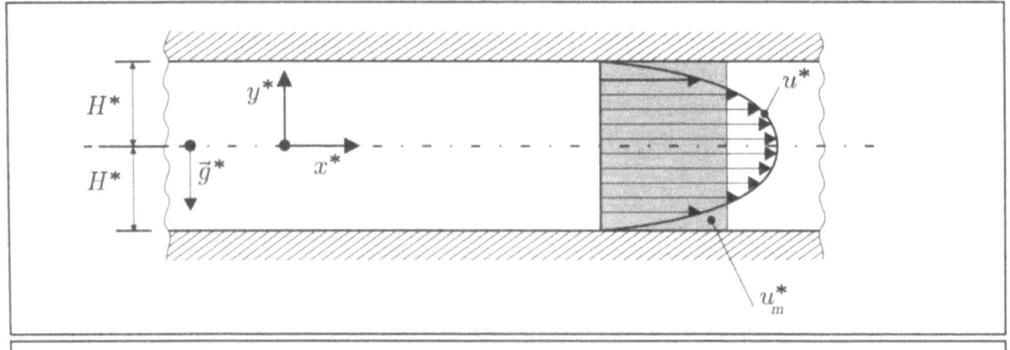

Ausgebildete laminare Kanalströmung

(stationär, konstante Dichte, undurchlässige Wand)

Da bezüglich der Navier-Stokes Gleichungen keine Näherungsannahmen getroffen wurden, handelt es sich um exakte Lösungen der Navier-Stokes Gleichungen. Diese Strömungen werden *Hagen-Poiseuille-Strömungen* genannt, s. dazu auch das Stichwort ROHRSTRÖMUNG, INKOMPRESSIBEL, dort unter ANWENDUNGEN UND BEISPIELE.

BEACHTE

☞ **Oberflächenkräfte/Impulstransport:** Im Zusammenhang mit dem 2. Newtonschen Axiom war zuvor die Wirkung der Strömung auf ein isoliertes Fluidelement (Würfel $dx^* dy^* dz^*$) konsequent gemäß dem Schnittprinzip der Mechanik als Tensor aus neun Oberflächenkräften angesetzt worden. Nach Abspalten des Druckes, der auch in einem ruhenden Fluid herrscht, verbleibt der deviatorische Spannungstensor, dessen neun Komponenten alle mit Geschwindigkeitsgradienten verknüpft sind.

Hier setzt nun eine alternative Interpretation an, die die Impulsbilanz über ein- und ausfließende Impulsströme ansetzt. Anstelle der einzelnen Oberflächenkräfte (Spannung × Fläche) treten Impulsströme durch die jeweiligen Flächen. Gleichwertig mit der Kraft an einer Fläche ist damit ein Impulsfluss durch diese Fläche. Nach dieser Vorstellung „fließt" der Impuls in Richtung abnehmender Geschwindigkeit, so dass der Geschwindigkeitsgradient zur treibenden Kraft für diesen Impulsstrom wird. Dimensionsmäßig gilt für eine Kraft (Masse × Beschleunigung) $N = \mathrm{kgm/s}^2$; der Impuls (Masse × Geschwindigkeit: kgm/s) ist als Impulsstrom (Impuls/Zeit) dann ebenfalls von der Dimension $\mathrm{kgm/s}^2$.

Diese doppelte Interpretationsmöglichkeit bezieht sich auf Oberflächenkräfte, die durch die Strömung hervorgerufen werden. Die Wirkung der Schwerkraft als Volumenkraft am Fluidelement bleibt davon unberührt. Zu weiteren Einzelheiten s. u. a. Bird, Stewart, Lightfood (2002).

☞ **Modifizierter Druck:** Der Druck p^* in den aufgeführten Impulsgleichungen ist der absolute Druck, der als Summe aus dem Druck im statischen Feld (keine Strömung) p^*_{st} und den Druckänderungen aufgrund der Strömung interpretiert werden kann. Da eigentlich nur interessiert, welcher zusätzliche Druck durch die Strömung entsteht, wird häufig der sog. modifizierte Druck $p^*_{mod} = p^* - p^*_{st}$ eingeführt. Mit dem Druck p^*_{st} im statischen Feld und grad $p^*_{st} = \varrho^* \vec{g}^*$ gilt dann

$$\varrho^* g^*_x - \frac{\partial p^*}{\partial x^*} = -\frac{\partial p^*_{mod}}{\partial x^*} \;\; ; \;\; \varrho^* g^*_y - \frac{\partial p^*}{\partial y^*} = -\frac{\partial p^*_{mod}}{\partial y^*} \;\; ; \;\; \varrho^* g^*_z - \frac{\partial p^*}{\partial z^*} = -\frac{\partial p^*_{mod}}{\partial z^*}$$

so dass die ersten beiden Terme auf den rechten Seiten der Impulsgleichungen zu einem neuen Term zusammengefasst werden können. Leider wird es häufig unterlassen, diesen Übergang auf den modifizierten Druck durch ein neues Symbol für den Druck zu kennzeichnen.

▪ **Vektor-Schreibweise:** Eine einheitliche Darstellung (unabhängig vom Koordinatensystem) ist durch Verwendung der Vektor- oder symbolischen Schreibweise möglich. Diese kann dann Koordinaten-spezifisch in ein bestimmtes Koordinatensystem „übersetzt" werden. Mit $D.../Dt^* = \partial.../\partial t^* + \vec{v}^* \cdot$ grad ... lauten die Navier-Stokes Gleichungen für konstante Stoffwerte

$$\varrho^* \frac{D\vec{v}^*}{Dt^*} = \varrho^* \vec{g}^* - \text{grad}\, p^* + \eta^* \Delta \vec{v}^*.$$

Als Operatoren treten grad ... und der Laplace-Operator Δ ... angewandt auf einen Vektor auf. Deren Bedeutung wird, in bezug auf ein kartesisches Koordinatensystem, durch den Vergleich mit den Gleichungen in der Definitions-Box deutlich.

▪ **Index-Schreibweise:** In einem kartesischen Koordinatensystem können die Navier-Stokes Gleichungen sehr kompakt und konsequent in der sog. Indexschreibweise formuliert werden. Unter Beachtung der sog. Summationskonvention (bei doppelt auftretenden Indizes in einem Term ist die Summe über alle vorgesehenen Indexwerte zu bilden) lauten die Navier-Stokes Gleichungen für konstante Stoffwerte mit $D.../Dt^* = \partial.../\partial t^* + v^*_i \partial.../\partial x^*_i$

$$\varrho^* \frac{Dv^*_i}{Dt^*} = \varrho^* g^*_i - \frac{\partial p^*}{\partial x^*_i} + \eta^* \frac{\partial}{\partial x^*_j} \left[\frac{\partial v^*_i}{\partial x^*_j} + \frac{\partial v^*_j}{\partial x^*_i} \right]$$

Dabei gilt $x^*_i : x^*, y^*, z^*$ und $v^*_i : u^*, v^*, w^*$.

▪ **Wirbeltransportgleichung:** Unter Verwendung des Vektors $\vec{\omega}^* = \text{rot}\,\vec{v}^*$, der sog. DREHUNG, können die Navier-Stokes Gleichungen für konstante Stoffwerte in der Form

$$\frac{D\vec{\omega}^*}{Dt^*} = \vec{\omega}^* \cdot \text{grad}\,\vec{v}^* + \frac{\eta^*}{\varrho^*} \Delta \vec{\omega}^*$$

geschrieben werden, die eine Interpretation des Strömungsfeldes bezüglich seiner Wirkung auf sog. Wirbellinien (langgestreckte, längs einer Linie angeordnete Wirbel) zulässt. Bemerkenswert ist, dass der Druck im Zuge der Umformung zunächst vollständig eliminiert wurde und dass der Term $\vec{\omega}^* \cdot \text{grad}\,\vec{v}^*$ in zweidimensionalen Strömungen verschwindet. Dieser Term beschreibt die Streckung und Umlenkung der Wirbellinien, beides Effekte, die in ebenen Strömungen nicht auftreten können.

▪ **Dimensionslose Form:** Führt man eine Bezugslänge L^*_B und eine Bezugsgeschwindigkeit u^*_B als charakteristische Größen eines Problems ein, so können die Navier-Stokes Gleichungen für konstante Stoffwerte insgesamt in folgende dimensionslose Form gebracht werden, die hier beispielhaft für die x-Komponente gezeigt ist

$$(x = x^*/L_B^* \quad ; \quad u = u^*/u_B^*, \ \dots \ , \ p_{mod} = (p^* - p_{st}^*)/\varrho^* u_B^{*2}):$$

$$\frac{Du}{Dt} = -\frac{\partial p_{mod}}{\partial x} + \frac{1}{Re}\left[\frac{\partial^2 u}{\partial x^2} + \frac{\partial^2 u}{\partial y^2} + \frac{\partial^2 u}{\partial z^2}\right]$$

Dabei ist die REYNOLDS-ZAHL $Re = \varrho^* u_B^* L_B^*/\eta^*$ eine fundamentale dimensionslose Kennzahl in den Navier-Stokes Gleichungen.

Für die dimensionslose Darstellung empfiehlt sich der vorherige Übergang auf den modifizierten Druck p_{mod}^* da andernfalls ein (willkürlicher) Druck p_B^* als Bezugsdruck eingeführt werden müsste.

WEITERFÜHRENDE LITERATUR

Bird, R.B.; Stewart, W.E.; Lightfood, E.N. (2002): *Transport Phenomena*, 2nd. Edition, John Wiley & Sons, Inc., New York

Temam, R. (2001): *Navier-Stokes Equations - Theory and Numerical Analysis*, Oxford University Press, Oxford, U.K.

• speziell zu anderen Koordinatensystemen:

Panton, R. (1996): *Incompressible Flow*, John Wiley & Sons, New York

• speziell zu kompressiblen Strömungen:

Schlichting, H.; Gersten, K. (1997): *Grenzschicht-Theorie*, Springer-Verlag, Berlin, Heidelberg, New York

• speziell zu exakten Lösungen:

Wang, C.Y. (1991): *Exact solutions of the steady-state Navier-Stokes equations*, Annu. Rev. Fluid Mech. **23**, 159-177

Wang, C.Y. (1989): *Exact solutions of the unsteady Navier-Stokes equations*, Appl. Mech. Rev. **42**, 269-282

Newtonsche Fluide
(Newtonian fluids)

Siehe dazu das Stichwort KONSTITUTIVE GLEICHUNGEN, dort unter ANWENDUNGEN UND
BEISPIELE

Nicht-Newtonsche Fluide
(non-Newtonian fluids)

Siehe dazu das Stichwort KONSTITUTIVE GLEICHUNGEN, dort unter ANWENDUNGEN UND
BEISPIELE

Numerische Verfahren
(numerical methods)

Bedeutung und Definition

Es handelt sich um Verfahren, mit deren Hilfe Differentialgleichungen durch algebraische Gleichungen approximiert werden können. Deren Lösungen stellen Näherungslösungen in bezug auf die ursprünglichen Differentialgleichungen dar. Alle diese Verfahren benötigen ein numerisches Gitter im Lösungsgebiet, das endlich viele Punkte als sog. Gitterpunkte festlegt. Anstelle der kontinuierlichen Lösung der zugrundeliegenden Differentialgleichungen, werden Näherungswerte an den Gitterpunkten oder an mit den Gitterpunkten definierten diskreten Punkten im Lösungsgebiet bestimmt. In diesem Sinne werden die Differentialgleichungen *diskretisiert*. Diese Diskretisierung kann auf sehr unterschiedliche Weise erfolgen, so dass sich im Laufe der Zeit mehrere Varianten als sog. *numerische Verfahren* durchgesetzt haben. Neben der problemorientierten Bevorzugung eines bestimmten numerischen Verfahrens „der Wahl", spielen jedoch auch gewisse traditionelle Haltungen (alle arbeiten mit diesem bestimmten Verfahren) eine nicht zu unterschätzende Rolle.

Definition
Unter einem numerischen Verfahren versteht man eine Methodik mit deren Hilfe ein algebraisches Gleichungssystem formuliert werden kann, dessen Lösung eine Näherungslösung in bezug auf eine zugehörige Differentialgleichung oder ein System aus Differentialgleichungen darstellt. Diskrete Werte der algebraischen Gleichungen werden dabei mit Hilfe eines diskreten numerischen Gitters formuliert, das im Lösungsgebiet aufgespannt ist. Als entscheidende Eigenschaft der sog. *numerischen Lösung* der diskreten Gleichungen wird gefordert, dass diese um so besser mit den entsprechenden exakten Lösungen der zugrundeliegenden Differentialgleichungen übereinstimmen, je feiner das Gitter gewählt wird (Konvergenz der Verfahren).

Physikalischer Hintergrund

Unter dem Stichwort CFD wird erläutert, dass dem Einsatz eines bestimmten numerischen Verfahrens eine Reihe von Schritten vorausgehen müssen. Die entscheidende Vorbedingung ist dabei, dass im Lösungsgebiet ein (virtuelles) Gitter definiert sein muss, dessen Gitterpunkte im Raum und bei bewegten Gittern auch in der Zeit eindeutig durch entsprechende Koordinatenwerte beschrieben sind. Unter Verwendung dieses numerischen Gitters gibt es nun sehr verschiedene Ansätze, Differentialgleichungen zu diskretisieren. Die vier im Bereich der Strömungsmechanik am häufigsten verwendeten numerischen Verfahren sollen im folgenden kurz erläutert werden.

- **Finite-Differenzen-Verfahren** (engl.: finite difference methods): Bei diesen Verfahren werden die gesuchten Größen als Werte an den Gitterpunkten (Schnittpunkte der

Gitterlinien) genommen. Die Ableitungen der gesuchten Größen nach den Ortskoordinaten bzw. nach der Zeit werden durch Näherungsformeln ersetzt, die benachbarte Punkte berücksichtigen. Häufig handelt es sich dabei um Taylor-Reihenentwicklungen, die je nach der Ordnung des Verfahren nach einem bestimmten Term abgebrochen werden; für Einzelheiten siehe z.B. Smith (1985).

- **Finite-Elemente-Verfahren** (engl.: finite element methods): Die Diskretisierung bei diesem Verfahren geschieht, indem in Teilbereichen des Lösungsgebietes (in den sog. finiten Elementen) Näherungslösungen als Summen von sog. Basisfunktionen formuliert werden. Wieviele solche Basisfunktionen vorkommen und welche prinzipielle Form sie besitzen, hängt von der Zahl von (Gitter-) Knotenpunkten ab, die in einem finiten Element vorkommen. Aus dem letztendlich entstehenden algebraischen Gleichungssystem können die (Näherungs-) Werte der gesuchten Funktion in den Knotenpunkten des Gitters ermittelt werden. Dieses algebraische Gleichungssystem wiederum entsteht aus einer integralen Formulierung des betrachteten Problems, in der das sog. gewichtete Mittel der Residuen (Abweichung zwischen Näherungs- und exakter Lösung) zu Null gesetzt wird. Je nach Wahl der Gewichtungsfunktionen entstehen verschiedene Verfahren, z.B. das sog. *Galerkin-Verfahren*, wenn als Gewichtungsfunktionen die Basisfunktionen genommen werden. Für Einzelheiten des Verfahrens, das ursprünglich für Fragestellungen aus der Festkörpermechanik entwickelt worden ist, siehe z.B. Zienkiewicz, Taylor (1991) oder Bathe (2002).

- **Spektralverfahren** (engl.: spectral methods): Im Gegensatz zu den Finite-Elemente-Verfahren werden Näherungslösungen als Summen von Basisfunktionen nicht mehr in mehreren Teilbereichen, sondern im gesamten Lösungsgebiet „auf einmal" gesucht. Basisfunktionen sind dann häufig trigonometrische Funktionen, so dass (endliche) Fourierreihen entstehen. Die Koeffizienten dieser Reihen können wieder auf der Basis von gewichteten Residuen ermittelt werden, oder dadurch, dass bestimmte Bedingungen an den Gitterpunkten formuliert werden. Für Einzelheiten siehe z.B. Hussaini and Zang (1987).

- **Finite-Volumen-Verfahren** (engl.: finite volume methods): Anders als bei allen anderen Verfahren werden die Differentialgleichungen zunächst über sog. finite Volumen oder Kontrollvolumen formal integriert. Diese Kontrollvolumen stellen eine Unterteilung des gesamten Lösungsgebietes in endlich viele, sich nicht überlappende Teilgebiete dar und enthalten jeweils einen Gitterpunkt. Da mit dieser Integration noch keine Näherung verbunden ist, liegen dann exakte Integralgleichungen für die einzelnen Teilvolumen vor. Diese können sehr anschaulich interpretiert werden. Die zeitliche Änderung einer Größe im Kontrollvolumen entspricht dem Nettofluss aufgrund von Konvektion und Diffusion über die Kontrollraumgrenze sowie der zusätzlichen Wirkung von Quelltermen. Die zunächst vorliegende integrale Form wird anschließend in ein System aus algebraischen Gleichungen überführt (Diskretisierung), indem die einzelnen Differentialterme durch finite Differenzenterme angenähert werden. Dabei wird darauf geachtet, dass auch nach der Diskretisierung die Bilanzen für das gesamte Volumen gelten, ohne dass zusätzliche Quellterme entstehen (konservative Formulierung). Für Einzelheiten siehe z.B. Versteeg, Malalasekera (1995) und Ferziger, Peric (2002).

Von den beschriebenen Verfahren hat sich im Bereich der Strömungsmechanik das Finite-Volumen-Verfahren weitgehend durchgesetzt, weil es flexibel einsetzbar ist und eine sehr anschauliche Deutung der Diskretisierungsschritte zulässt. Der einzige ernsthafte Nachteil dieser Verfahren besteht darin, dass Diskretisierungen dritter und höherer Ordnung sehr viel aufwendiger und schwieriger als bei den anderen Verfahren sind.

ANWENDUNGEN UND BEISPIELE

Wandfunktionen bei turbulenten Strömungen

Unabhängig von den numerischen Verfahren treten bei turbulenten Strömungen in unmittelbarer Wandnähe große Probleme bei einer numerischen Lösung auf, weil dort bei großen Reynolds-Zahlen extrem hohe Gradienten der gesuchten Lösungen auftreten. Gleichzeitig stellt sich aber auch heraus, dass dort ein weitgehend allgemeingültiges Lösungsverhalten vorliegt, was für die numerische Lösung genutzt werden kann. Die Lösung im wandnahen Bereich gilt unabhängig von der Art der Strömung im wandfernen Teil des Strömungsgebietes, wenn eine große Reynolds-Zahl vorliegt (asymptotisch für Re $\to \infty$) und wenn die Wandschubspannung τ_W^* nicht Null ist, d.h. für anliegende Strömung ($\tau_W^* = 0$: Strömungsablösung mit einer anderen Lösung in Wandnähe). Das wandparallele Geschwindigkeitsprofil ist das sog. *universelle Wandgesetz* $u^+ = u^+(y^+)$, s. dazu das Stichwort SCHUBSPANNUNGSGESCHWINDIGKEIT unter ANWENDUNGEN UND BEISPIELE.

Da nun einerseits hohe Gradienten in Wandnähe ein engmaschiges numerisches Gitter erfordern würden, andererseits hier aber eine universelle Lösung besteht, bietet es sich an, diesen Bereich des Lösungsgebietes in Form von sog. *Wandfunktionen* einer besonderen numerischen Behandlung zu unterziehen, die im folgenden erläutert werden soll. Dabei wird zunächst beschrieben, wie eine Lösung ohne Wandfunktionen aufgebaut ist.

Die Diskretisierung der Impulsgleichungs-Komponente parallel zur Wand, erfordert ganz allgemein an der Wand eine Aussage zur dort vorliegenden Wandschubspannung (Impulsgleichung: zeitliche Änderung des Impulses = Summe der angreifenden Kräfte). Für die Wandschubspannung gilt stets $\tau_W^* = \eta^* (\partial u^*/\partial y^*)_W$, wobei η^* die molekulare Viskosität und y^* die Koordinate senkrecht zur Wand ist. Solange der Mittelpunkt des wandnächsten finiten Volumens, y_p^*, so nahe an der Wand liegt, dass das gesamte Volumen im Bereich der viskosen Unterschicht liegt, ist die Schubspannung im gesamten Volumen, also bis zu einem Wandabstand $y^* = 2y_p^*$, durch die konstitutive Gleichung $\tau^* = \eta^* \partial \overline{u^*}/\partial y^*$ mit dem Feld der mittleren Geschwindigkeit $\overline{u^*}$ verknüpft. Dies gilt dann, wenn die dimensionslosen y^+-Werte nicht zu groß werden. Eine häufig verwendete Bedingung in diesem Zusammenhang lautet $y_p^+ \leq 1$. Insbesondere gilt dann $\tau_W^* = \eta^* \overline{u_p^*}/y_p^*$, mit $\overline{u_p^*}$ als Geschwindigkeit im Volumenmittelpunkt. Alle nach außen anschließenden Volumen werden einheitlich unter Berücksichtigung des konkret ausgewählten Turbulenzmodells behandelt, es sind allerdings noch sog. *Dämpfungsfunktionen* (empirische Funktionen, die in den Gleichungen eine effektive „Abschwächung" der Turbulenz in Wandnähe erzwingen) in Wandnähe erforderlich, um zu einer realistischen Beschreibung des wandnahen turbulenten Verhaltens zu gelangen. Wenn das k-ε-Modell als Turbulenzmodell gewählt wird, ist diese Art der Behandlung des wandnahen Bereiches die sog. *Version kleiner Reynolds-Zahlen* (engl.: low Reynolds number version).

Für große Reynolds-Zahlen liegt, wie anfangs erwähnt, eine universelle Lösung vor, die bis zu y^+-Werten reicht, die in der Größenordnung von 100 liegen. Diese Lösung kann nun herangezogen werden, um einen Zusammenhang zwischen der Wandschubspannung und der mittleren Geschwindigkeit $\overline{u^*}$ herzustellen, diesmal aber in einem sehr viel größeren wandnächsten Volumen. In der Tat können mit der Forderung $y_p^+ \geq 11{,}6$ bestimmte, anschließende erläuterte Eigenschaften ausgenutzt werden. Der Zahlenwert 11,6 ergibt sich als y^+-Wert des Schnittpunktes der Asymptoten $u^+ = y^+$ und $u^+ = \frac{1}{\kappa}\ln y^+ + C^+$, s. dazu das Stichwort SCHUBSPANNUNGSGESCHWINDIGKEIT unter ANWENDUNGEN UND BEISPIELE. Aus dem universellen Wandgesetz (hier als „Wandfunktion" verwendet)

$$u^+ \equiv \frac{\overline{u^*}}{u_\tau^*} = \frac{1}{\kappa}\ln y^+ + C^+ = \frac{1}{\kappa}\ln(E^+ y^+) \quad \text{mit} \quad C^+ = \frac{1}{\kappa}\ln E^+ \tag{i}$$

folgt für die Wandschubspannung $\tau_W^* = \varrho^* u_\tau^{*2}$

$$\tau_W^* = \varrho^* u_\tau^* \kappa \, \overline{u_p^*}/\ln(E^+ y_p^+) = \varrho^* u_\tau^{*2} \kappa \frac{\overline{u_p^*}}{u_\tau^*}/\ln(E^+ y_p^+) \tag{ii}$$

Mit $y_p^+ \geq 11{,}6$ kann aus (i) der entsprechende Wert $\overline{u_p^*}/u_\tau^*$ bestimmt und in (ii) eingesetzt werden. Damit ist die Wandschubspannung τ_W^* bekannt, wenn für u_τ^* im Zuge der iterativen Lösung ein „alter" Wert eingesetzt wird. Der Vorteil dieser Vorgehensweise liegt darin, dass mit einem großen Volumen (großer Wert von y_p^* bzw. y_p^+) der wandnahe Bereich überbrückt wird und nicht mehr im Detail berechnet werden muss.

Je nach verwendetem Turbulenzmodell werden dort vorkommende Größen im wandnächsten Volumen ebenfalls gesondert betrachtet. Für das häufig eingesetzte k-ε-Modell (s. dazu das Stichwort WIRBELVISKOSITÄT unter ANWENDUNGEN UND BEISPIELE) gilt allgemein

$$\eta_t^* \equiv \varrho^* \nu_t^* = \varrho^* C_\mu \frac{k^{*2}}{\varepsilon^*},$$

d.h., die turbulente Viskosität η_t^* wird aus k^* und ε^* bestimmt. Dafür stehen zwei Differentialgleichungen zur Verfügung, die zusammen mit der Impulsgleichung gelöst werden müssen. Im wandnächsten Volumen wird bezüglich dieser Lösung nun folgendermaßen verfahren.

- In der k-Gleichung wird der molekulare Transport vernachlässigt, die dort vorkommenden Quellterme werden gesondert behandelt, um den extremen Gradienten in Wandnähe Rechnung zu tragen. Dabei wird berücksichtigt, dass für $y^+ \geq 11{,}6$ ein Gleichgewicht von Produktion und Dissipation von k^* vorliegt.

- Die ε-Gleichung wird nicht gelöst, statt dessen wird ε_p^* als ε^*-Wert im Volumenmittelpunkt durch u_τ^* ausgedrückt ($\varepsilon_p^* = u_\tau^{*3}/\kappa y_p^*$).

Im Zuge der Sonderbetrachtung in Wandnähe tritt auch der Zusammenhang $k^+ \equiv k^*/u_\tau^{*2} = \text{const} = 1/\sqrt{C_\mu}$ für $y^+ \geq 11{,}6$ auf. Dies wird dann genutzt, um u_τ^* über $u_\tau^* = C_\mu^{1/4}/\sqrt{k_p^*}$ durch $\sqrt{k_p^*}$ zu ersetzen (z.B. auch in (ii)).

Bei Verwendung dieser Art von Wandfunktionen spricht man von der *Version für hohe Reynolds-Zahlen* (engl.: high Reynolds number version) des k-ε-Modells; für weitere Einzelheiten bzgl. der Wandfunktionen siehe z.B. Craft et al. (2002).

BEACHTE

□ **SIMPLE-Algorithmus:** Eine Besonderheit der strömungsmechanischen Grundgleichungen besteht darin, dass der Druck p^* als eine von vier Unbekannten der drei Impulsgleichungen und der Kontinuitätsgleichung in der letztgenannten Gleichung nicht explizit auftritt. Auf diesem Hintergrund ist folgendes Iterationsschema entwickelt worden: Zunächst werden die drei Impulsgleichungen mit einer geschätzten Druckverteilung gelöst, was zu einem noch nicht korrekten Geschwindigkeitsfeld führt. Aus den Impulsgleichungen können Korrekturgleichungen abgeleitet (und anschließend approximativ vereinfacht) werden, die Geschwindigkeitsabweichungen (aufgrund des „falschen" Druckes) mit Druckabweichungen verknüpfen. Wenn diese in die Kontinuitätsgleichung eingesetzt werden, entsteht eine Gleichung zur Bestimmung von Druckkorrekturen. Diese führen allerdings erst in einem Iterationsprozess zur korrekten Druckverteilung, weil die Druckkorrekturgleichung auf jeder Iterationsstufe die noch nicht korrekten Geschwindigkeiten enthält. Bei entsprechender Unterrelaxation entsteht auf diese Weise ein konvergentes, stabiles Iterationsschema, das unter dem Namen SIMPLE (= Semi-Implicit Method for Pressure Linked Equations) bekannt ist. Weiterentwicklungen sind unter den Namen SIMPLER und SIMPLEC bekannt, s. dazu z.B. Ferziger and Peric (2002).

□ **Diskretisierungs-Ordnung:** Die Diskretisierung der Differentialgleichungen hat stets einen Fehler zur Folge, dessen Größenordnung durch die Potenz des führenden nicht mehr berücksichtigten Termes einer zugrundeliegenden Entwicklung festgelegt ist. Damit sind naturgemäß die Fehler (Abweichungen zum wahren Wert) nicht quantitativ exakt angegeben, man weiß aber, wie sich die Fehler bei einer Veränderung der Gitterschrittweite verhalten. In diesem Sinne führt ein Verfahren zweiter Ordnung, das einen Fehler von der Größenordnung $O(h^3)$ besitzt (h: Schrittweite im Gitter) bei einer Halbierung der Schrittweite zu einem achtfach kleineren Fehler.

Um einen höheren Genauigkeitsgrad bei einer numerischen Lösung zu erhalten, kann deshalb prinzipiell das Gitter verfeinert werden (h wird kleiner, Fehlerordnung bleibt unverändert) oder die Diskretisierungsordnung erhöht werden (h bleibt bestehen, Fehlerordnung steigt). Im konkreten Fall bleibt abzuwägen, welcher Weg zu bevorzugen ist.

WEITERFÜHRENDE LITERATUR

Ferziger, J.H.; Peric, J. (2002): *Computational Methods for Fluid Dynamics*, Springer-Verlag, Berlin, Heidelberg, New York

Bathe, K.-J. (2002): *Finite-Elemente-Methoden*, 2. Aufl., Springer-Verlag, Berlin, Heidelberg, New York

Craft, T.J.; Gerasimov, A.V.; Jacovides, H.; Launder, B.E. (2002): *Progress in the generalization of wall-function treatments*, Int. J. Heat and Fluid Flow **23**, 148-160

Schäfer, M. (1999): *Numerik im Maschinenbau*, Springer-Verlag, Berlin, Heidelberg, New York

Versteeg, H.K.; Malalasekera, W. (1995): *An Introduction to Computational Fluid Dynamics: The Finite Volume Method*, Prentice Hall, Harlow, England

Zienkiewicz, O.C.; Taylor, R.L. (1991): *The Finite Element Method - Vol. 2: Solid and Fluid Mechanics*, Mc Graw-Hill, New York

Hussaini, M.Y.; Zang, T.A. (1987): *Spectral Methods in Fluid Dynamics*, Annu. Rev. Fluid Mech. **19**, 339-367

Smith, G.D. (1985): *Numerical Solution of Partial Differential Equations: Finite Difference Methods*, 3rd edn, Clarendon Press, Oxford

Oberflächenspannung
(surface tension)

BEDEUTUNG UND DEFINITION

Es handelt sich um ein Phänomen, das an der Oberfläche von Flüssigkeiten auftritt und eine Folge der einseitig in das Innere der Flüssigkeit gerichteten Molekularkräfte ist. Der oberflächennahe Flüssigkeitsbereich wirkt wie eine „Haut", in der eine (allerdings anders als bei „elastischen Häuten") konstante Spannung herrscht. Diese sog. *Oberflächenspannung* ist für die Tendenz einer endlichen Flüssigkeitsmenge verantwortlich, stets die Form mit der unter den gegebenen Bedingungen kleinstmöglichen Oberfläche anzunehmen. Diese Größe beschreibt gleichzeitig einen anderen Aspekt der Oberflächenphysik, weshalb gleichberechtigt auch der Name *spezifische Oberflächenenergie* verwendet wird. Tatsächlich treten solche spezifischen Oberflächenenergien (die auch als Oberflächenspannungen interpretiert werden können) grundsätzlich an der Grenzfläche von zwei verschiedenen Materialien auf. In der Strömungsmechanik sind jedoch die Grenzflächen zweier fluider Phasen und insbesondere die Grenzflächen zwischen Flüssigkeiten und Gasen von besonderer Bedeutung. Deshalb wird die Oberflächenspannung im folgenden für diesen Spezialfall definiert. Eine Erweiterung dieses Begriffes wird im Zusammenhang mit der sog. *Kapillarität* benötigt, die unter PHYSIKALISCHER HINTERGRUND genauer erläutert wird.

Definition
Die *Oberflächenspannung* σ^* einer Flüssigkeit ist ein Maß für die ungleich verteilte molekulare Wechselwirkung von oberflächennahen Molekülen mit benachbarten Flüssigkeitsmolekülen. Sie stellt gleichzeitig ein Maß für die Arbeit dar, die an Molekülen geleistet werden muss, um diese aus dem Inneren der Flüssigkeit an die Oberfläche zu transportieren. Sie entspricht deshalb auch einer *spezifischen Oberflächenenergie*. Beide Aspekte werden durch die gleichwertigen Dimensionen KRAFT/LÄNGE und ENERGIE/FLÄCHE ausgedrückt.

σ^*	Oberflächenspannung / spezifische Oberflächenenergie	$N/m = J/m^2$

PHYSIKALISCHER HINTERGRUND

Mit σ^* verbinden sich zwei verschiedene physikalische Aspekte, die im folgenden nacheinander behandelt werden.

Spezifische Oberflächenenergie σ^*

Moleküle in einer Flüssigkeit erfahren von benachbarten Molekülen Wechselwirkungskräfte. Diese führen allerdings zu keiner von Null verschiedenen Gesamtkraft, solange sie im statistischen Mittel gleichmäßig aus allen Raumrichtungen wirken. Wenn ein Molekül sich aber an der Oberfläche befindet, liegt eine besondere Situation vor. Aufgrund der fehlenden Flüssigkeitsmoleküle außerhalb der Flüssigkeit tritt eine resultierende Kraft auf das Oberflächen-Molekül auf, die zur Flüssigkeit hin gerichtet ist. Diese Kraft wirkt aber nur auf die oberflächennächsten Moleküle, da die Molekül-Anziehungskräfte nur eine Reichweite von etwa 10^{-9} m, also etwa einem Nanometer, besitzen.

Ein Molekül an der Oberfläche ist deshalb *gegen* eine Kraft dorthin gelangt, wozu Arbeit verrichtet werden musste. Diese Arbeit ist jetzt als „potentielle" Energie in dem Molekül in seiner Oberflächenlage gespeichert. An der Flüssigkeitsoberfläche ist deshalb eine spezifische Oberflächenenergie vorhanden, die (wenig anschaulich) als Oberflächenspannung bezeichnet wird. Der Name bezieht sich auf einen anderen Aspekt dieses Phänomens, der anschließend behandelt wird.

Eine Abschätzung der Größenordnung von σ^* ergibt sich aufgrund folgender Überlegung. Die Verdampfungsenthalpie eines Fluides ist die Energie, die für einen vollständigen Phasenwechsel flüssig / gasförmig aufgebracht werden muss, um damit die Anziehungskräfte benachbarter Flüssigkeitsmoleküle zu überwinden. Aus der molaren Verdampfungsenthalpie von Wasser (d.h., der aufzubringenden Energie für 6,022 $\cdot 10^{23}$ Moleküle) ergibt sich (bei 20 °C) ein Wert von 7,3 $\cdot 10^{-20}$ J pro Molekül als Energie, die für den Phasenwechsel aufgebracht werden muss. Geht man davon aus, dass bei einem Würfel, in dem N Teilchen vorhanden sind, $N^{2/3}$ Teilchen auf einer der sechs Würfeloberflächen angeordnet sind (z.B. also bei N = 1 000 Teilchen 100 auf einer der Würfelflächen) und berücksichtigt die Dichte von Wasser als $\varrho^* = 10^3$ kg/m^3, so ergibt sich für ein Oberflächenteilchen ein „Flächenbedarf" von 9,6 $\cdot 10^{-20}$ m^2.

Mit $7,3 \cdot 10^{-20}$ J pro Molekül ergibt sich unmittelbar ein Wert von 0,76 J/m^2 für eine vollständige Herauslösung von Molekülen aus dem Fluid. Die spezifische Oberflächenenergie σ^* sollte von dieser Größenordnung sein. Der Wert für Wasser gegenüber Luft ist σ^*=0,073 J/m^2, also etwa 10 % des zuvor ermittelten Wertes.

Oberflächenspannung σ^*

Neben der Energie, die erforderlich ist, um ein Molekül an die Oberfläche zu bringen, können auch die Kräfte betrachtet werden, die auf das Molekül wirken, wenn es an der Oberfläche angekommen ist. Da die resultierende Kraft auf die Oberflächenmoleküle senkrecht auf der Oberfläche steht, besitzt sie bei *ebenen* Oberflächen keine Komponente in der Ebene des endlichen Oberflächenausschnitts. Dies ist bei gekrümmten Oberflächen, wie sie z.B. bei Tropfen und Blasen auftreten, jedoch anders.

Das nachfolgende Bild zeigt den Ausschnitt aus einer gekrümmten Oberfläche. Die Wirkung der molekularen Oberflächenkräfte kann dabei ersatzweise wie eine (Linien-) Spannung an den Schnittlinien interpretiert werden. Diese anschauliche Interpretation hat zu dem Namen *Oberflächenspannung* geführt, wobei aber zu beachten ist, dass es sich nicht etwa um echte Spannungen (Kraft/Fläche) in den dünnen „Schnittflächen" handelt. Vielmehr wird die molekulare Kraftwirkung auf die gesamte Oberfläche als „Spannungswirkung in den Schnittlinien" interpretiert. Die Tatsache, dass σ^* nicht die Einheit N/m^2 sondern N/m besitzt, unterstreicht diesen Umstand.

Das Kräftegleichgewicht zwischen der resultierenden Druckkraft auf der Fläche $L_1^* \cdot L_2^*$ mit den beiden Hauptkrümmungsradien R_1^* und R_2^* ergibt den Zusammenhang

$$\Delta p^* = \sigma^* (R_1^{*-1} + R_2^{*-1})$$

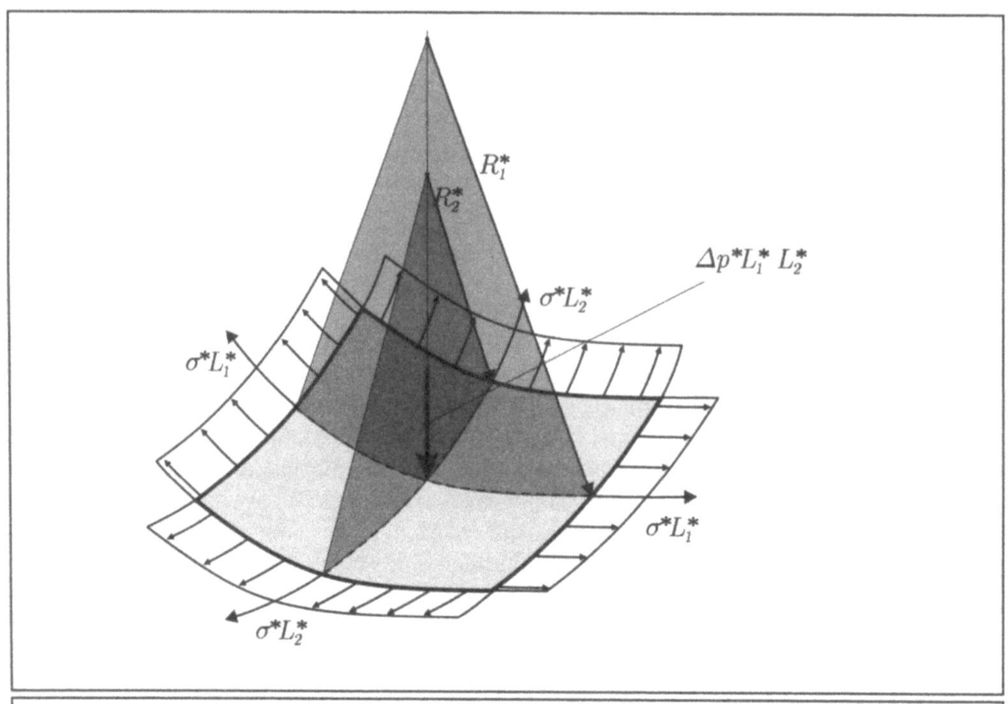

Kräftegleichgewicht an einem Oberflächenausschnitt der Größe $L_1^* \, L_2^*$

Daraus folgt z.B. für eine Kugelschale, wie sie bei einem entsprechend geformten Tropfen vorliegt, mit $R_1^* = R_2^* = R^*$ dann $\Delta p^* = 2\sigma^*/R^*$ mit R^* als Tropfenradius. Dabei ist der Druck im Tropfen höher als in der Umgebung, so dass $\Delta p^* = p_F^* - p_G^*$ gilt (F: Flüssigkeit; G: Gas).

Der Fall einer Gasblase in einer Flüssigkeit wird durch dieselbe Beziehung beschrieben, dann gilt aber $\Delta p^* = p_G^* - p_F^*$, d.h., der Druck in der Blase ist höher als der Druck in der sie umgebenden Flüssigkeit.

Kapillarität

Ist eine Flüssigkeit durch eine feste Wand begrenzt, so entsteht an der Flüssigkeits-oberfläche im Berührungspunkt mit der Wand eine Situation, wie im nachfolgenden Bild skizziert. Da Oberflächenspannungen grundsätzlich an den Grenzflächen von zwei verschiedenen Materialien entstehen (und als Vektoren in diesen Grenzflächen liegen), treten im „Schnitt"-punkt P die drei Spannungen σ_{FG}^*, σ_{FW}^* und σ_{GW}^* auf (F: Flüssigkeit; G: Gas; W: Wand). Diese sind so eingezeichnet, dass sie im Punkt P jeweils wie die Reaktionskräfte der Linienspannungen im vorhergehenden Bild wirken.

Das einfache Kräftegleichgewicht in vertikaler Richtung ergibt dabei das sog. *Kapillaritätsgesetz*

$$\sigma_{FG}^* \cos\Theta = \sigma_W^* \quad ; \quad \sigma_W^* = \sigma_{GW}^* - \sigma_{FW}^*$$

wobei σ_W^* als *Haftspannung* bezeichnet wird.

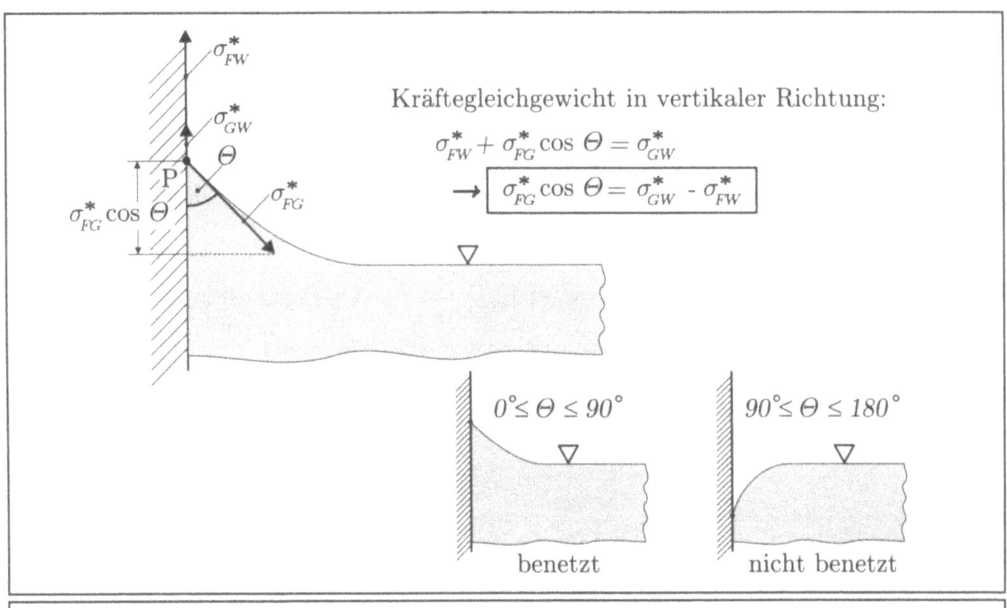

**Kräftegleichgewicht im Benetzungsunkt P einer freien
Flüssigkeitsoberfläche bei unvollständiger Benetzung**

Ausbildung unterschiedlicher Kontaktwinkel Θ

Hierbei kann σ^*_W sehr unterschiedliche Werte annehmen, was zu unterschiedlichen Situationen in der Umgebung des Punktes P führt. Insbesondere sind folgende Fälle zu unterscheiden:

- $\sigma^*_W \geq \sigma^*_{FG}$:   Es existiert kein Kontaktwinkel Θ, der das Kapillaritätsgesetz erfüllt (da $\cos\Theta \leq 1$ gilt). Ein Gleichgewichtszustand ist nicht möglich, die Flüssigkeit ist bestrebt, die gesamte Wand zu benetzen. Der Grenzfall $\sigma^*_W = \sigma^*_{FG}$ bedeutet $\Theta = 0$, die Wand ist *vollständig benetzt*.

- $\underbrace{\sigma^*_W < \sigma^*_{FG}}_{0 < \Theta < 90°}$:   Die Wand ist *unvollständig benetzt*, das Wandmaterial verhält sich bezogen auf Wasser hydrophil, wie z.B. bei Karbonaten, Silikaten, Sulfaten und Quarz. Adhäsionskräfte überwiegen gegenüber den Kohäsionskräften. Dieser Fall ist im Bild eingezeichnet.

- $\underbrace{\sigma^*_W < \sigma^*_{FG}}_{90° < \Theta < 180°}$:   Die Wand ist *nichtbenetzt*, das Wandmaterial verhält sich bezogen auf Wasser hydrophob, wie z.B. bei reinen Metallen, Sulfiden und bei Graphit. Kohäsionskräfte überwiegen gegenüber den Adhäsionskräften.

Wie diese Zustände in engen Rohren (Kapillaren) wirken, wird in einem nachfolgenden Beispiel erläutert.

ANWENDUNGEN UND BEISPIELE

1.) *Zahlenwerte von Oberflächenspannungen und Kontaktwinkeln*

Da Oberflächenspannungen stets an der Grenzfläche zweier Materialien auftreten, können Zahlenangaben nur jeweils für bestimmte Stoffpaarungen angegeben werden (und nicht etwa für einen bestimmten Stoff allein).

FLÜSSIGKEIT	GEGENÜBER	OBERFLÄCHENSPANNUNG $\sigma^*/(\mathrm{N/m})$
Wasser	Luft	0,073
	Wasserdampf *	0,059
Öl	Luft	0,023-0,038
	Wasser	0,023-0,048
Quecksilber	Luft	0,48
	Wasser	0,43

Zahlenwerte der Oberflächenspannung einiger Materialpaarungen bei 20 °C, p^*=1 bar (∗: bei 100 °C)

Kontaktwinkel gelten jeweils für die Kombination von drei Materialien (fest, flüssig, gasförmig). Einige Beispiele sind in der nachfolgenden Tabelle enthalten, wobei stets Luft als gasförmiger Anteil beteiligt ist.

FESTSTOFF	FLÜSSIGKEIT	KONTAKTWINKEL Θ
Glas	Wasser	$\approx 0°$
	Quecksilber	$128° - 148°$
menschliche Haut	Wasser	$90°$
Parafin	Wasser	$110°$

Zahlenwerte der Kontaktwinkel einiger Materialien in Kontakt mit Luft bei 20 °C (Daten aus: Adamson (1990))

2.) *Kapillaraszension und -depression*

Im Zusammenhang mit der Kapillarität war bereits erläutert worden, dass je nach Materialpaarung Kontaktwinkel Θ mit $\Theta < 90°$ (benetzte Oberfläche) oder $\Theta > 90°$ (nichtbenetzte Oberfläche) auftreten können. Wenn die Flüssigkeitsoberfläche insgesamt sehr klein ist, wie dies in sog. *Kapillaren* der Fall ist, verbleibt kein von Randeffekten unbeeinflusster Oberflächenbereich und das Fluid steigt insgesamt ($\Theta < 90°$; Kapillaraszension) oder es fällt gegenüber dem ungestörten Oberflächenniveau ($\Theta > 90°$, Kapillardepression).

Das nachfolgende Bild zeigt, wie aus einer einfachen Kräftebilanz in vertikaler Richtung die Aszensions- bzw. Depressionshöhe bestimmt werden kann. Dabei ist zunächst eine

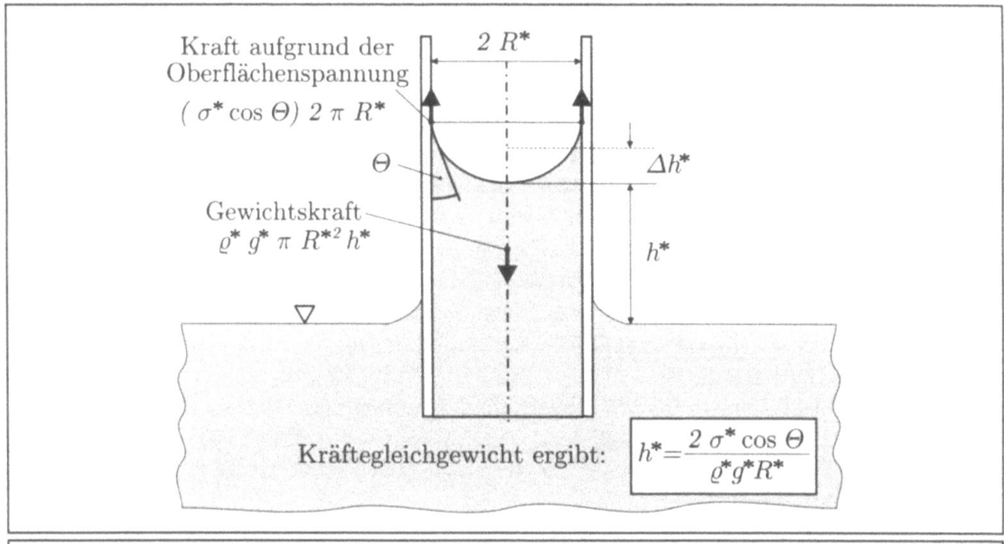

Bestimmung der Aszensionshöhe h^* in Kapillaren
für $\Theta < 90°$

(für $\Theta > 90°$ wird h^* zur Depressionshöhe)

unvollständige Benetzung mit einem Kontaktwinkel $\Theta > 0°$ unterstellt. Bei vollständiger Benetzung gilt dann $\Theta = 0°$. Wie im Bild eingezeichnet, wird h^* zunächst nur bis zur Unterseite des Meniskus angenommen. Damit wird aber ein geringer Flüssigkeitsanteil vernachlässigt. Dieser kann in Form einer Korrekturgröße Δh^* berücksichtigt werden, für die unter der Annahme einer hemisphärischen Form des Meniskus gilt

$$\Delta h^* = \frac{R^*}{6} \left(\frac{1 - \sin\Theta}{\cos\Theta} \right) \left[3 - \left(\frac{1 - \sin\Theta}{\cos\Theta} \right)^2 \right]$$

so dass sich z.B. bei vollständiger Benetzung ($\Theta = 0°$) ein Wert $\Delta h^* = R^*/3$ ergibt. Für die Kombination Glas/Wasser mit einem Kontaktwinkel $\Theta = 0°$ ergeben sich dabei für verschiedene Kapillarradien folgende Zahlenwerte:

$R^* = 1$ mm	$h^* = 14{,}9$ mm	$\Delta h^* = 0{,}33$ mm
$R^* = 0{,}5$ mm	$h^* = 29{,}8$ mm	$\Delta h^* = 0{,}17$ mm
$R^* = 0{,}1$ mm	$h^* = 149$ mm	$\Delta h^* = 0{,}033$ mm

BEACHTE

❐ **Oberflächenaktive Stoffe:** Da nur die oberflächennahen Flüssigkeitsmoleküle für die Ausbildung der Oberflächenspannung verantwortlich sind, reagiert der Zahlenwert von σ^* sehr empfindlich bereits auf sehr kleine Mengen von Fremdstoffen, die sich an der Oberfläche sammeln. Dies können ungewollte Verunreinigungen sein, aber auch gezielt eingebrachte Stoffe zur Veränderung der Oberflächenspannung (wie z.B. bei Waschpulvern).

◧ **Temperaturabhängigkeit der Oberflächenspannung:** Es war bereits auf den engen Zusammenhang zwischen der Oberflächenspannung und der Verdampfungsenthalpie einer Flüssigkeit hingewiesen worden. Ähnlich wie die Verdampfungsenthalpie mit steigender Temperatur abnimmt und bei der kritischen Temperatur den Wert Null erreicht, verhält sich auch die Oberflächenspannung: Sie nimmt mit steigender Temperatur monoton ab und ist ebenfalls bei der kritischen Temperatur Null. Oberhalb der kritischen Temperatur liegt keine ausgeprägte Phasengrenze mehr vor, so dass die Oberflächenspannungs-Definition auf Temperaturen unterhalb der kritischen Temperatur beschränkt ist.

Als typisches Beispiel mag die Oberflächenspannung von Wasser gegen Luft gelten. Aus der vorhergehenden Tabelle folgt ein Zahlenwert $\sigma^* = 0,073$ N/m bei 20°C. Für höhere Temperaturen gilt: 40°C: 0,07 N/m; 60°C: 0,066 N/m; 80°C: 0,063 N/m; 100°C: 0,059 N/m.

◧ **Marangoni-Effekt:** Unter diesem Begriff werden Grenzflächenphänome zusammengefasst, die im Zusammenhang mit einer örtlich veränderlichen Oberflächenspannung stehen. Zu diesen Variationen in der Oberflächenspannung kann es aufgrund von lokal ungleichmäßigen Stoffübergängen an der Oberfläche kommen, aber auch lokal variierende Oberflächentemperaturen führen zu diesen Effekten. Dabei treten im Oberflächenbereich u.U. Grenzflächeninstabilitäten auf, die bis zur Turbulenz an der Oberfläche führen können. Wenn durch die variierende Oberflächenspannung großräumige Strömungen induziert werden, wie dies durch Temperatureffekte erfolgen kann, spricht man von *Marangoni-Konvektion*. Diese kann besonders ausgeprägt unter Schwerelosigkeit beobachtet werden, weil dann keine thermischen Auftriebskräfte vorhanden sind, die der Marangoni-Konvektion überlagert wären.

WEITERFÜHRENDE LITERATUR

Wohlfarth, C.; Wohlfarth, B. (1997): *Surface Tension of Pure Liquids and Binary Mixtures*, Springer-Verlag, Berlin, Heidelberg, New York

Adamson, A.W. (1990): *Physical Chemistry of Surfaces*, 5th ed., Interscience Publ., New York

Langbein, D.W. (2002): *Capillary Surfaces*, Springer-Verlag, Berlin, Heidelberg, New York

• speziell zu Messmethoden:

Bailey, A.I. (1997): *Surface and Interfacial Tension*, in: Int. Encyclopedia of Heat & Mass Transfer, eds.: Hewitt, G.F. ; Shires, G.L.; Polezhaev, Y.V., CRC Press, Boca Raton, New York

- speziell zu Marangoni-Effekten:

Velarde, M.G.; Zeytonian, R.K. (eds.) (2003): *Interfacial Phenomena and the Marangoni Effect*, Springer-Verlag, Berlin, Heidelberg, New York

Kuhlmann, H. G.; Rath, H.-J. (eds.) (1998): *Free Surface Flows*, CISM-Series, No. 391, Springer-Verlag, Heidelberg, New York, Berlin

Offene Gerinneströmung
(open channel flow)

Siehe dazu das Stichwort GERINNESTRÖMUNG

Orr-Sommerfeld-Gleichung
(Orr Sommerfeld equation)

Siehe dazu das Stichwort STABILITÄT, dort unter ANWENDUNGEN UND BEISPIELE

Panel Methode
(panel method)

Siehe dazu das Stichwort POTENTIALSTRÖMUNGEN, dort unter BEACHTE

Pascalsches Paradoxon
(Pascal's paradox)

Siehe dazu das Stichwort HYDROSTATIK, dort unter BEACHTE

Peclet-Zahl Pe
(Peclet number Pe)

Bedeutung und Definition

Es handelt sich um eine dimensionslose Kennzahl im Sinne der DIMENSIONSANALYSE. Sie entsteht im Zuge der Entdimensionierung der Grundgleichungen in der thermischen Energiegleichung.

	Definition	
	$$\mathrm{Pe} = \frac{\varrho_B^* u_B^* L_B^* c_{pB}^*}{\lambda_B^*}$$	
Pe	Peclet-Zahl	–
ϱ_B^*	Dichte im Bezugszustand p_B^*, T_B^*	kg/m^3
u_B^*	Bezugsgeschwindigkeit (charakteristische Geschwindigkeit)	m/s
L_B^*	Bezugslänge (charakteristische Länge)	m
c_{pB}^*	spezifische isobare Wärmekapazität im Bezugszustand p_B^*, T_B^*	m^2/s^{2}K
λ_B^*	Wärmeleitfähigkeit im Bezugszustand p_B^*, T_B^*	W/mK

Physikalischer Hintergrund

Bei der Entdimensionierung der Grundgleichungen entsteht in der Impulsgleichung die dimensionslose Kombination $\varrho_B^* u_B^* L_B^*/\eta_B^* = \mathrm{Re}$, die REYNOLDS-ZAHL und in der thermischen Energiegleichung auf ganz analoge Weise die Kombination $\varrho_B^* u_B^* L_B^* c_{pB}^*/\lambda_B^* = \mathrm{Pe}$, die Peclet-Zahl. Beides sind voneinander unabhängige Kennzahlen.

Da man aus dimensionsanalytischer Sicht jede Kennzahl gleichwertig durch eine entsprechend unabhängige Kombination mit den anderen Kennzahlen eines Problems ersetzen kann, sind die Paarungen (Re, Pe) und (Re, Pe/Re) vollkommen gleichwertig. Die Kombination Pe/Re ist aber gerade die PRANDTL-ZAHL Pr.

Ersetzt man nun in der thermischen Energiegleichung die Peclet-Zahl durch Pr, so erscheint wegen Pe = Pr·Re zunächst die Reynolds-Zahl formal auch in der Energiegleichung, was die Verhältnisse eher undurchsichtiger macht.

In der Tat ist der zunächst nur formale Übergang von der Peclet- auf die Prandtl-Zahl nur in zwei Fällen sinnvoll: Für die Grenzschichttheorie und die sog. Schlankkanaltheorie, beides Theorien für große Reynolds-Zahlen (Re $\rightarrow \infty$). In diesen Theorien wird die Reynolds-Zahl jeweils durch eine Koordinatentransformation eliminiert und erscheint danach weder in der Impuls-, noch in der Energiegleichung explizit, wenn dort Pe durch Pr·Re ersetzt worden ist.

Im allgemeinen Fall einer Problembeschreibung auf der Basis der Navier-Stokes Gleichungen und der zugehörigen thermischen Energiegleichung ist jedoch die Peclet-Zahl der unabhängige dimensionslose Parameter des „thermischen Teils" des Problems.

ANWENDUNGEN UND BEISPIELE

Dimensionslose Darstellung der stationären, zweidimensionalen laminaren Grenzschichtgleichungen und Grenzschichttransformation (konstante Stoffwerte)

Im folgenden werden nur die Terme der NAVIER-STOKES GLEICHUNGEN und der thermischen ENERGIEGLEICHUNG aufgeführt, die sich im Rahmen der Grenzschichttheorie als relevant erweisen. Diese Auswahl kann systematisch mit Hilfe der ASYMPTOTISCHEN THEORIE für große Reynolds-Zahlen getroffen werden. Es ist zu erkennen, dass und wie die Prandtl-Zahl als einzige Kennzahl in der thermischen Energiegleichung verbleibt.

1.) Dimensionsbehaftete Gleichungen

$$\frac{\partial u^*}{\partial x^*} + \frac{\partial v^*}{\partial y^*} = 0 \;\; ; \;\; \varrho^* \left(u^* \frac{\partial u^*}{\partial x^*} + v^* \frac{\partial u^*}{\partial y^*} \right) = -\frac{dp^*_{\mathrm{mod}}}{dx^*} + \eta^* \frac{\partial^2 u^*}{\partial y^{*2}}$$

$$\varrho^* c_p^* \left(u^* \frac{\partial T^*}{\partial x^*} + v^* \frac{\partial T^*}{\partial y^*} \right) = \lambda^* \frac{\partial^2 T^*}{\partial y^{*2}}$$

2.) Dimensionslose Gleichungen

$$\frac{\partial u}{\partial x} + \frac{\partial v}{\partial y} = 0 \;\; ; \;\; u \frac{\partial u}{\partial x} + v \frac{\partial u}{\partial y} = -\frac{dp_{\mathrm{mod}}}{dx} + \frac{1}{\mathrm{Re}} \frac{\partial^2 u}{\partial y^2}$$

$$u \frac{\partial T}{\partial x} + v \frac{\partial T}{\partial y} = \frac{1}{\mathrm{Pe}} \frac{\partial^2 T}{\partial y^2}$$

3.) Transformierte Gleichungen ($\eta = y\sqrt{\mathrm{Re}}, \;\; \bar{v} = v\sqrt{\mathrm{Re}}$)

$$\frac{\partial u}{\partial x} + \frac{\partial \bar{v}}{\partial \eta} = 0 \;\; ; \;\; u \frac{\partial u}{\partial x} + \bar{v} \frac{\partial u}{\partial \eta} = -\frac{dp_{\mathrm{mod}}}{dx} + \frac{\partial^2 u}{\partial \eta^2}$$

$$u \frac{\partial T}{\partial x} + \bar{v} \frac{\partial T}{\partial \eta} = \frac{1}{\mathrm{Pr}} \frac{\partial^2 T}{\partial \eta^2}$$

BEACHTE

☞ **Axiale Wärmeleitung:** Bei der ausgebildeten Rohrströmung ist die Peclet-Zahl ein Maß für die Änderung der axialen Wärmeleitung. Nach einer entsprechenden Transformation erscheint sie als Vorfaktor $1/\mathrm{Pe}^2$ vor der zweiten Ableitung der Temperatur nach x^* (in Strömungsrichtung). Dieser Effekt wird häufig vernachlässigt, da Pe in praktischen Fällen große Zahlenwerte annimmt, ist genaugenommen aber nur im Grenzfall Pe $\to \infty$ vollständig ohne Bedeutung.

◗ **Pr→ 0:** Wegen Pe = Re·Pr ist besonders bei kleinen Prandtl-Zahlen (flüssige Metalle) auf Peclet-Zahl-Effekte zu achten.

WEITERFÜHRENDE LITERATUR

Gersten, K.; Herwig, H. (1992): *Strömungsmechanik*, Vieweg Verlag, Braunschweig/Wiesbaden

Pitot-Sonde
(Pitot probe)

Siehe dazu das Stichwort DRUCK, dort unter ANWENDUNGEN UND BEISPIELE

Poiseuille-Zahl Po
(Poiseuille number Po)

Siehe dazu das Stichwort WIDERSTANDSZAHL, dort unter BEACHTE

Polarendiagramm
(lift-drag polar)

Siehe dazu das Stichwort AUFTRIEB, AERODYNAMISCHER, dort unter ANWENDUNGEN UND BEISPIELE

Poröse Medien
(porous media)

BEDEUTUNG UND DEFINITION

Unter porösen Medien versteht man eine Matrixstruktur (meist: Feststoffmatrix), die von Fluiden durchströmt werden kann, weil kleinskalig unregelmäßige Poren untereinander verbunden sind und dadurch einen Fluidtransport ermöglichen. Eine bestimmte (globale) Strömungsrichtung aus „makroskopischer" Sicht entspricht dabei einer Mittelung über viele „mikroskopische" Einzelströmungen durch eine Vielzahl unregelmäßig geformter kleiner Porenkanäle. Aus makroskopischer Sicht entsteht so eine Strömung durch ein Gebiet, das volumenmäßig verteilte Strömungswiderstände aufweist und in vielen Aspekten zu einem deutlich anderen Strömungsverhalten führt, als dies von üblichen „freien" Strömungen her bekannt ist.

Beispiele für solche porösen Medien sind: Sand, Erde, zerklüftetes Gestein, aber auch Keramiken, Schäume und biologische Gewebe wie sie in der Lunge oder der Niere vorkommen.

	Definition	

Poröse, durchströmbare Strukturen bestehen aus einer beständigen (festen oder bedingt elastischen) Phase, der sog. *Matrix*, und den freigebliebenen Hohlräumen (eng.: void space). Diese Hohlräume können von einphasigen Fluiden (Gas oder Flüssigkeit) besetzt sein, oder von zweiphasigen Fluiden, bei denen dann zusätzlich Phasenwechselprozesse (Kondensation oder Sieden) in den porösen Medien auftreten können. Während die Gasphase auch bei mehreren Komponenten stets als Gemisch vorliegt, kann es in der flüssigen Phase zu getrennten Phasenbereichen kommen, wenn nicht oder nur teilweise mischbare Komponenten vorliegen.

Ein endliches Gebiet ist nur dann als poröses Medium anzusehen, wenn ein sog. *repräsentatives Elementarvolumen* identifiziert werden kann, das, wo immer es sich in dem Gebiet befindet, sowohl einen Matrixanteil als auch Hohlräume enthält. Zu große Inhomogenitäten in der Matrix- bzw. Hohlraumstruktur können durch statistische Aussagen in bezug auf das Elementarvolumen im konkreten Einzelfall ausgeschlossen werden.

Als charakteristische (Mittel-) Werte für ein endliches Volumen werden folgende Größen definiert:

- Porösität:
$$n = V_{HR}^*/V^* \qquad (0 < n < 1) \qquad (*)$$

als Anteil des Hohlraumes V_{HR}^* am Gesamtvolumen V^*. Damit gilt $n = 0$ für einen Festkörper, $n = 1$ für ein reines Fluid.

- Permeabilität:
$$\kappa^* = \frac{\eta^* u^*}{(-\mathrm{d}p^*/\mathrm{d}x^*)} \qquad (**)$$

als (reziprokes) Maß für den Widerstand, den die Matrix einer homogenen Strömung mit der Geschwindigkeit u^* in Form des Druckgradienten $-\mathrm{d}p^*/\mathrm{d}x^*$ entgegensetzt.

Im Sinne einer „Durchlässigkeit" ist κ^* um so größer, je höhere Geschwindigkeiten u^* bei einem bestimmten Druckgradienten auftreten. Die Permeabilität ist entscheidend von der Porosität abhängig, darüber hinaus aber auch von der Form und Struktur der Feststoffmatrix. Die Permeabilität als Eigenschaft des porösen Mediums muss entweder vollständig experimentell bestimmt werden oder kann in erster Näherung mit geometrischen Größen der Matrix (Porosität, charakteristische Längen) in Verbindung gebracht werden, so dass dann nur bestimmte Konstanten experimentell zu ermitteln sind.

Sowohl die Porosität als auch die Permeabilität sind Kennzahlen, die das poröse Medium kennzeichnen. Angewandt auf ein repräsentatives Elementarvolumen des porösen Mediums können damit auch lokale Verteilungen von Matrixeigenschaften (hier: Porosität, Permeabilität) beschrieben werden.

n	Porosität	-
V_{HR}^*	Hohlraumvolumen	m^3
V^*	Gesamtvolumen	m^3
κ^*	Permeabilität	m^2
η^*	(dynamische) Viskosität	kg/ms
u^*	Geschwindigkeit in x-Richtung	m/s
dp^*/dx^*	Druckgradient in x-Richtung	kg/m^2s^2

PHYSIKALISCHER HINTERGRUND

Bei der Strömung durch poröse Medien sind die genauen Vorgänge auf der mikroskaligen bzw. mikroskopischen Ebene (d.h. mit einer Auflösung im „Porenmaßstab") weder von Interesse noch liegt i.a. genügend Detail-Information über den Matrixaufbau vor, um diese überhaupt bestimmen zu können. Von Interesse sind aber makroskopische Größen im Gesamtgebiet, die als charakteristisch für die tatsächlich dort vorhandene und im Detail hochkomplizierte Strömung angesehen werden können. Solche Größen können definiert werden und erfüllen als fiktive *Modellgrößen* den beabsichtigten Zweck. Die realen Verhältnisse werden dazu durch ein *Kontinuumsmodell* angenähert, in dem alle Größen kontinuierlich (und damit aus mathematischer Sicht differenzierbar) verteilt sind.

Während der Kontinuumsansatz bei „normalen" Strömungen lediglich den molekularen Aufbau der Fluide vernachlässigt, wird jetzt zusätzlich auch die mikroskalige Ungleichverteilung inklusive der scharfen Phasengrenzen zwischen der Matrix und dem Fluid vernachlässigt. Jede Phase wird für sich gedanklich gleichmäßig auf das Gesamtvolumen verteilt, so dass sich gegenseitig überlagernde Kontinuen entstehen. Diese Betrachtung kann auch so interpretiert werden, dass die einzelnen Größen an einem bestimmten Punkt im Feld durch Integration (d.h. Mittelwertbildung) über ein *repräsentatives Elementarvolumen* an dieser Stelle entstehen. Es handelt sich bei den makroskopischen Größen dann also um volumengemittelte Größen, die ein Maß für die Verhältnisse in der Umgebung des betrachteten Punktes darstellen.

Für eine theoretische Behandlung von Strömungen in porösen Medien müssen also die Gleichungen für die *makroskopischen Modellgrößen* bekannt sein. Diese können prinzipiell aus den Gleichungen für die mikroskopische, reale Strömung in den Porenhohlräumen durch Integration über das repräsentative Elementarvolumen und unter Berücksichtigung der Verhältnisse an den (mikroskopischen) Grenzflächen zwischen den Phasen bestimmt werden. Wenn die mikroskopische Strömung diejenige eines Newtonschen Fluides ist, so müssen die Navier-Stokes Gleichungen über Elementarvolumen (unter Berücksichtigung der lokalen Porösität) integriert werden, um die Differentialgleichungen für die (elementar-) volumenintegrierten makroskopischen Größen zu erhalten.

Die so ermittelten Gleichungen enthalten gegenüber den (mikroskopischen) Ausgangsgleichungen zusätzliche Terme, die als *dispersive Flüsse* und als *Quellterme* vorkommen. Dispersive Flüsse treten als makroskopische Größe infolge der Ungleichverteilung von mikroskopischen Geschwindigkeiten im Elementarvolumen auf. *Quellterme* sind die Folge von Wechselwirkungen der mikroskopischen, benachbarten Phasen an den jeweiligen Phasengrenzen.

Diese zusätzlichen Terme in den Gleichungen für die makroskopischen Größen müssen modelliert werden. Dabei fließt stets empirische Information aus Messungen zur Bestimmung einzelner Modellkonstanten ein. Für Einzelheiten s. die sehr ausführliche Darstellungen in Bear, Bachmat (1991) und Whitaker (1977).

Während diese Vorgehensweise zur Bestimmung der Grundgleichungen für Strömungen in porösen Medien prinzipiell als *deduktiv* angesehen werden kann, ist historisch gesehen eine vorrangig *induktive* Entwicklung von mathematischen Modellen zu verzeichnen gewesen.

Ein früher, häufig zitierter Ansatz geht auf den französischen Ingenieur Henry Darcy zurück. Dieser 1856 veröffentlichte Ansatz erweist sich als Spezialfall der zuvor beschriebenen allgemeinen Gleichungen (eindimensionale Strömung eines homogenen inkompressiblen Fluides durch ein homogenes, nicht deformierbares poröses Medium). Er lautet mit $p^*_{mod} = p^* - p^*_{st}$ als modifiziertem Druck:

$$\boxed{\vec{v}^* = -\frac{\kappa^*}{\eta^*}\nabla p^*_{mod}} \qquad \text{(Darcy-„Gesetz“)} \qquad \text{(i)}$$

und besagt, dass die Geschwindigkeit in einem porösen Medium linear vom Druckgradienten ($\nabla p^*_{mod} = \operatorname{grad} p^*_{mod}$) abhängt. Dabei sollte bedacht werden, dass sowohl $\vec{v}^*$ als auch p^*_{mod} fiktive physikalische Größen darstellen, die im Sinne des Kontinuumsmodells für poröse Medien einer gleichmäßigen Verteilung dieser Größen im gesamten Kontrollraum (Matrix & Poren) entsprechen und z.B. keine realen Strömungsgeschwindigkeiten sind.

Die Formulierung mit dem modifizierten Druck berücksichtigt den hydrostatischen Anteil des Druckgradienten in Richtung der Fallbeschleunigung $\vec{g}^*$. Mit einer Koordinate z^* entgegen der Fallbeschleunigung gilt $p^*_{st} = p^*(z^* = 0) - \varrho^* g^* z^*$.

Wird auf beide Seiten des Darcy-„Gesetzes“ der Divergenzoperator angewendet, so gilt wegen $\operatorname{div}\vec{v}^* = 0$ (Kontinuitätsgleichung, inkompressibel) und $\operatorname{div}\operatorname{grad} p^*_{mod} = \nabla^2 p^*_{mod}$ die Beziehung $\nabla^2 p^*_{mod} = 0$, bzw. in kartesischen Koordinaten:

$$\frac{\partial^2 p^*_{mod}}{\partial x^{*2}} + \frac{\partial^2 p^*_{mod}}{\partial y^{*2}} + \frac{\partial^2 p^*_{mod}}{\partial z^{*2}} = 0$$

Im Rahmen dieser Modellvorstellung liegt also eine POTENTIALSTRÖMUNG mit $-\kappa^* p^*_{mod}/\eta^*$ als Geschwindigkeitspotential vor. Wohlgemerkt gilt diese Aussage nur in bezug auf die gewählte Modellvorstellung und nicht etwa allgemein für alle Strömungen in porösen Medien.

Historisch gesehen hat es vielfältige, mehr oder weniger systematische Versuche gegeben, den einfachen Darcyschen Ansatz („Gesetz") um zusätzliche Terme bzw. Effekte zu erweitern. In diesem Zusammenhang sind insgesamt drei weitere Terme bzw. Termgruppen hinzugekommen, die im folgenden kurz anhand der allgemeinen Beziehung

$$\underbrace{\varrho^* \frac{\mathrm{D}(\vec{v}^*/n)}{\mathrm{D}t^*}}_{①} = -\nabla p^*_{mod} + \underbrace{\eta^*_{eff}\nabla^2(\vec{v}^*/n)}_{②} - \frac{\eta^*}{\kappa^*}\vec{v}^* - \underbrace{\varrho^* \frac{F^* n}{\sqrt{\kappa^*}}|\vec{v}^*|\vec{v}^*}_{③} \qquad \text{(ii)}$$

erläutert werden sollen. Diese allgemeine Beziehung reduziert sich auf den Darcy-Ansatz (i), wenn die mit ① – ③ markierten „neuen" Terme wegfallen. Sie stellt im Grenzfall der reinen Fluidströmung (keine Matrix, d.h. $n = 1$, $\eta^*_{eff} = \eta^*$; $\kappa^* = \infty$) die Navier-Stokes Gleichungen dar. In (ii) sind ϱ^* und η^* die Fluidgrößen Dichte bzw. Viskosität. Als neue Konstanten treten auf:

- η^*_{eff} : Diese sog. *effektive Viskosität* ist eine Funktion der Fluidviskosität η^* und der Geometrie der porösen Matrix. Die Einführung von η^*_{eff} entspricht einem Modellierungsansatz für die zuvor schon erwähnten zusätzlichen Terme im Zusammenhang mit dem Übergang auf volumenintegrierte makroskopische Größen.

- F^* : Dieser sog. *Forchheimer-Koeffizient* (auch: *Trägheitskoeffizient*, oder *Geometriefaktor*) stellt ebenfalls eine Konstante im Modellierungsansatz für die entstandenen Zusatzterme dar.

Die drei markierten Terme in (ii) beschreiben folgende physikalische Effekte:

① Trägheitsterm: Interpretiert man (ii) als Kräftegleichgewicht, so handelt es sich um Trägheitskräfte aufgrund der Beschleunigung ($\mathrm{D}\vec{v}^*/\mathrm{D}t^* \neq 0$) des Fluides.

② Reibungsterm: Bei einer reinen Fluidströmung ist damit die viskose Reibung im Fluid beschrieben. In einem porösen Medium kommen die Effekte der Fluid/Matrix Wechselwirkung hinzu, was durch die Verwendung von η^*_{eff} anstelle von η^* berücksichtigt wird.

③ Forchheimer-Term: Während der Darcy-Term ($-\eta^*\vec{v}^*/\kappa^*$) den Effekt der reinen viskosen Reibung durch die poröse Matrixstruktur erfasst, wird mit diesem Term berücksichtigt, dass auf der mikroskopischen Ebene *Umströmungen* von Matrixstruktur-Elementen stattfinden, bei denen keine Proportionalität zur Geschwindigkeit, sondern in erster Näherung zum Quadrat der Geschwindigkeit vorliegt, wie dies z.B. bei einer turbulenten Körperumströmung gilt. Aus der Existenz dieses Termes wird häufig vorschnell geschlossen, dass dann eine turbulente Strömung vorliegen müsse, s. auch unter BEACHTE.

ANWENDUNGEN UND BEISPIELE

1. *Matrixstruktur aus dicht gepackten Kugeln*

Eine klar definierte Matrixstruktur ergibt sich, wenn Kugeln eines einheitlichen Durchmessers D_K^* so dicht wie geometrisch möglich gepackt werden. Strömungen durch ein solches poröses Medium sind ausführlich untersucht worden, s. z.B. Fand et al. (1987). Charakteristische Zahlenangaben zu dieser Strömung bzw. Matrix sind:

- Porösität: $n = 0,36$. In der Nähe begrenzender Wände steigt dieser Wert an, weil dort die Packung nicht mehr so dicht sein kann wie in der Matrix.

- Permeabilität: $\kappa^* = D_K^{*2}\, n^3/A(1-n)^2$, mit der empirischen Konstanten $A = 182$.

- Forchheimer-Koeffizient: $F = B/\sqrt{A}\, n^{3/2}$, mit der weiteren empirischen Konstanten $B = 1,92$

Im Inneren der porösen Matrix (dort gilt $n = 0,36$) gelten damit die Zahlenwerte $\kappa^* = 6,25 \cdot 10^{-4} D_K^{*2}$ und $F = 0,66$. In der Nähe einer begrenzende Wand nimmt κ^* zu und F ab, weil dort $n > 0,36$ gilt.

2. *Wandgrenzschichten in porösen Medien*

Wenn der Bereich des porösen Mediums durch eine feste Wand begrenzt ist, so gilt für die volumengemittelte Geschwindigkeit dort die Haftbedingung. Als Folge davon bildet sich eine Wandgrenzschicht aus, die aber selbst bei geraden Wänden einen deutlich anderen Charakter besitzt als die Grenzschicht in einem reinen Fluid an einer ebenen Wand. Das nachfolgende Bild zeigt den qualitativen Verlauf der Wandgrenzschicht in einer laminaren Strömung über einer ebenen Wand, einmal in einem porösen Medium und einmal ohne Matrixstruktur, d.h. in einem reinen Fluid.

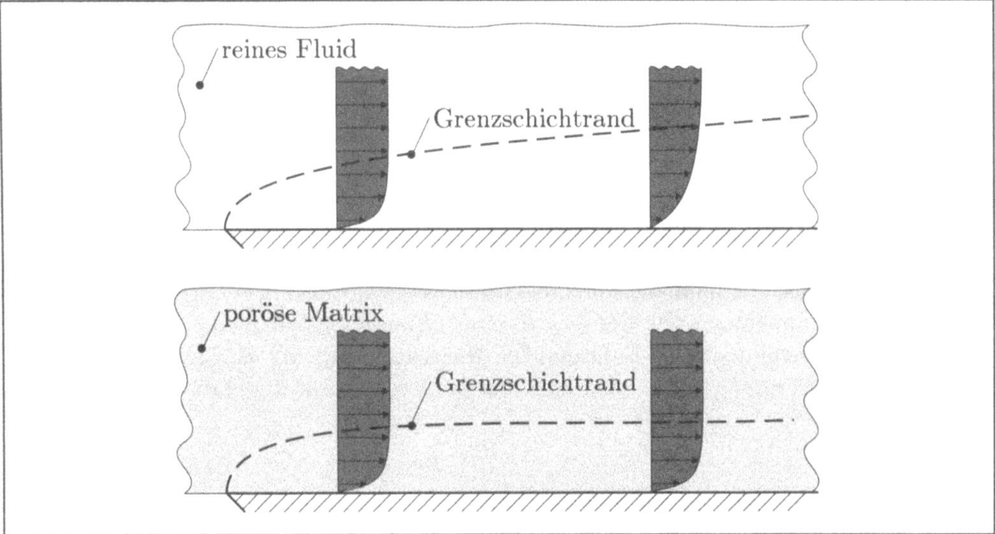

Prinzipieller Verlauf einer laminaren Grenzschicht ohne und mit poröser Matrix

Der entscheidende Unterschied wird deutlich, wenn man die Strömung außerhalb der Grenzschicht betrachtet und das Kräftegleichgewicht innerhalb der Grenzschicht analysiert.

- Im reinen Fluid herrschen außen eine konstante Geschwindigkeit und ein konstanter Druck. Das Kräftegleichgewicht in der Grenzschicht gilt zwischen Reibungskräften und Trägheitskräften. Diese Trägheitskräfte sind aber nur vorhanden, wenn das Fluid in der Grenzschicht permanent verzögert wird, was nur bei einer ständig anwachsenden Grenzschicht der Fall ist.

- In einem porösen Medium herrscht außen eine konstante Geschwindigkeit aber kein konstanter Druck, sondern ein konstanter Druckgradient (Darcy). Das Kräftegleichgewicht in der Grenzschicht gilt zwischen Reibungskräften und Druckkräften. Diese Druckkräfte sind bei konstanter Geschwindigkeit in der Grenzschicht konstant, so dass es zu keiner stromabwärtigen Grenzschichtentwicklung kommt, sondern eine Grenzschicht konstanter Dicke vorliegt.

BEACHTE

◻ **Poren-Reynolds-Zahl Re_P:** Zur Bestimmung des Strömungscharakters in einer porösen Matrix kann die sog. Poren-Reynolds-Zahl $\mathrm{Re}_P = u^* D_K^* / \nu^*$ mit u^* : volumengemittelte Geschwindigkeit in Hauptströmungsrichtung, D_K^*: charakteristische Länge der Poren oder Partikel, ν^*: kinematische Fluidviskosität, gebildet werden. Diese charakterisiert einerseits die Strömung in der Mikro-Matrixstruktur, aber andererseits auch die Grenzen von makroskopischen Modellen. So zeigt sich z.B., dass das Darcy-„Gesetz" (i) im Bereich $1 < \mathrm{Re}_P < 10$ allmählich seine Gültigkeit verliert und für $\mathrm{Re}_P \geq 10$ nicht mehr sinnvoll anwendbar ist.

◻ **Turbulente Strömungen in porösen Medien:** Bisweilen wird argumentiert, dass dann, wenn der sog. Forchheimer-Term (proportional zu $\vec{v}^{*2}$) zur Beschreibung hinzugenommen werden muss, offensichtlich der Übergang zu einer turbulenten Strömung erfolgt ist. Dies wird damit begründet, dass z.B. in einer laminaren Rohrströmung $dp^*/dx^* \sim u_m^*$, in einer turbulenten Rohrströmung aber in guter Näherung $dp^*/dx^* \sim u_m^{*2}$ gilt, wenn u_m^* die querschnittsgemittelte Geschwindigkeit ist. Aber: die Proportionalität zu u_m^{*2} kann auch so interpretiert werden, dass sie der *Umströmung* eines Körpers entspricht, bei der es zu deutlichen Ablösungserscheinungen kommt, die aber noch nicht turbulent ist. Es gibt eine Reihe von Hinweisen, dass der Forchheimer-Term kein Ausdruck von Turbulenz ist, sondern berücksichtigt, dass mit steigender Geschwindigkeit Strömungen durch die Matrixstruktur lokal den Charakter abgelöster Strömungen annehmen. Ob der Begriff einer generell turbulenten Strömung bezogen auf das volumenintegrierte Ersatzmodell überhaupt sinnvoll ist, kann durchaus kontrovers diskutiert werden, s. dazu z.B. das erste Kapitel in Ingham, Pop (1998).

WEITERFÜHRENDE LITERATUR

Chen, Z.; Ewing, R. (2002): *Fluid Flow and Transport in Porous Media - Mathematical and Numerical Treatment*, Oxford University Press, Oxford U.K.

Ingham, D.B.; Pop, J. (1998): *Transport Phenomena in Porous Media*, Pergamon, Elsivier Science, Oxford, UK

Bear, J.; Bachmat, Y. (1991): *Introduction to Modelling of Transport Phenomena in Porous Media*, Kluwer Acadmic Publishers, Dordrecht, Boston, London

Bear, J.; Buchlin, J.M. (eds.) (1991): *Modelling and Applications of Transport Phenomena in Porous Media*, Kluwer Academic Publishers, Dordrecht, Boston, London

Barenblatt, G.I.; Entov, V.M.; Ryzhik, V.M. (1990): *Theory of Fluid Flows Through Natural Rocks*, Kluwer Academic Publishers, Dordrecht, Boston, London

Bear, J.; Verruijt, A. (1987): *Modelling Groundwater Flow and Pollution*, Kluwer Academic Publishers, Dordrecht, Boston, London

Ene, H.J.; Polisevski, D. (1987): *Thermal Flow in Porous Media*, Kluwer Academic Publishers, Dordrecht, Boston, London

Fand, R.M.; Kim, B.Y.; Lam, A.C.C.; Phan, R.T. (1987): *Resistance to Flow of Fluids through Simple and Complex Porous Media Whose Matrices are Composed of Randomly Packed Spheres*, J. Fluids Engn **109**, 268 - 274

Whitaker, S. (1977): *Simultaneous Heat, Mass and Momentum Transfer in Porous Media: A Theory of Drying*, Advances in Heat Transfer **13**, 119 - 203

Potentialströmungen
(potential flows)

BEDEUTUNG UND DEFINITION

Es handelt sich um drehungsfreie Strömungen, d.h. im gesamten Strömungsfeld gilt die Bedingung $\vec{\omega}^* = 0$. Solche Strömungen können nur entstehen, wenn keine Reibungseffekte in der Strömung auftreten, da diese stets zu endlichen Werten der DREHUNG führen. Zunächst handelt es sich dabei aber um eine Modellvorstellung bzw. eine Modellströmung. Ob reale Strömungen ein solches Verhalten zeigen (können), muss im Einzelfall entschieden werden.

Definition

Unter dem Begriff Potentialströmungen werden alle Strömungen zusammengefasst, die ein sog. *Geschwindigkeitspotential* Φ^* besitzen, für das gilt

$$\vec{v}^* = \operatorname{grad} \Phi^* \quad \text{d.h. für kart. Koord. :} \quad \vec{v}^* = \left(\frac{\partial \Phi^*}{\partial x^*}, \frac{\partial \Phi^*}{\partial y^*}, \frac{\partial \Phi^*}{\partial z^*} \right) \qquad (*)$$

Ein solches Potential existiert (bei gegebenen Randbedingungen), immer eindeutig, wenn

(1) die Strömung *drehungsfrei* ist, d.h. überall $\vec{\omega}^* \equiv \operatorname{rot} \vec{v}^* = 0$ gilt.

(2) das Lösungsgebiet *einfach zusammenhängend* ist, d.h., wenn über jeder geschlossenen Kurve C in diesem Gebiet eine (wie immer geformte Fläche) aufgespannt werden kann, die C als Berandung aufweist, aber nie das Fluid verlässt.

- Für inkompressible Strömungen (hinreichende Bedingung: $\varrho^* = \mathrm{const}$) gehorcht Φ^* der Laplace Gleichung

$$\nabla^2 \Phi^* = 0$$

bzw. in kartesischen Koordinaten

$$\boxed{\frac{\partial^2 \Phi^*}{\partial x^{*2}} + \frac{\partial^2 \Phi^*}{\partial y^{*2}} + \frac{\partial^2 \Phi^*}{\partial z^{*2}} = 0} \qquad (**)$$

- Für kompressible Strömungen ($\varrho^* \neq \mathrm{const}$) folgt Φ^* aus

$$\nabla(\varrho^* \nabla \Phi^*) = 0$$

bzw. in kartesischen Koordinaten

$$\boxed{\frac{\partial}{\partial x^*}\left(\varrho^* \frac{\partial \Phi^*}{\partial x^*} \right) + \frac{\partial}{\partial y^*}\left(\varrho^* \frac{\partial \Phi^*}{\partial y^*} \right) + \frac{\partial}{\partial z^*}\left(\varrho^* \frac{\partial \Phi^*}{\partial z^*} \right) = 0} \qquad (***)$$

und erfordert zusätzliche Gleichungen, damit ein geschlossenes, lösbares Gleichungssystem entsteht (s. unter PHYSIKALISCHER HINTERGRUND).

Φ^*	Geschwindigkeitspotential	$\mathrm{m^2/s}$
$\vec{v}^{\,*}$	Geschwindigkeitsvektor	$\mathrm{m/s}$
$\vec{\omega}^{\,*}$	Drehungsvektor	$\mathrm{1/s}$
ϱ^*	Dichte	$\mathrm{kg/m^3}$
∇	Nabla-Operator; $= \vec{n}_x \partial...\!/\partial x^* + \vec{n}_y \partial...\!/\partial y^* + \vec{n}_z \partial...\!/\partial z^*$	$\mathrm{1/m}$
$\nabla^2 = \Delta$	Laplace-Operator; $= \partial^2...\!/\partial x^{*2} + \partial^2...\!/\partial y^{*2} + \partial^2...\!/\partial z^{*2}$	$\mathrm{1/m^2}$
$\vec{n}_x,\ \vec{n}_y,\ \vec{n}_z$	Einheitsvektoren in kartesischen Koordinaten	-

PHYSIKALISCHER HINTERGRUND

Das Verhalten der Strömung in bezug auf die DREHUNG ist offensichtlich für Potentialströmungen von zentraler Bedeutung. Unter dem Stichwort DREHUNG wird der entscheidende Einfluss der Viskosität auf die Entstehung und Ausbreitung von Drehung in einer Strömung erläutert. Für das vertiefte Verständnis ist es entscheidend, stets vor Augen zu haben, dass die Viskosität eine *Fluid*eigenschaft ist, die Drehung aber eine *Strömungs*eigenschaft. Prinzipiell gilt deshalb zunächst die folgende Feststellung: Eine Strömung kann drehungsfrei sein ($\rightarrow$Potentialströmung), weil

- das strömende Fluid keine Viskosität η^* besitzt (idealisiertes Modellfluid), oder

- die Strömungsbedingungen derart sind, dass sich trotz endlicher Viskosität in der Strömung keine Drehung findet.

Wenn nun eine drehungsfreie Strömung als Potentialströmung mit den dann geltenden mathematischen Vereinfachungen behandelt wird, so ist dies zunächst ein theoretisches Konstrukt. Eine ganz andere Frage ist, ob reale Strömungen existieren, die sich vollständig oder näherungsweise wie Potentialströmungen verhalten. Da *reale Fluide* stets eine endliche Viskosität aufweisen, können sich *reale Strömungen* folglich nur dann ganz oder näherungsweise wie Potentialströmungen verhalten, wenn besondere Strömungsbedingungen vorliegen. Dieser Zusammenhang geht leider verloren, wenn (wie dies häufig geschieht) verkürzt argumentiert wird: Potentialströmungen sind reibungsfreie Strömungen ($\eta^* = 0$), die zusätzlich drehungsfrei sind. Diese (verkürzte) Argumentation scheint naheliegend, weil die sog. Reibungsterme in den vollständigen Navier-Stokes Gleichungen (in der Wirbeltransport-Form) $(\eta^*/\varrho^*)\Delta\vec{\omega}^{\,*}$ lauten. Diese Reibungsterme fallen formal sowohl für $\eta^* = 0$ als auch für $\vec{\omega}^{\,*} = 0$ heraus. In diesem Sinne ist $\eta^* = 0$ eine hinreichende (wenn auch unrealistische), aber eben keine notwendige Bedingung für eine (Modell-) Strömung ohne Reibungseinfluss, die dann zusätzlich die Eigenschaft besitzen kann, drehungsfrei zu sein.

Besondere Strömungssituationen, die zu drehungsfreien Strömungen (zumindest in guter Näherung) führen, liegen offensichtlich dann vor, wenn keine Drehung in die Strömung gelangt. Da Drehung nicht in der Strömung selbst, sondern nur an Berandungen (meist festen Wänden) entsteht und von dort aus durch molekulare oder turbulente Viskosität per Diffusion in die Strömung gelangt, darf sie entweder gar nicht erst entstehen oder nicht per Diffusion ins Strömungsfeld gelangen. Reale Strömungen weisen bis auf wenige extreme Ausnahmen stets Drehung an Wänden auf, der Diffusionsvorgang kann aber stark beschränkt sein. Dies ist immer dann der Fall, wenn Grenzschichten (die stets drehungsbehaftet sind) dünn sind. Prinzipiell trifft dies bei großen Reynolds-Zahlen zu. Im Grenzfall Re $\rightarrow \infty$ wird deshalb der größte Teil des Strömungsfeldes drehungsfrei sein, wobei noch die besondere Situation zu beachten ist, wenn große Ablösegebiete auftreten (s. dazu das Stichwort ABLÖSUNG).

Dass drehungsfreie Strömungen ein Geschwindigkeitspotential besitzen, ist leicht an folgendem allgemeinen mathematischen Zusammenhang zu erkennen. Eine allgemeine Funktion $\Phi^* = \Phi^*(x^*, y^*, z^*)$ besitzt das Differential

$$d\Phi^* = \frac{\partial \Phi^*}{\partial x^*} dx^* + \frac{\partial \Phi^*}{\partial y^*} dy^* + \frac{\partial \Phi^*}{\partial z^*} dz^*$$

Dieses Differential ist nur dann ein sog. vollständiges Differential und damit die Funktion Φ^* eine wegunabhängige Zustandsfunktion (die, wenn sie die Strömung beschreibt, deren Zustand an jeder Stelle x^*, y^*, z^* festlegt), wenn die Bedingungen (Cauchy Riemannsche Differentialgleichungen)

$$\frac{\partial^2 \Phi^*}{\partial y^* \partial z^*} = \frac{\partial^2 \Phi^*}{\partial z^* \partial y^*} \; ; \quad \frac{\partial^2 \Phi^*}{\partial z^* \partial x^*} = \frac{\partial^2 \Phi^*}{\partial x^* \partial z^*} \; ; \quad \frac{\partial^2 \Phi^*}{\partial x^* \partial y^*} = \frac{\partial^2 \Phi^*}{\partial y^* \partial x^*}$$

erfüllt sind. Diese Bedingung kann formal auch als

$$\mathrm{rot}\left(\frac{\partial \Phi^*}{\partial x^*}, \frac{\partial \Phi^*}{\partial y^*}, \frac{\partial \Phi^*}{\partial z^*}\right) \equiv$$

$$\left(\frac{\partial^2 \Phi^*}{\partial y^* \partial z^*} - \frac{\partial^2 \Phi^*}{\partial z^* \partial y^*} \; , \quad \frac{\partial^2 \Phi^*}{\partial z^* \partial x^*} - \frac{\partial^2 \Phi^*}{\partial x^* \partial z^*} \; , \quad \frac{\partial^2 \Phi^*}{\partial x^* \partial y^*} - \frac{\partial^2 \Phi^*}{\partial y^* \partial x^*}\right) = 0$$

geschrieben werden.

Wenn eine Strömung drehungsfrei ist (rot $\vec{v}^* = 0$), kann $\vec{v}^* = (u^*, v^*, w^*)$ deshalb mit dem Vektor $(\partial \Phi^*/\partial x^*, \partial \Phi^*/\partial y^*, \partial \Phi^*/\partial z^*)$ identifiziert werden, d.h., es gilt $\vec{v}^* = \mathrm{grad}\Phi^*$.

Die zu lösende Potentialgleichung (**) für den inkompressiblen Fall stellt eine spezielle Form der EULER GLEICHUNGEN dar (Euler Gleichungen mit der Zusatzbedingung $\vec{\omega}^* = 0$) und weist gegenüber diesen eine erhebliche mathematische Vereinfachung auf. Während die Euler Gleichungen zusammen mit der erforderlichen Kontinuitätsgleichung vier gekoppelte Differentialgleichungen für u^*, v^*, w^* und p^* darstellen, von denen drei nichtlinear sind, ist die Potentialgleichung eine lineare Differentialgleichung für Φ^*. Dabei ist zu beachten, dass die Kontinuitätsgleichung durch (**) identisch erfüllt ist, wie man sich durch Einsetzen von $(u^*, v^*, w^*) = (\partial \Phi^*/\partial x^*, \partial \Phi^*/\partial y^*, \partial \Phi^*/\partial z^*)$ in die allgemeine Kontinuitätsgleichung $\partial u^*/\partial x^* + \partial v^*/\partial y^* + \partial w^*/\partial z^* = 0$ überzeugen kann.

Wenn das Strömungsfeld mit der Lösung für Φ^* bekannt ist, kann anschließend der Druck aus der BERNOULLI GLEICHUNG (z.B. entlang einer Stromlinie) berechnet werden. Diese algebraische Gleichung enthält die einzig verbliebene Nichtlinearität bei inkompressiblen Potentialströmungen. Die Linearität der Laplace Gleichung (**) ist ein wichtiger Aspekt bei der Lösung dieser Gleichung, weil damit die additive Überlagerung von bekannten Lösungen zur Bestimmung weiterer, neuer Lösungen möglich ist, s. dazu die Ausführungen unter ANWENDUNGEN UND BEISPIELE.

Bei kompressiblen Potentialströmungen reicht die Potentialgleichung $(***)$ nicht aus, um das Strömungsfeld zu ermitteln, da neben Φ^* noch die Dichte ϱ^* als Unbekannte auftritt. Da die Dichte ϱ^* aus thermodynamischer Sicht bei Reinstoffen von zwei Größen (z.B. von p^* und T^*) abhängt, sind neben dieser thermischen Zustandsgleichung $\varrho^*(p^*, T^*)$ prinzipiell zwei weitere Gleichungen erforderlich, um p^* und T^* als Feldgrößen zu ermitteln. Dies können z.B. die (kompressible) Bernoulli Gleichung und die Energiegleichung sein. Insgesamt entsteht damit ein hochgradig <u>nichtlineares</u> Gleichungssystem, in dem üblicherweise die Schallgeschwindigkeit $a^* = \sqrt{(\partial p^*/\partial \varrho^*)_s}$ „eingearbeitet" wird.

Wenn die Strömung insgesamt nur schwach von der Anströmung u_∞^* abweicht, wenn also gilt

$$\frac{\partial \Phi^*/\partial x^*}{u_\infty^*} \approx 1 \;\; ; \;\; \frac{\partial \Phi^*/\partial y^*}{u_\infty^*} \approx 0 \;\; ; \;\; \frac{\partial \Phi^*/\partial z^*}{u_\infty^*} \approx 0 \;\; ; \;\; \frac{a^*}{a_\infty^*} \approx 1$$

kann eine linearisierte Form der Potentialgleichung $(***)$ gefunden werden, die mit $\mathrm{Ma}_\infty = (\partial \Phi^*/\partial x^*)/a_\infty^*$

$$\left(1 - \mathrm{Ma}_\infty^2\right) \frac{\partial^2 \Phi^*}{\partial x^{*2}} + \frac{\partial^2 \Phi^*}{\partial y^{*2}} + \frac{\partial^2 \Phi^*}{\partial z^{*2}} = 0$$

lautet und im inkompressiblen Grenzfall $\mathrm{Ma}_\infty \to 0$ in Gleichung $(**)$ übergeht.

ANWENDUNGEN UND BEISPIELE

Die inkompressible Potentialgleichung $(**)$ ist linear, so dass $\Phi^* = a_1 \Phi_1^* + a_2 \Phi_2^*$ eine Lösung von $(**)$ ist, wenn dies auch für Φ_1^* und Φ_2^* gilt und a_1 und a_2 Konstanten sind. Unter Anwendung dieses sog. *Superpositionsprinzips* können komplexe Lösungen durch Überlagerung einfacher *Elementarlösungen* aufgebaut werden. Es ist dabei allerdings zu beachten, dass eine so zusammengesetzte Lösung auch die Randbedingungen des ursprünglichen Problems erfüllen muss. Die nachfolgende Tabelle enthält wichtige Elementarlösungen der ebenen Potentialtheorie, wobei neben der Potentialfunktion Φ^* jeweils auch die zugehörige Stromfunktion Ψ^* gezeigt ist.

1. *Indirekte Lösungen für inkompressible Potentialströmungen*

Wenn Elementarlösungen überlagert werden, entstehen neue Lösungen mit entsprechend neuen Stromlinienfeldern. Prinzipiell kann nun jede beliebige Stromlinie „zur Wand erklärt" werden, d.h., man interpretiert die Strömung auf einer Seite als Strömung über bzw. entlang dieser Wand und ignoriert die Strömung auf der anderen Seite dieser zur Wand erklärten Stromlinie. Dieses Vorgehen ist besonders einsichtig, wenn durch die Überlagerung von Elementarlösungen geschlossene Stromlinien entstehen, die „zur Wand erklärt" dann einen endlichen Körper darstellen, der außen von einer Potentialströmung umströmt wird. Der „innen" vorhandene Teil der Gesamtlösung stellt zwar auch eine Potentialströmung dar, kann aber nur selten sinnvoll interpretiert bzw. genutzt werden und wird deshalb in der Regel ignoriert.

UMSTRÖMTER KÖRPER	STROMLINIENBILD (GRAU: KÖRPER)	ÜBERLAGERTE ELEMENTARLÖSUNGEN DETAILS IN
halbunendlicher Körper	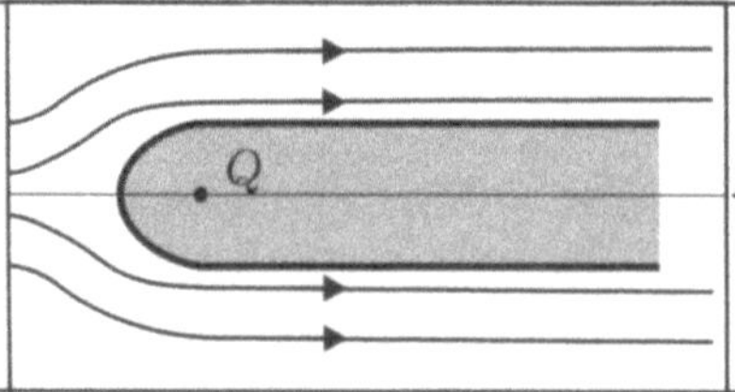	Translationsströmung Quellströmung Herwig (2002) Hess (1999)
Rankine - Körper	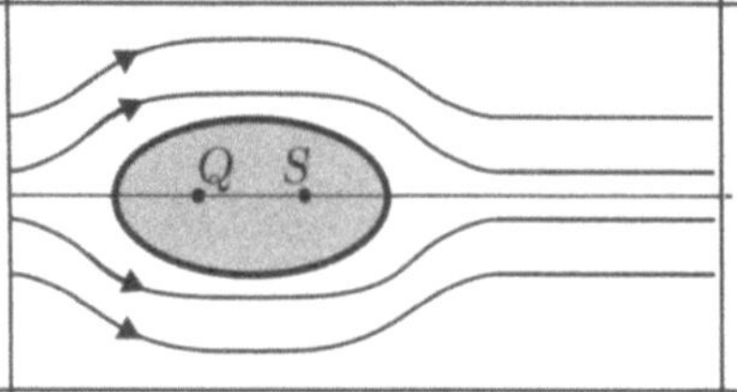	Translationsströmung Quellströmung Senkenströmung Hess (1999)
Ellipse	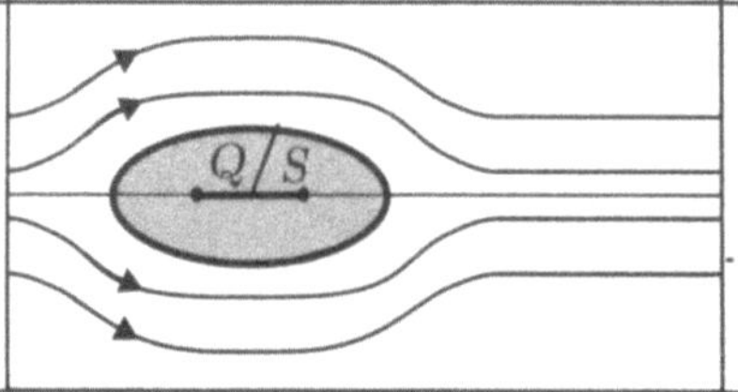	Translationsströmung linear variierende Quell-, Senkenverteilung Hess (1999)
Kreiszylinder	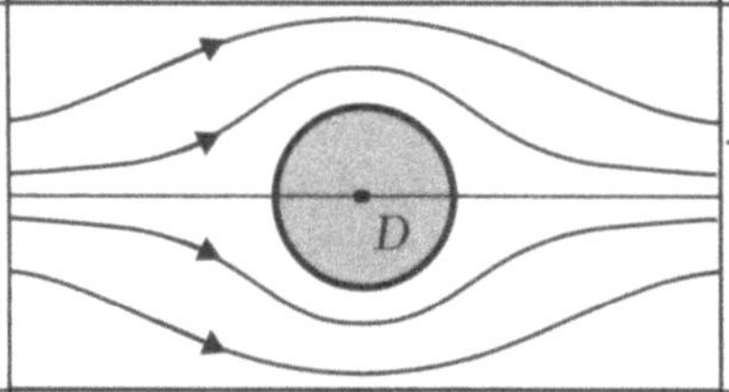	Translationsströmung Dipolströmung Herwig (2002) Hess (1999)
Kreiszylinder mit Auftrieb	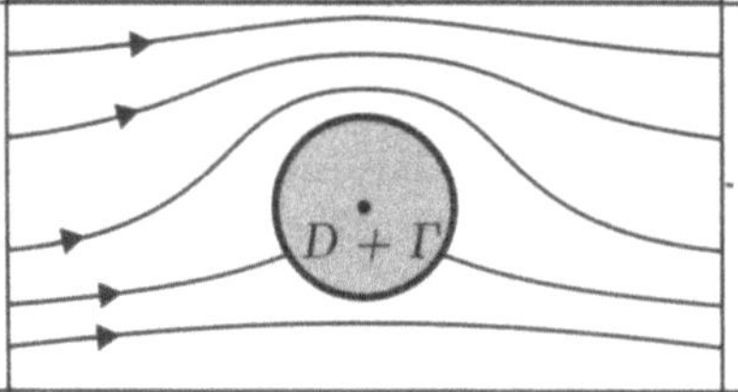	Translationsströmung Potentialwirbel-strömung Herwig (2002) Hess (1999)
spezielle Tragflügel-profile (Joukowski-Profile)	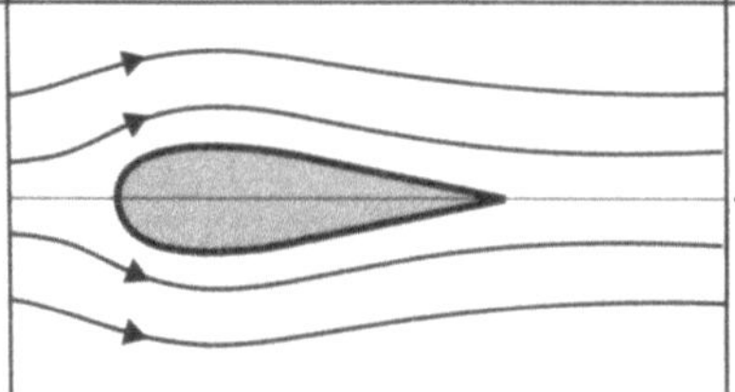	wie Kreiszylinder + konforme Abbildung Hess (1999)

Beispiele indirekter Lösungen der Potentialgleichung (2D)
(die Stromlinienfelder *in* den Körpern werden ignoriert)

Diese Vorgehensweise wird als „indirekte Lösung" bezeichnet, weil man eigentlich die Strömung um einen beliebigen, vorgegebenen Körper ermitteln möchte, auf diesem Weg aber nur bestimmte Körperkonturen findet, zu denen dann die zugehörige Potentialströmung bekannt ist. Die Tabelle auf der vorhergehenden Seite zeigt einige so entstandene Körperumströmungen und verweist für weitere Details auf konkrete Literaturstellen.

2. Direkte Lösungen für inkompressible Potentialströmungen

Eine grundsätzliche Alternative zu den indirekten Lösungsverfahren besteht in der numerischen Lösung der Potentialgleichung (∗∗) im Gebiet außerhalb des Körpers um den das (Potential-) Strömungsfeld bestimmt werden soll. Dies könnte z.B. mit Finite-Differenzen oder Finite-Volumen-Verfahren geschehen.

Eine zweite Möglichkeit zur Bestimmung direkter Lösungen, d.h. von Lösungen, bei denen die Körperkontur vorgegeben und die zugehörige Strömung bestimmt wird, besteht in der Erweiterung des indirekten Lösungsverfahrens auf unendlich viele überlagerte Elementarlösungen, mit denen dann beliebige Stromlinienfelder und damit auch beliebige „Wandstromlinien" erzeugt werden können. „Unendlich viele Elementarlösungen" sind dabei die infinitesimalen Elemente dq^* und $d\gamma^*$ einer kontinuierlichen Quell- bzw. Zirkulationsverteilung. Da dies Singularitäten (wenn auch verteilt längs endlicher Strecken) sind, werden solche Verfahren auch *Singularitätenverfahren* genannt. Folgende drei Schritte kennzeichnen diese Verfahren:

- Es werden kontinuierliche Verteilungen von Quellen und Zirkulationen angesetzt, deren Lage bekannt, aber deren Stärke zunächst unbekannt ist.

- Zur Erfüllung der physikalischen Randbedingungen (undurchlässige Wand) werden Integralgleichungen für die unbekannte Stärke der Singularitätenverteilung aufgestellt.

- Die Integralgleichungen werden diskretisiert und das daraus folgende System von linearen algebraischen Gleichungen wird numerisch gelöst.

Ohne auf weitere Details einzugehen sollen drei grundsätzliche Aspekte noch genannt werden:

- Im allgemeinen werden die Singularitätenverteilungen längs der Wände angeordnet (Oberflächen-Singularitätenmethoden). Unter bestimmten Voraussetzungen, z.B. bei schlanken Profilen können die Singularitäten aber auch auf der Profilsehne (bzw. auf der sog. Skelettlinie bei gewölbten Profilen) angeordnet werden.

- Wenn Strömungen an einem Körper Auftrieb erzeugen sollen, wie dies z.B. bei aerodynamischen Profilen der Fall ist, müssen notwendigerweise Zirkulationsverteilungen vorkommen, da der aerodynamische Auftrieb proportional zur Gesamtzirkulation um den Körper ist.

- Wenn zusätzlich zu einer Quellverteilung eine Zirkulationsverteilung angesetzt wird, ist die Gesamtlösung nicht eindeutig, weil der Wert der Gesamtzirkulation Γ^* zunächst unbestimmt bleibt. Aus allen möglichen Lösungen wird bei Profilumströmungen dann diejenige ausgewählt (und damit Γ^* festgelegt), bei der es zu keiner Umströmung der Profilhinterkante kommt, sondern das Fluid dort „glatt abströmt". Diese Zusatzbedingung wird *Kuttasche Abflussbedingung* genannt.

BEACHTE

☞ **Panel-Methode:** Die numerische Berechnung der Potentialströmung um dreidimensionale Körper kann analog zu den Oberflächen-Singularitätenmethoden des ebenen Falles erfolgen. Dabei wird die Körperoberfläche vollständig durch eine große, aber endliche Zahl von ebenen vierseitigen Flächenelementen, den sog. Panels, bedeckt. Im Zentrum dieser Flächenelemente wird die kinematische Strömungsbedingung (kein Durchströmen der Wand) erfüllt, sowie der Druck ermittelt. Auf diesen Flächenelementen sind die Quell- und Wirbelstärken jeweils konstant. Die Berechnung führt wie im ebenen Fall auf ein lineares Gleichungssystem zur Bestimmung der zunächst unbekannten Quell- und Wirbelstärken. Für die Berechnung des Auftriebs bei dreidimensionalen Körpern mit auftriebserzeugenden Elementen (Flügeln) sind aber eine Reihe zusätzlicher Annahmen und Modellvorstellungen zur Wirbeldynamik erforderlich, s. dazu speziell Hess (1974) und Hess (1990).

☞ **Hele-Shaw Strömung:** Eine druckgetriebene SCHLEICHENDE STRÖMUNG zwischen zwei parallelen Ebenen vom Abstand $2H^*$ wird als „schleichende Potentialströmung" bezeichnet, obwohl diese Strömung insgesamt reibungs- und folglich auch drehungsbehaftet ist. Sie besitzt aber folgende spezielle Eigenschaft: Ihr Geschwindigkeitsfeld ist durch $w^* = 0$ und

$$u^* = f(z^*)\frac{\partial p^*}{\partial x^*} \; ; \; v^* = f(z^*)\frac{\partial p^*}{\partial y^*} \;\; \text{mit} \;\; f(z^*) = -\frac{H^{*2}}{2\eta^*}\left[1 - \left(\frac{z^*}{H^*}\right)^2\right],$$

also parabolische Geschwindigkeitskomponenten, gekennzeichnet. Die Stromlinien verlaufen in allen parallelen Ebenen $z^* = $ const gleich. Zusätzlich ist die Drehungskomponente $\omega_z^* \equiv \partial v^*/\partial x^* - \partial u^*/\partial y^* = f(z^*) \cdot (\partial^2 p^*/\partial y^*\partial x^* - \partial^2 p^*/\partial x^*\partial y^*) = 0$ (aber: $\omega_x^* \neq 0$, $\omega_y^* \neq 0$!). Deshalb ist diese Strömung bei einer Betrachtung in Richtung der z-Achse (senkrecht zu den parallelen Strömungsebenen) nicht von einer ebenen Potentialströmung zu unterscheiden. Dies kann dazu genutzt werden, die Potentialströmung um einen ebenen Körper dadurch zu simulieren, dass die Stromlinien einer Hele-Shaw Strömung zwischen zwei Glasplatten (Abstand $2H^*$) um einen zylindrischen Einsatz von der Form des ebenen Körpers sichtbar gemacht werden. Dabei muss vorausgesetzt werden, dass der Plattenabstand $2H^*$ klein gegenüber einer typischen Abmessung des umströmten zylindrischen Einsatzes ist.

☞ **Magnus-Effekt:** In der vorhergehenden Tabelle ist die Kreiszylinder-Umströmung mit Auftrieb enthalten, die durch Überlagerung der drei Elementarlösungen Translation, Dipol und Potentialwirbel entsteht. Die Nutzung dieser Kraftkomponente ist unter dem Namen Magnus-Effekt bekannt. Dabei wird versucht, eine Zirkulation (und damit einen Auftrieb) zu erzeugen, indem ein Kreiszylinder, der quer in einer Parallelströmung angeordnet ist, zusätzlich in Rotation versetzt wird. Aufgrund von Reibungseffekten entsteht in der Strömung dann eine zirkulatorische Bewegung um den Zylinder, die in erster Näherung wie die zusätzliche Strömung durch einen Potentialwirbel angesehen werden kann. Von A. Flettner stammt die Konstruktion von senkrechten, angetriebenen Zylindern auf einem Schiff, die naturgemäß ähnlich stark auf die Windrichtung angewiesen ist wie ein klassisches Segel, das sie ersetzen soll.

Weiterführende Literatur

Herwig, H. (2002) : *Strömungsmechanik*, Springer-Verlag, Berlin, Heidelberg, New York

Hess, J.L. (1999) : *Potential Flow*, in: Fundamentals of Fluid Mechanics (eds.: A. Schetz, E. Fuhs), 33-62, John Wiley & Sons, New York

Truckenbrodt, E. (1992): *Fluidmechanik*, Band 2, 3. Auflage, Springer-Verlag, Berlin, Heidelberg, New York

Hess, J.L. (1990) : *Panel Methods in Computational Fluid Dynamics*, Annu. Rev. Fluid Mech. **22**, 255-274

Hess, J.L. (1974) : *The Problem of Three-Dimensional Lifting Potential Flow and Its Solution by Means of Surface Singularity Distribution*, Computer Methods in Applied Mechanics and Engineering, 283-319

• speziell zu kompressiblen Potentialströmungen:

Anderson, J.D. (1990) : *Modern Compressible Flow*, 2. Auflage, Mc Graw-Hill Publishing Company, New York

Prandtl-Glauert-Regel
(Prandtl Glauert rule)

Siehe dazu das Stichwort AUFTRIEB, AERODYNAMISCHER, dort unter ANWENDUNGEN UND BEISPIELE

Prandtl-Sonde
(Prandtl probe)

Siehe dazu das Stichwort DRUCK, dort unter ANWENDUNGEN UND BEISPIELE

Prandtl-Zahl Pr
(Prandtl number Pr)

BEDEUTUNG UND DEFINITION

Es handelt sich um eine dimensionslose Kombination von Stoffwerten, die damit einerseits wiederum ein Stoffwert ist, andererseits aber auch als Kennzahl im Sinne der DIMENSIONSANALYSE angesehen werden kann. Sie tritt unter bestimmten Voraussetzungen in der dimensionslosen Energiegleichung auf.

	Definition	
	$$\mathrm{Pr} = \frac{\eta_B^* c_{pB}^*}{\lambda_B^*} = \frac{\nu_B^*}{a_B^*}$$	
Pr	Prandtl-Zahl	-
η_B^*	dynamische Viskosität im Bezugszustand p_B^*, T_B^*	kg/ms
c_{pB}^*	spezifische isobare Wärmekapazität im Bezugszustand p_B^*, T_B^*	$\mathrm{m}^2/\mathrm{s}^2\mathrm{K}$
λ_B^*	Wärmeleitfähigkeit im Bezugzustand p_B^*, T_B^*	W/mK
ν_B^*	kinematische Viskosität $\nu_B^* = \eta_B^*/\varrho_B^*$	m^2/s
ϱ_B^*	Dichte im Bezugszustand p_B^*, T_B^*	$\mathrm{kg/m}^3$
a_B^*	Temperaturleitfähigkeit $a_B^* = \lambda_B^*/\varrho_B^* c_{pB}^*$	m^2/s

PHYSIKALISCHER HINTERGRUND

Die Stoffwertkombination Prandtl-Zahl Pr erscheint zunächst *nicht* als Kennzahl in der allgemeinen dimensionslosen Energiegleichung. Nur für besondere physikalische Situationen, die eine Koordinatentransformation in der Energiegleichung nahelegen, erhält man danach die Prandtl-Zahl als Kennzahl in der Energiegleichung.

Ein wichtiges Beispiel in diesem Sinne sind laminare Strömungen bei großen Reynolds-Zahlen, die zur Ausbildung von Grenzschichten an Grenzflächen führen. Nach einer entsprechenden Grenzschichttransformation enthält die Energiegleichung die Prandtl-Zahl Pr als Parameter, s. dazu das Stichwort PECLET-ZAHL unter ANWENDUNGEN UND BEISPIELE. Für Grenzschichten kann dieser Parameter dann wie folgt interpretiert werden.

In der Formulierung $\mathrm{Pr} = \nu_B^*/a_B^*$ werden zwei Transportkoeffizienten ins Verhältnis gesetzt. Die kinematische Viskosität ν_B^* bestimmt den Impulstransport quer zur Hauptströmungsrichtung und ist damit ein Maß für die Dicke der Strömungsgrenzschicht δ^*. Die Temperaturleitfähigkeit a_B^* bestimmt die Ausbreitung von Temperaturunterschieden im Fluid und ist damit ein Maß für die Dicke der Temperaturgrenzschicht δ_T^*.

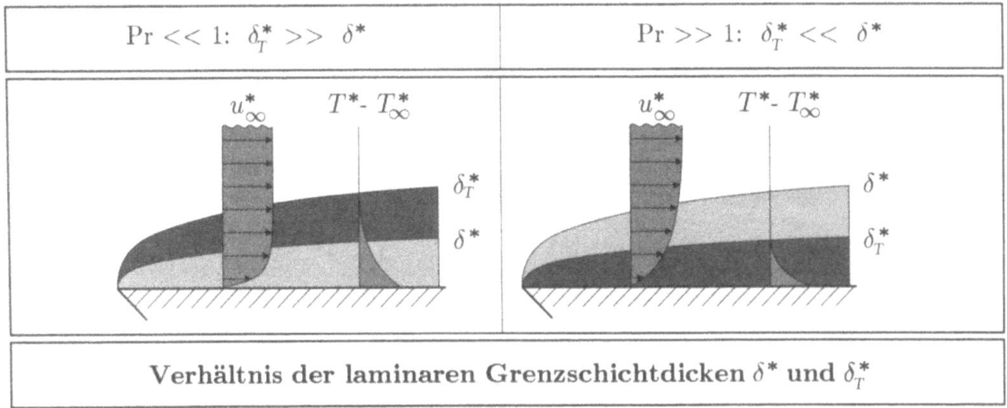

Verhältnis der laminaren Grenzschichtdicken δ^* und δ_T^*

Für Prandtl-Zahlen in der Nähe von Eins sind deshalb beide Grenzschichtdicken etwa gleich groß. Für Extremwerte der Prandtl-Zahl ergeben sich jedoch zwei unterschiedliche Genzfälle, je nachdem ob Pr $\rightarrow$ 0 oder Pr $\rightarrow$ ∞ gilt. Die im Bild für laminare Grenzschichten gezeigten Verhältnisse zwischen δ^* und δ_T^* gelten prinzipiell auch für turbulente Strömungen. Für sehr kleine bzw. sehr große Prandtl-Zahlen sind die Unterschiede zwischen δ^* und δ_T^* sehr viel ausgeprägter, als dies im Bild (in einer prinzipiellen Darstellung) gezeigt ist.

ANWENDUNGEN UND BEISPIELE

1. *Größenordung von Prandtl-Zahlen verschiedener Stoffe bei üblichen Temperaturen und Drücken (Umgebungsbedingungen)*

Die nachfolgende Tabelle zeigt die Prandtl-Zahl Bereiche, die für die angegebenen Stoffklassen typischerweise gelten, sowie die konkreten Werte für Luft und Wasser.

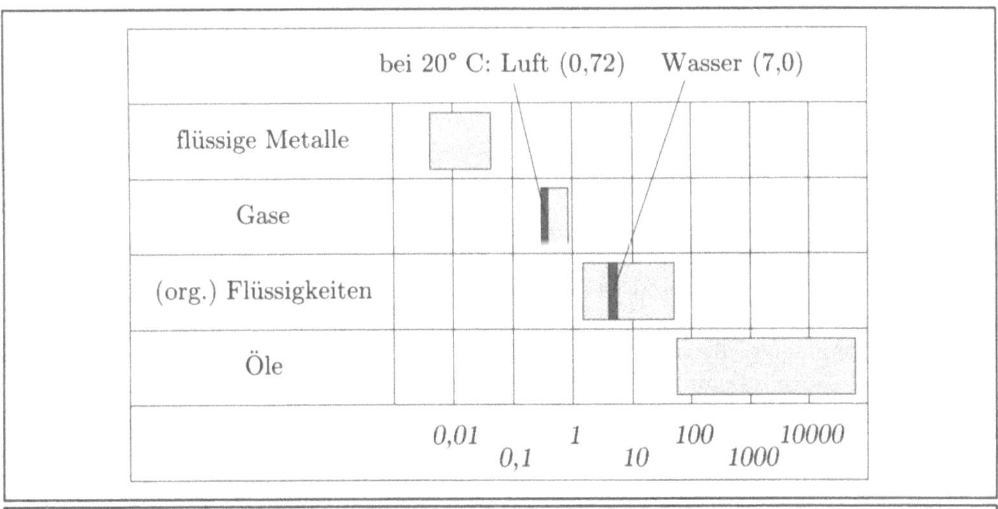

Größenordnung von Prandtl-Zahlen

2. Temperatur- und Druckabhängigkeit der Prandtl-Zahl für typische Stoffe

Eine Abschätzung kann über den linearen Term einer Taylor-Reihenentwicklung nach der Temperatur und dem Druck erfolgen (B : Bezugszustand):

$$\frac{\mathrm{Pr}}{\mathrm{Pr}_B} = 1 + \mathrm{K}_{\mathrm{Pr}\,T}\frac{T^* - T_B^*}{T_B^*} + \mathrm{K}_{\mathrm{Pr}\,p}\frac{p^* - p_B^*}{p_B^*} + \dots$$

	FLÜSSIGES NATRIUM	LUFT	WASSER	ÖL
$\mathrm{K}_{\mathrm{Pr}\,T}$	-1,4	-0,05	-8,0	-13,9
$\mathrm{K}_{\mathrm{Pr}\,p}$	~ 0	~ 0	~ 0	~ 0

Einflussfaktoren $\mathrm{K}_{\mathrm{Pr}\,T}$ und $\mathrm{K}_{\mathrm{Pr}\,p}$
$p_B^* = 1\,\mathrm{bar},\ T_B^* = 293\,\mathrm{K}\ (=\ 473\,\mathrm{K}$ für Natrium)

Die Tabelle zeigt anhand von $\mathrm{K}_{\mathrm{Pr}\,T}$ und $\mathrm{K}_{\mathrm{Pr}\,p}$ (dimensionslose erste Ableitung von Pr nach T^* bzw. p^*, sog. *Einflussfaktoren*), dass die Druckabhängigkeit generell vernachlässigbar klein ist. Für Luft bzw. allgemein für Gase ist $\mathrm{K}_{\mathrm{Pr}\,T}$ ebenfalls nahe Null, so dass nur eine schwache Temperaturabhängigkeit vorliegt.

BEACHTE

❏ **Extreme Prandtl-Zahlen:** Die Grenzfälle der Prandtl-Zahl (Pr $\to$ 0 und Pr $\to \infty$) können häufig mit asymptotischen Methoden systematisch beschrieben werden, wobei versucht wird, die Prandtl-Zahl durch eine entsprechende Transformation formal in eine Koordinate zu übernehmen. Bei laminaren Grenzschichten skaliert die Querkoordinate in diesem Sinne mit $\mathrm{Pr}^{1/2}$ für Pr $\to$ 0 und mit $\mathrm{Pr}^{1/3}$ für Pr $\to \infty$ (s. Gersten, Herwig (1992, S. 162)).

❏ **Schwierigkeiten bei Pr $\to$ 0:** Von den asymptotischen Grenzfällen Pr $\to$ 0 und Pr $\to \infty$ erweist sich der Grenzfall Pr $\to$ 0 stets als „schwieriger zu behandeln", weil in diesem Grenzfall die Temperaturgrenzschicht nicht mehr innerhalb der Strömungsgrenzschicht liegt. Besonders bei turbulenten Strömungen sind heute eine Reihe von Fragen in bezug auf diesen Grenzfall noch offen.

❏ **Turbulente Prandtl-Zahl:** In Analogie zur (molekularen) Prandtl-Zahl $\mathrm{Pr} = \nu^*/a^*$ wird als *turbulente Prandtl-Zahl* die Größe $\mathrm{Pr}_t = \nu_t^*/a_t^*$ eingeführt. Dabei sind ν_t^* und a_t^* die kinematische WIRBELVISKOSITÄT und die turbulente Temperaturleitfähigkeit. Beide Größen werden im Zuge der Turbulenzmodellierung definiert und stellen Strömungsgrößen (keine Stoffgrößen wie ν^* und a^*!) dar, in denen sich die Wirkung der Turbulenz auf das Strömungs- bzw. das Temperaturfeld widerspiegelt. Aufgrund des weitgehend „passiven Charakters" turbulenter Temperaturschwankungen (diese werden durch die Geschwindigkeitsschwankungen geprägt) zeigt die turbulente Austauschgröße a_t^* ein sehr ähnliches Verhalten wie ν_t^*. Deshalb ist ihr Verhältnis (Pr_t) nahezu konstant und wird häufig durch einen Zahlenwert $\mathrm{Pr}_t = $ const angenähert, obwohl die Größen ν_t^* und a_t^* für sich erhebliche Änderungen im Strömungsfeld erfahren.

Als Zahlenwert gilt in erster Näherung $\mathrm{Pr}_t = 1$, für spezielle Situationen werden Werte < 1 ermittelt.

☞ **Schmidt-Zahl Sc:** Im Sinne der Analogie zwischen Wärme- und Stoffübergang wird parallel zur Prandtl-Zahl die sog. Schmidt-Zahl $\mathrm{Sc} = \nu^*/D^*_{AB}$ eingeführt. Diese Stoffwertkombination enthält den Diffusionskoeffizenten D^*_{AB}, wobei der Index AB aussagt, dass es sich um die Stoffdiffusion der Komponente A im Medium B handelt, also ein sog. *binäres Gemisch* betrachtet wird.

Diffusionskoeffizienten in binären Gasgemischen sind häufig von der Größe $10^{-5} - 10^{-6}$ m^2/s, so dass mit $\nu^* \approx 10^{-5}$ m^2/s Zahlenwerte für Sc von der Größenordnung $O(1)$ auftreten.

Bei der Diffusion von Gasen in Flüssigkeiten treten typischerweise Werte von $D^*_{AB} \approx 10^{-9}$ m^2/s auf, so dass dann mit $\nu^* \approx 10^{-6}$ m^2/s typischerweise Größenordnungen $O(10^3)$ für die Schmidt-Zahl vorkommmen.

Weiterführende Literatur

Gersten, K.; Herwig, H. (1992): *Strömungsmechnik*, Vieweg-Verlag, Braunschweig

VDI-Wärmeatlas (2002); 9. Aufl.; Springer-Verlag, Berlin, Heidelberg, New York

Rayleigh-Strömung
(Rayleigh flow)

Siehe dazu das Stichwort ROHRSTRÖMUNG, KOMPRESSIBEL, dort unter PHYSIKALISCHER HINTERGRUND

Rayleigh-Zahl
(Rayleigh number)

Siehe dazu das Stichwort GRASHOF-ZAHL, dort unter BEACHTE

Reibungswiderstand
(friction drag)

Siehe dazu das Stichwort WIDERSTAND

Reynolds Gleichung
(Reynolds equation)

BEDEUTUNG UND DEFINITION

Es handelt sich um eine Gleichung zur Beschreibung sog. Film- oder Spaltströmungen in Lagern, in denen die Reibung gegeneinander bewegter Festkörperflächen sehr niedrig gehalten werden kann, weil durch den Fluidfilm ein direkter Oberflächenkontakt vermieden wird.

Wenn dieser Film durch die Relativbewegung zwischen den Oberflächen aufgebaut wird, spricht man von *hydrodynamischen Lagern* (engl.: hydrodynamic bearings), wenn eine externe Druckversorgung für den Aufbau und die Aufrechterhaltung des Fluidfilms sorgt, liegen sog. *hydrostatische Lager* (engl.: hydrostatic bearings) vor.

Die Spaltströmung in solchen Lagern wird durch eine spezielle Form der SCHLANKKANAL-GLEICHUNGEN beschrieben, aus denen durch Integration eine Gleichung zur Bestimmung des Druckes hergeleitet werden kann. Diese Gleichung wird *Reynolds Gleichung* genannt, die theoretische Beschreibung der Vorgänge wird auch als (*hydrodynamische*) *Schmierungstheorie* bezeichnet.

	Definition	

Unter der Reynolds Gleichung versteht man die nachfolgende Differentialgleichung zur Bestimmung des Druckes p^* in einer Spaltströmung mit gegeneinander bewegten Wänden. Die darin vorkommenden Geschwindigkeiten $\vec{G}_1^*$ und $\vec{G}_2^*$ bzw. deren Komponenten U_1^*, V_1^*, W_1^* und U_2^*, V_2^*, W_2^*, sind die Geschwindigkeiten korrespondierender Punkte auf den sich gegenüberliegenden Gleitflächen und stellen damit kinematische Randbedingungen für das Problem dar.

Bei gegebener Spaltgeometrie h^* und bekannten kinematischen Randbedingungen $\vec{G}_1^*$ und $\vec{G}_2^*$ kann der Druck aus folgender sog. *Reynolds Gleichung* bestimmt werden.

$$\frac{\partial}{\partial x^*}\left[\frac{h^{*3}}{\eta^*}\frac{\partial p^*}{\partial x^*}\right] + \frac{\partial}{\partial z^*}\left[\frac{h^{*3}}{\eta^*}\frac{\partial p^*}{\partial z^*}\right] = 6\left(U_1^* - U_2^*\right)\frac{\partial h^*}{\partial x^*} + 6h^*\frac{\partial(U_1^* + U_2^*)}{\partial x^*}$$

$$+12h^*\frac{\partial W_1^*}{\partial z^*} + 12\left(V_2^* - V_1^*\right) \tag{$*$}$$

Das kartesische Koordinatensystem liegt dabei zu einem Referenzzeitpunkt $t^* = t_0^*$ im Punkt ① als einem von zwei gegenüberliegenden Wandpunkten (korrespondierenden Punkten), und zwar so, dass $W_2^* = W_1^*$ gilt. Die Zeit t^* tritt in den Gleichungen nicht explizit auf, sie ist über die Randbedingungen, die sich zeitabhängig verändern können, aber ein Parameter des Gleichungssystems. Es handelt sich damit um eine *quasistationäre* Betrachtungsweise. Aufgrund der Spaltgeometrie als schlankem Lösungsgebiet treten (Wand-) Krümmungseffekte in der führenden Ordnung der Schlankkanalgleichungen und damit auch in der Reynolds Gleichung nicht auf, die x- und z-Koordinaten folgen deshalb der Wand.

x^*, z^*	Koordinaten in der Ebene des Schmierspaltes	m

y^*	Koordinate senkrecht zum Schmierspalt	m
h^*	Schmierspalthöhe, $h^* = h^*(x^*, z^*, t^*)$; t^*: Zeit	m
p^*	Druck	N/m^2
η^*	dynamische Viskosität	kg/ms
$U_1^*,\ U_2^*$	Geschwindigkeit der Wandpunkte ① und ② in x-Richtung	m/s
$V_1^*,\ V_2^*$	Geschwindigkeit der Wandpunkte ① und ② in y-Richtung	m/s
$W_1^*,\ W_2^*$	Geschwindigkeit der Wandpunkte ① und ② in z-Richtung	m/s

PHYSIKALISCHER HINTERGRUND

Der Ausgangspunkt für die Herleitung der Reynolds Gleichung ist ein spezieller Satz von Schlankkanal-Gleichungen. Diese ergeben sich aus den Navier-Stokes Gleichungen als führende Terme einer systematischen Entwicklung nach einem Schlankkanal-Parameter $\alpha = L_y^*/L_{xz}^*$ mit der Nebenbedingung, dass für die Reynolds-Zahl $Re = U_B^* L_y^*/\nu^*$ die Größenordnung $Re = O(1)$ einzuhalten ist. Dabei stellt L_y^* eine charakteristische Abmessung der Kanal- bzw. Spalthöhe dar, L_{xz}^* ist eine Größe, die den Kanal in seiner Längen- bzw. Breitenausdehnung charakterisiert.

Diese Gleichungen lauten (führende Ordnung für $\alpha \to 0$, $Re = O(1)$; für Details s. das Stichwort SCHLANKKANAL-GLEICHUNGEN):

$$\frac{\partial p^*}{\partial x^*} = \eta^* \frac{\partial^2 u^*}{\partial y^{*2}} \ ; \ \frac{\partial p^*}{\partial y^*} = 0 \ ; \ \frac{\partial p^*}{\partial z^*} = \eta^* \frac{\partial^2 w^*}{\partial y^{*2}} \ ; \ \frac{\partial u^*}{\partial x^*} + \frac{\partial v^*}{\partial y^*} + \frac{\partial w^*}{\partial z^*} = 0$$

und stellen vier Gleichungen zur Bestimmung von u^*, v^*, w^* und p^* dar.

Sie bringen folgende physikalische Besonderheiten der hier betrachteten Gleitlager-strömungen zum Ausdruck:

- Die Strömungsspalte sind so eng, dass Krümmungseinflüsse durch nicht ebene Wände keine Rolle spielen. Gemessen an der Spalthöhe h^* ist der örtliche Krümmungsradius als Maß für die Wandkrümmung sehr groß; die Wand ist damit im Maßstab der Spalthöhe „nahezu eben". Aus diesem Grunde kann auch ein kartesisches (ortho-gonales) Koordinatensystem „in die Wand" gelegt werden, so dass die x- und die z-Koordinaten der (in der Realität u.U. gekrümmten) Wand folgen.

- Der Druck ist über die Spalthöhe hinweg konstant, da Stromlinien nahezu parallel verlaufen und kein Quer-Druckgradient aufgebaut werden kann.

- Das Kräftegleichgewicht wird durch Druck- und Reibungskräfte eingehalten, Trägheitskräfte spielen keine Rolle, da keine nennenswerten Beschleunigungen oder Verzögerungen auftreten.

- Die auftretenden Druckkräfte sind so groß, dass die hydrostatischen Druckunterschiede vernachlässigt werden können.

- Als Fluid wird ein Newtonsches inkompressibles Fluid unterstellt. Mögliche Abhängigkeiten der Viskosität vom Druck und von der Temperatur werden vernachlässigt.

Die Herleitung der Reynolds Gleichung aus den zuvor aufgeführten speziellen Schlankkanal-Gleichungen geschieht wie folgt:

Nach einer zweimaligen Integration über die Koordinate y^* ergibt sich aus der ersten und dritten Gleichung unmittelbar

$$u^* = \frac{1}{2\eta^*}\frac{\partial p^*}{\partial x^*}y^{*2} + A^*y^* + B^* \ ; \ \ w^* = \frac{1}{2\eta^*}\frac{\partial p^*}{\partial z^*}y^{*2} + C^*y^* + D^*$$

Die Größen A^*, B^*, C^*, D^*, die noch Funktionen von x^* und z^* sein können, müssen aus den Randbedingungen bestimmt werden. Wenn das Koordinatensystem mit dem Ursprung zu einem Referenzzeitpunkt $t^* = t_0^*$ in den Punkt ① gelegt wird, die y-Koordinate in Richtung des Punktes ② weist und die x-Koordinate so ausgerichtet wird, dass sie die vollständige tangentiale Relativgeschwindigkeit zwischen den Gleitebenen erfasst, lauten die Randbedingungen

$$y^* = 0 : \quad u^* = U_1^*, \ \ v^* = V_1^*, \ \ w^* = W_1^*$$

$$y^* = h^* : \quad u^* = U_2^*, \ \ v^* = V_2^*, \ \ w^* = W_2^* = W_1^*$$

Diese Randbedingungen sind zunächst noch sehr allgemein gehalten , weil sie auch die Situation dynamischer Laständerungen abdecken sollen. Wenn der Punkt ① ortsfest ist, z.B. auf einer unbewegten Lagerschale liegt, gilt $U_1^* = V_1^* = W_1^* = 0$. Wie sich später herausstellt, ist bei starren Wänden nur die Relativbewegung der Punkte ① und ② von Bedeutung. Dabei gilt insbesondere für die Quergeschwindigkeiten

$$V_2^* - V_1^* = \frac{\partial h^*}{\partial t^*} + U_{2r}^*\frac{\partial h^*}{\partial x^*}$$

womit die Zeit über die Randbedingungen als Parameter in das Gleichungssystem gelangt. Eine Komponente U_{2r}^* tritt auf, wenn der Wandpunkt ② eine Rotationsbewegung um einen Lagerdrehpunkt vollführt, wie dies bei sog. Radiallagern der Fall ist, s. dazu das nachfolgende Beispiel. Dann wird die Geschwindigkeit $\vec{G}_2^*$ bei ② zweckmäßigerweise in den Rotationsanteil $\vec{G}_{2r}^*$ und den Translationsanteil $\vec{G}_{2t}^*$ aufgespalten.

Aus den Randbedingungen folgt

$$u^* = \frac{1}{2\eta^*}\frac{\partial p^*}{\partial x^*}(y^{*2} - y^*h^*) + \left(1 - \frac{y^*}{h^*}\right)U_1^* + \frac{y^*}{h^*}U_2^*$$

$$w^* = \frac{1}{2\eta^*}\frac{\partial p^*}{\partial z^*}(y^{*2} - y^*h^*) + W_1^*$$

für die Geschwindigkeitskomponenten u^* und w^*. Diese können allerdings noch nicht ausgewertet werden, solange $\partial p^*/\partial x^*$ und $\partial p^*/\partial z^*$ nicht bekannt sind. Die dritte Komponente folgt aus der Kontinuitätsgleichung zu

$$v^* = V_1^* - \int_0^{y^*} \left[\frac{\partial u^*}{\partial x^*} + \frac{\partial w^*}{\partial y^*}\right] dy^*$$

Auch diese Gleichung ist erst auswertbar, wenn p^* bekannt ist; sie kann allerdings unmittelbar zu einer Bestimmungsgleichung für p^* umgeschrieben werden. Dazu wird die Integration bis $y^* = h^*$ ausgeführt. Damit wird $v^* = V_2^*$ (Randbedingung!). Nach Einsetzen von u^* und w^* in der zuletzt ermittelten Form können die Integrale unmittelbar ausgewertet werden und es folgt direkt die Reynolds Gleichung, wie sie in der Definitionsbox angegeben ist. Für Details dieser Herleitung s.z.B. Szeri (1998).

Die Geschwindigkeitskomponenten U_1^*, U_2^* bzw. V_1^*, V_2^* resultieren (wie die konstante Quergeschwindigkeit $W_1^* = W_2^*$) aus der Festkörperbewegung der Gleitflächen und beschreiben die Relativbewegung der Punkte ① und ② zueinander. Diese Punkte können sich auf geraden oder gekrümmten Bahnen in bezug auf die y-Richtung bewegen.

Wenn gekrümmte Bahnen vorliegen, ist es wie bereits erwähnt, von Vorteil, die Komponenten des Punktes ② (des Punktes außerhalb des Koordinatenursprungs) in die Anteile U_{2t}^* und U_{2r}^* bzw. V_{2t}^* und V_{2r}^* zu zerlegen. Dabei sind U_{2t}^* und V_{2t}^* die „Translationskomponenten", d.h. die Komponenten von U_2^* und V_2^* die sich aus der Translationsbewegung des Bauteiles ergeben, zu dem ② gehört. Entsprechend sind U_{2r}^* und V_{2r}^* die verbleibenden Anteile von U_2^* und V_2^*, die aus der Rotationsbewegung des Bauteiles folgen. Diese Unterscheidung ist für sog. Radial-Gleitlager von Bedeutung, s. dazu das nachfolgende Beispiel.

ANWENDUNGEN UND BEISPIELE

Die Reynolds Gleichung bei Axial- und Radial-Gleitlagern

Axial- und Radial-Gleitlager sind zwei Bauformen, die sich in der Richtung unterscheiden, in der die Lagerkraft (Last) aufgebracht wird.

Bei Axiallagern (engl.: thrust bearings) wird die vom Lager aufgenommene Kraft parallel zur Drehachse der gegeneinander bewegten Bauteile eingeleitet. Das Lager besteht aus stehenden und bewegten ebenen Gleitflächen, wie dies im nachfolgenden Bild skizziert ist. In bezug auf die allgemeine Form der Reynolds Gleichung in der Defintionsbox gilt für diesen Fall:

- $\dfrac{\partial(U_1^* + U_2^*)}{\partial x^*} = 0 \;\; ; \;\; \dfrac{\partial W_1^*}{\partial z^*} = 0 \qquad$ (starre Wände)

- $U_1^* - U_2^* = U_R^* \qquad$ (Relativgeschwindigkeit in x-Richtung)

- $V_2^* - V_1^* = \dfrac{\partial h^*}{\partial t^*} \qquad$ (Relativgeschwindigkeit in y-Richtung)

AXIAL - GLEITLAGER	**RADIAL - GLEITLAGER**
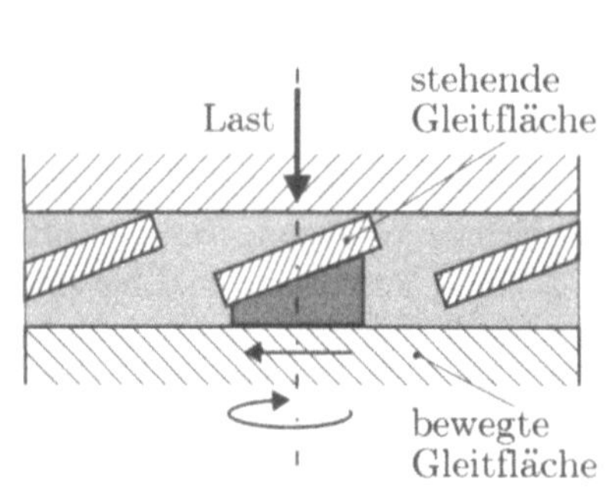	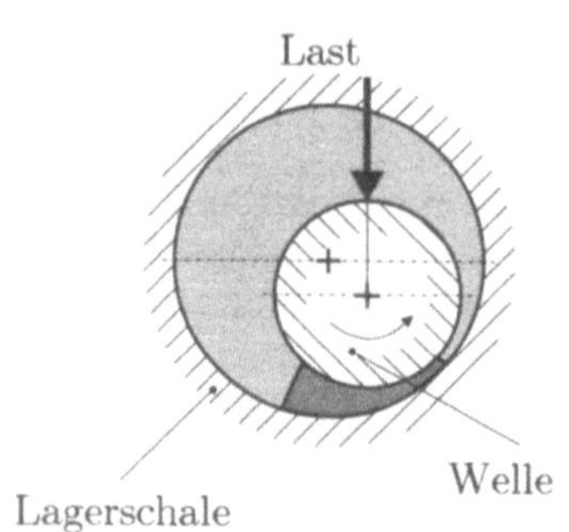
allgemeine kinematische Situation:	allgemeine kinematische Situation:
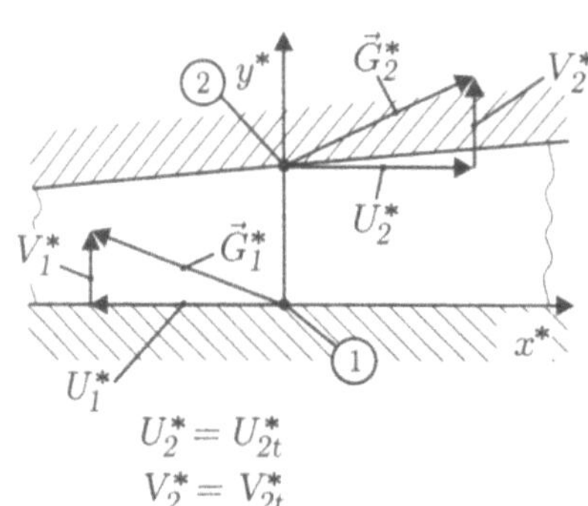$$U_2^* = U_{2t}^*$$ $$V_2^* = V_{2t}^*$$	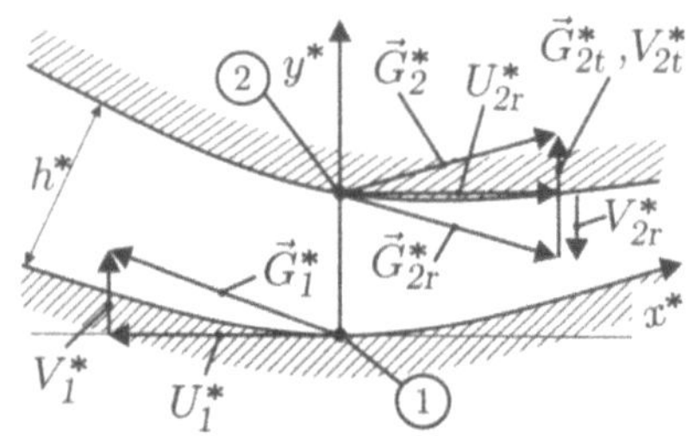$$U_2^* = U_{2r}^* \; ; \; U_{2t}^* \text{ vernachlässigt}$$ $$V_2^* = V_{2t}^* + V_{2r}^* \; ; \quad V_{2r}^* \approx U_{2r}^* \frac{\partial h^*}{\partial x^*}$$
kinematische Standard- Situation: $\vec{G}_2^* = 0$ (Punkt ② fest); $V_1^* = 0$ Druckaufbau durch U_1^* Strömung in konvergentem Kanal	kinematische Standard- Situation: $\vec{G}_1^* = 0$ (Punkt ① fest); $V_{2t}^* = 0$ Druckaufbau durch U_2^* Strömung in konvergentem Kanal

Geschwindigkeitskomponenten in den korrespondierenden Wandpunkten ① und ② bei Gleitlagerströmungen

BEACHTE: Wegen der Vernachlässigung von Krümmungseffekten folgt die x-Koordinate im Fall des Radial - Gleitlagers der Wand

Damit lautet die Reynolds Gleichung für Axiallager:

$$\frac{\partial}{\partial x^*}\left[\frac{h^{*3}}{\eta^*}\frac{\partial p^*}{\partial x^*}\right] + \frac{\partial}{\partial z^*}\left[\frac{h^{*3}}{\eta^*}\frac{\partial p^*}{\partial z^*}\right] = 6U_R^*\frac{\partial h^*}{\partial x^*} + 12\frac{\partial h^*}{\partial t^*}$$

Üblicherweise liegt Punkt ① in der Ebene der bewegten Gleitfläche (dem sog. Läufer), so dass $U_R^* = U_1^*$ gilt. Zu einem Druckaufbau kommt es, wenn die rechte Seite der Reynolds

Gleichung negativ ist. Dies erfordert im stationären Fall $(\partial h^*/\partial t^* = 0)$ $U_R^* = U_1^* < 0$, wenn $\partial h^*/\partial x^* > 0$ gilt, wie dies in der Skizze eingezeichnet ist. Instationäre Effekte führen für $\partial h^*/\partial t^* < 0$ zu einem Druckaufbau, d.h. der Druck steigt, wenn die Spalthöhe mit der Zeit t^* abnimmt.

Bei Radiallagern (engl.: journal bearings) wird die vom Lager aufgenommene Kraft senkrecht zur Drehachse der gegeneinander bewegten Bauteile eingeleitet. Das Lager besteht aus einer Welle und einer Lagerschale, wie dies im Bild skizziert ist. Durch die relativ zur Lagerschale exzentrische Lage der Welle bildet sich wie beim Axiallager ein Spalt veränderlicher Höhe, der jetzt aber gekrümmte Wände aufweist. Diese Krümmung führt zu keinen zusätzlichen Termen in der Reynolds Gleichung (weil sie für die Strömung einen vernachlässigbaren Einfluss besitzt), muss aber in der Formulierung der Randbedingungen berücksichtigt werden. In bezug auf die allgemeine Form der Reynolds Gleichung gilt:

- $\dfrac{\partial(U_1^* + U_2^*)}{\partial x^*} = 0$; $\dfrac{\partial W_1^*}{\partial z^*} = 0$ (starre Wände)

- $U_1^* - U_2^* = U_1^* - U_{2r}^* = U_R^*$ (Relativgeschwindigkeit in x-Richtung)

- $V_2^* - V_1^* = V_{2t}^* - V_1^* + U_{2r}^* \dfrac{\partial h^*}{\partial x^*} = \dfrac{\partial h^*}{\partial t^*} + U_{2r}^* \dfrac{\partial h^*}{\partial x^*}$

        (Relativgeschwindigkeit in y-Richtung)

Damit lautet die Reynolds Gleichung für Radiallager:

$$\frac{\partial}{\partial x^*}\left[\frac{h^{*3}}{\eta^*}\frac{\partial p^*}{\partial x^*}\right] + \frac{\partial}{\partial z^*}\left[\frac{h^{*3}}{\eta^*}\frac{\partial p^*}{\partial z^*}\right] = \left(6U_R^* + 12U_{2r}^*\right)\frac{\partial h^*}{\partial x^*} + 12\frac{\partial h^*}{\partial t^*}$$

Üblicherweise liegt Punkt ① auf der ruhenden Lagerschale ($\rightarrow U_1^* = 0$), so dass $U_R^* = -U_{2r}^*$ gilt. Damit wird der erste Term auf der rechten Seite zu $6U_{2r}^*\partial h^*/\partial x^*$ und gleicht formal dem entsprechenden Term für Axiallager. Es ist dabei zu beachten, dass mit U_{2r}^* und U_1^* bei Radial- bzw. Axial-Lagern Geschwindigkeiten auftreten, die jeweils die Relativbewegung der Flächen zueinander beschreiben. Ein Druckaufbau findet stets dann statt, wenn durch die „Schleppwirkung" der Wände eine Strömung in Richtung eines konvergierenden Kanals erzwungen wird. Dabei kommt es aus Kontinuitätsgründen zu einer Beschleunigung der Strömung. Die Folge davon sind erhöhte Geschwindigkeitsgradienten und damit auch erhöhte Schubspannungen (Reibungskräfte). Diese werden durch erhöhte Druckkräfte kompensiert, Trägheitskräfte spielen in dieser Näherung (führende Ordnung der Schlankkanal-Gleichungen) keine Rolle. Für die konkrete Berechnung des Druckaufbaus sind die Randbedingungen vor und nach den tragenden Lagerbereichen von entscheidender Bedeutung.

BEACHTE

⌑ **Gleitlager-Fluide:** Prinzipiell sind Flüssigkeiten und Gase als Gleitlager-Fluide geeignet. Typischerweise werden Flüssigkeiten bei hohen Traglasten und relativ kleinen Geschwindigkeiten, Gase bei geringen Traglasten und hohen Geschwindigkeiten eingesetzt. Wie die Reynolds Gleichung zeigt, ist die dynamische Viskosität η^* der entscheidende Stoffwert im Zusammenhang mit Gleitlager-Strömungen.

Bei Umgebungstemperatur (20°C) verhält sich die Viskosität η^* von Luft, Wasser und Öl etwa wie 1:50:1500, wobei die extrem starke Temperaturabhängigkeit bei Wasser und Öl zu beachten ist. Gleiche Lasten können bei kleinerer Viskosität nur durch verminderte Spalthöhen und/oder erhöhte Laufgeschwindigkeiten getragen werden. Eine Verminderung der Spalthöhe wäre prinzipiell die ideale Lösung zur Erhöhung der Tragfähigkeit, scheitert aber häufig an dann nicht mehr auszuschließenden lokalen oder momentanen Oberflächenkontakten (sog. Mischreibung) mit allen negativen Folgen für den Erhalt der Lageroberflächen.

Wegen der hohen Werte für η^* bei Ölen hat sich Öl als Gleitlager-Fluid weitgehend durchgesetzt. Es gibt in jüngster Zeit aber auch Bestrebungen, Öl durch Wasser zu ersetzen. Dabei muss durch entsprechende Maßnahmen (Oberflächengestaltung, Formgebung des Spaltes, Materialpaarung bei partieller Mischreibung) der Faktor 30, um den die Viskosität von Wasser geringer ist als diejenige von Öl, kompensiert werden.

◻ **Interpretation der kinematischen Randbedingung:** Die rechte Seite der Reynolds Gleichung (∗) in der Definitionsbox beschreibt die Wirkung der relativen Wandbewegungen (kinematische Randbedingung der Schlankkanal-Gleichungen). Dabei kann nach folgenden drei unterschiedlichen Termen bzw. Termgruppen unterschieden werden:

$$\ldots = \underbrace{6(U_1^* - U_2^*)\frac{\partial h^*}{\partial x^*}}_{} + \underbrace{6h^*\frac{\partial(U_1^* + U_2^*)}{\partial x^*} + 12h^*\frac{\partial W_1^*}{\partial z^*}}_{} + \underbrace{12(V_2^* - V_1^*)}_{}$$

<table>
<tr><td>Keilwirkung</td><td>Verzerrungswirkung</td><td>Verdrängungswirk.</td></tr>
<tr><td>(engl.: wedge action)</td><td>(engl.: stretch action)</td><td>(engl.: squeeze action)</td></tr>
</table>

WEITERFÜHRENDE LITERATUR

Szeri, A.Z. (1998): *Fluid Film Lubrication*, Cambridge University Press, Cambridge UK

Hamrock, B.J. (1994): *Fundamentals of Fluid Film Lubrication*, Mc Graw Hill, New York

Someya, T. (1989): *Journal-Bearing Databook*, Springer-Verlag, Berlin, Heidelberg, New York

Rohde, S.M. (Ed.) (1983): *Fluid Film Lubrication: A Century of Progress*, ASME, New York

Lang, O.R.; Steinhilper, W. (1978): *Gleitlager*, Springer-Verlag, Berlin, Heidelberg, New York

Dowson, D. (1962): *A generalised Reynolds equation for fluid-film lubrication*, Int. J. Mech. Sci. **4**, 159 - 170

• speziell zu Wasser als Gleitlager-Fluid:

Li, Z.Y.; Yu, Z.Y.; He, X.F.; Yang, S.D. (1999): *The Development and Perspective of Water Hydraulics*, Proc. of the Fourth JHPS International Symposium, Tokyo (Japan), 335 - 342

Reynoldsscher Spannungstensor
(Reynolds stress tensor)

Siehe dazu das Stichwort TURBULENZMODELLIERUNG

Reynolds-Spannungs-Modelle
(Reynolds stress models)

BEDEUTUNG UND DEFINITION

Es handelt sich um eine bestimmte Klasse von TURBULENZMODELLEN. Mit Hilfe dieser Modelle werden die einzelnen Komponenten des Reynoldsschen Spannungstensors direkt modelliert, ohne auf den Ansatz für die WIRBELVISKOSITÄT zurückzugreifen. Ausgangspunkt für die Reynolds-Spannungs-Modelle sind die (exakten) Differentialgleichungen für die einzelnen Komponenten des Reynoldsschen Spannungstensors, die mit Hilfe der NAVIER-STOKES GLEICHUNGEN hergeleitet werden können.

	Definition	

Unter Reynolds-Spannungs-(Turbulenz) Modellen versteht man mathematische Gleichungen für die einzelnen Komponenten $\tau_{ij}^{*\prime}$ des Reynoldsschen Spannungstensors, die geeignet sind, die Bilanzgleichungen für die zeitgemittelten Strömungsgrößen zu einem insgesamt geschlossenen, lösbaren Gleichungssystem zu ergänzen. Sie basieren auf den exakten Gleichungen für $\tau_{ij}^{*\prime}$

$$\frac{D\tau_{ij}^{*\prime}}{Dt^*} = -\tau_{ik}^{*\prime}\frac{\partial \overline{u_j^*}}{\partial x_k^*} - \tau_{jk}^{*\prime}\frac{\partial \overline{u_i^*}}{\partial x_k^*} + \underbrace{\pi_{ij}^*}_{(1)} - \underbrace{\varepsilon_{ij}^*}_{(2)} - \underbrace{\frac{\partial C_{ijk}^*}{\partial x_k^*}}_{(3)} + \nu^* \, \nabla^2 \, \tau_{ij}^{*\prime} \qquad (*)$$

mit D/Dt^* und ∇^2 in kartesischen Koordinaten als:

$$\frac{D...}{Dt^*} = \frac{\partial ...}{\partial t^*} + \overline{u^*}\frac{\partial ...}{\partial x^*} + \overline{v^*}\frac{\partial ...}{\partial y^*} + \overline{w^*}\frac{\partial ...}{\partial z^*} \; , \quad \nabla^2... = \frac{\partial^2 ...}{\partial x^{*2}} + \frac{\partial^2 ...}{\partial y^{*2}} + \frac{\partial^2 ...}{\partial z^{*2}}$$

und stellen τ_{ij}'-Modellgleichungen dar, nachdem die mit (1) bis (3) gekennzeichneten Terme durch spezielle physikalisch motivierte Annahmen so formuliert (modelliert) worden sind, dass eine Schließung des Gesamtsystems der beteiligten Gleichungen vorliegt.

$\tau_{ij}^{*\prime}$	Komponenten des Reynoldsschen Spannungstensors	N/m^2
$\overline{u_i^*}, \overline{u_j^*}$	zeitgemittelte Geschwindigkeitskomponenten	m/s
π_{ij}^*	Komponenten des Druck-Scher-Korrelationstensors	$N/m^2 s$
ε_{ij}^*	Komponenten des Dissipationsraten-Tensors	$N/m^2 s$
C_{ijk}^*	turbulente Diffusion	N/ms
ν^*	kinematische Viskosität	m^2/s
t^*	Zeit	s

x_k^*	Koordinate	m
x^*, y^*, z^*	kartesische Koordinaten	m
$\overline{u^*}, \overline{v^*}, \overline{w^*}$	zeitgemittelte kartesische Geschwindigkeitskomponenten	m/s

PHYSIKALISCHER HINTERGRUND

Wie unter dem Stichwort TURBULENZMODELLIERUNG erläutert, tritt in den Gleichungen für die zeitgemittelten Strömungsgrößen (Impulsgleichungen und Kontinuitätsgleichung) der Reynoldssche Spannungstensor auf, dessen Komponenten als Unbekannte in diesen Gleichungen angesehen werden müssen. Das Gleichungssystem insgesamt ist erst dann geschlossen und damit prinzipiell lösbar, wenn Modellgleichungen für die einzelnen Komponenten des zusätzlichen Spannungstensors gefunden sind.

Im Rahmen der Reynolds-Spannungs-Modelle stellen die Gleichungen (∗) im Prinzip solche Modellgleichungen dar, aber: in diesen tauchen unbekannte Terme, gekennzeichnet als ① bis ③ auf, die für sich wiederum modelliert werden müssen.

Erst nach deren Modellierung, bei der dann die τ_{ij}'-*Modellgleichungen* entstehen, ist das Gleichungssystem, bestehend aus den Bilanzgleichungen für die Impuls- und Massenerhaltung, ergänzt um die τ_{ij}'-*Modellgleichungen*, geschlossen und damit prinzipiell einer numerischen Lösung zugänglich.

Die Modellierung der in (∗) unterstrichenen Turbulenzterme ist Gegenstand intensiver Forschung, für die auf die Spezialliteratur verwiesen sei. Einen sehr guten Überblick findet man z.B. in Speziale, So (1998), speziell für Strömungen bei großen Reynolds-Zahlen s. Gersten, Herwig (1992). Im folgenden sollen nur einige Bemerkungen, speziell zur Physik, die sich hinter diesen Termen „verbirgt", gemacht werden.

1. $\pi_{ij}^* = \overline{p^* \left(\frac{\partial u_i^{*\prime}}{\partial x_j^*} + \frac{\partial u_j^{*\prime}}{\partial x_i^*} \right)}$: Druck-Scher-Korrelations-Tensor

   Die Terme beschreiben den Transfer von kinetischer Energie der Schwankungsbewegung zwischen den einzelnen Komponenten und führen in der Tendenz zu einem Ausgleich bezüglich dieser Energie zwischen den drei Komponenten. Eine systematische Analyse dieser Vorgänge führt zu einer sehr aufwendigen Modellierung.

2. $\varepsilon_{ij}^* = 2\nu^* \overline{\frac{\partial u_i^{*\prime}}{\partial x_k^*} \frac{\partial u_j^{*\prime}}{\partial x_k^*}}$: („Pseudo")-Dissipationsraten-Tensor

   Dieser Tensor berücksichtigt, dass die Dissipation im allgemeinen Fall richtungsabhängig ist. Häufig wird jedoch eine lokale Isotropie (Richtungsunabhängigkeit) angenommen, bei der dann ε_{ij}^* unmittelbar mit der skalaren Dissipationsrate ε^*, zusammenhängt (s. dazu das Stichwort WIRBELVISKOSITÄT unter ANWENDUNGEN UND BEISPIELE/$k - \varepsilon$ Modell). Mit

$$\varepsilon_{ij}^* = \frac{1}{3}\delta_{ij}2\varepsilon^* \quad (\delta_{ij} = 1 \text{ für } i = j; \quad \delta_{ij} = 0 \text{ für } i \neq j)$$

wird die skalare Dissipationsrate ε^* zu jeweils 1/3 auf die drei Normalkomponenten ($\tau_{xx}^{*\prime}, \tau_{yy}^{*\prime}, \tau_{zz}^{*\prime}$) des Reynoldsschen Spannungstensors aufgeteilt. Der Faktor 2 entsteht, weil ε^* im Zusammenhang mit der Gleichung für die kinetische Energie k^* so definiert wird, dass der Faktor 1/2 in k^* berücksichtigt ist.

3. $C_{ijk}^* = \overline{u_i^{*\prime} u_j^{*\prime} u_k^{*\prime}} + \overline{p^{*\prime} u_i^{*\prime}} \delta_{jk} + \overline{p^{*\prime} u_j^{*\prime}} \delta_{ik}$: Turbulente Diffusion

Diese Terme treten auf, wenn der „Normalfall" einer sog. *inhomogenen Turbulenz* vorliegt, bei der die Komponenten des Reynoldsschen Spannungstensors ortsabhängig sind. Nur im Spezialfall einer HOMOGENEN TURBULENZ entfällt diese Ortsabhängigkeit. Für die Modellierung werden üblicherweise die Druckterme $\overline{p^{*\prime} u_i^{*\prime}}$ und $\overline{p^{*\prime} u_j^{*\prime}}$ vollständig vernachlässigt. Die übrigen Tripel-Korrelationsterme $\overline{u_i^{*\prime} u_j^{*\prime} u_k^{*\prime}}$ werden dann mit einem sog. Gradientenansatz als proportional zu Ortsgradienten von Spannungskomponenten angesetzt.

Mit den Modellierungsansätzen ① bis ③ in (∗) entsteht die Reynolds-Spannungs-Modellgleichung in Form von *Differentialgleichungen* für die einzelnen Komponenten von $\tau_{ij}^{*\prime}$.

ANWENDUNGEN UND BEISPIELE

Schließung des Gleichungssystems für zeitgemittelte Strömungsgrößen durch ein Reynolds-Spannungs-Modell für ebene Strömungen

Für ebene Strömungen in kartesischen Koordinaten treten als zeitgemittelte Komponenten die Strömungsgeschwindigkeiten $\overline{u^*}$ und $\overline{v^*}$ auf $(\overline{w^*} = 0)$, als Schwankungskomponenten kommen wegen der grundsätzlichen Dreidimensionalität der turbulenten Schwankungen $u^{*\prime}$, $v^{*\prime}$ und $w^{*\prime}$ vor.

Deshalb sind als Komponenten des Reynoldsschen Spannungstensors zu modellieren: $\tau_{xx}^{*\prime}, \tau_{yy}^{*\prime}, \tau_{zz}^{*\prime}$ und $\tau_{xy}^{*\prime} = \tau_{yx}^{*\prime}$; die Komponenten $\tau_{xz}^{*\prime} = \tau_{zx}^{*\prime}$ und $\tau_{yz}^{*\prime} = \tau_{zy}^{*\prime}$ kommen nicht vor. Da in den τ_{ij}-Modellgleichungen die Dissipationsrate ε^* auftritt, muss auch dafür eine Bilanzgleichung zur Verfügung stehen (wie z.B. im $k - \varepsilon$ Modell). Das Gleichungssystem besteht demnach aus:

1. Kontinuitätsgleichung   ⎫

2. x-Impulsgleichung   ⎬   ursprüngliches Gleichungssystem

3. y-Impulsgleichung   ⎭

- - - - - - - - - - - - - - - -

4. τ_{xx}'-Modellgleichung   ⎫

5. τ_{yy}'-Modellgleichung

6. τ_{zz}'-Modellgleichung   ⎬   Schließung des Gleichungssystems durch Turbulenzmodelle

7. τ_{xy}'-Modellgleichung

8. ε-Modellgleichung   ⎭

zur Bestimmung der acht Größen $\overline{u^*}, \overline{v^*}, \overline{p^*}, \tau_{xx}^{*\prime}, \tau_{yy}^{*\prime}, \tau_{zz}^{*\prime}, \tau_{xy}^{*\prime}$ und ε^*.

Ein konkretes Reynolds-Spannungs-Turbulenzmodell mit 5 empirischen Konstanten (die bei der Modellierung der Terme ① bis ③ in (∗) und der ε-Modellgleichung auftreten), findet sich in Gersten, Herwig (1992, Kap. 14.6.5).

BEACHTE

◻ **Zweite Momente:** In Anlehnung an die Bezeichnung „n-tes Moment" für die Operation $\int x^n f(x)dx$ nennt man die Multiplikation von Bilanzgleichungen für $u^{*\prime}$, $v^{*\prime}$ und $w^{*\prime}$ mit Schwankungsgrößen und anschließende Zeitmittelung „Bildung von Momenten dieser Gleichungen". Entstehen auf diese Weise Bilanzgleichungen für Zweier-Korrelationen wie $\overline{u^{*\prime 2}}$ oder $\overline{u^{*\prime}v^{*\prime}}$, so sind dies sog. *zweite Momente*, die darauf aufbauenden Modelle *Schließungs-Modelle mit zweiten Momenten* (engl.: second-moment closure models). Diese Bezeichnung wird für Modelle verwendet, die diese zweiten Momente direkt modellieren, also für die Reynolds-Spannungs-Modelle.

◻ **Algebraische Reynolds-Spannungs-Modelle:** Wenn die Differentialausdrücke in den τ'_{ij}-Modellgleichungen durch algebraische Ansätze approximiert werden, wird das entstehende Modell als *algebraisches Reynolds-Spannungs-Modell* (engl.: algebraic stress model, ASM) bezeichnet.

◻ **Alternative Bezeichnung:** Analog zum k-ε Modell (einem Modell aus der Klasse der Wirbelviskositätsmodelle) werden Reynolds-Spannungs-Modelle auch als R_{ij}-ε Modelle bezeichnet. Dann steht der Tensor $\vec{\vec{R}}^{*}_{ij}$ für $-\vec{\vec{\tau}}^{*}/\varrho^{*}$, seine Komponenten bezeichnen also zweite Momente (wie z.B. $\overline{u^{*\prime 2}}$ oder $\overline{u^{*\prime}v^{*\prime}}$). In der Bezeichnung R_{ij}-ε Modelle kommt zum Ausdruck, dass auch in diesem Modell eine ε-Modellgleichung vorkommt. Zudem besteht durchaus eine Verwandtschaft beider Modelle, da $R^{*}_{11}+R^{*}_{22}+R^{*}_{33} = 2k^*$ gilt.

WEITERFÜHRENDE LITERATUR

Hadžić, I. (1999): *Second-moment Closure Modelling of Transitional and Unsteady Turbulent Flows*, Dissertation, Technical University Delft.

Speziale, C.G.; So. R.M.G. (1998): *Turbulence Modeling and Simulation*, in: the Handbook of Fluid Dynamics (Johnson, R.W. ed.), CRC Press, Boca Raton, 14.1 - 14.111

Hanjalic, K. (1994): *Advanced turbulence closure models: Review of current status and future prospects*, Int. J. Heat Fluid Flow **15**, 178 - 203

Gatski, T.B.; Speziale, C.G. (1993): *On explicit algebraic stress models for complex turbulent flows*, J. Fluid Mech. **254**, 59 - 78

Gersten, K.; Herwig, H. (1992): *Strömungsmechanik*, Vieweg Verlag, Braunschweig/Wiesbaden

Launder, B.E. (1989): *Second-moment closure: present ... and future?*, Int. J. Heat and Fluid Flow **10**, 282 - 300

Launder, B.E. (1989): *Second-moment closure and its use in modelling turbulent industrial flows*, Int. J. Numer. Methods Fluids **9**, 963 - 985

Reynolds-Zahl Re
(Reynolds number Re)

BEDEUTUNG UND DEFINITION

Es handelt sich um eine dimensionslose Kennzahl, die bei der DIMENSIONSANALYSE reibungsbehafteter Strömungen entsteht. Sie ist die entscheidende Kennzahl in den NAVIER-STOKES GLEICHUNGEN, wenn diese in eine dimensionslose Form gebracht werden.

Die Reynolds-Zahl wird häufig vorschnell als das Verhältnis aus Trägheits- und Reibungskräften interpretiert, s. dazu den Abschnitt PHYSIKALISCHER HINTERGRUND.

	Definition	
	$$\mathrm{Re} = \dfrac{\varrho_B^* u_B^* L_B^*}{\eta_B^*} = \dfrac{u_B^* L_B^*}{\nu_B^*}$$	
Re	Reynolds-Zahl	-
ϱ_B^*	Dichte im Bezugszustand p_B^*, T_B^*	$\mathrm{kg/m^3}$
η_B^*	dynamische Viskosität im Bezugszustand p_B^*, T_B^*	$\mathrm{kg/ms}$
ν_B^*	kinematische Viskosität im Bezugszustand p_B^*, T_B^*	$\mathrm{m^2/s}$
u_B^*	Bezugsgeschwindigkeit ($=$ charakteristische Geschwindigkeit)	$\mathrm{m/s}$
L_B^*	Bezugslänge ($=$ charakteristische Länge)	m

PHYSIKALISCHER HINTERGRUND

Im Zuge der Entdimensionierung der Impulsbilanzgleichung für Newtonsche Fluide (s. dazu das Stichwort NAVIER-STOKES GLEICHUNGEN, besonders unter BEACHTE) entsteht als dimensionslose Kombination aus den charakteristischen Größen L_B^* (Bezugslänge), u_B^* (Bezugsgeschwindigkeit) und den Stoffwerten ϱ^* und η^* die Reynolds-Zahl als Kennzahl eines betrachteten Strömungsproblems. Wenn ϱ^* und η^* eine nicht zu vernachlässigende Abhängigkeit vom Druck und/oder von der Temperatur besitzen, müssen Werte in einem festzulegenden Bezugszustand (p_B^*, T_B^*) eingeführt werden, weil sonst die Reynolds-Zahl nicht eine einheitliche Kennzahl für ein Problem wäre. Dann verbleiben in den dimensionslosen Gleichungen nach Einführung von ϱ_B^* und η_B^* zusätzlich die dimensionslosen Dichte- und Viskositätsfunktionen $\varrho = \varrho^*/\varrho_B^*$ und $\eta = \eta^*/\eta_B^*$.

Die in der allgemeinen Definition der Reynolds-Zahl vorkommenden charakteristischen Größen L_B^* und u_B^* müssen im konkreten Fall spezifiziert werden. Dabei ist entscheidend, dass jeweils für das Problem charakteristische Größen ausgewählt werden. Die konkrete Wahl unterliegt aber einer gewissen Willkür. So ist z.B. für den lauflängenbezogenen Widerstand einer Rohrströmung der Rohrdurchmesser eine charakteristische Größe,

nicht aber die Rohrlänge (oder gar die Wandstärke). Ob allerdings der Durchmesser oder
der Radius gewählt wird ist gleichgültig, solange eine einmal getroffene Wahl konsequent
beibehalten wird. Grundsätzlich wäre ein beliebiges Vielfaches des Durchmessers als
charakteristische Länge geeignet, aus Gründen der besseren Anschaulichkeit ist jedoch
einem Faktor „in der Nähe" von Eins der Vorzug zu geben (z.B. einem Faktor 1/2, der
auf den Radius führt, nicht aber einem Faktor 1/1000). Bei einer bestimmten Geometrie
und unveränderten Rand- und Anfangsbedingungen bestimmt der Zahlenwert von Re
die konkrete Lösung.

Reynolds-Zahl und Strömungscharakter

Die Lösungen weisen je nach der Größe der Reynolds-Zahl (prinzipiell sind Werte $0 \leq$
Re $< \infty$ möglich) einen sehr unterschiedlichen Charakter auf. Folgende Fälle können
unterschieden werden:

- Strömungen bei kleinen Reynolds-Zahlen (Re $\to 0$):

  Im Grenzfall Re $\to 0$ handelt es sich um sog. SCHLEICHENDE STRÖMUNGEN, bei
  denen die Trägheitskräfte gegenüber den anderen Kräften (Druck-, Reibungskräfte)
  von untergeordneter Bedeutung sind und in erster Näherung vernachlässigt werden
  können.

- Strömungen bei mittleren Reynolds-Zahlen (Re $= O(1)$):

  Im Bereich mittlerer Reynolds-Zahlen, der durchaus Zahlenwerte von 10 bis 10^4 umfassen kann (ohne dass ein scharf abgrenzbarer Bereich angegeben werden kann), ist
  es von entscheidender Bedeutung, ob die Reynolds-Zahl größer oder kleiner als die
  sog. *kritische Reynolds-Zahl* ist. Die kritische Reynolds-Zahl Re_{krit} trennt die Bereiche laminarer und turbulenter Strömungen. Für die ausgebildete Rohrströmung z.B.
  liegt dieser Wert etwa bei $Re_{krit} = 2300$, so dass für Strömungen bei Reynolds-Zahlen
  oberhalb dieses Wertes eine turbulente Strömung vorliegt.

- Strömungen bei hohen Reynolds-Zahlen (Re $\to \infty$):

  Diese Strömungen sind durch die Ausbildung einer Mehrschichtenstruktur gekennzeichnet, wobei die einzelnen Schichten durch unterschiedliche physikalische Effekte
  bestimmt werden. Es ist jetzt grundsätzlich nach Um- und Durchströmungen zu unterscheiden.

  Bei Umströmungen ist der wandferne Teil des Strömungsfeldes dadurch gekennzeichnet, dass die Reibungskräfte nur noch von untergeordneter Bedeutung sind und
  in erster Näherung vernachlässigt werden können. Sie spielen aber in einer wandnahen Schicht, der sog. GRENZSCHICHT, eine entscheidende Rolle. Bei einer turbulenten
  Strömung konzentriert sich die Turbulenz in diesen Grenzschichten, der wandferne
  Teil des Strömungsfeldes ist weitgehend turbulenzfrei.

  Bei Durchströmungen kommt es nach einer gewissen Einlauflänge zu einer insgesamt
  turbulenten Strömung. Wenn der Strömungsquerschnitt stromabwärts konstant bleibt,
  stellt sich häufig eine in guter Näherung voll ausgebildete (lauflängenunabhängige)
  Strömung ein. Diese turbulente Strömung ist wiederum durch eine ausgeprägte *Schichtenstruktur* gekennzeichnet (wandnahe Schicht mit dem Einfluss der molekularen Viskosität, wandferne Schicht mit dem dominierenden Einfluss der turbulenten Scheinviskosität).

Interpretation der Reynolds-Zahl

Da die Reynolds-Zahl in den Navier-Stokes Gleichungen als Re^{-1} vor den dimensionslosen Reibungstermen steht, wird sie häufig ganz allgemein als das Verhältnis von „typischen" Trägheits- zu „typischen" Reibungskräften eines Problems interpretiert. Damit ist gemeint, dass Re, umgeschrieben zu

$$\text{Re} \equiv \frac{\varrho^* u_B^* L_B^*}{\eta^*} = \frac{(\varrho^* u_B^{*2}) L_B^{*2}}{(\eta^* u_B^* / L_B^*)\, L_B^{*2}}$$

$$= \frac{\textit{Trägheitskraft, gebildet aus charakteristischen Größen}}{\textit{Reibungskraft, gebildet aus charakteristischen Größen}}$$

im Zähler eine Termkombination aufweist, die als Trägheitskraft in dem betrachteten Problem interpretiert werden kann. Der Nenner kann entsprechend als Reibungskraft gedeutet werden. Diese Interpretation setzt aber zwingend voraus, dass L_B^* und u_B^* charakteristische Größen in dem betrachteten Strömungsfeld sind. Genau hier liegt nun die Gefahr bei dieser Interpretation, weil die Aussage (Re = Kräfteverhältnis) oftmals pauschal übernommen wird, ohne die Voraussetzungen im Einzelfall zu überprüfen. So ist die Aussage „große Reynolds-Zahl = großes Kräfteverhältnis" z.B. bei der Anströmung eines Körpers mit $u_\infty^* (= u_B^*)$ und der charakteristischen Körper-Abmessung $L_K^* (= L_B^*)$ für große Teile des Strömungsfeldes zutreffend: aufgrund der im Verhältnis zu den Trägheitskräften kleinen Reibungskräfte kann die Strömung in weiten Teilen des Strömungsfeldes als reibungsfreie Strömung angesehen werden. Aber: dies gilt nicht im gesamten Strömungsfeld, was der für das gesamte Problem geltenden Reynolds-Zahl aber nicht anzusehen ist! In den Wandgrenzschichten sind die Reibungs- und Trägheitskräfte von derselben Größenordnung und müssen deshalb beide berücksichtigt werden. Dieser scheinbare Widerspruch löst sich auf, wenn erkannt wird, dass L_K^* keine einheitliche charakteristische Länge für die gesamte Strömung darstellt, mit der als „Maßstab" z.B. auch die Grenzschichtdicke gemessen werden könnte. In einer zweidimensionalen Grenzschicht gibt es vielmehr zwei verschiedene charakteristische Längen L_x^* und L_y^*, eine in Hauptströmungsrichtung, dies ist weiterhin $L_K^* (= L_x^*)$, aber auch eine andere in Querrichtung. Dies ist z.B. bei einer laminaren Grenzschicht $L_K^*/\sqrt{\text{Re}}\ (= L_y^*)$.

Aufgrund der Grenzschichtphysik sind typische Trägheitskräfte dort von der Größenordnung $(\varrho^* u_B^{*2}) L_x^* L_y^*$, während für typische Reibungskräfte $(\eta^* u_B^* / L_y^*) L_x^{*2}$ gilt. Damit ist das Verhältnis dieser Kräfte dort

$$\frac{(\varrho^* u_B^{*2}) L_x^* L_y^*}{(\eta^* u_B^* / L_y^*) L_x^{*2}} = \frac{\varrho^* u_B^* L_x^*}{\eta^*} \cdot \frac{L_y^{*2}}{L_x^{*2}} = \text{Re} \frac{L_y^{*2}}{L_x^{*2}}$$

Dieses Verhältnis ist für $L_x^* = L_K^*$ und $L_y^* = L_K^*/\sqrt{\text{Re}}$, wie es für laminare Grenzschichten gilt, gleich Eins, d.h. beide Kräfte sind von gleicher Größenordnung. Deshalb darf die Reynolds-Zahl $\text{Re} = \varrho^* u_m^* L_K^*/\eta^*$ zumindest in der Grenzschicht nicht als Kräfteverhältnis interpretiert werden.

Bei der Interpretation der Reynolds-Zahl als Kräfteverhältnis ist also sorgfältig darauf zu achten, ob die in Re vorkommenden Größen auch tatsächlich die Eigenschaften aufweisen charakteristische Größen des betrachteten Problems zu sein. Dies unterstreicht, dass eine pauschale, problemunabhängige Interpretation der Reynolds-Zahl als Kräfteverhältnis nicht sinnvoll ist.

ANWENDUNGEN UND BEISPIELE

Typische Zahlenwerte der Reynolds-Zahl bei verschiedenen Strömungen

Die nachfolgende Tabelle zeigt typische Werte von charakteristischen Geschwindigkeiten und Längen für verschiedene Strömungssituationen und die sich daraus ergebenden Zahlenwerte für Re. Tatsächlich auftretende Strömungen können im jeweiligen Einzelfall deutlich abweichende Zahlenwerte aufweisen, die Größenordnung ist aber durch die Beispiele jeweils gegeben.

Die Tabelle zeigt, dass sehr viele technisch interessante Strömungen bei hohen bis sehr hohen Reynolds-Zahlen vorliegen, was bei der theoretischen Beschreibung von Vorteil sein kann (s. das Stichwort GRENZSCHICHT). Strömungen mit Reynolds-Zahlen in der Nähe von Eins treten bei Luft und Wasser selten auf. Erst bei extrem kleinen charakteristischen Längen ergeben sich auch kleine Reynolds-Zahlen wie z.B. bei Strömungen in der Mikrosystemtechnik.

STRÖMUNG	FLUID	$u_B^*/\frac{\text{m}}{\text{s}}$	L_B^*/m	Re
Strömung in Bauteilen der Mikrosystemtechnik	WASSER	10^{-3}	10^{-4}	10^{-1}
Strömung um ein Insekt	LUFT	$0,15$	10^{-2}	10^2
Raumluftströmung in der Klimatechnik	LUFT	$0,1$	$1,5$	10^4
Strömung in einer Wasserleitung	WASSER	10	10^{-2}	10^5
Umströmung eines PKW Kleinwagen	LUFT	15	1	10^6
Umströmung eines Formel I Rennwagens	LUFT	75	2	10^7
Umströmung eines Flugzeugtragflügels	LUFT	300	5	10^8
Umströmung eines Schiffsrumpfes	WASSER	5	200	10^9

Typische Zahlenwerte für die Reynolds-Zahl Re bei verschiedenen Strömungen

$$\text{Re} = u_B^* L_B^* / \nu^*$$

Luft: $\nu^* = 15 \cdot 10^{-6}$ m^2/s; Wasser: $\nu^* = 10^{-6}$ m^2/s bei 1 bar und 20 °C

Beachte

◻ **Weitere Reynolds-Zahlen:** Einige allgemeine Strömungsphänomene können durch Reynolds-Zahlen charakterisiert werden, die „inhärente" charakteristische Größen enthalten und nicht solche eines konkreten Strömungsproblems. Zum Beispiel ist es sinnvoll, in der Grenzschichttheorie als charakteristische Länge nicht eine bestimmte Körperabmessung zu wählen, sondern ein Maß für die Grenzschichtdicke. Wenn dies die Verdrängungsdicke δ_1^* oder die Impulsverlustdicke δ_2^* ist, so entsteht damit die Reynolds-Zahl $\mathrm{Re}_1 = u_B^* \delta_1^*/\nu^*$ bzw. $\mathrm{Re}_2 = u_B^* \delta_2^*/\nu^*$ (s. auch das Stichwort GRENZSCHICHTDICKEN). Zur Charakterisierung der Turbulenz kann eine Reynolds-Zahl $\mathrm{Re}_\tau = u_\tau^* L_B^*/\nu^*$ mit der Schubspannungsgeschwindigkeit als charakteristischer Geschwindigkeit eingeführt werden (s. auch das Stichwort TURBULENZ).

◻ **Asymptotische Grenzlösungen:** Die Reynolds-Zahl ist der entscheidende dimensionslose Parameter in den Navier-Stokes Gleichungen. Grenzlösungen dieser Gleichungen im Sinne von $\mathrm{Re} \to 0$ und $\mathrm{Re} \to \infty$ enthalten diesen Parameter nicht mehr explizit. Als Grenzlösungen können dabei sog. *reguläre Lösungen* vorliegen, bei denen alle Terme wegfallen, in denen die Reynolds-Zahl enthalten ist (Beispiel: Strömungen bei kleinen Reynolds-Zahlen in endlichen Strömungsgebieten) oder sog. *singuläre Lösungen*, die in (mit der Reynolds-Zahl) transformierten Variablen formuliert sind (Beispiel: Strömungen bei große Reynolds-Zahlen, Grenzschichttheorie).

Weiterführende Literatur

Herwig, H. (2002): *Strömungsmechanik*, Springer-Verlag, Berlin, Heidelberg, New York

Schlichting, H.; Gersten, K. (1997): *Grenzschichttheorie*, Springer-Verlag, Berlin, Heidelberg, New York

Gersten, K.; Herwig, H. (1992): *Strömungsmechanik*, Vieweg Verlag, Braunschweig/Wiesbaden

rms-Wert
(rms value)

Siehe dazu das Stichwort TURBULENZGRAD, dort unter PHYSIKALISCHER HINTERGRUND

Rohrreibungszahl λ_R
(friction factor)

Siehe dazu das Stichwort WIDERSTANDSZAHL, dort unter ANWENDUNGEN UND BEISPIELE, sowie ROHRSTRÖMUNG, INKOMPRESSIBEL, dort unter PHYSIKALISCHER HINTERGRUND

Rohrströmung, inkompressibel
(pipe flow, incompressible)

BEDEUTUNG UND DEFINITION

Es handelt sich generell um Durchströmungen mit konstantem Querschnitt in Strömungsrichtung, wobei die Querschnittsform auch vom Kreisquerschnitt abweichen kann (Kreisrohr-, Nicht-Kreisrohrströmungen). Die unterstellte Inkompressibilität bedeutet, dass Dichteänderungen entweder nicht vorhanden sind (inkompressibles Fluid) oder keine Rolle spielen (inkompressible Strömung). Für die Beschreibung dieser Strömungen ist es von Bedeutung, ob sie ausgebildete Strömungsprofile aufweisen (die sich in Strömungsrichtung nicht mehr verändern) und ob es sich um laminare oder turbulente Strömungen handelt.

Definition

Unter einer inkompressiblen Rohrströmung versteht man eine Durchströmung bei gleichbleibendem Strömungsquerschnitt und vernachlässigbarem Einfluss von Dichteänderungen. Als besondere Bereiche treten auf

- Der Eintrittsbereich, in dem eine Profilumbildung erfolgt. Seine Länge wird als *hydrodynamische Einlauflänge* bezeichnet.

- Der ausgebildete Bereich, in dem die Geschwindigkeitsprofile lauflängenunabhängig sind.

PHYSIKALISCHER HINTERGRUND

Unterstellt man zunächst ein homogenes Profil am Eintritt in ein Rohr, d.h. eine über den Eintrittsquerschnitt konstante Geschwindigkeit, so wird sich dieses Profil im Rohr aufgrund der Wirkung der Wandgrenzschichten umbilden. Dieser Umbildungsprozess kann in erster Näherung als ein allmähliches Zusammenwachsen der (gegenüberliegenden) Wandgrenzschichten interpretiert werden. In der Nähe des Eintritts besitzt die Strömung also den Charakter einer reibungsfreien Kernströmung in der Rohrmitte mit angrenzenden Grenzschichten zur Wand hin. Aufgrund der Verdrängungswirkung der Wandgrenzschichten handelt es sich (aus Kontinuitätsgründen) um eine beschleunigte (reibungsfreie, homogene) Kernströmung, die solange existiert, bis die Wandgrenzschichten der gegenüberliegenden Wände zusammengewachsen sind. Danach ist der gesamte Querschnitt von einer reibungsbehafteten Strömung ausgefüllt, die damit drehungsbehaftet und u.U. turbulent ist.

Die weitere Entwicklung des Profils führt dann zu immer schwächer werdenden Veränderungen in Strömungsrichtung, bis schließlich weit stromabwärts (asymptotisch für $x^*/D_h^* \to \infty$) ein sog. *ausgebildetes Profil* erreicht ist, das sich in Strömungsrichtung nicht mehr verändert.

Dieses Profil kann, aber muss nicht notwendigerweise, eindimensional sein. Ein solches eindimensionales Profil liegt vor, wenn nur eine Geschwindigkeitskomponente vorhanden ist, hier also nur die Komponente in Rohrrichtung. Quergeschwindigkeiten (Komponenten in der Ebene des Rohrquerschnittes) sind dann nicht vorhanden. Eine genauere Analyse (z.B. auf der Basis der vollständigen Impulsgleichungen, vorzugsweise als Wirbeltransportgleichung, s. z.B. Patel (1999)) ergibt nun folgendes:

Bei laminaren Strömungen sind voll ausgebildete Profile stets auch eindimensional, d.h., sie besitzen keine Querkomponenten der Geschwindigkeit. Diese Aussage gilt für beliebige, also auch vom Kreis abweichende Querschnittsformen des Rohres. Bei turbulenten Strömungen liegt aber eine andere Situation vor. Die zusätzlichen Reynoldsschen Spannungen besitzen eine Reihe von Komponenten, die in Querrichtung wirken, und deshalb im allgemeinen Fall auch zu Geschwindigkeitskomponenten in diesen Ebenen führen. Nur in Sonderfällen, die bestimmte Symmetrieeigenschaften aufweisen, ist das Kräftegleichgewicht in diesen Ebenen auch ohne Strömungskomponenten gewahrt. Eindimensionale Strömungen liegen bei ausgebildeten turbulenten Strömungen deshalb nur für die Sonderfälle des Kreis-, Kreisring- und ebenen Querschnittes (auch: ebene Kanalströmung) vor. In anderen Querschnitten treten Querkomponenten auf, die besonders im Bereich von geometrischen Ecken (z.B. bei einem Dreiecksquerschnitt) nicht zu vernachlässigende Werte annehmen können. Es handelt sich dann insgesamt um dreidimensionale Strömungen, die aber die Besonderheit besitzen, dass die einzelnen Größen lauflängenunabhängig sind. Die Quergeschwindigkeiten für sich genommen können als Sekundärströmungen interpretiert werden. Aufgrund der Entstehung im Feld turbulenter Spannungen werden sie dann als *Sekundärströmungen zweiter Art* bezeichnet, s. dazu auch das Stichwort STRÖMUNG dort unter BEACHTE.

Hydrodynamische Einlauflängen $\mathbf{L}^*_{hyd}$

Ausgebildete Strömungszustände werden in Rohren asymptotisch im Grenzfall $x^*/D^*_h \to \infty$ erreicht. Endliche *hydrodynamische Einlauflängen* ergeben sich dann, wenn ein bestimmter Schwellenwert festgelegt wird. Es ist üblich, den hydrodynamischen Einlaufbereich so festzulegen, dass er die Lauflänge umfasst, die benötigt wird, damit die Geschwindigkeit auf der Rohrachse weniger als 1% von derjenigen der ausgebildeten Strömung auf der Rohrachse abweicht. Die nachfolgende Tabelle macht einige Angaben für Kreisrohr-Querschnitte und für den ebenen Kanal, die sich auf folgende empirische Ansätze beziehen (Re$= u^*_m L^*_B/\nu^*$; u^*_m : mittlere Geschwindigkeit).

$$\text{laminare Strömung}: \qquad \frac{L^*_{hyd}}{L^*_B} = \frac{C_1}{1 + C_2 \text{Re}/C_1} + C_2 \text{Re}$$

$$\text{turbulente Strömung}: \qquad \frac{L^*_{hyd}}{L^*_B} = 8,8\,\text{Re}^{1/6}$$

	LAMINAR	TURBULENT
KREISROHR	$L^*_B = R^*$; $C_1 = 1,2$; $C_2 = 0,224$	$L^*_B = R^*$
EBENER KANAL	$L^*_B = H^*$; $C_1 = 0,89$; $C_2 = 0,164$	$L^*_B = H^*$

Angaben zur hydrodynamischen Einlauflänge
(R^* : Radius; H^* : halbe Kanalhöhe)

Danach sind hydrodynamische Einlauflängen bei sehr kleinen Reynolds-Zahlen sehr klein. Zum Beispiel gilt für ein Kreisrohr bei Re = 10 gemäß obiger Angaben $L^*_{hyd} \approx 2,6\,R^*$. Für große Reynolds-Zahlen zeigen laminare Strömungen entsprechend große Einlauflängen, während turbulente Strömungen wegen des guten Querimpulsaustausches zu relativ kleinen Einlauflängen führen. Bei der kritischen Reynolds-Zahl von Re = 2 300 für die Kreisrohrströmung, gilt für die (noch) laminare Strömung $L^*_{hyd} \approx 260R^*$ und für die (schon) turbulente Strömung $L^*_{hyd} \approx 30R^*$.

Widerstandsgesetz ausgebildeter Rohrströmungen

Für die ausgebildete Rohrströmung herrscht in Strömungsrichtung ein Gleichgewicht zwischen den strömungsbedingten Druckkräften in Strömungsrichtung und den Reibungskräften aufgrund der Wandschubspannung. Deshalb gilt allgemein

$$\int_{U^*} \tau^*_W(s^*)ds^* = A^* \left(-\frac{dp^*_{mod}}{dx^*} \right)$$

wenn s^* eine Koordinate längs des Rohrumfangs U^* ist und A^* die durchströmte Fläche darstellt. Der modifizierte Druck ist $p^*_{mod} = p^* - p^*_{st}$ mit p^*_{st} als Druck im statischen Feld. Für den Fall des Kreisrohres ist τ^*_W bzgl. der Koordinate s^* konstant und es gilt $\tau^*_W = (-dp^*_{mod}/dx^*)D^*/4$ mit D^* als Kreisrohrdurchmesser.

Als dimensionslose Widerstandszahlen bzw. Beiwerte für die Kreisrohrströmung werden häufig verwendet

- die *Rohrreibungszahl* $\quad \lambda_R \equiv \dfrac{8\tau^*_W}{\varrho^* u^{*2}_m} = \dfrac{(-dp^*_{mod}/dx^*)2D^*}{\varrho^* u^{*2}_m}$

- der *Beiwert* $\quad\quad\quad f \equiv \dfrac{2\tau^*_W}{\varrho^* u^{*2}_m} = \dfrac{(-dp^*_{mod}/dx^*)D^*/2}{\varrho^* u^{*2}_m}$

Für andere Querschnitte werden diese Definitionen übernommen, wobei statt τ^*_W dann ein querschnittsgemittelter Wert $\hat{\tau}^*_W$ benutzt und der Durchmesser D^* durch den HYDRAULISCHEN DURCHMESSER D^*_h ersetzt wird. Unter diesem Stichwort ist beschrieben, mit welcher Genauigkeit auch die konkreten Ergebnisse für λ_R (bzw. f) des Kreisrohres auf andere Geometrien übertragen werden können.

Die beiden Größen λ_R und f unterscheiden sich lediglich um den Faktor 4, sind aber aus „historischen Gründen" beide gebräuchlich. Im englischsprachigen Raum heißt λ_R „Darcy friction factor"; der Beiwert f wird „Fanning friction factor" genannt, dieser entspricht der allgemeinen Definition des Reibungsbeiwertes (engl.: skin friction factor). Konkrete Angaben zu λ_R finden sich unter dem Stichwort WIDERSTANDSZAHL, dort unter ANWENDUNGEN UND BEISPIELE.

ANWENDUNGEN UND BEISPIELE

1. Hagen-Poiseuille-Strömung; ausgebildete laminare Strömung im Kreisrohr

Die inkompressible, laminare, ausgebildete (Kreis-)Rohrströmung ist ein seltenes Beispiel dafür, dass analytische Lösungen der vollständigen Navier-Stokes Gleichungen gefunden werden. Aufgrund der besonderen Strömungssituation, mit $\vec{v} = (u^*, 0, 0)$ und ausgebildeten Profilen reduzieren sich die vollständigen Navier-Stokes Gleichungen (in Zylinderkoordinaten) auf

$$0 = -\frac{\partial p^*_{mod}}{\partial x^*} + \frac{\eta^*}{r^*}\frac{\partial}{\partial r^*}\left(r^*\frac{\partial u^*}{\partial r^*}\right)$$

wobei p^*_{mod} der sog. modifizierte Druck $p^* - p^*_{st}$ ist (p^*_{st}: Druck im statischen Feld).

Nach zweimaliger Integration und unter Berücksichtigung der Randbedingungen folgt daraus

$$u = \frac{u^*}{u^*_m} = 2(1 - r^2) \quad ; \quad u^*_m = \frac{2}{R^{*2}}\int\limits_0^{R^*} u^* r^* \mathrm{d}r^*$$

mit R^* als Rohrradius und $r = r^*/R^*$. Es liegt also ein parabolisches Geschwindigkeitsprofil vor, wobei der Maximalwert auf der Achse gerade dem Zweifachen der mittleren Geschwindigkeit u^*_m entspricht.

Aus dem Kräftegleichgewicht zwischen den Druckkräften ($dp^*_{mod}/dx^* \neq 0$) und der über die benetzte Wand integrierten konstanten Schubspannung $\tau^*_W = -\eta^*(\partial u^*/\partial r^*)_W$ ergibt sich unmittelbar das sog. *Widerstandsgesetz*

$$\frac{(-\mathrm{d}p^*_{mod}/\mathrm{d}x^*)R^{*2}}{u^*_m\eta^*} = 8$$

als Zusammenhang zwischen dem „treibenden" Druckgradienten $\mathrm{d}p^*_{mod}/\mathrm{d}x^*$ und der damit erreichten Strömungsgeschwindigkeit u^*_m. In dimensionsloser Form mit

$$\lambda_R = \frac{(-\mathrm{d}p^*_{mod}/\mathrm{d}x^*)4R^*}{\varrho^* u^{*2}_m} \quad , \quad \mathrm{Re} = \frac{u^*_m 2R^*}{\nu^*} \quad , \quad \nu^* = \eta^*/\varrho^*$$

lautet dieser Zusammenhang $\lambda_R\mathrm{Re} = 64$. Dass $\lambda_R\mathrm{Re}$ nicht als eine einzige neue Kennzahl angesehen wird, ist aus der Absicht erklärbar, laminare Strömungen in ein allgemeines Widerstandsdiagramm einzubeziehen, in dem auch turbulente Rohrströmungen vorkommen. Für diese sind λ_R und Re getrennte Kennzahlen, s. dazu auch das nachfolgende Beispiel.

2. Parameterabhängigkeiten bei inkompressiblen Rohrströmungen (horizontale Lage)

Inkompressible Rohrströmungen treten in vielen technischen Anwendungen auf, wobei häufig zumindest in guter Näherung ausgebildete Strömungen vorliegen. Für die Auslegung von Rohrleitungen ist der auftretende Druckverlust von entscheidender Bedeutung, weil dieser die Leistung bestimmt, die zur Überwindung der im Druckverlust zum Ausdruck kommenden Reibungskräfte erforderlich ist.

Soll ein Massenstrom $\dot{m}^*$ in einem horizontal verlaufenden Rohr mit dem Querschnitt A^* gefördert werden, so fließt dabei der Volumenstrom $u^*_m A^* = \dot{m}^*/\varrho^*$. Bei horizontaler

Lage des Rohres muss die z.B. mit einer Pumpe aufzubringende Leistung die Reibungsverluste kompensieren, es tritt aber keine Veränderung der potentiellen Energie auf.
Deshalb kann im folgenden auf den Index „mod" beim Druck verzichtet werden, da in
$p^*_{mod} = p^* - p^*_{st}$ keine Veränderung des Anteils p^*_{st} auftritt. Mit der LEISTUNG als KRAFT
$\times$ WEG/ZEIT $=$ KRAFT $\times$ GESCHWINDIGKEIT und dem Druck als KRAFT/FLÄCHE
folgt dann unmittelbar für die aufzubringende Leistung dP^* pro Lauflänge dx^*

$$\frac{dP^*}{dx^*} = \frac{\dot{m}^*}{\varrho^*}\left(-\frac{dp^*}{dx^*}\right) \quad \rightarrow \quad P^*_{12} = \frac{\dot{m}^*}{\varrho^*}\frac{dp^*}{dx^*}(x^*_1 - x^*_2),$$

d.h., die mechanische Leistung P^*_{12} ist erforderlich, um den Massenstrom $\dot{m}^*$ über die
Länge $(x^*_2 - x^*_1)$ zu fördern.

Die konkreten Daten zum Druckverlust können dem Widerstandsgesetz $\lambda_R =$
$\lambda_R(\mathrm{Re}_D, k_s)$ entnommen werden, das u.a. unter dem Stichwort WIDERSTANDSZAHL
als sog. *Moody-Diagramm* zu finden ist. Die kompakte dimensionslose Darstellung
lässt allerdings die konkreten Abhängigkeiten nicht auf Anhieb erkennen. Erst nach
Berücksichtigung der Definitionen von λ_R, Re_D und k_s als

$$\lambda_R = \frac{(-dp^*/dx^*)2D^*_h}{\varrho^* u^{*2}_m} \quad , \quad \mathrm{Re}_D = \frac{u^*_m D^*_h}{\nu^*} \quad , \quad k_s = \frac{k^*_s}{D^*_h}$$

treten die einzelnen Abhängigkeiten explizit auf. Dabei ergibt sich z.B. für die
Abhängigkeit von der mittleren Geschwindigkeit u^*_m folgendes:

- laminare Strömung : $\quad \dfrac{dp^*}{dx^*} \sim u^*_m \quad \rightarrow \quad P^*_{12} \sim u^{*2}_m$

- turbulente Strömung : $\quad \dfrac{dp^*}{dx^*} \sim u^{*2}_m \quad \rightarrow \quad P^*_{12} \sim u^{*3}_m$
  (vollrauh)

Für turbulente Strömungen im Fall einer nicht vollrauhen Wand liegt eine etwas
schwächere Abhängigkeit bzgl. u^*_m vor, da λ_R dann noch mit wachsender Reynolds-Zahl
(leicht) abnimmt.

Wenn in einer Rohrströmung bei sonst gleichen Verhältnissen (gleichbleibende Werte
von D^*_h, ϱ^*, ν^*, k^*_s) die Geschwindigkeit u^*_m und damit der Massenstrom verdoppelt
wird, so erfordert dies bei laminaren Strömungen eine vierfach höhere Leistung, die von
einer Pumpe oder einem Gebläse aufzubringen ist. Im Falle einer turbulenten vollrauhen
Rohrströmung steigt die erforderliche Leistung hingegen um das Achtfache.

BEACHTE

- **Dichteänderungen bei großen Lauflängen:** Auch wenn in einem konkreten
  Fall eine inkompressible Strömung unterstellt werden kann, können bei Gasen und
  großen Lauflängen der Strömung erhebliche Dichteänderungen auftreten. Zum Beispiel gilt für die isotherme Strömung eines idealen Gases die direkte Proportionalität $\varrho^* \sim p^*$, so dass erhebliche Druckänderungen entlang eines (langen) Rohres

zu entsprechenden Dichteänderungen führen. Es liegt dann zwar keine kompressible Strömung vor, der Effekt veränderlicher Dichte muss aber beachtet werden. Im einzelnen gilt folgendes. Auch wenn die Dichte entlang des Rohres abnimmt bleibt der Massenstrom $\dot{m}^* = \varrho^* u_m^* A^*$ aus Kontinuitätsgründen konstant, d.h. die Geschwindigkeit u_m^* nimmt entsprechend zu. Dies führt zu keiner Änderung der Reynolds-Zahl Re $= \varrho^* u_m^* D^*/\eta^* = \dot{m}^* D^*/A^* \eta^*$ entlang des Rohres (wenn die Temperaturabhängigkeit von η^* keine Rolle spielt), so dass auch λ_R unverändert bleibt. Damit gilt für den Druckgradienten $(-dp^*/dx^*) = \lambda_R \dot{m}^* u_m^*/2A^* D^*$ eine Zunahme $\sim u_m^*$ und für die Leistung pro Lauflänge $dP^*/dx^* = u_m^* A^* (-dp^*/dx^*)$ eine Zunahme $\sim u_m^{*2}$. Dies muss beachtet werden, wenn lange Rohrstrecken vorliegen, wobei dann u.U. eine abschnittsweise Auswertung mit den jeweils aktuellen Werten vorzusehen ist.

☐ **Einfluss variabler Stoffwerte:** Wenn zusätzlich ein Wärmeübergang stattfindet, muss beachtet werden, dass die Stoffwerte ϱ^*, η^*(Viskosität), λ^* (Wärmeleitfähigkeit) und c_p^* (Wärmekapazität) u.U. stark temperaturabhängig sind. Dies kann in erster Näherung berücksichtigt werden, in dem jeweils die querschnittsgemittelten Temperaturen verwendet werden, wenn diese sich in Strömungsrichtung deutlich verändern. Diese Vorgehensweise wird als Methode „quasi-konstanter Stoffwerte" bezeichnet. Bei genauerer Betrachtung muss die Veränderung der Profile durch die Wärmeübertragung berücksichtigt werden, s. dazu das Stichwort VARIABLE STOFFWERTE.

WEITERFÜHRENDE LITERATUR

Patel, B.R. (1999): *Internal Flows,* in: Fundamentals of Fluid Mechanics (eds.: J.A. Shetz, A.E. Fuhs), 483-543, John Wiley & Sons, New York

Ward-Smith, A.J. (1980): *Internal Fluid Flow,* Clarendon Press, England

Shah, R.K.; London, A.L. (1978): *Laminar flow forced convection in ducts,* Advances in Heat Transfer, Suppl. 1, Academic Press, New York

Rohrströmung, kompressibel
(pipe flow, compressible)

BEDEUTUNG UND DEFINITION

Es handelt sich um Durchströmungen mit konstantem Querschnitt in Strömungsrichtung, wobei die Querschnittsform auch vom (häufig vorkommenden) Kreisquerschnitt abweichen kann. Bei kompressiblen Strömungen spielen Dichteänderungen eine wichtige Rolle. Es handelt sich damit um Strömungen von Gasen die häufig bzgl. ihres thermodynamischen Verhaltens in sehr guter Näherung als ideale Gase angesehen werden können.

Unter kompressiblen Strömungen werden ganz allgemein solche Strömungen verstanden, bei denen nicht zu vernachlässigende Dichteänderungen aufgrund von Druckänderungen auftreten. Unter dem Stichwort KOMPRESSIBLE STRÖMUNG ist gezeigt, dass dies Strömungen sind, deren Mach-Zahl Ma oberhalb von etwa $0,3$ liegt. (Der Grenzfall einer inkompressiblen Strömung liegt strenggenommen für Ma $\to 0$ vor, aber auch Strömungen mit Ma $< 0,3$ können in guter Näherung als inkompressibel modelliert werden). Die Mach-Zahl ist ein entscheidender Parameter für kompressible Strömungen und spielt deshalb auch für kompressible Rohrströmungen eine wichtige Rolle.

Da kompressible Rohrströmungen häufig bzgl. ihres Gesamtverhaltens auf großen Lauflängen interessieren, werden diese Strömungen auf der Basis der Stromröhren-Theorie (eindimensionale Strömung mit jeweils konstanten Größen in den einzelnen Querschnitten) modelliert.

Wegen der generellen Kopplung der Geschwindigkeits- und Temperaturfelder bei kompressiblen Strömungen spielen die thermischen Randbedingungen eine wichtige Rolle. Als spezielle Fälle von besonderem Interesse erweisen sich dabei die Rohrströmungen mit den thermischen Randbedingungen $q_W^* =$ const (mit dem Spezialfall $q_W^* = 0$, adiabater Fall) und $T_W^* =$ const.

Definition
Unter einer kompressiblen Rohrströmung versteht man eine Durchströmung bei gleichbleibendem Strömungsquerschnitt unter Berücksichtigung der Dichteänderung aufgrund von Druckänderungen. Zu Druckänderungen kann es dabei aufgrund von Reibungseinflüssen ($\tau_W^* \neq 0$) und durch eine Wärmeübertragung ($q_W^* \neq 0$) in das strömende Fluid kommen. Diese beiden Effekte werden in folgenden Modellströmungen getrennt berücksichtigt:

- Fanno-Strömung: $\qquad \tau_W^* \neq 0 \;\; ; \;\; q_W^* =$ const $= 0$
- Rayleigh-Strömung: $\qquad \tau_W^* = 0 \;\; ; \;\; q_W^* \neq 0$

Bei diesen Strömungen ist grundsätzlich danach zu unterscheiden, ob im Eintrittsquerschnitt eine Unterschallströmung (Ma$_e < 1$) oder eine Überschallströmung (Ma$_e > 1$) vorliegt.

Ma$_e$	Machzahl im Eintrittsquerschnitt	-
τ_W^*	Wandschubspannung	N/m^2

| q_W^* | Wandwärmestromdichte | $\mathrm{W/m^2}$ |

Physikalischer Hintergrund

Die nachfolgenden Überlegungen beziehen sich auf die im Bild skizzierte Anordnung einer Rohrströmung zwischen einem (realen oder fiktiven) Kessel und der Umgebung. Die Zuströmung im Eintrittsquerschnitt wird dabei aus dem Kessel „gespeist" und kann je nach dem Druckverhältnis p_{Umg}^*/p_0^* eine Unterschall- oder eine Überschallströmung sein. Um eine Überschallströmung zu ermöglichen, ist vor dem Eintrittsquerschnitt eine Laval-Düse vorgesehen. In dieser entsteht eine Überschallströmung, wenn das Druckverhältnis p_{Umg}^*/p_0^* so klein ist, dass das Druckverhältnis p_e^*/p_0^* noch kleiner als das sog. kritische Druckverhältnis $(p^*/p_0^*)_{krit}$ ist ($(p^*/p_0^*)_{krit} = 0,528$ für ein Fluid mit $\kappa = 1,4$; s. dazu das Stichwort Kompressible Strömung unter Anwendungen und Beispiele).

In der gezeigten Anordnung würde eine reibungsfreie und adiabate Strömung zwischen dem Ein- und Austrittsquerschnitt unverändert bleiben. Die Impulsbilanz besagt dann, dass der Impuls unverändert bleibt, weil keine Kräfte auf das Fluid wirken.

Fanno-Strömung ($\tau_W^* \neq 0$; $q_W^* = 0$)

Wenn aber eine reibungsbehaftete Strömung vorliegt, treten Wandschubspannungen auf und die Impulsbilanz für die Strömung zwischen den Querschnitten ⓔ und ⓐ lautet

$$\dot{m}^*(u_{ma}^* - u_{me}^*) = (p_e^* - p_a^*)A^* + R_\tau^* \tag{i}$$

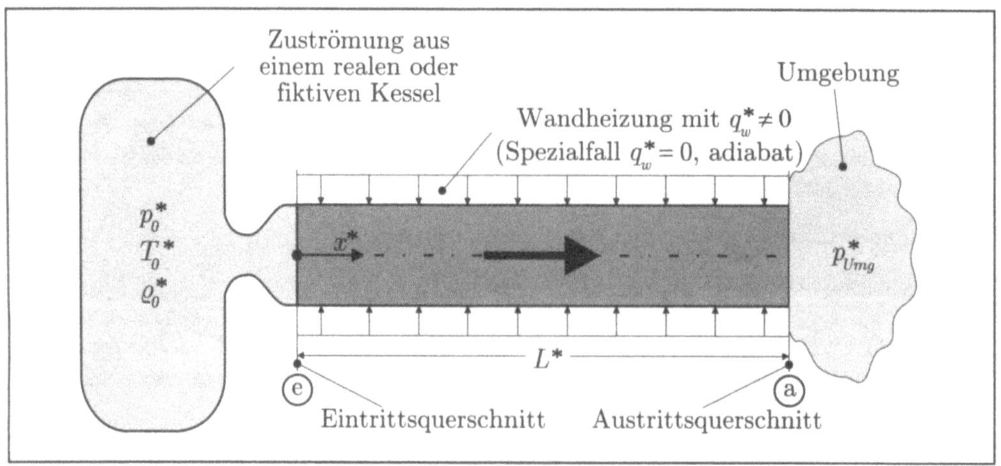

Kompressible (turbulente) Rohrströmung zwischen einem Kessel (p_0^*) und der Umgebung (p_{Umg}^*)

wobei $\dot{m}^*$ der als konstant unterstellte Massenstrom ist, A^* die durchströmte Querschnittsfläche und R_r^* die Kraft der benetzten Wand auf das Fluid. Diese kommt durch die Wirkung der Wandschubspannung τ_W^* zustande und kann durch die schon bei inkompressiblen Rohrströmungen eingeführte Rohrreibungszahl λ_R ausgedrückt werden. Dieser Beiwert ist für inkompressible Strömungen eine Funktion der Reynolds-Zahl Re und der Wandrauheit k_s (s. dazu das Stichwort WIDERSTANDSZAHL, dort unter ANWENDUNGEN UND BEISPIELE, beachte: die hier betrachteten Strömungen sind stets turbulent!). Eingehende Untersuchungen haben ergeben, dass λ_R in guter Näherung unabhängig von der Mach-Zahl ist (s. dazu z.B. Gersten, Herwig (1992, S. 564)), so dass die Ergebnisse für λ_R unmittelbar eingesetzt werden können. Da nun in einer kompressiblen Rohrströmung die Reynolds-Zahl Re $= \varrho^* u_m^* D_h^* / \eta^* = \dot{m}^* D_h^* / A^* \eta^*$ konstant bleibt (zusätzliche Annahme: $\eta^* = \mathrm{const}$) und die Wandrauheit als x-unabhängig unterstellt wird, gilt für die gesamte Rohrströmung der Länge L^* ein einheitlicher Wert von λ_R.

Die Auswertung von (i) unter Berücksichtigung des idealen Gasverhaltens als $p^*/\varrho^* = R^* T^*$ (ideale Gasgleichung), $a^* = \sqrt{\kappa R^* T^*}$ (Schallgeschwindigkeit), Ma$= u_m^*/a^*$ und der Gesamtenergiegleichung $c_p^* T^* + u_m^{*2}/2 = \mathrm{const}$ ergibt nach einigen Umformungen (zu Einzelheiten s. z.B. Munson et al. (1998, S. 742)):

$$\lambda_R \frac{x_a^* - x_e^*}{D_h^*} = \frac{1}{\kappa}\left(\frac{1}{\mathrm{Ma}_e^2} - \frac{1}{\mathrm{Ma}_a^2}\right) + \frac{\kappa+1}{2\kappa}\ln\left[\frac{2+(\kappa-1)\mathrm{Ma}_a^2}{2+(\kappa-1)\mathrm{Ma}_e^2}\left(\frac{\mathrm{Ma}_e^2}{\mathrm{Ma}_a^2}\right)\right] \qquad \text{(ii)}$$

Diese Form der Impulsgleichung kann z.B. dazu dienen, die Mach-Zahl am Austritt zu bestimmen, wenn die Eintritts-Mach-Zahl Ma$_e$ gegeben ist.

Es stellt sich allerdings die Frage, ob dabei beliebige Mach-Zahlen auftreten können. Eine Untersuchung der Entropie dieser Strömung ergibt folgendes. Für ein ideales Gas ist die Entropieänderung aufgrund von Druck- und Temperaturänderungen $s^* - s_B^* = c_p^* \ln(T^*/T_B^*) - R^* \ln(p^*/p_B^*)$, wenn die Wärmekapazität c_p^* konstant ist und s_B^* die (spezifische) Entropie in einem Bezugszustand T_B^*, p_B^* darstellt. R^* ist hierbei die spezielle Gaskonstante.

Betrachtet man diese Entropieänderung zusammen mit der Gesamtenergiegleichung und der idealen Gasgleichung, so sind dies für einen bestimmten Eintrittszustand nur drei Gleichungen für die vier Größen s^*, T^*, p^*, ϱ^*. Dies legt z.B. in einem Temperatur-Entropie-Diagramm eine bestimmte Kurve fest, auf der sich alle möglichen Zustände der betrachteten Rohrströmung zwischen dem Eintritts- und Austrittsquerschnitt befinden müssen. Der konkrete Verlauf dieser Kurve ist abhängig von den Größen im Eintrittsquerschnitt sowie von den beteiligten Stoffwerten, ihr prinzipieller Verlauf ist jedoch bereits höchst aufschlussreich.

Das nachfolgende Bild zeigt den charakteristischen Verlauf einer solchen sog. *Fanno-Kurve*, einmal für eine Unterschallzuströmung (Ma$_e$ < 1) und einmal für eine Überschallzuströmung (Ma$_e$ > 1). Eine genauere Analyse ergibt folgende generellen Aussagen:

- Es existiert jeweils ein sog. *Grenzzustand*, bei dem die Entropie den größten Wert annimmt. In diesem Grenzzustand herrscht Schallgeschwindigkeit (Ma $= 1$). Dieser Grenzzustand trennt den Unterschall- vom Überschallteil der Fanno-Kurve. Kompressible Rohrströmungen entwickeln sich ausgehend vom Eintrittszustand stets auf diesen Grenzzustand hin.

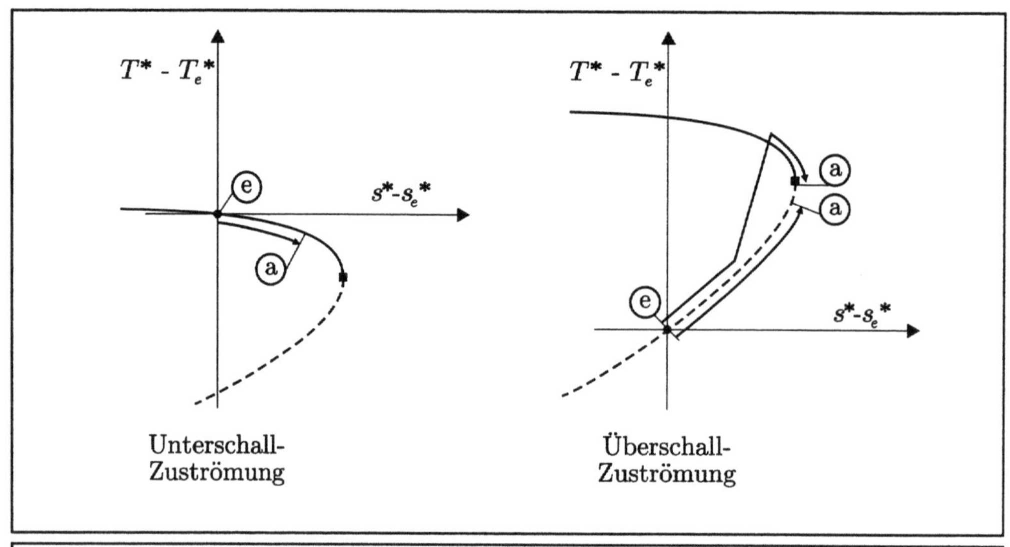

Prinzipieller Verlauf von Fanno-Kurven
——— : Unterschall (Ma <1)
- - - - : Überschall (Ma >1)
■ : Ma = 1

- Bei Unterschallzuströmung gibt es zwei Möglichkeiten:

  (a) Bis zum Austrittsquerschnitt wird die Strömung zwar beschleunigt, aber Schallgeschwindigkeit wird noch nicht erreicht.

  (b) Vor dem Austrittsquerschnitt *würde* Schallgeschwindigkeit erreicht werden. Eine solche Strömung ist nicht möglich, weil damit in bestimmten Teilen der Strömung eine Abnahme der Entropie verbunden wäre (ohne dass ein Wärmestrom über die Wand abgeführt wird), was nach dem 2. Hauptsatz der Thermodynamik ausgeschlossen werden muss. In einer solchen Situation stellt sich eine Strömung ein, bei der im Austrittsquerschnitt gerade $Ma_a = 1$ herrscht. Es lassen sich also nicht beliebige Eintrittszustände „erzwingen". Diesen Strömungszustand nennt man (reibungs-)„gedrosselt", bisweilen auch „blockiert" (engl.: choked).

- Bei Überschallzuströmung gibt es wiederum zwei Möglichkeiten:

  (a) Bis zum Austrittsquerschnitt wird die Strömung zwar verzögert, aber es liegt immer noch eine Überschallströmung vor.

  (b) Vor dem Austrittsquerschnitt *würde* Schallgeschwindigkeit erreicht. Es stellt sich dann im Rohr ein Verdichtungsstoß so ein, dass die anschließende Unterschallströmung bis zum Austrittsquerschnitt gerade wieder auf Schallgeschwindigkeit beschleunigt wird, dort also $Ma_a = 1$ herrscht.

Die beschriebenen Zustandsänderungen sind im Bild durch Pfeile veranschaulicht, die in den Fällen (a) vor dem Grenzzustand und in den Fällen (b) im Grenzzustand $Ma_a = 1$ enden. Dabei ist zu beachten, dass diese Aussage im Fall (b) der Unterschallströmung nur für eine „neue" Fanno-Kurve gilt, die der gedrosselten Strömung entspricht.

Rayleigh-Strömung ($\tau_W^* = 0$; $q_W^* = \text{const} \neq 0$)

Für diese Strömungen lautet die Impulsbilanz zwischen den Querschnitten ⓔ und ⓐ

$$\dot{m}^*(u_{ma}^* - u_{me}^*) = (p_e^* - p_a^*)A^* \tag{iii}$$

Eine Veränderung der Verhältnisse in Strömungsrichtung im Sinne von $u_{ma}^* \neq u_{me}^*$, $p_a^* \neq p_e^*$ kommt nun dadurch zustande, dass der erzwungene Wärmeübergang über die variable Dichte zu einer Druckänderung in der Strömung und damit zu veränderten Geschwindigkeiten führt. Dies wäre bei einem inkompressiblen Fluid nicht der Fall !

Ähnlich wie bei den Fanno-Strömungen lassen sich aus einer Entropiebetrachtung allgemeine Schlüsse ziehen. Durch die Kombination der Entropie-Zustandsgleichung mit der idealen Gasgleichung und diesmal der Impulsgleichung entstehen Zustandskurven im Temperatur-Entropie-Diagramm, auf denen alle Zustände der betrachteten Rohrströmung zwischen dem Eintritts- und Austrittsquerschnitt liegen. Das nachfolgende Bild zeigt den prinzipiellen Verlauf solcher Temperatur-Entropie-Zusammenhänge für bestimmte Strömungen. Diese werden *Rayleigh-Kurven* genannt. Daraus lassen sich folgende generelle Aussagen gewinnen:

- Es existiert wiederum ein Grenzzustand bei maximaler Entropie, bei dem Ma = 1 gilt. Dieser kann durch Heizen der Strömung erreicht werden. Die dazu erforderliche (und auch maximal in die Strömung einzubringende) spezifische Heizleistung, als Leistung pro Massenstrom, ist

$$q_{max}^* = \frac{(1 - \text{Ma}_e^2)^2}{2(\kappa + 1)\text{Ma}_e^2}c_p^* T_e^*$$

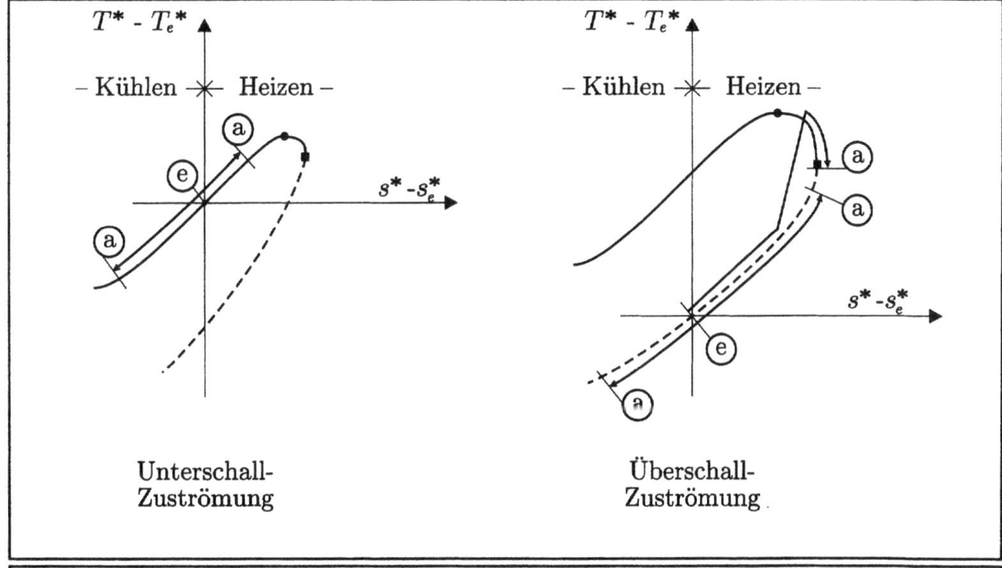

Prinzipieller Verlauf von Rayleigh-Kurven

—— : Unterschall (Ma <1)

---- : Überschall (Ma >1)

■ : Ma = 1   ●: Ma $= \dfrac{1}{\sqrt{\kappa}}$

- Bei Unterschallzuströmung kann die Strömung durch Kühlen (im Prinzip beliebig stark) verzögert werden. Im Heizfall gibt es zwei Möglichkeiten:

  (a) Die Heizleistung ist $q^* < q^*_{max}$. Dabei wird die Strömung beschleunigt, aber im Austrittszustand wird noch nicht Ma $= 1$ erreicht.

  (b) Die Heizleistung ist $q^* > q^*_{max}$. Diese Heizleistung kann die Strömung nicht aufnehmen, ohne durch eine Veränderung der Zuströmbedingungen zu reagieren. Dies wird als (thermisch) „gedrosselter" Zustand (engl.: choked) bezeichnet.

- Bei Überschallzuströmung bewirkt eine Kühlung eine Beschleunigung (Ma$_a$ > Ma$_e$), im Heizfall gibt es wieder zwei Möglichkeiten:

  (a) Die Heizleistung ist $q^* < q^*_{max}$. Die Strömung wird verzögert, es liegt aber immer noch eine Überschallströmung im Austritt vor.

  (b) Die Heizleistung ist $q^* > q^*_{max}$. Im Rohr bildet sich ein Verdichtungsstoß gerade so, dass die Unterschallströmung nach dem Stoß bis zum Austritt wieder auf Ma$_a$ $= 1$ beschleunigt wird. Wenn der Stoß bis in die Düse „wandert", liegen dann Unterschall-Zuströmbedingungen vor.

Im Bild sind die verschiedenen Zustandsänderungen durch Pfeile angedeutet.

ANWENDUNGEN UND BEISPIELE

Gasströmung in Pipelines (kompressible Rohrströmung bei $T^*_W = const$)

Bei erdverlegten Pipelines kann in guter Näherung die thermische Randbedingungen $T^*_W = const$ unterstellt werden, da selbst bei isolierten Rohren eine Temperaturanpassung an die (konstante) Umgebungstemperatur auftritt.

Da Reibungseffekte auf den großen Lauflängen der Rohre nicht vernachlässigt werden können, liegt damit eine Kombination aus einer Fanno-Strömung (Reibungseffekte, adiabat) und einer Rayleigh-Strömung (reibungsfrei, diabat) vor.

Ohne Wärmeübergang, also als sog. Fanno-Strömung, würde ausgehend von einer Unterschall-Eintrittsbedingung eine Beschleunigung (in „Richtung" der Grenz-Mach-Zahl Ma $= 1$) und eine Abkühlung auftreten. Für diese Strömung bliebe die Gesamtenthalpie $c^*_p T^*_0$ zunächst konstant und wäre entlang der Rohrströmung jeweils die Summe $c^*_p T^* + u^{*2}_m/2$. Um eine Erhöhung der spezifischen kinetischen Energie d$(u^{*2}_m/2)$ nicht durch eine entsprechende Absenkung der Temperatur zu kompensieren, muss deshalb die spezifische Wärmemenge d$q^* = $ d$(u^{*2}_m/2)$ zugeführt werden. Integriert zwischen dem Ein- und dem Austrittsquerschnitt führt dies auf

$$q^*_{ea} = \frac{\kappa - 1}{2} \left(\text{Ma}^2_a - \text{Ma}^2_e\right) c^*_p T^* \qquad (\text{für } T^* = T^*_e = const)$$

als spezifischer, insgesamt zuzuführender Wärmemenge (Energie pro Masse bzw. Leistung pro Massenstrom), für Einzelheiten s. z.B. Truckenbrodt (1999).

Diese spezifische Wärmemenge wird bei der Pipeline-Strömung der Umgebung „entnommen" und führt bezogen auf die Strömung zu einer Erhöhung ihrer Gesamtenthalpie um diesen Betrag.

Aus diesen Überlegungen ist aber noch nicht abzuleiten, auf welcher Länge der Pipeline q_{ea}^* übertragen wird, da dies von der Stärke der durch Reibung dissipierten Energie abhängt, diese aber nicht explizit in der bisher verwendeten Bilanz für die Gesamtenergie (bzw. $\sim$enthalpie) auftritt. Dissipation ist eine „interne" Umverteilung zwischen mechanischer und thermischer Energie, die zusammengenommen der Gesamtenergie entsprechen.

Aus der Impulsbilanz für diese Strömung (diese entspricht der Gleichung (i) der Fanno-Strömungen) kann die kinetische Energie bestimmt werden, deren Bilanz jetzt die spezifische Dissipation explizit enthält. Daraus folgt durch Integration und Berücksichtigung der thermischen Randbedingung $T^* = \text{const}$

$$\lambda_R \frac{x_a^* - x_e^*}{D_h^*} = \frac{1}{\kappa}\left(\frac{1}{\mathrm{Ma}_e^2} - \frac{1}{\mathrm{Ma}_a^2}\right) + \ln\left(\frac{\mathrm{Ma}_e}{\mathrm{Ma}_a}\right)^2$$

Diese Gleichung weicht erwartungsgemäß von der entsprechenden Beziehung (ii) für die reine Fanno-Strömung ab, weil unterschiedliche Bedingungen bzgl. der Gesamtenergie gelten.

Aus dieser Beziehung folgt die maximale Lauflänge $(x_a^* - x_e^*)$, die durch das Erreichen des Grenzzustandes bei x_a^* festgelegt ist. Anders als bei der reinen Fanno-Strömung (Grenzzustand: $\mathrm{Ma}_a = 1$) ist dieser für $T^* = \text{const}$ aber bereits bei $\mathrm{Ma}_a = 1/\sqrt{\kappa}$ erreicht (und entspricht damit der Mach-Zahl für die maximale Temperatur bei der reinen Rayleigh-Strömung!).

Es gilt also, abhängig von der Eintritts-Mach-Zahl und der Rohrreibungszahl λ_R für die maximal mögliche Rohrlänge

$$\frac{x_a^* - x_e^*}{D_h^*} = \left\{\frac{1 - \kappa \mathrm{Ma}_e^2}{\kappa \mathrm{Ma}_e^2} + \ln(\kappa \mathrm{Ma}_e^2)\right\} \Big/ \lambda_R$$

Spätestens danach muss die Strömung in einer Übergabestation neu „konditioniert" werden (Kompression und Kühlung).

BEACHTE

☞ **Erzeugung einer Überschallströmung im Rohr:** Durch eine Kombination aus Heizen und Kühlen kann *im* Rohr eine Überschallströmung erzeugt werden. Dazu muss eine Strömung, die am Rohranfang eine Mach-Zahl $\mathrm{Ma}_e < 1$ besitzt zunächst geheizt werden bis $\mathrm{Ma} = 1$ herrscht (Heizen mit q_W^*) und direkt anschließend wieder gekühlt werden. Damit gelingt es, in der Rayleigh-Kurve vom Unter- auf den Überschall-Ast zu gelangen. Neben der Überschallerzeugung in einer LAVAL-DÜSE ist dies eine weitere Möglichkeit, zu Mach-Zahlen $\mathrm{Ma} > 1$ zu gelangen.

☞ **Abkühlung einer geheizten Strömung:** Der charakteristische Verlauf der Rayleigh-Kurven zeigt, dass geheizte Unterschallströmungen kurz vor Erreichen der Schallgeschwindigkeit (für $1/\sqrt{\kappa} < \mathrm{Ma} < 1$) abkühlen „obwohl" sie geheizt werden. Dies tritt auf, weil die Energie zur Steigerung der kinetischen Energie dann zum Teil durch eine Absenkung der inneren Energie aufgebracht werden muss.

☞ **Druck„verlust" bei kompressiblen Rohrströmungen:** Bei inkompressiblen Rohrströmungen ist der Druckabfall in Strömungsrichtung unmittelbar mit der Dissipation verbunden, stellt also einen Verlust an mechanischer Energie dar. Dies gilt, weil ein direktes Kräftegleichgewicht zwischen Druck- und Reibungskräften herrscht. Bei kompressiblen Strömungen liegt dagegen ein Gleichgewicht zwischen Druck-, Reibungs- und Trägheitskräften (Fanno-Strömung, s. (i)) vor. Damit ist die Druckentwicklung nur noch bedingt oder gar nicht mehr Ausdruck von Verlusten (an mechanischer Energie) in der Strömung. Bei Überschall-Rohrströmungen steigt der Druck sogar in Strömungsrichtung an!

Weiterführende Literatur

Truckenbrodt, E. (1992): *Fluidmechanik*, Band 2: *Elementare Strömungsvorgänge dichteveränderlicher Fluide sowie Potential- und Grenzschichtströmungen*, Springer-Verlag, Berlin, Heidelberg, New York

Michalke, A. (1987): *Beitrag zur Rohrströmung kompressibler Fluide mit Reibung und Wärmeübergang*, Ing. Arch. **57**, 377 - 392

Schallgeschwindigkeit
(speed of sound)

BEDEUTUNG UND DEFINITION

Es handelt sich um die Ausbreitungsgeschwindigkeit schwacher Druckstörungen in einem Fluid. Diese Druckstörungen breiten sich in Form von SCHALLWELLEN aus, die physikalisch durch eine räumlich und zeitlich variierende Auslenkung von Fluidteilchen gekennzeichnet sind. Bei dieser Auslenkung herrscht ein Gleichgewicht von Trägheitskräften (aufgrund der Auslenkung) und Rückstellkräften (aufgrund der Kompressibilität des Fluides). Da die Kompressibilität eines Fluides richtungsunabhängig ist, liegt in alle Raumrichtungen dieselbe Schallgeschwindigkeit vor.

	Definition	

Die Schallgeschwindigkeit a^* als die Ausbreitungsgeschwindigkeit schwacher Druckstörungen in einem Fluid ist allgemein:

$$a^* = \sqrt{\left(\frac{\partial p^*}{\partial \varrho^*}\right)_s} \qquad (*)$$

und für ein ideales Gas: $\qquad a^* = \sqrt{\kappa R^* T^*} \qquad (**)$

a^*	Schallgeschwindigkeit	m/s
p^*	Druck	kg/s^{2}m
ϱ^*	Dichte	kg/m^3
$\left(\frac{\partial ...}{\partial ...}\right)_s$	partielle Ableitung bei konstanter Entropie	.../...
κ	Isentropenexponent	-
R^*	spezielle Gaskonstante	m^2/s^{2}K
T^*	Thermodynamische Temperatur	K

PHYSIKALISCHER HINTERGRUND

Bei der Herleitung der Bestimmungsgleichung für SCHALLWELLEN im Rahmen einer linearen Theorie entsteht für das Geschwindigkeitspotential Φ^* der Geschwindigkeitsschwankungen (im Zusammenhang mit der Schallausbreitung) eine Gleichung in Form der allgemeinen Wellengleichung als

$$\frac{\partial^2 \Phi_s^*}{\partial t^{*2}} = \frac{\partial p^*}{\partial \varrho^*} \nabla^2 \Phi_s^* \qquad (i)$$

Der Vorfaktor $\partial p^*/\partial \varrho^*$ besitzt die Einheit m^2/s^2 und kann als das Quadrat einer Wellenausbreitungsgeschwindigkeit a^* interpretiert werden. Es treten Lösungen von (i) als $\Phi_s^* = f(x^* - a^* t^*)$ auf, die ebene Wellen der Form $f(x^*, t^*)$ darstellen, die in der Zeit t^* um den Betrag $a^* t^*$ verschoben werden. Ihre konkrete Form wird durch die Anfangsstörung festgelegt. Es ist aber zunächst unklar, unter welcher Nebenbedingung die Änderung von p^* aufgrund der Änderung von ϱ^* erfolgt.

Historisch gesehen war zunächst eine isotherme Zustandsänderung unterstellt worden (Newton, 1686), wie sie zum Beispiel in einer Kolben/Zylinder-Anordnung auftritt, wenn der Prozess im thermischen Gleichgewicht mit der Umgebung abläuft. Für ein ideales Gas mit der thermischen Zustandsgleichung $p^*/\varrho^* = R^* T^*$ ergibt sich dann unmittelbar $a^{*2} = p^*/\varrho^*$ bzw. $a^* = \sqrt{R^* T^*}$. Für Luft bei 20°C ergibt dies einen Wert $a^* = 290$ m/s, der deutlich von dem gemessenen Wert $a^* = 340$ m/s abweicht. Erst sehr viel später (Laplace, 1816) hat man erkannt, dass der Prozess lokal adiabat abläuft, weil in den kurzen Prozesszeiten kein nennenswerter Wärmestrom zu den umgebenden Fluidteilchen fließt. Zusätzlich gilt, dass der Prozess in guter Näherung reversibel ist, weil keine abrupten Gradienten im Raum und in der Zeit vorkommen und damit keine nennenswerte Dissipation auftritt. Insgesamt liegt damit eine Prozessführung bei konstanter Entropie vor, d.h., für die partielle Ableitung des Druckes nach der Dichte in (i) und damit für das Quadrat der Schallgeschwindigkeit gilt

$$a^{*2} = \left.\frac{\partial p^*}{\partial \varrho^*}\right|_s \tag{ii}$$

Isentrope Zustandsänderungen (s^*= const) erfüllen bei idealen Gasen die Isentropenbeziehung $p^*/\varrho^{*\kappa}$ =const, was zusammen mit der idealen Gasgleichung $p^*/\varrho^* = R^* T^*$ auf $a^* = \sqrt{\kappa R^* T^*}$ führt und für Luft bei 20°C den gemessenen Wert von $a^* = 340$ m/s ergibt.

Bei Fluiden, die nicht als ideale Gase behandelt werden können, gilt weiterhin die Beziehung (ii) für die Schallgeschwindigkeit, es sind jetzt aber die vom idealen Gasverhalten abweichende thermische Zustandsgleichung und Isentropenbeziehung zu beachten. Für Wasser z.B. ergibt sich dann eine Schallgeschwindigkeit $a^* \approx 1400$ m/s, die für viele Flüssigkeiten ähnlich hohe Werte annimmt.

Das Modellfluid mit der Zustandsgleichung $\varrho^* = $ const besitzt eine unendlich große Schallgeschwindigkeit.

ANWENDUNGEN UND BEISPIELE

Zahlenwerte der Schallgeschwindigkeit für einige Fluide

Die nachfolgenden Zahlenwerte gelten bei einem Druck von $p^* = $ 1bar und einer Temperatur $T^* = 293$K.

Dabei sind folgende Größen vertafelt:

- Dichte ϱ^*
- thermischer Ausdehnungskoeffizient $\qquad \beta^* = -(\partial\varrho^*/\partial T^*)_p/\varrho^*$
- isothermer Kompressibilitätskoeffizient $\qquad \tau^* = (\partial\varrho^*/\partial p^*)_T/\varrho^*$
- Schallgeschwindigkeit a^*

Für ideale Gase gilt $\beta^* = 1/T^*$ und $\tau^* = 1/p^*$ aufgrund der idealen Gasgleichung $p^*/\varrho^* = R^*/T^*$.

FLUID	$\dfrac{\varrho^*}{\text{kg/m}^3}$	$\beta^* T^*$	$\tau^* p^*$	$\dfrac{a^*}{\text{m/s}}$
CO_2 (Kohlendioxid)	1,841	1	1	269
Luft	1,205	1	1	344
He (Helium)	0,167	1	1	1010
H_2O (Wasser)	1000	0,061	$4{,}91 \cdot 10^{-5}$	1461
Hg (Quecksilber)	13579	0,053	$3{,}76 \cdot 10^{-6}$	1409

$$\varrho^*, \ \beta^*, \ \tau^*, \ a^* \ \text{ für ausgewählte Fluide}$$

BEACHTE

◘ **Kompressibilität**: Die Fluideigenschaft der Kompressibilität, τ^*, ist definiert als $\tau^* = (\partial\varrho^*/\partial p^*)/\varrho^*$. Mit der Nebenbedingung konstanter Entropie wird dies zur *isentropen Kompressibilität* $\tau_s^* = (\partial\varrho^*/\partial p^*)_s/\varrho^*$ mit typischen Zahlenwerten von 10^{-5} m^2/N für Gase und $5 \cdot 10^{-10}$m^2/N für Flüssigkeiten. Für ideale Gase gilt $\tau_s^* = \kappa\tau_T^*$ mit der *isothermen Kompressibilität* $\tau_T^* = (\partial\varrho^*/\partial p^*)_T/\varrho^*$.

Die Schallgeschwindigkeit a^* ist aufgrund der Definition (∗) deshalb auch durch $a^* = (\varrho^* \tau_s^*)^{-1/2}$ gegeben. Daran ist deutlich erkennbar, daß ein inkompressibles Fluid (ϱ^* =const, d.h. $\tau_s^* = 0$) eine unendlich große Schallgeschwindigkeit besitzt.

◘ **Mach-Zahl Ma**: Unter der Mach-Zahl versteht man das Verhältnis einer Strömungsgeschwindigkeit v^* zur „zugehörigen" Schallgeschwindigkeit a^*. Wenn die beiden Geschwindigkeiten den Charakter von Bezugsgrößen eines Problems besitzen (z.B.: Anströmgeschwindigkeit u_∞^*, Schallgeschwindigkeit bei der Temperatur der Zuströmung, $a_\infty^* = \sqrt{\kappa R^* T_\infty^*}$), so ist die Mach-Zahl eine Kennzahl des Gesamtproblems im Sinne der Dimensionsanalyse. Gebildet mit den jeweils lokalen Werten besitzt sie den Charakter einer dimensionslosen Geschwindigkeit. Der Strömungscharakter unterscheidet sich in den Fällen Ma< 1 (Unterschallströmung) deutlich von demjenigen bei Ma> 1 (Überschallströmung), s. dazu auch das Stichwort KOMPRESSIBLE STRÖMUNGEN.

▢ **Schallgeschwindigkeit und Molekülbewegung:** Die Schallgeschwindigkeit entsteht durch Wechselwirkungen zwischen den Molekülen und stellt im Sinne von intermolekularen Stoßprozessen eine „Signalgeschwindigkeit" (und nicht etwa eine Strömungsgeschwindigkeit) dar. Für ideale Gase ist die Schallgeschwindigkeit deshalb eng mit der mittleren Geschwindigkeit der einzelnen Gasmoleküle verbunden. Die kinetische Gastheorie ergibt für diese mittlere Geschwindigkeit einen Wert von $\sqrt{8R^*T^*/\pi}$, so dass die Schallgeschwindigkeit $\sqrt{\kappa R^*T^*}$ für zweiatomige Gase ($\kappa = 1,4$) etwa 75% der mittleren Molekülgeschwindigkeit entspricht.

▢ **Machscher Kegel:** Eine momentane punktförmige Störung breitet sich in einer homogenen Gasströmung (konstante Geschwindigkeit u_∞^*) in Form einer Kugelwelle aus, deren Mittelpunkt sich mit der Strömungsgeschwindigkeit u_∞^* bewegt. Wenn diese Störung ständig wirkt (weil sie z.B. durch ein Hindernis ausgelöst wird, das mit u_∞^* überströmt wird), werden also ständig neue Kugelwellen ausgesandt. Ist u_∞^* kleiner als die Schallgeschwindigkeit a^*, so können die Druckstörungen jeden Punkt des Strömungsfeldes erreichen, insbesondere auch alle stromaufwärts gelegenen Punkte.

Ist aber $u_\infty^* > a^*$, so entsteht eine andere Situation. Da die Kugelwelle als Ganzes schneller stromabwärts bewegt wird, als sich (kleine) Druckstörungen von ihrem Mittelpunkt ausgehend ausbreiten, können die Druckstörungen nur diejenigen Punkte im Strömungsfeld erreichen, die innerhalb eines umhüllenden Kegels mit dem halben Öffnungswinkel $\bar{\alpha}$ liegen. Aus den geometrischen Verhältnissen ergibt sich $\bar{\alpha}$ zu

$$\sin\bar{\alpha} = \frac{a^*\Delta t^*}{u_\infty^*\Delta t^*} \quad \longrightarrow \quad \bar{\alpha} = \arcsin\frac{a^*}{u_\infty^*} = \arcsin \mathrm{Ma}^{-1}$$

d.h., mit wachsender Mach-Zahl entsteht ein immer spitzerer Kegel als Einflussgebiet für die Druckstörungen.

WEITERFÜHRENDE LITERATUR

Lighthill, J. (2001) : *Waves in Fluids*, Cambridge University Press, Cambridge

Anderson, J.D. (1990): *Modern Compressible Flow*, Mc Graw Hill Publ. Comp., New York

Whitham, G.B. (1974): *Linear and Nonlinear Waves*, John Wiley & Sons, New York

Schallwellen

(sound waves)

BEDEUTUNG UND DEFINITION

Es handelt sich um eine besondere Form von Wellen in einem ruhenden oder strömenden Fluid. Wellen in Fluiden entstehen aufgrund von zeit- bzw. ortsabhängigen Störungen, und sind durch das Gleichgewicht von Fluidträgheitskräften und Rückstellkräften gekennzeichnet. Im Fall der Schallwellen sind die Rückstellkräfte nicht von außen aufgeprägt, sondern entstehen aufgrund der fluideigenen KOMPRESSIBILITÄT im Fluid selbst. Die Ausbreitung von Wellen mit einer dafür charakteristischen Geschwindigkeit ist die Folge molekularer Wechselwirkungen. Diese Ausbreitungsgeschwindigkeit darf deshalb nicht mit eventuell vorhandenen Strömungsgeschwindigkeiten im Feld verwechselt werden.

	Definition	

Unter Schallwellen versteht man die raum-zeitlichen Auslenkungen von Fluidelementen in einem Feld, die durch das Gleichgewicht von Trägheitskräften aufgrund der Auslenkungen und Rückstellkräften aufgrund der Kompressibilität des Fluides gekennzeichnet sind.

Die Auslenkungs-Geschwindigkeitsverteilung $\vec{v}_s^*(\vec{x}^*, t^*)$ aufgrund des Schallwellenfeldes besitzt im Rahmen einer linearen Theorie ein Potential Φ_s^*, so dass $\vec{v}_s^* = \mathrm{grad}\,\Phi_s^*$ gilt. Dieses Potential folgt aus Lösungen der Wellengleichung

$$\frac{\partial^2 \Phi_s^*}{\partial t^{*2}} = a^{*2} \nabla^2 \Phi_s^* \qquad (*)$$

Das Schallwellenfeld ist charakterisiert durch

- die *akustische Energie* (genauer: *gesamte akustische Energiedichte*, auch: *Schalldichte*) als Summe aus der kinetischen und potentiellen Energie des Schallfeldes, mit (lineare Theorie):

$$W^* = \frac{\varrho_0^*}{2}\left[\vec{v}_s^{*2} + \left(\frac{p^* - p_0^*}{\varrho_0^* a^*}\right)^2\right] \qquad (**)$$

- den *Energie-Transportvektor* (genauer: *akustischer Intensitätsvektor*, auch: *Schallstärke*) mit

$$\vec{I}_s^* = (p^* - p_0^*)\vec{v}_s^* \qquad (***)$$

Im Fall einer ebenen Welle mit $\vec{v}_s^* = (u_S^*, 0, 0)$ reduziert sich dies auf

$$W^* = \varrho_0^* u_s^{*2} \quad \text{und} \quad I_{sx}^* = \varrho_0^* a^* u_s^{*2}$$

Für die akustische Energie W^* gilt die Erhaltungsgleichung (lineare Theorie):

$$\frac{\partial W^*}{\partial t^*} = -\mathrm{div}\,\vec{I}_s^*$$

Φ_s^*	Geschwindigkeitspotential des Schallfeldes	$\mathrm{m^2/s}$
$\vec{v}_s^*$	Geschwindigkeit im Schallfeld	$\mathrm{m/s}$
a^*	SCHALLGESCHWINDIGKEIT	$\mathrm{m/s}$
$p^* - p_0^*$	Druckdifferenz gegenüber dem schallfreien Feld	$\mathrm{N/m^2}$
ϱ_0^*	Dichte im schallfreien Feld	$\mathrm{kg/m^3}$
W^*	(gesamte) akustische Energiedichte	$\mathrm{J/m^3}$
$\vec{I}_s^*$	akustischer Intensitätsvektor	$\mathrm{W/m^2}$
t^*	Zeit	s
$\vec{x}^*$	Ortsvektor	m

PHYSIKALISCHER HINTERGRUND

Schallwellen sind häufig so schwache Störungen im Fluidfeld (periodische Schwankungen geringer Amplitude), dass sie in sehr guter (erster) Approximation durch eine lineare Näherung der vollständigen Bewegungsgleichungen, d.h. durch eine sog. *lineare Theorie*, beschrieben werden können. Die in den Bewegungsgleichungen auftretenden Größen sind dabei so klein, dass Produkte dieser Größen gegenüber den Größen selbst vernachlässigt werden können. Dies bezieht sich insbesondere auf die sog. *Trägheitsterme* in den NAVIER-STOKES GLEICHUNGEN, die wie folgt approximiert werden.

$$\varrho^* \frac{D\vec{v}^*}{Dt^*} \equiv \varrho^* \left(\frac{\partial \vec{v}^*}{\partial t^*} + \vec{v}^* \cdot \mathrm{grad}\,\vec{v}^* \right) \approx \varrho^* \frac{\partial \vec{v}^*}{\partial t^*}$$

Im Sinne der linearen Näherung (Vernachlässigung von quadratischen Termen) wird die zeitliche Änderung von $\vec{v}^*$ an einer festen Stelle im Raum berücksichtigt, die Änderung von $\vec{v}^*$ infolge von Positionsänderungen der Fluidteilchen im Raum (konvektiver Anteil der Zeitableitung) aber vernachlässigt.

Wenn zusätzlich angenommen wird, dass der Einfluss der Viskosität in erster Näherung vernachlässigbar gering ist (schwache Auslenkungen der Fluidteilchen führen nur zu geringen Scherraten), so verbleibt von den vollständigen Navier-Stokes Gleichungen lediglich

$$\varrho_0^* \frac{\partial \vec{v}^*}{\partial t^*} = -\mathrm{grad}\,p^* \tag{i}$$

Die allgemeine KONTINUITÄTSGLEICHUNG $D\varrho^*/Dt^* + \varrho^*\mathrm{div}\,\vec{v}^* = 0$ wird entsprechend approximiert, indem $D\varrho^*/Dt^* \approx \partial \varrho^*/\partial t^*$ gesetzt wird. Dies bedeutet wiederum die Vernachlässigung quadratisch kleiner Terme, hier Produkte von $\vec{v}^*$ und $\varrho^* - \varrho_0^*$. Wenn, wie bereits in (i) geschehen, der Faktor ϱ^* durch ϱ_0^*, d.h. die Dichte im schallwellenfreien Feld ersetzt wird (weil dies wiederum der Vernachlässigung eines quadratisch kleinen Termes entspricht), lautet die Kontinuitätsgleichung der linearen Theorie

$$\frac{\partial \varrho^*}{\partial t^*} = -\varrho_0^* \operatorname{div} \vec{v}^* \tag{ii}$$

Mit den Gleichungen (i) und (ii) stehen vier Gleichungen (drei Impulsgleichungen und eine Kontinuitätsgleichung) zur Bestimmung von u^*, v^*, w^* und $(p^* - p_0^*)$ zur Verfügung. Die Druckdifferenz gegenüber dem Druck p_0^* des schallwellenfreien Feldes entsteht im Schallfeld.

Da es sich bei der gesuchten Lösung um eine drehungsfreie Strömung handelt (aus (i) folgt, dass die schallinduzierte Strömung keine Drehung besitzt), kann ein Geschwindigkeitspotential Φ_s^* eingeführt werden, so dass $\vec{v}^* = \operatorname{grad} \Phi_s^*$ gilt. Damit folgt aus (i)

$$p^* - p_0^* = -\varrho_0^* \frac{\partial \Phi_s^*}{\partial t^*}$$

und aus (ii) mit $\operatorname{div} \operatorname{grad} \Phi_s^* = \nabla^2 \Phi_s^*$ als Laplace-Operator

$$\frac{\partial \varrho^*}{\partial t^*} = -\varrho_0^* \nabla^2 \Phi_s^*$$

Diese beiden unabhängigen Aussagen über Druck- und Dichteänderungen im Schallfeld können zu einer Gleichung kombiniert werden, wenn ein Zusammenhang $p^*(\varrho^*)$, wiederum im Rahmen einer linearen Theorie hergestellt werden kann. Eine Taylor-Reihenentwicklung um p_0^*, ϱ_0^* lautet nun bis zum linearen Term in $(\varrho^* - \varrho_0^*)$:

$$p^* - p_0^* = \left.\frac{\partial p^*}{\partial \varrho^*}\right|_0 (\varrho^* - \varrho_0^*) + \dots$$

Daraus folgt unmittelbar als Zeitableitung

$$\frac{\partial p^*}{\partial t^*} = \left.\frac{\partial p^*}{\partial \varrho^*}\right|_0 \frac{\partial \varrho^*}{\partial t^*}$$

so dass die beiden zuvor erhaltenen Gleichungen als

$$\frac{\partial^2 \Phi_s^*}{\partial t^{*2}} = \left.\frac{\partial p^*}{\partial \varrho^*}\right|_0 \nabla^2 \Phi_s^*$$

kombiniert werden können. Der Faktor $(\partial p^*/\partial \varrho^*)_0$ mit der Einheit $\mathrm{m}^2/\mathrm{s}^2$ kann als Quadrat einer für Schallwellen charakteristischen Ausbreitungsgeschwindigkeit a^* interpretiert werden, s. dazu das Stichwort SCHALLGESCHWINDIGKEIT. Damit entsteht die sog. *Wellengleichung*

$$\boxed{\frac{\partial^2 \Phi_s^*}{\partial t^{*2}} = a^{*2}\, \nabla^2 \Phi_s^*} \tag{iii}$$

zur Bestimmung des Schallfeldes im Rahmen einer linearen Approximation.

Die Form der Wellengleichung lässt erkennen, dass sie im ebenen Fall Lösungen besitzt, in denen die gesuchte Funktion $\Phi_s^*(\vec{x}^*, t^*)$ von einer kombinierten unabhängigen Variablen $(C_1 x^* + C_2 y^* + C_3 z^* - a^* t^*)$ mit $C_1^2 + C_2^2 + C_3^2 = 1$ abhängt, da die zweifache Zeitableitung dann auf der linken Seite den Vorfaktor a^{*2} ergibt, der gegen a^{*2} auf der rechten Seite gekürzt werden kann, und die Gleichung ansonsten identisch erfüllt ist.

Physikalisch handelt es sich dabei um ebene Wellen in Richtung des Raumvektors (C_1, C_2, C_3), die zeitunabhängig eine bestimmte Form besitzen und sich mit der Geschwindigkeit a^* fortbewegen. Welche Form Φ_s^* sie annehmen, wird durch die Anfangsstörung am Entstehungsort (der „Schallquelle") festgelegt.

Die Besonderheit der akustischen Näherung im Rahmen der hier skizzierten linearen Theorie ist, dass die Schallgeschwindigkeit a^* weder von der Ausbreitungsrichtung, noch von der Wellenform, also auch nicht von der Wellenlänge (bzw. der Frequenz) abhängt. Dies ist bei vielen anderen Wellenerscheinungen in der Strömungsmechanik (leider) nicht der Fall.

ANWENDUNGEN UND BEISPIELE

Schallquellen in einem dreidimensionalen Feld

Die Entstehung von Schallwellen ist ein hochkomplexer Vorgang, der oftmals als eine Kombination von Elementarlösungen der Wellengleichung, entstanden aus „Elementarquellen" verstanden werden kann. Die Erzeugung von Schallwellen in einer Schallquelle kann dabei von sehr unterschiedlicher Natur sein und wird bezüglich entscheidender Aspekte, wie z.B. einer möglichen Richtungsabhängigkeit und dem Verhalten weit entfernt von der Quelle, nach verschiedenen Grundtypen der Schallerzeugung durch charakteristische Quellarten beschrieben. Solche Elementarquellen, die z.B. in Lighthill (2001) sehr ausführlich behandelt werden, sind u.a.:

- Monopol-Quelle (auch: einfache Quelle):

  Diese gedachte Quelle stellt in einem zum Ursprung erklärten Punkt im Feld eine zeitabhängige „Volumenquelle" $V^*(t^*)$ bzw. als $M^* = \varrho_0^* V^*(t^*)$ eine entsprechende „Massenquelle" dar, wobei V^* einen Volumenfluss (Volumen/Zeit) und M^* einen Massenfluss (Masse/Zeit) darstellen. Die Lösung der kugelsymmetrischen Wellengleichung ist von der Form $\Phi_s^*(r^*, t^*) = -V^*(t^* - r^*/a^*)/4\pi r^*$ mit r^* als radialem Abstand zum Ursprung und ergibt als Druckfeld

$$p^* - p_0^* = \frac{\dot{M}^*}{4\pi r^*} \quad \text{mit} \quad \dot{M}^* = \frac{\partial M^*}{\partial t^*} \; ; \; \left[\dot{M}^*\right] = \frac{\text{kg}}{\text{s}^2}$$

Dabei wird $\dot{M}^*$ als Stärke der einfachen Quelle bezeichnet.

Für die Intensität I^* in hinreichendem Abstand von der Quelle (im sog. Fernfeld) gilt

$$I^* = \frac{\dot{M}^{*2}}{\varrho_0^* a^* 16\pi^2 r^{*2}} \quad \text{mit} \quad [I^*] = \frac{\text{W}}{\text{m}^2}$$

Für die Leistung der Quelle gilt

$$P^* = \frac{\dot{M}^{*2}}{4\pi \varrho_0^* a^*} \quad \text{mit} \quad [P^*] = W$$

Eine solche einfache Schallquelle ist z.B. in guter Näherung durch eine oszillierende Gasblase in einer Flüssigkeit realisiert.

- Dipolquelle:

Die Dipolquelle entsteht aus der Kombination zweier Monopole in einem kleinen Abstand l^* mit den Stärken $\dot{M}^*$ bzw. $-\dot{M}^*$. Wenn bzgl. $+\dot{M}^*$ die Koordinate r^* und bzgl. $-\dot{M}^*$ die Koordinate $r^{*\prime}$ (wie im nachfolgenden Bild gezeigt) gilt, so besteht die Lösung aus der Überlagerung von $\Phi^*_{s1} = -V^*(t^* - r^*/a^*)/4\pi r^*$ und $\Phi^*_{s2} = V^*(t^* - r^{*\prime}/a^*)/4\pi r^{*\prime}$. Für das Druckfeld gilt deshalb mit $\ddot{M}^* = \partial^2 M^*/\partial t^{*2}$

$$p^* - p^*_0 = \frac{\dot{M}^*(t^* - r^*/a^*)}{4\pi r^*} - \frac{\dot{M}^*(t^* - r^{*\prime}/a^*)}{4\pi r^{*\prime}}$$

$$\approx \frac{\partial}{\partial r^*}\left[\frac{\dot{M}^*(t^* - r^*/a^*)}{4\pi r^*}\right](-l^* \cos\Theta)$$

$$\approx \left\{ \underbrace{\left[\frac{l^*\dot{M}^*(t^* - r^*/a^*)}{4\pi r^{*2}}\right]}_{\text{dominiert im Nahfeld}} + \underbrace{\left[\frac{l^*\ddot{M}^*(t^* - r^*/a^*)}{4\pi r^* a^*}\right]}_{\text{dominiert im Fernfeld}} \right\} \cos\Theta$$

Ein Dipol mit der sog. *Dipolstärke* $D^* = l^*\dot{M}^*$ zeigt anders als die einfache Quelle eine unterschiedliche r^*-Abhängigkeit: es gilt $p^* - p^*_0 \sim r^{*-1}$ im Fernfeld, aber $p^* - p^*_0 \sim r^{*-2}$ im Nahfeld. Dies führt dazu, dass Dipole generell ein „starkes" Nahfeld, aber ein „schwaches" Fernfeld aufweisen.

Während ein Monopol als „Massenquelle" wirkt, die den Massenfluss M^* freisetzt, hat ein Dipol die Wirkung einer „Impulsquelle", die pro Zeit ∂t^* den Impuls $\partial(l^* M^*)$ freisetzt. Dies entspricht aber einer Kraft $\partial(l^* M^*)/\partial t^* = l^*\dot{M}^* = D^*(t^*)$ auf das Fluid, also einer Kraft von der Dipolstärke D^*. Mit anderen Worten: Um ein Dipolfeld der Stärke D^* zu erzeugen, muss eine Kraft der Stärke $D^*(t^*)$ auf das Fluid wirken, wobei die Kraftrichtung von der negativen zur positiven Einzelquelle zeigt. Eine externe Kraft, die auf ein Fluid wirkt, generiert damit ein akustisches Dipolfeld der Stärke dieser Kraft.

Um die Schallfelder realer Schallquellen beschreiben zu können, muss ihre Wirkung daraufhin untersucht werden, ob sie Elemente enthält, die den Elementarquellen entsprechen. Zwei dieser Elementarquellen (Monopol $\rightarrow$ „Massenquelle"; Dipol $\rightarrow$ „Impulsquelle") sind kurz skizziert worden, weitere wie ein Quadrupol (Kombination aus zwei Dipolen) sind u.U. erforderlich. Als weiterer entscheidender Aspekt kommt hinzu, ob es sich um sog. kompakte Schallquellen handelt, die Abmessungen besitzen, die deutlich kleiner als $\lambda^*/2\pi$ sind (λ^*: Schall-Wellenlänge) und deshalb eine punktförmige Überlagerung von Elementarquellen erlauben.

Für weitere Einzelheiten sei insbesondere auf die sehr ausführliche und anschauliche Darstellung in Lighthill (2001) verwiesen.

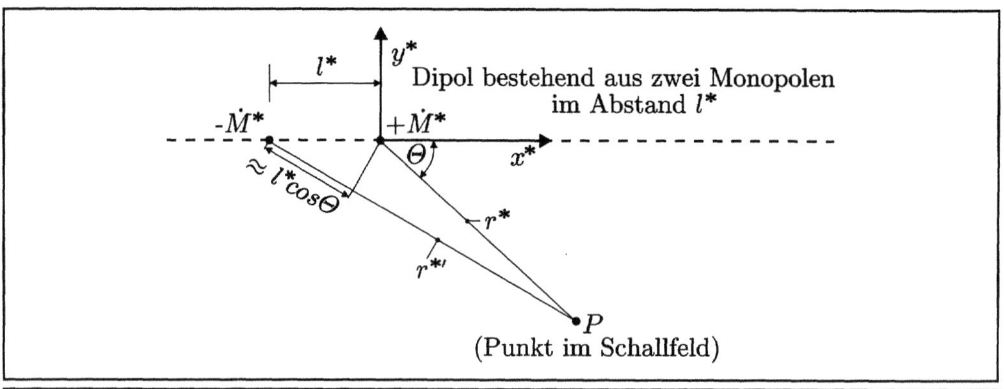

geometrische Verhältnisse beim akustischen Dipol

BEACHTE

❏ **Vernachlässigte Effekte:** Die Theorie der Schallentstehung und -ausbreitung, die auf der Kombination von Elementarlösungen der Wellengleichung basiert, hat zwei entscheidende Voraussetzungen: die Schallwellen können als schwach angesehen werden (lineare Theorie) und die Schallquellen sind in ihren Abmessungen klein gegenüber den Wellenlängen (kompakte Schallquellen). Erweiterungen dieser Theorie umfassen damit die Wirkung nicht kompakter Schallquellen sowie von Effekten der Schallausbreitung, die in der einfachen Wellengleichung (iii) nicht erfasst sind. Dies sind insbesondere die Einflüsse der Viskosität ($\rightarrow$ Dämpfung von Schallwellen), und der Wärmeleitfähigkeit ($\rightarrow$ lokal nicht-adiabate Zustandsänderungen), von externen Kräften einschließlich der Schwerkraft sowie von Inhomogenitäten des Feldes wie z.B. bei Dichteschichtungen.

❏ **dB-Skala:** Die Schallstärke bzw. akustische Intensität I^* wäre gemäß ihrer Einheit in W/m^2 anzugeben. Da jedoch das menschliche Hörvermögen Differenzen in der Lautstärke eines Schallsignals konstanter Frequenz dann als gleich wertet, wenn die Differenz des Logarithmus der Intensitäten gleich ist (und nicht die Differenz der Intensitäten), hat sich eine logarithmische Intensitätsskala eingebürgert, die in sog. Dezibel-Einheiten (dB) gemessen wird. Ihre Definition lautet

$$x = 120 + 10 \log_{10}\left(\frac{I^*}{\text{W/m}^2}\right)$$

und unterstellt, dass I^* im W/m^2 gemessen wird.

„Grenzwerte der Hörbarkeit" von Schallwellen sind, abhängig von der Frequenz ω^*, etwa

- 0 dB, d.h. $I^* = 10^{-12}$ W/m^2 für 500 Hz $< \omega^* < 8\,000$ Hz
- 20 dB, d.h. $I^* = 10^{-10}$ W/m^2 für $\omega^* \approx 200$ Hz und $\omega^* \approx 15\,000$ Hz
- 40 dB, d.h. $I^* = 10^{-8}$ W/m^2 für $\omega^* \approx 100$ Hz und $\omega^* \approx 18\,000$ Hz

Der hörbare Bereich erstreckt sich etwa auf 20 Hz $< \omega^* < 20\,000$ Hz. Die „Schmerzgrenze" ist für die meisten Frequenzen bei 120 dB, d.h. für eine Intensität von $I^* = 1$ W/m^2 erreicht.

WEITERFÜHRENDE LITERATUR

Cremer, L.; Möser, M. (2003): *Technische Akustik*, 5. Aufl., Springer-Verlag, Berlin, Heidelberg, New York

Lighthill, J. (2001): *Waves in Fluids*, Cambridge University Press, Cambridge

Henn, H.; Sinambari, G.R.; Fallen, M. (2001): *Ingenieurakustik*, Vieweg-Verlag, Wiesbaden

Dowling, A.P.; Ffowcs-Williams, J.E. (1983): *Sound and Sources of Sound*, John Wiley & Sons, Inc., New York

Whitham, G.B. (1974): *Linear and Nonlinear Waves*, John Wiley & Sons, New York

Schlankkanalgleichungen
(slender channel equations)

BEDEUTUNG UND DEFINITION

Es handelt sich um einen Satz von Gleichungen, der als ein Spezialfall der allgemeinen NAVIER-STOKES GLEICHUNGEN interpretiert werden kann. Er entsteht aus den Navier-Stokes Gleichungen als führender Term einer systematischen Entwicklung nach einem sog. *Schlankkanal-Parameter* $\alpha = L_y^*/L_{xz}^*$. Dieser Parameter charakterisiert schlanke Kanäle bzw. Spalten, in denen die hier betrachtete Strömung erfolgt, weshalb bisweilen auch von *Spaltströmungen* gesprochen wird. Die Größe L_y^* steht dabei für eine charakteristische Querabmessung (Höhe) des Spaltes, mit L_{xz}^* ist eine typische Abmessung in Strömungsrichtung (Länge des Spaltes) beschrieben. Das Strömungsgebiet nimmt damit für $\alpha = L_y^*/L_{xz}^* \to 0$ immer mehr die Form eines schlanken Spaltes an, dessen Kontur in x- und z-Richtung durchaus variabel sein kann, aber nur in dem Maße, indem der Charakter eines „spaltförmigen Gebietes" erhalten bleibt.

Da in den meisten Anwendungen die Reynolds-Zahl $\text{Re} = u_B^* L_y^*/\nu^*$ aufgrund der geringen Querabmessung L_y^* sehr klein ist, und dann eine laminare Strömung vorliegt, ist in der nachfolgenden Definitionsbox zunächst nur die laminare Version der Schlankkanalgleichungen angegeben. Eine Anmerkung zum turbulenten Fall findet sich unter BEACHTE.

	Definition	

Unter den sog. Schlankkanalgleichungen versteht man den Spezialfall der allgemeinen NAVIER-STOKES GLEICHUNGEN (hier: konstante Stoffwerte, nicht beschleunigtes, kartesisches Koordinatensystem), bei dem folgende Terme erhalten bleiben:

x-IMPULSGLEICHUNG:
$$\rho^* \frac{\mathrm{D}u^*}{\mathrm{D}t^*} = -\frac{\partial p_{mod}^*}{\partial x^*} + \eta^* \frac{\partial^2 u^*}{\partial y^{*2}}$$

y-IMPULSGLEICHUNG:
$$0 = -\frac{\partial p_{mod}^*}{\partial y^*}$$

z-IMPULSGLEICHUNG:
$$\rho^* \frac{\mathrm{D}w^*}{\mathrm{D}t^*} = -\frac{\partial p_{mod}^*}{\partial z^*} + \eta^* \frac{\partial^2 w^*}{\partial y^{*2}}$$

x^*, z^*	Koordinaten in Kanalrichtung	m
y^*	Koordinate quer zur Kanalrichtung	m
u^*, v^*, w^*	Geschwindigkeitskomponenten	m/s
$\mathrm{D}.../\mathrm{D}t^*$	$\approx \partial.../\partial t^* + u^* \partial.../\partial x^* + v^* \partial.../\partial y^* + w^* \partial.../\partial z^*$	1/s
t^*	Zeit	s
p_{mod}^*	modifizierter Druck $(p^* - p_{st}^*)$	N/m^2
ρ^*	Dichte	kg/m^3

η^*	dynamische Viskosität	kg/ms

PHYSIKALISCHER HINTERGRUND

Die Besonderheit von Strömungen in schlanken Kanälen liegt darin, dass typische Abmessungen des Strömungsfeldes in einer Koordinatenrichtung sehr viel kleiner sind als in den anderen beiden Richtungen. Wenn dies bei der Entdimensionierung der vollständigen Bilanzgleichungen (Navier-Stokes Gleichungen) berücksichtigt wird, entsteht in diesen Gleichungen ein zusätzlicher dimensionsloser Parameter $\alpha = L_y^*/L_{xz}^*$ als Verhältnis der charakteristischen Längen quer zum Kanal und in Kanalrichtung. Mit der Entdimensionierung gemäß der nachfolgenden Tabelle lauten die vollständigen Navier-Stokes Gleichungen

$$\alpha\mathrm{Re}\left[\frac{\partial u}{\partial t} + u\frac{\partial u}{\partial x} + v\frac{\partial u}{\partial y} + w\frac{\partial u}{\partial z}\right] = -\frac{\partial p_{mod}}{\partial x} + \left[\frac{\partial^2 u}{\partial y^2} + \alpha^2\left(\frac{\partial^2 u}{\partial x^2} + \frac{\partial^2 u}{\partial z^2}\right)\right]$$

$$\alpha^3\mathrm{Re}\left[\frac{\partial v}{\partial t} + u\frac{\partial v}{\partial x} + v\frac{\partial v}{\partial y} + w\frac{\partial v}{\partial z}\right] = -\frac{\partial p_{mod}}{\partial y} + \left[\alpha^2\frac{\partial^2 v}{\partial y^2} + \alpha^4\left(\frac{\partial^2 v}{\partial x^2} + \frac{\partial^2 v}{\partial z^2}\right)\right]$$

$$\alpha\mathrm{Re}\left[\frac{\partial w}{\partial t} + u\frac{\partial w}{\partial x} + v\frac{\partial w}{\partial y} + w\frac{\partial w}{\partial z}\right] = -\frac{\partial p_{mod}}{\partial z} + \left[\frac{\partial^2 w}{\partial y^2} + \alpha^2\left(\frac{\partial^2 w}{\partial x^2} + \frac{\partial^2 w}{\partial z^2}\right)\right]$$

Zusätzlich gilt die Kontinuitätsgleichung

$$\frac{\partial u}{\partial x} + \frac{\partial v}{\partial y} + \frac{\partial w}{\partial z} = 0$$

so dass vier Gleichungen zur Bestimmung von u, v, w und p_{mod} vorliegen.

x, z	y	t	u, w	v	p_{mod}
$\dfrac{x^*}{L_{xz}^*}, \dfrac{z^*}{L_{xz}^*}$	$\dfrac{y^*}{L_y^*}$	$\dfrac{t^* u_B^*}{L_{xz}^*}$	$\dfrac{u^*}{u_B^*}, \dfrac{w^*}{u_B^*}$	$\dfrac{v^*}{\alpha u_B^*}$	$\alpha\mathrm{Re}\dfrac{p^* - p_{st}^*}{\varrho^* u_B^{*2}}$

Entdimensionierung / Schlankkanalgleichungen

L_{xz}^*: charakteristische Länge in Kanalrichtung
L_y^* : charakteristische Länge quer zur Kanalrichtung

$$\alpha = L_y^*/L_{xz}^* \quad ; \quad \mathrm{Re} = u_B^* L_y^*/\nu^*$$

Beachte: Mit der Entdimensionierung von t^* ist $\Omega^* = u_B^*/L_{xz}^*$ als charakteristische Frequenz unterstellt worden; für eine allgemeine Entdimensionierung mit Ω^* würde als weiterer Parameter $u_B^*/L_{xz}^*\Omega^*$ in den dimensionslosen Gleichungen auftreten.

Die Entdimensionierung ist der physikalischen Situation angepasst und stellt sicher, dass alle dimensionslosen Größen von der Größenordnung $O(1)$ sind, d.h., dass sie in den möglichen Grenzfällen $\alpha \to 0$ und/oder $\mathrm{Re} \to \infty$ nicht entarten.

In den dimensionslosen Gleichungen ist nun zu erkennen, dass im Grenzübergang zu immer „schlankeren" Kanälen, d.h. für $\alpha \to 0$, diejenigen Terme, bei denen α als Vorfaktor auftritt, gegenüber den α-freien Termen an Bedeutung verlieren. Für diese Argumentation ist wichtig, dass zuvor durch die Entdimensionierung sichergestellt worden ist, dass alle dimensionslosen Größen von der Größenordnung $O(1)$ sind. Zusätzlich muss entschieden werden, welche Größenordnung die Reynolds-Zahl Re besitzt, da die Kombination $\alpha\mathrm{Re}$ auftritt.

Physikalisch entsprechen die linken Seiten der dimensionslosen Gleichungen Trägheitskräften, auf den rechten Seiten stehen Druck- und Reibungskräfte. Die Größenordnung der Kombination $\alpha\mathrm{Re}$ entscheidet deshalb darüber, ob in der angestrebten Modellgleichung Trägheitskräfte eine Rolle spielen oder nicht. In diesem Sinne gilt für $\alpha \to 0$ und zusätzlich:

$\alpha\mathrm{Re} = O(1)$:   Gleichgewicht zwischen Trägheits-, Druck- und Reibungskräften

$\alpha\mathrm{Re} \to 0$:   Gleichgewicht zwischen Druck- und Reibungskräften

Strenggenommen gilt diese Unterscheidung jedoch nur für die führenden Terme einer möglichen Entwicklung nach den Parametern α und Re, weil höhere Ordnungen stets allen Einflüssen Rechnung tragen. Meist werden jedoch nur die führenden Ordnungen betrachtet.

Die sog. Schlankkanal-Gleichungen entstehen aus den Navier-Stokes Gleichungen im Grenzübergang $\alpha \to 0$ mit der Nebenbedingung $\alpha\mathrm{Re} = O(1)$, d.h., sie gelten für große Reynolds-Zahlen, da aus der erwähnten Nebenbedingung $\mathrm{Re} \to \infty$ für $\alpha \to 0$ folgt.

Strömungen bei hohen Reynolds-Zahlen durch schlanke Kanäle werden also in guter Näherung durch diese Gleichungen beschrieben. Die dimensionsbehafteten Gleichungen in der Definitionsbox entstehen formal dadurch, dass in den vollständigen Navier-Stokes Gleichungen $\alpha = 0$ und $\alpha\mathrm{Re} = 1$ gesetzt werden, und anschließend die Entdimensionierung rückgängig gemacht wird. Damit entsprechen sie der führenden Ordnung einer Entwicklung nach α (z.B. für u : $u = u_0 + \alpha^2 u_1 + O(\alpha^4)$). Die Kombination $\alpha\mathrm{Re}$ kann ohne Einschränkung der Allgemeingültigkeit gleich Eins gesetzt werden, andere Zahlenwerte könnten als Konstanten in den Bezugsgrößen berücksichtigt werden.

ANWENDUNGEN UND BEISPIELE

1. Reynolds Gleichung als Spezialfall der Schlankkanalgleichungen

Im Zusammenhang mit der hydrodynamischen Schmierungstheorie für sog. Gleitlager werden Strömungen in schlanken Kanälen (Schmierspalten) behandelt, die innerhalb der Schlankkanalströmungen noch die Besonderheit kleiner Reynolds-Zahlen aufweisen. Diese liegen in (fast) allen Fällen vor, weil die Spalthöhen h^*, die in der Reynolds-Zahl $\mathrm{Re} = u_B^* h^* / \nu^*$ auftreten, extrem klein sind ($< 10^{-3}\mathrm{m}$). Damit entfällt die Nebenbedingung $\alpha\mathrm{Re} = O(1)$; statt dessen gilt $\alpha \to 0$ mit $\mathrm{Re} = O(1)$. Als führende Ordnung der Impulsgleichungen, formal bestimmbar durch $\alpha = 0$ in den allgemeinen Gleichungen des vorigen Abschnittes, verbleibt damit bei Vernachlässigung des statischen Druckfeldes, also mit $p_{mod} = p$

$$\frac{\partial p}{\partial x} = \frac{\partial^2 u}{\partial y^2} \quad ; \quad \frac{\partial p}{\partial y} = 0 \quad ; \quad \frac{\partial p}{\partial z} = \frac{\partial^2 w}{\partial y^2} \quad ; \quad \frac{\partial u}{\partial x} + \frac{\partial v}{\partial y} + \frac{\partial w}{\partial z} = 0$$

bzw. in dimensionsbehafteter Form:

$$\boxed{\frac{\partial p^*}{\partial x^*} = \eta^* \frac{\partial^2 u^*}{\partial y^{*2}}} \quad ; \quad \boxed{\frac{\partial p^*}{\partial y^*} = 0} \quad ; \quad \boxed{\frac{\partial p^*}{\partial z^*} = \eta^* \frac{\partial^2 w^*}{\partial y^{*2}}} \quad ; \quad \boxed{\frac{\partial u^*}{\partial x^*} + \frac{\partial v^*}{\partial y^*} + \frac{\partial w^*}{\partial z^*} = 0}$$

Diese Gleichungen stellen den Ausgangspunkt zur Bestimmung der sog. *Reynolds Gleichung* dar, mit der die Druckverteilung im Schmierspalt von Gleitlagern bestimmt werden kann. Nach einer zweimaligen Integration der obigen Gleichungen und der Berücksichtigung der Randbedingungen folgt eine Gleichung für den Druck $p^* = p^*(x^*, y^*, z^*, t^*)$. Die Zeitabhängigkeit ergibt sich aus einer möglichen Zeitabhängigkeit der Randbedingungen. Da $\partial p^*/\partial y^* = 0$ gilt, ist der Druck über die Spalthöhe jeweils konstant. Die konkrete Form der Reynolds Gleichung ist unter dem gleichnamigen Stichwort angegeben.

2. *Düsenströmung in einem konvergenten Kanal mit ebenen Wänden/Vergleich zwischen Schlankkanal-Lösungen und vollständigen Lösungen der Navier-Stokes Gleichungen*

Das nachfolgende Bild zeigt die Anordnung der ebenen Wände und ein Geschwindigkeitsprofil. Diese Strömung kann als (reibungsbehaftete) Senkenströmung interpretiert werden, bei der der gesamte Massenstrom auf den (singulären) Senkenpunkt zuläuft. Diese Strömung gehört zu den sog. *Jeffery-Hamel-Strömungen*, für die analytische Lösungen (elliptische Integrale) existieren, für Details dazu s. White (1974, S. 184) oder Gersten, Herwig (1992, S. 113 und S. 331).

In Polarkoordinaten können die Geschwindigkeitsprofile dimensionslos als $u^*(r^*, \theta)/u^*(r^*, 0)$ dargestellt werden, wobei dann im ganzen Kanal eine einheitliche Profilform existiert (es handelt sich um eine sog. *selbstähnliche Strömung*). Wie den Ergebnissen zu entnehmen ist, kann im Rahmen der Zeichengenauigkeit kein Unterschied zwischen den Lösungen auf der Basis der vollständigen Navier-Stokes Gleichungen (hier: Jefferey-Hamel) und der Schlankkanal-Gleichungen ausgemacht werden. Bei abnehmenden Reynolds-Zahlen ist der verschwindende Effekt der Trägheitskräfte erkennbar. Die Lösungen laufen auf diejenige der Reynolds-Gleichungen zu, bei der Trägheitskräfte vollständig vernachlässigt werden. Das Kräftegleichgewicht gilt dann nur noch bzgl. der Reibungs- und Druckkräfte.

BEACHTE

☛ **Unterschiedliche Bezugsgrößen/Transformation:** Die Einführung unterschiedlicher Bezugslängen für die Strömungsrichtung und die Querrichtung kann auch anders interpretiert werden. Bei Verwendung einer einheitlichen Bezugslänge L_B^*,

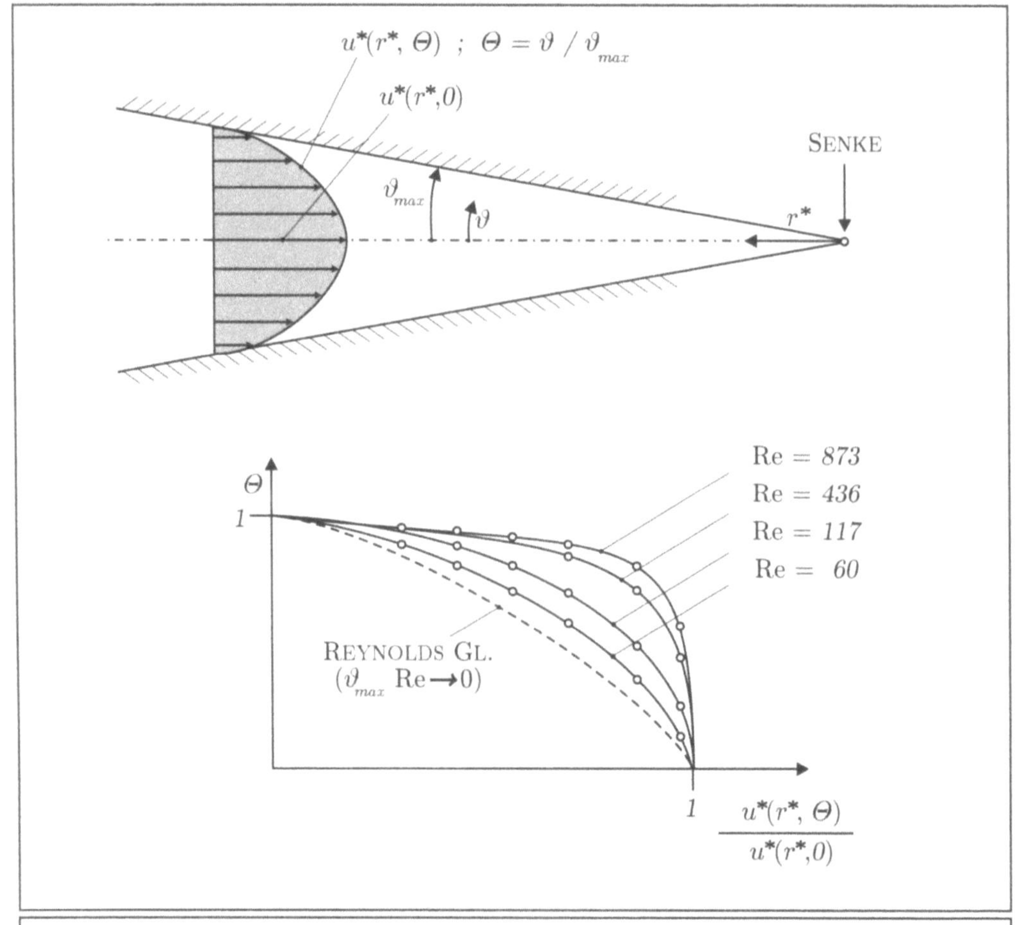

**Geschwindigkeitsprofile in einem konvergenten Kanal
mit dem Öffnungswinkel $2\,\vartheta_{max} = 10\,°$**

die z.B. einer charakteristischen Querabmessung des Kanals entsprechen kann, ergibt sich die Notwendigkeit einer Koordinatentransformation bezüglich der Längskoordinaten x^* und z^* als $\overline{x} = \alpha x$ und $\overline{z} = \alpha z$ mit $x = x^*/L_B^*$, $z = z^*/L_B^*$. Um ein Entarten der Kontinuitätsgleichung zu vermeiden, muss weiterhin $\overline{v} = v/\alpha$ mit $v = v^*/u_B^*$ eingeführt werden. Dabei wird $\alpha = L_B^*/L^*$ so interpretiert, dass L^* diejenige Länge darstellt, auf der es zu nennenswerten Änderungen der Größen in Hauptströmungsrichtung kommt. Anschließend stellt sich heraus, dass wegen $\alpha\mathrm{Re} = O(1)$ gilt: $L^* = L_B^*\mathrm{Re}$.

◻ **Formale Ähnlichkeit mit Grenzschichtgleichungen:** Die Schlankkanalgleichungen entsprechen bezüglich der vorkommenden Terme vollständig den Grenzschichtgleichungen (s. dazu das Stichwort GRENZSCHICHTGLEICHUNGEN, Spezialfall laminare

Grenzschichten). Sie kommen aber durch sehr unterschiedliche Koordinatentransformationen in den Navier-Stokes Gleichungen zustande:

- Bei den Schlankkanalgleichungen werden die x- und z-Koordinaten transformiert, und zwar als $x \rightarrow \overline{x} = \alpha x$ bzw. $\overline{x} = x/\mathrm{Re}$ und $z \rightarrow \overline{z} = \alpha z$ bzw. $\overline{z} = z/\mathrm{Re}$ (wegen $\alpha\mathrm{Re} = 1$) mit der Reynolds-Zahl $\mathrm{Re} = u_B^* L_y^*/\nu^*$ und L_y^* als charakteristischer Querabmessung des Kanals.

- Bei den Grenzschichtgleichungen (laminar) wird die y-Koordinate transformiert, und zwar als $y \rightarrow \overline{y} = y\sqrt{\mathrm{Re}}$ mit der Reynolds-Zahl $\mathrm{Re} = u_B^* L^*/\nu^*$ und L^* als charakteristischer Abmessung des überströmten Körpers.

Zusätzlich spielt der Druck in beiden Fällen eine sehr unterschiedliche Rolle. Bei Grenzschichten wird er durch die Außenströmung aufgeprägt, ist also eine bekannte Größe, bei Schlankkanal-Gleichungen ist er Teil der gesuchten Lösung. Gegenüber den Grenzschichtgleichungen ist damit bei formaler Übereinstimmung der Gleichungen offensichtlich eine Größe mehr gesucht! Aber: es gilt auch die Zusatzbedingung, dass in jedem Kanalquerschnitt derselbe Massenstrom vorliegen muss, was bei der Bestimmung des Druckes in den Schlankkanal-Gleichungen verwendet werden kann.

◘ **Schlankkanalgleichungen für turbulente Strömungen:** Analoge Überlegungen bezüglich der Bezugslängen L_y^* und L_{xz}^* führen auf Gleichungen für die zeitgemittelten Größen turbulenter Strömungen in schlanken Kanälen. Neben der Kombination $\alpha\mathrm{Re}$ tritt jetzt im Zusammenhang mit den turbulenten Zusatztermen ϵ^2/α als weiterer Parameter auf. Dabei ist $\epsilon = u_{\tau B}^*/u_B^*$ eine charakteristische SCHUBSPANNUNGSGE-SCHWINDIGKEIT. Insgesamt liegen die Schlankkanalgleichungen im jetzt dreifachen Grenzprozeß $\alpha \rightarrow 0, \epsilon \rightarrow 0, \mathrm{Re} \rightarrow \infty$ vor, wobei die Nebenbedingung $\epsilon^2/\alpha = O(1)$ lautet. Dies stellt sicher, dass der führende Turbulenzterm in den Gleichungen erhalten bleibt. Wegen der Kopplung zwischen ϵ und Re ist dann aber $1/\alpha\mathrm{Re}$ nicht mehr von der Größenordnung $O(1)$, sondern eine kleine Größe, so dass - typisch für turbulente Strömungen - ein singuläres Problem mit einer Zweischichten-Struktur vorliegt. Für weitere Einzelheiten s. z.B. Gersten, Herwig (1992, S. 682).

WEITERFÜHRENDE LITERATUR

Szeri, A.Z. (1998): *Fluid Film Lubrication*, Cambridge University Press, Cambridge UK

Gersten, K.; Herwig, H. (1992): *Strömungsmechanik*, Vieweg Verlag, Braunschweig/Wiesbaden

Blottner, F.G. (1977): *Numerical solution of slender channel laminar flows*, Computer Meth. Appl. Mech. Eng. **11**, 319 - 339

Williams, J. C. (1963): *Viscous compressible and incompressible flow in slender channels*, AIAA Journal **1**, 186 - 195

Schleichende Strömungen
(creeping flows)

BEDEUTUNG UND DEFINITION

Es handelt sich um Strömungen mit extrem niedrigen Geschwindigkeiten, bei denen die Trägheitskräfte eine untergeordnete Rolle spielen und deshalb in erster Näherung vernachlässigt werden. Eine genauere Analyse zeigt allerdings, dass als entscheidendes Kriterium für diese Strömungen kleine Reynolds-Zahlen gefordert werden müssen, was asymptotisch als Grenzfall Re $\to$ 0 formuliert werden kann. Mit Re $= \varrho^* u_B^* L_B^*/\eta^*$ liegt dieser Grenzfall in sehr unterschiedlichen Situationen vor, wie im Kapitel PHYSIKALISCHER HINTERGRUND erläutert wird.

	Definition	

Für konstante Stoffwerte gilt in kartesischen Koordinaten für sog. *schleichende Strömungen* das folgende Gleichungssystem, das für Re $\to$ 0 aus den allgemeinen dimensionslosen NAVIER-STOKES GLEICHUNGEN folgt. Diese Gleichungen werden auch *Stokessche Gleichungen* genannt.

x-IMPULSGLEICHUNG:
$$\frac{\partial \hat{p}_{mod}}{\partial x} = \frac{\partial^2 u}{\partial x^2} + \frac{\partial^2 u}{\partial y^2} + \frac{\partial^2 u}{\partial z^2} \qquad (*)$$

y-IMPULSGLEICHUNG:
$$\frac{\partial \hat{p}_{mod}}{\partial y} = \frac{\partial^2 v}{\partial x^2} + \frac{\partial^2 v}{\partial y^2} + \frac{\partial^2 v}{\partial z^2} \qquad (**)$$

z-IMPULSGLEICHUNG:
$$\frac{\partial \hat{p}_{mod}}{\partial z} = \frac{\partial^2 w}{\partial x^2} + \frac{\partial^2 w}{\partial y^2} + \frac{\partial^2 w}{\partial z^2} \qquad (***)$$

u, v, w	Geschwindigkeitskomponenten, dimensionslos mit u_B^*	-
x, y, z	kartesische Koordinaten, dimensionslos mit L_B^*	-
$\hat{p}_{mod}$	modifizierter DRUCK $\hat{p}_{mod} = (p^* - p_{st}^*)/(\eta^* u_B^*/L_B^*)$	-
Re	REYNOLDS-ZAHL Re $= \varrho^* u_B^* L_B^*/\eta^*$	-

PHYSIKALISCHER HINTERGRUND

Das Gleichungssystem für schleichende Strömungen stellt den Grenzfall Re $= 0$ in den allgemeinen NAVIER-STOKES GLEICHUNGEN dar, wenn dabei eine adäquate Entdimensionierung des Druckes berücksichtigt wird. Nach einer formalen Multiplikation mit Re lautet z.B. die allgemeine x-Impulsgleichung zunächst (s. dazu das Stichwort NAVIER-STOKES GLEICHUNGEN unter BEACHTE)

$$\text{Re}\frac{\text{D}u}{\text{D}t} = -\text{Re}\frac{\partial p_{mod}}{\partial x} + \left[\frac{\partial^2 u}{\partial x^2} + \frac{\partial^2 u}{\partial y^2} + \frac{\partial^2 u}{\partial z^2}\right]$$

Hierbei ist p_{mod} im Gegensatz zu $\hat{p}_{mod}$ in der Definitionsbox als $(p^* - p_{st}^*)/\varrho^* u_B^{*2}$ gebildet, d.h. mit dem (doppelten) Staudruck, der unmittelbar mit der Wirkung von Trägheitskräften verbunden ist. Diese sind aber im betrachteten Grenzfall gerade vernachlässigbar klein, so dass eine andere Entdimensionierung erforderlich ist. Diese ergibt sich unmittelbar als $\hat{p}_{mod} = \mathrm{Re}\, p_{mod}$, also als $\hat{p}_{mod} = (p^* - p_{st}^*)/(\eta^* u_B^*/L_B^*)$. Damit dient jetzt die Viskosität zur Entdimensionierung des Druckes und bringt so zum Ausdruck, dass Druckänderungen als eine Reaktion auf Reibungskräfte auftreten.

Nach Einführung von $\hat{p}_{mod}$ anstelle von p_{mod} ergibt Re $= 0$ in den allgemeinen Navier-Stokes Gleichungen die Ausgangsgleichungen zur Beschreibung schleichender Strömungen. Zusammen mit der KONTINUITÄTSGLEICHUNG sind dies vier Gleichungen zur Bestimmung von u, v, w und $\hat{p}_{mod}$. Diese Gleichungen sind Näherungsgleichungen für Strömungen bei sehr kleinen Reynolds-Zahlen. Im Sinne einer asymptotischen Entwicklung dienen sie zur Bestimmung des führenden Terms einer entsprechenden Reihenentwicklung der gesuchten Lösung bei endlichen, aber kleinen Reynolds-Zahlen.

Physikalisch kann eine Strömung aus unterschiedlichen Gründen kleine Reynolds-Zahlen aufweisen. Die Definition Re $= \varrho^* u_B^* L_B^*/\eta^*$ zeigt unmittelbar, welche physikalischen Situationen dazu führen:

- extrem kleine Geschwindigkeiten, dann ist auch u_B^* als *charakteristische* Geschwindigkeit sehr klein. Dieser Fall führt zum Namen „schleichende Strömung".

- extrem kleine geometrische Abmessungen des Lösungsgebietes, dann ist auch L_B^* als *charakteristische* Länge sehr klein. Solche Fälle treten in Bauelementen der Mikrosystemtechnik auf. In PORÖSEN MEDIEN liegen im Detail betrachtet ebenfalls solche Strömungen vor.

- extrem kleine Dichten ϱ^*, d.h. Strömungen stark verdünnter Gase.

- extrem hohe Viskositäten, wobei aber zu beachten ist, dass die beschriebenen Grundgleichungen ein Newtonsches Fluidverhalten unterstellen, weil diese aus den Navier-Stokes Gleichungen folgen, die ihrerseits nur für Newtonsche Fluide gelten.

Für zweidimensionale schleichende Strömungen kann mit $u = \partial\Psi/\partial y$, $v = -\partial\Psi/\partial x$ eine STROMFUNKTION Ψ eingeführt werden. Wenn nun die zweidimensionale Version von $(*)$ nach y und die zweidimensionale Version von $(**)$ nach x differenziert wird und beide Gleichungen anschließend voneinander subtrahiert werden, entsteht dabei eine sog. *biharmonische* Form der Differentialgleichung für Ψ:

$$0 = \Delta(\Delta\Psi) \tag{i}$$

mit Δ als sog. *Laplace-Operator* $\Delta... = \partial^2.../\partial x^2 + \partial^2.../\partial y^2$

ANWENDUNGEN UND BEISPIELE

1. Schleichende Strömung um einen Kreiszylinder

Als Prototyp einer schleichenden Umströmung eines zweidimensionalen Körpers soll die Umströmung eines Kreiszylinders vom Radius R^* mit einer (ungestörten) Anströmungsgeschwindigkeit u_∞^* betrachtet werden. Das Koordinatensystem ist jetzt sinnvollerweise ein Zylinderkoordinatensystem (r, φ), wobei $r = r^*/R^*$ die Radial- und φ die

Azimutalkoordinate sind. Wegen der Haftbedingung und Undurchlässigkeit der Wand gilt auf der Kreiszylinderoberfläche für $\Psi(r, \varphi)$:

$$\Psi(1, \varphi) = \frac{\partial \Psi(1, \varphi)}{\partial r} = 0$$

Die ungestörte Parallelströmung im Unendlichen wird durch

$$\Psi(r \to \infty, \varphi) = r \sin \varphi$$

beschrieben.

Bei dem Lösungsversuch treten aber grundsätzliche Schwierigkeiten auf, weil keine Funktion Ψ existiert, die beide Randbedingungen (auf der Wand und im Unendlichen) erfüllt! Dies hat natürlich einen physikalischen Hintergrund. Es lässt sich zeigen (s. z.B. Van Dyke (1975, S. 154)), dass für das Verhältnis aus Trägheits- und Reibungskräften folgende Größenordnungs-Abschätzung gilt:

$$\frac{\text{Trägheitskräfte}}{\text{Reibungskräfte}} = O\left(\text{Re}\, r \ln r\right) \quad \text{für} \quad r \to \infty$$

Damit sind für jede noch so kleine Reynolds-Zahl die Trägheitskräfte in einem zwar großen, aber endlichen Abstand vom Körper nicht mehr klein gegenüber den Reibungskräften. Dies steht im Widerspruch zu den Annahmen, die bei der Herleitung der Gleichungen für schleichende Strömungen getroffen worden sind. Physikalisch heißt dies, dass die Reibungs- und Druckkräfte mit zunehmendem Körperabstand schneller abklingen als die Trägheitskräfte.

Aus asymptotischer Sicht handelt es sich bei dem vorliegenden Problem damit um ein *singuläres Störungsproblem*, das z.B. mit der Methode der angepassten asymptotischen Entwicklungen gelöst werden kann, s. dazu z.B. Gersten, Herwig (1992, Kap. 11.5). Das ursprüngliche „Versagen" des Lösungsversuches wird als *Stokessches Paradoxon* bezeichnet.

2. Schleichende Strömung um einen Kreiszylinder, „2. Versuch"

Da die Gleichungen für schleichende Strömungen die betrachtete physikalische Situation offensichtlich unzureichend beschreiben, müssen sie erweitert werden, um den Einfluss der Trägheitskräfte zumindest „in erster Näherung" zu berücksichtigen. Eine solche Erweiterung wurde von Oseen im Jahre 1910 vorgeschlagen. Statt der nichtlinearen Trägheitsterme wird dabei nur ein linearer Trägheitsterm berücksichtigt, der Gleichung (i) erweitert zu

$$\text{Re}\frac{\partial u}{\partial x} = \Delta(\Delta\Psi) \tag{ii}$$

Da es sich um *eine* Differentialgleichung handelt, die im gesamten Lösungsgebiet gilt, ist diese „Methode der gleichmäßig gültigen Differentialgleichung" eine Alternative zu der im vorigen Beispiel angesprochenen „Methode der angepassten asymptotischen Entwicklungen", die das Lösungsgebiet in *zwei* getrennte Bereiche aufteilt.

Die Lösung dieser sog. *Oseen-Gleichung* (ii) ist aber so aufwendig, dass die zunächst „umständlicher" erscheinende Methode der angepassten asymptotischen Entwicklungen leichter ans Ziel führt. Als führender Term für das Widerstandsgesetz folgt aus dieser Lösung

$$c_W \equiv \frac{2W^*}{\varrho^* u_\infty^{*2} R^* B^*} = \frac{8\pi}{\mathrm{Re}} \left(\ln \frac{3,703}{\mathrm{Re}} \right)^{-1}$$

mit $\mathrm{Re} = u_\infty^* R^*/\nu^*$ und B^* als Zylinderbreite.

Für $\mathrm{Re} = 1$ ergibt sich daraus $c_W = 19,2$. Der entsprechende gemessene Wert $c_W \approx 11,5$ zeigt, dass bereits für diese Reynolds-Zahl Terme höherer Ordnung für c_W bestimmt werden sollten, s. dazu auch Van Dyke (1975, Kap. 8.7).

BEACHTE

- **Kugelumströmung:** Historisch gesehen ist neben der Kreiszylinderumströmung immer auch der räumliche Fall (Kugelumströmung) untersucht worden, der mathematisch gesehen „weniger singulär" ist. Dies bedeutet, dass die Stokesschen Gleichungen für den dreidimensionalen Fall doch eine Lösung besitzen, die darüber hinaus sehr einfach aufgebaut ist. Sie lautet mit der Randbedingung $\Psi(r \to \infty, \varphi) = (r^2/2)\sin^2 \varphi$, s. z.B. Van Dyke (1975a, S. 151),

$$\Psi = \frac{1}{4} \left(2r^2 - 3r + \frac{1}{r} \right) \sin^2 \varphi$$

  und führt zum berühmten Stokesschen Widerstandsgesetz für die Kugel. Es lautet

$$c_W \equiv \frac{2W^*}{\varrho^* u_\infty^{*2} \pi R^{*2}} = \frac{12}{\mathrm{Re}}$$

  (mit $\mathrm{Re} = u_\infty^* R^*/\nu_\infty^*$, $u_\infty^* \mathrel{\hat=}$ Anströmgeschwindigkeit, $R^* \mathrel{\hat=}$ Kugelradius).

  Trotzdem ist die Situation im dreidimensionalen Fall nicht grundsätzlich anders als im ebenen Fall, da es nicht möglich ist, die erste Näherung, die durch die Lösung der Stokesschen Gleichung als gleichmäßig gültige Lösung im ganzen Strömungsfeld existiert, im Sinne einer zweiten Näherung zu verbessern. Dazu würde man die obige Lösung in die Trägheitsterme der vollständigen Navier-Stokes-Gleichungen übernehmen, um in einem Iterationsprozess eine neue, verbesserte Lösung zu erhalten. Dabei zeigt sich aber, dass keine verbesserte Lösung existiert, die die Randbedingungen für $r \to \infty$ erfüllen könnte. Dies ist ein ganz ähnliches Phänomen wie im zweidimensionalen Fall, nur dass es „eine Stufe später" auftritt, nämlich bei dem Versuch, die Stokessche Lösung iterativ zu verbessern. Nach Whitehead wird dieses Lösungsverhalten von dreidimensionalen Strömungen im unbegrenzten Raum für $\mathrm{Re} \to 0$ als *Whiteheadsches Paradoxon* bezeichnet.

- **Begrenzter Außenraum:** Die bisherigen Ausführungen beziehen sich auf ein unendlich ausgedehntes Strömungsfeld. Das am Kreiszylinder bzw. der Kugel gezeigte Verhalten tritt bei allen anderen Körpern in ähnlicher Weise auf. Da die Stokesschen Gleichungen ein singuläres Verhalten für $r \to \infty$ zeigen, tritt dieses erwartungsgemäß bei schleichenden Strömungen in einem *begrenzten* Raum nicht auf. Schneider (1978, S. 218) weist darauf hin, dass eine Strömung in einem zwar unbegrenzten Raum, aber mit einem ruhenden Fluid für $r \to \infty$ ebenfalls kein singuläres Verhalten zeigt. Ein Beispiel ist das von einer rotierenden Kugel erzeugte Strömungsfeld in einer ansonsten ruhenden Umgebung.

❏ **Laplace-Gleichung für den Druck:** Differenziert man die x, y und z-Impulsgleichungen nach ∂x, ∂y und ∂z, addiert sie anschließend und berücksichtigt auf der rechten Seite die Kontinuitätsgleichung $\partial u/\partial x + \partial v/\partial y + \partial w/\partial z = 0$, so folgt unmittelbar die sog. Laplace-Gleichung für den Druck $\hat{p}_{mod}$, d.h., es gilt $\Delta \hat{p}_{mod} = 0$.

WEITERFÜHRENDE LITERATUR

Gersten, K.; Herwig, H. (1992): *Strömungsmechanik*, Vieweg Verlag, Braunschweig/Wiesbaden

Schneider, W. (1978): *Mathematische Methoden der Strömungsmechanik*, Vieweg Verlag, Braunschweig

Van Dyke, M. (1975): *Perturbation Methods in Fluid Mechanics*, The Parabolic Press, Stanford, CA

Schließungsproblem
(closure problem)

Siehe dazu das Stichwort TURBULENZMODELLIERUNG, dort unter PHYSIKALISCHER HINTERGRUND / Herleitung von Gleichungen für zeitgemittelte Größen

Schmidt-Zahl Sc
(Schmidt number Sc)

Siehe dazu das Stichwort PRANDTL-ZAHL, dort unter BEACHTE

Schmierungstheorie
(lubrication theory)

Siehe dazu das Stichwort REYNOLDS GLEICHUNG, dort unter BEDEUTUNG UND DEFINITION

Schubspannungsgeschwindigkeit
(shear stress velocity)

BEDEUTUNG UND DEFINITION

Es handelt sich um eine Bezugsgeschwindigkeit bei turbulenten, wandnahen Strömungen, mit der eine einheitliche, weitgehend allgemeingültige dimensionslose Formulierung von Strömungsgrößen in unmittelbarer Wandnähe gelingt. Der Name ist leicht irreführend, weil diese Größe nicht im physikalischen Sinne eine Geschwindigkeit darstellt (Ortsveränderungen pro Zeiteinheit), sondern lediglich eine Kombination physikalischer Größen ist, die insgesamt die Dimension einer Geschwindigkeit besitzt und damit prinzipiell als Bezugsgröße zur Entdimensionierung von Geschwindigkeiten in Frage kommt. Es wird nachfolgend erläutert, warum diese Kombination als Bezugsgröße besonders geeignet ist.

	Definition	
An einer festen Stelle $\vec{x}_W^*$ auf einer turbulent überströmten Wand gilt:		

$$u_\tau^* \equiv \sqrt{\frac{\tau_W^*}{\varrho^*}}$$

u_τ^*	(lokale) Wandschubspannungsgeschwindigkeit	m/s
τ_W^*	(zeitgemittelte) Wandschubspannung an der Stelle $\vec{x}_W^*$	N/m^2
ϱ^*	Dichte	kg/m^3
$\vec{x}_W^*$	Koordinate auf der überströmten Wand	m

PHYSIKALISCHER HINTERGRUND

Die Einführung der sog. (Wand-)Schubspannungsgeschwindigkeit u_τ^* als Bezugsgröße zur dimensionslosen Darstellung turbulenter Strömungen in Wandnähe resultiert aus der asymptotischen Analyse des Strömungsfeldes in unmittelbarer Wandnähe. Damit ist gemeint, dass für Re $\rightarrow \infty$ eine immer klarer zutagetretende Schichten-Struktur der Turbulenz identifiziert werden kann. Die dabei auftretende turbulente Grenzschicht setzt sich aus folgenden zwei Schichten zusammen:

- einer sog. *Wandschicht* der Dicke δ_W^*, in der sowohl die molekulare Viskosität ν^* als auch der turbulente Impulsaustausch, näherungsweise formulierbar mit einer WIRBELVISKOSITÄT ν_t^*, eine Rolle spielen.

- einer sog. *Defektschicht* der Dicke δ^*, die sich an die Wandschicht anschließt und den Hauptteil der eigentlichen turbulenten Grenzschicht ausmacht. In ihr spielen molekulare Viskositätseffekte keine Rolle mehr, weil der turbulente Austauschmechanismus mit der jetzt größeren Wandentfernung absolut dominiert ($\nu_t^* \gg \nu^*$).

Die Schicht δ_W^* ist im Vergleich zur Defektschicht δ^* asymptotisch klein, d.h., es gilt $\delta_W^*/\delta^* \to 0$ für Re $\to \infty$. Deshalb wird auch keine zusätzliche Grenzschichtdicke als Summe aus δ_W^* und δ^* eingeführt, weil δ^* selbst von der Größenordnung dieser Grenzschichtdicke ist und δ_W^* darin „verschwindet". Insgesamt besteht das Strömungsfeld damit aus drei Schichten: der Wandschicht, der Defektschicht und der Außenströmungsschicht.

Die Tatsache, dass $\delta_W^*/\delta^* \to 0$ für Re $\to \infty$ gilt, hat drei entscheidende Konsequenzen:

(1) In der Wandschicht der Dicke δ_W^* gilt

$$\tau^*(x^*, y^*) \sim \tau_W^*(x^*) \qquad \text{für Re} \to \infty,$$

d.h., es handelt sich um eine Schicht (asymptotisch) konstanter Wandschubspannung. Dies folgt unmittelbar aus einer Taylor-Reihenentwicklung der Schubspannung τ^* um den Wert an der Wand ($y^* = 0$ an der Wand, $\tau_W^*(x^*) = \tau^*(x^*, 0)$):

$$\tau^*(x^*, y^*) = \tau_W^*(x^*) \quad + \quad \underbrace{\left.\frac{\partial \tau^*}{\partial y^*}\right|_W \cdot y^* + \dots}_{\to 0 \text{ für Re} \to \infty}$$

Da die Wandschicht asymptotisch dünn ist, werden die relativen Abweichungen der Schubspannung innerhalb der Wandschicht mit wachsender Reynolds-Zahl stets kleiner (was allerdings voraussetzt, dass $\tau_W^* \neq 0$ gilt, s. dazu die Anmerkung unter BEACHTE).

(2) Die Wandschicht einer beliebigen turbulenten Strömung mit der Wandschubspannung τ_W^* ist identisch mit der Wandschicht einer turbulenten Couette-Strömung der Schubspannung $\tau^* = \tau_W^*$, weil Couette-Strömungen eine insgesamt konstante Schubspannung besitzen.

(3) $u_\tau^* = \sqrt{\tau_W^*/\varrho^*}$ ist die adäquate Bezugsgeschwindigkeit für eine beliebige turbulente Strömung in Wandnähe, weil diese Größe die „natürliche" Bezugsgröße für eine turbulente Couette-Strömung ist, wie anschließend gezeigt wird.

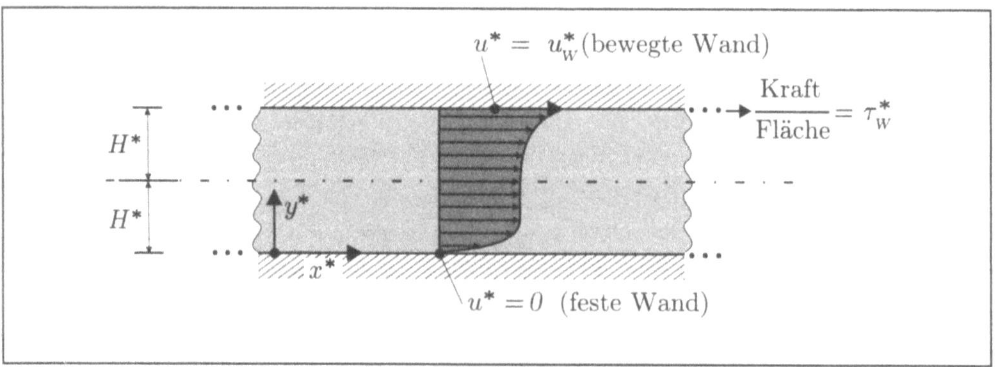

Ausschnitt aus einer turbulenten Couette-Strömung

Nach diesen Überlegungen ist für die dimensionslose Darstellung beliebiger turbulenter Strömungen in Wandnähe die „zugehörige" (selbes τ_W^*) Couette-Strömung von entscheidender Bedeutung.

Die dimensionslose Darstellung einer turbulenten Couette-Strömung ergibt sich aus folgender Überlegung (Dimensionsanalyse): Das vorhergehende Bild zeigt einen Ausschnitt aus einer Couette-Strömung. Diese entsteht, wenn zwei parallele Ebenen gegeneinander bewegt werden, und führt bei stillstehender unterer Wand zu einer Geschwindigkeit u_W^*, mit der sich die obere Wand in ihrer eigenen Ebene in x-Richtung bewegt. Diese Bewegung entsteht, weil die obere Wand mit einer bestimmten Kraft in x-Richtung bewegt wird. Das Problem kann unabhängig von der Größe der Platten formuliert werden, wenn der „Antrieb" durch die Wandschubspannung τ_W^* charakterisiert wird. (Dieser Wert ist auch für unenendlich ausgedehnte Platten eine endliche Größe!). Die Lösung des Problems (mit welcher Geschwindigkeit u_W^* bewegt sich die Platte?) ist abhängig von den Parametern τ_W^*, H^*, η^* und ϱ^*, wie aus der adäquaten Vorstellung von den physikalischen Vorgängen abzuleiten ist. Eine solche Kenntnis der physikalischen Wirkmechanismen ist stets erforderlich, um eine Aussage über die beteiligten physikalischen Größen treffen zu können, s. dazu die Ausführungen unter DIMENSIONSANALYSE.

Die Dimensionsanalyse besagt nun, dass der Zusammenhang $u_W^*(\tau_W^*, H^*, \eta^*, \varrho^*)$ gleichwertig als funktionaler Zusammenhang von zwei dimensionslosen Kennzahlen als $\Pi_1 = \mathrm{fkt}(\Pi_2)$ ausgedrückt werden kann (5 Einflussgrößen, 3 Basisdimensionen), also z.B. durch

$$\Pi_1 = \frac{\varrho^* u_W^{*2}}{\tau_W^*} \quad ; \quad \Pi_2 = \frac{\varrho^* \tau_W^* H^{*2}}{\eta^{*2}}$$

Dabei ist Π_1 unmittelbar als das Quadrat der dimensionslosen Wandgeschwindigkeit interpretierbar, wenn $\sqrt{\tau_W^*/\varrho^*} = u_\tau^*$ als Bezugsgeschwindigkeit angesehen wird. Für Π_2 gilt dann

$$\Pi_2 = \left(\frac{\varrho^* u_\tau^* H^*}{\eta^*}\right)^2,$$

was als Quadrat der Reynolds-Zahl $\mathrm{Re}_\tau = \varrho^* u_\tau^* H^*/\eta^*$ interpretiert werden kann. Die dimensionslose Form des Ergebnisses lautet also:

$$\frac{u_W^*}{u_\tau^*} = \mathrm{fkt}(\mathrm{Re}_\tau) \quad \mathrm{mit} \quad u_\tau^* = \sqrt{\tau_W^*/\varrho^*}$$

Wie dieser funktionale Zusammenhang tatsächlich aussieht, bleibt einer weiteren Untersuchung dieser Strömung vorbehalten (s. dazu das Stichwort COUETTE-STRÖMUNG). Es konnte aber die adäquate „natürliche" Bezugsgeschwindigkeit u_τ^* identifiziert werden.

Da die turbulente Couette-Strömung nur von Re_τ abhängt, kann erwartet werden, dass *alle* turbulenten Strömungen in Wandnähe für $\mathrm{Re} \to \infty$ dasselbe Geschwindigkeitsprofil besitzen, wenn dies dimensionslos als $\overline{u^*}/u_\tau^*$ aufgetragen wird! Dies ist eine weitreichende Folgerung, die durch experimentelle Befunde auf hervorragende Weise bestätigt wird. Eine wichtige Konsequenz daraus ist, dass der Verlauf der dimensionslosen Geschwindigkeit einer zu untersuchenden Strömung in Wandnähe (für $\mathrm{Re} \to \infty$) a priori bekannt ist und nicht stets neu ermittelt werden muss. Dies kann u.a. bei der numerischen Berechnung turbulenter Strömungen durch die Einführung von sog. *Wandfunktionen* ausgenutzt werden.

ANWENDUNGEN UND BEISPIELE

Universelles Geschwindigkeitsprofil in Wandnähe

Eine asymptotische Analyse der wandnahen turbulenten Strömung führt zu einer weitgehend universellen Darstellung der Geschwindigkeitsverteilung für alle wandgebundenen turbulenten Strömungen als:

$$u^+ \equiv \frac{\overline{u^*}}{u_\tau^*} = f(y^+) \quad \text{mit} \quad y^+ = \frac{y^* u_\tau^*}{\nu^*}$$

Die zunächst seltsam erscheinende Koordinate y^+ ist der dimensionslose Wandabstand als Vielfaches des „natürlichen" Längenmaßstabes ν^*/u_τ^* in der Wandschicht. Obwohl dies nur den Maßstab für die Wandschicht darstellt, ist es allgemein üblich, das gesamte Grenzschichtprofil (Wandschicht + Defektschicht) einheitlich mit diesem Maßstab und damit in der Koordinate y^+ darzustellen. Das nachfolgende Bild zeigt das so dargestellte Geschwindigkeitsprofil. Diese Darstellungsform bedarf einiger Erläuterungen, um darin die tatsächliche Geschwindigkeitsverteilung $\overline{u^*}(y^*)$ „wiederzuerkennen".

- Das zentrale Element dieser Darstellung ist eine logarithmische Geschwindigkeitsverteilung $u^+ = \kappa^{-1} \ln y^+ + C^+$, die auch Anlass zur halblogarithmischen Darstellung des Diagrammes gibt. Diese gilt in einem Überlappungsbereich zwischen Wand- und Defektschicht, der deshalb strenggenommen zu beiden Schichten gleichzeitig gehört, „noch" zur Wandschicht und „schon" zur Defektschicht. Der konkrete Verlauf als $\ln y^+$ ergibt sich mathematisch aus der Bedingung, dass die $\overline{u^*}$-Verteilung „nicht mehr von der Viskosität ν^*", aber auch „noch nicht von der charakteristischen Länge

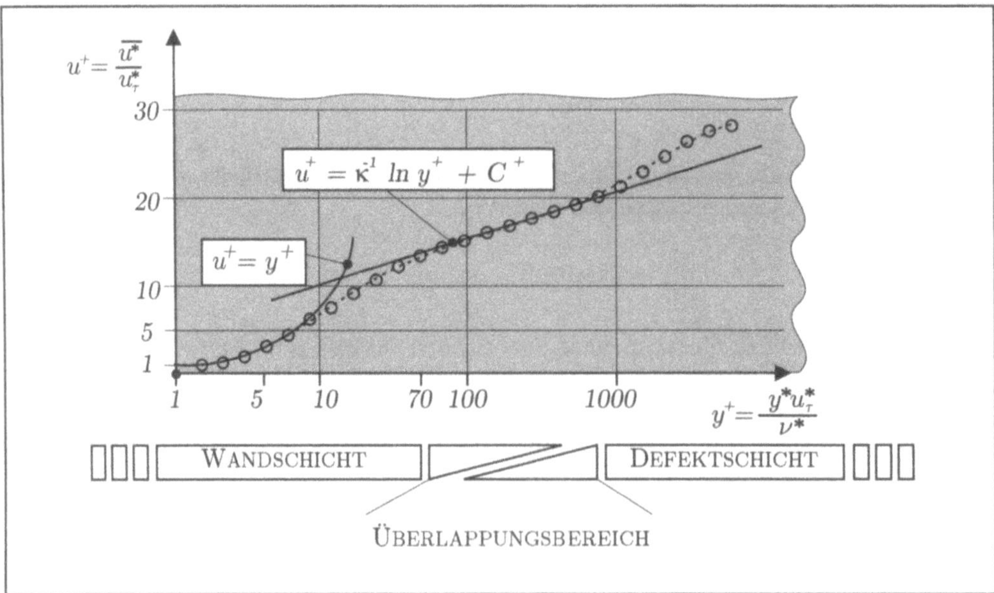

Universelle Darstellung der turbulenten Geschwindigkeit $\overline{u^*}$ in Wandnähe, gültig für $\mathrm{Re} \to \infty$

o o o : typische Messwerte, aufgenommen bei einer festen Re-Zahl

des Außenbereiches H^*", abhängen darf. Typischerweise zeigen Messungen bei großen Reynolds-Zahlen im Bereich $70 < y^+ < 1000$ eine gute Übereinstimmung mit diesem Verlauf. Dabei gilt universell $\kappa = 0,41$ (Karman-Konstante), für C^+ gilt der Wert 5 an glatten Wänden, an rauhen Wänden ergeben sich deutlich andere Zahlwerte. Der logarithmische Verlauf von u^+ wird auch *logarithmisches Wandgesetz* genannt (obwohl es an der Wand selbst nicht gilt!).

- Für $y^+ \to 0$ verschwindet der Turbulenzeinfluss vollständig und es gilt $u^+ = y^+$ („verzerrte" Darstellung in der halblogarithmische Auftragung beachten!). Messwerte stimmen etwa für $y^+ < 5$ sehr gut mit diesem Verlauf überein. Dieser Bereich wird deshalb *viskose Unterschicht* genannt. Weil die Beziehung $u^+ = y^+$ formal auch bei einem laminaren Profil vorliegt (solange dies in erster Näherung linear verläuft), wird diese Schicht bisweilen sehr irreführend als „laminare Unterschicht" bezeichnet. Sie ist jedoch Teil der insgesamt turbulenten Grenzschicht und sollte deshalb ausschließlich als viskose Unterschicht bezeichnet werden.

- Der Verlauf zwischen $5 < y^+ < 70$ ist ebenfalls universell, kann aber nicht als einheitlicher analytischer Ausdruck angegeben werden, es sei denn man formuliert eine Ausgleichskurve bzgl. der Messwerte in diesem Bereich (gelegentlich zu findende Bezeichnung: buffer layer).

- Die Darstellung als $u^+(y^+)$ ist zwar universell, aber leider auch unanschaulich. Dabei ist besonders zu beachten, dass

  - die Wand ($y^+ = 0$) in dem Diagramm $u^+(y^+)$ nicht darstellbar ist,

  - der Grenzschichtaußenrand y_R^+ für große aber endliche Reynolds-Zahlen bei sehr großen Werten von y_R^+ liegt. Für $\mathrm{Re} \to \infty$ gilt $y_R^+ \to \infty$ (weil y^+ eigentlich die „falsche" Koordinate in der Defektschicht ist).

Die im Bild eingezeichneten typischen Messwerte sollen zeigen, dass Abweichungen vom universellen Verlauf $u^+(y^+)$ erst bei y^+-Werten auftreten, die den Übergang in den Defektbereich darstellen.

BEACHTE

◪ **Allgemeine Verwendung von u_τ^* in Wandnähe:** Auch alle anderen turbulenten Größen sollten in Wandnähe unter Verwendung von u_τ^* entdimensioniert werden, um zu einer möglichst allgemeingültigen Darstellung zu gelangen. In diesem Sinne wird mit der üblichen Kennzeichnung „$+$" für solchermaßen entdimensionierte Größen eingeführt:

- $k^+ \equiv k^*/u_\tau^{*2}$ (kinetische Energie der Schwankungsbewegung)
- $\tau^+ \equiv \tau_t^*/\varrho^* u_\tau^{*2} = \tau_t^*/\tau_W^*$ (turbulente Schubspannung)
- $\epsilon^+ \equiv \varepsilon \nu^*/u_\tau^{*4}$ (turbulente Dissipation)

◪ **Sonderfall $\tau_W^* = 0$:** Bei verschwindender Wandschubspannung, d.h. bei Annäherung an den Ablösepunkt (Ablösekriterium bei zweidimensionalen Strömungen : $\tau_W^* = 0$, s. dazu das Stichwort ABLÖSUNG), kann u_τ^* nicht mehr die adäquate Bezugsgeschwindigkeit sein, da u_τ^* dann ebenfalls Null wird. Eine genauere asymptotische Analyse zeigt, dass dann die sog. *Druckgradientengeschwindigkeit*

$$u_s^* = \left(\frac{\nu^*}{\varrho^*} \frac{dp_W^*}{ds^*} \right)^{1/3}$$

zum Geschwindigkeitsmaßstab wird. Anstelle der logarithmischen Verteilung der dimensionslosen Geschwindigkeit tritt dann ein sog. Wurzelgesetz, für nähere Einzelheiten s. Gersten, Herwig (1992, Kap. 16.2 und 17.4).

◻ **Typische Zahlenwerte von u_τ^*:** Diese hängen unmittelbar vom Zahlenwert der Wandschubspannung einer konkreten Strömung ab und können deshalb nicht allgemeingültig angegeben werden. Trotzdem liegen häufig Zahlenwerte vergleichbarer Größe vor. Zwei Beispiele sind:

- Turbulente Grenzschicht an einer ebenen, glatten Wand; Außengeschwindigkeit u_∞^*; Abstand zur Vorderkante x^*. Mit der Reynolds-Zahl $\mathrm{Re}_x = u_\infty^* x^* / \nu^*$ gilt:

$$\begin{aligned}
\mathrm{Re}_x = 10^6 &\quad : \quad u_\tau^* = 0,044\, u_\infty^* \\
\mathrm{Re}_x = 10^7 &\quad : \quad u_\tau^* = 0,036\, u_\infty^* \\
\mathrm{Re}_x = 10^8 &\quad : \quad u_\tau^* = 0,031\, u_\infty^*
\end{aligned}$$

- Ausgebildete turbulente Rohrströmung; glatte Wand; querschnittsgemittelte Geschwindigkeit u_m^*; Durchmesser D^*. Mit der Reynolds-Zahl $\mathrm{Re}_D = u_m^* D^* / \nu^*$ gilt:

$$\begin{aligned}
\mathrm{Re}_D = 10^4 &\quad : \quad u_\tau^* = 0,064\, u_m^* \\
\mathrm{Re}_D = 10^5 &\quad : \quad u_\tau^* = 0,048\, u_m^* \\
\mathrm{Re}_D = 10^6 &\quad : \quad u_\tau^* = 0,039\, u_m^*
\end{aligned}$$

WEITERFÜHRENDE LITERATUR

Herwig, H. (2002): *Strömungsmechanik*, Springer-Verlag, Berlin, Heidelberg, New York

Schlichting, H.; Gersten, K. (1997): *Grenzschicht-Theorie*, Springer-Verlag, Berlin, Heidelberg, New York

Gersten, K; Herwig, H. (1992): *Strömungsmechanik*, Springer-Verlag, Berlin, Heidelberg, New York

Sekundärströmung
(secondary flow)

Siehe dazu das Stichwort STRÖMUNG, dort unter BEACHTE

Simple Algorithmus
(simple algorithm)

Siehe dazu das Stichwort NUMERISCHE VERFAHREN, dort unter BEACHTE

Spaltströmung
(flow through gaps)

Siehe dazu das Stichwort REYNOLDS GLEICHUNG, dort unter BEDEUTUNG UND DEFINITION

Spektralverfahren
(spectral method)

Siehe dazu das Stichwort NUMERISCHE VERFAHREN, dort unter PHYSIKALISCHER HINTERGRUND

Stabilität
(stability)

BEDEUTUNG UND DEFINITION

Es handelt sich um einen wichtigen Aspekt des Strömungsverhaltens, der allerdings nur indirekt beobachtet werden kann. Es geht dabei um die Frage, wie ein bestimmter Strömungszustand auf Störungen reagiert. Solche Störungen können auf unterschiedlichste Weise in der Strömung auftreten, wie z.B. lokal durch eine Messsonde in der Strömung oder großräumig durch von außen eindringenden Schall, der zu kleinen Störungen im Druckfeld der Strömung führt.

Prinzipiell können Störungen in einer Strömung gedämpft oder aber angefacht werden, d.h., sie wachsen dann räumlich bzw. mit der Zeit an. Dabei kann es auch zu einem unterschiedlichen Verhalten kommen, je nachdem ob kleine oder große Störungen vorliegen.

Die theoretische Vorhersage, wie sich eine konkrete Strömung diesbezüglich verhält, ist Gegenstand der sog. *hydrodynamischen Stabilitätstheorie*, die sich aber nicht auf inkompressible Strömungen beschränkt, wie der Zusatz „hydrodynamisch" vermuten lassen könnte. Diese Theorie ist ein wesentliches Element bei dem Versuch, den sog. *Transitionsprozess*, d.h. den Übergang von der laminaren zur turbulenten Strömung, zu verstehen.

	Definition	

Eine bestimmte, stationäre oder instationäre sog. *Grundströmung* $(\vec{v}_0^{\,*}, p_0^*)$ ist *stabil*, wenn alle anfänglich kleinen Störungen für alle Zeiten klein bleiben. Sie ist *instabil*, wenn zumindest eine anfänglich kleine Störung nach endlicher Zeit nicht mehr klein ist.

Bezogen auf eine inkompressible, reibungsbehaftete Strömung (die durch die NAVIER-STOKES GLEICHUNGEN beschrieben ist) bedeutet dies mit der Störgeschwindigkeit $\vec{v}^{*\prime} \equiv \vec{v}^* - \vec{v}_0^{\,*}$ und dem Stördruck $p^{*\prime} = p^* - p_0^*$, sowie der als klein unterstellten Größe $\delta(\epsilon)$:

Eine Grundströmung ist stabil, wenn für alle $\epsilon > 0$ eine Funktion $\delta(\epsilon)$ existiert, so dass, wenn

$$\|\vec{v}^{*\prime}(\vec{x}^*, 0)\| , \; \|p^{*\prime}(\vec{x}^*, 0)\| < \delta(\epsilon)$$

dann

$$\|\vec{v}^{*\prime}(\vec{x}^*, t^*)\| , \; \|p^{*\prime}(\vec{x}^*, t^*)\| < \epsilon$$

für alle $t^* > 0$ gilt. Die sog. *Norm* $\|...\|$ kann dabei unterschiedlich gewählt werden. Es kann z.B. der Maximalwert zu jedem Zeitpunkt t^* sein. Wenn integrale Bedingungen für die Norm gesetzt werden, wird die Strömung als *im Mittel stabil* bezeichnet.

Eine Grundströmung ist *asymptotisch stabil*, wenn für eine bestimmte Störung bei $t^* = 0$ bzgl. deren Entwicklung für $t^* \to \infty$ gilt

$$\|\vec{v}^{*\prime}(\vec{x}^*, t^*)\| , \; \|p^{*\prime}(\vec{x}^*, t^*)\| \to 0$$

Diese Grundströmungs-Lösung wird auch wird auch *Attraktor* (für die Lösung der gestörten Strömung) genannt.

$\vec{v}^{\,*}$	Geschwindigkeit der gestörten Strömung	m/s
$\vec{v}_0^{\,*}$	Geschwindigkeit der Grundströmung	m/s
$\vec{v}^{\,*\prime}$	Störgeschwindigkeit	m/s
$p^*,\, p_0^*,\, p^{*\prime}$	Druck, Druckstörung	N/m^2
$\delta(\epsilon)$	„Schranken"-Funktion	-
$\vec{x}^{\,*}$	Ortskoordinate	m
t^*	Zeit	s

PHYSIKALISCHER HINTERGRUND

Ein strömendes Fluid stellt bzgl. der Frage nach seiner Stabilität ein schwingungsfähiges System mit einer (abzählbar) unendlichen Anzahl von Freiheitsgraden dar. Es müssen deshalb Wege gefunden werden, wie die entscheidenden Schwingungsformen identifiziert und bewertet werden können.

Als tragfähiges Konzept hat sich dafür die sog. *Modalanalyse* erwiesen, mit der die Entwicklung einer Störung in Raum und Zeit analysiert werden kann. Diese Analyse basiert darauf, dass die Störung in erster Näherung einer linearen Differentialgleichung gehorcht (s. dazu das spätere Beispiel) und deshalb aus Elementarstörungen superponiert werden kann. Diese Elementarstörungen sind die einzelnen Summanden einer Fourierzerlegung der allgemeinen Störung $\vec{v}^{\,*\prime}(\vec{x}^{\,*},\,0)$, $p^{*\prime}(\vec{x}^{\,*},\,0)$, für die angesetzt wird

$$\vec{v}^{\,*\prime}(\vec{x}^{\,*},\,0) = \sum_{n=1}^{\infty} a_n \vec{\mathbf{v}}_{\mathbf{n}}^{*}(\vec{x}^{\,*}) \;;\; p^{*\prime}(\vec{x}^{\,*},\,0) = \sum_{n=1}^{\infty} b_n \mathbf{p}_{\mathbf{n}}^{*}(\vec{x}^{\,*}) \tag{i}$$

Hierbei sind $\vec{\mathbf{v}}_{\mathbf{n}}^{*}(\vec{x}^{\,*})$ und $\mathbf{p}_{\mathbf{n}}^{*}(\vec{x}^{\,*})$ sog. *Eigenfunktionen* und a_n, b_n Koeffizienten des Problems. Als Fourier-Reihe handelt es sich dabei um die Summe von harmonischen Funktionen, die besonders kompakt durch komplexe Größen dargestellt werden können.

Komplexe Größen (hier durch Fettdruck gekennzeichnet) bestehen aus einem Real- und einem Imaginärteil, wobei in der üblichen Schreibweise die Darstellung $\mathbf{a}^* = a_r^* + ia_i^*$ gilt. Die sog. konjugiert komplexe Größe ist dann $\mathbf{a}_{\mathbf{cc}}^* = a_r^* - ia_i^*$, so dass $\mathbf{a}^* + \mathbf{a}_{\mathbf{cc}}^* = 2a_r^*$ eine reelle Größe darstellt.

Eine harmonische Schwingung lässt sich sehr kompakt als $\mathbf{a}^* \cdot \exp[i\omega^* t^*]$ darstellen, wobei die sog. komplexe Amplitude $\mathbf{a}^*$ sowohl die Information über die reelle Amplitude als $|\mathbf{a}^*|$ enthält, als auch eine Phaseninformation als $\tan \varphi = a_i^*/a_r^*$. Auch $\exp[i\omega^* t^*]$ ist eine komplexe Größe. Sie besitzt den Betrag Eins und einen Winkel $\omega^* t^*$ zur reellen Achse. Das Produkt $\mathbf{a}^* \cdot \exp[i\omega^* t^*]$ ist somit eine komplexe Zahl mit dem Betrag $|\mathbf{a}^*|$ und einem Winkel $(\omega^* t^* + \varphi)$ zur reellen Achse.

Wenn statt $\exp[i\omega^* t^*]$ der allgemeinere Ansatz $\exp[s^* t^*]$ mit $\mathbf{s}^* = s_r^* + is_i^*$ gewählt wird, so kann dafür $\exp[s_r^* t^*]\exp[is_i^* t^*]$ geschrieben werden, d.h., es tritt ein reeller Vorfaktor $\exp[s_r^* t^*]$ auf, der für $t^* \to \infty$ abklingt, wenn $s_r^* < 0$ ist und über alle Grenzen wächst, wenn $s_r^* > 0$ gilt.

Aus bestimmten formalen Gründen wird $\mathbf{s}^*$ häufig als $\mathbf{s}^* = -i\alpha^*\mathbf{c}^*$ geschrieben, so dass mit $\mathbf{c}^* = c_r^* + ic_i^*$ dann der Imaginärteil c_i^* über das Abklingen ($c_i^* < 0$) oder Anfachen ($c_i^* > 0$) der Störung entscheidet. Dabei ist α^* eine (reelle) Wellenzahl mit $2\pi/\alpha^*$ als Wellenlänge.

Soll nun die zeitliche Entwicklung der Anfangsstörung (i) untersucht werden, so kann zunächst die Zeitabhängigkeit in $\vec{v}^{*\prime}(\vec{x}^*,\, t^*)$ und $p^{*\prime}(\vec{x}^*,\, t^*)$ separiert werden, was auf den folgenden Modenansatz führt

$$\vec{v}^{*\prime}(\vec{x}^*,\, t^*) = \sum_{n=1}^{\infty} a_n \vec{\mathbf{v}}_\mathbf{n}^*(\vec{x}^*)\exp(\mathbf{s}_\mathbf{n}^* t^*)$$

$$p^{*\prime}(\vec{x}^*, t^*) = \sum_{n=1}^{\infty} b_n \mathbf{p}_\mathbf{n}^*(\vec{x}^*)\exp(\mathbf{s}_\mathbf{n}^* t^*) \tag{ii}$$

wobei $\mathbf{s}_\mathbf{n}^*$ komplexe Eigenwerte des Problems darstellen.

Wenn nun die Summanden so sortiert werden, dass für die Realteile $s_{1r}^* > s_{2r}^* > \dots$ gilt, so folgt

$$\vec{v}^{*\prime} \sim a_1\vec{\mathbf{v}}_\mathbf{1}^*(\vec{x}^*)\exp(\mathbf{s}_\mathbf{1}^* t^*) \;,\; p^{*\prime} \sim b_1\mathbf{p}_\mathbf{1}^*(\vec{x}^*)\exp(\mathbf{s}_1 t^*) \text{ für } t^* \to \infty \tag{iii}$$

Die erste „führende" Mode wird dabei als die „gefährlichste" Mode angesehen, weil sie (wenn es überhaupt zum Anwachsen einer Störung kommt) die am schnellsten wachsende Mode ist. Es lässt sich zeigen, dass in endlichen Strömungsgebieten *abzählbar unendlich* viele Moden existieren, was wegen der Abzählbarkeit zu einem klar dominanten Verhalten der ersten Mode führt. In unendlichen Strömungsgebieten müssen dagegen u.U. ganze Wellenpakete mit benachbarten Moden betrachtet werden, deren Zeitverhalten beliebig nahe beieinander liegt.

Genaugenommen ist die bisher in (i) - (iii) gewählte Schreibweise aber nicht ganz korrekt, wenn $\vec{\mathbf{v}}_\mathbf{n}^*$, $\mathbf{p}_\mathbf{n}^*$ und $\mathbf{s}_\mathbf{n}^*$ komplexe Größen sind, wie hier unterstellt wird, da $\vec{v}^{*\prime}$ und $p^{*\prime}$ reelle Größen sind. Reelle Größen ergeben sich jedoch, wenn die jeweils konjugiert komplexen Größen mit berücksichtigt werden, was als $+c.c.$ (engl. für: complex conjugate) geschrieben wird. Dann gilt z.B. für $\vec{v}^{*\prime}$ in (iii)

$$\vec{v}^{*\prime} \sim a_1\vec{\mathbf{v}}_\mathbf{1}^*(\vec{x}^*)\exp(\mathbf{s}_\mathbf{1}^* t^*) + c.c. \text{ für } t^* \to \infty$$

wobei der Faktor 2 beim Realteil in a_1 „aufgeht". Ganz generell wird in diesem Zusammenhang ausgenutzt, dass immer dann, wenn komplexe Lösungen reelle Gleichungen erfüllen, diese Gleichungen getrennt für den Real- und für den Imaginärteil erfüllt sein müssen. Der Realteil beschreibt dabei das physikalische Störungsverhalten, aus dem Imaginärteil folgen Zusatzinformationen zum Stabilitätsverhalten.

Mit diesem Ansatz kann eine sog. lineare Stabilitätsanalyse durchgeführt werden, indem aus den vollständigen, ein Problem beschreibenden Grundgleichungen die Bestimmungsgleichungen für die Störungsentwicklung in einer linearisierten Form hergeleitet werden. Die Linearisierung besteht dabei darin, dass Terme, in denen Produkte von Störgrößen auftreten, vernachlässigt werden.

Nachdem der Ansatz (iii) für die gesuchten Störgrößen in die so hergeleiteten Gleichungen der sog. *linearen Stabilitätstheorie* eingesetzt worden sind, entstehen Eigenwertgleichungen für die komplexen Größen $\vec{\mathbf{v}}_\mathbf{1}^*$, $\mathbf{p}_\mathbf{1}^*$ mit dem komplexen Eigenwert $\mathbf{s}_\mathbf{1}^* = s_{1r}^* + is_{1i}^*$. Von entscheidender Bedeutung ist dabei der Realteil s_{1r}^*. Sein Vorzeichen entscheidet darüber, ob die zugehörige Mode angefacht oder gedämpft wird.

ANWENDUNGEN UND BEISPIELE

1. Instabilität ebener laminarer Grenzschichten / Orr-Sommerfeld Gleichung

Im zuvor beschriebenen Sinne wird für die Störgeschwindigkeiten folgender Modenansatz gewählt, der eine ebene Welle in x-Richtung beschreibt

$$u' = \mathbf{u}(y) \exp[i\alpha(x - \mathbf{c}t)] + c.c.$$

$$v' = \mathbf{v}(y) \exp[i\alpha(x - \mathbf{c}t)] + c.c.$$

Die einzelnen Größen sind mit u_B^* und L_B^* entdimensioniert, *c.c.* bedeutet die konjugiert komplexe Ergänzung. Dabei sind $\mathbf{u}(y)$ und $\mathbf{v}(y)$ die (komplexen) sog. *Amplitudenfunktionen*, mit denen die Formen der Störung (über der Grenzschicht, in Richtung der Koordinate y) beschrieben werden. Die komplexe Exponentialfunktion $\exp[i\alpha(x - \mathbf{c}t)]$ beschreibt den Wellencharakter der Störung in x-Richtung bzw. in der Zeit t in Form einer Elementarwelle mit der dimensionslosen Wellenlänge $2\pi/\alpha$.

Anstelle der Einzelkomponenten u' und v' wird häufig die Stromfunktion der Störung eingeführt, wobei dann $\mathbf{u} = \varphi'$ und $\mathbf{v} = -i\alpha\varphi$ gilt. Die Bestimmungsgleichung für die Amplitudenfunktion der Störung φ kann - relativ einfach - aus den Grundgleichungen (Navier-Stokes Gleichungen) abgeleitet werden. Sie lautet für ebene Strömungen (lineare Stabilitätstheorie):

$$(u_0 - \mathbf{c})(\varphi'' - \alpha^2\varphi) - u_0''\varphi = -\frac{1}{\alpha\mathrm{Re}}(\varphi'''' - 2\alpha^2\varphi'' + \alpha^4\varphi)$$

und wird *Orr-Sommerfeld Gleichung* genannt. Dabei wurde zusätzlich unterstellt, dass die Entwicklung der Grundströmung mit x vernachlässigt werden kann (Parallelströmungsannahme).

In der Orr-Sommerfeld Gleichung ist u_0 die Strömungsgeschwindigkeit der Grundströmung (laminare Grenzschicht). Zusätzlich treten auf:

α :   Wellenzahl (Wellelänge: $2\pi/\alpha$)

$\mathbf{c}$: $\mathbf{c} = c_r + ic_i$
       c_r : Wellenfortpflanzungsgeschwindigkeit, c_i: Anfachungsfaktor

Re :   Reynolds-Zahl der Strömung (Re $= u_\infty^* L_B^*/\nu^*$)

Die Randbedingungen für φ sind homogen, so dass insgesamt ein Eigenwertproblem vorliegt ($\varphi = 0$ ist Lösung der Gleichungen, für diskrete Werte der beteiligten Parameter existieren aber zusätzliche Lösungen $\varphi \neq 0$).

Die numerische Lösung der Orr-Sommerfeld Gleichung ist keineswegs trivial, da es sich um eine sog. *steife Differentialgleichung* handelt. Bei dieser Lösung werden z.B. die Reynolds-Zahl Re und die Wellenzahl α vorgegeben (beide sind reelle Größen). Die Lösung, getrennt nach Real- und Imaginärteil, besteht aus der komplexen Amplitudenfunktion φ (deren Realteil die konkrete Form der wellenartigen Störung beschreibt) und

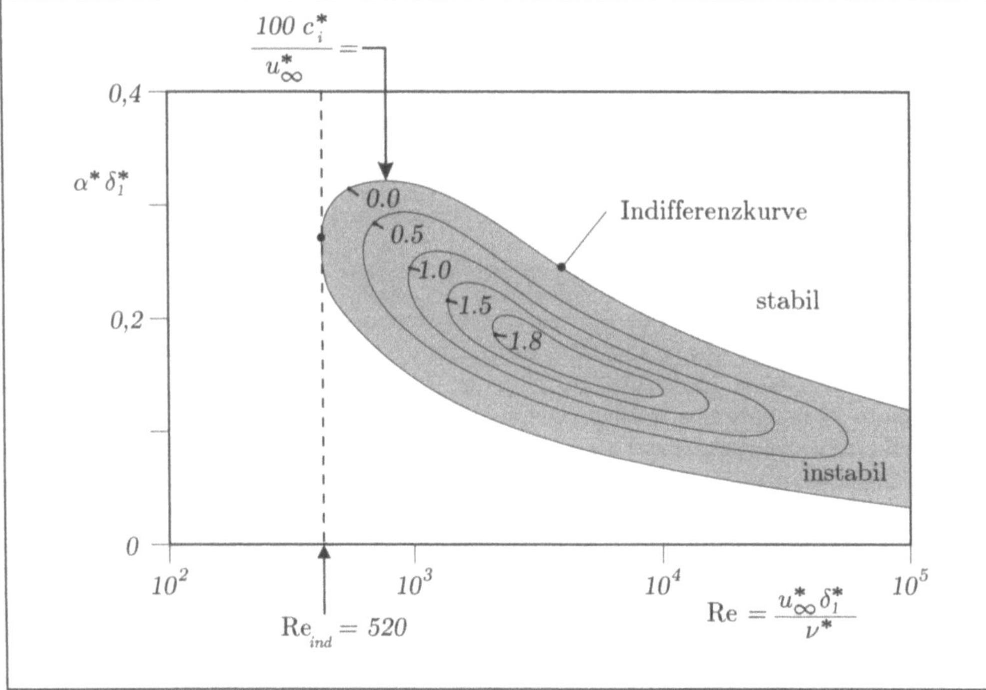

Stabilitätsdiagramm der ebenen Plattengrenzschicht

$c_i^* < 0$ stabiler Bereich (keine konkreten Angaben)
$c_i^* = 0$ Indifferenzkurve
$c_i^* > 0$ instabiler Bereich;

BEACHTE: hohe Anfachungsraten bei relativ kleinen Reynolds - Zahlen
α^* : Wellenzahl, c_i^*: Anfachungsfaktor, δ_1^*: Verdrängungsdicke

dem komplexen Eigenwert $\mathbf{c} = c_r + ic_i$. Das Vorzeichen von c_i entscheidet über das Stabilitätsverhalten (der Partialstörung mit der Wellenzahl α bei der Reynolds-Zahl Re).

Nach einer systematischen Variation der Eingangsparameter $(\alpha,\ \mathrm{Re})$ erhält man schließlich das sog. *Stabilitätsdiagramm* der betrachteten Strömung. Das obige Bild zeigt dieses für die ebene Plattengrenzschicht. Da unterhalb von $\mathrm{Re} = 520$ keine Elementarstörung angefacht wird, ist die Strömung mit $\mathrm{Re} < 520$ stabil und $\mathrm{Re} = \mathrm{Re}_{ind} = 520$ stellt die gesuchte sog. *Indifferenz-Reynolds-Zahl* dar. Sie kennzeichnet den Beginn des Transitionsprozesses, der bei der größeren *kritischen Reynolds-Zahl* dann abgeschlossen ist. Messungen ergeben eine kritische Reynolds-Zahl, ebenfalls mit der Verdrängungsdicke als charakteristischer Länge gebildet, von $\mathrm{Re}_{krit} = u_\infty^*\delta_1^*/\nu^* = 950$.

Dem Stabilitätsdiagramm ist zu entnehmen, dass die mit steigender Reynolds-Zahl erste angefachte Welle den Wert $\alpha^*\delta_1^* = 0,36$ besitzt. Dies entspricht einer Wellenlänge $2\pi/\alpha^*$ von $2\pi\delta_1^*/0,36 = 17,5\,\delta_1^*$ bzw. etwa dem sechsfachen der Grenzschichtdicke. Es handelt sich also um relativ langwellige Störungen, die auch als *Tollmien-Schlichting-Wellen* bezeichnet werden.

2. *Benard-Konvektion*

Eine horizontale, von unten beheizte und zunächst ruhende Fluidschicht der Dicke H^* bildet einen vertikalen Temperaturgradienten $\Delta T^*/H^*$ aus, wenn ΔT^* die Temperaturdifferenz über die Fluidschicht hinweg ist. Hat nun ein Fluidelement der charakteristischen Ausdehnung l^* zufällig (im Sinne einer Störung) eine um $T^{*\prime}$ höhere Temperatur als seine unmittelbare Umgebung, so setzt eine Aufwärtsbewegung mit der Geschwindigkeit $v^{*\prime}$ ein. Für diese Situation können nun folgende Größenordnungsabschätzungen vorgenommen werden, wobei konstante Zahlenfaktoren keine Rolle spielen.

1) Die Bewegung mit $v^{*\prime}$ wird *nicht* durch Reibungskräfte gedämpft bzw. zum Erliegen gebracht, wenn die Auftriebskräfte größer als die Reibungskräfte sind. Als Größenordnungsabschätzung gilt für:

   - die Auftriebskraft eines Fluidelementes: $-\varrho^{*\prime}g^*l^{*3}$, wobei $\varrho^{*\prime} = -\varrho^*\beta^*T^{*\prime}$ die Dichteschwankung aufgrund der Temperaturschwankung ist, s. dazu das Stichwort BOUSSINESQ-APPROXIMATION. Damit ist also die Auftriebskraft von der Größenordnung $\varrho^*\beta^*T^{*\prime}g^*l^{*3}$.

   - die Reibungskraft am Fluidelement: τ^*l^{*2}, wobei $\tau^* = \eta^*v^{*\prime}/l^*$ die Abschätzung für die auftretenden Schubspannungen ist. Damit ist also die Reibungskraft von der Größenordnung $\varrho^*\nu^*v^{*\prime}l^*$, wenn η^* durch $\varrho^*\nu^*$ ersetzt wird.

   Das heisst, die Aufwärtsbewegung wird nicht gedämpft, wenn gilt:

$$\varrho^*\beta^*T^{*\prime}g^*l^{*3} > \varrho^*\nu^*v^{*\prime}l^* \;\rightarrow\; \boxed{v^{*\prime} < \frac{l^{*2}g^*\beta^*T^{*\prime}}{\nu^*}} \tag{i}$$

2) Das „warme", bewegte Fluidelement behält eine erhöhte Temperatur gegenüber seiner jeweiligen unmittelbaren Umgebung, wenn seine Temperatur durch Wärmeleitung an die Umgebung langsamer abnimmt, als die jeweilige Umgebungstemperatur sich infolge des Ortswechsels des Fluidelementes verringert. Als Abschätzung gilt:

   - seine Umgebungstemperatur nimmt mit der Zeit ab, da das Teilchen mit $v^{*\prime}$ in immer kältere Zonen gelangt. Für diese zeitliche Abnahme gilt $v^{*\prime}\Delta T^*/H^*$, weil sich das Teilchen mit $v^{*\prime}$ entlang des negativen Temperaturgradienten $\Delta T^*/H^*$ in der Schicht der Höhe H^* bewegt.

   - das Teilchen gibt innere Energie in Form von Wärme an seine jeweilige Umgebung ab, und zwar mit der charakteristischen Wärmestromdichte $\lambda^*T^{*\prime}/l^*$, also der zeitlichen Rate $\lambda^*T^{*\prime}l^*$, die über die Fläche der Größe l^{*2} fließt. Damit nimmt seine innere Energie mit der Zeit ab. Für die zeitliche Abnahme der Temperatur folgt daraus $a^*T^{*\prime}/l^{*2}$, wenn mit a^* die Temperaturleitfähigkeit $a^* = \lambda^*/\varrho^*c_p^*$ eingeführt wird.

Die Bedingung für die Aufrechterhaltung einer Übertemperatur lautet also

$$v^{*\prime}\Delta T^*/H^* > a^*T^{*\prime}/l^{*2} \;\rightarrow\; \boxed{v^{*\prime} > \frac{H^*}{\Delta T^*}\frac{a^*}{l^{*2}}T^{*\prime}} \tag{ii}$$

Die Bedingungen (i) und (ii) sind notwendige Voraussetzungen für das Auftreten einer Strömung, die dann als Instabilität des Ausgangszustandes (ruhendes Fluid) interpretiert wird. Beide Bedingungen werden gleichzeitig eingehalten, wenn gilt:

$$\frac{g^*\beta^*\Delta T^* H^{*3}}{\nu^* a^*} > \left(\frac{H^*}{l^*}\right)^4$$

Die Kombination auf der linken Seite wird RAYLEIGH-ZAHL Ra genannt.

Eine Stabilitätsanalyse mit Modenansätzen für die Störungen führt auf ein Ergebnis, das die zuvor angestellten Überlegungen vollkommen stützt. Danach tritt eine Konvektionsbewegung (bei festen Berandungen und einer ebenen Anordnung) auf, wenn Ra > 1708 gilt. Dies entspricht Fluidelementen, die kleinere Abmessungen l^* als $H^*/6,43$ besitzen müssen, um im Fluid aufsteigen zu können. In einer konkreten Situation (H^*, β^*, ν^* und a^* sind gegeben) ist eine Mindesttemperaturdifferenz ΔT^* erforderlich, um eine Konvektionsbewegung in Gang zu setzen.

Es entstehen dann je nach der Form des Gesamtgebietes ebene Konvektionsrollen oder hexagonale Konvektionszellen, zu weiteren Einzelheiten s. z.B. Ahlers et al. (2002).

BEACHTE

☐ **Kelvin-Helmholtz Instabilität:** Es wird die ebene Scherschicht zwischen zwei homogenen Strömungen mit den jeweils konstanten und parallelen Geschwindigkeiten $u^*_{\infty 1} \neq u^*_{\infty 2}$ betrachtet. In einem ersten Schritt werden Reibungseinflüsse vernachlässigt, so dass die Strömung insgesamt den EULER GLEICHUNGEN gehorcht und an der Trennfläche zwischen den Teilströmungen ein Sprung in der Geschwindigkeit auftritt. Dieser kann als ebene Wirbelschicht konstanter Stärke interpretiert werden.

Störungen in dieser Strömung werden nun als geringe Auslenkungen der ebenen Trennfläche interpretiert, die durch einen Modenansatz ganz allgemein beschrieben werden können. Die Stabilitätsanalyse ergibt für diesen Fall, dass alle Scherschichten im Rahmen der reibungsfreien Theorie gegenüber Störungen aller Wellenlängen instabil sind. Dies wird als *Kelvin-Helmholtz-Scherschichteninstabilität* bezeichnet (Einzelheiten z.B. in Panton (1996, Kap. 22.2)).

Reibungseffekte stabilisieren Störungen mit Wellenlängen bis zu den Abmessungen der dann endlichen Scherschichtdicken. Langwellige Störungen führen aber weiterhin zu einem instabilen Verhalten der Scherschicht, was bis zu einem „Aufrollen" der Scherschicht in periodischen Wirbeln führen kann.

☐ **Taylor-Couette Instabilität:** Es wird die Strömung im Ringspalt zwischen zwei konzentrischen Zylindern mit den Radien R^*_i (innen) und R^*_a (außen) betrachtet. Für $R^*_i/R^*_a \to 1$ liegt in guter Näherung eine COUETTE-STRÖMUNG vor. Bei einer Stabilitätsanalyse werden deshalb Zentrifugaleffekte nur in der Störung, nicht aber in der Grundströmung berücksichtigt. Als entscheidender Parameter tritt dabei die *Taylor-Zahl*, hier definiert als Ta $= R^*_i(R^*_a - R^*_i)^3(\Omega^{*2}_i - \Omega^{*2}_a)/\nu^{*2}$ auf, wobei Ω^*_i und Ω^*_a die Winkelgeschwindigkeiten der Zylinder sind. Mit steigender Taylor-Zahl treten verschiedene „Muster" in der Strömung auf, wie z.B. in Umfangsrichtung wellige Taylor-Wirbel oberhalb von Taylor-Zahlen Ta $= 1708$ (für $\Omega^*_a = 0$). Für eine ausführliche Darstellung s. Koschmieder (1993).

☐ **Route to turbulence:** Der zuvor beschriebene Instabilitätsmechanismus bei infinitesimal kleinen Störungen ist nur ein Aspekt des Instabilitätsverhaltens von

Strömungen. Das „Gesamtbild" eines Transitionsprozesses ist sehr viel komplizierter und vielfältiger. Dabei spielen nichtlineare Effekte, sog. sekundäre Instabilitäten (3D-Instabilitäten, die sich auf zweidimensionalen Störwellen entwickeln), Störungen mit endlicher (großer) Amplitude sowie sog. Bypass-Instabilitäten („schlagartiges" Auftreten turbulenter Bereiche) eine wichtige Rolle. Es hat verschiedene Versuche gegeben, den Transitionsprozess in bestimmten „Szenarien" zu modellieren, die diese und weitere Aspekte zu einem Gesamtbild kombinieren. Im englischsprachigen Raum werden diese als „Route" oder „Road to turbulence" bezeichnet. Benannt nach den jeweiligen Autoren sind dies z.B. die „Morkovin map of the roads to wall turbulence"(s. z.B. Panton (1996)) oder die „Ruelle-Takens-Newhouse route" (s. z.B. Drazin (2002)).

WEITERFÜHRENDE LITERATUR

Ahlers, G.; Großmann, S.; Lohse, D. (2002): *Hochpräzision im Kochtopf*, Physik Journal **1**, 31 - 37

Drazin, P.G. (2002): *Introduction to Hydrodynamic Stability*, Oxford University Press, Oxford

Schmid, P.J.; Henningson, D.S. (2001): *Stability and Transition in Shear Flows*, Springer-Verlag, New York

Herwig, H. (1998): *Flow stability under the influence of heat transfer*, in: Recent Advances in Boundary Layer Theory (A. Kluwick), Springer-Verlag, Wien, New York, 75-106

Huerre, P.; Rossi, M. (1998): *Hydrodynamic instabilities: open flows*, Chapter 2, 81 - 294 in: Hydrodynamics and Nonlinear Instabilities (eds.: Godreche, C.; Manneville, P.) Oxford University Press, Oxford

Panton, R. (1996): *Incompressible flow*, John Wiley & Sons, New York

Koschmieder, E.L. (1993): *Benard Cells and Taylor Vortices*, Cambrigde University Press, Cambridge

Landau, L.D.; Lifshitz, E.M. (1987): *Fluid Mechanics*, Addison-Wesley, New York

Drazin, P.G.; Reid, W.H. (1981): *Hydrodynamic Stability*, Cambridge University Press, Cambridge

Betchov, R.; Criminale, W.O. (1967): *Stability of Parallel Flows*, Academic Press, New York

Chandrasekhar, S. (1961): *Hydrodynamic and Hydromagnetic Stability*, Oxford University Press, Oxford

Stokessche Gleichungen
(Stokes equations)

Siehe dazu das Stichwort SCHLEICHENDE STRÖMUNGEN

Stokessche Hypothese
(Stokes hypothesis)

Siehe dazu das Stichwort DRUCK, dort unter PHYSIKALISCHER HINTERGRUND

Streichlinie
(streakline)

Siehe dazu das Stichwort STROMLINIE, dort unter ANWENDUNGEN UND BEISPIELE

Stromfaden
(thin stream tube)

BEDEUTUNG UND DEFINITION

Es handelt sich um ein „fadenförmiges Gebiet", das von benachbarten STROMLINIEN gebildet wird. Diese Stromlinien bilden die Mantelfläche des (hohlen) Fadens, der einen infinitesimal kleinen Querschnitt dA^* aufweist. Da kein Fluid über eine Stromfläche strömt, muss das Fluid, das durch diesen Querschnitt dA^* strömt stets in dem Faden verbleiben. Dies erlaubt eine anschauliche Darstellung der Fluidbewegung.

	Definition	

Das nachfolgende Bild definiert

- einen *Stromfaden* mit infinitesimalem Querschnitt dA^*
- eine *Stromröhre* mit endlichem Querschnitt A^*

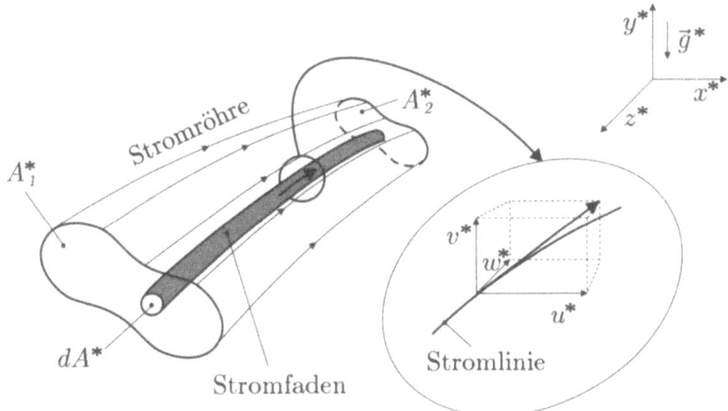

Die Mantelfläche wird jeweils von allen Stromlinien gebildet, die durch die Berandung von dA^* bzw. A^* gehen.

dA^*	Querschnittsfläche (Stromfaden)	m^2
A^*	Querschnittsfläche (Stromröhre)	m^2
u_S^*	(eindimensionale) Geschwindigkeit entlang des Stromfadens	$\mathrm{m/s}$
u^*, v^*, w^*	Geschwindigkeitskomponenten	$\mathrm{m/s}$
$\vec{g}^*$	Fallbeschleunigungsvektor	$\mathrm{m/s}^2$

PHYSIKALISCHER HINTERGRUND

Die definierten Stromfäden bzw. Stromröhren sind von besonderer Bedeutung, wenn zusätzlich angenommen wird, dass alle Strömungsgrößen über die Querschnitte dA^* bzw. A^* konstant sind und Strömungsgrößen sich deshalb nur in Richtung des Stromfadens bzw. der Stromröhre verändern. Dies ist dann eine sog. eindimensionale Strömung bzw. eine eindimensionale Theorie zur (näherungsweisen) Beschreibung einer realen Strömung.

Bezüglich eines Stromfadens ist dies für alle Strömungen eine gute Näherung, weil sich Strömungsgrößen in einem kontinuierlichen Feld auf einer infinitesimal kleinen Fläche nur geringfügig verändern können. Die Annahme einer querschnittskonstanten, eindimensionalen Strömung durch die Fläche dA^* ist für endliche Werte von dA^* eine Näherung und nur für $dA^* \to 0$ im allgemeinen exakt erfüllt.

Wird diese Vorstellung auf endliche Flächen A^* erweitert, so liegt u.U. eine erhebliche Abweichung zu realen Strömungen vor. Wenn A^* z.B. den Querschnitt eines durchströmten Rohres darstellt, so kann wegen der stets gültigen Haftbedingung prinzipiell keine exakt eindimensionale Strömung mit konstanter Geschwindigkeit im Querschnitt A^* herrschen. Es stellt sich aber heraus, dass turbulente Strömungen in solchen Rohren Geschwindigkeitsprofile aufweisen, die als „völlig" bezeichnet werden und deshalb nur wenig (naturgemäß hauptsächlich in den wandnahen Bereichen) von einem konstanten Profil abweichen. Für solche Strömungen kann eine eindimensionale Theorie mit querschnittskonstanten Werten u.U. bereits wichtige Ergebnisse liefern.

Theoretische Überlegungen, die Strömungen unter der Annahme von querschnittskonstanten Strömungsgrößen in Stromfäden bzw. Stromröhren behandeln, werden als *Stromfadentheorie* bzw. als *Stromfadentheorie bei endlichen Querschnitten* (oder auch: *Stromröhrentheorie*) bezeichnet.

Die eindimensionalen Bilanzen entlang dieser Stromfäden bzw. Stromröhren können dann in Form algebraischer Gleichungen angegeben werden und erfordern damit keine Lösung von Differentialgleichungen. Neben der KONTINUITÄTSGLEICHUNG wird in der Regel die Energiegleichung in Form der BERNOULLI GLEICHUNG berücksichtigt. Zur Bestimmung von (Gesamt-) Kräften, die ein (querschnittskonstant strömendes) Fluid auf Wände ausübt, ist eine entsprechende Form der (integralen) IMPULSGLEICHUNG erforderlich.

ANWENDUNGEN UND BEISPIELE

1. Stromfadentheorie für reibungsfreie Durchströmungen ohne Energiezufuhr

Eine häufig vorkommende Aufgabenstellung besteht in der Bestimmung von Strömungsgrößen im stromabwärtigen Querschnitt ② einer Stromröhre, deren Geometrie (einschließlich der Lage im Raum) sowie deren Strömungsgrößen im stromaufwärtigen Querschnitt ① bekannt sind.

- Bei inkompressiblen Strömungen (hinreichende Bedingung: $\varrho^* = $ const) sind bezüglich der Strömung an der Stelle ② die Geschwindigkeit und der Druck gesucht. Aus der KONTINUITÄTSGLEICHUNG (konstanter Volumenstrom, A_1^*, A_2^* bekannt)

$$u_{S2}^* A_2^* = u_{S1}^* A_1^* \qquad \text{folgt} \qquad \boxed{u_{S2}^* = \frac{A_1^*}{A_2^*} u_{S1}^*}$$

Aus der BERNOULLI GLEICHUNG (hier in der sog. Druckform; y_1^*, y_2^* bekannt)

$$p_2^* + \frac{\varrho^*}{2} u_{S2}^{*2} + \varrho^* g^* y_2^* = p_1^* + \frac{\varrho^*}{2} u_{S1}^{*2} + \varrho^* g^* y_1^*$$

folgt anschließend

$$\boxed{p_2^* = p_1^* + \frac{\varrho^*}{2} \left(u_{S1}^{*2} - u_{S2}^{*2}\right) + \varrho^* g^* \left(y_1^* - y_2^*\right)}$$

- Bei kompressiblen Strömungen ($\varrho^* \neq$ const) sind an der Stelle ② die Geschwindigkeit, der Druck und die Dichte gesucht. Da die Dichte eine Funktion des Druckes und der Temperatur ist, muss die Temperatur als vierte unbekannte Größe angesehen werden. Die vier benötigten Gleichungen zur Bestimmung der Größen u_{S2}^*, p_2^*, ϱ_2^* und T_2^* sind

  - die Kontinuitätsgleichung (jetzt: konstanter *Massen*strom)

  $$\varrho_2^* u_{S2}^* A_2^* = \varrho_1^* u_{S1}^* A_1^*,$$

  - die Energiegleichung (jetzt: Gesamtenergiegleichung mit $h_2^* - h_1^* = c_p^*(T_2^* - T_1^*)$)

  $$c_p^* T_2^* + \frac{1}{2} u_{S2}^{*2} + g^* y_2^* = c_p^* T_1^* + \frac{1}{2} u_{S1}^{*2} + g^* y_1^*,$$

  - die ideale Gasgleichung

  $$\frac{p_2^*}{\varrho_2^* T_2^*} = \frac{p_1^*}{\varrho_1^* T_1^*},$$

  - die Isentropenbeziehung (Entropie $s^* =$ const, da adiabat (keine Energiezufuhr) und reversibel (reibungsfrei))

  $$\frac{p_2^*}{\varrho_2^{*\kappa}} = \frac{p_1^*}{\varrho_1^{*\kappa}}.$$

Formal handelt es sich um ein geschlossenes Gleichungssystem aus vier Gleichungen für vier gesuchte Größen. Statt daraus unmittelbar die Größen an der Stelle ② zu bestimmen, wird in diesen Fällen ein anschaulicherer Lösungsweg beschritten. Dafür werden die Gleichungen mit dem sog. *Kesselzustand* entdimensioniert und die Größen an jedem beliebigen Querschnitt so gedeutet, als würden sie in einer Strömung entstehen, die aus einem bestimmten „fiktiven" Kessel gespeist wird. Für Details s. das Stichwort KOMPRESSIBLE STRÖMUNGEN, dort unter ANWENDUNGEN UND BEISPIE-LE.

2. Kraft auf begrenzende Wände von Stromröhren

Aus der Impulsbilanz an einer Stromröhre kann prinzipiell die Kraft bestimmt werden, die das Fluid auf die sie begrenzenden Wände ausübt, da diese Impulsbilanz alle an dem Fluid angreifenden Kräfte berücksichtigt. In diesem Sinne handelt es sich bei dieser Kraft auf die Wände um eine *Reaktionskraft*, die betragsmäßig gleich, aber mit umgekehrtem Vorzeichen in bezug auf die ursprünglich in der Bilanz berücksichtigte Kraft auftritt.

Der Ausgangspunkt zur Bestimmung dieser Kraft sind die allgemeinen (zunächst nicht auf die Stromröhrentheorie beschränkten) integralen Impulsbilanzen in den drei Raumrichtungen i, d.h. mit $i : x^*, y^*, z^*$ und $v_i^* : u^*, v^*, w^*$ als

$$\iint\limits_{\hat{A}^*} \varrho^* v_i^* dQ^* = - \iint\limits_{\hat{A}^*} p^* d\hat{A}_i^* - R_i^*$$

Dabei sind:

$\hat{A}^*$: freier, d.h. durchströmter Teil der Kontrollraumgrenze

$d\hat{A}_i^*$: Projektion des Flächenelementes $d\hat{A}^*$ auf eine Fläche senkrecht zur Koordinate i, die Flächennormalen sind stets nach außen gerichtet

dQ^* : (infinitesimaler) Volumenstrom über $d\hat{A}^*$; Vorzeichen bezogen auf den Kontrollraum: ausfließend: $dQ^* > 0$; einfließend: $dQ^* < 0$

R_i^* : gesuchte Komponente der Kraft des Fluides auf die Wände

Im Rahmen der Stromröhrentheorie wird die Auswertung der allgemeinen Impulsbilanzen besonders einfach, weil die Integrale abschnittsweise unmittelbar bestimmt werden können und einfache Produkte aus den jeweils über einem Querschnitt konstanten Größen darstellen. Bei der Auswertung ist auf folgende Punkte sorgfältig zu achten:

- Die Lage des Kontrollraumes muss der Fragestellung angepasst sein. Dies gilt besonders bezüglich der Frage, welche Wände bzw. Wandbereiche als Kontrollraumgrenzen auftreten (und den sog. *gebundenen Teil* der Kontrollraumgrenze bilden) da dieser darüber entscheidet, welche Wandkräfte in der Bilanz auftreten.

- Es muss ein Koordinatensystem festgelegt werden, da sich die Vorzeichen der Geschwindigkeitskomponenten u^*, v^*, w^*, der Flächenelemente $d\hat{A}_x^*$, $d\hat{A}_y^*$, $d\hat{A}_z^*$ und der Kräfte R_x^*, R_y^*, R_z^* an diesem orientieren.

Die so ermittelten Kräfte entstehen physikalisch durch die Wirkung von Druckkräften (normal zu den Wänden) und von Reibungskräften (tangential zu den Wänden). Bei reibungsfreien Strömungen wären sie damit ausschließlich die Folge von Druckkräften auf die begrenzenden Wände.

BEACHTE

⬛ **Stromfaden / Wirbelfaden:** Wegen des engen Zusammenhanges zwischen dem Geschwindigkeitsvektor $\vec{v}^*$ und dem Drehungsvektor $\vec{\omega}^* = \text{rot } \vec{v}^*$ gibt es auch verwandte Konzepte von Stromfäden (entlang von Stromlinien) und Wirbelfäden (entlang von Wirbellinien), s. dazu auch das Stichwort WIRBEL. Dem Massenstrom $\vec{v}^* \cdot \vec{n}^* \neq 0$ durch die Fläche dA^* (und der Bedingung $\vec{v}^* \cdot \vec{n}^* = 0$ auf der Mantelfläche) entspricht dabei der Wirbelstrom $\vec{\omega}^* \cdot \vec{n}^* \neq 0$ durch die Fläche dA^* des Wirbelfadens (und die Bedingung $\vec{\omega}^* \cdot \vec{n}^* = 0$ auf der Mantelfläche). Dabei ist $\vec{n}^*$ der Normalenvektor auf der jeweils betrachteten Fläche.

⊡ **Bernoulli-Gleichung / Impulsbilanz:** Es verwundert vielleicht zunächst, wieso aus der Impulsbilanz im Rahmen der Stromröhrentheorie zusätzliche Information gewonnen werden kann, wenn zuvor schon die Bernoulli Gleichung verwendet wurde, die als mechanische Teilenergiegleichung aus der Impulsbilanz hervorgeht (mechanische Teilenergiegleichung: Skalarprodukt aus der Vektor-Impulsgleichung mit dem Geschwindigkeitsvektor, s. dazu das Stichwort ENERGIEGLEICHUNG unter PHYSIKALISCHER HINTERGRUND).

Die aus der Impulsbilanz bestimmbaren Wandkräfte treten in der Bernoulli Gleichung (d.h. der Energiegleichung) jedoch grundsätzlich nicht auf, weil sie keine Arbeit leisten: An den Wänden sind die Komponenten der Geschwindigkeit definitionsgemäß Null (nicht durchströmte Wände, Haftbedingung), so dass bei der Auswertung der integralen Energiebilanz, die zur Bernoulli Gleichung führt, durch den gebundenen Teil der Oberfläche kein Beitrag entsteht. An diesen Flächen entstehen aber die Kräfte des Fluides auf eine Wand, die somit aus der Impulsgleichung, nicht aber aus der Energiegleichung bestimmt werden können.

WEITERFÜHRENDE LITERATUR

Standard-Werke zur Strömungsmechanik, s. die Liste am Ende des Buches.

- speziell zur Stromröhrentheorie für inkompressible und kompressible Durchströmungen:

Herwig, H. (2002): *Strömungsmechanik*, Springer-Verlag, Berlin, Heidelberg, New York, Kap. 6 und Kap. 7

Stromfunktion
(stream function)

BEDEUTUNG UND DEFINITION

Stromfunktionen sind skalare Funktionen Ψ^* von zwei oder drei unabhängigen Variablen (Koordinaten), die sehr eng mit dem Geschwindigkeitsfeld der jeweils betrachteten Strömung verbunden sind und eine sehr anschauliche Darstellung der Strömung erlauben.

In zweidimensionalen Strömungen sind durch $\Psi^* =$ const Linien im ebenen Schnitt durch das Strömungsfeld beschrieben. Die Stromfunktion Ψ^* ist so definiert, dass diese Linien stets Tangenten an den örtlichen Geschwindigkeitsvektor darstellen, weshalb diese Linien als Stromlinien bezeichnet werden.

In dreidimensionalen Strömungen sind durch $\Psi^* =$ const Flächen im Strömungsfeld beschrieben. Zwei Stromfunktionen Ψ_1^* und Ψ_2^* legen bei nichtparallelen Flächen $\Psi_1^* =$ const und $\Psi_2^* =$ const dann ebenfalls durch den Schnitt dieser Flächen Stromlinien im räumlichen Strömungsfeld fest.

Einzelheiten zum Verlauf der STROMLINIEN finden sich unter eben diesem Stichwort.

Definition

Für zweidimensionale, ebene Strömungen wird im kartesischen Koordinatensystem (x^*, y^*) definiert:

- Für $\varrho^* =$ const ($\rightarrow$ inkompressible Strömung): $\Psi^* = \Psi^*(x^*, y^*)$

  mit :
  $$u^* = \frac{\partial \Psi^*}{\partial y^*} \; ; \; v^* = -\frac{\partial \Psi^*}{\partial x^*} \qquad (*)$$

- Für $\varrho^* \neq$ const ($\rightarrow$ kompressible Strömung): $\hat{\Psi}^* = \hat{\Psi}^*(x^*, y^*)$

  mit :
  $$\varrho^* u^* = \frac{\partial \hat{\Psi}^*}{\partial y^*} \; ; \; \varrho^* v^* = -\frac{\partial \hat{\Psi}^*}{\partial x^*} \qquad (**)$$

Für dreidimensionale Strömungen wird im kartesischen Koordinatensystem (x^*, y^*, z^*) definiert:

- Für $\varrho^* =$ const ($\rightarrow$ inkompressible Strömung):
  $$\Psi_1^* = \Psi_1^*(x^*, y^*, z^*), \quad \Psi_2^* = \Psi_2^*(x^*, y^*, z^*)$$

  mit :
  $$\vec{v}^* = (\mathrm{grad}\Psi_1^*) \times (\mathrm{grad}\Psi_2^*)$$

- Für $\varrho^* \neq$ const ($\rightarrow$ kompressible Strömung):
  $$\hat{\Psi}_1^* = \hat{\Psi}_1^*(x^*, y^*, z^*), \quad \hat{\Psi}_2^* = \hat{\Psi}_2^*(x^*, y^*, z^*)$$

  mit :
  $$\varrho^* \vec{v}^* = (\mathrm{grad}\hat{\Psi}_1^*) \times (\mathrm{grad}\hat{\Psi}_2^*)$$

Ψ^*	Stromfunktion für $\varrho^* = \text{const}$	$\mathrm{m^2/s}$
$\hat{\Psi}^*$	Stromfunktion für $\varrho^* \neq \text{const}$	$\mathrm{kg/ms}$
u^*	Geschwindigkeitskomponente in x-Richtung	$\mathrm{m/s}$
v^*	Geschwindigkeitskomponente in y-Richtung	$\mathrm{m/s}$
$\vec{v}^*$	Geschwindigkeitsvektor $(u^*,\, v^*,\, w^*)$	$\mathrm{m/s}$
ϱ^*	Dichte	$\mathrm{kg/m^3}$

PHYSIKALISCHER HINTERGRUND

Stromfunktionen (die prinzipiell für jede Strömung definiert werden können) dienen als sog. Zustandsfunktionen eines Strömungsfeldes der anschaulichen Beschreibung des jeweils vorliegenden Strömungszustandes. Sie werden besonders häufig in zweidimensionalen (bzw. rotationssymmetrischen) Strömungen verwendet, weil das Strömungsfeld dann durch eine einzige skalare Funktion beschrieben werden kann und bezüglich einer Reihe von Aspekten eine besonders anschauliche Deutung der Vorgänge erlaubt. In einem verallgemeinerten Sinne liegt jeweils dann eine einzige skalare Funktion als Stromfunktion vor, wenn die Strömung bezüglich des gewählten Koordinatensystems eine Symmetrie aufweist, wie dies u.a. bei ebenen und rotationssymmetrischen Strömungen der Fall ist. Deshalb werden die nachfolgenden Ausführungen weitgehend auf zweidimensionale Strömungen beschränkt. Für dreidimensionale Strömungen gelten entsprechend erweiterte Aussagen (Details dazu finden sich u.a. in Yih (1969)). Stromfunktionen in dreidimensionalen Strömungen werden anders als bei ebenen Strömungen nur realtiv selten eingeführt.

Damit die Stromfunktion Ψ^* bzw. $\hat{\Psi}^*$ die Eigenschaft einer Zustandsfunktion aufweist, muss sie ein sog. vollständiges Differential besitzen, d.h., es muss gelten, dass für die partiellen Ableitungen in (analoges gilt für $\hat{\Psi}^*$)

$$\mathrm{d}\Psi^* = \frac{\partial \Psi^*}{\partial x^*}\mathrm{d}x^* + \frac{\partial \Psi^*}{\partial y^*}\mathrm{d}y^* \tag{i}$$

stets die Bedingung (Integrabilitätsbedingung)

$$\frac{\partial^2 \Psi^*}{\partial x^* \partial y^*} = \frac{\partial^2 \Psi^*}{\partial y^* \partial x^*} \tag{ii}$$

erfüllt wird. Dies ist durch die Definition von Ψ^* sichergestellt, weil mit $(*)$ in (ii) die Kontinuitätsgleichung $\partial u^*/\partial x^* + \partial v^*/\partial y^* = 0$ entsteht, und diese im gesamten Strömungsfeld gültig ist. Bei kompressiblen Strömungen lautet die entsprechend Beziehung $\partial(\varrho^* u^*)/\partial x^* + \partial(\varrho^* v^*)/\partial y^* = 0$ und stellt die Kontinuitätsgleichung für stationäre Strömungen dar, für die der sonst noch auftretende Term $\partial \varrho^*/\partial t^*$ aufgrund der fehlenden Zeitabhängigkeit entfällt (s. dazu das Stichwort KONTINUITÄTSGLEICHUNG). Damit ergibt sich für kompressible Strömungen die Beschränkung auf stationäre Strömungen, wenn $\hat{\Psi}^*$ wie hier eingeführt wird.

Es ist zu beachten, dass zu Ψ^* noch eine Konstante C^* bzw. bei instationären Strömungen eine Zeitfunktion $C^*(t^*)$ addiert werden kann, ohne dass dies die Erfüllung der Bedingung (ii) und damit auch der Kontinuitätsgleichung beeinflusst. Diese Konstante bzw. Zeitfunktion wird im konkreten Fall sinnvollerweise im Zusammenhang mit den Randbedingungen festgelegt (z.B. $\Psi^* = 0$ an einer festen Wand). Analog dazu kann zu $\hat{\Psi}^*$ eine konstante $\hat{C}^*$ addiert werden (Beschränkung auf stationäre Strömungen). Mit Einführung einer Stromfunktion ist also die Kontinuitätsgleichung stets erfüllt und muss bei der weiteren Analyse des Strömungsfeldes nicht mehr beachtet werden.

Folgende Aspekte sind nach Einführung einer Stromfunktion für ein Strömungsfeld von Bedeutung:

- Da Stromlinien stets tangential zum örtlichen (und ggf. momentanen) Geschwindigkeitsvektor verlaufen, strömt kein Fluid über eine Stromfläche. In zweidimensionalen Strömungen sind diese Stromflächen jeweils Flächen, die senkrecht (zur „Zeichenebene") auf den Stromlinien stehen. Zwischen zwei Stromflächen bleibt der Massenstrom also stets derselbe, so dass aus dem Stromlinienverlauf neben der Richtung häufig auch schon auf die Veränderung im Betrag der Geschwindigkeit geschlossen werden kann. Als erste Näherung gilt dabei, dass die Strömungsgeschwindigkeit um so größer ist, je enger benachbarte Stromlinien zusammenliegen. Dabei ist allerdings zu beachten, dass u.U. die Dichte veränderlich ist. Bei rotationssymmetrischen Geometrien ist zusätzlich zu bedenken, dass die durchströmte Querschnittsfläche nicht nur vom Stromlinienabstand, sondern auch noch vom Radius abhängt, auf dem sich die durchströmten Flächenelemente befinden.

  Bei instationären Strömungen ist im Zusammenhang mit diesen Interpretationen des Strömungsfeldes Vorsicht angebracht, da dann Stromlinien und Bahnlinien nicht mehr identisch sind und stets nur Aussagen zum momentanen Strömungsfeld möglich sind; s. dazu auch das Stichwort STROMLINIEN.

- In zweidimensionalen Strömungen ist der Massenstrom pro Breite B^* zwischen zwei Stromflächen I und II durch die Werte der Stromfunktionen auf den berandenden Stromflächen gegeben. In diesem Sinne gilt:

$$\frac{\dot{m}^*}{B^*} = \varrho^*(\Psi^*_{II} - \Psi^*_I) = \hat{\Psi}^*_{II} - \hat{\Psi}^*_I$$

Dies folgt unmittelbar aus folgender Überlegung:

Wird zwischen zwei Stromlinien Ψ^*_I und Ψ^*_{II} eine beliebige Kurve gelegt, die auf Ψ^*_I beginnt und auf Ψ^*_{II} endet, so strömt über diese Kurve auf einem Streckenabschnitt ds^* dieser Kurve der Volumenstrom pro Breite $u^*dy^* - v^*dx^*$ wobei die geometrische Beziehung $(ds^*)^2 = (dx^*)^2 + (dy^*)^2$ zwischen den infinitesimalen Größen ds^*, dx^* und dy^* gilt. Insgesamt strömt zwischen den Stromlinien I und II damit der breitenbezogene Volumenstrom (beachte (i) für $d\Psi^*$):

$$\frac{\dot{m}^*}{B^*\varrho^*} = \int\limits_{I \to II} (u^*dy^* - v^*dx^*) = \int\limits_{I \to II} d\Psi^* = \Psi^*_{II} - \Psi^*_I$$

- Zweidimensionale Strömungen besitzen nur *eine* von Null verschiedene Komponente des allgemeinen Drehungsvektors $\vec{\omega}^*$ (s. dazu das Stichwort DREHUNG). Sie lautet in kartesischen Koordinaten $\omega_z^* = \partial v^*/\partial x^* - \partial u^*/\partial y^*$. Nach Einführung der Stromfunktion wird daraus

$$-\omega_z^* = \frac{\partial^2 \Psi^*}{\partial x^{*2}} + \frac{\partial^2 \Psi^*}{\partial y^{*2}} = \nabla^2 \Psi^* \qquad \text{(iii)}$$

Für den Sonderfall drehungsfreier Strömungen (s. das Stichwort POTENTIAL-STRÖMUNGEN) gilt $\omega_z^* = 0$ und die Stromfunktion Ψ^* gehorcht (wie dann auch die Potentialfunktion Φ^*) der sog. Laplace Gleichung $\nabla^2 \Psi^* = 0$. Für diese speziellen Strömungen existiert ein sog. *komplexes Potential* in der komplexen Variablen $z^* = x^* + iy^*$ als

$$\Phi^* + i\Psi^* = f(z^*) \quad \text{mit} \quad f'(z^*) = \partial(\Phi^* + i\Psi^*)/\partial x^* = u^* - iv^*$$

durch das ein unmittelbarer Zusammenhang zwischen dem Geschwindigkeitspotential Φ^* und der zugehörigen Stromfunktion Ψ^* hergestellt wird. Wenn im betrachteten Strömungsfeld analytische Funktionen $f(z^*)$ gefunden werden, so bestimmen diese über ihren Real- und Imaginärteil die Potential- bzw. Stromfunktion einer möglichen Strömung. Eine wichtige „Technik" bei der Bestimmung solcher analytischer Funktionen (die bestimmte physikalisch bedingte Randbedingungen erfüllen müssen) ist die sog. *konforme Abbildung*, s. nähere Einzelheiten dazu z.B. in Lighthill (1986).

ANWENDUNGEN UND BEISPIELE

Einführung der Stromfunktion in die zweidimensionalen Navier-Stokes Gleichungen

Die x- und die y-Komponenten der NAVIER-STOKES GLEICHUNGEN stellen zusammen mit der Kontinuitätsgleichung ein System aus drei Differentialgleichungen zur Bestimmung von $u^*(x^*, y^*)$, $v^*(x^*, y^*)$ und $p^*(x^*, y^*)$ dar.

Aus diesen drei Gleichungen kann eine Differentialgleichung mit der Stromfunktion als unabhängiger Variable hergeleitet werden. Dazu können die beiden Impulsgleichungen zunächst mit Hilfe der Drehung $\omega_z^* = \partial v^*/\partial x^* - \partial u^*/\partial y^*$ zu einer Gleichung

$$\frac{\partial \omega_z^*}{\partial t^*} + u^* \frac{\partial \omega_z^*}{\partial x^*} + v^* \frac{\partial \omega_z^*}{\partial y^*} = \frac{\eta^*}{\varrho^*} \nabla^2 \omega_z^*$$

zusammengefasst werden (s. dazu auch das Stichwort NAVIER-STOKES GLEICHUNGEN unter BEACHTE). Anschließend werden u^* und v^* über die Definition der Stromfunktion und ω_z^* über Gleichung (iii) ersetzt, so dass folgt:

$$\frac{\partial \nabla^2 \Psi^*}{\partial t^*} + \frac{\partial \Psi^*}{\partial y^*}\frac{\partial \nabla^2 \Psi^*}{\partial x^*} - \frac{\partial \Psi^*}{\partial x^*}\frac{\partial \nabla^2 \Psi^*}{\partial y^*} = \frac{\eta^*}{\varrho^*}\left(\frac{\partial^4 \Psi^*}{\partial x^{*4}} + 2\frac{\partial^4 \Psi^*}{\partial x^{*2}\partial y^{*2}} + \frac{\partial^4 \Psi^*}{\partial y^{*4}}\right)$$

Diese Differentialgleichung zur Bestimmung von $\Psi^*(x^*, y^*)$ ist von vierter Ordnung. Damit ist erwartungsgemäß dieselbe Anzahl von Rand- und Anfangsbedingungen erforderlich, wie sie für die Ausgangsgleichungen zur Verfügung stehen mussten.

BEACHTE

◻ **Stromfunktionen bei turbulenten Strömungen:** Eine sinnvolle Definition von Stromfunktionen bezieht sich bei turbulenten Strömungen auf die zeitgemittelten Geschwindigkeitsfelder ($\overline{u^*}, \overline{v^*}$ bei ebenen Strömungen). Damit besitzen Stromlinien dann die Eigenschaft, dass im zeitlichen Mittel die Normalkomponente der Geschwindigkeit auf den Stromlinien Null ist und im zeitlichen Mittel kein Fluid über die Stromlinien fließt. Momentane Schwankungsgeschwindigkeiten können dann aber durchaus Komponenten senkrecht zu Stromlinien aufweisen. Dies erklärt z.B., wieso Fluidteilchen von der Außenströmung in ein Ablösegebiet gelangen können, „obwohl" dieses durch eine geschlossene Trennstromfläche gegenüber dem Außengebiet abgetrennt ist. Dies betrifft z.B. sog. Tracer-Partikel bei Laser-Doppler Messungen in Ablösegebieten, die in die Außenströmung eingebracht werden können, nach einiger Zeit aber auch im Ablösegebiet zu finden sind.

◻ **Stromfunktion im Staupunkt:** Da Linien $\Psi^* = $ const definitionsgemäß tangential zum örtlichen Geschwindigkeitsvektor verlaufen, liegt in Staupunkten (im ebenen Fall z.B. gilt dann $u^* = 0$, $v^* = 0$) eine besondere Situation vor. An diesen und nur an diesen Punkten kann sich eine Stromlinie aufspalten und in zwei verschiedenen Richtungen fortgeführt werden. Bei ebenen Strömungen liegt dann insgesamt eine Staulinie vor, von der ausgehend zu beiden Seiten Stromflächen derselben Stärke abgehen. Solche Staupunkte bzw. Staulinien treten häufig an der Oberfläche umströmter Körper auf, seltener im freien Strömungsfeld.

Bei dreidimensionalen Strömungen liegt die entsprechende Situation an einem echten Stau-„Punkt" vor, von dem sternförmig Stromlinien gleicher Stärke ausgehen, die insgesamt eine dreidimensionale Stromfläche eben dieser Stärke bilden.

WEITERFÜHRENDE LITERATUR

Standardwerke zur Strömungsmechanik, s. dazu die Liste am Ende des Buches.

- besonders empfohlen:

Panton, R. (1996): *Incompressible Flow*, 2. Aufl., John Wiley & Sons, New York

- speziell zu dreidimensionalen Strömungen:

Yih, C.S. (1969): *Fluid Dynamics*, Mc Graw-Hill, New York (Neuerdings vertrieben durch: West River Press, Ann Arbor, MI)

- speziell zum komplexen Differential:

Lighthill, J. (1986): *An Informal Introduction to Theoretical Fluid Mechanics*, Clarendon Press, Oxford

Stromlinie
(streamline)

BEDEUTUNG UND DEFINITION

Es handelt sich um Linien in einem Strömungsfeld, die an jedem Ort und zu jedem Zeitpunkt tangential zum örtlichen und momentanen Geschwindigkeitsvektor verlaufen. Sie können in ihrer Gesamtheit oftmals ein anschauliches Bild der gesamten Strömung geben. Ihre Bestimmung ist eng mit der Einführung von sog. Stromfunktionen verbunden, s. dazu auch das Stichwort STROMFUNKTION.

	Definition	

Unter einer Stromlinie versteht man eine kontinuierlich verlaufende Linie in einem Strömungsfeld, die an jedem Ort und zu jeder Zeit tangential zum jeweiligen Geschwindigkeitsvektor $\vec{v}^* = (u^*, v^*, w^*)$ verläuft.

Damit gilt in einem kartesischen Koordinatensystem (x^*, y^*, z^*) für die Steigungen der Stromlinien-Projektionen in den drei möglichen Projektionsebenen, d.h. senkrecht zur

$$
\left.
\begin{array}{ll}
x\text{-Ebene:} & \dfrac{dy^*}{dz^*} = \dfrac{v^*}{w^*} \\[2mm]
y\text{-Ebene:} & \dfrac{dx^*}{dz^*} = \dfrac{u^*}{w^*} \\[2mm]
z\text{-Ebene:} & \dfrac{dy^*}{dx^*} = \dfrac{v^*}{u^*}
\end{array}
\right\}
\quad \rightarrow \quad
\boxed{\dfrac{dx^*}{u^*} = \dfrac{dy^*}{v^*} = \dfrac{dz^*}{w^*}}
\qquad (*)
$$

Gleichung $(*)$ dient der Bestimmung des Stromlinienverlaufes, wenn das Geschwindigkeitsfeld (u^*, v^*, w^*) bekannt ist.

u^*	Geschwindigkeitskomponente in x-Richtung	m/s
v^*	Geschwindigkeitskomponente in y-Richtung	m/s
w^*	Geschwindigkeitskomponente in z-Richtung	m/s

PHYSIKALISCHER HINTERGRUND

Die Definition von Stromlinien und auch die Einführung von STROMFUNKTIONEN ist eng mit der generellen Beschreibungsform eines Strömungsfeldes verbunden, die als EULERSCHE BETRACHTUNGSWEISE bezeichnet wird. Der entscheidende Gedanke besteht darin, nicht einzelne Fluidpartikel in Raum und Zeit zu verfolgen, d.h. ($P = $ Partikel)

$$
\left(x_P^*(t^*), y_P^*(t^*), z_P^*(t^*) \right)
$$

zu bestimmen, sondern stattdessen das Strömungsfeld in Form von

$$(u^*(x^*,y^*,z^*,t^*),\ v^*(x^*,y^*,z^*,t^*),\ w^*(x^*,y^*,z^*,t^*)) \qquad\qquad \text{(i)}$$

zu ermitteln.

Die in (i) noch enthaltene Zeitabhängigkeit gibt dabei keinerlei Aufschluss über die Vorgeschichte eines Partikels, das zu einem bestimmten Zeitpunkt an einem bestimmten Ort angetroffen werden kann, sondern besagt lediglich, ob und ggf. wie sich die Geschwindigkeit an einem festen Ort mit der Zeit verändert.

In vielen Anwendungsfällen ist das zu beobachtende Strömungsfeld zeitunabhängig (u.U. erst nach der dafür geeigneten Wahl des die Strömung beschreibenden Koordinatensystems), so dass die explizite Zeitabhängigkeit in (i) nicht mehr auftritt. Für diesen Fall sind die Stromlinien dann auch zeitunabhängig und erlauben die zusätzliche Interpretation als Bahnlinien, d.h. als Linien entlang denen sich einzelne Partikel im Laufe der Zeit bewegen, s. dazu die weiteren Ausführungen unter ANWENDUNGEN UND BEISPIELE.

Für eine instationäre ebene Strömung mit $w^* \equiv 0$ lautet Gleichung (∗) in Ebenen $z^* =$ const: $dx^*/u^* = dy^*/v^*$ bzw.

$$\frac{dy^*}{dx^*} = \frac{v^*(x^*,y^*,t^*)}{u^*(x^*,y^*,t^*)}.$$

Daraus kann formal die (unendliche) Schar von Stromlinien

$$y^*(x^*,t^*) = \int_{x_0^*}^{x^*} \frac{v^*}{u^*} dx^* + y_0^*(x_0^*,t^*)$$

bestimmt werden, die das vollständige Bild des Stromlinienfeldes zum Zeitpunkt t^* ergeben. Bei der Auswertung des Integrals ist darauf zu achten, dass es sich um eine implizite Darstellung handelt, da u^* und v^* auch Funktionen von y^* sind (s. dazu auch die „Konstruktion" von Stromlinien unter BEACHTE).

Für eine dreidimensionale Strömung sind mit (∗) die beiden Gleichungen $dx^*/u^* = dy^*/v^*$ und $dx^*/u^* = dz^*/w^*$ (oder gleichwertige Kombinationen aus (∗)) gegeben. Damit gilt:

$$\frac{dy^*}{dx^*} = \frac{v^*(x^*,y^*,z^*,t^*)}{u^*(x^*,y^*,z^*,t^*)} \qquad \text{und} \qquad \frac{dz^*}{dx^*} = \frac{w^*(x^*,y^*,z^*,t^*)}{u^*(x^*,y^*,z^*,t^*)}$$

woraus formal die beiden (unendlichen) Scharen von Linien

$$y^*(x^*,z^*,t^*) = \int_{x_0^*}^{x^*} \frac{v^*}{u^*} dx^* + y_0^*(x_0^*,z^*,t^*) \qquad\qquad \text{und}$$

$$z^*(x^*,y^*,t^*) = \int_{x_0^*}^{x^*} \frac{w^*}{u^*} dx^* + z_0^*(x_0^*,y^*,t^*)$$

bestimmt werden können. Zu einem bestimmten Zeitpunkt t^* enthalten diese Linienscharen noch den Parameter z^* bzw. y^*, d.h. die Koordinate der jeweils parallelen Ebenen.

Physikalisch sind diese Linien noch keine Stromlinien der insgesamt dreidimensionalen Strömung, da sie immer nur tangential an die Projektion der Geschwindigkeitsvektoren in die entsprechenden Ebenen verlaufen. Die echten Stromlinien ergeben sich vielmehr aus der räumlichen Kombination dieser Linien, die als Schnittlinien zwischen zwei räumlichen Flächen jeweils gleicher Zahlenwerte der zugehörigen Stromfunktionen interpretiert werden können, s. dazu auch das Stichwort STROMFUNKTION und die dort eingeführten Stromflächen $\Psi_1^* = $ const und $\Psi_2^* = $ const.

In dreidimensionalen Strömungen werden Stromlinien zwar durchaus häufig zur Veranschaulichung der Strömung eingeführt, die allgemeine mathematische Beschreibung durch die dann erforderlichen zwei Stromfunktionen als $\Psi_1^* = $ const, $\Psi_2^* = $ const aber eher selten. In numerischen Lösungen können Stromlinien entlang der ermittelten Geschwindigkeitsvektoren leicht bestimmt werden, s. dazu die entsprechende Anmerkung unter BEACHTE.

ANWENDUNGEN UND BEISPIELE

1. Zusammenhang zwischen Stromlinien, Bahnlinien und Streichlinien

Für die Interpretation von Strömungsfeldern sind die folgenden zusätzlichen Definitionen oftmals sehr hilfreich:

- *Bahnlinien* (engl.: pathlines):
  Dies sind kontinuierlich verlaufende Linien in einem Strömungsfeld, entlang denen sich die Partikel im Laufe der Zeit bewegen. Solche Linien würden als Projektionslinien in einer Langzeitaufnahme entstehen, bei der einzelne leuchtende Strömungspartikel zur Belichtung eines Negativs führen würden.

  Bei stationären Strömungen ist das Feld der Bahnlinien zeitlich konstant und stimmt mit dem Feld der Stromlinien überein. Für stationäre Strömungen sind Stromlinien deshalb gleichzeitig auch Bahnlinien.

  Bei instationären Strömungen ist das Feld der Bahnlinien zeitabhängig und stimmt nicht mehr mit dem ebenfalls zeitabhängigen Feld der Stromlinien überein. Zudem ist zu beachten, dass bei instationären Strömungen ein Stromlinienbild zu einem bestimmten Zeitpunkt nur sinnvoll als „Momentaufnahme" des Strömungsfeldes interpretiert werden kann und keinen unmittelbaren Bezug zu einer entsprechenden Aufnahme zu einem späteren Zeitpunkt besitzt.

  Bahnlinienfelder einer instationären Strömung sind hingegen so zu interpretieren, dass sie die zeitabhängige Bewegung von Fluidpartikeln beschreiben, die zu einem bestimmten Zeitpunkt t_0^* an definierten, bekannten Orten lokalisiert werden konnten. Die einzelnen Bahnlinien enthalten deshalb ausgehend vom Ursprungsort und dem Zeitpunkt t_0^* die Zeit t^* als Parameter. Solche Darstellungen sind typisch für eine LAGRANGESCHE BETRACHTUNGSWEISE eines Strömungsfeldes, während (auch momentane) Stromlinienfelder typisch für eine EULERSCHE BETRACHTUNGSWEISE sind.

- *Streichlinien* (engl.: streaklines oder filament lines):
  Dies sind kontinuierlich verlaufende Linien in einem Strömungsfeld, die durch alle diejenigen Teilchen gebildet werden, die nacheinander von denselben festen Stellen im Strömungsfeld ausgegangen sind. Diese festen Ausgangsstellen sind damit auch die

„Ursprünge" der einzelnen Streichlinien. Solche Linien würden als Projektionslinien in einer Momentaufnahme entstehen, bei der alle Teilchen, die im verstrichenem Zeitabschnitt Δt^* die Ausgangspunkte verlassen haben, zur Belichtung eines Negatives führen würden.

Bei stationären Strömungen ist das Feld der Streichlinien zeitlich konstant und stimmt wieder mit dem Feld der Stromlinien überein. Für stationäre Strömungen sind Stromlinien deshalb gleichzeitig auch Streichlinien. Wenn Strömungen durch sog. Farbfäden sichtbar gemacht werden, indem ein Farbstoff an bestimmten Stellen durch entsprechende kleine Kanülen kontinuierlich in die Strömung injiziert wird, werden Streichlinien und bei stationärer Strömung also auch Stromlinien sichtbar.

Bei instationären Strömungen ist das Feld der Streichlinien zeitabhängig und stimmt weder mit dem ebenfalls zeitabhängigen Feld der Stromlinien noch mit dem der Bahnlinien überein (die wiederum beide ebenfalls verschieden voneinander sind).

Insgesamt ist bei instationären Strömungen sehr sorgfältig darauf zu achten, welche Art von Linien bei einer entsprechenden Strömungssichtbarmachung tatsächlich vorliegt. Die nachfolgende Tabelle charakterisiert die verschiedenen Linien bezüglich der beiden entscheidenden Aspekte.

	Momentaufnahme	Langzeitaufnahme
Eulersche Betrachtungsweise	STROMLINIEN	—
Langrangesche Betrachtungsweise	STREICHLINIEN	BAHNLINIEN
Charakterisierung von Linienfeldern bei der Strömungssichtbarmachung		

2. Stromlinien und Bahnlinien im Strömungsfeld eines an einem Beobachter vorbeibewegten Kreiszylinders

Wenn ein Körper, wie z.B. ein Kreiszylinder, mit einer zeitlich konstanten Geschwindigkeit u_∞^* angeströmt wird, so entsteht ein stationäres Strömungsfeld um den Körper, wenn keine lokalen Instationaritäten, wie etwa eine periodische Wirbelablösung am Kreiszylinder („Karmansche Wirbelstraße") auftreten. Wird eine reibungsfreie Strömung unterstellt, so entsteht die Strömung am Kreiszylinder durch die Überlagerung einer Translations- und einer Dipolströmung, s. dazu das Stichwort POTENTIALSTRÖMUNGEN (speziell die Tabelle zum 1. Beispiel unter ANWENDUNGEN UND BEISPIELE). In der beschriebenen Situation sind Stromlinien gleichzeitig auch Bahnlinien. Dies trifft allerdings nur zu, wenn sich der Beobachter relativ zum Körper in Ruhe befindet. Dieselbe physikalische Situation stellt sich ganz anders dar, wenn das Bezugssystem gewechselt wird.

Bewegt sich auch der Beobachter mit der zeitlich konstanten Anströmung u_∞^*, so besitzt der Körper für ihn jetzt die (konstante) Relativgeschwindigkeit $-u_\infty^*$. Dies stellt für den Beobachter eine Situation dar, in der sich ein Körper durch ein ruhendes Fluid an ihm vorbei bewegt, was als instationärer Vorgang wahrgenommen wird.

Das nachfolgende Bild zeigt mit den ausgezogenen Linien das Stromlinienfeld zu einem bestimmten Zeitpunkt t_0^* („Momentaufnahme"). Zusätzlich ist als gestrichelte Linie die Bahnlinie eines Teilchens eingezeichnet, das sich zum Zeitpunkt t_0^* oberhalb des Zylinders

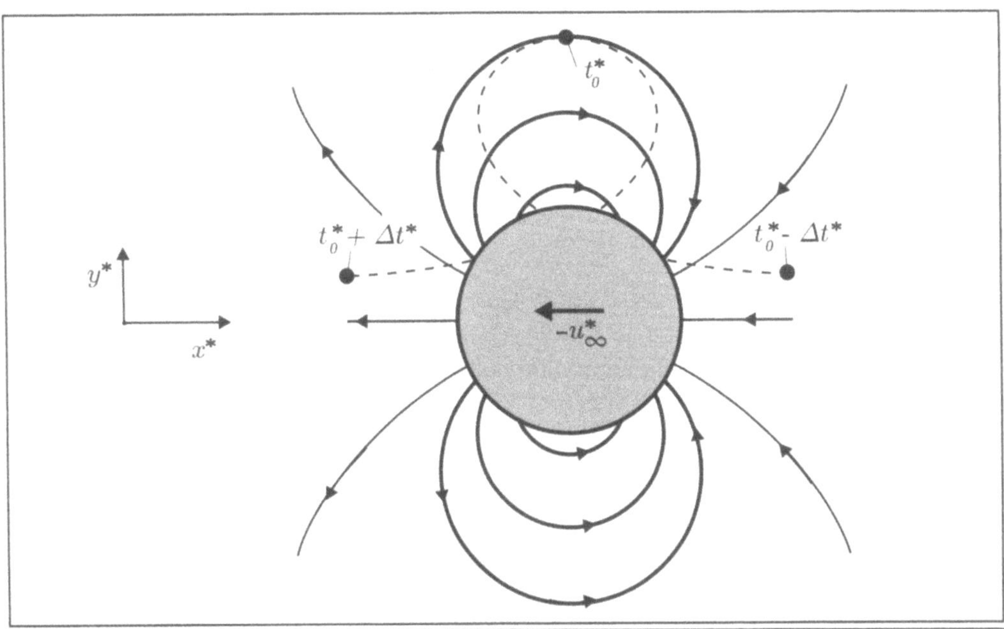

Bewegter Kreiszylinder in einem ruhenden Fluid (ruhender Beobachter)

——— : Stromlinien zum Zeitpunkt t_0^*

- - - - : Bahnlinie in der Zeitspanne $[\,t_0^* - \Delta t^*\,,\,t_0^* + \Delta t^*]$

an der markierten Stelle befindet. Der eingezeichnete Teil dieser Bahnlinie entsteht als „Langzeitaufnahme" in der Zeitspanne $[t_0^* - \Delta t^*, t_0^* + \Delta t^*]$.

Der Vergleich mit der entsprechenden Beobachtung aus einem körpergebundenen Koordinatensystem zeigt, dass Strom- und Bahnlinien keine absoluten Größen sind, sondern sich stets auf ein bestimmtes Koordinatensystem beziehen.

Übrigens: Die Stromlinien entsprechen denjenigen eines Dipols, weil nach Abzug der Translationsgeschwindigkeit u_∞^* nur diese für die Kreiszylinderumströmung übrig bleiben. Aus energetischer Sicht ist die Verlagerung von Fluid in die negative x-Richtung, die mit der Bewegung des Zylinders durch das Fluid verbunden ist, in reibungsfreier Strömung nicht mit Arbeit verbunden (Widerstand Null, d'Alembertsches Paradoxon). Lediglich in der instationären Anfahrphase wird Arbeit geleistet, die in der kinetischen Energie des bewegten Fluides enthalten ist und zu Anfang nicht vorhanden war.

BEACHTE

▢ **Besondere Eigenschaften von Stromlinien:** Wenn Stromlinien als „Grenzfälle" vom STROMFÄDEN (d.h. als Stromfäden mit einer Querschnittsfläche $dA^* \to 0$) angesehen werden, können anschaulich folgende besondere Eigenschaften abgeleitet werden:

- Stromlinien können nicht *in* einem Strömungsfeld beginnen oder enden.

- Stromlinien entstehen und enden entweder im Unendlichen oder sie bilden geschossene Kurven endlicher Länge.

- Stromlinien können sich in einem Staupunkt teilen oder sich dort vereinigen (s. die nachfolgende Anmerkung).

▢ **Irreführende Begrifflichkeit:** Der Begriff „Stromlinie" suggeriert, dass die Fluidteilchen sich (zumindest bei stationären Strömungen) „auf diesen Linien" bewegen. Wenn sich ein Teilchen nun auf der Stromlinie bewegt, die im Staupunkt endet (der sog. Staupunkt-Stromlinie), so würde es dort auf die Geschwindigkeit Null abgebremst und könnte den Staupunkt folglich nicht mehr verlassen. Dies verdeutlicht, dass die entscheidende Eigenschaft von Stromlinien nicht darin besteht, dass Fluidteilchen auf diesen Linien strömen, sondern dass keine Fluidteilchen über diese Linien hinwegströmen können. Stromlinien stellen also Begrenzungslinien für (Teil-) Volumenströme dar. In diesem Sinne sind es Linien, „entlang" denen sich eine Strömung bewegt, ohne dass die Strömung „auf" diesen Linien strömen müsste.

▢ **Wandstromlinien:** Definitionsgemäß verlaufen Stromlinien tangential zum örtlichen Geschwindigkeitsvektor $\vec{v}^*$. An einer festen Wand herrscht aufgrund der Haftbedingung jedoch überall die Geschwindigkeit Null, so dass dort zunächst keine Richtung für den Verlauf der sog. Wandstromlinien (die in der Wandebene verlaufen) auszumachen ist. Auch hier kann aber eine sinnvolle Richtung festgelegt werden, wenn der folgende Grenzübergang auf die Wand hin vollzogen wird. Dabei wird angenommen, dass die Wand lokal in der Ebene x^*, y^* liegt und die Koordinate z^* senkrecht zur Wand weist (mit $z^* = 0$ an der Wand).

Im Abstand dz^* von der Wand ist die Richtung noch durch $dy^*/dx^* = v^*/u^*$ definiert, weil dort v^* und u^* im allgemeinen von Null verschieden sind. Da im Strömungsfeld unstetige Veränderungen der Geschwindigkeit ausgeschlossen werden, führt der Grenzübergang ($W = $ Wand)

$$\lim_{z^* \to 0} \frac{v^*}{u^*} = \lim_{z^* \to 0} \frac{\left.\frac{\partial v^*}{\partial z^*}\right|_W z^*}{\left.\frac{\partial u^*}{\partial z^*}\right|_W z^*} = \frac{(\partial v^*/\partial z^*)_W}{(\partial u^*/\partial z^*)_W}$$

auf die gesuchte Richtungsangabe für die Wandstromlinie, weil sowohl $(\partial v^*/\partial z^*)_W$ als auch $(\partial u^*/\partial z^*)_W$ im allgemeinen von Null verschieden sind.

▢ **„Konstruktion" von Stromlinien und Bahnlinien:** Wenn in einer Strömung das Geschwindigkeitsfeld $\vec{v}^* = \vec{v}^*(\vec{x}^*, t^*)$ bekannt ist ($\vec{x}^* = (x^*, y^*, z^*); \vec{v}^* = (u^*, v^*, w^*)$), so können Stromlinien daraus wie folgt bestimmt werden.

Für *stationäre* Strömungen wird ausgehend von einem beliebigen Punkt im Strömungsfeld eine Strecke $\vec{v}^* dt^*$ abgetragen, die der Strecke entspricht, die ein an dem ausgewählten Punkt befindliches Teilchen zurücklegen würde, wenn es sich längs der Tangente an die gesuchte Stromlinie bewegen würde (und nicht längs der Stromlinie). Der Endpunkt der abgetragenen Strecke wird zum Ausgangspunkt einer weiteren Abtragung $\vec{v}^* dt^*$ genommen u.s.w., jedesmal mit dem aktuellen Geschwindigkeitsvektor $\vec{v}^*$. Dabei addieren sich die Fehler aus den einzelnen Teilschritten. Für $dt^* \to 0$ nähert sich die Abfolge einzelner Streckenabschnitte beliebig nahe der gesuchten Stromlinie an und wird im Grenzfall zu dieser Linie.

Für *instationäre* Strömungen, für die sich auch das Stromlinienbild mit der Zeit t^* verändert, können jeweils momentan geltende Stromlinien konstruiert werden, indem die Strömung zu einem bestimmten Zeitpunkt „eingefroren" wird. Für diesen Zeitpunkt entsteht das Stromlinienbild wie zuvor beschrieben, nur dass die Zeitschritte dt^* jetzt diejenigen in einer „fiktiven Zeit" sind.

Dieselbe Prozedur mit der realen Zeit ausgeführt (und mit den jeweils aktuellen zeitabhängigen Geschwindigkeitsvektoren) ergibt die Bahnlinien für den insgesamt betrachteten Zeitraum.

Weiterführende Literatur

Standard-Werke zur Strömungsmechanik, s. die Liste am Ende des Buches

Stromröhre
(stream tube)

Siehe dazu das Stichwort STROMFADEN

Strömung
(flow)

BEDEUTUNG UND DEFINITION

Es handelt sich um die Bewegung von Fluiden, die aus mikroskopischer Sicht miteinander wechselwirkende Atome oder Moleküle sind und aus makroskopischer Sicht ein beliebig stark deformierbares Kontinuum darstellen. Die Strömung kann unter rein kinematischen Gesichtspunkten analysiert werden, was zu einer Beschreibung der Bewegungsform führt, oder unter dynamischen Gesichtspunkten, womit die Entstehung und Aufrechterhaltung der Strömung aufgrund der Wirkung von Volumen- und Oberflächenkräften an den einzelnen Fluidelementen betrachtet wird.

	Definition	

Unter der Strömung eines Fluides versteht man eine Situation, in der ein als Kontinuum zu betrachtendes Fluid ein Geschwindigkeitsfeld (Vektorfeld)

$$\vec{v}^* = \begin{pmatrix} u^*(x^*,\, y^*,\, z^*,\, t^*) \\ v^*(x^*,\, y^*,\, z^*,\, t^*) \\ w^*(x^*,\, y^*,\, z^*,\, t^*) \end{pmatrix}$$

aufweist, bei dem mindestens eine Komponente von Null verschieden ist. Ein solches Strömungsfeld kann unter kinematischen und dynamischen Gesichtspunkten näher charakterisiert werden.

Kinematische Betrachtung:

Wird im Strömungsfeld ein infinitesimal kleiner Bereich als sog. *Fluidelement* identifiziert, so kann dessen Bewegung in die drei Anteile

- Translation (enthält den Impuls)

- Starrkörperrotation (enthält den Drehimpuls)

- Deformation (enthält die Formänderung)

aufgespalten werden. Bezüglich dieser Aspekte können Strömungen näher charakterisiert werden.

Dynamische Betrachtung:

Strömungen entstehen durch Kräfte an den einzelnen Fluidelementen. Zwei Hauptformen sind

- erzwungene Strömungen (entstanden aufgrund von aufgeprägten Druckgradienten oder durch bewegte Wände)

- natürliche Strömungen (entstanden aufgrund von Temperatur- oder Konzentrationsunterschieden (Auftriebskräfte))

Physikalischer Hintergrund

Wenn Strömungen als bewegte Kontinuen betrachtet werden, ist zunächst offen, in welchen unabhängigen Variablen sie sinnvoll beschrieben werden können. In der sog. Lagrangeschen Beschreibung werden materielle Fluidelemente auf ihrem Weg durch die Strömung verfolgt. Die unabhängigen Variablen sind dann die ursprünglichen Positionen der einzelnen Fluidelemente und die Zeit.

Alternativ dazu wird in der sog. Eulerschen Beschreibung ganz anders vorgegangen. Unabhängige Variablen sind dabei die festen Orte des Strömungsfeldes und die Zeit. Es werden also keine „individuell" identifizierbaren Fluidelemente in der Strömung verfolgt, sondern ortsfeste Volumenelemente des Strömungsfeldes näher untersucht. Zu einem bestimmten Zeitpunkt t^* ist zwar ein „Eulersches Volumenelement" von einem „Lagrangeschen Fluidelement" besetzt, zu einem späteren Zeitpunkt $t^* + dt^*$ wird im Fall der Lagrangeschen Beschreibung aber das individuelle Fluidelement an seinem neuen Ort betrachtet, während bei der Eulerschen Beschreibung dasselbe Volumenelement jetzt durch ein „neues" Fluidelement besetzt ist. In beiden Fällen kann zu einem Zeitpunkt t^* deshalb die momentane Bewegung analysiert werden. Eine unterschiedliche Beschreibung ergibt sich aber bei der Veränderung mit der Zeit, also bei den Zeitableitungen (s. dazu auch das Stichwort BILANZGLEICHUNGEN, besonders unter BEACHTE).

Bezüglich der rein kinematischen Beschreibung des Strömungsfeldes zu einem Zeitpunkt t^* mit dem dann momentan vorliegenden Geschwindigkeitsfeld $\vec{v}^* = (u^*, v^*, w^*)$ ergibt sich folgende Situation, wenn als Fluid- bzw. Volumenelement ein infinitesimal kleines Kugelelement um den Punkt P im Strömungsfeld betrachtet wird.

Die momentane Bewegung des kugelförmigen Fluidelementes kann in drei Grundanteile der Bewegung aufgespalten werden, die jeweils mit dem Vektorfeld $\vec{v}^*$ in Zusammenhang gebracht werden können. In diesem Sinne setzt sich eine allgemeine Strömung additiv aus folgenden Grundelementen zusammen (s. dazu das nachfolgende Bild):

1) *Translation*: Dies ist eine einheitliche Bewegung des Fluidelementes mit der Geschwindigkeit $\vec{v}^*$ des Punktes P (Zentrum des Fluidelementes). Dieser Bewegungsanteil enthält den gesamten Impuls des Fluidelementes.

2) *Starrkörperrotation*: Dies ist eine einheitliche Drehbewegung des Fluidelementes mit der Winkelgeschwindigkeit $\frac{1}{2}$rot $\vec{v}^*$ um eine Achse durch den Punkt P. Der Vektor rot $\vec{v}^*$ wird in der Strömungsmechanik als sog. DREHUNG $\vec{\omega}^*$ eingeführt, so dass der lokale Wert der Drehung $\vec{\omega}^*$ der doppelten Winkelgeschwindigkeit der Drehbewegung entspricht. Dieser Bewegungsanteil enthält den gesamten Drehimpuls des Fluidelementes.

3) *Deformation*: Ein Fluidelement ist kein Starrkörper und unterliegt deshalb aufgrund der an ihm angreifenden Kräfte einer Verformung bzw. Deformation. Diese kann besonders einfach beschrieben werden, wenn ein besonderes Koordinatensystem gewählt wird, bei dem Verformungen reine Expansionen oder Kompressionen in Richtung der drei sog. Hauptachsen darstellen. Wenn das zur Zeit t^* kugelförmige Fluidelement den Radius ε^* besitzt, so verformt es sich in der Zeitspanne dt^* dann zu einem Ellipsoid mit den Halbachsen

$$\varepsilon^* \left(1 + \frac{du^{*\prime}}{dx^{*\prime}} dt^*\right), \ \varepsilon^* \left(1 + \frac{dv^{*\prime}}{dy^{*\prime}} dt^*\right), \ \varepsilon^* \left(1 + \frac{dw^{*\prime}}{dz^{*\prime}} dt^*\right)$$

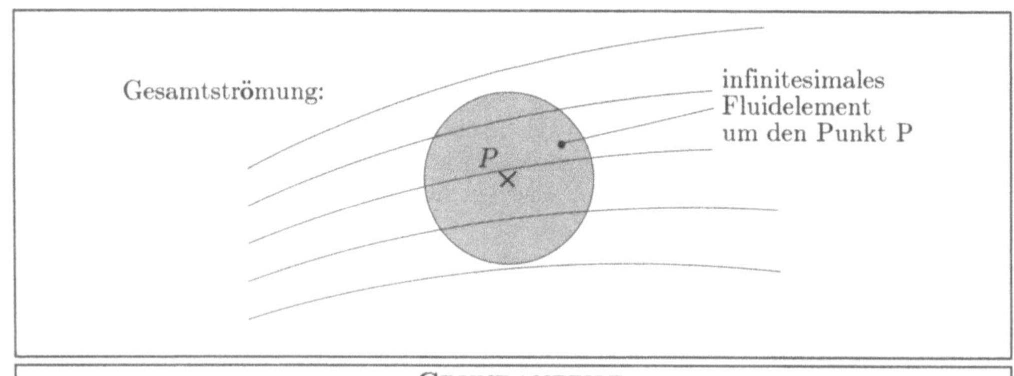

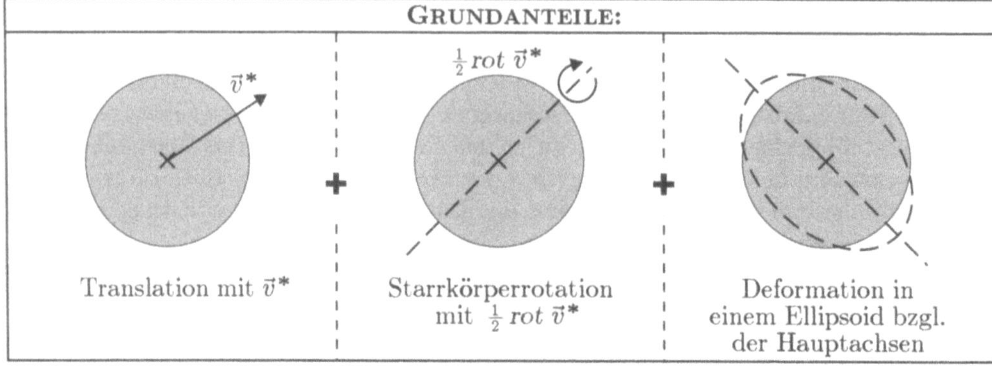

**Aufteilung der allgemeinen Bewegung eines Fluidelementes in
drei Grundanteile:
Translation, Starrkörperrotation und Deformation**

wobei $(x^{*\prime},\, y^{*\prime},\, z^{*\prime})$ und $(u^{*\prime},\, v^{*\prime},\, w^{*\prime})$ die Koordinaten und Geschwindigkeiten im transformierten System (Hauptachsen-System) sind; zu weiteren Details s. speziell Lighthill (1986).

ANWENDUNGEN UND BEISPIELE

Aufspaltung der ebenen Couette-Strömung in die drei Bewegungs-Grundanteile

Die ebene COUETTE-STRÖMUNG entsteht, wenn zwei parallele Wände (Abstand $2H^*$) in ihren eigenen Ebenen parallel zueinander bewegt werden. Befindet sich zwischen den Platten ein Fluid, so unterliegt dieses einer über den Querschnitt konstanten Schubspannung. Ein Newtonsches Fluid mit der dynamischen Viskosität η^* bildet dann im Fall einer laminaren Strömung ein lineares Geschwindigkeitsprofil aus. Der Geschwindigkeitsgradient ist $du^*/dy^* = \tau^*/\eta^*$, wenn u^* die wandparallele Geschwindigkeitskomponente und y^* die Koordinatenrichtung senkrecht zu den Wänden ist. Das nachfolgende Bild skizziert als Gesamtströmung einen Ausschnitt aus dieser Couette-Strömung.

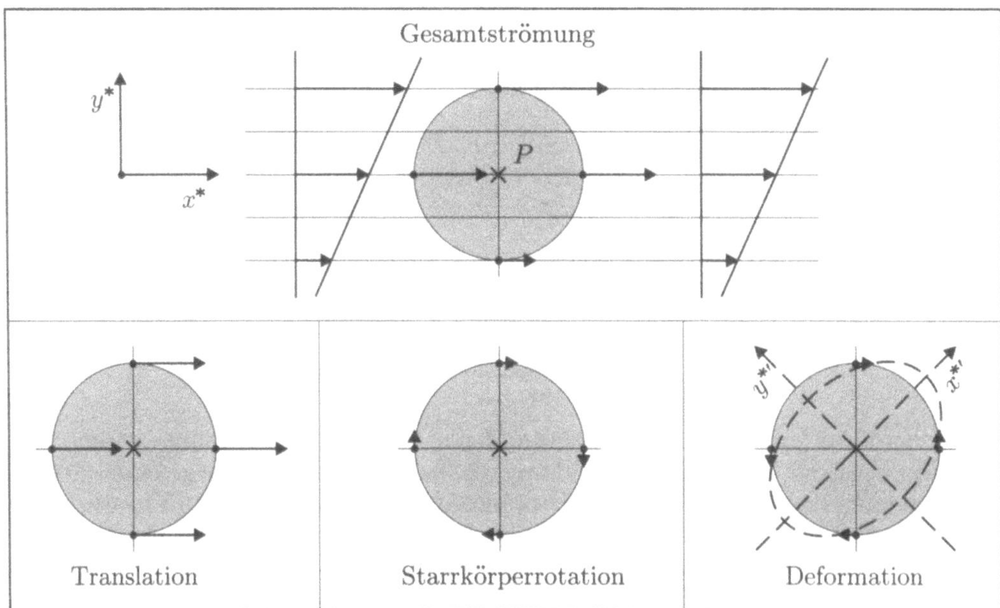

**Aufteilung der Couette-Strömung in die drei Grundanteile
Translation, Starrkörperrotation und Deformation**

Die Lage des Hauptachsen -Koordinatensystems entspricht in diesem Fall einer
Drehung um $\pi/4$ gegenüber dem x,y-System

Für ein kugelförmiges Fluidelement um einen willkürlich gewählten Punkt P in diesem
Strömungsfeld wird die Aufteilung in die drei Grundanteile der Strömung vorgenommen. Zur Veranschaulichung sind jeweils die Geschwindigkeiten von vier Randpunkten
eingezeichnet. Dabei wird deutlich, dass die drei Grundanteile jeweils zusammen betrachtet werden müssen, um die Gesamtströmung zu verstehen. So würde z.B. der Anteil
der Starrkörperrotation für sich genommen suggerieren, die Strömung hätte in gewissen
Punkten eine Geschwindigkeitskomponente in y-Richtung. Tatsächlich wird diese aber
vollständig durch entsprechende Geschwindigkeitsanteile der Deformation kompensiert,
was so auch sein muss, da die Couette-Strömung als Ganzes im gesamten Strömungsfeld
keine Geschwindigkeitskomponente in y-Richtung aufweist. Man erkennt unmittelbar,
dass der Drehimpuls vollständig im Starrkörperrotations-Anteil enthalten ist, da sich alle Drehimpulsanteile in den Translations- und Deformationsanteilen gegenseitig aufhoben
(Bei der Translation weisen die gegenüberliegenden, bei der Deformation die benachbarten Punkte jeweils Momente mit entgegengesetztem Vorzeichen auf !).

BEACHTE

❐ **Matrix/Tensordarstellung der Aufspaltung in Grundanteile:** Der Grundan-
teil „Translation" einer allgemeinen Strömung folgt aus dem Geschwindigkeitsvektor
$\vec{v}^*$ (im jeweils betrachteten Punkt P). Für die Anteile „Starrkörperrotation" und

„Deformation" sind Geschwindigkeits*gradienten* verantwortlich. Die insgesamt neun möglichen Geschwindigkeitsgradienten können in einer Gradientenmatrix (oder einem Gradiententensor) zusammengefaßt werden. In kartesischen Koordinaten ist dies die Matrix $\mathbf{A}$ mit

$$\mathbf{A} = \begin{pmatrix} \partial u^*/\partial x^* & \partial u^*/\partial y^* & \partial u^*/\partial z^* \\ \partial v^*/\partial x^* & \partial v^*/\partial y^* & \partial v^*/\partial z^* \\ \partial w^*/\partial x^* & \partial w^*/\partial y^* & \partial w^*/\partial z^* \end{pmatrix}$$

Jede beliebige Matrix $\mathbf{A}$ läßt sich nun wie folgt als Summe aus einer symmetrischen Matrix $\mathbf{E}$ und einer antimetrischen Matrix $\mathbf{B}$ darstellen.

$$\mathbf{A} = \underbrace{\frac{1}{2}\left(\mathbf{A} + \mathbf{A}^T\right)}_{\mathbf{E}} + \underbrace{\frac{1}{2}\left(\mathbf{A} - \mathbf{A}^T\right)}_{\mathbf{B}}$$

Dabei ist $\mathbf{A}^T$ die zu $\mathbf{A}$ transponierte Matrix, die durch Spiegelung an der Hauptachse entsteht. Die symmetrische Matrix $\mathbf{E}$ hat dieselbe Hauptdiagonale wie $\mathbf{A}$, die antimetrische Matrix hat auf der Hauptdiagonalen deshalb nur Null-Elemente. Nach dieser Aufteilung lässt sich die Deformation eindeutig mit der symmetrischen Matrix $\mathbf{E}$ in Verbindung bringen, die Starrkörperrotation mit der antimetrischen Matrix $\mathbf{B}$ (nähere Einzelheiten z.B. in Lighthill (1986)). Dies bedeutet insbesondere auch, dass die antimetrische Matrix $\mathbf{B}$ einer drehungsfreien Strömung die Null-Matrix sein muss!

◗ **Drehung/Winkelgeschwindigkeit:** Es ist üblich, in der Strömungsmechanik die Drehung (= rot $\vec{v}^*$) mit demselben Symbol $\vec{\omega}^*$ zu bezeichnen, mit dem in der Festkörpermechanik die Winkelgeschwindigkeit bei der Festkörperrotation gekennzeichnet wird. Dabei kann leicht der falsche Eindruck entstehen, beide Größen müssten identisch sein, d.h., ein Fluidpartikel mit der Drehung $\vec{\omega}^*$ würde sich mit der Winkelgeschwindigkeit $\vec{\omega}_W^* = \vec{\omega}^*$ drehen. Dass die tatsächliche Winkelgeschwindigkeit aber $\vec{\omega}_W^* = \vec{\omega}^*/2$ ist, zeigt, dass ein Fluidpartikel physikalisch keinen Festkörper darstellt, sondern einer ständigen Deformation unterliegt und damit nicht den Gesetzmäßigkeiten der Festkörperbewegung folgt.

◗ **Ausgebildete Durchströmung:** Bei der Durchströmung von Kanälen mit lauflängenunabhängigen Querschnitten (z.B. Kreis- oder Rechteckquerschitten) können nach entsprechend großen Lauflängen Geschwindigkeitsprofile auftreten, die sich mit der Lauflänge nicht mehr verändern und deshalb als sog. (*voll-*)*ausgebildete Strömungsprofile* bezeichnet werden. Die Abstände vom Eintrittsquerschnitt bis zu der Stelle, ab der Profiländerungen unter einer bestimmten Größe liegen, die als Kriterium für den ausgebildeten Zustand definiert wird, ist die sog. EINLAUFLÄNGE.

Für laminare Strömungen gilt stets, dass bei ausgebildeten Strömungen die Quergeschwindigkeitskomponenten Null sind. Bei turbulenten Strömungen gilt diese Aussage nur für einige ausgezeichnete Querschnitte, wie den Kreis- und den ebenen Kanalquerschnitt. Für alle anderen, wie z.B. einen Rechteckquerschnitt, treten auch bei ausgebildeten Strömungen Quergeschwindigkeiten auf, die dann allerdings für sich genommen wiederum lauflängenunabhängig sind. Diese zusätzlichen Querströmungen werden auch als Sekundärströmungen bezeichnet (s. die nachfolgenden Anmerkungen).

◗ **Sekundärströmungen:** Eine von der bisherigen Aufspaltung einer Strömung in Bewegungsanteile verschiedene Aufspaltung ergibt sich für Strömungen, die eine ausgeprägte Hauptströmungsrichtung, aber mehr als *eine* von Null verschiedene Geschwindigkeitskomponente besitzen. Diese Strömungen können in Primär- und Sekundärströmungen aufgespalten werden, indem die Geschwindigkeitsanteile in Ebenen quer zur Hauptströmungsrichtung als Sekundärströmungen gewertet werden. Eine solche Aufspaltung ist weitgehend willkürlich und stammt offensichtlich aus einer Zeit, in der dreidimensionale Strömungen nur in Ausnahmefällen berechnet und gemessen werden konnten. Sie kann aber das Gesamtbild der Strömung veranschaulichen. Bisweilen wird noch unterschieden nach

- Sekundärströmungen erster Art: Diese entstehen aufgrund von Druckgradienten quer zur Hauptströmungsrichtung, d.h. in Strömungen mit gekrümmten Stromlinien. Ein Beispiel sind Sekundärströmungen in Rohrkrümmern.

- Sekundärströmungen zweiter Art: Diese entstehen aufgrund von Gradienten in den turbulenten Reynoldschen Spannungen, die quer zur Hauptströmungsrichtung wirken und auch in ausgebildeten Strömungen zu Sekundärströmungen führen können. Ein Beispiel sind wirbelartige Querbewegungen in den Ecken von Strömungen durch gradlinige Kanäle mit einem Rechteckquerschnitt.

Insgesamt ist aber unbedingt zu bedenken, dass die „Abspaltung" von Sekundärströmungen aus einer insgesamt dreidimensionalen Strömung weitgehend willkürlich ist. Wenn Sekundärströmungen durch sog. *Sekundärstromlinien* veranschaulicht werden, die Tangenten an die Geschwindigkeitskomponenten in Ebenen senkrecht zur Hauptströmungsrichtung sind, so muss zusätzlich beachtet werden, dass dies auch bei stationären Stömungen niemals Bahnlinien sein können (wie dies für die „echten" dreidimensionalen Stromlinien zutrifft).

❐ **Drall (Drehimpuls, Impulsmoment):** Ein Fluidelement der Masse $dm^* = \varrho^* dV^*$ als Träger von Impuls $(\varrho^* \vec{v}^* dV^*)$ besitzt damit auch ein sog. *Impulsmoment* $(\varrho^* \vec{r}^* \times \vec{v}^* dV^*)$ in bezug auf einen (beliebig wählbaren) Ursprung, von dem aus der Ortsvektor $\vec{r}^*$ zählt. Neben der Bezeichnung *Impulsmoment* werden gleichwertig auch die Begriffe *Drall* und *Drehimpuls* verwendet.

Wird die Impuls-Erhaltungsgleichung vektoriell mit dem Ortsvektor $\vec{r}^*$ multipliziert, so entsteht die Vektor-Impulsmomentengleichung. Damit wird deutlich, dass neben dem Impuls auch das Impulsmoment eine Erhaltungsgröße ist. Zeitliche Änderungen des Impulsmomentes sind eine Folge von Momenten, die an den Fluidelementen angreifen (s. dazu auch das Stichwort ERHALTUNGSGLEICHUNGEN, dort unter BEACHTE/Drehimpuls-Erhaltungsgleichungen).

In integraler Form spielt die Impulsmomentengleichung bei Strömungsmaschinen (axial, radial) eine entscheidende Rolle (*Eulersche Turbinengleichung*).

WEITERFÜHRENDE LITERATUR

Panton, R. (1996): *Incompressible Flow*, John Wiley & Sons, New York

Lighthill, J. (1986): *An Informal Introduction to Theoretical Fluid Mechanics*, Clarendon Press, Oxford

Batchelor, G.K. (1967): *An Introduction to Fluid Dynamics*, Cambridge University Press, London

Strömungsmesstechnik
(flow measuring techniques)

BEDEUTUNG UND DEFINITION

Es handelt sich um einen nicht ganz klar definierten bzw. abgegrenzten Begriff, mit dem Verfahren und technische Ausführungen zur Messung strömungsmechanischer Größen gemeint sind. Dies umfasst primär die Bestimmung des Druckes und der Geschwindigkeit als Feldgrößen, sowie den Volumen- bzw. Massenstrom durch Rohre, Kanäle o.ä.

In einem erweiterten Sinne gehört dazu auch die Bestimmung spezieller Größen wie z.B. der Wandschubspannung oder des Turbulenzgrades in einer Strömung.

	Definition	

Unter dem Begriff *Strömungsmesstechnik* werden Verfahren und Vorrichtungen verstanden, mit deren Hilfe die grundlegenden strömungsmechanischen Größen

- Druck
- Geschwindigkeit
- Volumenstrom

mit einer angebbaren Genauigkeit gemessen werden können.

PHYSIKALISCHER HINTERGRUND

Im folgenden werden einzelne strömungsmechanische Größen auf dem Hintergrund messtechnischer Fragestellungen genauer betrachtet.

Druckmessung

Da es keine Möglichkeit gibt, den Druck im Inneren einer Strömung berührungslos zu messen, gelingt es zunächst nur, Drücke an begrenzenden Wänden zu bestimmen. Dazu wird über eine *Druckmessbohrung* in der Wand und eine anschließende *Druckmessleitung* die Druckinformation an ein *Druckmessgerät* geschickt und dort entsprechend verarbeitet und angezeigt.

Wenn der Druck im Inneren eines Strömungsfeldes interessiert, so muss mit einer Messsonde dort „eine Wand geschaffen" werden, an der dann der Druck auf die zuvor beschriebene Weise aufgenommen, weitergeleitet und verarbeitet werden kann. Dies bedingt aber naturgemäß eine Störung in der Strömung, die man lediglich so gering wie möglich halten, aber nicht vermeiden kann. Folgende allgemeine Aspekte sind bzgl. der „Messkette" zu beachten.

Druckmessbohrung:

Diese werden von der Strömung tangential überströmt. Durch sorgfältige Herstellung sollten unnötige Rauheiten bzw. Gratbildungen vermieden werden. Die Form der Bohrlöcher entscheidet über kleinräumige Strömungen in der Bohrung, die zu Fehlern führen können, s. dazu z.B. Wuest (1969).

Druckmessleitung:

Die Form und Länge von Druckmessleitungen ist von entscheidender Bedeutung für die sog. Ansprechzeit eines Druckmesssystems. Diese Ansprechzeit ist definiert als Zeit, innerhalb derer eine Druckerhöhung zu 99 % angezeigt wird. Für die Zeitverzögerung ist bei Gasströmungen der in der Messleitung herrschende Strömungswiderstand entscheidend. Dieser erhält eine Bedeutung, weil sich in der Ansprechzeit die in der Druckmessleitung enthaltene Masse verändert und deshalb dort entsprechende Strömungen auftreten.

Insbesondere bei instationären Druckmessungen ist die Ansprechzeit von Druckmesssystemen naturgemäß von großer Bedeutung. Sie muss deutlich kleiner als eine charakteristische Zeitkonstante der Instationarität sein, um diese aufzulösen.

Wegen der stets relativ langen Ansprechzeiten gelingt es bei turbulenten Strömungen auch nicht, die Schwankungsgröße des Druckes aufzunehmen, die in turbulenten Zusatztermen auftreten kann. Dazu käme allerdings auch die Problematik, dass diese so gemessen werden müsste, dass gleichzeitig am selben Ort die (ungestörten) Geschwindigkeitsschwankungen gemessen werden könnten.

Unter dem Stichwort DRUCK, dort unter ANWENDUNGEN UND BEISPIELE, sind zwei Druckmesssonden näher beschrieben, mit denen der Druck und der Staudruck in einer Strömung bestimmt werden können.

Geschwindigkeitsmessungen

Da Geschwindigkeiten in Strömungen eine fundamentale Größe darstellen, ist die Messtechnik auf diesem Gebiet weit entwickelt. Grundsätzlich kann nach berührungsbehafteten (Sondenmessungen) und berührungsfreien (optische Methoden) unterschieden werden.

Sondenmessungen:

Zwei typische Sonden für Geschwindigkeitsmessungen sind die Prandtl-Sonde und die Hitzdrahtsonde.

Die Prandtl-Sonde bestimmt aus der gleichzeitigen Messung von Druck und Staudruck die Geschwindigkeit. Bei turbulenten Strömungen handelt es sich dabei um eine durch die Trägheit des Systems zeitgemittelte Geschwindigkeit. Die genaue Funktionsweise ist unter dem Stichwort DRUCK, dort unter ANWENDUNGEN UND BEISPIELE beschrieben.

Hitzdraht-Messsonden arbeiten nach folgendem Prinzip: In einem stromdurchflossenen elektrischen Leiter entsteht aufgrund seines elektrischen Widerstandes innere Energie, weil elektrische Energie dissipiert wird. Diese innere Energie kann im Leiter gespeichert werden (was dann zu einer entsprechenden Temperaturerhöhung führt) oder in Form eines Wärmestromes an die Umgebung abgegeben werden. Im stationären Fall wird sich der Leiter soweit erwärmen, dass die treibende Temperaturdifferenz gegenüber der Umgebung ausreicht, die weiterhin anfallende innere Energie in Form eines Wärmestromes „nach außen" abzugeben.

Der Wärmeübergang im Sinne der Frage, welche Temperaturdifferenz welchen Wärmestrom ergibt, hängt nun sehr stark von der Geschwindigkeit ab, mit der der elektrische Leiter umströmt wird (es liegt ein sog. konvektiver Wärmeübergang vor). Diesen Zusammenhang nutzt man in einem Kalibriervorgang aus, um eine Beziehung zwischen der elektrischen Spannung am Leiter und der Geschwindigkeit mit der dieser überströmt wird, herzustellen.

Als elektrische Leiter werden extrem dünne Drähte von einer Länge im mm-Bereich und einem Durchmesser im μm-Bereich verwendet. Dies stellt sicher, dass die Strömung nur wenig gestört wird und dass die Zeitkonstanten der Messung sehr klein sind. Auf diese Weise gelingt es sogar, die turbulenten Geschwindigkeitsschwankungen bis in den Kilohertz-Bereich aufzulösen.

Optische Messmethoden:

Mit optischen, d.h. berührungsfreien Messmethoden kann ein Strömungsfeld vermessen werden, ohne dass es dabei (nennenswert) beeinflusst wird. Dazu werden der Strömung geringe Mengen extrem kleiner Partikel (Durchmesser im μm-Bereich) zugesetzt, deren Geschwindigkeiten anschließend bestimmt werden. Geht man von einer vernachlässigbaren Relativbewegung zwischen der Strömung und den eingebrachten Partikeln (Schlupf) aus, so kann die Partikelgeschwindigkeit mit der Strömungsgeschwindigkeit an dem jeweiligen Ort und zu der jeweiligen Zeit identifiziert werden.

Auf diese Weise gelingt es auch, neben den zeitgemittelten Geschwindigkeiten die momentanen Schwankungsbewegungen turbulenter Strömungen zu messen und daraus die statistischen Mittelwerte (wie z.B. den TURBULENZGRAD oder Komponenten des REYNOLDSSCHEN SPANNUNGSTENSORS) zu bestimmen.

Bei diesen Messverfahren wird Laserlicht eingesetzt, da dieses als monochromatisches Licht geeignet ist, in einer Überlagerung Interferenzstreifen zu erzeugen. Bewegen sich Partikel durch ein solches Interferenzstreifenmuster, so senden sie Streulicht aus, dessen hell/dunkel-Information verarbeitet werden kann, um daraus auf die Partikelgeschwindigkeit zu schließen.

Neben diesem sog. Laser-Doppler-Verfahren (LDA: Laser Doppler Anemometry), das lokale Messungen in einem sehr kleinen Messvolumen gestattet, gewinnt die sog. PIV-Methode (PIV: Particle Image Velocimetry) zusehends an Bedeutung. Bei dieser Methode wird ein Laserstrahl optisch zu einer Fläche aufgeweitet. Mit einer CCD-Kamera wird eine erste Aufnahme gemacht, auf der in der Fläche eine große Anzahl von Partikeln als Lichtpunkte identifiziert werden können. Kurz darauf wird dann eine zweite Aufnahme angefertigt. Im Vergleich beider Aufnahmen wird anschließend eine Zuordnung von Lichtpunkten gesucht, die jeweils von demselben Partikel ausgegangen sind. Aus der Lichtpunktverschiebung und der Zeit zwischen den Aufnahmen kann dann auf die Geschwindigkeitskomponenten in der Aufnahmeebene geschlossen werden. Damit gelingt es, einen ebenen Schnitt durch das dreidimensionale Geschwindigkeitsfeld aufzunehmen und nicht nur die Geschwindigkeit in einem Punkt (wie bei der LDA-Methode).

Volumenstrommessungen

In Rohren oder Kanälen interessiert die strömende „Fluidmenge" in Form des Massenstromes bzw. bei bekannter Dichte in Form des Volumenstromes.

Unterschiedlichste Messmethoden nutzen dabei einen monoton verlaufenden Zusammenhang zwischen dem Volumenstrom in einem bestimmten (Mess-)bauteil und einer anderen Größe, häufig dem Druck bzw. einer Druckdifferenz, aus. Über einen Kalibriervorgang wird dieser häufig sehr komplexe Zusammenhang für die speziell vorliegende Situation bestimmt.

Im nachfolgendem Abschnitt sind zwei Beispiele für Volumenstrommessungen näher beschrieben. Ansonsten sei auf die weiterführende Literatur verwiesen.

ANWENDUNGEN UND BEISPIELE

Volumenstrommessung durch Einbauten in Rohren

Um den Volumenstrom in einer Rohrströmung zu messen, kann der Zusammenhang zwischen der mittleren Strömungsgeschwindigkeit und einer in der Strömung entstehenden Druckdifferenz ausgenutzt werden.

Ein solcher Zusammenhang ist z.B. das Widerstandsgesetz der ausgebildeten Rohrströmung, s. dazu das Stichwort WIDERSTANDSZAHL, dort unter ANWENDUNGEN UND BEISPIELE. Um zu nennenswerten Druckdifferenzen zu gelangen, muss allerdings ein relativ langes Rohrstück zur Verfügung stehen, in dem eine ausgebildete Strömung vorliegt. Über diese Länge hinweg kann der Druckunterschied gemessen werden und daraus dann unter Verwendung des Widerstandsgesetzes der Volumen- bzw. Massenstrom ermittelt werden.

Alternativ dazu kann man aber durch Einbauten nennenswerte Druckunterschiede auf kurzen Lauflängen erzeugen und dann unmittelbar auf den Volumen- bzw. Massenstrom schließen. Zwei solche Möglichkeiten sind:

• Venturi-Rohr:

In der im nachfolgenden Bild gezeigten Anordnung wird auf kurzen Lauflängen ein Wechselspiel zwischen der kinetischen Energie und der Verschiebearbeit in einer Strömung realisiert, ohne dass es dabei zu nennenswerten Verlusten kommt. In erster Näherung gilt deshalb zwischen den Querschnitten ① und ② die BERNOULLI GLEICHUNG in der Form

$$\frac{p_2^*}{\varrho^*} + \frac{1}{2}u_{s2}^{*2} = \frac{p_1^*}{\varrho^*} + \frac{1}{2}u_{s1}^{*2}$$

Zusammen mit der Kontinuitätsgleichung (inkompressible Strömung, $\varrho^* = \text{const}$) $u_{s1}^* A_1^* = u_{s2}^* A_2^*$ folgt daraus durch elementare Umformungen der Volumenstrom

$$\dot{V}^* = \frac{A_1^* A_2^*}{\sqrt{A_1^{*2} - A_2^{*2}}} \sqrt{\frac{2(p_1^* - p_2^*)}{\varrho^*}}$$

Neben der Geometrie (A_1^*, A_2^*) und der Dichte des Fluides geht als entscheidende Messgröße also die Druckdifferenz zwischen den Querschnitten ein. Angaben über Norm-Venturi-Rohre findet man in der DIN 1952.

• Messblende:

Während das Venturi-Rohr (weitgehend) verlustfrei durchströmt wird, nutzt man bei der Anordnung der Messblende die Strömungsverluste an einem Widerstand (WIDERSTANDSZAHL ζ) aus, um den damit verbundenen Druckverlust als Maß für den Volumenstrom zu nehmen.

Für den Druckverlust bei turbulenten Strömungen gilt

$$p_1^* - p_2^* = \zeta \frac{\varrho^*}{2} u_s^{*2}$$

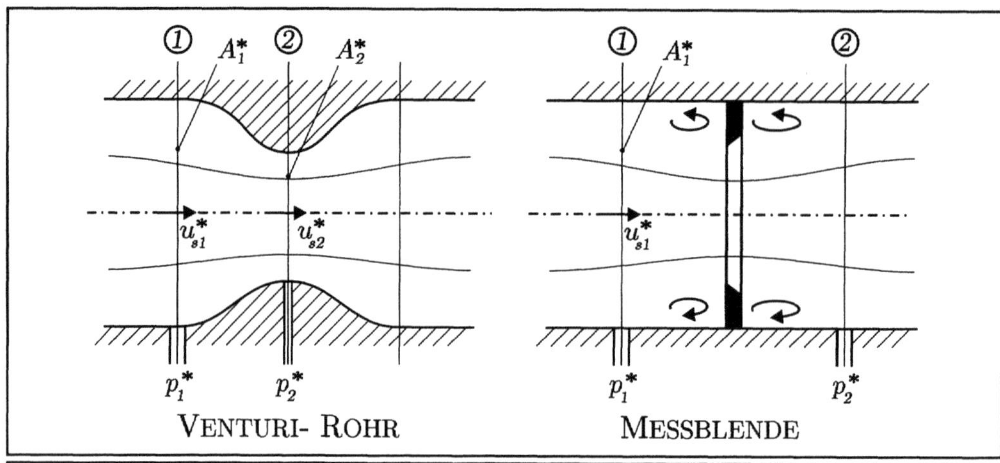

Messung des Volumenstromes

so dass für den Volumenstrom $\dot{V}^* = u_{s1}^* A_1^*$ folgt

$$\dot{V}^* = A_1^* \sqrt{\frac{2(p_1^* - p_2^*)}{\zeta \varrho^*}}$$

Angaben über Normblenden findet man ebenfalls in der DIN 1952. Eine Blendenmessung ist zwar anders als eine Messung mit dem Venturi-Rohr verlustbehaftet, sie besitzt aber den Vorteil größerer Genauigkeit und höherer „Robustheit" (unabhängig von Druck- und Temperaturschwankungen).

BEACHTE

◻ **Messgenauigkeit/Fehlerbetrachtung:** Zu jeder seriösen Messung gehört eine Fehlerabschätzung, um das Ergebnis verlässlich interpretieren zu können. Die Unterscheidung nach systematischen und zufälligen Fehlern weist dabei den Weg, welche Fehler prinzipiell korrigiert, und welche Fehler durch eine mehrmalige Wiederholung der Messung minimiert werden können. Für Details sei auf die angegebene Literatur verwiesen.

WEITERFÜHRENDE LITERATUR

Baker, R.C. (2000): *Flow Measurement Handbook*, Cambridge University Press, Cambridge, UK

Tränkler, H.-R., Obermeier, E. (Hrsg.) (1998): *Sensortechnik*, Springer-Verlag, Berlin, Heidelberg, New York

Johnson, R.W. (ed) (1998): *The Handbook of Fluid Dynamics*, Chapter V: Experimental Methods in Fluid Mechanics, CRC Press, Boca Raton

Eckelmann, H. (1997): *Einführung in die Strömungsmesstechnik*, Teubner-Verlag, Stuttgart

Nitsche, W. (1994): *Strömungsmesstechnik*, Springer-Verlag, Berlin, Heidelberg, New York

Fiedler, O. (1992): *Strömungs- und Durchflussmesstechnik*, Oldenbourg-Verlag, München

DIN 1952 (1982): *Durchflussmessung mit Blenden, Düsen und Venturidüsen in voll durchströmten Rohren mit Kreisquerschnitt*, Beuth-Verlag, Berlin

Wuest, W. (1969): *Strömungsmesstechnik*, Vieweg Verlag, Braunschweig

• speziell zu Geschwindigkeitsmessungen:

Albrecht, H.-E.; Borys, M.; Damaschke, N.; Tropea, C. (2003): *Laser Doppler and Phase Doppler Measurement Techniques*, Springer-Verlag, Berlin, Heidelberg, New York

Raffel, M.; Willert, C.; Kompenhans, J. (1998): *Particle Image Velocimetry*, Springer-Verlag, Berlin, Heidelberg, New York

Brunn, H.H. (1995): *Hot-Wire Anemometry*, Oxford University Press, Oxford, U.K.

• speziell zu Fehlerbetrachtungen:

Hart, H.; Lotze, W.; Goschni, E.G. (1997): *Messgenauigkeit*, Oldenbourgh-Verlag, München

Kinghorn, F. C. (1982): *The analysis and assessment of data*, in: Developments in Flow Measurement - 1, Scott, R., W., W. (Hrsg.), 307-326, Applied Sciences Publ., London

Strouhal-Zahl Sr
(Strouhal number Sr)

BEDEUTUNG UND DEFINITION

Es handelt sich um eine dimensionslose Kennzahl, die bei der DIMENSIONSANALYSE instationärer Strömungen mit vollständig oder teilweise periodischem Verhalten entsteht. Sie kann auch als dimensionslose Frequenz der periodischen Veränderung bestimmter Strömungsgrößen aufgefasst werden.

	Definition	
$$\mathrm{Sr} = \frac{f^* L_B^*}{u_B^*}$$		
Sr	Strouhal-Zahl	-
f^*	Frequenz im Strömungsfeld	1/s
L_B^*	charakteristische Länge (Bezugslänge)	m
u_B^*	charakteristische Geschwindigkeit (Bezugsgeschwindigkeit)	m/s

PHYSIKALISCHER HINTERGRUND

In bestimmten Strömungen treten großräumige und relativ niederfrequente periodische Veränderungen von Strömungsgrößen (Geschwindigkeit, Druck, etc) auf, ohne dass diese durch periodisch veränderliche Randbedingungen erzwungen werden. Anders als bei der Turbulenz, die ebenfalls durch eine Instationarität gekennzeichnet ist, die nicht durch periodische Randbedingungen erzeugt wird, ist hiermit aber eine großräumige Bewegung gemeint, die eine diskrete Frequenz f^* besitzt. Solche Strömungen können durchaus turbulent sein. Dann ist die durch ein kontinuierliches Frequenzspektrum gekennzeichnete turbulente Bewegung der periodischen Bewegung mit der diskreten Frequenz f^* überlagert. Beispiele sind:

- Alternierende Strömungsablösung hinter prismatischen Körpern ($\rightarrow$ Karmansche Wirbelstraße, s. unter ANWENDUNGEN UND BEISPIELE).

- Flip-flop Fluidikelemente; dies sind symmetrische Rohrverzweigungen mit einer Druckleitung zwischen den Zweigen. Die Strömung alterniert zwischen den beiden Ausströmöffnungen der Verzweigung, s. dazu z.B. Viets (1975).

- Präzessierende Düsenströmungen; dabei führt eine spezielle Düsenform dazu, dass ein runder Freistrahl mit einer festen Frequenz an der Wand eines Hüllrohres „entlangläuft" (präzessiert), s. dazu z.B. Göppert et al. (2003).

- Langwellige Instabilitäten freier Scherschichten ($\rightarrow$ HELMHOLTZ-INSTABILITÄT).

Bei allen diesen Strömungen tritt eine diskrete Frequenz als charakteristischer Wert zur Kennzeichnung des (instationären) Strömungsfeldes auf. Von welchen Parametern diese Frequenz bei einem bestimmten Strömungstyp (z.B. bei einem der vier zuvor genannten Strömungen) abhängt, kann systematisch mit dimensionsanalytischen Überlegungen untersucht werden. Dies führt auf eine Darstellung in Form von dimensionslosen Parametern des Problems (den sog. *Kennzahlen*, s. dazu das Stichwort DIMENSIONSANALYSE). Eine dieser Kennzahlen ist die Strouhal-Zahl Sr.

Bei erzwungener Konvektion, die auch bei den vier genannten Beispielen vorliegt, tritt häufig neben der Strouhal-Zahl nur noch eine weitere Kennzahl auf, die Reynolds-Zahl Re. Der allgemeine Zusammenhang für solche Strömungen lautet dann

$$\mathrm{Sr} = \mathrm{Sr}(\mathrm{Re})$$

wobei die Art der Reynolds-Zahl-Abhängigkeit von Sr nur aus der Lösung des Problems bzw. aus dem Experiment folgen kann und nicht etwa aus dimensionsanalytischen Überlegungen.

Oftmals treten in diesem Zusammenhang Reynolds-Zahl-Bereiche auf, in denen die Strouhal-Zahl einen konstanten Wert annimmt, also unabhängig von der Reynolds-Zahl ein fester Zahlenwert ist, der die Instationarität der Strömung durch die Frequenz $f^* = \mathrm{Sr}\, u_B^*/L_B^*$ kennzeichnet. Die Wahl der Größen u_B^* und L_B^* in einem konkreten Fall unterliegt wie stets bei dimensionslosen Formulierungen einer gewissen Willkür. Die Forderung, dass es sich dabei um charakteristische Größen im Zusammenhang mit der Erzeugung der instationären Strömung handeln muss, führt in den meisten Fällen jedoch zu einer sinnvollen und naheliegenden Wahl von u_B^* und L_B^*.

ANWENDUNGEN UND BEISPIELE

1. Wirbelablösung am ebenen Kreiszylinder; Karmansche Wirbelstraße

Das nachfolgende Bild zeigt die gemessenen Werte der Strouhal-Zahl in Abhängigkeit von der Reynolds-Zahl. Im markierten Reynolds-Zahl-Bereich von etwa $80 < \mathrm{Re} < 5000$ kommt es zu einer regelmäßigen Wirbelablösung auf der stromabwärtigen Seite des Kreiszylinders, wobei diese in alternierender Folge an beiden Seiten des Kreiszylinders auftritt. Die abgelösten Wirbel werden stromabwärts transportiert und bilden eine bahnartige Wirbelstruktur, die *Karmansche Wirbelstraße* genannt wird. Bei höheren Reynolds-Zahlen wird diese Struktur stark durch Instationaritäten und Turbulenz überlagert, in bestimmten Bereichen kann aber weiterhin eine dominierende Frequenz gefunden werden.

Oberhalb der kritischen Reynolds-Zahl der Kreiszylinderströmung, d.h. für $\mathrm{Re} > 5 \cdot 10^5$ (überkritische Strömung), liegt ein deutlich schmaleres Ablösegebiet vor, weil die Wandgrenzschichten am Kreiszylinder erst als turbulente Grenzschichten ablösen, s. dazu das Stichwort WIDERSTAND unter ANWENDUNGEN UND BEISPIELE (2. Beispiel). Wenn nun die diskrete Frequenz als Folge der Wechselwirkung von gegenüberliegenden Scherschichten (am Rand des Nachlaufes) interpretiert wird, so sind bei überkritischer Strömung höhere Frequenzen als bei unterkritischer Strömung zu erwarten, weil die Scherschichten dort einen geringeren Abstand voneinander haben. Die Strouhal-Zahl von etwa 0,27 im überkritischen Fall und ca. 0,21 für unterkritische Strömungen bestätigen diese Vorstellung.

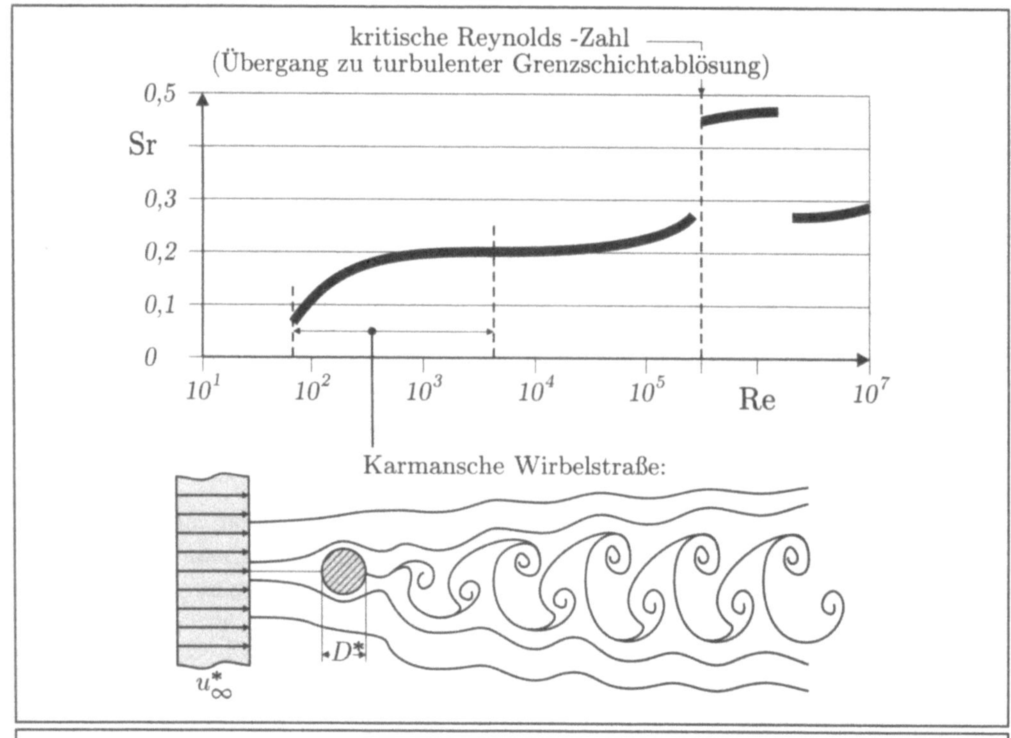

Strouhal -Zahlen am ebenen Kreiszylinder
Karmansche Wirbelstraße

Daten aus Schlichting, Gersten (1997)

$$\mathrm{Sr} = \frac{f^* D^*}{u_\infty^*} \; ; \; \mathrm{Re} = \frac{\varrho^* u_\infty^* D^*}{\eta^*}$$

2. „Singende Drähte"

Die im vorigen Beispiel erläuterte physikalische Situation tritt im Alltag in Form von sog. „singenden" Telefondrähten oder an Hochspannungsleitungen auf, wenn entsprechende Windverhältnisse herrschen.

Unterstellt man, dass die Drähte bzw. Leitungen (anzusehen als ebene Kreiszylinder) vom Wind mit einer konstanten Geschwindigkeit u_∞^* angeströmt werden, so gilt unter der (vorläufigen) Annahme, dass Sr den konstanten Wert Sr $= 0{,}21$ besitzt:

a) Für Telefondrähte mit einem Durchmesser $D^* = L_B^* = 2\,\mathrm{mm}$ bei $u_\infty^* = 10\,\mathrm{m/s}$:

$$f^* = \mathrm{Sr}\, u_\infty^*/D^* = 1\,050\,\mathrm{Hz}$$

b) Für Hochspannungsleitungen mit einem Durchmesser $D^* = L_B^* = 10\,\mathrm{mm}$ bei $u_\infty^* = 20\,\mathrm{m/s}$:

$$f^* = \mathrm{Sr}\, u_\infty^*/D^* = 420\,\mathrm{Hz}$$

Mit diesen Frequenzen werden schwache Druckwellen im Strömungsfeld erzeugt, die als entsprechende Töne wahrgenommen werden. Im Fall b) liegt dabei nahezu der sog. „Kammerton a" (440 Hz) vor.

Die zugehörigen Reynoldszahlen sind 1 330 bzw. 13 300 und rechtfertigen damit die Annahme Sr = 0,21, wie im vorigen Beispiel gezeigt wurde.

3. Periodische Wirbelablösung als Geschwindigkeits-Messprinzip

Die Geschwindigkeit in einer ebenen Strömung kann aus der als bekannt vorausgesetzten Strouhal-Zahl eines prismatischen Messkörpers bestimmt werden, indem die Ablösefrequenz f^* durch entsprechende Messaufnehmer im Nachlauf bestimmt wird.

Dann gilt $u_\infty^* = f^* L_B^*/\mathrm{Sr}$. Besonders geeignet sind dabei Körper mit definierten „Abrisskanten", wie z.B. Dreiecksformen, die symmetrisch mit einer Seitenfläche senkrecht zur Anströmung positioniert werden. Für diese Körper kann von einer konstanten Strouhal-Zahl ausgegangen werden, die im Sinne einer Kalibrierung einmal zu bestimmen ist. Selbst eine geringe Reynolds-Zahl-Abhängigkeit der Strouhal-Zahl könnte mit Hilfe einer iterativen Bestimmung von u_∞^* aus $u_\infty^* = f^* L_B^*/\mathrm{Sr}(u_\infty^* L^*/\nu^*)$ Berücksichtigung finden. Für weitere Einzelheiten s. Baker (2000) und Takahashi, Itoh (1993).

BEACHTE

□ **Kugelumströmung:** Auch die Strömungsablösung an einer Kugel ist durch das Auftreten einer identifizierbaren Frequenz gekennzeichnet. Diese ist jedoch bzgl. ihrer Amplitude nicht so ausgeprägt wie im ebenen Fall und darüber hinaus nur für eine unterkritische Anströmung (d.h. für $\mathrm{Re} \leq 3 \cdot 10^5$) nachweisbar. Über weite Reynolds-Zahl-Bereiche gilt für die Strouhal-Zahl $\mathrm{Sr} = f^* D^*/u_\infty^*$ der Wert 0,19 .

□ **Akustik:** Bei der dimensionslosen Formulierung akustischer Probleme spielt die Strouhal-Zahl neben der Helmholtz-Zahl $\mathrm{He} = L_B^*/\lambda^*$ (λ^* : Wellenlänge) im Zusammenhang mit der Schallerzeugung eine Rolle. Bei strömungsakustischen Fragen treten zusätzlich die Reynolds- und die Mach-Zahl auf.

□ **Andere Bezeichnungen:** Anstelle von Sr wird für die Strouhal-Zahl oftmals auch St, Str oder nur S verwendet.

WEITERFÜHRENDE LITERATUR

Göppert, S.; Gürtler, T.; Mocikat, H.; Herwig, H. (2004): *Heat Transfer under a Precessing Jet, Effects of Unsteady Jet Impingement*, Int. J. Heat Mass Transfer **47**, 2795-2806

Baker, R.C. (2000): *Flow Measurement Handbook*, Cambridge University Press, Cambridge

Takahashi, S.; Itoh, I. (1993): *Intelligent vortex flowmeter*, FLOMEKO '93 Proc. 6th. Int. Conf. on Flow Measurement, Korea, 313 - 319

Viets, H. (1975): *Flip-flop jet nozzles*, AIAA Journal **33**, 1375 - 1379

Taylor-Couette Instabilität
(Taylor Couette instability)

Siehe dazu die Stichwörter STABILITÄT und COUETTE-STRÖMUNG, dort unter BEACHTE

Taylor-Hypothese
(Taylor hypothesis)

Siehe dazu das Stichwort TURBULENZ, dort unter BEACHTE

Toricellische Ausflussformel
(Torricelli formula)

Siehe dazu das Stichwort BERNOULLI GLEICHUNG, dort unter ANWENDUNGEN UND BEI-SPIELE

Transition
(transition)

Siehe dazu das Stichwort STABILITÄT

Transsonische Strömung
(transsonic flow)

Siehe dazu das Stichwort KOMPRESSIBLE STRÖMUNG, dort unter PHYSIKALISCHER HINTERGRUND

Trennungsschicht
(mixing layer)

Siehe dazu das Stichwort GRENZSCHICHT, dort unter BEACHTE

Turbulente Prandtl-Zahl
(turbulent Prandtl number)

Siehe dazu das Stichwort PRANDTL-ZAHL, dort unter BEACHTE

Turbulenz
(turbulence)

BEDEUTUNG UND DEFINITION

Es handelt sich um ein grundlegendes Phänomen der Strömungsmechanik, das oberhalb bestimmter sog. kritischer Reynolds-Zahlen das Erscheinungsbild von Strömungen entscheidend prägt. Turbulente Strömungen gehen aus wohlgeordneten laminaren Strömungen hervor, in denen kleine Störungen nicht mehr gedämpft werden (können). Dieser Übergang wird TRANSITION genannt und erreicht in seinem Endstadium den turbulenten Strömungszustand.

Gerade wegen der vielfältigen Erscheinungsformen und großen Bedeutung von Turbulenz ist eine klare verbindliche Definition von turbulenten Strömungen äußerst wünschenswert, leider aber nicht ohne weiteres möglich. In der nachfolgenden Definitionsbox kann im Sinne einer Annäherung an eine eindeutige Definition lediglich ein „Turbulenzsyndrom" formuliert werden, das in zehn Punkten wichtige Merkmale turbulenter Strömungen zusammenfasst. Diese Auffassung deckt sich mit Aussagen neuerer Literatur zu turbulenten Strömungen, wie etwa „In fact, it is difficult to give a watertight definition of turbulence, ... It would certainly help in the systematic study of turbulence if there were a complete and succinct definition of a turbulent flow, but no fully satisfactory one has been found to date ..." (zitiert aus Mathieu, Scott (2000)).

	Definition	

Folgende zehn Aspekte charakterisieren eine *turbulente* Strömung im Sinne eines *Turbulenzsyndroms* (nähere Erläuterungen unter PHYSIKALISCHER HINTERGRUND):

Turbulente Strömungen

- weisen *weitgehend nicht vorhersagbare Schwankungen* der Geschwindigkeit und des Druckes im Raum und in der Zeit auf. Diese führen zu einer gegenüber dem laminaren Fall extrem verstärkten „Diffusivität". (1)

- sind *Kontinuumsströmungen.* (2)

- sind experimentell im Detail *nicht reproduzierbar*, wohl aber in ihren statistischen Eigenschaften. (3)

- zeigen bezüglich der Geschwindigkeits- und Druckschwankungen an benachbarten Orten und zu aufeinanderfolgenden Zeiten eine mit steigendem Abstand und größeren Zeitdifferenzen abnehmende *Korrelation* dieser Größen. (4)

- besitzen ein kontinuierliches aber begrenztes *Spektrum von Längen- und Zeitskalen* der Schwankungsbewegungen. (5)

- sind bezüglich der Schwankungsbewegung stets *dreidimensional.* (6)

- sind bezüglich der Schwankungsbewegung stets *drehungsbehaftet.* (7)

- sind durch eine *Energiekaskade* gekennzeichnet, bei der kinetische Energie zu kleineren Skalen „wandert" und bei den kleinsten Skalen dissipiert. (8)

- sind ein Phänomen großer Reynolds-Zahlen und besitzen für Re $\to \infty$ eine *asymptotische Struktur* der Turbulenz. (9)

- weisen eine Reihe von physikalischen Eigenschaften auf, die für große Reynolds-Zahlen (Re $\to \infty$) *unabhängig von der Reynolds-Zahl* werden. (10)

Physikalischer Hintergrund

Die zehn Aspekte des zuvor aufgeführten Turbulenzsyndroms sollen im folgenden nacheinander erläutert werden und damit eine Vorstellung von den wichtigen Besonderheiten einer turbulenten Strömung gegenüber einer (u.U. hochgradig instationären) laminaren Strömung geben.

Zu (1) / weitgehend nicht vorhersagbare Schwankungen: Das nachfolgende Bild zeigt ein typisches Messsignal einer Geschwindigkeitskomponente u^* an einem festen Ort $\vec{x}^*$ in einer turbulenten Strömung, wie es z.B. als Signal einer Hitzdrahtmessung entsteht (zu Hitzdrahtmessungen s. STRÖMUNGSMESSTECHNIK, dort unter PHYSIKALISCHER HINTERGRUND/Geschwindigkeitsmessung). Ein qualitativ ähnliches Signal würde entstehen, wenn statt $u^*(t^*)$ bei $\vec{x}^* = $ const die Geschwindigkeitskomponente $u^*(x_1^*)$ bei $t^* = $ const (und $x_2^*, x_3^* = $ const) also eine Geschwindigkeit zu einer bestimmten Zeit aber an benachbarten Orten längs der Koordinate x_1^* aufgenommen würde (was allerdings messtechnisch ungleich aufwendiger wäre).

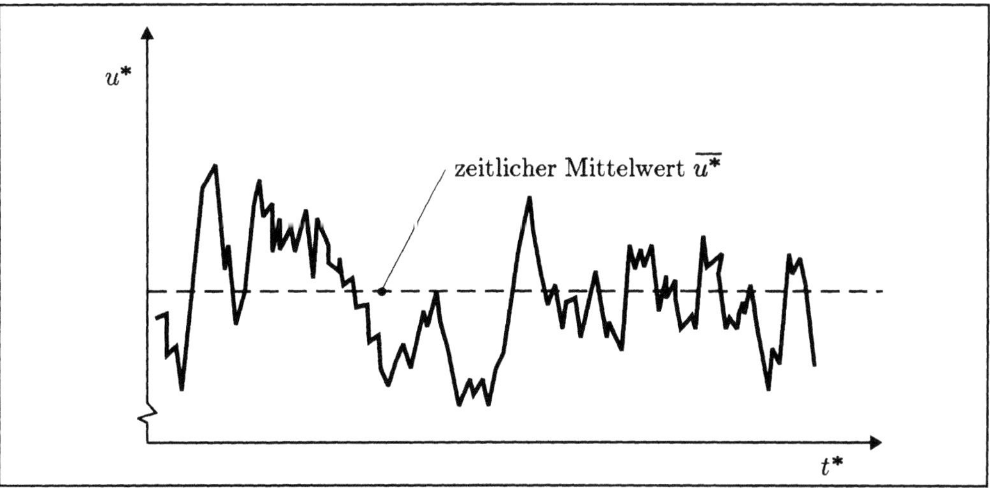

Typisches Geschwindigkeits/Zeit-Signal einer turbulenten Strömung, aufgenommen an einem festen Ort

Die Schwankungen in der Geschwindigkeit, die statistisch als Schwankungen um einen Mittelwert angesehen werden können, sind nicht vorhersagbar, aber auch nicht in einem Gauss'schen Sinne zufällig (d.h., sie gehorchen nicht einer Gauss'schen Zufallsverteilung). Anders als bei zufälligen Ereignissen gibt es Korrelationen zwischen den zeitlich und räumlich benachbarten Schwankungswerten (s. dazu Punkt (4)).

Eine wesentliche Folge dieser Schwankungsbewegungen sind erhöhte „Diffusivitäten", d.h. zusätzliche Transportmechanismen für den Impuls und sog. passive skalare Größen wie die innere Energie und einzelne Stoffkomponenten. Diese turbulenten Diffusionsvorgänge sind um Größenordnungen stärker als die entsprechenden auf molekularer Basis ablaufenden Diffusionen.

Für eine allgemeine Geschwindigkeitskomponente $v_i^*(\vec{x}^*, t^*)$ sind drei wichtige statistische Größen wie folgt definiert

$$\bullet \quad \overline{v_i^*}(\vec{x}^*) = \frac{1}{\Delta t^*} \int_{t_1^*}^{t_1^*+\Delta t^*} v_i^* \, dt^* \qquad \left(\begin{array}{l}\text{zeitgemittelte \quad Geschwindigkeit}\\ \text{auch: mittlere Geschwindigkeit}\end{array}\right)$$

$$\bullet \quad v_i^{*\prime}(\vec{x}^*, t^*) = v_i^* - \overline{v_i^*} \qquad \text{(Gechwindigkeitsschwankung)}$$

$$\bullet \quad \widehat{v_i^{*\prime}}(\vec{x}^*) = \sqrt{\overline{v_i^{*\prime 2}}} \qquad \left(\begin{array}{l}\text{rms-Wert \quad (root \quad mean \quad squared)}\\ \text{auch: Standardabweichung}\end{array}\right)$$

(s. dazu auch das Stichwort TURBULENZMODELLIERUNG unter PHYSIKALISCHER HINTERGRUND)

Zu (2) / Kontinuumsströmungen: Die im vorigen Bild gezeigten unregelmäßigen Geschwindigkeiten kommen nicht etwa durch molekulare Schwankungsbewegungen zustande, sondern werden von einem mehr oder weniger „festen" Verbund aus einer großen Anzahl von Molekülen ausgeführt. Diese sog. *Turbulenzballen* (engl.: eddies) sind so groß, dass molekulare Abmessungen darin vollkommen untergehen und diese Bewegungen eindeutig Bewegungen eines Kontinuums darstellen. Das nachfolgende Bild zeigt am Beispiel von Gasströmungen, dass molekulare Längen (hier charakterisiert durch die mittlere freie Weglänge) und turbulente Längen (hier charakterisiert durch die kleinsten identifizierbaren Strukturen in den Turbulenzballen) um mehrere Größenordnungen auseinanderliegen.

Zu (3) / Fehlende Reproduzierbarkeit im Detail: Es gelingt nicht, zwei Experimente nacheinander auszuführen, in denen dieselben Geschwindigkeitsverteilungen auftreten, solange sich dies auf die zeitabhängigen Größen bezieht, wie etwa auf das Geschwindigkeitssignal $u^*(t^*)$ unter Punkt (1). Dies bedeutet nicht, dass die zugrundeliegenden Differentialgleichungen zur Beschreibung einer solchen Strömung keine eindeutigen Lösungen besitzen (obwohl dies im engeren Sinne noch nicht bewiesen worden ist), sondern zunächst nur, dass es in zwei aufeinander folgenden Experimenten nicht gelingt, dieselben Anfangs-

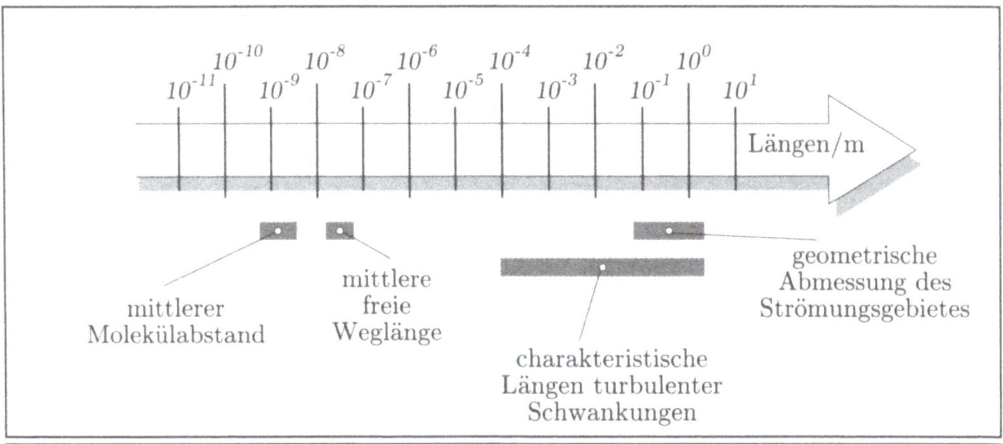

Typische Längen bei Gasströmungen unter Normbedingungen

und Randbedingungen herzustellen. Diese Aussage gilt aber wohlgemerkt bezüglich der Detailbeschreibung einschließlich aller kleinskaligen Schwankungen. Sobald man sich auf statistische Daten wie Mittelwerte, Wahrscheinlichkeiten und Standardabweichungen bezieht, entsteht ein ganz anderes Bild: Die Strömung ist vorhersagbar, reproduzierbar und eindeutig durch die gemittelten Anfangs- und Randbedingungen bestimmt.

Zu (4) / Korrelationen: Da Geschwindigkeitsschwankungen durch die Bewegung von Turbulenzballen entstehen, verwundert es nicht, dass an benachbarten Orten bzw. zu aufeinanderfolgenden Zeiten keine vollständige Unabhängigkeit der einzelnen Bewegungsgrößen vorliegt. Statistisch kann diese Korrelation zwischen verschiedenen Orten bzw. Zeiten durch sog. Korrelationsfunktionen erfasst werden, die mit folgenden Größen formuliert werden:

$$\vec{v}^* = (v_1^*, v_2^*, v_3^*): \quad \text{Geschwindigkeitsvektor, Komponenten } v_i^*$$

$$\vec{x}^*, \vec{x}^{*0}: \quad \text{Ortsvektoren im Abstand } \vec{r}^* = \vec{x}^* - \vec{x}^{*0}$$

$$t^*, t^{*0}: \quad \text{Zeiten mit der Differenz } \tau^* = t^* - t^{*0}$$

Mit diesen Größen gelten folgende Geschwindigkeitskorrelationen, wobei eine Überstreichung für eine Mittelwertbildung über der Zeit steht:

- *Ortskorrelationen:*
$$R_{ij}^*(\vec{x}^*, \vec{x}^{*0}, t^*) = \overline{v_i^*(\vec{x}^*, t^*) \, v_j^*(\vec{x}^{*0}, t^*)}$$

Diese Definition umfasst neun einzelne Korrelationen, die in einer 3 x 3 Matrix oder als Tensor geschrieben werden können. Darin sind insbesondere enthalten:

- Korrelationen zwischen zwei Geschwindigkeitskomponenten an verschiedenen Orten ($\vec{x}^* \neq \vec{x}^{*0}$), sog. *Zweipunkt-Korrelationen*

- Korrelationen zwischen zwei Geschwindigkeitskomponenten am selben Ort ($\vec{x}^* = \vec{x}^{*0}$), sog. *Einpunkt-Korrelationen.*

- Korrelationen (Ein- oder Zweipunkt) mit $i = j$, die als *Autokorrelationen* bezeichnet werden.

- *Zeitkorrelationen:*

$$R_{ij}^{*(t)}(\vec{x}^*, t^*, t^{*0}) = \overline{v_i^*(\vec{x}^*, t^*)\, v_j^*(\vec{x}^*, t^{*0})}$$

Auch hiermit sind neun einzelne Korrelationen definiert. Da beide Komponenten am selben Ort vorliegen, handelt es sich stets um Einpunkt-Korrelationen, die für $i = j$ wieder als Autokorrelationen bezeichnet werden.

Nach Division durch $\hat{v}_i^{*\prime}\hat{v}_j^{*\prime}$, dem Produkt der rms-Werte beider Komponenten, entstehen aus R_{ij}^* und $R_{ij}^{*(t)}$ dimensionslose Korrelationen R_{ij} und $R_{ij}^{(t)}$ mit $R_{ij} = 1$ für $\vec{r}^* = 0$ bzw. $R_{ij}^{(t)} = 1$ für $\tau^* = 0$. Das nachfolgende Bild zeigt den typischen charakteristischen Verlauf von Orts- und Zeitkorrelationen für $i = j$, d.h. von Autokorrelationen. Beide Verläufe sind qualitativ ähnlich und charakterisiert durch

- ein asymptotisches Abklingen für $|\vec{r}^*| \to \infty$ bzw. $\tau^* \to \infty$, d.h., es findet für größere Abstände bzw. Zeitdifferenzen eine *Dekorrelation* der Größen statt. Daraus können charakteristische Längen bzw. Zeiten für die größte Abmessung bzw. die niedrigste Frequenz der Turbulenzballen gewonnen werden ($\to$ Integral-Längenmaß).

- einen Verlauf bei $|\vec{r}^*| = 0$ bzw. $\tau^* = 0$ mit $dR_{ii}/d\,|\vec{r}^*| = 0$, $dR_{ii}^{(t)}/d\tau^* = 0$, aber von Null verschiedenen zweiten Ableitungen. Diese sind ein Maß für die kleinste Abmessung bzw. die höchste Frequenz der Turbulenzballen ($\to$ Mikro-Längenmaß).

Zu (5) / Spektrum von Längen- und Zeitskalen: Die zuvor schon erwähnte Modellvorstellung von Turbulenzballen kann wie folgt verfeinert werden. Es handelt sich um ineinander „verwobene" wirbelartige Strukturen, die somit durch Längen (etwa eines Wirbeldurchmessers) und Zeiten (etwa einer Wirbelumdrehung) beschrieben werden können. Entscheidend für diese Modellvorstellung, die aufgrund von Beobachtungen entwickelt wurde, sind zwei Aspekte:

- es handelt sich nicht um eine endliche Anzahl diskreter Wirbel, sondern um ein "Kontinuum von Wirbeln", in dem einzelne Wirbelgrößen zumindest zeitweise besonders betont sein können.

- die Abmessungen der Wirbel sind beschränkt. In Richtung großer Wirbel durch geometrische Längen des Strömungsgebietes; in Richtung kleiner Wirbel durch die Viskosität, die verhindert, dass beliebig kleine Unterstrukturen entstehen. Eine analoge Eingrenzung gilt für die auftretenden Zeitskalen.

Insgesamt liegt damit ein kontinuierliches, aber in beiden Richtungen beschränktes Spektrum von Längen und Zeitskalen vor, die in turbulenten Strömungen auftreten und Turbulenz insgesamt charakterisieren.

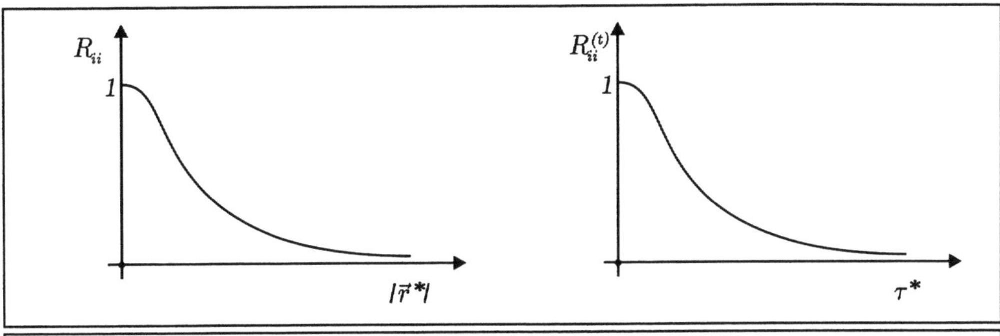

Charakteristische Verläufe von Korrelationsfunktionen (i=j)
(Hier: homogene Turbulenz, stationäre Strömung)

Zu (6) / Dreidimensionalität: Die weitestgehend ungeordnet ineinander verschränkten und verwobenen Wirbelstrukturen, deren Bewegungen als Geschwindigkeitsschwankungen registriert werden, führen zu grundsätzlich dreidimensionalen Schwankungsgeschwindigkeiten, zu deren Beschreibung alle drei Komponenten $v_i^{*\prime}$ also $u^{*\prime}, v^{*\prime}$ und $w^{*\prime}$ erforderlich sind (kartesische Koordinaten).

Bezüglich der zeitgemittelten Geschwindigkeitskomponenten liegt eine andere Situation vor. Strömungen können sich unter entsprechenden Anfangs- und Randbedingungen (für die zeitgemittelten Größen) durchaus zu zweidimensionalen mittleren Strömungen entwickeln. In diesem Sinne gibt es zweidimensionale turbulente Strömungen aber keine zweidimensionale Turbulenz.

Zu (7) / Drehung: Wie unter dem Stichwort DREHUNG erläutert ist, entsteht diese an festen Wänden und wird unter dem Einfluss der Viskosität in der Strömung diffusiv „verbreitet". Bezüglich der Turbulenz sind die Bewegungen auf den kleinen Skalen in diesem Zusammenhang von besonderer Bedeutung. Hier wirkt die Viskosität und führt zu großen Reibungskräften. Starke dissipative Effekte führen zu einer Umwandlung von mechanischer Energie der Schwankungsbewegungen in innerer Energie und begrenzt damit die Längenskalen in Richtung kleiner Werte. Da die Drehung unmittelbar mit Geschwindigkeitsgradienten verbunden ist, gelten die nachfolgenden (qualitativen Aussagen), wenn berücksichtigt wird, dass mit $\vec{\omega}^* = \mathrm{rot}\,\vec{v}^*$ und $\vec{v}^* = \overline{\vec{v}^*} + \vec{v}^{*\prime}$, unmittelbar $\overline{\vec{\omega}^*} = \mathrm{rot}\,\overline{\vec{v}^*}$; $\vec{\omega}^{*\prime} = \mathrm{rot}\,\vec{v}^{*\prime}$ gilt. In kartesischen Koordinaten lauten die Komponenten der mittleren Drehung und der Schwankung der Drehung:

$$\overline{\omega_x^*} = \frac{\partial \overline{w^*}}{\partial y^*} - \frac{\partial \overline{v^*}}{\partial z^*} \quad ; \quad \overline{\omega_y^*} = \frac{\partial \overline{u^*}}{\partial z^*} - \frac{\partial \overline{w^*}}{\partial x^*} \quad ; \quad \overline{\omega_z^*} = \frac{\partial \overline{v^*}}{\partial x^*} - \frac{\partial \overline{u^*}}{\partial y^*}$$

$$\omega_x^{*\prime} = \frac{\partial w^{*\prime}}{\partial y^*} - \frac{\partial v^{*\prime}}{\partial z^*} \quad ; \quad \omega_y^{*\prime} = \frac{\partial u^{*\prime}}{\partial z^*} - \frac{\partial w^{*\prime}}{\partial x^*} \quad ; \quad \omega_z^{*\prime} = \frac{\partial v^{*\prime}}{\partial x^*} - \frac{\partial u^{*\prime}}{\partial y^*}$$

Es gilt nun:

- Die mittlere Drehung ist in einer Strömung nur dort besonders groß, wo hohe Gradienten der mittleren Geschwindigkeit auftreten, wie dies z.B. in unmittelbarer

Wandnähe der Fall ist. In zweidimensionalen turbulenten Strömungen ist $\overline{\omega_z^*} \neq 0$, aber $\overline{\omega_x^*} = \overline{\omega_y^*} = 0$.

- Schwankungen der Drehung treten mit extrem großen Werten bei den kleinen Turbulenzskalen auf, da dann die Geschwindigkeitsgradienten sehr groß werden. Werte von $\vec{\omega}^{*\prime}$ können um Größenordnungen über denjenigen von $\overline{\omega^*}$ liegen.

- Wegen der Dreidimensionalität der Schwankungsbewegungen sind die Drehungsschwankungen ebenfalls dreidimensional und alle drei Komponenten, $\omega_x^{*\prime}, \omega_y^{*\prime}, \omega_z^{*\prime}$, werden zur Beschreibung benötigt.

Die Physik der Drehung, die entscheidend durch das Verhalten von Wirbeln und Wirbelfäden bestimmt wird, ist im Bereich der kleinskaligen Turbulenzbewegung für die physikalische Interpretation der Vorgänge von besonderer Bedeutung.

Zu (8) / Energiekaskade: Unter Punkt (5) war beschrieben worden, dass die auftretenden Längenskalen zu den kleinen Längen hin begrenzt sind, weil die Wirkung der Viskosität das Auftreten noch sehr viel kleinerer Strukturen verhindert. Die genaue Analyse dieser Vorgänge hat zu entscheidenden Fortschritten im Verständnis von Turbulenz geführt. Die Länge, mit der die Größenordnung der kleinsten Turbulenzstrukturen charakterisiert werden kann heißt *Kolmogorov-Länge* l_K^*. Sie ist abhängig von der Reynolds-Zahl eines Problems, nimmt aber häufig Zahlenwerte von etwa 10^{-4} m an, s. auch das Bild unter Punkt (2).

Im Bereich dieser Längenskalen werden Geschwindigkeitsgradienten (wie z.B. $\partial u^{*\prime}/\partial x^*$) so groß, dass unter der Wirkung der molekularen Viskosität η^* Dissipationseffekte eine Umwandlung von mechanischer in innere Energien bewirken. Wenn dies in einer Strömung kontinuierlich geschieht, so muss die an diesem Ende der Längenskalen permanent „verbrauchte" mechanische Energie ersetzt werden. Dies geschieht in einem sog. *Kaskadenprozess*, der durch folgende drei wesentliche Elemente beschrieben ist:

- Durch den Antrieb großräumiger wirbelartiger Strukturen in einer turbulenten Strömung wird mechanische (kinetische) Energie bei großen Turbulenzskalen in die turbulente Schwankungsbewegung eingespeist (und diese damit ermöglicht). Diese Energie muss z.B. durch eine Pumpe aufgebracht werden, mit der die Strömung aufrechterhalten wird. Der Vorgang wird als *Turbulenzproduktion* bezeichnet.

- Diese großräumigen Strukturen bilden Unterstrukturen kleinerer Abmessungen (Skalen) aus und geben damit mechanische Energie an diese weiter. Dies geschieht in Richtung immer kleinerer Unterstrukturen, bis schließlich die Größenordnung der Kolmogorov-Länge erreicht wird.

- Im Bereich von Skalen in der Größenordnung der Kolmogorov-Länge dissipiert die mechanische Energie und wird in innere Energie überführt. Als solche wird sie in Form von Wärme an die Umgebung abgegeben (oder heizt das Fluid auf, wenn dieses von adiabaten Wänden umgeben ist).

Dieser als *Energiekaskade* bezeichnete Vorgang führt zu einer Verteilung der mechanischen Energie auf die verschiedenen Längenskalen einer turbulenten Strömung, die qualitativ im nachfolgenden Bild dargestellt ist. Sie wird als Spektrum der kinetischen Energie einer turbulenten Strömung, oder kurz als *Energiespektrum* bezeichnet.

In der doppelt-logarithmischen Auftragung ist zu erkennen, dass die wesentlichen Anteile der kinetischen Energie bei Strukturen der Größenordnung der großen Wirbel (geschrieben als „Größenordnung" $O\left(L^{*-1}\right)$) liegen, und dass die Energieanteile links von L^* und rechts von l_K^* stark abfallen. Der Kehrwert L^{*-1} bzw. l_K^{*-1} tritt im Bild auf, weil üblicherweise die sog. Wellenzahl als Abszisse gewählt wird, die umgekehrt proportional zur charakteristischen Länge ist.

Zu (9) / Asymptotische Struktur für Re $\to \infty$: Das im vorigen Punkt erläuterte Energiespektrum der Turbulenz tritt um so deutlicher zutage, je größer die Reynolds-Zahl ist. Dabei ist zu beachten, dass turbulente Strömungen insgesamt ein Phänomen großer Reynolds-Zahlen sind. Erst bei genügend großen Reynolds-Zahlen werden Trägheitskräfte gegenüber viskosen Kräften hinreichend bedeutsam und erst dann reicht die dämpfende Wirkung der Viskosität nicht mehr aus, eine Destabilisierung der Strömung durch anwachsende Störungen zu verhindern. Eine klare Struktur in der Verteilung der kinetischen Energie auf die verschiedenen Längenskalen und eine deutliche Trennung der Skalen für Produktion und Dissipation ist aber nicht von vorne herein für alle turbulenten Strömungen gegeben, sondern liegt nur im Grenzfall Re $\to \infty$ vor. Konkrete Strömungen können dabei durchaus bei so hohen Reynolds-Zahlen vorliegen, dass die im folgenden aufgeführten Besonderheiten für Re $\to \infty$ bereits erkennbar sind.

Im Grenzfall Re $\to \infty$ können im Energiespektrum drei Bereich identifiziert werden, die durch unterschiedliche Größenordnungen der beteiligten Längenskalen l^* (bzw. Wellenzahlen l^{*-1}) charakterisiert sind (Das Symbol $O(...)$ bedeutet „Größenordnung von ...").

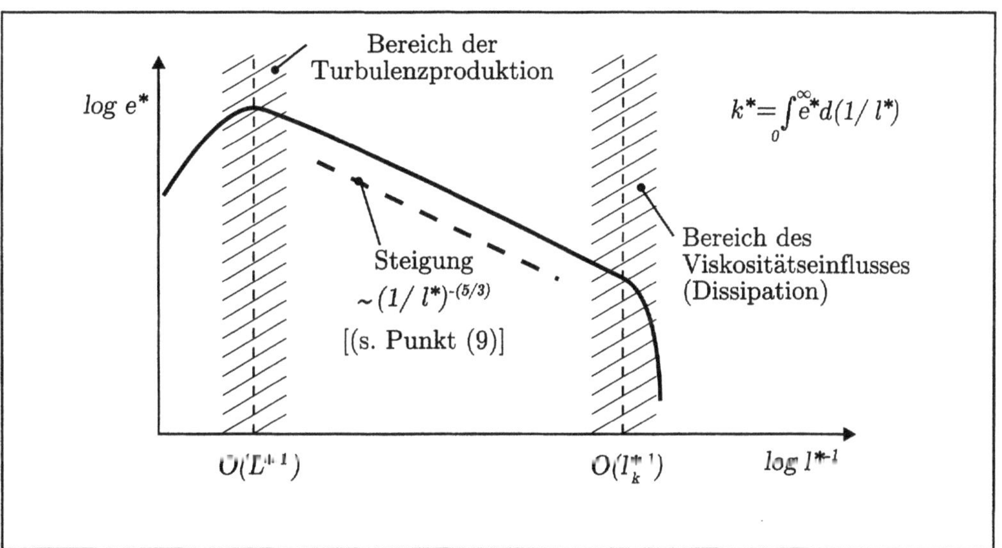

Qualitativer Verlauf des Energiespektrums einer turbulenten Strömung im Kaskadenprozess

k^* : kinetische Energie der Schwankungsbewegung
e^* : spektrale Verteilung der kinetischen Energie der Schwankungsbewegung
L^* : Größenordnung der größten Strukturen (Körperabmessung)
l_k^* : Größenordnung der kleinsten Strukturen (Kolmogorov-Länge)

- $O(l^*) = O(L^*)$:

  Große Strukturen; unbeeinflusst von der Viskosität; Bereich der Turbulenzproduktion. Ausgangspunkt und kontrollierendes Element der Energiekaskade.

- $O(l^*) = O(l_K^*)$:

  Kleinste Strukturen; dominiert von der Viskositätswirkung ($\rightarrow$Dissipation). Die einzigen Einflussgrößen in diesem Bereich sind die kinematische Viskosität $\nu^* = \eta^*/\varrho^*$ und die spezifische Dissipation ϵ^*. Damit gilt aus dimensionsanalytischen Überlegungen

$$l_K^* \sim \left(\frac{\nu^{*3}}{\epsilon^*}\right)^{1/4} \quad ; \quad e^* \sim \epsilon^{*1/4}\nu^{*5/4}$$

  für die Kolmogorov-Länge bzw. die spektrale Verteilung der kinetischen Energie.

- $O(L^*) \gg O(l^*) \gg O(l_K^*)$:

  Dieser Bereich zwischen den beiden Grenzbereichen wird *Trägheitsbereich* genannt. Seine einzige „physikalische Funktion" ist die Weiterleitung der kinetischen Energie vom Bereich der Turbulenzproduktion ($O(L^*)$) zum Bereich der Dissipation ($O(l_K^*)$). Aus der Tatsache, dass diese letztlich dissipierte Energie der einzige Parameter in diesem Bereich des Energiespektrums ist, folgt wiederum aus dimensionsanalytischen Überlegungen

$$e^* \sim \epsilon^{*2/3} k_e^{*-5/3}$$

  mit k_e^* als Wellenzahl ($\sim l^{*-1}$). Dies ist als „$(-5/3)$-Verteilung" im Energiespektrum bekannt und als solches für sehr große Reynolds-Zahlen häufig nachgewiesen worden.

Da der Kaskadenprozess von den großen Strukturen dominiert wird und diese unbeeinflusst von der Viskosität auftreten, ist zu erwarten, dass die Disispationsrate ϵ^*, die der mit den großen Strukturen eingespeisten spez. Energie entspricht, für Re $\rightarrow \infty$ einen konstanten, Re-unabhängigen Wert annimmt (Messungen haben dies bestätigt). Daraus folgt dann mit $l_K^* \sim \nu^{*3/4}$ für das Verhältnis von L^* zu l_K^*

$$\frac{L^*}{l_K^*} \sim \mathrm{Re}^{3/4} \quad \text{für} \quad \mathrm{Re} = \frac{u_B^* L^*}{\nu^*} \rightarrow \infty,$$

d.h., beide Skalen sind für steigende Reynolds-Zahlen immer deutlicher voneinander getrennt und bewirken einen immer ausgeprägteren Trägheitsbereich mit dem typischen $e^* \sim k_e^{*-5/3}$-Verlauf im Energiespektrum (der deshalb nur für Re $\rightarrow \infty$ zu beobachten ist).

Zu (10) / Re-Unabhängigkeit: Aufgrund der vorherigen Überlegungen ist zu erwarten, dass alle Aspekte einer turbulenten Strömung, die durch die Wirkung der energietragenden großen Strukturen hervorgerufen bzw. beeinflusst sind, für große Reynolds-Zahlen frei von einem zunächst denkbaren Reynolds-Zahl-Einfluss werden. Dies sind so entscheidende Größen wie

- das Feld der mittleren Geschwindigkeit, $\overline{\vec{v}^*}(\vec{x}^*)$

- die rms-Werte der Strömung, $\widehat{v_i^{*\prime}}(\vec{x}^*)$

- die spezifische Dissipationsrate $\epsilon^*(\vec{x}^*)$

Tatsächlich erweisen sich sehr viele Strömungen bezüglich dieser Aspekte als weitgehend unabhängig von der Reynolds-Zahl des Problems.

Eine besondere Situation liegt allerdings in der Nähe von festen Wänden vor, wo in unmittelbarer Wandnähe große Strukturen gedämpft werden und insgesamt ein (relativ schwacher) Reynolds-Zahl-Einfluss in den turbulenten Grenzschichten entsteht.

ANWENDUNGEN UND BEISPIELE

Turbulente Strömungen im Vergleich zu laminaren Strömungen

Am Beispiel der ausgebildeten Rohrströmung sollen drei charakteristische Eigenschaften von turbulenten Strömungen im Vergleich zu laminaren Strömungen aufgezeigt werden. Dieses Beispiel eignet sich insofern besonders, als die korrespondierenden Strömungen (laminare bzw. turbulente Rohrströmung bei derselben Reynolds-Zahl) beide existieren, wenn auch die laminaren Strömungen bei Reynolds-Zahlen oberhalb der kritischen Reynolds-Zahl (Re $= \overline{u_m^* D^*}/\nu^* = 2300$ für Rohrströmungen) nur dann experimentell realisiert werden können, wenn sie extrem störungsfrei erzeugt werden.

Das nachfolgende Bild zeigt Geschwindigkeitsprofile (mittlere Geschwindigkeit bei turbulenten Strömungen) sowie den Verlauf der Rohrreibungszahl λ_R als Funktion der Reynolds-Zahl (s. dazu auch das Stichwort WIDERSTANDSZAHL, 1. Beispiel unter ANWENDUNGEN UND BEISPIELE).

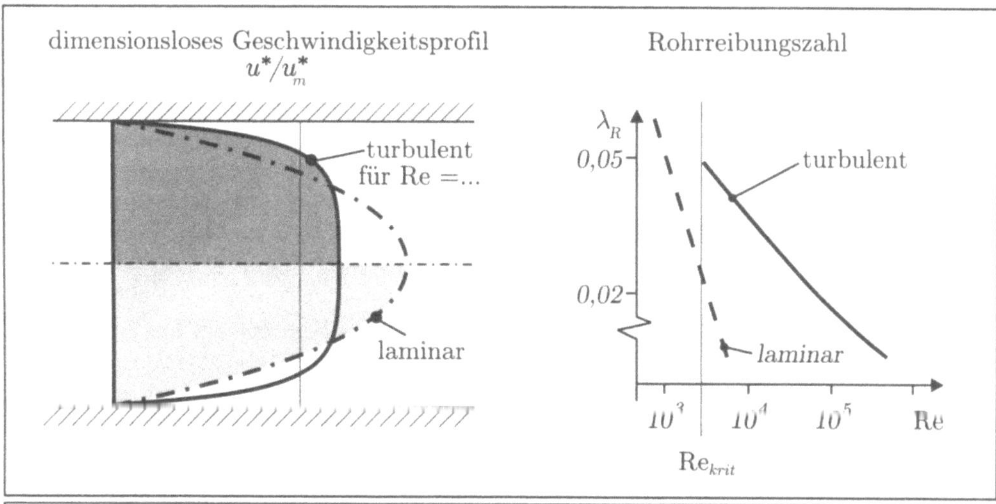

Turbulente und laminare Version der ausgebildeten Rohrströmung

$$\lambda_R = \frac{(-dp^*/dx^*)\, 2D^*}{\varrho^* u_m^{*2}} \; ; \; \mathrm{Re} = \frac{u_m^* D^*}{\nu^*} \; ; \; \text{glatte Wände}$$

Charakteristische Unterschiede sind:

- Turbulente Geschwindigkeitsprofile sind „völliger", d.h., sie besitzen deutlich höhere Geschwindigkeitsgradienten an der Wand. Zusätzlich sind die genannten Geschwindigkeitsprofile $\overline{u^*}/u_m^*$ im turbulenten Fall Reynolds-Zahl abhängig.

- Als Folge der hohen Wandgradienten der Geschwindigkeit liegen hohe Schubspannungen und damit insgesamt hohe Reibungswiderstände vor. Der erforderliche axiale Druckgradient zur Aufrechterhaltung der Strömung ist z.B. bei $Re = 10^5$ für turbulente Strömungen mit glatten Wänden etwa 28 mal größer als für laminare Strömungen, bei $Re = 10^6$ bereits 158 mal so groß.

- Die Abhängigkeit der Rohrreibungszahl von der Reynolds-Zahl ist im turbulenten Fall deutlich schwächer. Sie wird für rauhe Wände, bei denen der starke Viskositätseinfluss in direkter Wandnähe unterbunden wird, unabhängig von der Reynolds-Zahl. Dann dominieren die großen turbulenten Skalen, unbeeinflusst von der Wand.

BEACHTE

☞ **Homogene Turbulenz:** Für das Studium der Turbulenz ganz allgemein ist es hilfreich, spezielle Fälle zu betrachten, selbst wenn diese keine unmittelbare praktische Bedeutung haben. Einen solchen Spezialfall stellt die sog. *homogene Turbulenz* dar. Sie ist definiert als Turbulenz in einem Strömungsfeld, in dem *alle* (zeitgemittelten) Strömungsgrößen vom Ort unabhängig sind. Dies erfordert u.a. eine konstante mittlere Geschwindigkeit, die darüber hinaus notwendigerweise stationär sein muss. Ohne Einschränkung kann man deshalb den Fall $\overline{\vec{v}^*} = 0$ betrachten, also ein „Strömungsfeld", das im zeitlichen Mittel in Ruhe ist. Es verbleiben die turbulenten Schwankungsgrößen, deren Dynamik auf diese Weise untersucht werden kann.

Solche Strömungssituationen werden näherungsweise in der Abklingphase einer irgendwie in Gang gesetzten, dann aber wieder gestoppten Bewegung vorliegen. Auch die sog. *Gitterturbulenz*, bei der ein gleichförmiger Fluidstrom konstanter Geschwindigkeit beim Durchströmen eines feinmaschigen Gitters in turbulente Bewegung versetzt wird, ist in Ebenen senkrecht zur Hauptströmung hinter dem Gitter in guter Näherung homogen.

Über die näherungsweise Realisierung hinaus ist das Konzept der homogenen Turbulenz im Sinne einer sog. *lokalhomogenen Turbulenz* in begrenzter Umgebung betrachteter Orte von Bedeutung. In diesem Sinne sind viele insgesamt inhomogene turbulente Strömungen lokalhomogen, was dann für die Turbulenzmodellierung entsprechend genutzt werden kann.

Bisweilen wird der Begriff *homogene* Turbulenz auch nur auf die gemittelten Turbulenzgrößen bezogen. Danach müssen diese ortsunabhängig sein, es werden aber ortsabhängige Werte der mittleren Geschwindigkeit zugelassen. Ein solcher Fall liegt bei einer homogenen Scherströmung vor.

Die wesentliche physikalische Besonderheit homogener Turbulenz ist, dass diese keine Rückwirkung auf die zeitgemittelte Strömung hat. Die mittlere Strömung entwickelt sich also als gäbe es keine Turbulenz (kein „Reynolds-Spannungstensor-Term" in der Gleichung für die mittlere Bewegung).

⬛ **Isotrope Turbulenz:** Ein weiterer Spezialfall turbulenter Strömungen ist die sog. *isotrope Turbulenz*. Diese liegt vor, wenn die (gemittelten) Turbulenzgrößen, gebildet aus den Geschwindigkeitskomponenten in einem bestimmten Koordinatensystem, von der Orientierung dieses Koordinatensystems unabhängig sind. Die betrachteten Turbulenzgrößen müssen also unverändert erhalten bleiben, wenn das Koordinatensystem in beliebiger Weise gedreht oder gespiegelt wird. Als unmittelbare Konsequenz aus dieser Bedingung folgt, dass gelten muss:

$$\overline{u^{*\prime 2}} = \overline{v^{*\prime 2}} = \overline{w^{*\prime 2}}$$

$$\overline{u^{*\prime}v^{*\prime}} = \overline{u^{*\prime}w^{*\prime}} = \overline{v^{*\prime}w^{*\prime}} = 0$$

Es treten also keine turbulenten Schubspannungen auf, sondern nur Normalspannungen, die darüber hinaus in allen drei Koordinatenrichtungen gleich groß sind. Eine insgesamt isotrope Strömung liegt in guter Näherung wiederum hinter einem gleichmäßig durchströmten engmaschigen Netz vor (Gitterturbulenz).

Die eigentliche Bedeutung dieses Konzeptes liegt aber darin, dass insgesamt anisotrope Strömungen in begrenzten Teilgebieten *lokalisotrop* sein können. Tatsächlich findet man lokale Isotropie in beliebigen turbulenten Strömungen, wenn die Reynolds-Zahl hinreichend groß ist. Eine genauere Analyse zeigt, dass kleine Gebiete des Strömungsfeldes, die dann als kleine Wirbelabmessungen (große Wellenzahlen) interpretiert werden können, die Eigenschaft der Isotropie besitzen.

⬛ **Taylor-Hypothese:** Diese Hypothese bezieht sich auf die Frage, ob eine Turbulenzstruktur, die mit der Strömung konvektiv an einem Messort vorbeibewegt wird, durch die Aufnahme des dort vorliegenden Messsignals über der Zeit genauso erfasst werden kann, wie durch mehrere gleichzeitige Messungen an verschiedenen Orten der Struktur. Die Hypothese besagt, dass dies möglich ist, wenn die Zeitspanne, in der die Struktur an einem Messort vorbeibewegt wird, klein ist gegenüber der Zeitspanne, in der sich die Struktur nennenswert verändert. Die Turbulenzstruktur wird dann als quasi „eingefroren" betrachtet und kann zu „benachbarten" Zeiten an einem Ort genauso vermessen werden wie zu einer Zeit an benachbarten Orten (innerhalb der Struktur).

Dies bedeutet im Sinne einer Größenordnungsabschätzung (mit L^*: Strukturlänge; $\overline{u^*}$: Konvektionsgeschwindigkeit; $\widehat{u}^{*\prime}$: rms-Wert der Schwankung):

- Zeitspanne für die Konvektion der Struktur über einen festen (Mess-)Ort hinweg: $O(L^*/\overline{u^*})$

- Zeitspanne für eine nennenswerte Veränderung der Struktur: $O(L^*/\widehat{u}^{*\prime})$

- Einzuhaltende Bedingung: $\dfrac{L^*}{\overline{u^*}} \ll \dfrac{L^*}{\widehat{u}^{*\prime}} \quad \Rightarrow \quad \boxed{\widehat{u}^{*\prime} \ll \overline{u^*}}$

Wird die Geschwindigkeit an einem festen Ort als Zeitfunktion aufgenommen, so entspricht eine Zeitdifferenz τ^* einem Ortsabstand $\overline{u^*}\tau^*$ in Richtung der Konvektionsgeschwindigkeit, wenn in der Strömung die Geschwindigkeitsschwankungen (charakteristischer Wert: $\widehat{u}^{*\prime}$) deutlich kleiner als die mittleren Geschwindigkeiten sind. Statt aufwendig *mehrere* Messsonden zu installieren um räumliche Strukturen (Korrelationen) aufzunehmen, können diese unter den genannten Voraussetzungen also auch mit *einer* Messsonde bestimmt werden, die ein entsprechendes Zeitsignal aufnimmt.

Weiterführende Literatur

Cebeci, T. (2004): *Analysis of Turbulent Flows*, 2nd. ed., Elsevier Publ., New York

Mathieu, J.; Scott, J. (2000): *An Introduction to Turbulent Flow*, Cambridge University Press, Cambrigde

Frisch, U. (1995): *Turbulence*, Cambridge University Press, Cambridge

Landau, L.D.; Lifshitz, E.M. (1987): *Fluid Mechanics*, Pergamon Press, Oxford

Landahl, M.T.; Mollo-Christensen, E. (1986): *Turbulence and Random Processes in Fluid Mechanics*, Cambridge University Press, Cambridge

Townsend, A.A. (1976): *The Structure of Turbulent Shear Flow*, 2nd. ed., Cambridge University Press, Cambridge

Hinze, J.O. (1975): *Turbulence: an Introduction to Its Mechanisms and Theory*, Mc Graw-Hill, New York

Tennekes, I.I. ; Lumley J.I. (1972): *A First Course in Turbulence*, MIT Press, Cambridge, MA

Monin, A.S. Yaglom, A.M. (1971) (vol. 1), (1975) (vol. 2): *Statistical Fluid Mechanics*, MIT Press, Cambridge, MA

Bradshaw, P. (1971): *An Introduction to Turbulence and its Measurement*, Pergamon Press, New York

Batchelor, G.K. (1967): *An Introduction to Fluid Dynamics*, Cambridge University Press, Cambridge

Turbulenzgrad
(turbulence intensity)

BEDEUTUNG UND DEFINITION

Es handelt sich um ein lokales Maß für die Intensität der turbulenten Schwankungsbewegung. Der Turbulenzgrad ist deshalb eng mit den verwandten Größen der *rms-Werte* von Geschwindigkeitsschwankungen und mit der *kinetischen Energie der Schwankungsbewegung* in einer turbulenten Strömung verbunden.

	Definition	

Der Turbulenzgrad einer turbulenten Strömung ist ein im allgemeinen orts- und zeitabhängiges Maß für die relative Schwankungsintensität innerhalb der Strömung, und lautet in kartesischen Koordinaten:

$$\mathrm{Tu}(\vec{x}^{\,*}; t^*) \equiv \frac{\sqrt{(\overline{u^{*\prime 2}} + \overline{v^{*\prime 2}} + \overline{w^{*\prime 2}})/3}}{u_B^*}$$

Tu	Turbulenzgrad	-
$u^{*\prime}, v^{*\prime}, w^{*\prime}$	Schwankungsgeschwindigkeiten in x, y, z- Richtung	m/s
u_B^*	Bezugsgeschwindigkeit	m/s
$\vec{x}^{\,*}$	Ortsvektor	m
t^*	Zeit (Parameter bei instationären turbulenten Strömungen)	s

PHYSIKALISCHER HINTERGRUND

Der Turbulenzgrad ist das Verhältnis aus einer mittleren Schwankungsgeschwindigkeit (Mittelwert aus den Schwankungsgeschwindigkeiten in den drei Raumrichtungen) und einer Bezugsgeschwindigkeit. Konkrete Zahlenwerte sind naturgemäß stark davon abhängig, welche Bezugsgeschwindigkeit für die Bildung von Tu gewählt wird. Es bestehen dabei verschiedene Möglichkeiten für die Wahl von u_B^* mit jeweils unterschiedlicher Aussagekraft der zugehörigen Größe Tu. Generell gilt, daß Tu nur dann sinnvoll interpretiert werden kann, wenn bekannt ist, auf welche Größe u_B^* Bezug genommen wird. Zwei wesentliche Möglichkeiten sind:

- u_B^* als (einheitliche) charakteristische Geschwindigkeit eines Gesamtproblems:
  Der Turbulenzgrad ist dann ein (prozentuales) Maß für die absolute Größe der Schwankungsgeschwindigkeiten und erlaubt unmittelbare Vergleiche zwischen verschiedenen Orten der Strömung und bei instationären Strömungen (mit der Zeit als Parameter) auch zwischen verschiedenen Zeiten. Eine sinnvolle Wahl für u_B^* in diesem Sinne könnte die ungestörte Anströmung u_∞^* bei einem Umströmungsproblem sein.

- u_B^* als orts- (und eventuell zeitabhängige) lokale (bzw. momentane) gemittelte Geschwindigkeit im Strömungsfeld:
  Der Turbulenzgrad ist jetzt ein (prozentuales) Maß für die relative Größe der Schwankungsgeschwindigkeiten. Der Vergleich zwischen Tu-Werten an verschiedenen Orten (bzw. zu verschiedenen Zeiten) ist dann aber problematisch. Zahlenwerte sind nur begrenzt aussagekräftig; so ist z.B. Tu nicht definiert, wenn die örtliche mittlere Geschwindigkeit Null ist (wie z.B. bei Strömungsablösung). Turbulenzgrade von mehreren hundert Prozent in der Nähe solcher Stellen im Strömungsfeld suggerieren u.U. falsche Vorstellungen von der Stärke der Turbulenz an diesen Stellen im Vergleich zu anderen Bereichen des Strömungsfeldes.

  Trotzdem kann eine solche Definition des Turbulenzgrades sinnvoll sein, etwa im Zusammenhang mit der Überprüfung der sog. Taylor-Hypothese (s. dazu das Stichwort TURBULENZ unter BEACHTE).

Formulierung mit rms-Werten

Der rms-Wert $\widehat{v}_i^{*\prime}$ (engl.: root-mean-squared) einer turbulenten Geschwindigkeitskomponenten v_i^* des allgemeinen Geschwindigkeitsvektors $\vec{v}^*(\vec{x}^*, t^*)$ ist definiert als

$$\widehat{v}_i^{*\prime}(\vec{x}^*) \equiv \sqrt{\overline{(v_i^*(\vec{x}^*) - \overline{v_i^*(\vec{x}^*)})^2}} = \sqrt{\overline{v_i^{*\prime 2}}}$$

und entspricht der aus der Statistik bekannten Standardabweichung der zeitlich schwankenden Größe v_i^* in bezug auf ihren zeitlichen Mittelwert $\overline{v_i^*}$ (zur Definition der zeitlichen Mittelwerte $\overline{v_i^*}$ und der Schwankungsgröße $v_i^{*\prime}$ s. das Stichwort TURBULENZMODELLIERUNG unter PHYSIKALISCHER HINTERGRUND). Bei instationären Strömungen kann in $\widehat{v}_i^{*\prime}$ zusätzlich die Zeit als Parameter auftreten. Damit kann für den Turbulenzgrad auch geschrieben werden, wenn der Geschwindigkeitsvektor $\vec{v}^*$ der „kartesische" Vektor (u^*, v^*, w^*) ist:

$$\boxed{\;\mathrm{Tu} = \frac{\sqrt{\left(\widehat{u}^{*\prime 2} + \widehat{v}^{*\prime 2} + \widehat{w}^{*\prime 2}\right)/3}}{u_B^*}\;}$$

Formulierung mit der kinetischen Energie der Schwankungsbewegung

Die (zeitgemittelte, spezifische) kinetische Energie der Schwankungsbewegung k^* einer turbulenten Strömung mit dem Geschwindigkeitsvektor $\vec{v}^*(\vec{x}^*, t^*) = (u^*, v^*, w^*)$ ist definiert als:

$$k^*(\vec{x}^*) \equiv (\overline{u_i^{*\prime 2}} + \overline{v_i^{*\prime 2}} + \overline{w_i^{*\prime 2}})/2 = (\widehat{u}_i^{*\prime 2} + \widehat{v}_i^{*\prime 2} + \widehat{w}_i^{*\prime 2})/2$$

Bei instationären Strömungen kann in k^* zusätzlich die Zeit als Parameter auftreten.

Damit kann für den Turbulenzgrad auch geschrieben werden:

$$\boxed{\;\mathrm{Tu} = \frac{\sqrt{2k^*/3}}{u_B^*}\;}$$

ANWENDUNGEN UND BEISPIELE

1. Der Turbulenzgrad im Spezialfall isotroper Turbulenz

Bei isotroper Turbulenz (s. dazu das Stichwort TURBULENZ unter BEACHTE) gilt in kartesischen Koordinaten

$$\overline{u^{*\prime2}} = \overline{v^{*\prime2}} = \overline{w^{*\prime2}}$$

woraus unmittelbar $\widehat{u}^{*\prime2} = \widehat{v}^{*\prime2} = \widehat{w}^{*\prime2}$ folgt. Damit gilt dann in diesem speziellen Fall

$$\mathrm{Tu} = \frac{\sqrt{\overline{u^{*\prime2}}}}{u_B^*} = \frac{\widehat{u}^{*\prime}}{u_B^*}$$

Die Formulierung mit k^* reduziert sich formal bei isotroper Turbulenz wegen $k^* = 3\widehat{u}^{*\prime2}/2$ auf genau dieselbe Beziehung für Tu.

Wenn gelegentlich Turbulenzgrade auf diese Weise auch in nicht-isotropen Strömungen angegeben werden, so kann es sich naturgemäß nur um eine Näherung handeln, wie das nachfolgende Beispiel zeigt.

2. Turbulenzgrad in Wandnähe (universell)

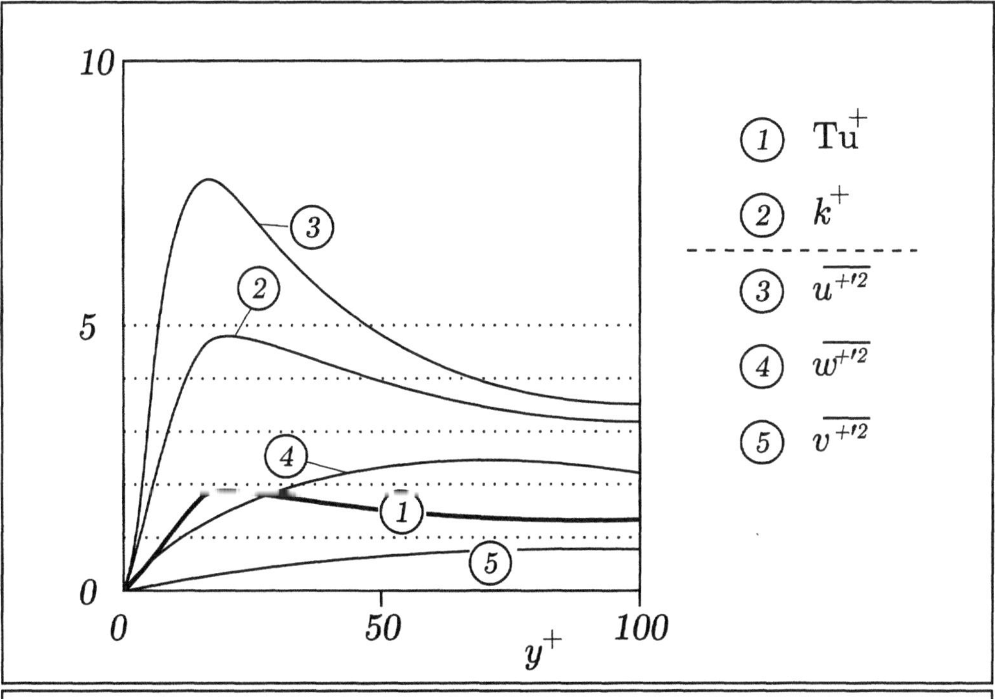

typische Turbulenzgradverteilung in Wandnähe

(+: bezogen auf u_τ^*)

Da turbulente Strömungen in Wandnähe einen universellen Charakter besitzen, kann die Verteilung des Turbulenzgrades dort allgemeingültig angegeben werden. Das Bild auf der vorhergehenden Seite zeigt den Verlauf des Turbulenzgrades über der sog. Wandkoordinate $y^+ = y^* u_\tau^* / \nu^*$, s. dazu das Stichwort SCHUBSPANNUNGSGESCHWINDIGKEIT, dort unter ANWENDUNGEN und BEISPIELE.

Die Auftragung erfolgt als $Tu^+ = Tu \cdot (u_B^*/u_\tau^*)$, d.h., als Bezugsgeschwindigkeit ist die Schubspannungsgeschwindigkeit u_τ^* gewählt worden. Mit einem typischen Zahlenwert $u_\tau^*/u_\infty^* = 0,044$ für eine ebene Plattengrenzschicht bei einer Reynolds-Zahl $Re = 10^6$ liegt also ein maximaler Turbulenzgrad ($Tu_{max}^+ = 1,8$ nach vorherigem Bild) von $Tu_{max} = 0,08$ vor, d.h., maximale mittlere Schwankungsgeschwindigkeiten betragen 8% der ungestörten Anströmung.

BEACHTE

◨ **Turbulenzgrad der Außenströmung**: Bei Körperumströmungen treten hohe (lokale) Turbulenzgrade in den Grenzschichten auf (bis zu etwa 10%, d.h. $Tu = 0,1$). Aber auch in der Außenströmung, die für die theoretische Behandlung oftmals als turbulenzfrei unterstellt wird, kann eine schwache turbulente Bewegung vorliegen. Dies ist z.B. der Fall, wenn die Außenströmung für einen Körper in einem Windkanal erzeugt wird, s. dazu die nachfolgende Anmerkung. Obwohl dann die Turbulenzgrade der Außenströmung meist sehr klein sind (typische Werte: $0,1 - 1\%$), können sie erhebliche Auswirkungen haben. Zwei markante Effekte dieser Außenströmungsturbulenz sind:

- Erhöhung des Wärmeüberganges bei laminaren Grenzschichten; schon geringe Turbulenzgrade führen zu erheblichen Steigerungen der Nußelt-Zahl. Im laminaren Bereich der Kreiszylinderumströmung kann ein Turbulenzgrad von 2,5% zu einer Erhöhung der Nußelt-Zahl um 80% führen. Die Auswirkungen im Bereich der turbulenten Grenzschichten sind jedoch sehr viel geringer, weil diese bereits hochgradig instationär sind.

- Beeinflussung des „Umschlages" laminar-turbulent; der Grenzschicht-Transitionsprozess ist durch Außenströmungsturbulenz stark zu beeinflussen. Bei Körperumströmungen mit einer sog. kritischen Reynolds-Zahl (plötzlicher Abfall des Widerstandsbeiwertes, s. dazu das Stichwort WIDERSTAND, dort unter ANWENDUNGEN UND BEISPIELE), ist diese stark vom Turbulenzgrad abhängig. Diese Abhängigkeit kann genutzt werden, um damit umgekehrt den Turbulenzgrad der Außenströmung zu bestimmen, wie dies mit der Kugelumströmung realisiert worden ist, s. dazu speziell Dryden et al. (1937).

◨ **Turbulenzgrad in Windkanälen**: Windkanäle führen anlagenbedingt zu relativ großen Turbulenzgraden in der umlaufenden Strömung, wenn diese nicht durch spezielle Einbauten von Gittern und Sieben vor der Messstrecke gedämpft werden. Nach diesen Einbauten liegt eine weitgehend isotrope Turbulenz vor, für die Turbulenzgrade häufig bei etwa $Tu = 0,002 = 0,2\%$ liegen. In extrem turbulenzarmen Windkanälen werden Werte von $Tu = 0,0002 = 0,02\%$ erreicht. Nur in solchen Kanälen sind experimentelle Stabilitätsuntersuchungen sinnvoll möglich, s. dazu z.B. Schlichting, Gersten (1997, Kap. 15.2.4)

Weiterführende Literatur

Standard-Werke der Strömungsmechanik, s. die Liste am Ende des Buches

- speziell zur kritischen Reynolds-Zahl:

Dryden, H.L.; Schubauer, G.B.; Mock, W.G.; Skramstad, H.K. (1937): *Measurements of intensity and scale of wind-tunnel turbulence and their relation to the critical Reynolds-number of spheres*, NACA Rep. 581

Turbulenzmodellierung
(turbulence modeling)

BEDEUTUNG UND DEFINITION

Es handelt sich um die Formulierung physikalisch/mathematischer Modelle, mit denen die einzelnen Komponenten des Reynoldsschen Spannungstensors beschrieben werden. Dieser Spannungstensor entsteht, wenn die Impulsgleichungen (NAVIER-STOKES GLEICHUNGEN) einer Zeitmittelung unterworfen werden, um die Differentialgleichungen für die zeitgemittelten Strömungsgrößen herzuleiten.

In einem erweiterten Sinne bezieht sich der Begriff der Turbulenzmodellierung auch auf alle diejenigen Größen, die in zusätzlichen Gleichungen (wie etwa der Energiegleichung) entstehen, wenn diese ebenfalls einer Zeitmittelung unterworfen werden. Dabei entstehen im Prozess der Zeitmittelung von Gleichungen stets dann zu modellierende Zusatzterme (turbulente Zusatzterme), wenn in den Ausgangsgleichungen Produkte zweier Größen auftreten, die jeweils in eine zeitgemittelte und eine zugehörige Schwankungsgröße aufgespalten werden.

Definition

Unter dem Begriff der *Turbulenzmodellierung* versteht man die Formulierung von Bestimmungsgleichungen für die einzelnen Komponenten des *Reynoldsschen Spannungstensors* , der in kartesischen Koordinaten und für inkompressible Strömungen lautet:

$$\overset{\leftrightarrow}{\tau}{}^{*\prime} = \begin{bmatrix} \tau_{xx}^{*\prime} & \tau_{yx}^{*\prime} & \tau_{zx}^{*\prime} \\ \tau_{xy}^{*\prime} & \tau_{yy}^{*\prime} & \tau_{zy}^{*\prime} \\ \tau_{xz}^{*\prime} & \tau_{yz}^{*\prime} & \tau_{zz}^{*\prime} \end{bmatrix} = \begin{bmatrix} -\varrho^* \overline{u^{*\prime 2}} & -\varrho^* \overline{v^{*\prime} u^{*\prime}} & -\varrho^* \overline{w^{*\prime} u^{*\prime}} \\ -\varrho^* \overline{u^{*\prime} v^{*\prime}} & -\varrho^* \overline{v^{*\prime 2}} & -\varrho^* \overline{w^{*\prime} v^{*\prime}} \\ -\varrho^* \overline{u^{*\prime} w^{*\prime}} & -\varrho^* \overline{v^{*\prime} w^{*\prime}} & -\varrho^* \overline{w^{*\prime 2}} \end{bmatrix}$$

Aus Symmetriegründen sind nur sechs der neun Komponenten verschieden voneinander und müssen prinzipiell einzeln modelliert werden.

In einem erweiterten Sinne bedeutet Turbulenzmodellierung auch die Aufstellung von Bestimmungsgleichungen für turbulente Zusatzterme in weiteren Bilanzgleichungen. Im Energiesatz als Bilanz für die Gesamtenergie bzw. nach der Aufspaltung in die Summe von Teilenergien treten folgende turbulente Zusatzterme auf, die prinzipiell einzeln modelliert werden müssen (kartesische Koordinaten):

- Reynoldsscher Wärmestromdichtevektor:

$$\vec{q}^{*\prime} = (q_x^{*\prime}, q_y^{*\prime}, q_z^{*\prime}) = (\varrho^* c_p^* \overline{u^{*\prime} T^{*\prime}}, \varrho^* c_p^* \overline{v^{*\prime} T^{*\prime}}, \varrho^* c_p^* \overline{w^{*\prime} T^{*\prime}})$$

- Diffusionsterme (turbulent)

- Dissipationsterme (turbulent)

- Turbulenzproduktionsterme

- Druck-Geschwindigkeits-Korrelationsterme

$\overset{\leftrightarrow}{\tau}{}^{*\prime}$	Reynoldsscher Spannungstensor	$\mathrm{N/m^2}$
$\tau_{ij}^{*\prime}$	Komponenten des Reynoldsschen Spannungstensors	$\mathrm{N/m^2}$
$u^{*\prime}, v^{*\prime}, w^{*\prime}$	Schwankungsgeschwindigkeitskomponenten	$\mathrm{m/s}$
ϱ^*	Dichte	$\mathrm{kg/m^3}$
$\vec{q}^{\,*\prime}$	Reynoldsscher Wärmestromdichtevektor	$\mathrm{W/m^2}$
$q_i^{*\prime}$	Komponenten des Reynoldsschen Wärmestromdichtevektors	$\mathrm{W/m^2}$
$T^{*\prime}$	Temperaturschwankung	K
c_p^*	spezifische isobare Wärmekapazität	$\mathrm{m^2/s^2K}$

PHYSIKALISCHER HINTERGRUND

Die Notwendigkeit zur Turbulenzmodellierung ist unmittelbar mit dem Konzept verknüpft, turbulente Strömungsgrößen in zeitgemittelte und zugehörige Schwankungsgrößen aufzuspalten und anschließend die zeitgemittelten Größen aus geeigneten Differentialgleichungen zu bestimmen. Dieses Vorgehen stellt eine grundsätzliche Alternative zur direkten Lösung der zeitabhängigen Grundgleichungen dar (s. dazu das Stichwort DNS) und war bis vor wenigen Jahren die einzige Möglichkeit, turbulente Strömungen zu berechnen.

Zeitmittelung turbulenter Größen

Das wesentliche Merkmal einer turbulenten Strömung sind stark und weitgehend unregelmäßig schwankende Strömungsgeschwindigkeiten, Drücke und im nichtisothermen Fall auch Temperaturen (s. dazu das Stichwort TURBULENZ). Steht a^* für alle turbulent schwankenden Größen, so können diese wie folgt aufgespalten werden:

$$a^*(\vec{x}^{\,*}, t^*) = \overline{a^*}(\vec{x}^{\,*}) + a^{*\prime}(\vec{x}^{\,*}, t^*) \tag{i}$$

mit:

$$\overline{a^*} = \frac{1}{\Delta t^*} \int_{t_1^*}^{t_1^* + \Delta t^*} a^* \, dt^* \qquad \text{(Mittelwert von } a^*) \tag{ii}$$

$$a^{*\prime} = a^* - \overline{a^*} \qquad \begin{array}{l}\text{(Schwankungswert von } a^* \\ \text{mit } \overline{a^{*\prime}} = 0 \text{ per Definition)}\end{array} \tag{iii}$$

Die schwankende Größe $a^*(\vec{x}^{\,*}, t^*)$ wird also über eine Zeitspanne Δt^* gemittelt. Diese Zeitspanne wird so groß wie nötig gewählt, damit $\overline{a^*}$ unabhängig von Δt^* wird, aber so klein wie möglich, damit ggf. zeitliche Änderungen von $\overline{a^*}$, die „langsam" erfolgen, noch erfasst werden können (dann tritt t^* als Parameter in $\overline{a^*}$ auf, d.h., es handelt sich um zeitabhängige, turbulente Strömungen).

Die beschriebene Zeitmittelung ist eine messtechnisch zu bevorzugende Alternative zu der (unter bestimmten, meist erfüllten Voraussetzungen) gleichwertigen Mittelungen über eine große Anzahl vom Realisierungen derselben Strömungssituation (sog. *Ensemble-Mittelung*). Lediglich für stark instationäre bzw. streng periodische Vorgänge ist diese Form der Mitteilung erforderlich.

Bei kompressiblen Strömungen ist eine alternative Form der Zeitmittelung angebracht, s. dazu die Anmerkung unter BEACHTE.

Herleitung von Gleichungen für zeitgemittelte Größen

Um Bestimmungsgleichungen für die gesuchten zeitgemittelten Größen herzuleiten, müssen die zeitabhängigen Grundgleichungen in folgenden zwei Schritten umgeformt werden:

(S1) Ersetzen aller Momentangrößen (allgemein a^*) durch die Aufspaltung $\overline{a^*} + a^{*\prime}$

(S2) Zeitmittelung der gesamten Gleichungen. Da die Zeitmittelung eine Integration darstellt, ist das Integral über die Summe der einzelnen Terme in der Gleichung gleich der Summe über die Integrale der einzelnen Terme. Darüber hinaus sind die Rechenregeln bei der Mittelwertbildung zu beachten, die sich unmittelbar aus (i) - (iii) ergeben und in der folgenden Tabelle zusammengestellt sind.

1	$\overline{\overline{a^*}} = \overline{a^*}$
2	$\overline{a^* + b^*} = \overline{a^*} + \overline{b^*}$
3	$\overline{\overline{a^*}\,b^*} = \overline{a^*}\,\overline{b^*}$
4	$\overline{a^* b^*} = \overline{a^*}\,\overline{b^*} + \overline{a^{*\prime}b^{*\prime}}$
5	$\overline{\partial a^*/\partial s^*} = \partial \overline{a^*}/\partial s^*$

Wichtige Rechenregeln bei der Mittelwertbildung
(a^*, b^*: allgemeine turbulente Größen)

Nach Ausführung dieser beiden Schritte entstehen aus den Gleichungen für die (zeitabhängigen) Momentangrößen a^* Gleichungen für die entsprechenden zeitgemittelten Größen $\overline{a^*}$. Diese enthalten turbulente Zusatzterme, wenn Produkte aus turbulenten Größen auftreten und damit die entscheidende Rechenregel 4 zur Anwendung kommt (grau herausgehoben). Aus dem Produkt $\overline{a^* b^*}$ entsteht das entsprechende Produkt $\overline{a^*}\,\overline{b^*}$, aber auch der Zusatzterm $\overline{a^{*\prime}b^{*\prime}}$. Dieser wäre dann stets Null, wenn die Größen a^* und b^* unkorreliert zueinander wären und zufällig schwanken würden, weil sich dann positive und negative Anteile von $a^{*\prime}b^{*\prime}$ über einen längeren Zeitraum hinweg gerade vollständig kompensieren würden. Aber: turbulente Größen weisen als wesentliches Merkmal Korrelationen untereinander auf, weil die Schwankungen innerhalb von turbulenten Strukturen entstehen (Turbulenzballen, s. auch „Korrelationen" unter dem Stichwort TURBULENZ). Im vorliegenden Fall handelt es sich um sog. Einpunktkorrelationen, weil beide Größen am selben Ort vorliegen. Dass $\overline{a^{*\prime}b^{*\prime}}$ ungleich Null ist, wenn a^* und b^* dieselbe Größe sind, ist offensichtlich (wie z.B. bei $\overline{u^{*\prime 2}}$, da nur positive Größen unter dem Zeitintegral auftreten). Aber auch Terme wie $\overline{u^{*\prime}v^{*\prime}}$ sind nicht Null, weil u^* nicht unbeeinflußt von v^* schwankt.

Auf diese Weise entstehen in den drei Komponentengleichungen der Navier-Stokes Gleichungen je drei Zusatzterme in den nichtlinearen sog. Trägheitstermen auf den jeweils linken Seiten. Diese werden anschließend auf die andere Seite der Gleichung gebracht und enthalten deshalb alle ein Minuszeichen. Unter Berücksichtigung des Vorfaktors ϱ^* entstehen so die neun Terme des *Reynoldsschen Spanungstensors*, die in der Definitionsbox aufgeführt sind.

Da dies zunächst unbekannte Größen sind, ist das Gleichungssystem aus den drei Impulsgleichungen und der Kontinuitätsgleichung nicht mehr geschlossen, d.h., die Zahl der Gleichungen (4) ist kleiner als die Zahl der Unbekannten (13, nämlich: $\overline{u^*}, \overline{v^*}, \overline{w^*}, \overline{p^*}$ und neun Komponenten $\tau_{ij}^{*\prime}$). Dies nennt man *Schließungsproblem* bei turbulenten Strömungen: weitere Gleichungen sind nötig, um zu einem geschlossenen, lösbaren Gleichungssystem zu gelangen. Dies sind die erforderlichen *Turbulenz-Modellgleichungen*, deren Bestimmung als *Turbulenzmodellierung* bezeichnet wird.

Der Begriff *Reynoldsscher Spannungstensor* weist (neben der Hommage an Osborne Reynolds) bereits auf eine Möglichkeit hin, die zusätzlichen Terme bezüglich ihrer physikalischen Bedeutung zu interpretieren. Danach wirken sie wie zusätzliche Spannungen in der Strömung, die den molekularen Spannungstensor (s. dazu das Stichwort Navier-Stokes Gleichungen unter Physikalischer Hintergrund, Punkt 2.) in allen neun Komponenten ergänzen.

Modellierungsansätze

Da molekulare Spannungen (für Newtonsche Fluide) unter der Wirkung der molekularen Viskosität (dynamische Viskosität η^* bzw. kinematische Viskosität $\nu^* = \eta^*/\varrho^*$) entstehen, besteht deshalb ein weitverbreiteter Modellierungsansatz darin, die molekulare Viskosität so zu modifizieren, dass sie in ihrer Wirkung auch den Reynoldsschen Spannungstensor berücksichtigt. Diese Modifikation besteht nun darin, zur molekularen Viskosität eine zusätzliche turbulente Viskosität (auch: Scheinviskosität, oder: Wirbelviskosität) zu addieren, die allerdings in einer Strömung kein konstanter Wert sein kann, sondern ortsabhängig ist. Diese Vorgehensweise ist sehr attraktiv, weil damit statt neun Modellgleichungen für $\tau_{ij}^{*\prime}$ nur noch eine Modellgleichung für diese scheinbare Viskosität gesucht ist! Nähere Einzelheiten dazu finden sich unter dem Stichwort Wirbelviskosität.

Naturgemäß stoßen solche stark vereinfachten Modellierungsansätze oft an ihre Grenzen (obwohl der Wirbelviskositätsansatz erstaunlich erfolgreich ist). Dann liegt es nahe, das zu tun, was von Anfang an zu fordern war: Modellansätze für die einzelnen Komponenten des Reynoldschen Spannungstensors zu finden. Diese ungleich aufwendigere Art der Turbulenzmodellierung ist unter dem Stichwort Reynolds-Spannungs-Modelle beschrieben.

Die Modellierung weiterer turbulenter Zusatzterme, die z.B. in der Energiegleichung nach einer Zeitmittelung entstehen, erfolgt meist in Anlehnung an die Überlegungen, die zur Wirbelviskosität führten, oder basieren auf physikalischen Vorstellungen von der Wirkung der zu modellierenden Terme in turbulenten Strömungen. Beispiele dafür finden sich unter den bereits genannten Stichwörtern Wirbelviksosität und Reynolds-Spannungs-Modelle.

Anwendungen und Beispiele

Siehe dazu die konkreten Beispiele unter den zuvor genannten Stichwörtern.

Beachte

- **Halbempirischer Charakter von Turbulenzmodellen:** Für die zu modellierenden Komponenten des Reynoldsschen Spannungstensors, $\tau_{ij}^{*\prime}$, können aus den Navier-Stokes Gleichungen (exakte) Bilanzgleichungen abgeleitet werden. Diese sind der Ausgangspunkt für Reynolds-Spannungs-Modelle. Es sieht dann auf den ersten Blick so aus, als sei das Schließungsproblem gelöst, aber: In diesen Bilanzgleichungen treten weitere unbekannte Terme mit sog. Tripelkorrelationen auf (z.B.: $\overline{u^{*\prime}v^{*\prime}w^{*\prime}}$). Eine genauere Analyse ergibt, dass in allen prinzipiell ableitbaren n-ten Momentengleichungen stets Terme höherer Momente vorkommen, so dass auf diesem Wege eine Schließung des Gleichungssystems prinzipiell nicht möglich ist. Auf einem bestimmten „Momentenniveau" muss die Turbulenzmodellierung einsetzen. Da dann stets empirische Information einfließt, z.B. bei der Bestimmung einzelner Modellkonstanten durch den Vergleich von theoretischen Ergebnissen mit experimentellen Daten, besitzen Turbulenzmodelle stets einen zumindest „halbempirischen" Charakter.

- **Vielzahl von Turbulenzmodellen:** Es verwundert vielleicht, wieso im Laufe der Zeit mehrere (und in der Tat sehr viele) Turbulenzmodelle entwickelt worden sind, wo doch ein „universelles Modell", das ganz allgemein die Wirkung der Turbulenz beschreiben könnte, ausreichen würde. Weit über einhundert Jahre Turbulenzforschung haben bis heute leider nicht zu einem solchen universellen Modell geführt, und es gibt gute Gründe für die Annahme, dass ein solches Modell auch in Zukunft nicht verfügbar sein wird. Ein wesentliches Argument in diesem Zusammenhang ist, dass die stets erforderliche empirische Information dann nicht mehr problemspezifisch sein darf, sondern nur alle turbulenten Strömungen betreffende Aussagen enthalten darf. Eine Schließung auf diesem Abstraktionsniveau ist aber nicht in Sicht. Selbst dort, wo das physikalische Verständnis für die Zusammenhänge sehr weit gediehen ist, wie etwa bei der Physik des Kaskadenprozesses, sind strenggenommen gewisse einschränkende Voraussetzungen erforderlich (in diesem Fall: Homogenität und Isotropie der Turbulenz).

- **RANS:** Die zeitgemittelten Navier-Stokes Gleichungen werden im englischsprachigen Raum auch mit der Abkürzung RANS für „**R**eynolds **A**veraged **N**avier-**S**tokes equations" versehen. Damit gibt die „Abkürzungskette" DNS $\rightarrow$ LES $\rightarrow$ RANS die Richtung zunehmender Modellierungsintensität an.

- **Massengewichte Mittelung bei kompressiblen Strömungen:** Die sog. konventionelle Zeitmittelung, die bisher innerhalb dieses Stichwortes zugrundegelegt wurde, ist für kompressible Strömungen nicht geeignet. Ein wesentlicher Grund besteht darin, dass mit dieser Zeitmittelung turbulente Zusatzterme in der Kontinuitätsgleichung entstehen (was im inkompresiblen Fall nicht zutrifft). Diese Zusatzterme, wie z.B. $\partial(\overline{\varrho^{*\prime}u^{*\prime}})/\partial x^{*}$, müssten als „Quellterme" in bezug auf eine Volumenstrombilanz interpretiert werden, die einer Formulierung in $\overline{u^{*}}, \overline{v^{*}}$ und $\overline{w^{*}}$ letztlich zugrundeliegt. Bei kompressiblen Strömungen sollte jedoch von einer Massenstrombilanz ausgegangen werden (für diese kann es keine „Quellterme" geben, weil der Massenstrom eine Erhaltungsgröße ist). Dies wird erreicht, wenn nicht die Geschwindigkeit $\vec{v}^{*} = (u^{*}, v^{*}, w^{*})$, sondern die Stromdichte $\varrho^{*}\vec{v}^{*} = (\varrho^{*}u^{*}, \varrho^{*}v^{*}, \varrho^{*}w^{*})$ zeitgemittelt wird.

  Eine solche _massengewichtete Mittelung_ einer allgemeinen Größe a^{*} ist deshalb wie folgt definiert:

mit:
$$a^*(\vec{x}^*, t^*) = \overset{\cdots}{\tilde{a}^*}(\vec{x}^*) + a^{*\prime\prime}(\vec{x}^*, t^*)$$

$$\overset{\cdots}{\tilde{a}^*} = \frac{1}{\overline{\varrho^*}\triangle t^*} \int_{t_1^*}^{t_1^*+\triangle t^*} \varrho^* a^* dt^* \quad \text{(massengewichteter Mittelwert von } a^*\text{)}$$

$$a^{*\prime\prime} = a^* - \overset{\cdots}{\tilde{a}^*} \qquad \text{(massengewichteter Schwankungswert}$$
$$\text{von } a^* \text{ mit } \overline{\varrho^* a^{*\prime\prime}} = 0, \text{ aber } \overline{a^{*\prime\prime}} = -\overline{\varrho^{*\prime} a^{*\prime\prime}}/\overline{\varrho^*} \neq 0)$$

Diese Mittelung wird gelegentlich auch „Favre-Mittelung" genannt. Zu weiteren Einzelheiten s. Favre (1965) und Herwig (2002).

WEITERFÜHRENDE LITERATUR

Standard-Werke zur Strömungsmechanik, s. die Liste am Ende des Buches.

- speziell zu massengewichteter Mittelung:

Favre, A. (1965): *Équatious des gaz turbulents compressibles*, J. de Mécanique **4**, 361-390(partI), 391-421(partII)

Herwig, H. (2002): *Strömungsmechanik*, Springer-Verlag, Berlin, Heidelberg, New York

Überschallströmung
(supersonic flow)

Siehe dazu das Stichwort KOMPRESSIBLE STRÖMUNG, dort unter PHYSIKALISCHER HINTERGRUND

Variable Stoffwerte
(variable properties)

Bedeutung und Definition

Es handelt sich um die Temperatur- und Druckabhängigkeit physikalischer Stoffwerte wie z.B. der Dichte oder der Viskosität. Bei der Berechnung von Impuls-, Wärme- und Stoffübertragungsproblemen werden diese Stoffwerte häufig als konstant angenommen, obwohl sie in der Realität eine mehr oder weniger starke Abhängigkeit von der Temperatur und dem Druck aufweisen.

	Definition	
	Unter dem Begriff „Einfluss variabler Stoffwerte" versteht man diejenigen Änderungen in den interessierenden Endergebnissen bei der Berechnung von Impuls-, Wärme- und Stoffübertragungsproblemen, die bei einer Berechnung unter Berücksichtigung variabler Stoffwerte gegenüber derjenigen bei Annahme konstanter Stoffwerte auftreten. Es handelt sich also ausschließlich um einen Aspekt der Modellierung physikalischer Vorgänge (mit analytischen und/oder numerischen Methoden), da das Konstrukt „konstante Stoffwerte" in der Realität nicht existiert.	

Physikalischer Hintergrund

Der Ausgangspunkt für die nachfolgenden Überlegungen ist die Tatsache, dass alle physikalischen Stoffwerte grundsätzlich temperatur- und druckabhängig sind. Diese Abhängigkeiten sind in vielen Fällen jedoch so schwach, dass ihre Einflüsse auf die interessierenden Endergebnisse klein und deshalb in erster Näherung vernachlässigbar sind. Dies kann zwei Ursachen haben.

- Die Stoffwerte selbst sind nur schwach von der Temperatur und/oder dem Druck abhängig.

- Die in dem betrachteten Problem vorkommenden Temperatur- und/oder Druckunterschiede sind nur gering. Extremfälle in diesem Sinne sind isotherme und/oder isobare Strömungen bzw. Zustandsänderungen.

Will man den Einfluss variabler Stoffwerte jedoch berücksichtigen, so ist dies auf grundsätzlich zwei Wegen möglich:

1. Die (T^*, p^*)-Stoffwertabhängigkeiten werden von vornherein für den konkreten Fall berücksichtigt. Die so erhaltenen Ergebnisse gelten dann jedoch nur für den jeweils betrachteten Stoff und die speziell gewählten Randbedingungen (z.B. Wärmeübertragung in Luft bei konstanter Wandtemperatur und einem bestimmten Druck).

2. Die Effekte der (T^*, p^*)-Stoffwertabhängigkeiten werden nachträglich in den (allgemeinen) Ergebnissen, die unter der Annahme konstanter Stoffwerte erzielt wurden, berücksichtigt. Dies kann auf empirischem Wege geschehen oder mit Hilfe asymptotischer Betrachtungen auf rational-analytischem Wege, s. dazu den nachfolgenden Abschnitt ANWENDUNGEN UND BEISPIELE.

Im Zusammenhang mit Wärmeübertragungsproblemen steht die Temperaturabhängigkeit der Stoffwerte im Vordergrund. Die Druckabhängigkeit bleibt häufig vollständig unberücksichtigt. Dies ist gerechtfertigt, da die Stoffwerte mit Ausnahme der Dichte von Gasen generell eine nur sehr schwache Abhängigkeit vom Druck aufweisen (s. dazu das Stichwort FLUID). Die starke Druckabhängigkeit der Dichte bei Gasen führt zu deren Berücksichtigung im Rahmen der Theorie kompressibler Strömungen.

ANWENDUNGEN UND BEISPIELE

1. *Systematische Bestimmung der Effekte temperaturabhängiger Stoffwerte aus den jeweiligen Grundgleichungen*

Eine asymptotische Theorie temperaturabhängiger Stoffwerte kann das vollständige Ergebnis unter Berücksichtigung aller Effekte temperaturabhängiger Stoffwerte als eine asymptotische Reihe (Entwicklung nach einem Wärmeübertragungs-Störparameter) darstellen, deren führender Term das Ergebnis für konstante Stoffwerte ist. Der Einfluss temperaturabhängiger Stoffwerte wird somit durch die nachfolgenden Terme systematisch und bis zu einer jeweils festzulegenden Genauigkeit erfasst. Darüber hinaus gelingt es, diese Entwicklung so allgemein zu formulieren, dass die asymptotischen Endergebnisse für alle (kleinen) Heizraten und alle (Newtonschen) Fluide gelten und nur noch für den jeweiligen konkreten Fall zahlenmäßig spezifiziert werden müssen.

So gilt bei Einführung des Störparameters $\epsilon = \Delta T^*/T_B^*$ (ΔT^*: charakteristische Temperaturdifferenz des Problems; T_B^*: Bezugstemperatur) z.B. für den Wärmeübergang in Form der Nußelt-Zahl:

$$\mathrm{Nu} = \underbrace{\mathrm{Nu}_{cp}}_{\substack{\text{konstante}\\\text{Stoffwerte}}} + \underbrace{\epsilon N_1 + \epsilon^2 N_2 + \ldots}_{\substack{\text{Korrektur aufgrund von}\\\text{Effekten variabler Stoffwerte}}} \tag{$*$}$$

Der Index cp steht für „constant properties" (konstante Stoffwerte).

Zu den Ergebnissen in Form von $(*)$ gelangt man für ein bestimmtes Problem, dessen Grundgleichungen und Randbedingungen bekannt sind, auf folgendem Weg, aufgeteilt in vier Schritte S1-S4:

S1: Formulierung der vollständigen Grundgleichungen und Randbedingungen in dimensionsloser Form.

S2: Entwicklung aller vorkommenden Stoffwerte in Taylor-Reihen bzgl. der Temperatur. Diese lauten in dimensionsloser Form für die allgemeine Größe $\alpha = \varrho, \eta, \lambda, c_p, ...$

$$\alpha = \frac{\alpha^*}{\alpha_B^*} = 1 + \epsilon K_{\alpha 1}\Theta + \frac{1}{2}\epsilon^2 K_{\alpha 2}\Theta^2 + ..., \quad \epsilon = \frac{\Delta T^*}{T_B^*}$$

$$\Theta = \frac{T^* - T_B^*}{\Delta T^*} \quad ; \quad K_{\alpha 1} = \left(\frac{\partial \alpha^*}{\partial T^*}\frac{T^*}{\alpha^*}\right)_B \quad ; \quad K_{\alpha 2} = \left(\frac{\partial^2 \alpha^*}{\partial T^{*2}}\frac{T^{*2}}{\alpha^*}\right)_B$$

Anschließend daran erfolgt die Entwicklung aller abhängigen Variablen des Problem in der Form

$$A = A_{cp} + \epsilon \sum_\alpha K_{\alpha 1} A_\alpha + \epsilon^2 ..., \quad A = u, v, p, T, ...$$

wobei A_α problemspezifische Einflussfunktionen sind, die aber unabhängig von ϵ und $K_{\alpha 1}$ für das jeweilige Problem gelten.

S3: Einsetzen der Entwicklungen für α und A in die Grundgleichungen und Herleitung von Gleichungsystemen der Ordnung $O(1), O(\epsilon), ...$, die aufgrund der Ansätze jeweils wiederum frei von $\epsilon, K_{\alpha 1}, K_{\alpha 2}, ...$ sind. Anschließend (meist numerische) Lösung der Gleichungen und daraus Bestimmung der Einflussfunktionen A_α der Ordnung $O(\epsilon)$ sowie der höheren Ordnungen $O(\epsilon^2)$, ...

S4: Aufstellen der Endbeziehungen wie für die Nußelt-Zahl in Gleichung $(*)$ gezeigt. Aufgrund der asymptotischen Entwicklungen sind die Einflussfunktionen $N_1, N_2, ...$ in $(*)$ frei von ϵ und einfache Kombinationen der Stoffwerte $K_{\alpha 1}, K_{\alpha 2}, ...$ sowie deren Einflussfunktionen A_α aus Schritt S3. Sie gelten für alle ϵ (Wärmeübertragungsraten) und alle Newtonschen Fluide. Diese unterscheiden sich nur durch verschiedene Zahlenwerte für $K_{\alpha 1}, K_{\alpha 2}, ...$ voneinander.

Auf diese Weise gelingt es, allgemeingültige rationale Beziehungen für die jeweiligen Probleme zu formulieren. Diese Vorgehensweise ist auf laminare und turbulente Strömungen gleichermaßen anwendbar, wobei im Falle turbulenter Strömungen die generelle Problematik der Turbulenzmodellierung hinzukommt.

2. *Bestimmung des Einflusses variaber Stoffwerte für die laminare Plattengrenzschicht bei $T_W^* = $ const*

Die im vorigen Beispiel beschriebene asymptotische Methode führt für die laminare Plattengrenzschicht zu folgenden allgemeingültigen asymptotischen Endergebnissen:

- Für die Wandschubspannung $\tau_W^*(x^*)$ als $c_f \equiv \dfrac{2\tau_W^*(x^*)}{\varrho_\infty^* u_\infty^{*2}}$:

$$c_f \sqrt{\mathrm{Re}_x} = \left[c_f \sqrt{\mathrm{Re}_x}\right]_{cp} + \epsilon C_1 + \epsilon^2 C_2 ... \qquad (**)$$

- Für die Wandwärmestromdichte $q_W^*(x^*)$ als $\mathrm{Nu} \equiv \dfrac{q_W^*(x^*)\, x^*}{\lambda_\infty^*(T_W^* - T_\infty^*)}$:

$$\frac{\mathrm{Nu}}{\sqrt{\mathrm{Re}_x}} = \left[\frac{\mathrm{Nu}}{\sqrt{\mathrm{Re}_x}}\right]_{cp} + \epsilon N_1 + \epsilon^2 N_2 + ... \qquad (***)$$

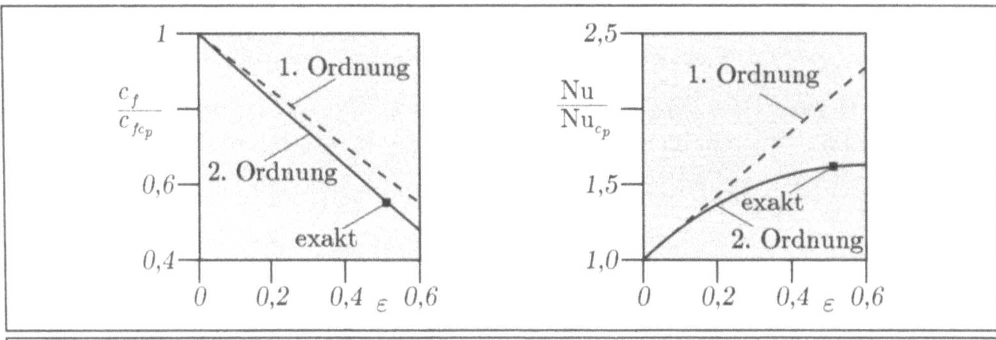

**Reibungsbeiwert und Nußelt-Zahl für die Plattengrenzschicht
Einfluß variabler Stoffwerte bei Wasser**

Dabei sind C_1, C_2, N_1 und N_2 Kombinationen aus den Einflussfunktionen A_α (die als Funktionen der Prandtl-Zahl *einmal* zu bestimmen sind) und den Stoffwerten $K_{\alpha 1}, K_{\alpha 2}, ...$, die bekannt sind, sobald man sich für ein Newtonsches Fluid entschieden hat, für das die Ergebnisse ausgewertet werden sollen.

Das Bild zeigt die Ergebnisse (∗∗) und (∗ ∗ ∗), ausgewertet für Wasser bei einer Bezugstemperatur $T_\infty^* = 278$ K. Bereits der erste Korrekturterm (ϵC_1 bzw. ϵN_1 ; Theorie 1. Ordnung) erfasst die wesentlichen Effekte.

Mit zwei Korrekturtermen ($\epsilon C_1 + \epsilon^2 C_2$ bzw. $\epsilon N_1 + \epsilon^2 N_2$; Theorie 2. Ordnung) liegen die Ergebnisse selbst für große Werte von ϵ (d.h. große Temperaturdifferenzen $T_W^* - T_\infty^*$) sehr nahe an den Lösungen, die von vornherein die vollständigen Stoffwertabhängigkeiten berücksichtigen, wie das Beispiel (■ = exakte Lösung) in den Diagrammen zeigt.

Weitere Einzelheiten können der Originalarbeit Gersten, Herwig (1984) entnommen werden.

BEACHTE

❏ **Variable Stoffwerte bei natürlicher Konvektion:** Im Zusammenhang mit natürlichen Konvektionsströmungen ist eine Näherung im üblichen Sinne der Annahme konstanter Stoffwerte irreführend. Die Strömung kommt überhaupt nur zustande, weil die Dichte variabel ist. „Konstante Stoffwerte" meint dann: Konstante Werte der physikalischen Stoffwerte mit Ausnahme der Dichte und für diese eine Temperaturabhängigkeit nur in dem Maße, wie sie zur Erzeugung von Auftriebseffekten erforderlich ist (s. dazu auch das Stichwort BOUSSINESQ-APPROXIMATION).

WEITERFÜHRENDE LITERATUR

Gersten, K.; Herwig, H. (1992): *Strömungsmechanik*, Vieweg Verlag, Braunschweig/Wiesbaden

Herwig, H. (1985): *Asymptotische Theorie zur Erfassung des Einflusses variabler Stoffwerte auf Impuls- und Wärmeübertragung*, VDI-Fortschritt-Berichte, Reihe 7, Nr. 93

Gersten, K.; Herwig, H. (1984): *Impuls- und Wärmeübertragung bei variablen Stoffwerten für die laminare Plattenströmung*, Wärme- und Stoffübertragung **18**, 25-35

Venturi-Rohr
(venturi flow meter)

Siehe dazu das Stichwort STRÖMUNGSMESSTECHNIK, dort unter ANWENDUNGEN UND BEISPIELE

Verdichtungsstoß
(shock wave)

BEDEUTUNG UND DEFINITION

Es handelt sich um eine als unstetige Zustandsänderung modellierbare hochgradig nichtlineare Wellenfront, die unter bestimmten Voraussetzungen in einem Strömungsfeld entsteht und wegen der starken Dichteänderung auf kurzen Abständen auch als *Verdichtungsstoß* bezeichnet wird. Aussagen zur Fortpflanzungsgeschwindigkeit dieser sog. *Stoßwelle* bzw. zu den Strömungsgeschwindigkeiten vor und hinter ihr sind entscheidend von
der Wahl des Bezugssystems abhängig. Zwei aufschlussreiche und technisch relevante
Situationen sind

- die Ausbreitung von Stoßwellen in einem zunächst ruhenden Fluid (instationärer Vorgang in einem Bezugssystem, in dem das Fluid vor dem Stoß in Ruhe ist)

- die Veränderung einer Strömung über einen Stoß hinweg (stationärer Vorgang in einem
  Bezugssystem, in dem der Stoß örtlich fixiert ist).

In beiden Fällen liegt eine vergleichbare physikalische Situation vor, was die Zustandsänderungen über den Stoß hinweg betrifft.

Definition
Unter einer Stoßwelle (Verdichtungsstoß) versteht man eine Welle in einem gas-förmigen Fluid, die sich aufgrund eines nichtlinearen Entwicklungsprozesses ausbildet. Auf einer extrem kurzen Breite von wenigen freien Weglängen eines Gases (Stoßbrei-te) treten dabei endliche Unterschiede in nahezu allen strömungsmechanischen und thermodynamischen Größen, insbesondere in der Dichte, dem Druck, der Tempera-tur und der Geschwindigkeit über die Stoßwelle hinweg auf. Wegen der markanten Dichteänderung spricht man deshalb von einem *Verdichtungsstoß*.   Bei Stoßwellen handelt es sich um *Kompressionswellen*, d.h., der Druck hinter der Stoßwelle ist größer als vor ihr. Da mit einem Verdichtungsstoß eine Entropieerzeu-gung aufgrund dissipativer Vorgänge verbunden ist, sind analoge *Expansions*wellen als Wellen extrem kleiner Breite nicht möglich. Damit wäre eine Entropievernichtung verbunden, was nach dem 2. Hauptsatz der Thermodynamik ausgeschlossen ist.   Wegen der extrem kleinen Stoßbreite kann eine Stoßwelle in guter Näherung als eine Unstetigkeit bezüglich der Größen modelliert (beschrieben) werden, die sich über den Stoß hinweg verändern.

PHYSIKALISCHER HINTERGRUND

Wellen in Strömungen entstehen ausgehend von zeit- und raumabhängigen lokalen Störungen und sind durch das Gleichgewicht von Fluidträgheitskräften und
Rückstellkräften gekennzeichnet. Im Fall der SCHALLWELLEN und der hier betrachteten Stoßwellen sind die Rückstellkräfte nicht von außen aufgeprägt (wie z.B. in Form

der Schwerkraft), sondern entstehen aufgrund der fluideigenen Kompressibilität im Fluid selbst. Die Fortbewegung solcher Wellen ist die Folge molekularer Wechselwirkungen im Fluid, so dass die Fortbewegungsgeschwindigkeit der Wellen nicht mit den möglicherweise vorhandenen örtlichen Strömungsgeschwindigkeiten verwechselt werden darf.

Anders als bei Schallwellen, die wegen infinitesimal kleiner Amplituden der Anfangsstörung eine im Zuge der Fortbewegung unveränderte Wellenform besitzen, liegt bei Störungen endlicher („großer") Amplituden eine sog. nichtlineare Wellenausbreitung vor. Diese besitzt die entscheidende Eigenschaft, dass die Wellenform nicht erhalten bleibt. Deshalb kommt es im konkreten Fall der Stoßwellen auf kürzesten Abständen zu immmer steileren Wellenfronten, die dann als nahezu sprungförmige Zustandsänderungen (Stöße) wahrgenommen werden, wie im folgenden näher ausgeführt wird.

Entstehung von Stoßwellen

Schallwellen behalten ihre anfangs aufgeprägte Wellenform (d.h. die Form der ursprünglich aufgeprägten Störung) auch während der Ausbreitung bei.

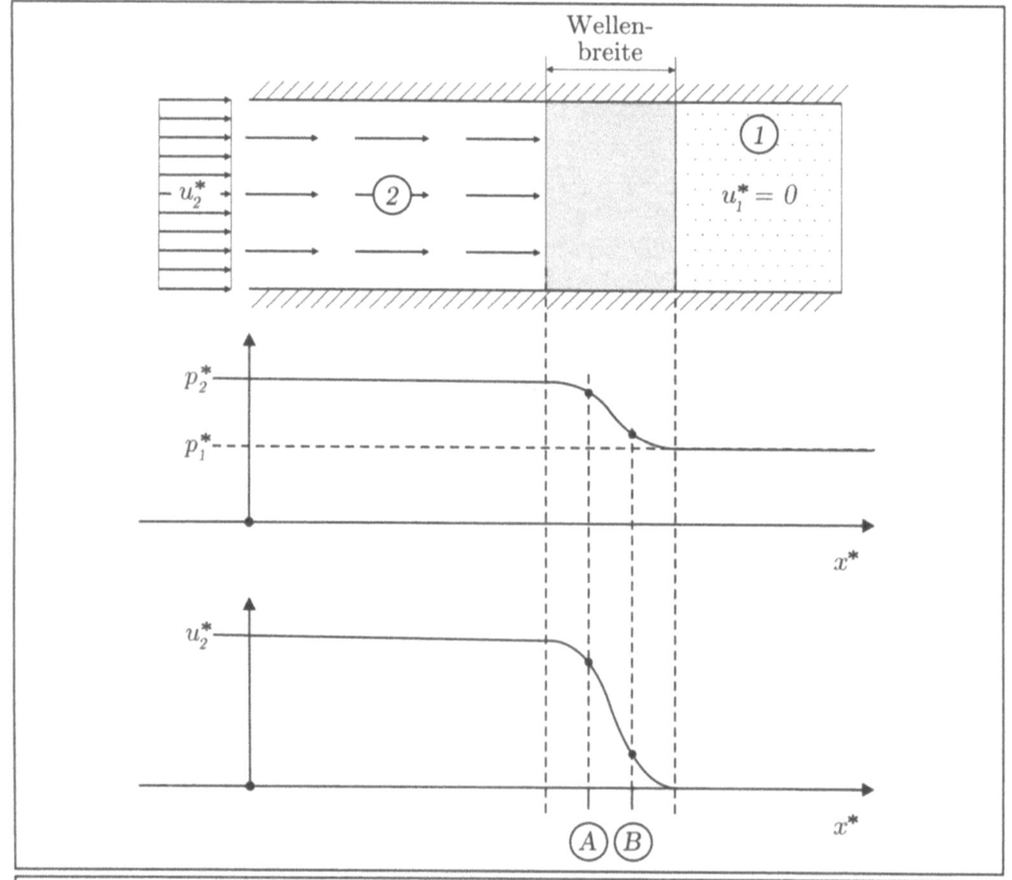

Momentaufnahme einer durchlaufenden Welle (ebene Strömung)
(Fortpflanzungsgeschwindigkeit w^*)

Das vorhergehende Bild zeigt eine solche Wellenform, die entstanden sein kann, weil von links ein Kolben zu einer bestimmten Zeit in dem gezeigten Rohr in Bewegung gesetzt worden ist. Dabei hat er eine Anfangsstörung (z.B. Druckerhöhung) erzeugt, die in Form der gezeigten Welle in das ruhende Fluid läuft und im weiteren dafür sorgt, dass das Fluid mit der konstanten Geschwindigkeit u_2^* hinter der Welle strömt.

Für eine schwache Störung $((p_2^* - p_1^*) \to 0)$ liegt eine Schallwelle vor, deren Wellenform unverändert bleibt, und die sich mit der örtlichen Schallgeschwindigkeit a_1^* nach rechts in das ruhende Fluid bewegt.

Wenn aber die Amplituden groß werden, d.h., z.B. die Druckstörung $p_2^* - p_1^*$ groß wird, so liegt eine andere Situation vor. Dies wird deutlich, wenn die Ausbreitungsgeschwindigkeit der Druckstörung in den Punkten Ⓐ und Ⓑ des vorhergehenden Bildes betrachtet wird. Der höhere Druck bei Ⓐ ergibt dort im Vergleich zu Ⓑ eine erhöhte Temperatur und damit eine gegenüber dem Punkt Ⓑ erhöhte Schallgeschwindigkeit $a_A^* = \sqrt{\kappa R^* T_A^*}$. Die Druckstörungen bei Ⓐ und Ⓑ breiten sich aber gemäß ihrer jeweiligen Schallgeschwindigkeiten, erhöht um die lokalen Strömungsgeschwindigkeiten (zusätzlicher konvektiver Transport), aus. Auch diese sind bei Ⓐ größer als bei Ⓑ , so dass insgesamt die Störung bei Ⓐ schneller nach rechts läuft, als diejenige bei Ⓑ . Die Wellenfront wird dadurch steiler und schließlich (nahezu) senkrecht, was dann als Verdichtungsstoß bezeichnet wird. In realen Situationen findet diese Ausbildung steiler Fronten (Stöße) auf kürzesten Lauflängen statt, so dass es sehr schnell zur Bildung von Stoßwellen kommt, wenn die Störungen entsprechend groß sind.

Ausbreitung von Stoßwellen in einem ruhenden Fluid (instationäre Betrachtung)

Die im zuvor gezeigten Bild skizzierten Verhältnisse treten in einem sog. Stoßwellenrohr (engl.: shock tube) auf. Die Welle hat dabei den Charakter eines geraden, ebenen Stoßes. Das Stoßwellenrohr ist ein insgesamt geschlossenes Rohr, das von einer Membran in zwei getrennte Kammern unterteilt wird, wobei in der linken Kammer ein hoher Druck p_2^* und in der rechten Kammer ein niedriger Druck p_1^* herrscht. Die Zerstörung der Membran führt dann bei einem hinreichend großen Druckunterschied zwischen dem Hochdruck- und dem Niederdruckraum zu einer Stoßwelle, die in den Niederdruckraum hineinläuft und zu den im Bild gezeigten Verhältnissen in der Umgebung der Stoßwelle führt. Anders als im Bild besitzt sie aber nur noch eine Stoßbreite von wenigen freien Weglängen und wirkt deshalb wie ein „Sprung", bzw. Stoß.

Eine genauere Analyse (s. die am Ende des Stichwortes angegebenen Literaturhinweise) ergibt nun folgendes:

* Die Stoßwelle besitzt eine Fortpflanzungsgeschwindigkeit w^*, für die gilt:

$$w^* = a_1^* \sqrt{1 + \frac{\kappa + 1}{2\kappa} \left(\frac{p_2^*}{p_1^*} - 1 \right)}$$

Sie bewegt sich also mit Überschallgeschwindigkeit in das ruhende Fluid (Zustand①).

* Hinter dem Stoß entsteht eine Geschwindigkeit u_2^* als

$$u_2^* = \frac{a_1^*}{\kappa} \left(\frac{p_2^*}{p_1^*} - 1 \right) \sqrt{\frac{2\kappa}{\kappa + 1} \Big/ \left(\frac{p_2^*}{p_1^*} + \frac{\kappa - 1}{\kappa + 1} \right)}$$

Diese Geschwindigkeit nimmt im Grenzfall $p_2^*/p_1^* \to \infty$ den endlichen Wert $u_2^* = a_2^*\sqrt{2/\kappa(\kappa-1)}$ an, was für $\kappa = 1,4$ einer Machzahl $\mathrm{Ma}_2 = 1,89$ entspricht. Für große Druckverhältnisse liegt also hinter dem Verdichtungsstoß eine Überschallströmung vor.

- Über den Stoß hinweg gilt $\varrho_2^* > \varrho_1^*$, $T_2^* > T_1^*$, wobei die genauen Verhältnisse wie bereits bei w^* und u_2^* als Funktion des Druckverhältnisses p_2^*/p_1^* formuliert werden können. Dieses Druckverhältnis ist der fundamentale Parameter für dieses Problem und sollte deshalb als „unabhängige Variable" in der Formulierung verwendet werden.

Verdichtungsstöße in einer stationären Überschallströmung (stationäre Betrachtung)

Im Fall des Stoßwellenrohres war eine Beschreibung der Verhältnisse gewählt worden, bei der die Stoßfront instationär in ein ruhendes Fluid hineinläuft. Wenn das Koordinatensystem nun mit der konstanten Geschwindigkeit w^* bewegt wird (im Bild also mit w^* nach rechts), so ist der Stoß bzgl. dieses Koordinatensystems in Ruhe und es liegt insgesamt eine stationäre Strömungssituation vor. In der so gewählten Anordnung ist dies dann eine Strömung, die von rechts nach links, also entgegen der zunächst gewählten x-Koordinate läuft. Um positive Geschwindigkeitswerte zu erhalten, wird die Anordnung um die senkrechte Achse geklappt, was dann einer Situation wie im nachfolgenden Bild entspricht (die Wellenfront ist jetzt als quasi-Diskontinuität eingezeichnet).

Diese Strömungssituation wird sinnvollerweise so interpretiert, dass eine Überschallströmung mit der Machzahl $\mathrm{Ma}_1 = u_1^*/a_1^* > 1$ unter bestimmten Umständen eine Verdichtung durch einen Verdichtungsstoß erfährt.

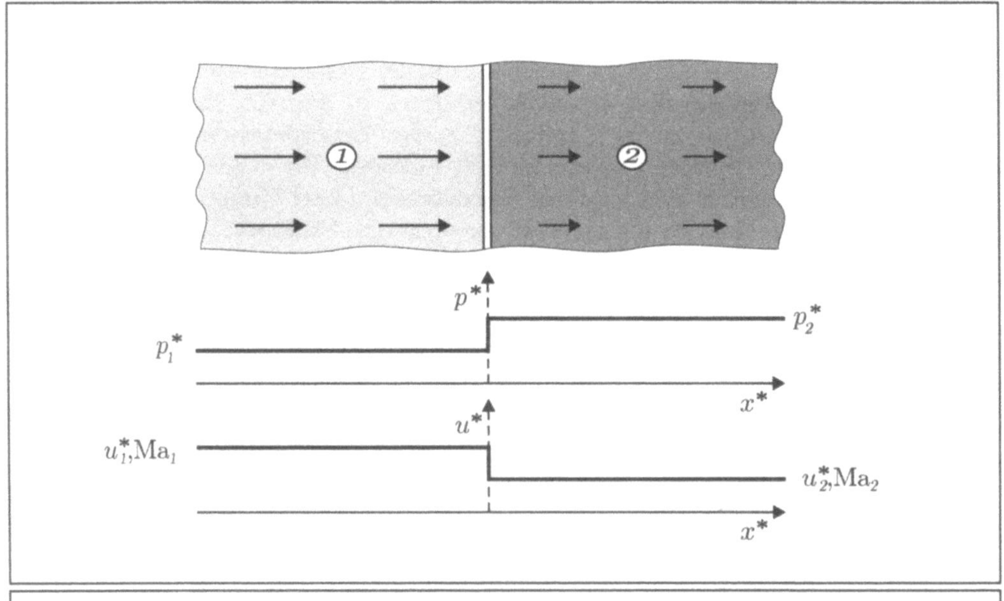

Stationäre ebene Strömung mit Verdichtungsstoß

Eine solche Situation tritt auf, wenn Überschallströmungen so stark verzögert werden, dass es in Teilgebieten des Strömungsfeldes zu Unterschallströmungen kommen muss. Beispiele hierfür sind Strömungen in LAVAL-DÜSEN mit nicht angepasstem Druckverhältnis oder Strömungen in der Nähe des Staupunktes eines mit Überschall angeströmten stumpfen Körpers.

Eine genauere Analyse der Verhältnisse vor und hinter einem solchen ebenen, geraden Verdichtungsstoß (gerade: senkrecht zur Anströmung) ergibt folgende Aussagen, die jetzt zweckmäßigerweise mit der Anström-Mach-Zahl Ma_1 als „unabhängige Variable" formuliert werden.

- Hinter dem Verdichtungsstoß herrscht stets Unterschallströmung mit der Mach-Zahl

$$\mathrm{Ma}_2 = \sqrt{\frac{1 + (\kappa - 1)\mathrm{Ma}_1^2/2}{\kappa \mathrm{Ma}_1^2 - (\kappa - 1)/2}}$$

wobei $\mathrm{Ma}_2 = 1$ für $\mathrm{Ma}_1 \to 1$ gilt. Für $\kappa = 1,4$ ergibt sich $\mathrm{Ma}_2 = 0,378$ für $\mathrm{Ma}_1 \to \infty$.

- Über den Verdichtungsstoß hinweg gilt $\varrho_2^* > \varrho_1^*$, $p_2^* > p_1^*$, $T_2^* > T_1^*$, wobei die genauen Verhältnisse sinnvollerweise als Funktionen der Anström-Mach-Zahl dargestellt werden.

Entropiebetrachtung

Die Entropie eines Reinstoffes (kein Gemisch) ist generell wie jede seiner Zustandsgrößen eine Funktion nur zweier Variablen, also z.B. des Druckes und der Temperatur. Für ein ideales Gas ist dies folgende besonders einfache Beziehung, hier formuliert als Differenz der Entropie bei zwei Zuständen ① und ② :

$$s_2^* - s_1^* = c_p^* \ln\frac{T_2^*}{T_1^*} - R^* \ln\frac{p_2^*}{p_1^*}$$

wobei c_p^* die als konstant unterstellte spezifische Wärmekapazität bei konstantem Druck und R^* die spezielle Gaskonstante ist. Da sowohl die Druck- als auch die Temperaturerhöhung (z.B. als Funktion der Mach-Zahl Ma_1) für einen bestimmten Stoß eindeutig festliegen, ist damit auch die Erzeugung der spezifischen Entropie ($s_2^* - s_1^*$) unmittelbar bekannt. Zusätzlich kann mit dieser Beziehung gezeigt werden, dass „Verdünnungsstöße" dem zweiten Hauptsatz der Thermodynamik widersprächen, da dann eine Entropievernichtung stattfinden würde.

Im Grenzfall schwacher Stöße ($p_2^*/p_1^* \to 1$, $T_2^*/T_1^* \to 1$) findet keine Entropieerhöhung statt, $(s_2^* - s_1^*) \to 0$, es entsteht dann die physikalische Situation der isentropen Schallausbreitung mit Ma = 1.

Die beschriebene Entropieerzeugung entspricht physikalisch einem Dissipationsprozess. Dieser wiederum ist eine interne Umverteilung zwischen mechanischer und innerer Energie, ohne dass sich dabei die Gesamtenergie ändert. Dies ist an der nachfolgenden Energiebetrachtung zu erkennen.

Energiebetrachtung (Hugoniot-Beziehung)

Da die Strömung „auf ihrem Weg durch den Stoß" keine Energiezufuhr von außen erfährt (weder in Form von übertragener Wärme, noch von Arbeit die von außen geleistet würde), bleibt die Gesamtenergie der Strömung über den Stoß hinweg konstant. Dabei entspricht die Gesamtenergie der Summe aus der thermischen Energie e^* (spezifische innere Energie) und der mechanischen Energie $p^*/\varrho^* + u^{*2}/2$, s. dazu auch das Stichwort ENERGIEGLEICHUNGEN.

Über den Stoß hinweg gilt also

$$e_2^* + \frac{p_2^*}{\varrho_2^*} + \frac{u_2^{*2}}{2} = e_1^* + \frac{p_1^*}{\varrho_1^*} + \frac{u_1^{*2}}{2}$$

Mit Hilfe der gleichzeitig geltenden Kontinuitätsgleichung $\varrho_2^* u_2^* = \varrho_1^* u_1^*$ und der Impulsgleichung $p_2^* + \varrho_2^* u_2^{*2} = p_1^* + \varrho_1^* u_1^{*2}$ läßt sich daraus durch elementare Umformungen folgender aussagekräftige Zusammenhang ableiten ($v^* = 1/\varrho^*$):

$$e_2^* - e_1^* = - \left[\frac{p_1^* + p_2^*}{2}(v_2^* - v_1^*) \right]$$

der *Hugoniot-Beziehung* genannt wird. Er verknüpft ausschließlich thermodynamische Größen (e^*, p^*, v^* bzw. ϱ^*) miteinander und lässt unmittelbar erkennen, dass der Gewinn an thermischer Energie (linke Seite der Gleichung) einem Verlust an mechanischer Energie ([...] auf der rechten Seite der Gleichung) entspricht.

ANWENDUNGEN UND BEISPIELE

Bestimmung des Zustandes hinter dem Stoß mit Hilfe der Hugoniot-Kurve

Da die Zustandsgröße e^* (spezifische innere Energie) eines Reinstoffes durch zwei andere Zustandsgrößen ausgedrückt werden kann, gibt es einen eindeutigen Zusammenhang $e^* = e^*(p^*, v^*)$. Wenn dieser in der Hugoniot-Beziehung verwendet wird, so folgt daraus ein Zusammenhang

$$f(p_1^*, p_2^*, v_1^*, v_2^*) = 0 \ ,$$

also eine Verknüpfung der Größen p^*, v^* vor und hinter dem Verdichtungsstoß. Wenn die Größen p_1^*, v_1^* vor dem Stoß festliegen, müssen die beiden Größen p_2^*, v_2^* dem festen Zusammenhang $p_2^* = g(v_2^*; p_1^*, v_1^*)$ folgen, der sich unmittelbar aus $f(p_1^*, p_2^*, v_1^*, v_2^*) = 0$ ergibt. Dies ist z.B. in einem (p^*, v^*)-Diagramm eine bestimmte Kurve durch den Punkt (p_1^*, v_1^*), die aus naheliegenden Gründen *Hugoniot-Kurve* genannt wird. Das nachfolgende Bild zeigt den qualitativen Verlauf einer solchen Kurve. Alle Zustände hinter dem Stoß (mit p_1^*, v_1^* vor dem Stoß) müssen auf dieser Kurve liegen, wobei sich unterschiedlich starke Stöße jetzt durch unterschiedliche Geschwindigkeiten u_1^* vor dem Stoß unterscheiden. Aber: Welcher Stoß liegt wo?

Wiederum aus der Kontinuitätsgleichung und der Impulsgleichung lässt sich durch elementare Umformungen folgender Zusammenhang gewinnen:

$$\frac{p_2^* - p_1^*}{v_2^* - v_1^*} = - \left(\frac{u_1^*}{v_1^*} \right)^2$$

Dies ist ein weiterer Zusammenhang zwischen p_2^* und v_2^*, diesmal in der allgemeinen Form $p_2^* = \hat{g}(v_2^*; p_1^*, v_1^*, u_1^*)$. Dieser legt im (p^*, v^*)-Diagramm eine Gerade mit der (bekannten)

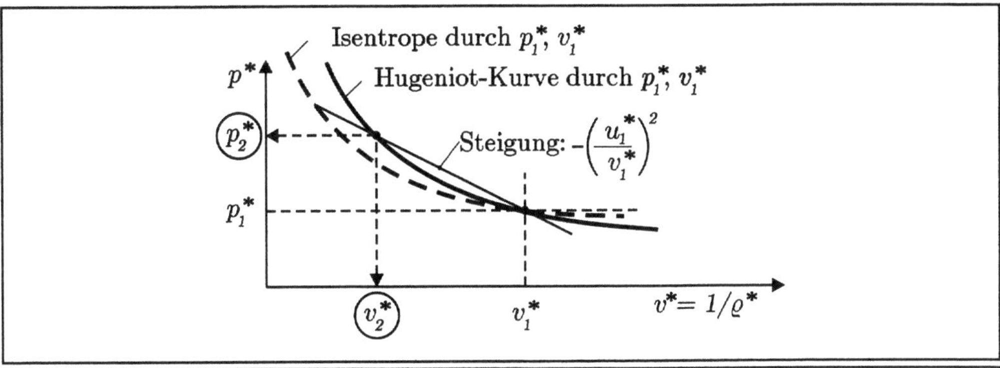

Prinzipieller Verlauf der Hugeniot-Kurve durch den Punkt (p_1^*, v_1^*)

Bestimmung des gesuchten Zustandes p_2^*, v_2^* hinter dem Stoß

Steigung $-(u_1^*/v_1^*)^2$ fest und erlaubt deshalb unmittelbar den gesuchten Zustand p_2^*, v_2^* aus dem Schnittpunkt mit der Hugoniot-Kurve zu bestimmen.

Die zusätzlich eingezeichnete Isentrope ($s^* = \text{const}$) zeigt wieder, dass ein Stoß anisotrop verläuft. Man sieht aber auch, dass schwache Stöße im Grenzfall verschwindender Stärke die physikalische Situation der isentropen Schallausbreitung erreichen, da die Hugoniot-Kurve und die Isentrope bei p_1^*, v_1^* dieselbe Steigung besitzen.

BEACHTE

◻ **Schiefer Verdichtungsstoß:** Bei einseitiger Begrenzung ebener Stöße, wie dies z.B. bei einer Überschallströmung entlang einer zur Strömung hin abknickenden ebenen Wand (einer sog. Rampe) oder bei der Überströmung von Einzelprofilen der Fall ist, bleibt der Stoß nicht senkrecht zur Anströmung, sondern nimmt einen Winkel $\neq 90°$ zur Anströmung an. Man spricht dann von einem schiefen Verdichtungsstoß, dessen Winkel zur Anströmung von den Geometrieverhältnissen und von der Anström-Mach-Zahl bestimmt wird. Über den Stoß hinweg wechselt dann nur die stoßnormale Geschwindigkeitskomponente stets von Über- zu Unterschall, die (meist wandparallele) Strömung hinter dem Stoß kann insgesamt aber weiterhin eine Überschallströmung sein.

◻ **Expansionswellen:** In Anordnungen, wie z.B. dem Stoßwellenrohr, läuft eine Verdichtungswelle (Stoßwelle) in den Niederdruckteil und führt dort zu einer (schlagartigen) Druckerhöhung. Gleichzeitig läuft eine Verdünnungswelle in den Hochdruckteil (weil Störungen sich in alle, hier also beide Richtungen ausbreiten) und führt dort zu einer Druckerniedrigung. Dies kann aber nicht in Form einer schlagartigen Zustandsänderung erfolgen (dies wäre dann ein „Verdünnungsstoß"), weil damit eine Entropievernichtung verbunden wäre. Statt dessen bildet sich eine nichtlineare Welle aus, deren Breite im Zuge der Ausbreitung stets anwächst, was zu einem immer „flacheren" Druckabfall führt. Aufgrund der geringen Gradienten in dieser Expansions- oder Verdünnungswelle sind die Zustandsänderungen in guter Näherung isentrop (konstante Entropie).

▗ **Detonation:** Wenn eine Stoßwelle in ein zündfähiges Gemisch eintritt, so kommt es zu einer sog. *Detonation*, wenn die Druck- und Temperaturerhöhungen über die Stoßwelle hinweg zur Zündung des Gemisches führen. Die in Gang gesetzte explosionsartige Verbrennung beeinflusst ihrerseits die Stoßwelle, was insgesamt zu extrem hohen Stoßwellengeschwindigkeiten von bis zu 10 000 m/s führen kann, für Details s. Nettleton (1987).

WEITERFÜHRENDE LITERATUR

Lighthill, J. (2001): *Waves in Fluids*, Cambridge University Press, Cambridge

Truckenbrodt, E. (1992): *Fluidmechanik, Band 2: Elementare Strömungsvorgänge dichteveränderlicher Fluide sowie Potential- und Grenzschichtströmungen*, Springer-Verlag, Berlin, Heidelberg, New York

Anderson, J.D: (1990): *Modern Compressible Flow*, Mc Graw-Hill, New York

Nettleton, M.A. (1987): *Gaseous Detonations, Their Nature, Effects and Control*, Chapman and Hall Ltd.

Zierep, J. (1976): *Theoretische Gasdynamik*, Braun-Verlag, Karlsruhe

Liepmann, H.W.; Roshko, A. (1957): *Elements of Gasdynamics*, John Wiley, New York

Viskose Unterschicht
(viscous sublayer)

Siehe dazu das Stichwort SCHUBSPANNUNGSGESCHWINDIGKEIT, dort unter ANWENDUNGEN UND BEISPIELE

Viskosität
(viscosity)

Siehe dazu das Stichwort KONSTITUTIVE GLEICHUNGEN, dort unter ANWENDUNGEN UND BEISPIELE (1. Newtonsche Fluide)

Volumenstrommessungen
(volume flow measurements)

Siehe dazu das Stichwort STRÖMUNGSMESSTECHNIK, dort unter PHYSIKALISCHER HINTERGRUND

Volumenviskosität
(bulk viscosity)

Siehe dazu das Stichwort DRUCK, dort unter PHYSIKALISCHER HINTERGRUND

Wandfunktionen
(wall functions)

Siehe dazu das Stichwort NUMERISCHE VERFAHREN, dort unter ANWENDUNGEN UND BEISPIELE

Wandrauheit
(wall roughness)

Siehe dazu das Stichwort GRENZSCHICHTEN, dort unter BEACHTE

Wellenwiderstand
(wave drag)

Siehe dazu das Stichwort WIDERSTAND

Widerstand
(drag)

BEDEUTUNG UND DEFINITION

Es handelt sich um die Kraft, die ein Fluid auf einen umströmten Körper in Richtung der Anströmung ausübt. Der Widerstand ist in diesem Sinne eine Komponente des insgesamt auf den Körper wirkenden Kraftvektors. Die in bezug auf die Anströmung senkrechte Kraftkomponenten ist der sog. AUFTRIEB (auch: Querkraft).

Bei durchströmten Körpern wird die entsprechende Wechselwirkung zwischen Körper und Fluid in Form von sog. WIDERSTANDSZAHLEN angegeben, die bei inkompressiblen Strömungen ein Maß für den Druckverlust der Strömung in den durchströmten Bauteilen darstellen.

	Definition	

Der Widerstand eines umströmten Körpers ist diejenige Komponente des insgesamt durch die Strömung bewirkten Kraftvektors, die in die Richtung der ungestörten Anströmung weist.

Abhängig von den physikalischen Ursachen für das Entstehen einer solchen Kraftkomponente wird nach folgenden Widerstandsarten unterschieden, die einzeln oder in Kombination auftreten können:

- *Reibungswiderstand* : Wirkung der Wandschubspannung an einem umströmten Körper; bestimmbar durch Integration über die gesamte Körperoberfläche unter Berücksichtigung der Kraftkomponente in Anströmrichtung.

- *Druckwiderstand* (auch: Formwiderstand): Wirkung der Druckverteilung an einem umströmten Körper; bestimmbar ebenfalls durch Integration über die gesamte Körperoberfläche, wobei wiederum nur die Kraftkomponente in Anströmrichtung zu berücksichtigen ist.

- *induzierter Widerstand* : Wirkung der sog. Randwirbel bei auftrieberzeugenden Körpern endlicher Spannweite.

- *Wellenwiderstand* : Spezielle Form des Druckwiderstandes bei kompressiblen Strömungen, der entsteht, wenn Körper mit Überschallgeschwindigkeit angeströmt werden und Stoßwellen auftreten.

Unabhängig von der Entstehung eines Strömungswiderstandes W^* kann dieser in Form eines dimensionslosen *Widerstandsbeiwertes*

$$c_W = \frac{2W^*}{\varrho^* u_\infty^{*2} A_B^*}$$

dargestellt werden.

c_W	Widerstandsbeiwert	-
W^*	Widerstand (= Kraftkomponente in Anströmrichtung)	N
ϱ^*	Dichte des Fluides	kg/m^3

u_∞^*	Geschwindigkeit der ungestörten Anströmung	m/s
A_B^*	Bezugsfläche gebildet mit Körpermaßen ; häufig: Projektionsfläche in Anströmrichtung	m^2

PHYSIKALISCHER HINTERGRUND

Im folgenden sollen die in der Definitionsbox unterschiedenen Widerstandsarten einzeln näher erläutert werden, bevor anschließend auf die dimensionslose Darstellung des Widerstandes von umströmten Körpern in Form der sog. Widerstandsbeiwerte eingegangen wird.

Reibungswiderstand

Aufgrund der HAFTBEDINGUNG liegt an der Wand eines umströmten Körpers eine (in der Regel von Null verschiedene) Wandschubspannung τ_W^* vor. Diese skalare Größe ergibt mit dem örtlichen Tangential-Einheitsvektor $\vec{t}^*$ auf dem Oberflächenelement dO^* die Tangentialkraft $\tau_W^* dO^* \vec{t}^*$ in Richtung des Vektors $\vec{t}^*$. Diese Richtung wird so gewählt, dass $\vec{t}^*$ entlang der zugehörigen Wandstromlinie (jeweils lokal „stromabwärts") weist. Bei der Integration über die gesamte Körperoberfläche O^* zur Bestimmung des Reibungswiderstandes ist dann jeweils nur die Komponente von $\tau_W^* dO^* \vec{t}^*$ zu berücksichtigen, die in Richtung der ungestörten Anströmung weist. Dabei kann es z.B. in Rückströmgebieten lokal durchaus zu einem negativen Vorzeichen dieser Größe kommen.

Eine allgemeine Darstellung dieses Zusammenhanges lautet, wenn die Anströmung in x-Richtung erfolgt:

$$W_{Reib}^* = \iint\limits_{O^*} \tau_W^* \vec{t}^* \big|_x dO^*$$

Druckwiderstand (auch: Formwiderstand)

Bei der Ermittlung des Druckwiderstandes kann ähnlich wie zuvor für den Reibungswiderstand erläutert worden ist, verfahren werden. Die skalare Größe p^* auf dem Flächenelement dO^* führt mit dem Normalen-Einheitsvektor $\vec{n}^*$ auf die Normalkraft $p^* dO^* \vec{n}^*$ in Richtung von $\vec{n}^*$. Diese Richtung wird so gewählt, dass $\vec{n}^*$ stets senkrecht von der Wand weg weist. Bei der Integration über O^* ist dann jeweils wieder nur die Komponente von $p^* dO^* \vec{n}^*$ zu berücksichtigen, die in Richtung der ungestörten Anströmung weist. Die allgemeine Darstellung dieses Zusammenhanges lautet:

$$W_{Druck}^* = \iint\limits_{O^*} p^* \vec{n}^* \big|_x dO^*$$

Handelt es sich bei der Strömung um eine POTENTIALSTRÖMUNG, so tritt ein zunächst unerwartetes Ergebnis auf: Der Druckwiderstand ist unabhängig von der Form des umströmten Körpers stets Null. Da Potentialströmungen notwendigerweise reibungsfreie

Strömungen sind, ist auch der Reibungswiderstand Null, so dass insgesamt kein Widerstand auftritt. Dieses Ergebnis ist als sog. *d'Alembertsches Paradoxon* bekannt, eine Bezeichnung die jedoch eher irreführend ist, da das besagte Ergebnis vielleicht unerwartet, aber nicht „paradox" ist.

Eine anschauliche Erklärung dafür gibt folgende Überlegung: Die Potentialströmung um einen beliebigen Körper ist *eindeutig* bestimmt, d.h., es gibt nicht mehr als *eine* Lösung (bei zweidimensionalen Strömungen mit einer Zirkulation $\Gamma^* \neq 0$ gilt diese Aussage für jeweils feste Werte von Γ^*). Liegt nun eine stationäre Strömung vor, so ist das Strömungsfeld zu zwei aufeinander folgenden Zeitpunkten t_1^* und t_2^* unverändert geblieben. Wäre eine Widerstandskraft $W^* \neq 0$ vorhanden, so würde diese als Reaktionskraft $-W^*$ auf das Fluid wirken und dort die Leistung $-W^* u_\infty^*$ umsetzen. Dadurch würde sich die kinetische Energie im Strömungsfeld verändern und dieses könnte nicht zu zwei unterschiedlichen Zeiten t_1^* und t_2^* identisch sein. Aus dieser einfachen Überlegung folgt $W^* = 0$, d.h., beliebige Körper besitzen in einer stationären (!) Potentialströmung keinen Widerstand. Die Einschränkung auf stationäre Strömungen liegt auf der Hand, da Potential-Strömungsfelder in instationären Strömungen zu verschiedenen Zeiten nicht identisch sind und damit im allgemeinen Fall während instationärer Phasen auch in Potentialströmungen eine Widerstandskraft existiert (s. dazu auch unter BEACHTE: „zusätzliche Masse").

Übrigens: In stationären Potentialströmungen mögliche Auftriebskräfte führen zu keiner Leistung im Feld, weil die Auftriebskraft und die Anströmgeschwindigkeit definitionsgemäß zwei Vektoren sind, die senkrecht aufeinander stehen (und deren Skalarprodukt damit Null ist).

Induzierter Widerstand

Diese Widerstandsart existiert nur in dreidimensionalen Strömungen und ist typischerweise an aerodynamischen Tragflächen zu beobachten. Mit solchen Tragflächen wird dadurch ein Auftrieb erzeugt, dass durch Profilgebung und einen möglichen Anstellwinkel gegenüber der Anströmung auf der Oberseite ein geringerer Druck herrscht als auf der Flügelunterseite. Dieser Druckunterschied führt aber an den Flügelenden zu einer Querumströmung, die zusammen mit der Anströmung u_∞^* zu einem Wirbel führt, der in erster Näherung seinen Ursprung am Flügelende hat und kontinuierlich nach hinten mit der übrigen Strömung fortbewegt wird. Damit wird aber ausgehend von den Flügelenden kontinuierlich kinetische Energie (die in der zusätzlichen Wirbelbewegung vorhanden ist) in die Strömung gespeist, die in Form von Leistung zur Überwindung des jetzt vorhandenen Widerstandes kontinuierlich aufgebracht werden muss, wenn ein stationärer Zustand aufrechterhalten werden soll.

Die hier gewählte Beschreibung als Einzelwirbel, die an den Flügelenden entstehen, ist eine starke Vereinfachung (Näheres z.B. in Lighthill (1986, Kap. 11.3)). Tatsächlich rollen sich kontinuierliche Wirbelflächen hinter Tragflügeln erst nach einer gewissen Lauflänge zu jeweils einem Einzelwirbel auf, in einiger Entfernung sind dann aber tatsächlich Einzelwirbel erkennbar, wie dies bei dem doppelten Kondensstreifen hinter Flugzeugen zu beobachten ist.

Übrigens: Auch vierstrahlige Flugzeuge besitzen in größerem Abstand vom Flugzeug nur zwei Kondensstreifen, so dass man nicht mehr den Triebwerksnachlauf beobachtet, sondern die zwei Wirbel der Flügelenden, in welche die Triebwerksstrahlen „eingefangen" werden.

Wellenwiderstand (einphasige Strömung)

Diese Widerstandsart existiert nur bei kompressiblen Strömungen, bei denen VERDICH-
TUNGSSTÖSSE im Strömungsfeld auftreten und könnte strenggenommen auch als ein
Druckwiderstand interpretiert werden, da dieser Widerstand durch die Integration der
Druckverteilung über die gesamte Körperoberfläche ermittelt werden kann (bei unter-
stellter reibungsfreier Strömung, also keinem Reibungswiderstand). Anders als bei einer
reinen Potentialströmung, bei der kein Widerstand auftritt, weil im Strömungsfeld die
kinetische Energie stets unverändert erhalten bleibt, wird in den Verdichtungsstößen
kontinuierlich kinetische Energie dissipiert (nicht isentrope Strömungen über einen Verdichtungsstoß hinweg → Entropieproduktion), so dass die Leistung $-W^* u_\infty^*$ erforderlich
ist, um diesen kontinuierlichen Verlust an mechanischer Energie auszugleichen.

Widerstandsbeiwert c_W

Die Darstellung des Widerstandes W^* in Form des Widerstandsbeiwertes c_W ergibt
sich nach einer dimensionsanalytischen Betrachtung. Dabei werden physikalische Zusammenhänge so allgemein wie möglich formuliert, indem sie auf den prinzipiellen Zusammenhang zwischen den relevanten Kennzahlen zurückgeführt werden, s. dazu das
Stichwort DIMENSIONSANALYSE. Obwohl Aussagen strenggenommen nur für ein konkretes Problem auf den zugehörigen Zusammenhang zwischen dimensionslosen Kennzahlen
zurückgeführt werden können, zeigt sich, dass sehr viele Problem in der Form

$$c_W = c_W(\mathrm{Re}, \mathrm{Ma}, k)$$

beschreibbar sind. Dabei ist Re die REYNOLDS-ZAHL des Problems, Ma die MACH-ZAHL
und k ist ein dimensionsloser WANDRAUHEITSparameter mit $k = 0$ für eine (hydraulisch)
glatte Wand. In vielen Fällen sind Einflüsse dieser Parameter so gering, dass sie in guter
Näherung vernachlässigt werden können. Müssen sie dennoch berücksichtigt werden, so
gilt folgendes:

- Einfluss der Reynolds-Zahl Re:

Die Reynolds-Zahl ist ein wesentlicher Parameter des Strömungsfeldes und deshalb im
Zusammenhang mit dem Widerstandsbeiwert von entscheidender Bedeutung. Es ist
sinnvoll, eine grundsätzliche Unterscheidung nach Strömungen kleiner Reynolds-Zahlen
(Re → 0, SCHLEICHENDE STRÖMUNGEN) und solchen bei großen Reynolds-Zahlen zu
treffen.
Für die technisch relevanten Strömungen bei großen Reynolds-Zahlen, bei denen es zu
Strömungsturbulenz und zur Strömungsablösung kommen kann, sollten folgende Fälle
unterschieden werden:

a) Bei stromlinienförmigen Körpern ohne Strömungsablösung wird der Widerstandsbeiwert weitgehend durch den Reibungswiderstand bestimmt, der Druckwiderstand ist
   vergleichsweise gering. Deshalb ist die Reynolds-Zahl-Abhängigkeit im wesentlichen
   diejenige der Wandschubspannung. Bei laminarer Strömung gilt damit $c_W \sim \mathrm{Re}^{-1/2}$;
   bei turbulenter Strömung und glatter Wand liegt ein komplizierter Zusammenhang
   vor, der in grober Näherung durch $c_W \sim \mathrm{Re}^{-1/5}$ beschrieben werden kann. Bei voll
   rauhen Wänden und turbulenter Strömung entfällt die Reynolds-Zahl-Abhängigkeit
   vollständig und c_W ist in guter Näherung ein konstanter Wert. Ein typisches Beispiel
   ist die Tragflügelumströmung. Im „Extremfall" der ebenen Platte liegt nur Reibungswiderstand, aber kein Druckwiderstand vor.

b) Bei Körpern, an denen es zu druckinduzierten großen Ablösegebieten kommt, ist der Einfluss der Reynolds-Zahl u.U. stark, weil der Umschlagpunkt (laminar/turbulent) und der Ablösepunkt abhängig von der Reynolds-Zahl unterschiedlich interferieren können und deshalb Ablösegebiete sehr unterschiedlicher Größen entstehen, s. dazu das Stichwort ABLÖSUNG. Ein typisches Beispiel ist die Umströmung eines Kreiszylinders (s. unter ANWENDUNGEN UND BEISPIELE).

c) Bei Körpern, an denen es zu geometrieinduzierten großen Ablösegebieten kommt, ist der Einfluss der Reynolds-Zahl schwach, weil die Größe des Ablösegebietes nahezu unverändert bleibt und der Widerstand weitgehend durch den deshalb nahezu unveränderten Druckwiderstand bestimmt wird. Ein typisches Beispiel ist die Umströmung einer quer angeströmten ebenen Platte, hinter der ein großes Ablösegebiet entsteht. Solche Strömungen werden häufig als Strömungen um stumpfe Körper bezeichnet (engl.: bluff bodies).

- Einfluss der Mach-Zahl Ma:

Unterhalb von etwa $Ma = 0{,}3$ kann eine Strömung in guter Näherung als inkompressibel angesehen werden und ein Mach-Zahl-Einfluss, der generell Kompressibilitätseffekte beschreibt, entfällt. Für Mach-Zahlen in der Nähe von $Ma = 1$ und darüber steigt der Widerstandsbeiwert gegenüber dem inkompressiblen Fall sehr stark an. Er kann ein Mehrfaches des Wertes für $Ma \rightarrow 0$ erreichen. Da im wesentlichen Druckwiderstand vorliegt, der Druck aber keine negativen Werte annehmen kann, erreichen die Widerstandsbeiwerte für $Ma \rightarrow \infty$ asymptotisch konstante Werte.

- Einfluss der Wandrauheit k:

An Körpern, bei denen der Widerstand stark durch den Anteil des Reibungswiderstandes bestimmt wird, spielt die Wandrauheit keine Rolle, solange die Strömung laminar ist. Bei turbulenter Strömung hingegen (große Reynolds-Zahlen) wächst der Widerstand stark mit steigender Wandrauheit an, wobei gleichzeitig aber auch der Wert der Reynolds-Zahl zu beachten ist, da die Rauheit nicht absolut zu sehen ist, sondern in ihrer Wirkung davon abhängt, wie weit sie in die Strömungsgrenzschicht hineinragt (deren Dicke wiederum Reynolds-Zahl abhängig ist).

Bei Körpern mit hohem Druckwiderstandsanteil kann sich eine veränderte Rauheit indirekt auswirken, indem sie die Lage des Ablösepunktes und damit die Größe des Ablösegebietes beeinflusst (s. dazu das Bild auf der übernächsten Seite).

ANWENDUNGEN UND BEISPIELE

1. Anteile von Reibungs- und Druckwiderstand bei Körpern in inkompressibler An-strömung (Ma $\rightarrow$ 0)

Die nachfolgende Tabelle zeigt die Extremfälle reinen Reibungs- und reinen Druckwiderstandes sowie typische Fälle eines überwiegenden Reibungs- bzw. Druckwiderstandes bei Strömungen mit großer Reynolds-Zahl.

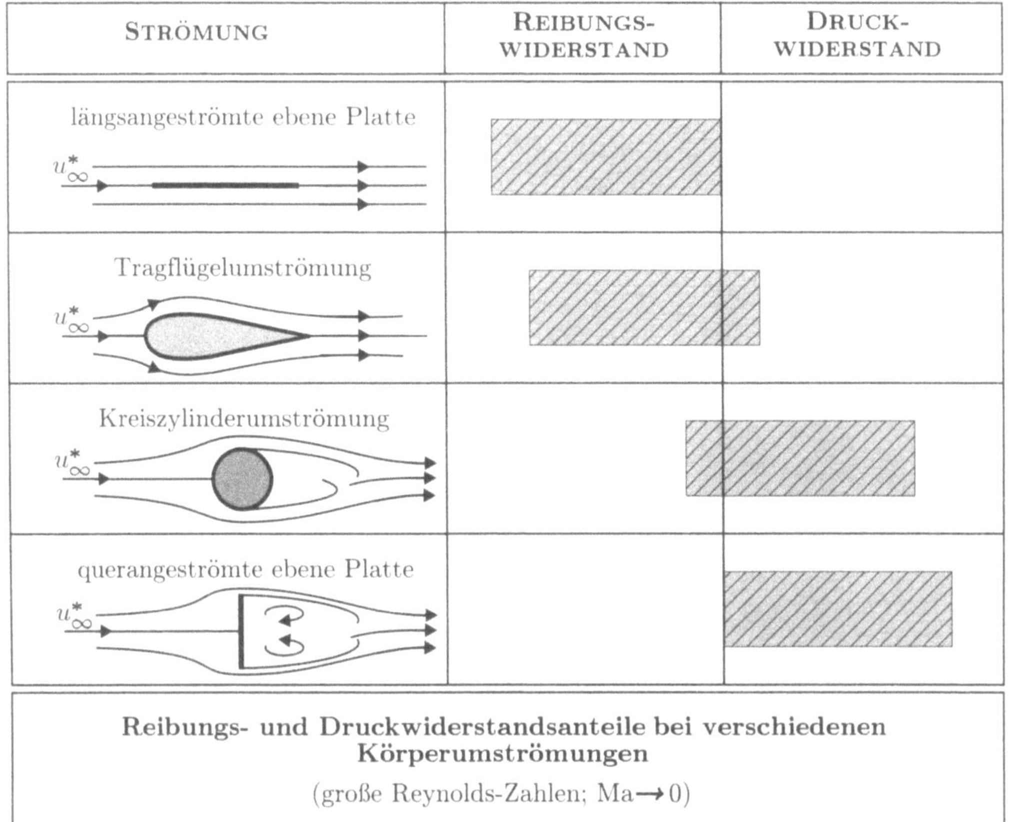

Reibungs- und Druckwiderstandsanteile bei verschiedenen Körperumströmungen

(große Reynolds-Zahlen; Ma → 0)

2. Widerstandsbeiwert des Kreiszylinders (druckinduzierte Ablösung → starker Re-Einfluss bei großen Reynolds-Zahlen)

Für den Widerstandsbeiwert $c_W = c_W(\mathrm{Re})$ ergibt sich ein Verlauf, der auch für ähnlich geformte Körper (z.B. eine Ellipse) charakteristisch ist. Die fünf verschiedenen Reynolds-Zahl-Bereiche mit jeweils anderen physikalischen Merkmalen bzgl. der Strömungsablösung, sind im nachfolgenden Bild skizziert. Bei hohen Reynolds-Zahlen ($\mathrm{Re} > 10^5$) kommt es zu einer sehr starken Abnahme des Widerstandsbeiwertes vom Wert $c_W \approx 1$ auf einen Wert $c_W \approx 0,2$. Dieser Bereich wird durch eine „kritische Reynolds-Zahl" Re_{krit} gekennzeichnet. Die Ursache für diese drastische Abnahme des Widerstandes in diesem Reynolds-Zahl-Bereich ist ein Übergang der zunächst laminaren Grenzschicht in die turbulente Strömungsform bevor die Grenzschicht ablöst. Die turbulente Grenzschicht kann dann einen deutlich größeren Druckanstieg überwinden, bis auch sie zur Ablösung kommt. Damit ist das entstehende Ablösegebiet aber deutlich kleiner als bei laminarer Ablösung und als Folge davon ist der Druckwiderstand des Kreiszylinders erheblich geringer. Die Strömungsverhältnisse bei turbulenter Ablösung verändern sich gegenüber dem Fall laminarer Ablösung „in Richtung" der potentialtheoretisch zu beschreibenden vollständig reibungsfreien Umströmung, für die $c_W = 0$ gilt.

Der Gesamtwiderstand eines ebenen Körpers (bei Unterschallströmung) ist die Summe aus dem Reibungs- und dem Druckwiderstand. Wenn größere Ablösegebiete auftreten, ist stets der Druckwiderstand der dominierende Anteil. Dieser wird von möglicherweise

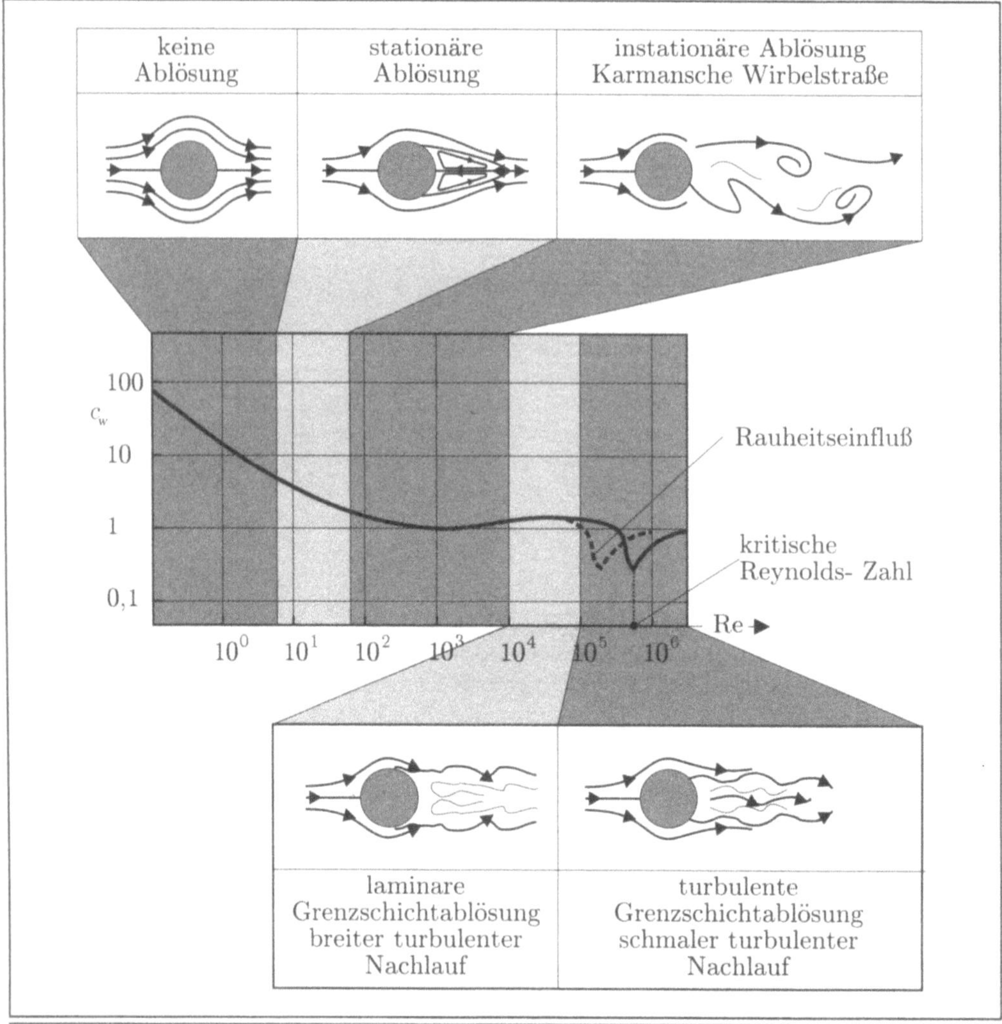

Widerstandsbeiwert des Kreiszylinders

$$c_W = \frac{2\,W^*}{\varrho^*\,u_\infty^{*2}\,D^*B^*} \qquad (D^*:\text{Durchmesser};\ B^*:\text{Breite})$$

vorhandenen Wandrauheiten nur insofern indirekt beeinflusst, als Rauheiten zu einem früheren Übergang der laminaren in die turbulente Strömungsform der Grenzschichten führen können und damit der starke Abfall im Wert von c_W bereits bei niedrigeren Reynolds-Zahlen erfolgt. Ein direkter Einfluss von Wandrauheiten liegt nur im turbulenten Teil der Strömungsgrenzschichten stromaufwärts der Ablösung vor. Dies wirkt sich jedoch nur so schwach auf den Gesamtwiderstand aus, dass keine Kurvenscharen mit einem Rauheitswert als Parameter entstehen.

GEOMETRIE/ANSTRÖMUNG	c_W
Würfel, kantenparallele Anströmung	1,1
Scheibe, senkrechte Anströmung	1,2
Halbkugel, senkrechte Anströmung auf die Schnittfläche	1,4
Halbkugel, senkrechte Anströmung auf die Kugeloberfläche	0,4
Quadratischer Zylinder kantenparallele Anströmung	2,0
Quadratischer Zylinder kantendiagonale Anströmung	1,6

Widerstandsbeiwerte verschiedener Körper mit geometrieinduzierter Ablösung bei großen Reynolds- Zahlen

(Bezugsfläche ist jeweils die Projektionsfläche in Richtung der Anströmung)

3. Widerstandsbeiwerte von Körpern mit geometrieinduzierter Ablösung → vernachlässigbarer Re-Einfluss bei großen Reynolds-Zahlen

Das obige Bild zeigt typische Fälle von geometrieinduzierten Ablösungen an umströmten Körpern. Als Folge eines weitgehend Re-unabhängigen Ablösegebietes liegen konstante Werte für den Widerstandsbeiwert c_W vor.

BEACHTE

◘ **Widerstandsbeiwert / Widerstand:** Die dimensionslose Darstellung verschleiert bisweilen die tatsächlichen Zusammenhänge. Zum Beispiel ist aus $c_W \sim \mathrm{Re}^{-1/2}$ (ebene Platte, laminare Strömung) nicht unmittelbar zu erkennen, wie sich der Widerstand W^* bei einer Veränderung der Anströmgeschwindigkeit u_∞^* verändert. Erst die Darstellung in dimensionsbehafteten Größen als $W^* = c_W \varrho^* u_\infty^{*2}/2$ und $\mathrm{Re} = u_\infty^* L^*/\nu^*$ zeigt, dass $W^* \sim u_\infty^{*3/2}$ gilt. „Obwohl" der Widerstandsbeiwert mit steigender Reynolds-Zahl abnimmt, wächst der Widerstand W^* an.

Ebenso ist zu beachten, dass die Bezugsfläche ein wesentliches Element in der Definition von c_W darstellt. So ist der Unterschied im c_W-Wert des kantenparallel und kantendiagonal angeströmten quadratischen Zylinders zum Teil auf die unterschiedlichen Bezugsflächen zurückzuführen (3. Beispiel im vorigen Abschnitt). Während sich die Beiwerte wie $1 : 0,8$ verhalten, gilt für das entsprechende Verhältnis der Widerstände hingegen $1 : 1,13$!

◻ **c_W-Werte in der KFZ-Aerodynamik:** Widerstandsmessungen an Fahrzeugen im Windkanal führen auf konstante Zahlenwerte für die Widerstandsbeiwerte c_W, die häufig (wenn sie besonders niedrig sind, d.h. z.B. $c_W < 0,3$) für Werbezwecke eingesetzt werden. Wegen der großen geometrieinduzierten Ablösung am Fahrzeugheck ist die prinzipiell vorhandene Reynolds-Zahl Abhängigkeit sehr gering. Es gibt allerdings Fälle (z.B. am Schrägheck) bei denen ohne geeignete Gegenmaßnahme durch Wiederanlegen der Strömung oberhalb bestimmter Reynolds-Zahlen ein plötzlicher starker Wechsel im Strömungsverhalten auftreten könnte, der sich in einem „Sprung" im c_W-Wert äußern würde.

Schwache Reynolds-Zahl Abhängigkeiten durch das sog. Ausfedern der Fahrzeuge (größerer Bodenabstand durch die Wirkung von Auftriebskräften) werden in aller Regel vernächlässigt.

◻ **Zusätzliche (fiktive) Masse:** „Obwohl" die Widerstandkraft in einer stationären Potentialströmung stets Null ist, weist ein Körper in einer nicht stationären Potentialströmung solange eine von Null verschiedene Widerstandskraft auf, solange er einer endlichen Beschleunigung unterliegt. Die Ursache für diese Widerstandskraft liegt in der entsprechenden Veränderung der kinetischen Energie des (Potential-) Strömungsfeldes, solange der Körper beschleunigt wird.

Diese (zusätzliche) Kraft liegt bei allen Strömungen vor, bei Potentialströmungen ist sie aber gerade proportional zu einer bestimmten Fluidmasse, die deshalb dem Körper als zusätzliche „fiktive" Masse zugeschlagen werden kann. Wenn die Größe dieser fiktiven Masse bekannt ist (sie ist abhängig von der Körperform und der Anströmrichtung), dann kann die Kräftebilanz am Körper anstelle der Kraft zur Beschleunigung des Fluides die Trägheitskraft der zusätzlichen Masse berücksichtigen, um die Bewegung des Körpers zu bestimmen, für weitere Einzelheiten s. Panton (1996, Kap. 19.13).

WEITERFÜHRENDE LITERATUR

Standard-Werke der Strömungsmechanik, s. die Liste am Ende des Buches

Hoerner, S.F. (1965): *Fluid-Dynamic Drag,* mail oder: HOERNER FLUID DYNAMICS, P.O. Box 21992, Bakersfield, CA 93390

• speziell zum Mach-Zahl-Einfluss:

Anderson, J.D. (1990): *Modern Compressible Flow,* 2. Auflage, Mc Graw-Hill Publishing Company, New York

• speziell zur „zusätzlichen Masse":

Panton, R. (1996): *Incompressible Flow,* 2. Auflage, John Wiley & sons, New York

Widerstandsbeiwert c_w
(drag coefficient c_w)

Siehe dazu das Stichwort WIDERSTAND

Widerstandszahl ζ
(head loss coefficient K)

BEDEUTUNG UND DEFINITION

Es handelt sich um einen Koeffizienten, der den Strömungswiderstand eines bestimmten durchströmten Bauteiles im Sinne eines Globalwertes für dieses Bauteil angibt. Der Strömungswiderstand des Bauteiles wird dabei nicht in Form einer Kraft angeben, wie dies bei Umströmungen von Körpern geschieht, sondern als Verlust mechanischer Energie in dem besagten Bauteil, d.h., es handelt sich um eine Aussage zur Stärke der Dissipation in dem Bauteil. Diese Koeffizienten finden unmittelbaren Eingang in die erweitere Form der BERNOULLI-GLEICHUNG, die als Teilenergiegleichung für die mechanische Energie deren Verluste durch Dissipation enthält.

	Definition	

Für eine eindimensionale Strömung wird die in einem Bauteil i dissipierte mechanische Energie als proportional zur spezifischen kinetischen Energie in einem bestimmten Querschnitt dieses Bauteiles angesetzt. Der Proportionalitätsfaktor in diesem Ansatz ist die Widerstandszahl ζ, so dass gilt:

$$\varphi_i^* = \zeta_i \frac{u_{si}^{*2}}{2}$$

Sind mehrere Bauteile hintereinandergeschaltet, so gilt für die gesamte dissipierte spezifische mechanische Energie

$$\varphi_{ges}^* = \sum_i \varphi_i^* = \sum_i \zeta_i \frac{u_{si}^{*2}}{2}$$

ζ_i	Widerstandszahl des i-ten Bauteiles	-
φ_i^*	spezifische dissipierte Energie im i-ten Bauteil	$\mathrm{m^2/s^2}$
u_{si}^*	eindimensionale Geschwindigkeit (Stromfadentheorie) in einem bestimmten Querschnitt des i-ten Bauteiles	$\mathrm{m/s}$

PHYSIKALISCHER HINTERGRUND

Um die Verluste an mechanischer Energie in einem durchströmten Bauteil berechnen zu können, müsste die Strömung dort im Detail bekannt sein. Dies ist jedoch nur in wenigen Ausnahmesituationen der Fall, so dass Dissipationsraten und über den definierten Zusammenhang zu den Widerstandszahlen auch die ζ-Werte durchweg experimentell bestimmt werden müssen. Der Ansatz für φ^* bzw. ζ unterstellt dabei eine Proportionalität zwischen φ^* und dem Quadrat der Geschwindigkeit in einem festzulegenden Querschnitt.

Diese Proportionalität gilt z.B. für eine vollausgebildete turbulente Rohrströmung mit vollrauher Oberfläche, für die der entsprechende ζ-Wert dann unabhängig von der Reynolds-Zahl ist. Bei glatter Oberfläche oder bei laminarer Strömung ist φ^* nicht proportional zu u_s^{*2}, so dass die entsprechenden ζ-Werte dann noch Funktionen der Reynolds-Zahl sind (die als $Re = u_s^* L_B^* / \nu^*$ die Geschwindigkeit enthält).

Wenn für einzelne Bauteile fast grundsätzlich auf die Angabe eines möglichen Reynolds-Zahl Einflusses verzichtet wird, so wird damit offensichtlich unterstellt, dass in guter Näherung die physikalische Situation einer turbulenten Strömung bei rauhen Wänden vorliegt. Dies ist besonders zu beachten, da ζ-Werte bei laminaren Strömungen deshalb nicht zum Einsatz kommen sollten.

Mit der Einführung der Widerstandszahl ζ verbindet sich jedoch noch eine weitere nicht zu unterschätzende Problematik, die am Beispiel des Bauteiles „Rohrkrümmer" erläutert werden soll.

Das nachfolgende Bild zeigt die prinzipielle Form der Strömungsprofile und den Verlauf der Druckverteilung. Durch die Wirkung des 90°-Krümmers mit der Widerstandszahl ζ entsteht ein *zusätzlicher* Druckverlust

$$\Delta p_\zeta^* = \zeta \varrho^* \frac{u_S^{*2}}{2}, \qquad (*)$$

der im Bild abzulesen ist. Es ist zu erkennen, dass dieser nicht nur im Bereich des Krüm-

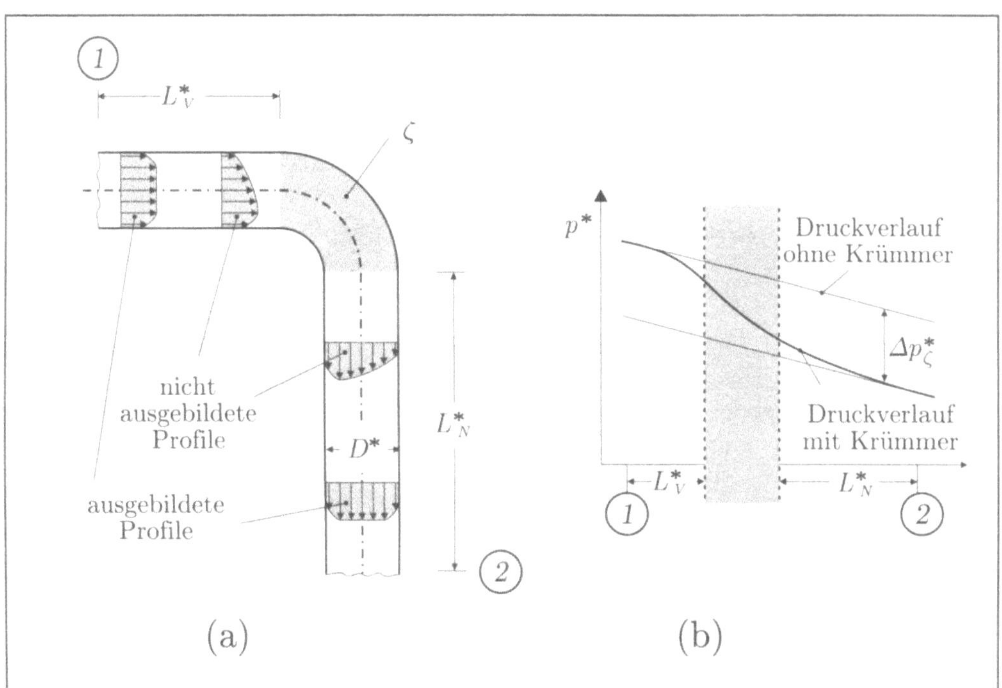

Bestimmung der Widerstandszahl ζ für einen 90° Krümmer

(a) Strömungsprofile vor und nach dem Krümmer
(b) Prinzipieller Druckverlauf vor, im und nach dem Krümmer längs des Strömungsweges

L_V^*: Vorlauflänge, L_N^*: Nachlauflänge

mers entsteht, sondern auch vor und nach dem Krümmer, also in den Bereichen L_V^* und L_N^*, weil dort die Strömung durch den Krümmer schon bzw. noch beeinflusst wird. Dort sind die Strömungsprofile nicht mehr bzw. noch nicht wieder ausgebildet, was generell zu erhöhten Druckgradienten führt.

Für eine experimentelle Bestimmung von ζ muss also eine Vorlauflänge L_V^* und eine Nachlauflänge L_N^* vorgesehen werden, um zu definierten Zuständen in der Zu- und Abströmung zu gelangen. Ein typischer Wert im Fall des 90°-Krümmers ist etwa $L_N^*/D^* \geq 10$; $L_V^*/D^* \geq 5$. Damit beschreibt der ζ-Wert, der dem Krümmer als Bauteil zugeordnet ist, also nicht nur die Dissipationseffekte im Bauteil selbst, sondern auch die zusätzlichen Dissipationseffekte außerhalb des Bauteils in einer Situation, in der hinreichend lange Zu- und Abströmlängen vorhanden sind.

In der praktischen Anwendung treten einzelne Bauteile (mit ihren individuellen ζ-Werten) aber häufig so dicht hintereinander auf, dass die Zu- und Abströmbereiche nicht vorhanden sind, so dass eine einfache Addition der Verluste als

$$\Delta p_{gesamt}^* = \varrho^* \sum_i \zeta_i \frac{u_{Si}^{*2}}{2} \qquad (**)$$

über alle Bauteile nicht zulässig ist.

Häufig wird ζ bei der Hintereinanderschaltung einzelner Bauteile trotzdem verwendet, es muss aber der systematische Fehler beachtet werden, der dabei entsteht. Bei einer räumlich engen Anordnung der Bauteile sollte man versuchen, Angaben über die ζ-Werte ganzer Bauteilgruppen zu finden, die z.B. für hintereinandergeschaltete Rohrkrümmer vielfältig vertafelt sind.

ANWENDUNGEN UND BEISPIELE

1. Widerstandszahl einer ausgebildeten Rohrströmung

Wenn ein Rohr der Länge L^* und vom Durchmesser D^* als Bauteil angesehen wird, in dem die dissipierte mechanische Energie für den Fall bestimmt werden soll, dass die Strömung ausgebildet, d.h. mit einem lauflängenunabhängigen Strömungsprofil auftritt, so ergibt sich unmittelbar, dass ζ direkt proportional zu L^* und umgekehrt proportional zu D^* sein muss. Beide Abhängigkeiten folgen aus der Tatsache, dass die Dissipation φ^* dem Druckverlust entspricht und dieser aufgrund der Kräftebilanz $\Delta p^* \pi D^{*2}/4 = \tau_W^* \pi D^* L^*$ mit der konstanten Wandschubspannung τ_W^* die Proportionalität $\Delta p^* \approx L^*/D^*$ aufweist.

Deshalb wird der ζ-Wert für ausgebildete Rohrströmungen als

$$\zeta = \lambda_R \frac{L^*}{D^*}$$

angesetzt, mit λ_R als sog. *Rohrreibungszahl*. Für diese gilt mit $\Delta p^* = \varrho^* \varphi^* = \varrho^* \zeta u_s^{*2}/2$ und dem zuvor erwähnten Zusammenhang zwischen Δp^* und τ_W^*:

$$\lambda_R = \frac{8\tau_W^*}{\varrho^* u_s^{*2}} = \frac{(\Delta p^*/L^*)2D_h^*}{\varrho^* u_s^{*2}}$$

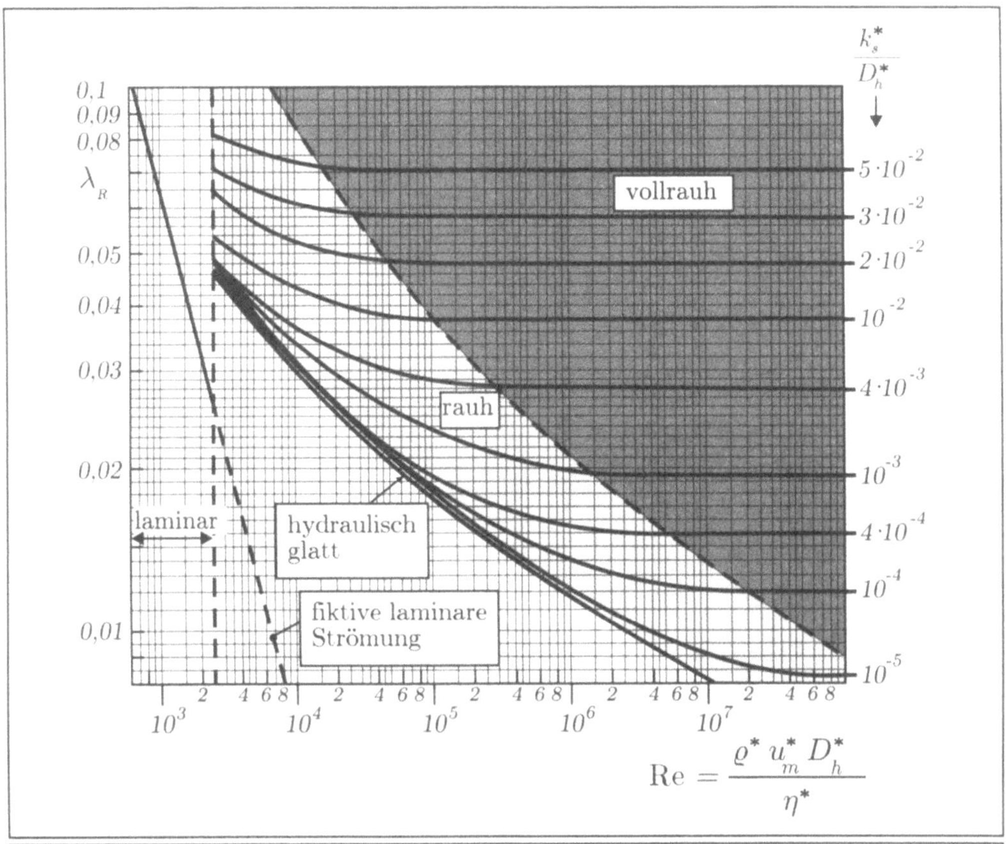

Rohrreibungszahl λ_R für eine ausgebildete Strömung (Moody-Diagramm)

k_s^* : äquivalente Sandrauheit; D_h^* :hydraulischer Durchmesser

Das obige Bild zeigt λ_R als Funktion der Reynolds-Zahl *Re* und der dimensionslosen Rauheitshöhe k_s^*/D_h^* (zu k_s^* s. das Stichwort WANDRAUHEIT).

Statt des Durchmessers ist der sog. HYDRAULISCHE DURCHMESSER D_h^* gewählt worden, so dass auch für ausgebildete Strömungen in nicht-Kreisquerschnitten mit diesem Diagramm der Kennwert λ_R bestimmt werden kann. Die Auftragung als $\lambda_R = \lambda_R(Re, k_s^*/D_h^*)$ wird in der Literatur häufig unter dem Namen *Moody-Diagramm* geführt. In diesem Diagramm ist die zuvor erwähnte Re-Unabhängigkeit von λ_R und damit letztlich auch von ζ für turbulente Strömungen bei vollrauhen Rohren durch den horizontalen Verlauf der λ_R-Kurven zu erkennen.

2. Widerstandszahlen einiger Bauteile

Die nachfolgende Tabelle gibt einige wenige Beispiele für Widerstandszahlen, aus denen die typischen Zahlenwerte für ζ hervorgehen. Konkrete Angaben für spezielle Bauteile können der umfangreichen Datensammlung in den am Ende dieses Stichwortes angegebenen Literaturstellen entnommen werden.

BAUTEIL	**B ---- : Bezugsquerschnitt**	**WIDERSTANDSZAHL**
90°-Rohr-krümmer, hydraulisch glatt, $\mathrm{Re} > 10^5$		$\dfrac{R^*}{D_h^*} = 2 :\ \zeta = 0{,}14$ $\dfrac{R^*}{D_h^*} = 4 :\ \zeta = 0{,}11$ $\dfrac{R^*}{D_h^*} = 6 :\ \zeta = 0{,}09$
Rohr-erweiterung $\dfrac{D_{h2}^*}{D_{h1}^*} = 2$		$\alpha = 20° :\ \zeta = 0{,}23$ $\alpha = 40° :\ \zeta = 0{,}48$ $\alpha = 60° :\ \zeta = 0{,}62$
Rohreinlauf		scharfkantig: $\zeta = 0{,}6$ gut abgerundet: $\zeta = 0{,}05$
Rohraustritt		$\zeta = 1$ (Verlust der gesamten kinetischen Energie)

Widerstandszahl einiger Bauteile

D_h^* : Hydraulischer Durchmesser

BEACHTE

◗ **Wahl des Bezugsquerschnittes:** Die Widerstandszahl ζ ist über den Zusammenhang $\varphi_i^* = \zeta u_{si}^{*2}/2$ definiert. In Bauteilen, in denen an zwei Stellen unterschiedliche Geschwindigkeiten u_{s1}^* und u_{s2}^* auftreten (wie z.B. am Ein- und am Austritt des Bauteiles „Unterschall-Diffusor", d.h. einer Querschnittserweiterung in Strömungsrichtung) könnte der ζ-Wert gleichwertig als ζ_{i1} oder ζ_{i2} eingeführt werden, je nachdem welcher Ansatz, $\varphi_i^* = \zeta_{i1} u_{s1}^{*2}/2$ oder $\varphi_i^* = \zeta_{i2} u_{s2}^{*2}/2$, gewählt wird. Beide ζ-Werte stehen im

Verhältnis $\zeta_{i1}/\zeta_{i2} = u_{s2}^{*2}/u_{s1}^{*2}$, besitzen also durchaus verschiedene Zahlenwerte. Daran wird deutlich, dass zu einer bestimmten Angabe eines ζ-Wertes stets die Information gehört, auf welchen Querschnitt im betreffenden Bauteil Bezug genommen wird. Fehlt diese Angabe, so muss man eine „offensichtlich naheliegende Wahl des Bezugsquerschnittes" (häufig der Eintrittsquerschnitt) unterstellen. Im Zweifelsfall sind ζ-Werte ohne diese Zusatzinformation jedoch wertlos.

⊓ **Hintereinander geschaltete Bauteile:** Die spez. Gesamtdissipation φ_{ges}^* von hintereinander geschalteten Einzelbauteilen i ist $\varphi_{ges}^* = \sum_i \zeta_i u_{si}^{*2}/2$. Dabei addieren sich die Widerstandszahlen ζ_i aber nur dann zu einer einzigen Gesamtwiderstandszahl ζ_{ges}, wenn in allen Bauteilen dieselbe Größe, des Bezugsquerschnittes vorliegt, weil nur dann alle Geschwindigkeiten u_{si}^* gleich groß sind (Annahme: inkompressible Strömung). Nur unter dieser Voraussetzung gilt

$$\zeta_{ges} = \sum_i \zeta_i$$

Zusätzlich ist die bereits unter PHYSIKALISCHER HINTERGRUND beschriebene Problematik der erforderlichen Vor- und Nachlauflängen zu beachten.

⊓ **Genauigkeit, Verlässlichkeit von ζ-Werten:** Da mit dem Ansatz für ζ sehr viele Details vernachlässigt werden, die zu einer exakten Bestimmung der Dissipation in einem Bauteil erforderlich sind, kann es nicht verwundern, dass experimentell ermittelte Werte für ein bestimmtes Bauteil häufig erheblich voneinander abweichen. Dabei ist insbesondere davon auszugehen, dass die zusätzlichen Dissipationseffekte in den Vor- und Nachlaufstrecken oftmals nicht korrekt erfasst werden. Nur so ist zu verstehen, dass verschiedene Quellen für denselben ζ-Wert Zahlenwerte angeben, die bisweilen um mehr als 100% voneinander abweichen. Soweit dies möglich ist, sollten Zahlenangaben deshalb kritisch betrachtet werden, in dem man sie zumindest auf ihre Plausibilität hin überprüft, oder versucht, sie mit Angaben aus anderen Quellen zu vergleichen.

⊓ **Rohrreibungszahlen im englischsprachigen Raum:** Im Zusammenhang mit Rohrreibungszahlen hat sich leider keine einheitliche Definition durchgesetzt. Im englischsprachigen Raum werden folgende Größen nebeneinander verwendet:

- $\lambda = \dfrac{8\tau_W^*}{\varrho^* u_s^{*2}}$ *(Darcy friction factor)* Dieser Wert entspricht der bisher eingeführten Größe λ_R.

- $f = \dfrac{2\tau_W^*}{\varrho^* u_s^{*2}}$ *(Fanning friction factor;* auch: *skin friction factor)*

Damit gilt der Zusammenhang $\lambda = 4f$, was zusammen mit der Tatsache, dass die Reynolds-Zahl uneinheitlich mit dem Radius oder dem Durchmesser gebildet werden kann, eine erhöhte Aufmerksamkeit beim Vergleich von Ergebnissen verschiedener Autoren erfordert!

⊓ **Poiseuille-Zahl Po:** Da für laminare Rohr- und Kanalströmungen das Produkt aus der Rohrreibungszahl λ_R und der Reynolds-Zahl Re konstant ist, kann dieses Produkt wie eine einzige Kennzahl behandelt werden. Dafür wird dann der Name *Poiseuille-Zahl* Po eingeführt, es gilt also Po $= \lambda_R$Re. Zum physikalischen Hintergrund s. das Stichwort DIMENSIONSANALYSE, besonders unter ANWENDUNGEN UND BEISPIELE.

Weiterführende Literatur

VDI-Wärmeatlas(1997): *Berechnungsblätter für den Wärmeübergang*, 8. Aufl.,La - Lc, VDI-Verlag, Düsseldorf

Idelchik, I.E. (1986): *Handbook of Hydraulik Resistance*, Hemisphere Publ. Corp., New York

General Electric Co. (1981): *Fluid Flow Data Book, GE Corporate Research and Development*, Schenectady, New York

Ward-Smith, A.J. (1980): *Internal Fluid Flow*, Clarendon Press, Oxford

Wirbel
(vortex)

BEDEUTUNG UND DEFINITION

Es handelt sich um ein Strömungsphänomen, das nur für eine idealisierte Modellströmung „scharf" definiert ist. In einer solchen, ansonsten drehungsfreien Strömung wird unter einem Wirbel eine scharf abgegrenzte Ansammlung von DREHUNG verstanden. In realen Strömungen kommt es aufgrund von Diffusionseffekten durch die endliche Viskosität realer Fluide stets zu einer mehr oder weniger starken Ausbreitung von Drehung. In diesen Fällen können die nachfolgend definierten Wirbelgrößen jedoch zu einer näherungsweisen Beschreibung der tatsächlichen Verhältnisse herangezogen werden.

Definition

Für eine idealisierte Modellströmung mit den Strömungs- bzw. Fluideigenschaften:

- keine Diffusion von Drehung (ideales Fluid mit $\eta^* = 0$)

- barotropes Fluidverhalten (die Dichte ϱ^* ist nur eine Funktion des Druckes, d.h. $\varrho^* = \varrho^*(p^*)$, $\rightarrow$ keine Auftriebskräfte)

- konservative äußere Kräfte (d.h. Kräfte mit einem Potential, wie z.B. die Schwerkraft)

werden folgende Wirbelgrößen definiert:

Wirbellinie:
> Linie in einem Strömungsfeld, die in jedem Punkt parallel zum lokalen Drehungsvektor $\vec{\omega}$ verläuft.

Wirbelfaden:
> Zylinderförmiges Volumen, dessen Oberfläche durch Wirbellinien gebildet wird. Jeder Schnitt quer durch den Wirbelfaden ergibt eine geschlossene Kurve, die eine infinitesimal kleine, sog. einfach zusammenhängende Fläche einschließt. Dabei bedeutet „einfach zusammenhängend", dass die Flächenberandung auf die Länge Null zusammengezogen werden kann, ohne dass dabei das Fluid verlassen wird.

Wirbelröhre:
> Wirbelfaden mit endlichem Querschnitt.

Wirbelfläche:
> Flächenhafte Anordnung von Wirbellinien.

Die Stärke eines Wirbelfadens bzw. einer Wirbelröhre wird durch deren ZIRKULATION Γ^* angegeben. Dies ist eine endliche Größe, auch wenn, wie im Fall des Wirbelfadens, ein infinitesimaler Querschnitt dA^* vorliegt. Im Grenzfall $dA^* \rightarrow 0$, in dem der Wirbelfaden zur Wirbellinie wird, gilt für die ZIRKULATION $\Gamma^* = |\omega^*| \, dA^*$, so dass in diesem Grenzfall $|\omega^*| \rightarrow \infty$ folgt.

Die Stärke einer Wirbelfläche wird sinnvollerweise als lokale Stärke $\vec{V}^* = \int\limits_0^{\delta^*} \vec{\omega}^* dn^*$, d.h. als Integral über die zunächst als endlich angenommene Schichtdicke angegeben. Sie entspricht im Grenzfall verschwindender Schichtdicke δ^* dem Sprung im Wert des Tangentialgeschwindigkeitsvektors zu beiden Seiten der Wirbelfläche.

Γ^*	Zirkulation	m^2/s
$\vec{\omega}^*$	Drehungsvektor	$1/s$
dA^*	infinitesimale Querschnittsfläche des Wirbelfadens	m^2
$\vec{V}^*$	Stärke einer Wirbelfläche	m/s
n^*	Koordinate senkrecht zur Wirbelschicht der Dicke δ^*	m
η^*	dynamische Viskosität	kg/ms
ϱ^*	Dichte	kg/m^3
p^*	Druck	N/m^2

PHYSIKALISCHER HINTERGRUND

Obwohl die zuvor definierten Wirbelformen zunächst nur in idealisierten Modellströmungen vorkommen, können mit ihnen und aus den für sie geltenden Gesetzmäßigkeiten weitreichende Aussagen für reale Strömungen im Sinne einer (oftmals sehr guten) Näherung gewonnen werden. Diese Vorgehensweise ist von zweifachem Vorteil:

1. Die mathematische Behandlung der idealisierten Modellströmung ist erheblich einfacher als diejenige der realen Strömung. Im wesentlichen ist dies eine Folge der vernachlässigten Wirkung der Viskosität eines realen Fluides.

2. Die physikalischen Zusammenhänge können bezüglich vieler Aspekte klarer herausgearbeitet werden. Auch dies ist im wesentlichen eine Folge vernachlässigter Viskosität des Fluides, die zu diffusiven, „verwischenden" Effekten führt.

Wenn für die folgenden Überlegungen ein idealisiertes Strömungsverhalten unterstellt wird, so sollte stets präsent sein, dass die gewonnenen Aussagen in guter Näherung für reale Strömungen bzw. große Bereiche eines realen Strömungsfeldes gelten. Sie können als exakte Aussagen aus den EULER GLEICHUNGEN abgeleitet werden und gelten näherungsweise für Strömungen, zu deren Beschreibung die NAVIER-STOKES GLEICHUNGEN erforderlich sind.

Kelvin-Theorem

Die als Kelvin-Theorem bezeichnete Aussage bezieht sich auf eine Ansammlung von Fluidpartikeln, die im Strömungsfeld eine geschlossene Kurve C (beliebiger Form) bilden und auf ihrem Weg, den sie mit der Strömung zurücklegen, verfolgt werden. Dabei wird sich die Form der geschlossenen Kurve C im allgemeinen verändern, sie bleibt aber eine geschlossene Kurve und besteht stets aus denselben Fluidpartikeln (die man sich deshalb wie eine frei bewegliche Perlenkette vorstellen kann). Bezüglich der Kurve C kann zu jedem Zeitpunkt die Zirkulation $\Gamma^* \equiv \int_C \vec{v}^* \cdot d\vec{s}^*$ gebildet werden. Das Kelvin-Theorem besagt: Die Zirkulation in bezug auf die geschlossene Kurve C, die sich mit dem Fluid bewegt, bleibt konstant.

Aus dieser fundamentalen Erkenntnis lassen sich eine Reihe von Aussagen über Wirbellinien, -fäden, -röhren und -flächen gewinnen, von denen einige als sog. Helmholtzsche Wirbelsätze bekannt sind.

Helmholtzsche Wirbelsätze

Folgende drei Aussagen zum Wirbelverhalten lassen sich unter den getroffenen Voraussetzungen (idealisierte Modellströmung) aus dem Kelvin-Theorem ableiten.

(H1) Fluidpartikel, die zu einem bestimmten Zeitpunkt drehungsfrei sind, bleiben dies auch zu allen späteren Zeitpunkten.

(H2) Fluidpartikel, die zu einem bestimmten Zeitpunkt Elemente einer Wirbellinie sind, gehören auch zu allen späteren Zeitpunkten zu dieser Wirbellinie. Daraus folgt unmittelbar, dass sich Wirbellinien, Wirbelfäden, Wirbelröhren und Wirbelflächen mit der Strömung bzw. dem Fluid mitbewegen.

(H3) Die Stärke Γ^* einer Wirbellinie, eines Wirbelfadens bzw. einer Wirbelröhre ist sowohl entlang dieser Anordnungen als auch zeitlich konstant, wird also durch die Strömung nicht verändert. Daraus kann abgeleitet werden, dass sie entweder geschlossene Gebilde darstellen, die bis ins Unendliche reichen oder an festen Wänden enden (aber nicht frei in der Strömung beginnen oder enden können).

Anwendungen und Beispiele

Die bisher getroffenen Aussagen zu den verschiedenen Wirbelformen beschreiben diese auf der Basis eines idealisierten Strömungsverhaltens (mathematisch beschrieben durch die Euler Gleichungen). Wann und wo diese Wirbelformen zur (näherungsweisen) Beschreibung realer Strömungsphänomene herangezogen werden können, ist damit noch nicht gesagt. Generell wird dies immer dann der Fall sein, wenn in realen Strömungen Drehung in konzentrierter Form auftritt. Dies ist in (Strömungs-) Grenzschichten der Fall, die an Wänden oder an der Grenzlinie benachbarter Strömungsfelder auftreten. Die Physik von Strömungsgrenzschichten ist wesentlich durch das Wechselspiel von Produktion, Diffusion und Konvektion von Drehung geprägt. Es stellt sich heraus, dass die zunächst vernachlässigte Viskosität von Fluiden sowohl für die Produktion als auch die Diffusion von Drehung verantwortlich ist und deshalb in realen Strömungen in den Grenzschichten einen entscheidende Einfluss besitzt.

Dass Wirbelformen, die in idealisierten Modellströmungen ($\eta^* = 0$) definiert sind, überhaupt für näherungsweise Aussagen über reale Strömungen ($\eta^* \neq 0$) herangezogen werden können, hängt damit zusammen, dass diese Wirbelformen als singuläre Grenzfälle in einem gedachten Grenzübergang $\eta^* \to 0$ entstehen, und nicht etwa dadurch, dass von vorneherein $\eta^* = 0$ unterstellt wird.

1. Wandgrenzschichten als diffuse Wirbelflächen

Es soll die Grenzschicht an dem im Bild gezeigten symmetrischen Halbkörper betrachtet werden, der für die ankommende Strömung einen Staupunkt besitzt und für $s^* \to \infty$ als ebene Platte der Dicke $2H^*$ fortgeführt wird. Mit der Zuströmgeschwindigkeit u_∞^* stellt sich an der Wand (längs der wandparallelen Koordinate s^*) qualitativ die gezeigte Wandgeschwindigkeit u_W^* sowie der Druckgradient $(\partial p^*/\partial s^*)_W$ ein, wenn eine Modellströmung auf der Basis der Euler Gleichungen unterstellt wird. Dies ist die vollständig reibungs- und drehungsfreie Strömung unter Vernachlässigung der tatsächlich vorhandenen Wandgrenzschichten.

Die bei einer realen Strömung vorhandene HAFTBEDINGUNG führt zur Ausbildung einer Wandgrenzschicht, in der ein kontinuierlicher Übergang der Geschwindigkeit vom Wert Null an der Wand auf den Wert u_W^*, der jetzt am Außenrand der Grenzschicht vorliegt, erfolgt. Diese Grenzschicht, in der Drehung in konzentrierter Form vorliegt, kann näherungsweise als eine Wirbelfläche interpretiert werden, die anstelle der kleinen Größe δ^* die Dicke Null aufweist. Diese idealisierte Wirbelfläche ist aus Wirbelfäden aufgebaut, die auf der Wand liegen und senkrecht zur Zeichenebene angeordnet sind. Ihre Stärke beträgt $u_W^*(s^*)$ und entspricht dem Integral der tatsächlich in der Grenzschicht über die Dicke δ^* verteilten Drehung $\omega^*(s^*,\, n^*)$.

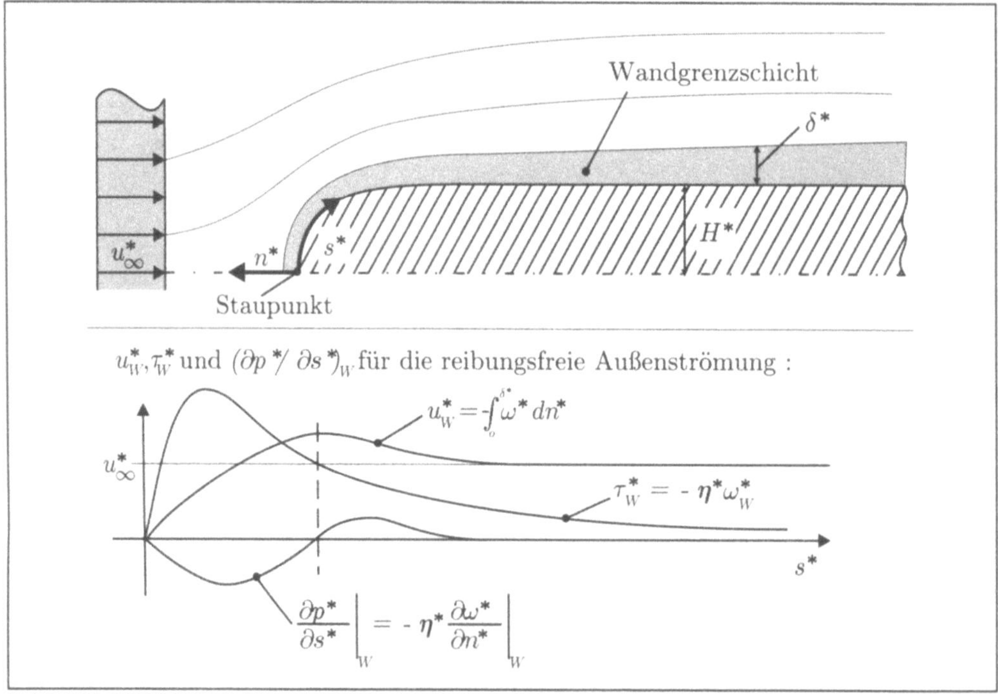

Wandgrenzschicht an einem ebenen Halbkörper
(ebene Platte für $H^* \to 0$)
(qualitativer Verlauf der Größen u_W^*, $(\partial p^*/\partial s^*)_W$ und τ_W^*)

Eine Analyse der Grenzschichtgleichungen an der Wand ergibt nun für ein Newtonsches Fluid folgende Aussagen zur Drehungsentstehung und -verbreitung in der Grenzschicht. Für die unterstellte zweidimensionale Strömung ist die Drehung in einem kartesischen (x, y, z)-System $\omega^* = \partial v^*/\partial x^* - \partial u^*/\partial y^*$.

In dem (s, n)-Koordinatensystem der Grenzschicht gilt mit u^* als Geschwindigkeitskomponente in s-Richtung und v^* in n-Richtung mit $v_W^* = 0$ (undurchlässige Wand) für die Drehung an der Wand $\omega_W^* = -(\partial u^*/\partial n^*)_W$. Damit gilt mit der Wandschubspannung $\tau_W^* = \eta^*(\partial u^*/\partial n^*)_W$

$$\omega_W^* = -\tau_W^*/\eta^* \tag{$*$}$$

Aus der sog. Wandbindung (dies ist die s-Impulsgleichung für den Wandwert $n^* = 0$), $0 = -(\partial p^*/\partial s^*)_W + \eta^*(\partial^2 u^*/\partial n^{*2})_W$ folgt

$$\left.\frac{\partial \omega^*}{\partial n^*}\right|_W = -\frac{(\partial p^*/\partial s^*)_W}{\eta^*} \tag{$**$}$$

In der realen Strömung liegt an der Wand ein von Null verschiedener Wert der Drehung vor, wenn $\tau_W^* \neq 0$ gilt. Drehung diffundiert ausgehend von der Wand in die oder aus der Strömung $[(\partial \omega^*/\partial n^*)_W \neq 0]$, wenn ein Druckgradient vorliegt.

Für die im Bild gezeigte Strömung ergibt dies folgende Interpretation. Ausgehend vom Staupunkt ($\tau_W^* = 0$, $\omega_W^* = 0$) wächst der Betrag der Drehung an der Wand zunächst stark an (beachte: ω^* ist negativ) und diffundiert in die Strömung, solange $(\partial p^*/\partial s^*)_W < 0$ gilt, denn dann ist $(\partial|\omega^*|/\partial n^*)_W < 0$. Das Anwachsen von u_W^* entspricht der Zunahme der Wirbelflächenstärke, als die u_W^* unmittelbar interpretiert werden kann. Diese nimmt dann aber in dem Maße wieder ab, wie aufgrund des anschließend positiven Druckgradienten $(\partial p^*/\partial s^*)_W$ eine Diffusion von Drehung auf die Wand zu erfolgt $[(\partial|\omega^*|/\partial n^*)_W > 0]$. Für große Abstände vom Staupunkt bleibt die Wirbelflächenstärke konstant. Der Betrag der Drehung an der Wand nimmt langsam ab, und zwar in dem Maße, in dem die Drehung gleichmäßig auf die anwachsende Grenzschichtdicke verteilt wird. Die in der Grenzschicht vorhandene Drehung wird damit in diesem Beispiel nur in der Umgebung des Staupunktes von der Wand in die Strömung gegeben. Abstrahiert man den Bereich in der Nähe des Staupunktes zur Vorderkante einer ebenen Platte, so kommt in diesem Fall die gesamte in der Grenzschicht enthaltene Drehung „aus der Vorderkante".

2. Aerodynamischer Auftrieb eines Tragflügelprofils

Der Sinn und Zweck eines Tragflügelprofils ist es, eine möglichst große Kraft senkrecht zur Anströmung (Auftrieb) und eine möglichst kleine Kraft in Richtung der Anströmung (Widerstand) zu erzeugen. Um dies zu erreichen wird ein Anstellwinkel (als Winkel der Tragflügelsehne gegenüber der Anströmrichtung) gewählt, der groß genug ist, um durch eine deutlich verschiedene Druckverteilung auf der Ober- und Unterseite des Profils die gewünschte Auftriebskraft zu erzeugen, aber nicht so groß, dass die Grenzschicht, die sich am Tragflügel ausbildet, bereits ablöst.

Eine anliegende Grenzschicht beeinflusst das Gesamtverhalten der Strömung jedoch nur geringfügig, d.h., die Strömung außerhalb der Grenzschicht ist *mit* Grenzschicht (real) und *ohne* Grenzschicht (idealisiert) nicht wesentlich verschieden. Wenn die reale Strömung nun eine große Kraft senkrecht zur Anströmung erzeugt, so ist deshalb zu erwarten, dass diese auch im idealisierten Grenzfall (keine endliche Grenzschichtdicke) auftritt. Die kleine Widerstandskraft dagegen ist eine Folge der geringfügigen Änderung des Strömungsfeldes einer realen Strömung (mit Grenzschicht) gegenüber einer idealisierten Strömung (ohne Grenzschicht).

Eine genauere Analyse der Tragflügelumströmung auf der Basis einer idealisierten Modellströmung (keine endliche Grenzschichtdicke) ergibt nun folgendes.

- Obwohl eine homogene und damit drehungsfreie Anströmung vorliegt, ein ideales Fluid unterstellt wird ($\eta^* = 0$, d.h. keine Diffusion von Drehung) und damit das eigentliche Strömungsfeld drehungsfrei bleibt, ist die Zirkulation Γ^* längs einer Kurve, die das Tragflügelprofil einschließt, von Null verschieden. Dies überrascht zunächst, da bei einfach zusammenhängenden Gebieten die Zirkulation dem Integral über die Drehung der eingeschlossenen Fläche entspricht, wie unter dem Stichwort DREHUNG (dort unter ANWENDUNGEN UND BEISPIELE) erläutert wird. Der entscheidende Punkt ist damit, dass es sich bei der zweidimensionalen Tragflügelumströmung um ein sog. *zweifach zusammenhängendes Strömungsgebiet* handelt, bei dem es zu einer sog. *Wirbelablösung* kommen kann.

- Diese Wirbelablösung ist ein Vorgang, der in der transienten Startphase der Strömung auftritt, also dann, wenn das Profil aus der Ruhe heraus seine endgültige, als konstant unterstellte Geschwindigkeit im Strömungsfeld erreicht. In dieser Startphase löst sich an der Hinterkante des Profils eine Wirbelschicht ab, die als freie Wirbelfläche im Fluid verbleibt. Endgültig ergibt sich damit eine Situation, die im nachfolgenden Bild skizziert ist.

- Eine geschlossene Kurve um den Tragflügel, die aber den Nachlaufbereich nicht umfasst, weist eine endliche Zirkulation $-\Gamma^*$ mit $\Gamma^* = \int_{C_N} \vec{v}^* \cdot d\vec{s}^*$ auf. Im Nachlaufbereich, dem Bereich des sog. *Anfahrwirbels*, muss sich deshalb die im Zuge der Wirbelablösung dem Profil „verlorengegangene" Drehung (enthalten in der singulären Wirbelschicht) mit umgekehrtem Vorzeichen „wiederfinden". Unabhängig von der konkreten Form des Tragflügels gilt dabei stets für den aerodynamischen Auftrieb A^* (Kraft senkrecht zur Anströmung)

$$\boxed{A^* = \varrho^* u_\infty^* \Gamma^*}$$

- Die (geringe) Widerstandskraft ist eine Folge der real vorhandenen Grenzschicht. Unabhängig von der konkreten Form des Tragflügels gilt ohne Berücksichtigung der Grenzschicht stets für den Widerstand W^* (Kraft in Richtung der Anströmung),

$$\boxed{W^* = 0}$$

Die Begründung für dieses zunächst unerwartete Verhalten findet sich unter dem Stichwort WIDERSTAND, dort unter PHYSIKALISCHER HINTERGRUND (d'Alembertsches Paradoxon).

Solange die Grenzschicht nicht ablöst, stimmen diese Ergebnisse sehr gut mit Messungen in realen Strömungen überein, d.h., der Auftrieb ist nahezu $A^* = \varrho^* u_\infty^* \Gamma^*$, der Widerstand ist nahezu Null.

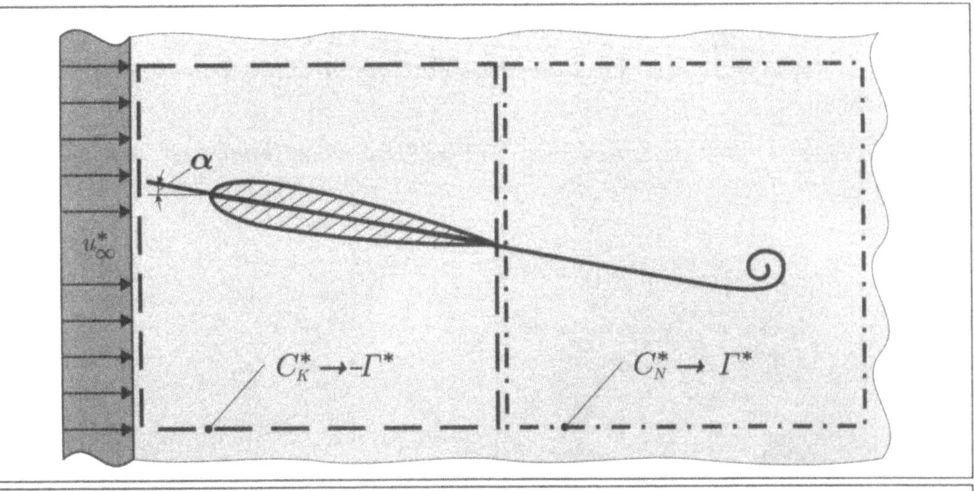

Idealisierte Modellströmung um ein Tragflügelprofil nach der
Startphase, Anstellwinkel α

C_K^*: geschlossene Kurve um den Körper: Zirkulation $-\Gamma^*$
C_N^*: geschlossene Kurve um den Nachlauf: Zirkulation Γ^*
$C_K^* + C_N^*$: geschlossene Kurve um Körper + Nachlauf: keine Zirkulation

BEACHTE

❏ **Strom- und Wirbellinien:** Der enge Zusammenhang zwischen dem Geschwindigkeitsvektor $\vec{v}^*$ und dem Drehungsvektor $\vec{\omega}^* = \mathrm{rot}\,\vec{v}^*$ äußert sich auch in der Interpretation von Stromlinien (Tangenten an $\vec{v}^*$) und Wirbellinien (Tangenten an $\vec{\omega}^*$). So werden in beiden Fällen die Konzepte des Stromfadens bzw. des Wirbelfadens (infinitesimale Querschnitte) und der Stromröhre bzw. der Wirbelröhre (endliche Querschnitte) eingeführt. Ein „Fluss", d.h. ein Massenstrom bzw. ein Wirbelstrom findet nur durch die jeweiligen Röhren statt. Mathematisch bedeutet dies $\vec{v}^* \cdot \vec{n} = 0$ sowie $\vec{\omega} \cdot \vec{n} = 0$ auf den Röhrenoberflächen, aber $\vec{v} \cdot \vec{n} \neq 0$ und $\vec{\omega} \cdot \vec{n} \neq 0$ auf den Röhrenquerschnitten mit $\vec{n}$ als jeweiligem Flächennormalenvektor.

❏ **Zur Lage zugehöriger Strom- und Wirbellinien:** Strom- und Wirbellinien stehen bei zweidimensionalen und rotationssymmetrischen Strömungen stets senkrecht aufeinander (wenn es überhaupt Wirbellinien gibt, d.h. für $\vec{\omega}^* \neq 0$). Bei allgemeinen dreidimensionalen Strömungen gilt dies nicht. Lediglich an der Wand verlaufen Wandstromlinien und Wandwirbellinien (die beide in der Wandebene liegen) auch dann stets senkrecht zueinander.

WEITERFÜHRENDE LITERATUR

Panton, R. (1996): *Incompressible Flow*, John Wiley & Sons, New York

Saffman, P.G. (1995) : *Vortex Dynamics*, Cambridge University Press, USA

Lighthill, J. (1986) : *An Informal Introduction to Theoretical Fluid Mechanics*, Clarendon Press, Oxford

Batchelor, G.K. (1967): *An Introduction to Fluid Dynamics*, Cambridge University Press, London

Wirbeltransportgleichung
(vorticity transport equation)

Siehe dazu das Stichwort NAVIER-STOKES GLEICHUNGEN, dort unter BEACHTE

Wirbelviskosität
(eddy viscosity)

BEDEUTUNG UND DEFINITION

Es handelt sich um eine *Strömungsgröße* (und nicht um einen *Stoffwert*, wie die Viskosität selber), die eingeführt wird, um damit die Wirkung der Turbulenz auf die mittlere Strömung zu formulieren. Diese Größe wird damit zu einem zentralen Element einer TURBULENZMODELLIERUNG, die unterstellt, dass der Reynoldssche Spannungstensor (bestehend aus allen turbulenten Zusatztermen in den zeitgemittelten Impulsgleichungen) eine ähnliche Wirkung auf die Strömung ausübt wie der molekulare Spannungstensor. Diese Annahme stellt eine starke Vereinfachung der tatsächlichen physikalischen Verhältnisse dar und ist deshalb eine grobe Vereinfachung bzgl. einer theoretischen Beschreibung der Physik turbulenter Strömungen. Historisch gesehen stellt sie jedoch den Ausgangspunkt für alle Bemühungen dar, Turbulenz zu modellieren (beginnend mit ersten Arbeiten von J. Boussinesq im Jahre 1877 !). Sie ist bis heute die Grundlage für eine bedeutende Klasse von Turbulenzmodellen. Es handelt sich dabei um die sog. *Wirbelviskositäts-Modelle*, die alle zum Ziel haben, die skalare Strömungsgröße *Wirbelviskosität* zu modellieren, womit dann eine Schließung des Gleichungssystems zur Beschreibung der mittleren Bewegung in einer turbulenten Strömung erreicht wird.

Definition

Die *Wirbelviskosität* η_t^* in einer turbulenten Strömung ist eine skalare Strömungsgröße, die in Analogie zur Stoffgröße Viskosität eines Newtonschen Fluides eingeführt wird. Sie ist über den Zusammenhang zwischen dem Reynoldsschen Spannungstensor $\vec{\vec{\tau}}^{*\prime}$ (s. dazu das Stichwort TURBULENZMODELLIERUNG) und dem Feld der zeitgemittelten Strömungsgeschwindigkeit $\overline{\vec{v}^*}$ analog zum Zusammenhang zwischen dem viskosen Spannungstensor $\vec{\vec{\tau}}^{*\prime}$ und dem Feld der Strömungsgeschwindigkeit $\vec{v}^*$ definiert.

Für $\vec{\vec{\tau}}^*\,(\vec{v}^*)$ gilt:
$$\tau_{ij}^* = \eta^* \left(\frac{\partial v_i^*}{\partial x_j^*} + \frac{\partial v_j^*}{\partial x_i^*} - \frac{2}{3}\delta_{ij}\,\mathrm{div}\,\vec{v}^* \right)$$

Für $\vec{\vec{\tau}}^{*\prime}(\overline{\vec{v}^*})$ wird η_t^* so definiert, dass gilt:

$$\tau_{ij}^{*\,\prime} = \eta_t^* \underbrace{\left[\frac{\partial \overline{v_i^*}}{\partial x_j^*} + \frac{\partial \overline{v_j^*}}{\partial x_i^*} - \frac{2}{3}\delta_{ij}\,\mathrm{div}\,\overline{\vec{v}^*} \right]}_{①} \underbrace{- \frac{2}{3}\delta_{ij}\overline{\varrho^* k^*}}_{②} \quad ; \quad \nu_t^* = \frac{\eta_t^*}{\varrho^*}$$

$\vec{\vec{\tau}}^*,\ \tau_{ij}^*$	viskoser Spannungstensor, Komponenten davon	$\mathrm{N/m^2}$
$\vec{\vec{\tau}}^{*\prime},\ \tau_{ij}^{*\,\prime}$	Reynoldscher Spannungstensor, Komponenten davon	$\mathrm{N/m^2}$
ϱ^*	Dichte	$\mathrm{kg/m^3}$
η^*	(dynamische) Viskosität	$\mathrm{kg/ms}$

η_t^*	(dynamische) Wirbelviskosität	kg/ms
ν_t^*	(kinematische) Wirbelviskosität	$\mathrm{m^2/s}$
k^*	(spezifische) kinetische Energie der Schwankungsbewegung	$\mathrm{m^2/s^2}$
$\vec{v}^*,\ v_i^*$	Geschwindigkeitsvektor, Komponenten davon	m/s
$\overline{\vec{v}^*},\ \overline{v_i^*}$	zeitgemittelter Geschwindigkeitsvektor, Komponenten davon	m/s
div	Divergenzoperator $= \partial_{...}/\partial x^* + \partial_{...}/\partial y^* + \partial_{...}/\partial z^*$	1/m
δ_{ij}	Kronecker-Symbol; $\delta_{ij} = 1$ für $i = j$, $\delta_{ij} = 0$ für $i \neq j$	-

Physikalischer Hintergrund

Wie eingangs bereits erwähnt, wird die Wirbelviskosität in strenger Analogie zur molekularen Viskosität definiert. Das Ziel dieser Art der Turbulenzmodellierung ist es, turbulente Strömungen (so, wie laminare Strömungen) durch einen einzigen Spannungstensor beschreiben zu können. Für diesen „effektiven" Spannungstensor $\overleftrightarrow{\tau}^*_{\text{eff}}$ gilt dann:

$$\overleftrightarrow{\tau}^*_{\text{eff}} = \overleftrightarrow{\tau}^* + \overleftrightarrow{\tau}^{*\prime} = (\eta^* + \eta_t^*)\left[\frac{\partial \overline{v_i^*}}{\partial x_j^*} + \frac{\partial \overline{v_j^*}}{\partial x_i^*} - \frac{2}{3}\delta_{ij}\ \operatorname{div}\overline{\vec{v}^*}\right] - \frac{2}{3}\delta_{ij}\overline{\varrho^*}k^* \tag{i}$$

Bevor die Problematik erläutert wird, die mit einem solchen Ansatz verbunden ist, soll zunächst die konkrete Form des Ansatzes erklärt werden, die durch die beiden mit ① und ② markierten Terme sehr kompliziert erscheint (s. Markierung in der Definitionsbox). Diese beiden Terme, die sich wegen des Faktors δ_{ij} nur bei den Diagonalelementen $\tau_{xx}^{*\,\prime}$, $\tau_{yy}^{*\,\prime}$ und $\tau_{zz}^{*\,\prime}$ auswirken, sind aus folgenden Gründen erforderlich:

Zu ① : Ohne diesen Term wäre die Summe der Diagonalelemente in der eckigen Klammer $2\operatorname{div}\overline{\vec{v}^*}$. Nach Abspalten des Druckes aus dem Spannungstensor muss die erste Invariante (Summe der Diagonalelemente) des dann verbleibenden (und hier modellierten) deviatorischen Spannungstensors Null sein. Erst durch Subtraktion von $3 \cdot (\frac{2}{3}\operatorname{div}\overline{\vec{v}^*})$ ist dies sichergestellt. Auch im laminaren Fall ist dieser Zusatzterm erforderlich, wie der allgemeine Ansatz für τ_{ij}^* zeigt.

Zu ② : Ohne diesen Term (hier gezeigt am Beispiel einer inkompressiblen Strömung, d.h. für $\operatorname{div}\overline{\vec{v}^*} = 0$) würde für die Summe der Diagonalelemente gelten (beachte $\tau_{ij}^{*\,\prime} = -\varrho^*\overline{v_i^{*\prime}v_j^{*\prime}}$, s. das Stichwort Turbulenzmodellierung)

$$\overline{v_1^{*\prime 2}} + \overline{v_2^{*\prime 2}} + \overline{v_3^{*\prime 2}} = -2\nu_t^*\ \operatorname{div}\overline{\vec{v}^*} = 0.$$

Da $\overline{v_1^{*\prime 2}} + \overline{v_2^{*\prime 2}} + \overline{v_3^{*\prime 2}}$ aber bis auf einen Zahlenfaktor $1/2$ die kinetischen Energie k^* der Schwankungsbewegung ist (s. dazu das Stichwort Turbulenzgrad) hieße dies $k^* = 0$, d.h. keine Turbulenz ! Nach Subtraktion des Termes $\frac{2}{3}\overline{\varrho^*}k^*$ gilt hingegen $\overline{v_1^{*\prime 2}} + \overline{v_2^{*\prime 2}} + \overline{v_3^{*\prime 2}} = 2k^*$, was genau der Definition von k^* entspricht.

Dieser zusätzliche Term muss nun aber nicht extra modelliert werden, sondern kann dem Druck $\overline{p^*}$ in der Strömung „zugeschlagen" werden. Der „effektive Druck" $\overline{p^*} + \frac{2}{3}\overline{\varrho^* k^*}$ entspricht dann aber im Strömungsfeld nicht mehr dem thermodynamischen Druck, wohl aber an der Wand, weil dort $k^* = 0$ gilt, so dass der Vergleich mit Druckmessungen (die stets an Wänden vorgenommen werden) weiterhin unproblematisch ist.

Zur Problematik des Wirbelviskositätsansatzes

Von einer Modellvorstellung in bezug auf komplexe Zusammenhänge erwartet man in der Regel, dass wenigstens einfache Spezialfälle weitgehend „korrekt" wiedergegeben werden. Dass dies beim Wirbelviskositätsansatz keineswegs immer gilt, soll an zwei Beispielen verdeutlicht werden:

- Für eine ebene Kanalströmung folgt nach einigen Umformungen aus dem allgemeinen Ansatz für die Wirbelviskosität

$$\overline{v_1^{*\prime 2}} = \overline{v_2^{*\prime 2}} = \overline{v_3^{*\prime 2}} = \frac{2}{3}k^* \; ,$$

  d.h., die rms-Werte $\hat{v}_i^{*\prime} = \sqrt{\overline{v_i^{*\prime 2}}}$ werden für alle drei Richtungen als gleich groß vorhergesagt. Messungen zeigen aber, dass dies keineswegs der Fall ist.

- Für ebene oder nahezu ebene Strömungen verbleibt aus dem allgemeinen Ansatz für $\tau_{ij}^{*\,\prime}$, nur eine Schubspannungskomponente, die für die turbulente Strömung von Bedeutung ist. In der üblichen Nomenklatur zweidimensionaler Grenzschichten (x^* parallel zur Wand, Geschwindigkeitskomponente u^* ; y^* senkrecht zur Wand, Geschwindigkeitskomponente v^*) ist dies

$$\tau_{xy}^{*\,\prime} = -\varrho^* \overline{u^{*\prime} v^{*\prime}} = \eta_t^* \frac{\partial \overline{u^*}}{\partial y^*} \tag{ii}$$

Damit wird aber unterstellt, dass die turbulente Schubspannung das Vorzeichen wechselt, wenn die mittlere Geschwindigkeit einen Extremalwert zeigt (z.B. ein Maximum). Dies ist in solchen Strömungen aber häufig nicht der Fall, wie das Beispiel des sog. Wandstrahles zeigt, bei dem der y-Wert des Geschwindigkeitsmaximums und derjenige beim Vorzeichenwechsel in $\tau_{xy}^{*\,\prime}$ deutlich verschieden sind.

Die Kritik am Wirbelviskositätsansatz kann dahingehend generalisiert werden, dass mit diesem Ansatz versucht wird, eine turbulente Strömung wie eine modifizierte laminare Strömung zu behandeln. Turbulente Strömungen gehorchen aber einer vollständig anderen Strömungsphysik, so dass die Unterschiede zwischen laminaren und turbulenten Strömungen letztlich sehr viel größer sind als ihre Gemeinsamkeiten.

Einteilung von Wirbelviskositätsmodellen, generelle Ansätze

Wirbelviskositäts-Turbulenzmodelle werden nach der Anzahl partieller Differentialgleichungen, die zur Bestimmung der Wirbelviskosität eingesetzt werden, geordnet und wie folgt kategorisiert:

⌑ NULL-GLEICHUNGSMODELLE
 Diese enthalten nur algebraische Gleichungen und werden deshalb bisweilen auch als *algebraische Turbulenzmodelle* bezeichnet.

◻ EIN-GLEICHUNGSMODELLE

Die Wirbelviskosität wird mit Hilfe *einer* partiellen Differentialgleichung mit dem Strömungsfeld in Verbindung gebracht.

◻ ZWEI-GLEICHUNGSMODELLE

Zwei partielle Differentialgleichungen werden eingesetzt, um η_t^* zu bestimmen.

Mehr als zwei Differentialgleichungen werden nicht eingesetzt, um η_t^* zu ermitteln. Einen Hinweis darauf, dass dies auch nicht sinnvoll wäre, geben die nachfolgenden dimensions-analytischen Überlegungen zu η_t^*, die gleichzeitig auch die verschiedenen möglichen Modellierungsansätze verdeutlichen.

Da η_t^* in Analogie zur molekularen Viskosität η^* eingeführt worden ist, hat η_t^* wie diese die Dimension MASSE / (LÄNGE · ZEIT). Wenn man berücksichtigt, dass die Dimension MASSE ausschließlich über die Dichte ϱ^* Eingang in ein Strömungsproblem findet, kann von vornherein eine rein kinematische Größe gebildet werden. Für die molekulare Viskosität η^* ist dies

$$\nu^* = \frac{\eta^*}{\varrho^*} \qquad \text{mit} \qquad [\nu^*] = \frac{\text{m}^2}{\text{s}},$$

die sog. *kinematische Viskosität*. Analog dazu wird

$$\nu_t^* = \frac{\eta_t^*}{\varrho^*} \qquad \text{mit} \qquad [\nu_t^*] = \frac{\text{m}^2}{\text{s}}$$

als *kinematische Wirbelviskosität* eingeführt.

Die modellmäßige Beschreibung von ν_t^* muss nun durch Größen erfolgen, die rein kinematischer Natur sind, in denen also nur die Dimensionen LÄNGE und ZEIT vorkommen. Als Vorüberlegung können deshalb zunächst alle physikalisch für die Turbulenz in einer Strömung offensichtlich relevanten Größen „gesammelt" werden, die diese Eigenschaft besitzen. Entsprechend der Physik der Turbulenz gehören folgende Größen in diese Liste:

◻ Gradienten der mittleren Geschwindigkeiten $\partial \overline{v_i^*}/\partial x_j^*$ ($\rightarrow$ Turbulenzproduktion); Dimension: ZEIT^{-1}

◻ Turbulenz-Längenmaß L_t^* ($\rightarrow$ charakteristische Abmessung von Wirbelstrukturen); Dimensionen: LÄNGE

◻ (Spezifische) kinetische Energie der Schwankungsbewegungen k^* ($\rightarrow$ Energiekaskade turbulenter Strömungen); Dimension: LÄNGE^2 / ZEIT^2

◻ (Spezifische) turbulente Dissipationsrate ε^* ($\rightarrow$ Energiehaushalt turbulenter Strömungen); Dimension: LÄNGE^2 / ZEIT^3

◻ ...

Mit den aufgeführten Größen, unterstellt, man könnte sie in einem Strömungsfeld durch entsprechende Modellgleichungen bestimmen, könnte aufgrund der Dimensionsbedingung (ν_t^* muss die Dimension LÄNGE^2 / ZEIT besitzen) ν_t^* bzw. $\eta_t^* = \varrho^* \nu_t^*$ auf folgende Weise ermittelt werden:

$$\nu_t^* = C_1 L_t^{*2} \frac{\partial \overline{v_i^*}}{\partial x_j^*} = C_2 L_t^* \sqrt{k^*} = C_3 \frac{k^{*2}}{\varepsilon^*} = \dots \tag{iii}$$

Wenn die Größen L_t^*, k^*, ε^*, ... in einem Strömungsfeld ermittelt werden können, ergibt sich daraus, wie die gesuchte Größe ν_t^* zu bestimmen ist. Die Konstanten C_1, C_2, C_3, ... sind reine Zahlenwerte, die als Modellkonstanten dann ebenfalls empirisch zu ermitteln sind.

ANWENDUNGEN UND BEISPIELE

Trotz der generell vorhandenen Kritik am Wirbelviskositätskonzept basieren viele der heute gängigen Turbulenzmodelle auf diesem Ansatz. Zwei davon werden im folgenden vorgestellt.

1. Prandtlscher Mischungsweg (Null-Gleichungsmodell)

Dieses algebraische Turbulenzmodell geht auf Ludwig Prandtl zurück (veröffentlicht 1925) und ist ein gutes Beispiel dafür, wie auch mit einfachen, aber zutreffenden physikalischen Vorstellungen der komplizierte Turbulenzmechanismus näherungsweise beschrieben werden kann. Mit der im folgenden erläuterten Überlegung gelang es Prandtl, ein physikalisch interpretierbares Turbulenz-Längenmaß L_t^* in Form einer algebraischen Beziehung herzuleiten.

Ausgangspunkt ist dabei das (gedachte) Verhalten eines kleinen, aber zusammenhängenden Fluidbereiches in einer gescherten Strömung. Im nachfolgenden Bild ist diese in Form von $\overline{u^*}(y^*)$ dargestellt. Die Vorstellung ist nun, dass der Fluidbereich (graues Quadrat im Bild) unter Beibehaltung seines Impulses (bei fester Masse also unter Beibehaltung seiner Geschwindigkeit) nach oben oder unten ausgelenkt wird, also „schwankt".

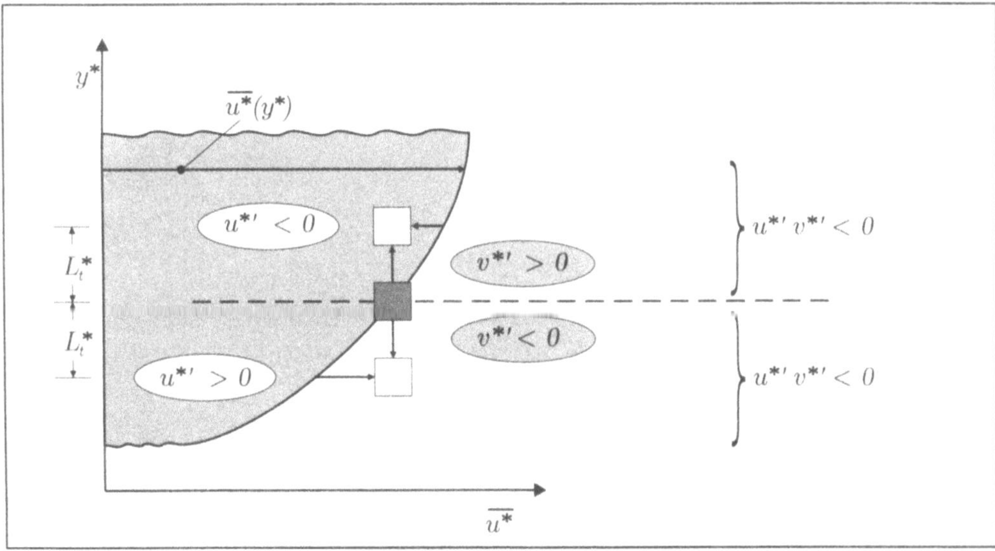

Physikalische Interpretation des Turbulenz-Längenmaßes L_t^*
(auch: Mischungsweglänge)

Bewegt sich der Fluidbereich nach oben, so weist er dort eine kleinere Geschwindigkeit als das umgebende Fluid auf. Diese Differenz wird als $u^{*\prime}$ interpretiert, weil sie wie der Schwankungswert der Geschwindigkeit u^* an dieser Stelle wirkt. Die Geschwindigkeit, die den zusammenhängenden Fluidbereich dorthin gebracht hat, wird als Querschwankungsgeschwindigkeit $v^{*\prime}$ interpretiert. Bei einer Schwankung nach unten liegen dieselben Verhältnisse, jetzt aber mit anderem Vorzeichen vor. Dem Bild ist zu entnehmen, dass sowohl bei einer Schwankung nach oben als auch bei einer Schwankung nach unten das Produkt $u^{*\prime}v^{*\prime}$ dasselbe (negative) Vorzeichen besitzt, dieses Produkt also nicht etwa im statistischen Mittel verschwindet.

Das Turbulenz-Längenmaß L_t^* ist nun gerade diejenige Länge, um die der Fluidbereich ausgelenkt werden muss, damit in der zuvor geschilderten Interpretation eine Schwankungsgeschwindigkeit entsteht, die aufgrund von $-\varrho^*\overline{u^{*\prime}v^{*\prime}} = \tau_{xy}^{*}{}'$ zur dort vorliegenden turbulenten Schubspannung $\tau_{xy}^{*}{}'$ führt. Diese Größe nannte Prandtl einen *Mischungsweg*, sie ist seitdem als *Prandtlscher Mischungsweg* eingeführt. Entwickelt man die Geschwindigkeit $\overline{u^*}(y^*)$ in eine Taylor-Reihe

$$\overline{u^*}(y^*) = \overline{u^*}(y_0^*) + \left.\frac{d\overline{u^*}}{dy^*}\right|_0 (y^* - y_0^*) + \ldots,$$

so ergibt der lineare Term dieser Entwicklung mit $(y^* - y_0^*) = L_t^*$ und $(\overline{u^*}(y^*) - \overline{u^*}(y_0^*)) = -u^{*\prime}$

$$-u^{*\prime} = L_t^* \frac{d\overline{u^*}}{dy^*}.$$

Ferner wird unterstellt, dass $u^{*\prime}$ und $v^{*\prime}$ betragsmäßig etwa gleich groß sind, so dass in guter Näherung gilt

$$\left(\tau_{xy}^{*}{}' =\right) - \varrho^*\overline{u^{*\prime}v^{*\prime}} = \varrho^* L_t^{*2} \frac{d\overline{u^*}}{dy^*} \left|\frac{d\overline{u^*}}{dy^*}\right|.$$

Dabei stellen die Betragsstriche sicher, dass $\tau_{xy}^{*}{}'$ mit einem Vorzeichenwechsel von $d\overline{u^*}/dy^*$ ebenfalls das Vorzeichen wechselt.

Ein Vergleich mit dem Wirbelviskositätsansatz für ebene Strömungen, (ii), zeigt, dass im Rahmen dieser Vorstellung gilt

$$\eta_t^* = \varrho^*\nu_t^* = \varrho^* \underbrace{L_t^{*2} \left|\frac{d\overline{u^*}}{dy^*}\right|}_{\nu_t^*}.$$

Dies entspricht genau einer der Formen, die in (iii) aus Dimenionsüberlegungen für ν_t^* abgeleitet worden waren. Solange über L_t^* noch keine weiteren Aussagen getroffen werden können, ist gegenüber (iii) „lediglich" die Interpretation von L_t^* als Mischungsweg gewonnen. Dies bietet allerdings auch einen unmittelbaren Ansatz für die Bestimmung von L_t^*, zumindest in Wandnähe, wie die folgende Überlegung zeigt.

An der Wand selbst sind die Geschwindigkeit und insbesondere die Geschwindigkeitsschwankungen null (Haftbedingung), so dass dort auch $L_T^* = 0$ gelten muss. Die Frage ist nun, wie verläuft die Funktion $L_t^*(y^*)$ ausgehend vom Wert $L_t^* = 0$ an der Wand? Prandtl nahm hierfür einen linearen Verlauf $L_t^* \sim y^*$ in Wandnähe an. Dies könnte als „erster Versuch" interpretiert werden. Später stellte sich jedoch heraus, dass der Verlauf

$L_t^*(y^*)$ für $y^* \to 0$ notwendigerweise linear sein muss (asymptotische Überlegungen für $\mathrm{Re} \to \infty$).

Aus Messungen sehr vieler wandnaher Strömungen ergibt sich für L_t^* in Wandnähe

$$L_t^* = \kappa y^* \quad \text{für} \quad y^* \to 0$$

mit einer Konstanten $\kappa = 0{,}41$, die bei turbulenten Strömungen vielfach auftritt und den Namen *Karman-Konstante* (bisweilen auch: von Karmansche Konstante) trägt. In größerer Entfernung von der Wand müssen zusätzliche physikalische Überlegungen zur Festlegung von $L_t^*(y^*)$ führen, die dann allerdings häufig problemspezifisch anzustellen sind.

2. k-ε-Modell (Zwei-Gleichungsmodell)

Dieses weitverbreitete Turbulenzmodell verwendet zwei partielle Differentialgleichungen für die kinetische Energie der Schwankungsbewegung k^* und für eine turbulente Dissipationsrate ε^*. Gemäß (iii) wird daraus die kinematische Wirbelviskosität

$$\nu_t^* = C_\mu \frac{k^{*2}}{\varepsilon^*}$$

gebildet, in der die Konstante C_3, wie im k-ε-Modell üblich, als C_μ geschrieben wird (Zahlenwert in der nachfolgenden Tabelle).

Die Differentialgleichung für $k^* = (\overline{u^{*\prime 2}} + \overline{v^{*\prime 2}} + \overline{w^{*\prime 2}})/2$ entsteht wie folgt:

1. Herleitung von je einer Bilanzgleichung für $u^{*\prime}$, $v^{*\prime}$ und $w^{*\prime}$, indem von den entsprechenden Impulsgleichungen für die Momentanwerte (s. dazu das Stichwort NAVIER-STOKES GLEICHUNGEN) die zeitlich gemittelten Gleichungen subtrahiert werden. Dabei sind die Momentanwerte als Summe aus Mittelwerten und zugehörigen Schwankungswerten zu schreiben.

2. Multiplikation der drei unter 1. gewonnenen Bilanzgleichungen mit $u^{*\prime}$, $v^{*\prime}$ bzw. $w^{*\prime}$, und anschließende Zeitmittelung. Damit entstehen Bilanzgleichungen für die turbulenten Normalspannungen $\overline{u^{*\prime 2}}$, $\overline{v^{*\prime 2}}$ und $\overline{w^{*\prime 2}}$.

3. Addition der drei Gleichungen und formale Ersetzung von $(\overline{u^{*\prime 2}} + \overline{v^{*\prime 2}} + \overline{w^{*\prime 2}})/2$ durch k^*. Dies ist die *vollständige k-Gleichung*, in der allerdings eine Reihe von Turbulenztermen auftreten, die wiederum modelliert werden müssen, um insgesamt ein geschlossenes Gleichungssystem zu erhalten.

4. Modellierung der vollständigen k-Gleichung, indem für die Terme, in denen unbekannte Turbulenzgrößen auftreten, wie z.B. die Korrelation $\overline{u^{*\prime}p^{*\prime}}$ oder $\overline{(\partial u^{*\prime}/\partial x^*)^2}$ physikalisch motivierte Ansätze eingeführt werden. Dabei tritt in der Regel pro modelliertem Term eine neue Modellkonstante auf. Insgesamt entsteht auf diese Weise eine *k-Modellgleichung* (modellierte Transportgleichung für k^*), die im k-ε-Modell verwendet wird und nachfolgend aufgeführt ist.

Die Differentialgleichung für die Dissipationsrate ε^* mit der Definition von ε^* als

$$\varepsilon^* = \nu^* \left\{ \overline{\left(\frac{\partial u^{*\prime}}{\partial x^*}\right)^2} + \overline{\left(\frac{\partial v^{*\prime}}{\partial x^*}\right)^2} + \overline{\left(\frac{\partial w^{*\prime}}{\partial x^*}\right)^2} \right\}$$

$$+\overline{\left(\frac{\partial u^{*\prime}}{\partial y^*}\right)^2}+\overline{\left(\frac{\partial v^{*\prime}}{\partial y^*}\right)^2}+\overline{\left(\frac{\partial w^{*\prime}}{\partial y^*}\right)^2}$$

$$+\overline{\left(\frac{\partial u^{*\prime}}{\partial z^*}\right)^2}+\overline{\left(\frac{\partial v^{*\prime}}{\partial z^*}\right)^2}+\overline{\left(\frac{\partial w^{*\prime}}{\partial z^*}\right)^2}\Bigg\}$$

entsteht wiederum aus den Bilanzgleichungen für die Schwankungsgrößen $u^{*\prime}$, $v^{*\prime}$ und $w^{*\prime}$, diesmal aber als (zeitgemittelte) Kombination von Ortsableitungen dieser Gleichungen mit Gradienten von Schwankungsgrößen. Die Grundidee bei der Herleitung dieser Gleichung besteht darin, Bilanzgleichungen für die Schwankungsgrößen so miteinander zu kombinieren, dass daraus eine neue Gleichung entsteht, in der die Termkombination ε^* identifiziert werden kann und die deshalb dann als Bilanzgleichung für ε^* interpretiert wird. Dabei ist zu beachten, dass ε^* nur eine sog. „Pseudo-Dissipation" darstellt, weil gegenüber der wahren, indirekten turbulenten Dissipation einige Terme vernachlässigt worden sind.

Auch bei der Herleitung der ε-Gleichung treten eine Reihe von unbekannten turbulenten Termen auf, so dass eine Modellierung dieser Terme erforderlich ist. Auf diese Weise gelangt man auch hier von der zunächst *vollständigen ε-Gleichung* zu einer *ε-Modellgleichung* (modellierte Transportgleichung für ε^*), die im k-ε-Modell verwendet wird.

Details zur Herleitung der k- und ε-Modellgleichungen finden sich z.B. in Speziale and So (1998). Die Modellgleichungen lauten mit

$$\frac{D...}{Dt^*}=\frac{\partial...}{\partial t^*}+\overline{u^*}\frac{\partial...}{\partial x^*}+\overline{v^*}\frac{\partial...}{\partial y^*}+\overline{w^*}\frac{\partial...}{\partial z^*}$$

und P^* als sog. Turbulenzproduktion (s. Speziale, So (1998) oder Herwig (2002)):

$$\frac{Dk^*}{Dt^*}=P^*-\varepsilon^*+\frac{\partial}{\partial x^*}\left(\frac{\nu_t^*}{\sigma_k}\frac{\partial k^*}{\partial x^*}\right)+\frac{\partial}{\partial y^*}\left(\frac{\nu_t^*}{\sigma_k}\frac{\partial k^*}{\partial y^*}\right)+\frac{\partial}{\partial z^*}\left(\frac{\nu_t^*}{\sigma_k}\frac{\partial k^*}{\partial z^*}\right)$$

$$\frac{D\varepsilon^*}{Dt^*}=C_{\varepsilon 1}\frac{\varepsilon^*}{k^*}P^*-C_{\varepsilon 2}\frac{\varepsilon^{*2}}{k^*}+\frac{\partial}{\partial x^*}\left(\frac{\nu_t^*}{\sigma_\varepsilon}\frac{\partial \varepsilon^*}{\partial x^*}\right)+\frac{\partial}{\partial y^*}\left(\frac{\nu_t^*}{\sigma_\varepsilon}\frac{\partial \varepsilon^*}{\partial y^*}\right)+\frac{\partial}{\partial z^*}\left(\frac{\nu_t^*}{\sigma_\varepsilon}\frac{\partial \varepsilon^*}{\partial z^*}\right)$$

Die fünf Modellkonstanten des k-ε-Modells mit den entsprechenden Zahlenwerten sind in der nachfolgenden Tabelle zusammengestellt. Ein entscheidender Punkt für die Anwendung des k-ε-Modells sind die Randbedingungen für k^* und ε^*, s. dazu Herwig (2002, Abschn. 12.2).

$C_\mu=0,09$	$\sigma_k=1,0$	$\sigma_\varepsilon=1,3$	$C_{\varepsilon 1}=1,44$	$C_{\varepsilon 2}=1,92$

Modellkonstanten im k-ε-Modell
(Bestimmung der Zahlenwerte durch Vergleich mit Messungen)

Generell wird bzgl. der Randbedingungen an der Wand nach zwei verschiedenen Versionen des k-ε-Modells unterschieden:

- *Version für hohe Reynolds-Zahlen (engl.: high Reynolds number version)*: Hierbei wird der universelle Charakter der turbulenten Strömungen in Wandnähe ausgenutzt, s. dazu das Stichwort SCHUBSPANNUNGSGESCHWINDIGKEIT unter ANWENDUNGEN UND BEISPIELE. Die Einführung universeller sog. Wandfunktionen erlaubt es dabei, den wandnächsten Bereich durch analytische Funktionen zu überbrücken (Details in: Herwig (2002), oder Craft et al. (2002)).

- *Version für niedrige Reynolds-Zahlen (engl.: low Reynolds number version)*: Hierbei werden die physikalischen Randbedingungen an der Wand unmittelbar durch die numerische Lösung erfüllt. Da keine extremen Gradienten in Wandnähe vorliegen, sind dort keine so hohen Aufpunktdichten erforderlich, wie dies für hohe Reynolds-Zahlen (ohne Benutzung der Wandfunktionen) der Fall wäre.

BEACHTE

- **Zahlenwerte für die Wirbelviskosität:** In Strömungen bei hohen Reynolds-Zahlen nimmt ν_t^* im Vergleich zu ν^* sehr große Werte an, wobei durchaus Verhältnisse ν_t^*/ν^* von 1000 oder mehr erreicht werden können. Daraus könnte man (vorschnell) folgern, dass in der Summe $(\nu^* + \nu_t^*)$, die im effektiven Spannungstensor auftritt, generell ν^* gegenüber ν_t^* vernachlässigt werden könnte. Aber: An einer festen Wand gilt $\nu_t^* = 0$, so dass in Wandnähe ein Strömungsbereich existieren muss, in dem beide Größen, ν^* und ν_t^*, von Bedeutung sind. Dies ist die sog. Wandschicht innerhalb einer turbulenten Grenzschicht, in der die Viskosität von Bedeutung ist und über die hinweg ein Wechsel des dominierenden Einflusses stattfindet: Sehr nah an der Wand dominiert die molekulare Viskosität $(\nu^* \gg \nu_t^*)$, weiter weg und in der gesamten wandfernen Strömung dominiert der turbulente Impulstransport $(\nu_t^* \gg \nu^*)$.

- **Wirbelviskosität in Wandnähe:** Über die Wirbelviskosität beeinflusst die Turbulenz in der Strömung die zeitgemittelte Strömungsgeschwindigkeit. Charakteristische turbulente Geschwindigkeitsprofile sind dabei in Wandnähe stets sehr viel „völliger" als entsprechende laminare Profile. Häufig wird argumentiert, dies sei eine Folge der großen Zahlenwerte von ν_t^* und des damit verbundenen hohen Impulstransportes. Dieses Argument ist aber nicht stichhaltig: Würde in einer laminaren ausgebildeten Rohrströmung, die ein parabolisches Geschwindigkeitsprofil besitzt (s. dazu das Beispiel unter dem Stichwort TURBULENZ) die Viskosität ν^* um den Faktor 1000 erhöht (und damit ein „großer" Zahlenwert erzwungen), so würde das Geschwindigkeitsprofil weiterhin parabelförmig sein. Es wäre das Profil einer laminaren Rohrströmung bei einer um den Faktor 1000 niedrigeren Reynolds-Zahl. Der entscheidende Punkt ist: Mit dem Auftreten von ν_t^* in der Summe $\nu^* + \nu_t^*$ entsteht eine „effektive Viskosität", die sich mit dem Wandabstand (stark) *verändert*. Erst diese Eigenschaft führt zu völligeren Geschwindigkeitsprofilen.

  Prononciert könnte man dies so formulieren: Geschwindigkeitsprofile sind nicht deshalb in Wandnähe sehr völlig, weil dort der Impulsaustausch sehr hoch ist, sondern weil er zur Wand hin immer schlechter wird!

- **Anisotrope Wirbelviskosität:** Da η_t^* ein skalarer Wert ist, der keinerlei Richtungsabhängigkeit berücksichtigen kann, handelt es sich um eine *isotrope Wirbelviskosität*.

Es hat Versuche gegeben, durch Einführung eines Wirbelviskositätstensors zu anisotropen Wirbelviskositätsmodellen zu gelangen. Ein direkterer Weg, Anisotropie zu berücksichtigen, besteht allerdings darin, vom Konzept der Wirbelviskosität Abstand zu nehmen und die Komponenten des Reynoldsschen Spannungstensors direkt zu modellieren, s. dazu das Stichwort REYNOLDS-SPANNUNGS-MODELLE.

WEITERFÜHRENDE LITERATUR

Speziale, C.G.; So, R.M.C. (1998) : *Turbulence Modelling and Simulation*, in: The Handbook of Fluid Dynamics (Johnson, R.W. ed.), CRC Press, Boca Raton, 14.1 - 14.111

Wilcox, D.C. (1993) : *Turbulence Modelling for CFD*, DCW Industries Inc., La Canada, CA

Patel, V.C.; Rodi, W.; Scheuerer, G. (1985) : *Turbulence models for near-wall and low Reynolds number flows: a review*, AIAA J. **23**, 1308-1319

Kraichnan, R.H. (1976) : *Eddy viscosity in two and and three dimensions*, J. Atmos. Sci. **33**, 1521 - 1536

Herwig, H. (2002) : *Strömungsmechanik*, Springer-Verlag, Berlin, Heidelberg, New York

Craft, T.J.; Gerasimov, A.V.; Jacovides, H.; Launder, B.E. (2002) : *Progress in the generalization of wall-function treatments*, Int. Journal Heat and Fluid Flow **23**, 148 - 160

Zeitmittelung
(time averaging)

Siehe dazu das Stichwort TURBULENZMODELLIERUNG, dort unter PHYSIKALISCHER HINTERGRUND

Zirkulation
(circulation)

Siehe dazu das Stichwort DREHUNG, dort unter ANWENDUNGEN UND BEISPIELE

Zweiphasenströmungen
(two-phase flows)

BEDEUTUNG UND DEFINITION

Es handelt sich um einen speziellen Fall allgemeiner Mehrphasenströmungen (2 Phasen). Die beiden beteiligten Phasen können dabei zwei unterschiedliche Phasen *eines Fluides* sein (z.B. Wasser und Wasserdampf) oder aber zwei gleiche oder verschiedene Phasen von *zwei verschiedenen Fluiden* (z.B. zwei unmischbare Flüssigkeiten oder Feststoffpartikel in Wasser oder Luft). In technischen und speziell verfahrenstechnischen Strömungen treten solche Zweiphasen- wie auch Mehrphasenströmungen häufig auf.

Definition

Unter Zweiphasenströmungen versteht man die Strömung eines Fluides, das aus zwei getrennten Phasen besteht. Dabei ergeben sich bei den drei prinzipiell verschiedenen Phasen *Gas, Flüssigkeit, Feststoff* zunächst sechs verschiedene Varianten, von denen die folgenden vier technisch von Bedeutung sind:

- Gas-Flüssigkeitsströmungen
- Gas-Feststoffströmungen
- Flüssigkeits-Flüssigkeitsströmungen
- Flüssigkeits-Feststoffströmungen

Die formal denkbaren Gas-Gasströmungen treten nicht als Zweiphasenströmungen auf, weil stets eine vollständige Durchmischung auftritt. Feststoff-Feststoffströmungen kommen nicht vor, weil es sich dann nicht mehr um ein Fluid handelt.

PHYSIKALISCHER HINTERGRUND

Bevor die einzelnen Zweiphasenkombinationen näher betrachtet werden, sollen einige für alle verschiedenen Kombinationen geltenden Überlegungen angestellt werden. Dabei können zunächst generell drei verschiedene Fälle unterschieden werden, je nachdem wie stark eine einzelne Phase an der Zweiphasenströmung beteiligt ist.

1. Verschwindend geringer Anteil einer Phase an der Zweiphasenströmung

Dabei wird unterstellt, dass die besagte Phase nach Massen- oder Volumenanteilen nur geringfügig zur Gesamtmasse bzw. dem Gesamtvolumen beiträgt, im Zweiphasengemisch aber „fast kontinuierlich" verteilt ist. Damit tritt die schwach vertretende Phase in Form sehr „kleiner", aber auch zahlreicher Partikel auf. Ein typisches Beispiel sind sog. Tracer-Partikel, die bei optischen Messmethoden der Strömung zugesetzt werden. Diese Partikel folgen der Strömung und dienen zu deren Sichtbarmachung. Die Notwendigkeit zu einer eigenen Analyse der Bewegung zugesetzter Partikel entfällt, wenn diese der Strömung folgen. Dies kann insbesondere bei turbulenten Strömungen, die hochfrequente Schwankungen aufweisen, im Einzelfall jedoch nicht ohne weiteres als gegeben unterstellt werden.

2. Relativ geringer Anteil einer Phase an der Zweiphasenströmung

Anders als im vorherigen Beispiel verhält sich die zugesetzte Phase nicht genauso wie die „Grundströmung", sondern bedarf bezüglich ihres eigenen Verhaltens einer Analyse, die die Wirkung der Grundströmung auf die zugesetzte zweite Phase erfasst. Die zugesetzte Phase hat aber wegen ihres relativ geringen Anteils noch keine Rückwirkung auf die Grundströmung, die deshalb als Einphasenströmung modelliert werden kann.

3. Bedeutender Anteil einer Phase an der Zweiphasenströmung

Beide Phasen tragen wesentlich zur Gesamtströmung bei, beeinflussen sich gegenseitig und müssen deshalb auch beide simultan betrachtet und in ihrer Wechselwirkung analysiert werden. Dies ist von den drei Fällen naturgemäß der „schwierigste".

Die vier in der Definitionsbox aufgeführten Zweiphasenströmungen können wie folgt charakterisiert und erläutert werden.

Gas-Flüssigkeitsströmungen

Wesentliche Anwendungsfälle sind Verdampfungs- und Kondensationsvorgänge, in denen der vollständige Übergang von der einen zur anderen Phase realisiert wird, oder sog. *Sprays*, in denen Flüssigkeitströpfchen in einer Gasströmung vorhanden sind und ggf. verdampfen können. Der umgekehrte Vorgang, dass Gasblasen in einer Flüssigkeitsgrundströmung auftreten, kommt z.B. bei der KAVITATION vor.

Die besondere Schwierigkeit bei der Modellierung dieser Strömungen liegt darin, dass die Phasengrenzen deformierbar sind und das Gas u.U. als kompressibles Fluid betrachtet werden muss. Besonders dann, wenn beide Phasen gleichermaßen zur Gesamtströmung beitragen, ist eine detaillierte Analyse schwierig bis ausgeschlossen. In einem ersten Schritt wird deshalb häufig versucht, verschiedene Strömungszustände gegeneinander abzugrenzen und einzeln durch bestimmte, stark vereinfachte Modellvorstellungen zu beschreiben, s. dazu ANWENDUNGEN UND BEISPIELE.

Gas-Feststoffströmungen

Typische Anwendungsfälle für diese Art von Zweiphasenströmungen sind die pneumatische Förderung von Feststoffpartikeln, die Abscheidung von Partikeln in Zyklonen und die Partikelverbrennung in sog. Wirbelschichtfeuerungen. In diesen Fällen liegt in der Regel eine hohe Partikelbeladung vor (engl.: dense gas solid flow), so dass die Rückwirkung der Partikel auf die Gasströmung berücksichtigt werden muss. Diese gegenseitige Kopplung kann auf zwei sehr unterschiedlichen Wegen modellmäßig erfasst werden.

- *Trajektorien-Methode* (auch: *Euler-Lagrange-Methode*): Bei dieser Vorgehensweise werden die Partikelbahnen einzeln berechnet, indem die Wirkung der Gas-Grundströmung auf die einzelnen Partikel sowie (Stoß-) Wechselwirkungen zwischen Partikeln und an Wänden berücksichtigt werden. Der lokale Impuls- und Wärmeübergang an das Gas dient dabei dazu, die Gasströmung den jeweiligen momentanen Verhältnissen anzupassen. Diese Vorgehensweise ist jedoch auf relativ schwach beladene Strömungen beschränkt.

- *Zwei-Fluid-Methode (auch: Euler-Euler-Methode):* Hierbei wird die zugegebene zweite Phase ebenfalls als homogene Phase interpretiert, die gleichzeitig mit der ersten Phase den Strömungsraum ausfüllt. Es entsteht damit die Strömung eines Gemisches, für das ein Diffusions-Koeffizient existiert und das in seiner Gesamtwirkung durch sog. effektive Werte der Viskosität, Wärmeleitfähigkeit etc. gekennzeichnet ist.

Flüssigkeits-Flüssigkeitsströmungen

Die Strömung zweier nicht mischbarer Flüssigkeiten, wie z.B. Wasser und Öl, kann sehr verschiede Formen annehmen, die von starken Konzentrationen einer Phase in bestimmten Bereichen bis zu einer weitgehend homogenen Verteilung in Form kleiner Tropfen reicht. Zusätzlich kann ein nicht-Newtonsches Fluidverhalten der Mischphase auftreten, obwohl beide Einzelphasen für sich durch Newtonsches Verhalten gekennzeichnet sind.

In diesen Zweiphasenströmungen wird eine Phase als *kontinuierliche* und die andere als *dispergierte* Phase bezeichnet. Wird der Anteil der dispergierten Phase über einen Grenzwert erhöht, so tritt eine sog. *Phaseninversion* auf, bei der die Phasen ihren Charakter als kontinuierlich bzw. dispers verteilte Phasen vertauschen.

Flüssigkeits-Feststoffströmungen

Der Zusatz von Feststoffpartikeln sehr kleiner Korngrößen führt zu sog. Schlämmen (engl.: slurries), die bei höherem Feststoffanteil ($> 25\%$) oftmals ein nicht-Newtonsches Verhalten aufweisen. Ob die Feststoffanteile gleichverteilt bleiben (suspendierter Zustand) oder sich ungleich verteilen (segregieren) bzw. sich absetzen (deposieren), hängt sowohl von den Feststoffeigenschaften (Korngröße, Form, Dichte) als auch von den Strömungsbedingungen ab. Dabei ist insbesondere von Einfluss, ob die Strömung horizontal, schräg oder vertikal verläuft.

ANWENDUNGEN UND BEISPIELE

Strömungssieden in einem senkrechten, beheizten Rohr

Das nachfolgende Bild zeigt die Zweiphasenströmung, die bei der Verdampfung von Wasser in einem senkrechten Rohr entsteht. Dieser Verdampfungsvorgang ist eine Folge entsprechend starker Heizung, hier in Form einer konstanten Wandwärmestromdichte q_W^*. Der durchgesetzte Massenstrom $\dot{m}^*$ liegt zunächst in Form einer Einphasen-Flüssigkeitsströmung vor. Mit dem Auftreten erster Dampfblasen entsteht eine Flüssigkeits-Gas-Zweiphasenströmung. Mit wachsendem Gasanteil (Dampfgehalt) wird daraus eine Gas-Flüssigkeits-Zweiphasenströmung, bis nach der Verdampfung der letzten Flüssigkeitstropfen wieder eine Einphasenströmung, jetzt in Form einer reinen Gasströmung, vorliegt.

Einzelne Bereiche werden in diesem Zusammenhang namentlich charakterisiert, wobei aber durchaus eine gewisse Willkür in der Bezeichnung der Strömungsformen gegeben ist. Ähnliches gilt für den mit diesem Vorgang verbundenen Wärmeübergang, der aber durch die unterschiedlichen physikalischen Mechanismen klarer unterteilt werden kann als die reine Strömung.

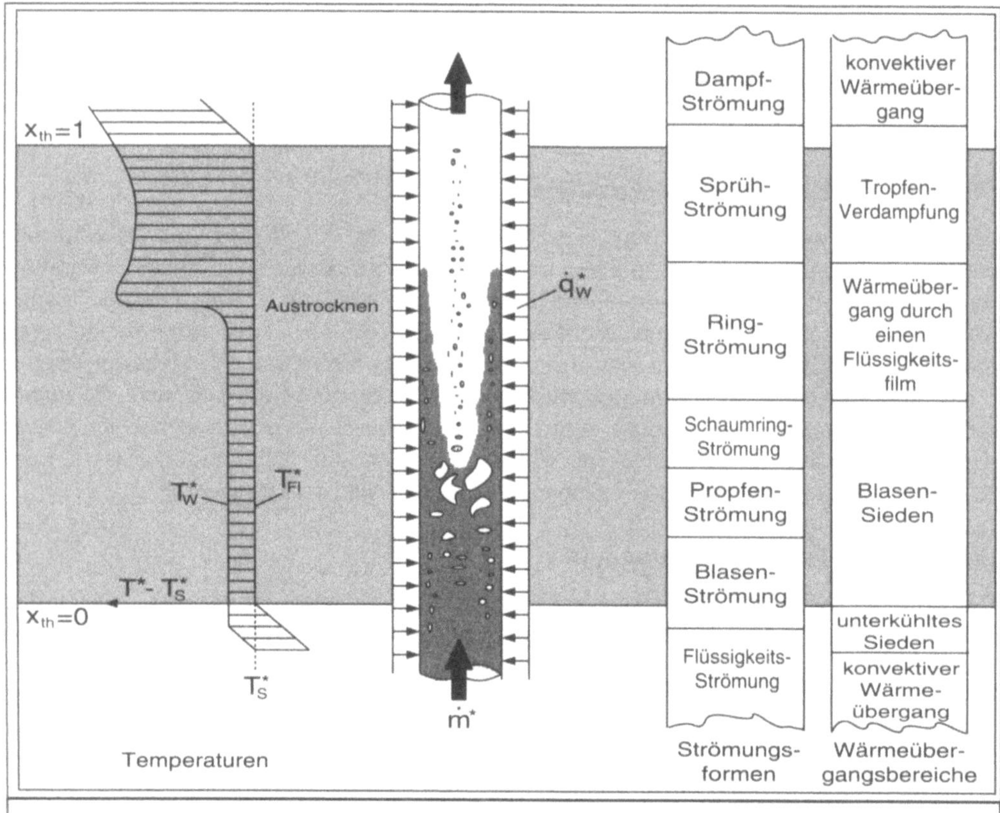

Strömung und Wärmeübergang am senkrechten beheizten Rohr
($x_{th}=$ thermodyn. Dampfgehalt; T_S^*, T_W^*, $T_{Fl}^* =$ Sättigungs-, Wand-, Fluidtemperatur)

Daten aus: Stephan (1988)

BEACHTE

❑ **Mehrphasenströmungen:** Neben den zuvor behandelten Zweiphasenströmungen treten besonders in verfahrenstechnischen Anwendungen Strömungen mit drei und mehr einzelnen Phasen auf. Typische Beispiele hierfür sind:

- Wirbelschichten mit zweiphasigem Fluidanteil

- Gas-Flüssigkeitsreaktionen mit suspendierten katalytischen Feststoffpartikel-Zusätzen

- Gas-Öl-Wasser-Strömungen bei der Erdölförderung

Weiterführende Literatur

Kolev, N.I. (2002): *Multiphase Flow Dynamics 1, Fundamentals*, Springer-Verlag, Berlin, Heidelberg, New York

Kolev, N.I. (2002): *Multiphase Flow Dynamics 2, Thermal and Mechanical Interactions*, Springer-Verlag, Berlin, Heidelberg, New York

Davis, E.J.; Schweiger, G. (2002): *The Airborne Microparticle, Its Physics, Chemistry, Optics and Transport Phenomena*, Springer-Verlag, Berlin, Heidelberg, New York

Levy, S. (1999): *Two-Phase Flow in Complex Systems*, John Wiley & Sons, New York

Drew, D.A.; Joseph, D.D.; Passman, S.L. (Eds., 1998): *Particulate Flows: Processing and Rheology*, Springer-Verlag, Berlin, Heidelberg, New York

Stephan, K. (1988): *Wärmeübergang beim Kondensieren und beim Sieden*, Springer-Verlag, Berlin, Heidelberg, New York

Whalley, P.B. (1987): *Boiling and Condensation and Gas-Liquid Flow*, Clarendon Press, Oxford

Godfrey, J.; Hanson, C. (1982): *Liquid-liquid Systems*, in: Handbook of multiphase systems (ed.: Hetsroni, G.), Mc Graw-Hill, New York

Klinzing, G.E. (1981): *Gas-Solid Transport*, Mc Graw-Hill, New York

Clift, R.; Grace, J.R.; Weber, M.E. (1978): *Bubbles, Drops and Particles*, Academic Press, New York

Standard-Werke zur Strömungsmechanik alphabetische Reihenfolge nach Autoren

Deutschsprachig:

Gersten, K. (1991): *Einführung in die Strömungsmechanik*, 6. Aufl., Vieweg Verlag, Braunschweig/Wiesbaden

Gersten, K.; Herwig, H. (1992): *Strömungsmechanik, Grundlagen der Impuls-, Wärme- und Stoffübertragung aus asymptotischer Sicht*, Vieweg Verlag, Braunschweig/Wiesbaden

Herwig, H. (2002): *Strömungsmechanik, Eine Einführung in die Physik und die mathematische Modellierung von Strömungen*, Springer-Verlag, Berlin, Heidelberg, New York

Oertel, H. (Hrsg.) (2002): *Prandtl - Führer durch die Strömungslehre*, 11. Aufl., Vieweg Verlag, Braunschweig/Wiesbaden

Oertel, H.; Böhle, M. (2002): *Strömungsmechanik / Grundlagen, Grundgleichungen, Lösungsmethoden, Softwarebeispiele*, 2. Aufl., Vieweg Verlag, Braunschweig/Wiesbaden

Schlichting, H.; Gersten, K. (1997): *Grenzschicht-Theorie*, 9. Aufl., Springer-Verlag, Berlin, Heidelberg, New York

Sigloch, H. (2003): *Technische Fluidmechanik*, 4. Aufl., Springer-Verlag, Berlin, Heidelberg, New York

Spurk, J.H. (2004): *Strömungslehre*, 5. Aufl., Springer-Verlag, Berlin, Heidelberg, New York

Truckenbrodt, E. (1996): *Fluidmechanik, Band 1: Grundlagen und elementare Strömungsvorgänge dichtebeständiger Fluide*, 4. Aufl., Springer-Verlag, Berlin, Heidelberg, New York

Truckenbrodt, E. (1999): *Fluidmechanik, Band 2: Elementare Strömungsvorgänge dichteveränderlicher Fluide sowie Potential- und Grenzschichtströmungen*, 4. Aufl., Springer-Verlag, Berlin, Heidelberg, New York

Englischsprachig:

Batchelor, G.K. (2000): *An introduction to Fluid Dynamics*, Cambridge University Press, Cambridge, U.K.

Fox, R.W.; Mc Donald, A.T.; Pritchard, P.J. (2003): *Introduction to Fluid Mechanics*, 6th Edition, John Wiley & Sons, Inc., New York

Munson, B.R.; Young, D.F.; Okiishi, T.H. (2001): *Fundamentals of Fluid Mechanics*, 4th Edition, John Wiley & Sons, Inc., New York

Panton, R.L. (1997): *Incompressible Flow*, 2nd Edition, John Wiley & Sons, Inc., New York

Schetz, J.A.; Fuhs, A.E. (Editors) (1999): *Fundamentals of Fluid Mechanics*, John Wiley & Sons, Inc., New York

Street, R.L.; Watters, G.Z.; Vennard, J.K. (1995): *Elementary Fluid Mechanics*, 7th Edition, John Wiley & Sons, Inc., New York

White, F. M. (1991): *Viscous Fluid Flow*, Mc Graw Hill, New York

White, F. M. (2003): *Fluid Mechanics with Student Resources CD-ROM*, Mc Graw Hill, New York

Alphabetische Liste der Stichwörter

(Eine Übersicht nach Sachgebieten befindet sich am Anfang des Buches; Hauptstichwörter erscheinen im Fettdruck, Nebenstichwörter, d.h. Verweise auf die zugehörigen Hauptstichwörter, sind normal gedruckt)

H

I

K

L

M

N

O

P

R

S

T

MIX
Papier aus verantwortungsvollen Quellen
Paper from responsible sources
FSC® C105338

If you have any concerns about our products,
you can contact us on
ProductSafety@springernature.com

In case Publisher is established outside the EU,
the EU authorized representative is:
**Springer Nature Customer Service Center GmbH
Europaplatz 3, 69115 Heidelberg, Germany**

Printed by Libri Plureos GmbH
in Hamburg, Germany